Genetics

유전학의 이해와 기법

김경희 · 이석준 · 정운원 · 고용

2012
문화체육관광부
우수학술도서

고려의학
KOMB Korea Medical Book Publishing Company

머리말

유전학은 생물학의 연구를 뒷받침하는 학문이라고 할 수 있으며, 현대과학의 최첨단 분야 중의 하나로서 유명일간지나 뉴스 잡지들을 통해 암이나 질병과 연관되는 유전자의 발견, 유전자 치료법 등 유전학에 관련된 기사들을 자주 접하고 있다. 또한 생명과학의 발달과 함께 유전학에 대한 수많은 발전이 이루어지면서 유전자 및 유전학적 기법은 의학 분야에서 가장 중요하게 자리 잡았다.

최근 진단검사 분야에서 가장 빠른 속도로 발전하고 있는 유전학적 검사법은 의료분야에서 일반화되고 있으며, 새로운 지식들이 급속하게 추가되고 있는 현실을 감안할 때 유전자검사 실무자들과 임상병리학을 전공하는 학생들에게 유전학에 대한 이해와 전문적 지식이 절대적으로 필요하다. 그러나 유전학적 검사법에 대한 체계적인 기초이론의 습득과 실습을 할 수 있는 기회가 많지 않을 뿐만 아니라, 유전학 책은 많지만 대부분 번역서이며 한글 전문서적은 거의 찾아 볼 수 없었다.

이에 저자는 실무자뿐만 아니라 유전학과 관련된 많은 분들께 조금이나마 도움이 되었으면 하는 간절한 마음으로 2011년 유전학의 이해와 기법을 출간하였고, 2012년에 문화체육관광부 우수학술도서에 선정되었다. 2013년 2쇄 출판에 이어 이 책에 대한 관심과 사랑을 보내주신 분들 덕분으로 최근의 유전학 관련 정보와 최신의 기법을 추가하여 개정판(2판)을 출간하게 되었다.

이 책은 크게 이론과 임상적용 및 기법으로 구성되어 있다. 유전학의 이해에 필요한 염색체, 유전물질 등의 기초이론과 임상적용의 이해를 위한 유전질환, 암과 돌연변이 등을 기술하였다. 그리고 기법에서는 유전학적 검사에 많이 적용되는 세포배양과 염색체 분석 그리고 PCR과 유전체검사 기법 등을 모아서 정리하였다. 특히 알아두기는 최근의 유전적 기술, 과학적 논쟁이나 유전학의 발전 등 흥미로운 내용들을 포함하고 있다.

이 책을 통하여 유전자검사 실무자뿐만 아니라 유전학을 처음 접하는 사람들도 쉽게 이해할 수 있고, 흥미와 많은 관심을 가질 수 있게 되기를 기대한다. 또한 부족하거나 미흡한 점 그리고 다른 견해가 있을 수도 있지만, 관대한 마음과 아낌없는 충고와 질책을 부탁드리며, 내용상의 오류나 표기 미숙 등은 앞으로 계속 수정 보완할 것을 약속드린다.

끝으로 이 책이 출판되기까지 많은 도움을 주신 모든 분들께 큰 감사의 마음을 전해드립니다.

차례

4장 DNA, RNA, 단백질합성 79

5장 세포주기 101

6장 인체의 발생 115

7장 유전질환 141

8장 암 ··· 181

9장 돌연변이 ··· 211

10장 세포배양 ··· 233

11 장 현미경 ... 261

12 장 세포유전학 검사 ... 277

13 장 핵산의 추출 ... 295

14 장 핵산 증폭기법 ···· 307

15 장 유전체 검사 ···· 333

알아두기

알아두기 1장

알아두기 2장

알아두기 3장

알아두기 4장

알아두기 5장

알아두기 6장

알아두기 7장

알아두기 8장

알아두기 9장

알아두기 10장

알아두기 11장

알아두기 12장

알아두기 13장

알아두기 14장

알아두기 15장

제1장

유전학의 발달과 분야

1. 유전학의 발달

유전(Heredity)이란 자식이 부모를 닮는 것으로, 부모가 가지고 있는 DNA가 반반씩 혼합되어 자식에게 전달되는 매우 경이로운 생명의 현상이다. 유전학(Genetics)은 부모의 특수한 생리적 물질이 자손에게 전달되는 유전과정을 밝히는 연구에서 시작되었고, 세포생물학에서부터 분자생물학, 집단유전학에 이르기까지 넓은 영역을 포함하고 있다.

유전학은 20세기에 발달한 과학으로서 1866년에 멘델에 의해 유전자와 유전법칙이 발견되면서부터 시작되었다. 이어 1900년에 멘델의 유전법칙이 재확인되고, 염색체 이론의 발달과 함께 현대유전학이 진보하였으며, 1944년 에이버리(Oswald Avery) 등이 DNA가 유전물질임을 증명하였다. 그리고 1953년 왓슨(James Watson)과 크릭(Francis Crik)이 DNA의 구조를 밝힘으로써 분자유전학의 시대가 시작되었다.

1972년 DNA 염기서열분석법이 확립되고, 클로닝과 재조합 기술 등의 획기적인 분자생물학적 기법의 발달로 DNA 분자의 염기서열화가 결정되었으며, 현재는 유전자(gene) 대신 유전체(genome)로 관심의 방향이 바뀌어 가고 있다. 즉 DNA 서열과 유전체의 구조 및 기능과 진화를 다루는 유전체학(genomics)이 생겨났으며, 특정 단백질이 다른 단백질과 어떻게 상호작용을 하는지에 대해 단백질 수준에서의 단백질체학(proteomics)이 발달되었다.

유전학은 사회에 지대한 영향을 미쳐왔는데, 특히 농업과 의학 부분에서 큰 영향력을 행사하였다. 분자생물학적 기법을 응용한 연구를 통해서 세계의 농작물에 대한 영양적 질을 높이고, 가축의 우량종 개발을 가져왔을 뿐만 아니라, 외래유전자의 도입으로 인한 유전자변형생물체(genetically modified organisms, GMOs)의 개발과 사용은 세계적인 논란을 일으켰다.

의학 부분은 1950년대 이후에 발달된 분자유전학을 통하여 많은 수의 사람 질병들이 염색체 이상에 의하거나 혹은 돌연변이에 의한 유전자의 이상발현에 의한다는 것이 밝혀지면서, 질병의 예방, 진단 및 치료를 위한 수단으로서 분자유전학의 이용 범위는 최근 점차 확대되고 있다.

2. 유전학의 분야

유전학의 분야를 개략적으로 살펴보면, 다음 세대로의 유전자 전달과 염색체 분야를 다루는 전달유전학(transmission genetics), 유전물질의 구조와 기능 등을 주제로 하는 분자유전학(molecular genetics), 그리고 진화적인 변화의 기작 등을 연구하는 진화유전학(evolutionary genetics)의 세 가지 영역으로 나눌 수 있다. 그러나 현재로선 유전학의 영역을 명확하게 나누기는 불가능하며, 오히려 분자유전학의 발전으로 인해 전달유전학의 염색체 이론과 집단유전학 등의 진화유전학의 이론을 더 잘 이해할 수 있게 되었다.

사람 유전현상과 관련하여서는 멘델의 유전학과 집단 내에 존재하는 유전자들의 분포 조사를 통해서 이들 유전자와 유전형의 빈도 등을 연구하는 집단유전학, 염색체의 구조와 기능을 주제로 하는 세포유전학, 유전자를 분자수준에서 연구하는 분자유전학 그리고 가장 늦게 발달한 의학유전학 분야로 나눌 수 있다.

1) 멘델유전학

멘델유전학(Mendelian genetics)은 1865년 오스트리아 수도사인 멘델(Gregor Mendel)이 1854년부터 1963년까지 약 2만 8,000포기의 완두(Pisum sativum)를 이용한 연구의 결과를 Natural History Society에 「식물의 교배에 관한 실험」이라는 논문을 통해 발표하면서 시작되었다고 할 수 있다. 그러나 당시의 생물학계에서는 수정(fertilization)은 물론 염색체의 존재도 모르는 상황이었으므로 그의 연구 결과에 관심을 보이지 않았다.

1900년에 3명의 식물학자들이 멘델의 결과와 유사한 이론을 독자적으로 제시하였고, 세포의 구조와 세포분열에 대한 설명들이 나오면서 멘델의 법칙에 대한 정확한 해석이 가능하게 되었다. 이러한 멘델 법칙의 재발견은 새로운 과학이 발전하고 급성장하는 계기가 되면서 1900년을 현대유전학이 시작된 시기라고 한다.

부모에서 자손에게 전달되는 유전양식은 유전자가 대립유전자(allele)로 이루어지고 있음을 알게 되면서 최초의 부모세대 완두콩은 두 가지 형태의 대립유전자로 구성된, 즉, 2배수성(diploid, 2n)이며, 상동염색체상에서 대립유전자가 동일할 경우는 동형접합체(homozygote) 그리고 서로 다른 경우는 이형접합체(heterozygote)의 개념으로 설명하였다(그림 1-1).

따라서, 최초의 첫 교배에 사용된 부모세대의 완두는 동형접합체였고, 1대(F1) 완두는 이형접합체라는 것을 알게 됨으로써 두 가지의 유전자 형태는 우성과 열성으로 구성되어 있으며, 이들 F1에서 태어난 후대(F2)는 일정한 분리의 비율을 가진다는 사실을 발견하였다. 그리고 생식세포는 대립유전자 중 1가지 형태의 유전자만을 가질 것이라는 반수체 개념에서 F1의 유전전달 기전을 정립하였다.

멘델의 유전법칙은 일반적으로 우열의 법칙(law of dominance), 분리의 법칙(law of segregation), 독립의 법칙(law of independence)으로 구분할 수 있다.

(1) 우열의 법칙

생물의 특징을 나타내는 유전형질은 우성과 열성으로 표현할 수 있으며, 우성유전자가 열성유전자를 지배하여 발현되기 때문에 우열의 법칙이라고 한다(그림 1-2).

(2) 분리의 법칙(멘델의 제1법칙)

분리의 법칙은 한 쌍의 대립유전자가 각각 분리되어 다음 세대에 전달되는 현상으로 우성과 열성의 형질이 3:1의 비율로 분리되어 표현형으로 나타나는데, 이는 두 이형접합체의 자식에 있어서의 특징이다(그림 1-3).

(3) 독립의 법칙(멘델의 제2법칙)

독립의 법칙은 다른 형질을 나타내는 유전자들은 우열의 법칙과 분리의 법칙을 만족하면서 서로 간섭하지 않는 것으로, 예를 들면 완두콩의 모양을 결정하는 유전자와 색깔을 결정하는 유전자는 독립적으로 작용하는 것을 볼 수 있다(그림 1-4).

(4) 임상에서의 멘델유전

멘델의 법칙에 따르는 유전현상은 모든 생명체에 적용할 수 있고, 사람의 경우에도 설명할 수 있는 유전현상은 많

알아두기 1-1. 멘델법칙의 재발견

Mendel의 결과는 세간의 주목을 받지 못했었다고 알려져 있지만, 1867년부터 호프만(Felix Hoffmann), 포케(Heinrich Focke), 블롬베르크(Werner Blomberg) 등 식물학자들이 그의 논문을 인용하였다. 네덜란드의 식물학자인 드브리스(Hugo de Vries)는 1892년부터 1896년까지 형질이 서로 다른 식물을 대상으로 잡종 실험을 하였는데, 형질이 3:1의 비율로 분리됨을 발견하였고, 1899년 실험결과의 일부를 발표하였다. 이어서 그는 1900년에 종합적인 논문의 발표를 통해서 그 당시까지 알려져 있는 분리의 법칙을 재정립하였고, 이를 멘델의 업적으로 돌렸다. 드브리스의 논문 발표에 이어서 코렌스(Carl Correns)도 식물잡종 연구 결과를 발표하였는데, 멘델의 법칙을 언급하면서 논문의 결론 부분에서 우성과 분리에 대한 법칙을 정리하였다. 또한 오스트리아 식물학자인 체르마크(Erich von Tschermak)는 제1대 잡종은 다음 대에 3:1로 분리됨을 발견한 완두콩의 인공교배연구 결과를 1900년에 발표하면서 멘델의 결과와 일치함을 언급하였다. 이렇듯 세 명의 학자들에 의해 멘델의 업적은 거의 동시에 재발견되었으며, 이것을 '멘델법칙의 재발견'이라고 한다.

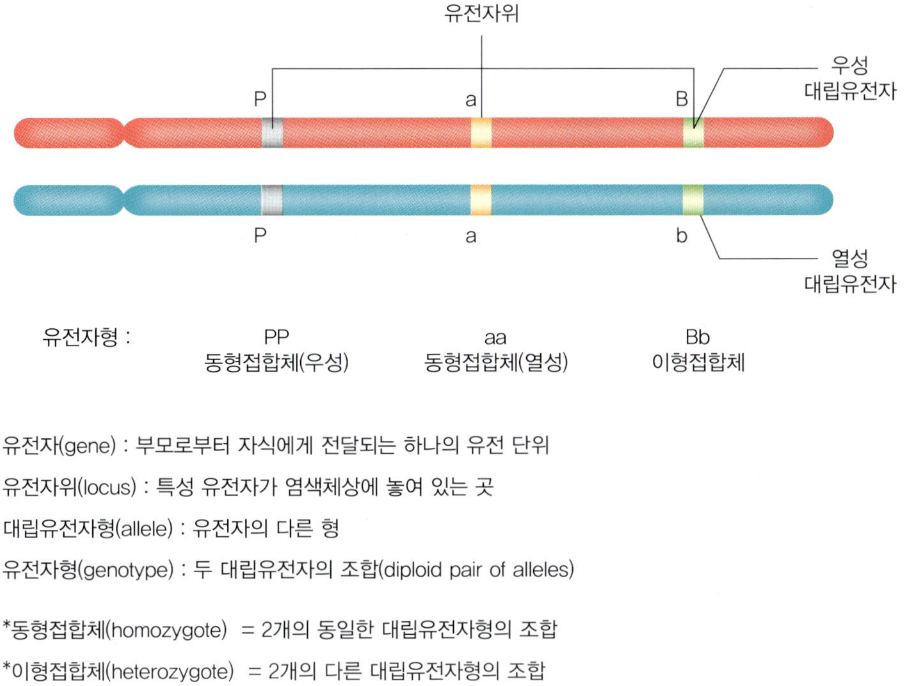

그림 1-1. 대립유전자, 유전자형의 구분

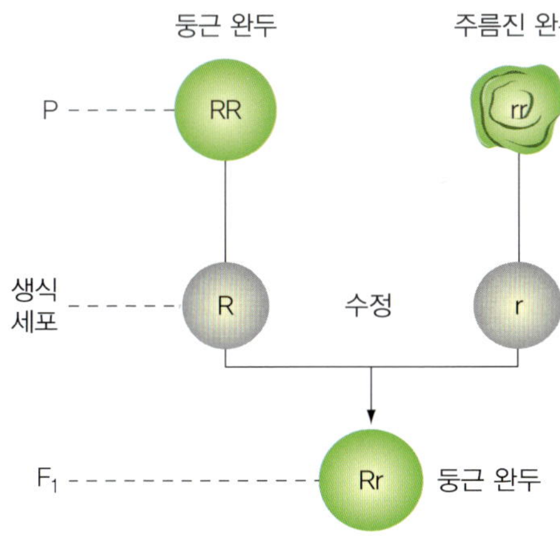

그림 1-2. 우열의 법칙

순종의 대립형질을 교배했을 때, 잡종 제1대(F1) 에서 어버이의 두 대립형질 중 우성형질만 나타나는 현상으로, 이렇게 나온 F1은 어버이와는 달리 해당 형질에 대해 잡종이다.

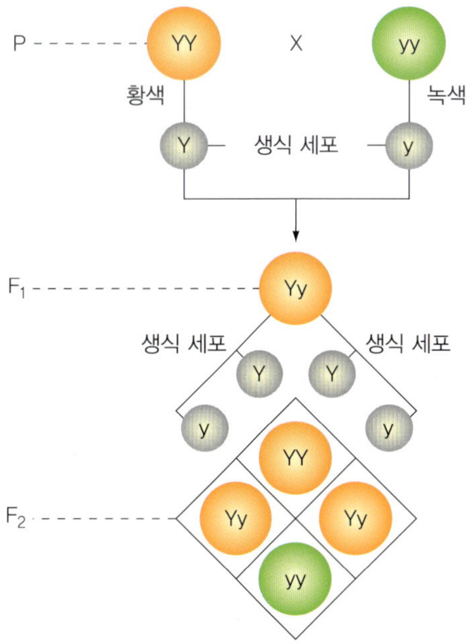

그림 1-3. 분리의 법칙

우열의 법칙에서 얻은 잡종 제1대(F1)를 자화 수분시키면, 잡종 제2대(F2)에서 우성과 열성의 형질이 3:1로 나타나는 현상

다. 특히 머리카락의 색, 코의 높이 등은 우성의 형질로 유전되는 것으로 알려져 있다. 그러나 유전성 질병은 하나의 유전자가 해당 질병을 유발하므로 멘델의 법칙으로 설명할 수 없는 복잡한 형질 또한 적지 않다.

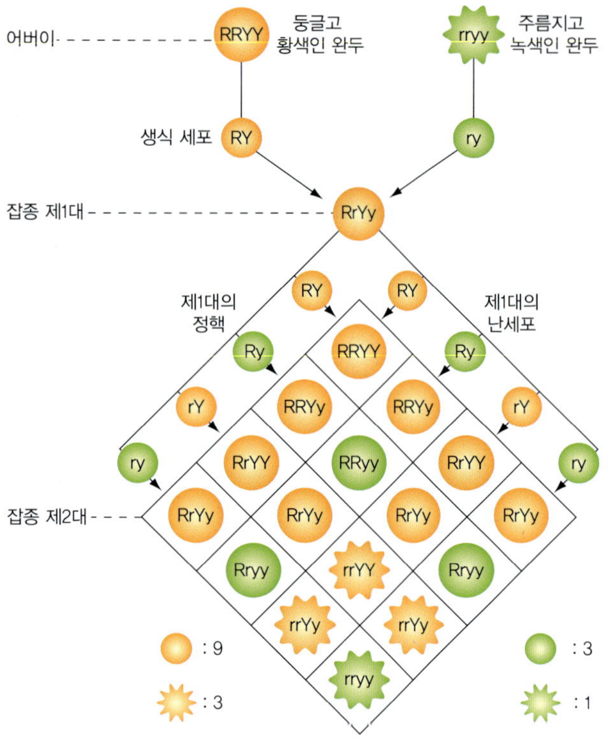

그림 1-4. 독립의 법칙

두 쌍의 대립형질이 함께 유전될 때, 각각의 형질은 서로 간섭하지 않고 우열의 법칙과 분리의 법칙에 따라 독립적으로 유전되는 현상

멘델의 법칙의 예외로는 성과 관련된 작용, 세포질 유전, 유전적 연관, 다유전성 질환 그리고 유전체 각인(genomic imprinting) 등이 있는데, 각인은 어머니와 아버지로부터 유래한 두 염색체의 유전자들 중에서 한쪽 염색체의 유전자들만이 발현되는 기전을 의미하는 것으로, 이런 유전 양상은 멘델의 법칙과 비율을 전혀 따르지 않는다.

사람에서 의학적으로 나타나는 각인의 두 가지 예로서는 아버지로부터 전달받은 15번 염색체의 미세한 결실이 원인인 프라더-윌리 증후군(Prader-Willi syndrome)과 어머니로부터 유래한 15번 염색체의 결실로 유발되는 엔젤만 증후군(Angelman syndrome)이 있다.

2) 집단유전학

집단유전학(Population genetics)은 멘델의 유전법칙과 다윈의 자연선택설이 생물통계적 방법에 의해 결합되어 성립한 것으로서, 유전자가 생물의 집단에서 어떤 분포를 나타내며, 새로운 유전적 변이가 어떤 변천과정을 거쳐 유전자분포의 새로운 평형을 이루게 되는가를 연구하는 학문이다.

집단유전학의 기본이 되는 하디-와인버그 법칙은 1908년 영국의 수학자인 하디(Geoffrey Hardy)와 독일의 의사

알아두기 1-2. 사람의 ABO 혈액형

사람의 혈액형은 멘델의 경우처럼 두 대립형질로 이루어져 있는 것이 아니라, A형, B형, AB형, O형의 4가지 형질로 나누어지는데, *ABO* 유전자에 의해 생성된 각각의 효소를 통해서 결정되는 공동우성(codominance)의 예를 보여준다. A대립유전자에 의해 생성된 효소는 N-acetylgalactosamine을 H항원에 붙여서 A항원을 만들고, B대립유전자에 의해 생성된 효소는 갈락토스를 H항원에 붙여서 B항원을 만드는 반면, O대립유전자는 활성효소를 생성하지 못한다.

Mother : AO+−
Father : BO−−

	A+	A−	O+	O−
B−	AB+−	AB−−	BO+−	BO−−
O−	AO+−	AO−−	OO+−	OO−−

Possibilities

AB+	AB−
B+	B−
A+	A−
O+	O−

ABO 유전자의 염기서열은 1990년에 Yamamoto 등에 의해 처음 규명된 이후 150개 이상의 대립유전자가 보고되었다. *ABO* 유전자는 염색체 9q34에 위치하고, 18~20 kb의 크기를 보이며 7개의 exon으로 이루어져 있는데, exon 6번과 exon 7번이 전체 염기의 77.5%를 차지한다. ABO cDNA는 1,065개의 염기로 구성되어 있으며 354개의 아미노산을 코딩하는 것으로 밝혀졌다. *ABO* 유전자에 의해 만들어지는 당전이효소(glycosyl transferase)는 세포질의 골지체 막에 위치하면서 기질로 사용하는 활성화된 당을 H 항원에 전달하는 역할을 한다.

인 와인버그(Wilhelm Weinberg)에 의해 동시에 독립적으로 수립되었다. 이 법칙은 무작위적으로 교배(random mating)를 하는 큰 집단에서 이주(migration), 돌연변이(mutation) 그리고 선발(selection)과 같은 유전형 빈도를 변화시키는 요인이 없다면, 세대가 바뀌어도 집단 내 유전형의 빈도 및 유전자형의 빈도는 변화가 없이 일정하게 유지된다는 내용이다. 만약 집단이 크고, 교배가 무작위로 일어나며, 돌연변이와 이주 및 자연선택의 효과가 미미하다면 단순한 유전적 평형(genetic equilibrium)이 집단에서 일어날 수 있다는 것을 발견하였다.

집단 내의 유전자 변화를 표현하는 수학적 기초는 1920~1930년대 피셔(Ronald Fisher), 할덴(John Haldane) 그리고 라이트(Sewall Wright)에 의해 발전되었다. 1960년대에 접어들면서 컴퓨터의 이용으로 아주 짧은 시간 안에 많은 양의 계산이 가능해졌고, 전기영동기법으로 여러 가정들을 검증할 수 있는 실험자료를 얻게 되었을 뿐만 아니라 분자유전학의 발달로 종간관계와 진화속도의 분석도 가능하게 되었다.

집단유전학의 이론은 대립인자 빈도의 이론으로 한 집단 내에서 한 유전자에 대한 여러 가지 종류의 동형접합자와 이형접합자의 빈도를 계산할 수 있다. 이들 빈도로부터 각 대립인자의 빈도를 계산하기도 하는 즉, 확률을 이용한 통계적 수단으로써 유전분석이 이루어지기 때문에 '통계유전학'이라고도 한다.

집단유전학은 유전학 실무에 많이 적용되고 있으며, 의학분야에서는 유전상담에 주로 이용되는데, 서로 다른 인구집단에서 공통적으로 나타나는 질병유전자에 대한 지식 및 대립인자의 빈도나 위험률 계산에 필요한 정보를 얻을 때 활용되고 있다. 실제로 유전상담에 하디-와인버그 법칙을 적용할 수 있는 경우는 상염색체질환이거나 X-연관 질환에서의 유전자형 빈도를 계산 할 수 있다.

그러나 비슷하게 새로운 변이가 생기거나 특정 대립유전자에 대한 선호 등의 선택이 존재하는 경우에는 하디-와인버그 법칙의 가정이 깨지게 되어 평형상태의 변화를 초래하게 된다. 사람집단에서 무작위 교배를 방해하는 요인으로 집단 계층화(stratification), 선별적 교배(assortative mating) 및 혈족 결혼(consanguinity) 등이 있는 경우 집단 내의 유전자 빈도는 하디-와인버그 법칙 평형상태에서 벗어난다.

알아두기 1-3. 유전체 각인(Genomic Imprinting)

부모 중 어느 한쪽에서 기인한 염색질의 변화에 의해서 유전체의 특정 부위에서 일어나는 정상적인 과정으로, DNA 염기서열의 변화 없이 유전자의 발현에 영향을 미친다는 것이다. 즉 돌연변이는 아니며, 가역적인 유전자 불활성의 형태이다. 이러한 각인 유전자의 발현을 조절하는 기전으로 DNA의 CpG island 내의 cytosine 메틸화가 중요한 역할을 한다.

알아두기 1-4. 하디-와인버그 법칙

하디-와인버그 법칙은 '개체군이 가지는 유전자풀 안에서 여러 유전자들의 비율은 세대를 거듭해도 그대로 유지된다.'라는 내용으로 물리학에서 뉴턴의 운동법칙 수준의 중요한 법칙이다.
하디는 「Mendelian proportions in a mixed population」이라는 논문에서 그리고 와인버그는 「Uber den Nachweis der Vererbung beim Menschen」이라는 논문에서 무작위 교배일 때 유전자형의 빈도가 일정하다는 사실을 1908년 발표함으로써 집단유전학이 시작되었다.
하디는 1902년 Yule에 의해 발표된 논문의 내용 중 멘델의 원리를 통해서 우성형질이 집단의 구성원 중에서 3/4이 나타날 것이라고 조건을 제시한 부분에 대한 원리를 논문으로 쓰기로 계획하였고, 간단한 곱셈 구구표 수학을 이용하여 유전자형과 이와 관련한 표현형의 빈도는 교배가 무작위로 일어나고 집단이 큰 경우에는 거듭하여도 안정하다는 것을 알았다.
와인버그는 3,500명 이상의 신생아를 받아낸 산부인과 의사로서 여자들이 쌍둥이를 낳는 경향이 멘델의 인자와 관련이 있는지에 대한 관심을 가지기 시작하였고, 멘델의 법칙을 사람형질에 응용하려는 방법을 찾고자 하였다. 그리고 가계도 분석이 사람의 유전을 연구하는 방법이 될 수 있다는 것을 알았지만, 쌍둥이와 관련된 부분은 일반적인 가계도 분석에 적용되지 않았다.
1940년대까지는 하디의 법칙이 알려졌지만, 1937년 와인버그가 사망한 이후 독일의 유전학자인 스턴(Curt Stern)은 와인버그의 1908년 논문을 번역하여 1943년에 「The Hardy–Weinberg law」를 Science지에 발표하였다. 또한 와인버그가 복대립유전자(multiple alleles)라는 용어를 사용하였을 뿐만 아니라 다형현상을 처음으로 조사하였고, 평형상태에 도달하는 여러 방법에 대해 제안한 학자라고 알렸으며, 하디-와인버그 법칙이 정당함을 제창하였다.

알아두기 1-5. 하디-와인버그 법칙의 예

대립유전자 A와 a의 빈도를 각각 p와 q라 가정하면, 대립유전자 A가 쌍을 이루어 AA유전형으로 될 기회는 p^2가 되고, a가 쌍을 이루어 aa유전형으로 되는 기회를 q^2, 그리고 A와 a가 만나서 Aa유전자형으로 될 기회는 $2pq$가 된다.
→ AA, Aa, aa 빈도는 $(p+q)^2=p^2+2pq+q^2$ 와 같은 이항분포의 전개식에서 유래됨을 알 수 있다.

알아두기 1-6. 상염색체 열성질환에서 하디-와인버그법칙 적용의 예

페닐케톤뇨증(phenylketonuria, PKU) 같은 질병이 발병을 하지는 않지만 하디-와인버그 평형에 있다면 PKU 대립유전자를 가지고 있는 이형접합자의 비율을 계산할 수 있다. 예를 들어 백인에서 PKU 환자의 출생빈도가 약 1/10,000이라고 하면, 이형접합형 보인자의 발생빈도는 얼마나 될까?

열성 동형접합체의 빈도 = q^2 = 1/10,000 = 0.0001
질병 대립유전자의 발생빈도 = q = 0.01
정상 대립유전자의 발생빈도 = p = 1−q = 1−0.01 = 0.99
→ 정상 동형접합자의 빈도 = p^2 =(0.99)2 ≒ 0.98 또는 100명 중 98명
→ 이형접합자의 빈도 = $2pq$ = 2(0.99)(0.01) ≒ 0.02 또는 100명 중 2명

3) 세포유전학

세포유전학(Cytogenetics)은 생명체의 기본 단위인 세포를 중심으로 유전정보를 운반하는 수단인 염색체(chromosome)의 구조, 기능, 진화 등을 연구하는 학문이다(그림 1-5).

(1) 세포유전학의 역사

염색체는 1842년 나젤리에 의해 식물에서 처음으로 보고되었으며, 사람의 세포유전학은 플레밍에 의해 시작되었다고 볼 수 있다. 세포유전학 발달의 역사적 배경을 연대별로 정리하면 다음과 같다.

1842년 : 나젤리(Karl Nageli)는 식물세포에서 처음으로 염색체를 관찰하였다.

1866년 : 멘델(Gregoe Mendel)이 「식물잡종실험(Experiments on Plant Hybridization)」을 Society for Research in Nature에 발표하였다.

1882년 : 플레밍(Walther Flemming)이 「세포의 성분, 핵 그리고 세포분열」 저서에서 세포핵과 관련된 새로운 염

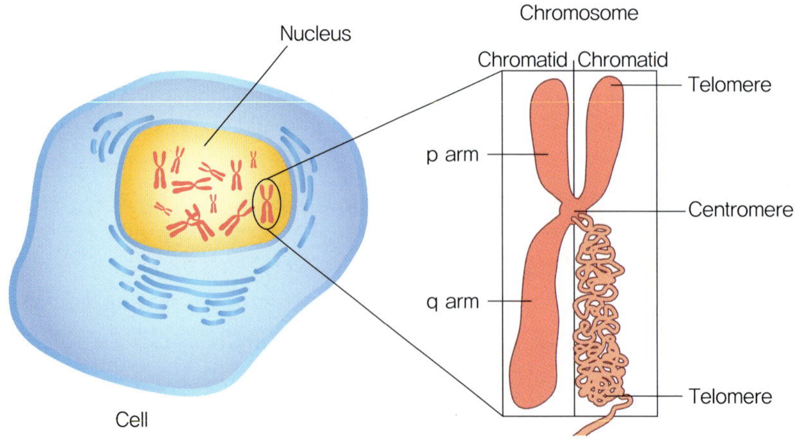

Image adapted from : National Human Genome Research Institute.

그림 1-5. 염색체의 구조

색기법들을 요약해 두었는데, 핵안의 친염기성 구조를 의미하는 '염색질(chromatin)'이라는 용어를 제안하였고, 유사분열이라는 용어를 처음으로 사용하였다.

1888년 : 발데이어(Heinrich Waldeyer)는 그리스어 'color body'에서 유래된 염색체(chromosome)라는 용어를 사용할 것을 제안하였다.

1891년 : 헨킹(Hermann Henking)에 의해 성염색체인 X-염색체가 발견되었다.

1900년 : 코렌스(Carl Correns), 드브리스(Hugo de Vries) 그리고 체르마크(Erich-Tschermak)는 멘델의 법칙과 유사한 이론을 제시하면서 멘델의 법칙을 재확인하였다.

1902년 : 서턴(Walter Sutton)과 보베리(Theodor Boveri)에 의해 '유전의 염색체설(The chromosome theory of heredity)'이 제안되었다.

1902~1907년 : 베이트슨(William Bateson)에 의해 대립인자(allele, 1902), 동형접합체와 이형접합체(1902), 유전자(1906), 연관(linkage, 1906) 그리고 상위성(epistasis, 1907) 등에 대한 개념이 확립되었다.

1910년 : 모건(Thomas Morgan)은 초파리(Drosophila)를 이용한 유전적 연구를 시작하였으며, 염색체의 유전설을 확립한 공로로 1933년에 노벨상을 수상하였다.

1912년 : 위니워터(Hans Winiwarter)에 의해 남자의 염색체는 47개 그리고 여자는 48개라고 보고되었다.

1922년 : 패인터(Theophilus Painter)는 사람의 염색체가 48개라고 발표하면서 X와 Y의 성염색체의 기전을 제안하였다.

1924년 : 레비츠키(Grigorii Levitsky)는 염색체를 배열하였으며, 핵형(karyotype)이라는 용어를 사용하였다.

1931년 : 크라이톤(Harriet Creighton)과 맥클린토크(Barbara McClintock)는 유전적 재조합과 세포학적인 교차(crossing over) 사이의 상관관계를 밝혔다.

1933년 : 하이츠(Emil Heitz)는 초파리의 침샘에서 거대염색체를 발견하였으며, 진정염색질(euchromatin)과 이질염색질(heterochromatin)의 개념을 확립하였다.

1937년 : 블랙스리(Grigorii Blakelee)와 아베리(A. G. Avery)는 colchicine이 방추사를 붕괴시켜 세포분열을 방해한다고 보고하였다.

1952년 : 수(Tao Chiuch Hsu)는 사람배아세포(human embryonic cell) 배양실험에서 등장액 대신 저장액(hypotonic saline solution)을 사용하였다.

1956년 : 치오(Joe Hin Tjio)와 레반(John Levan)은 태아 폐 조직(fetal lung tissue)을 배양하여 colchicine 처리로 유사분열을 억제하고, 저장액을 사용하여 세포를 팽창시킨 후 슬라이드 제작 및 염색을 통해 사람의 염색체가 46개임을 처음으로 확인하였다.

1960년 : ① 노웰(Peter Nowell)은 강낭콩(kidney bean)에서 추출한 phytohemagglutinin(PHA)을 이용하여 백혈구의 세포분열을 촉진해서 염색체 분석을 가능하게 하였다.

② 무어헤드(Paul Moorehead) 등은 PHA, colchicine, hypotonic solution, 3:1 fixative, Giemsa 염색을 이용하여 말초혈액 배양을 이용한 염색체 분석을 가능하게 하였다.

③ Denver에서 염색체 명명을 위해 17명의 세포유전학자들이 모여 상염색체 순서(1~22)를 결정하였다.

1963년 : 염색체 명명을 위한 London 모임에서 파타우(Patau)의 제안으로 염색체의 그룹을 A~G까지 7개로 분류하였다.

1966년 : Chicago에 37명의 연구자들이 모여서 분염을 실시하지 않은 상태에서 염색체의 수적, 구조적 이상, p-arm 그리고 q-arm 등의 기호를 결정하였다.

1968년 : 카스퍼슨(Torbjorn Caspersson)은 식물의 염색체를 Quinacrine형광염색을 하여 크기와 밝기별로 구분하였다.

1969년 : 갈(J. G. Gall)과 퍼듀(M. L. Pardue)에 의해 핵산 혼성화(hybridization)의 개념이 확립되면서 ISH(in situ hybridization) 기법이 개발되었다.

1970년 : 카스퍼슨(Torbjorn Caspersson), 제크(Lore Zech) 그리고 요한슨(C. Johansson)은 Quinacrine mustard (QM) 방법을 사람 염색체에 적용하여 각각의 염색체를 확인하였다.

1971년 : 섬너(A. T. Sumner), 드렛(M. E. Drets) 그리고 사우(M. W. Shaw)는 Giemsa stain을 이용한 G-분염법을 발표함으로써 세포유전학의 응용을 널리 보급시켰다.

1971년 : Paris에서 세포유전학 연구자들이 모여 각 염색체별 영역(region)과 밴드(band)를 규정한 명명법이 제안되었다.

1977년 : 서더랜드(Grant Sutherland)는 말초혈액 림프구를 엽산(folate) 결핍배지를 이용하여 X-염색체가 끊어져 보이는 것을 발견하였다.

1979년 : 유니스(J. J. Yunis) 등에 의해 고해상도분염(high resolution banding) 방법이 고안되었다.

1986년 : 핑켈(Daniel Pinkel) 등에 의해 형광동소교잡법(fluorescence in situ hybridization, FISH)이 소개되었다.

1995년 : International System for Human Cytogenetic Nomenclature (ISCN)의 명명규약이 확립되었고, 기존의 명명체계와 분석의 실제 예제를 출판하였으며, 이후로 ISCN 2005, ISCN 2009, ISCN 2013, ISCN 2016 개정판이 나왔다.

(2) 임상세포유전학

임상세포유전학(Clinical cytogenetics)은 염색체의 구조와 기능 및 유전현상을 임상에 적용하여 연구하는 분야이다. 현미경으로 보이는 염색체의 수와 구조의 변화를 조사함으로써 임상 상태를 설명하게 되었는데, 1959년 Down 증후군, 1960년 Edward 증후군 그리고 암과 관련하여 만성골수성백혈병(Chronic Myelogenous Leukemia, CML)에서 Philadelphia chromosome 등의 발견은 좋은 예이다.

임상세포유전학의 발달을 개략적으로 살펴보면 다음과 같다.

1958년 : 레젠느(Jerome Lejeune)는 프랑스의 유전학자로서, 다운증후군(Down syndrome)을 가진 환자의 섬유아세포(fibroblast)를 연구하는 과정에서 각각의 세포들에 21번 염색체의 추가가 있음을 밝혔다.

1959년 : ① 포드(Charles Ford)는 1938년 터너(Hanry Turner)에 의해 알려진 터너 증후군이 염색체에 의한 것으로 45,X라고 밝혔다.

② 제이콥스(Patricia Jacobs)와 스트롱(John Strong)은 1942년 Harry-Klinefelter에 의해 알려진 질환이 염색체 질환으로 XXY임을 밝혔다.

1960년 : ① 파타우(Klaus Patau)는 1657년 바르톨린(Erasmus Bartholin)에 의해 처음으로 알려진 질환이 염색체 질환으로 원인이 Trisomy 13임을 밝혔다.

② 에드워드(John Edwards)는 18세기에 알려진 질환이 염색체 질환으로 원인이 Trisomy 18이라고 밝혔다.

③ 노웰(Peter Nowell)과 헝거포드(David Hungerford)는 만성골수성백혈병 환자의 백혈구에서 필라델피아 염색체가 존재한다는 사실을 최초로 발견하였다.

1963년 : 레젠느(Jerome Lejeune)는 묘성증후군(Cri du chat)이 5번 염색체의 결실과 관계가 있다고 보고하였다.

1965년 : 울프(Ulrich Wolf)와 허쉬호른(Kurt Hirschhorn)은 안면기형과 심한 정신지체를 일으키는 질환이 4번 염색체 단완의 결실이라고 처음으로 보고 하였다.

알아두기 1-7. 필라델피아 염색체(Ph chromosome)

필라델피아 염색체는 1960년 미국의 필라델피아시에 있는 펜실베니아 대학의 연구진에 의해 최초로 발견되었으며, 만성골수성백혈병 환자에서 22번 염색체의 장완이 짧은 것을 발견하였다. 이어 1970년대 초에 염색체의 구조를 관찰할 수 있는 분염법이 개발되면서 필라델피아 염색체의 미세절단부위가 t(922)(q34q11.2) 임이 밝혀졌다.

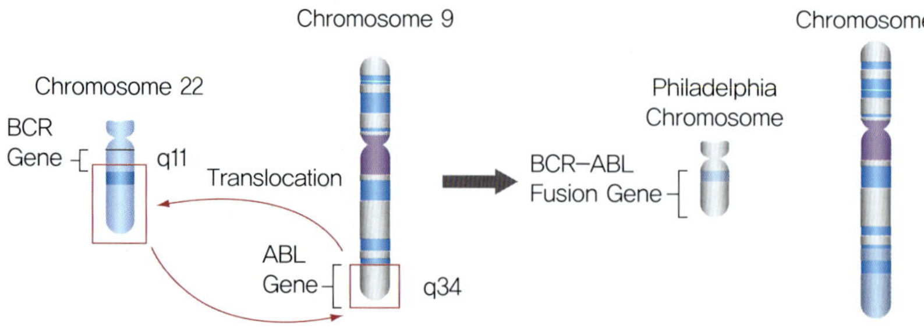

1980년대에는 분자생물학의 발전으로 필라델피아 염색체의 미세 유전자구조가 *'BCR-ABL'* 융합유전자로 밝혀졌으며, 1990년대 초에는 *BCR-ABL* 유전자를 쥐의 조혈모세포에 이입하고 이 조혈모세포를 쥐에게 이식한 후 혈액소견이 만성 골수성백혈병과 유사한 결과를 토대로 *BCR-ABL* 유전자가 만성골수성백혈병의 주요 원인인자임을 보고하였다.
1999년 *BCR-ABL* 유전자가 만드는 암의 단백효소만을 선택적으로 차단하는 표적 항암제 글리벡(Gleevec)의 임상효과가 발표되었으며, 이로써 *BCR-ABL* 유전자가 만성골수성백혈병의 원인 유전자임을 증명하였다.

1969년 : 러브스(Herbert Lubes)는 정신지연을 나타내는 질환 중에서 X-염색체의 취약부위를 처음으로 관찰하면서 취약 X 증후군(Fragile X syndrome)이라고 명명하였다.

1972년 : 마노로브(George Manolov)와 마노로바(Yanka Manolova)에 의해 Burkitt 림프종 환자에서 14번 염색체의 이상을 발견되었다.

1976년 : 제크(Lore Zech) 등은 Burkitt 림프종 환자에서의 염색체 이상이 t(8;14)(q24;q32)임을 증명하였다.

임상세포유전학이 새롭게 분리된 것은 1970년 카스퍼슨(Tobjorn Capersson)이 염색체 분염법을 발표하면서부터이다. 염색체 이상 질환들은 유전병의 주된 분야를 구성하는데, 하나의 오류가 아니라 염색체 전체 혹은 염색체 일부에 존재하는 유전자가 많아지거나 적어진 것에 기인한다. 이런 이상들은 모든 생식의 이상, 선천적 기형과 정신지체에 대한 많은 부분의 원인이 되며 악성종양의 형성에 중요한 역할을 한다. 현재의 염색체 분석은 세포학적 그리고 유전체 수준에서 해상도, 민감도, 정확도 등이 향상되어 임상의학의 진단과정에서 그 중요성이 점점 커지고, 빠르게 발전하고 있다.

임상세포유전학의 응용분야에는 임상진단(clinical diagnosis), 유전자지도 작성(gene mapping), 산전진단(prenatal diagnosis), 종양세포 유전학(cancer cytogenetics) 등이 있다.

(3) 분자세포유전학

분자세포유전학(Molecular cytogenetics)은 세포유전학에 분자유전학적 기법을 접목시킨 분야로 형광동소교잡법(fluorescent in situ hybridization, FISH) 등의 방법을 이용하여 유전현상을 연구하는 분야이다.

분자세포유전학의 발달을 개략적으로 살펴보면 다음과 같다.

1970년 : 퍼듀(M. L. Pardue)와 갈(J. G. Gall)에 의해 핵산 혼성화(hybridization)의 개념을 mouse 염색체에 응용하여 특정의 염기배열을 시각화하는 데 성공하면서 시작되었으며, 탐침자(probe)를 방사선동위원소(radioisotope)로 표지하는 방법이 사용되었다.

1981년 : 바우만(Michael Bauman) 등에 의해 비방사선동위원소를 이용하는 방법이 소개되었다.

1986년 : 핑켈(Daniel Pinkel) 등은 FISH 방법을 소개하였다.

1991년 : 칼리오니에미(Anne Kallioniemi) 등에 의해 비교유전체혼성화반응(comparative genomic hybridization, CGH)이 고안되었다.

1996년 : 스피처(Michael Speicher)는 multicolor FISH 방법을 소개하였다.

1997년 : 약 20종류의 표적 DNA가 고정된 유리슬라이드 상에서 CGH를 시행한 matrix-based CGH가 소개되었다.

4) 분자유전학

분자유전학(Molecular genetics)은 유전현상의 기본적 메커니즘을 분자 수준에서 연구하는 유전학의 한 분야이다. 1869년 미셔(Friedrich Miescher)는 외과용 폐 붕대에 남아있던 고름(백혈구) 세포의 핵에서 복잡한 혼합물을 발견하고 뉴클레인(nuclein)이라고 명명했는데, 그 주요 구성 성분은 염색질(chromatin)과 디옥시리보핵산(DNA) 그리고 염색체 단백질이었다. 그 후 19세기 말엽에 화학자들에 의해 세포 내에서 단백질에 붙어 있던 DNA와 RNA 분리가 가능해졌고, 일반적인 구조를 밝혀냈다.

1928년 그리피스(Frederick Griffith)는 병원성이 이동할 수 있음을 보여준 초기실험을 수행하였다. 치사의 독성을 가진 박테리아를 열처리로 죽인 후, 독성이 없는 살아있는 박테리아를 혼합하여 마우스에 감염시킨 결과, 마우스가 죽었다는 실험결과를 발표하였다. 그리고 비병원성 세균에서 병원성 병원체로의 변화를 형질전환(transformation)이라고 명명하였다. 이어서 1944년 에이버리(Oswald Avery), 맥로드(Colin MacLeod) 그리고 맥카티(Maclyn McCarty)는 그리피스의 형질전환을 일으킨 열처리된 병원성 박테리아를 구성하는 내용물을 찾았으며, phage virus의 실험으로 형질전환인자에 대해 여러 화학적, 생물학적 조사를 실시하여 형질전환인자가 RNA나 단백질이 아닌 DNA임을 재확인 하였다.

1953년 왓슨(James Watson)과 크릭(Francis Crick)은 샤가프(Erwin Chargaff)의 발견과 프랭크린(Rosalind Franklin)의 연구결과를 토대로 쓴 한 페이지도 안 되는 「DNA 이중나선구조」의 발표문을 통해 DNA가 유전물질이라는 것을 뒷받침하였는데, 이는 인류문명사회의 위대한

알아두기 1-8. DNA가 유전물질임을 증명한 최초의 실험

영국의 세균 학자인 그리피스에 의한 *Streptococcus pneumoniae*의 병원성 이동에 관한 실험은 DNA가 유전물질임을 보여주는 최초의 연구이다. 연구내용은 병원성이 있는(virulent) 세균을 끓여서 쥐에게 주입을 하면 폐렴이 발병하지 않고, 죽인 병원성 세균과 살아있는 비병원성 세균을 섞어서 주입하면 쥐가 죽는 것을 발견하였는데, 그 죽은 쥐에서 살아있는 병원성 세균이 검출되었다.

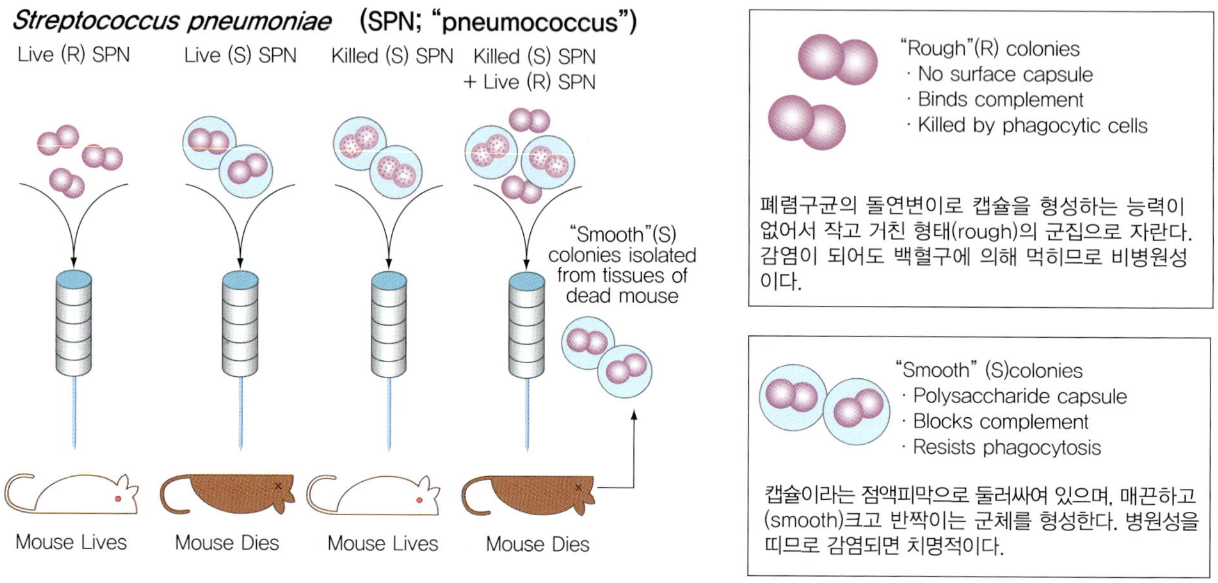

그리피스는 불행히도 그가 이룬 획기적인 발견이 분자유전학에 미친 영향을 보지 못했지만, 국제적으로 상당한 관심을 불러 일으켰으며, 에이버리의 실험실에서 그 실험을 반복하여 1932년에 그 실험결과를 확인하였다.

업적으로 일컬어지며, 이런 구조의 DNA를 통하여 유전이 이루어지고 있다는 것을 입증하였다.

유전자가 어떻게 작용을 하는가를 연구하는 것은 분자유전학에서 매우 중요한 과제로서, 1902년 '생화학적 유전학의 아버지'라고 불리는 개롯(Archibald Garrod)은 사람의 알캅톤뇨증(Alkaptonuria)이 멘델의 열성형질처럼 유전됨을 발견하였다. 그간 특정 질병이 유전된다는 사실은 알고 있었지만, 질병분석에 멘델의 법칙을 적용한 것은 개롯이 최초였다.

1945년 비들(George Beadle)과 타툼(Edward Tatum)은 모든 생명체는 수많은 화학반응을 수행하는데, 이러한 반응은 여러 단계에 걸쳐 이루어지고, 각각의 단계는 유전자에 의해 조절되며, 이들 유전자의 돌연변이는 세포의 대사과정에 이상을 일으킨다는 '1유전자-1효소(one gene-one enzyme)' 개념을 공식화 하였다.

1970년대에 개발된 분자클로닝(molecular cloning)기법과 1980년대에 소개된 중합효소연쇄반응(polymerase chain reaction)은 분자유전학 연구를 위한 기술적인 혁명으로서, 유전자에서부터 생체(organism)에 이르기까지 모든 단계에서의 분자적 과정에 대한 이해를 증진시켜왔을 뿐만 아니라 의학적인 측면에서 눈부신 속도로 발전을 하고 있다. 의학적인 측면, 특히 유전질환의 연구에 분자생물학적 기법을 적용하여 진단과 치료방법 개선을 위한 분자적 기초를 연구함은 물론 본질을 이해함으로써 분자유전학이 발전할 수 있는 계기가 되었다.

의학 또는 유전학자들은 20세기 말과 21세기 초에 급속하게 발전된 분자생물학, 생화학, 세포생물학의 지식과 기술을 바탕으로 인류의 다양성과 유전현상에 관한 연구를 하였다. 그 결과 사람을 비롯한 총 243개 생물종의 유전자지도가 작성되었고, 2006년 사람유전체 염기서열 및 유전자지도가 완성되어 염색체 상에서 각 사람 유전자에 대한 위치와 각 유전자의 구조적 특성이 상세하게 밝혀지면서

알아두기 1-9. 샤가프와 프랭크린의 업적

샤가프는 모든 생물에서 DNA를 구성하는 A, T, G, C 염기들에서 A와 T의 양과 G와 C의 양은 항상 일정하고 또한 서로 상보적으로 이루어져 있다는 사실을 1950년도에 발표하였다. 이 염기의 상보성이 DNA의 구조에 어떤 결정적인 역할을 할 것이라는 것을 어렴풋하게 알고는 있었지만, 염기들이 왜 상보적이어야 하는지는 설명하지 못하였다. 그래서 그의 업적이 빛나지는 못했지만, 염기의 상보성을 밝힌 것은 샤가프의 업적이었다.
샤가프는 종이 크로마토그래피(paper chromatography)라는 기술을 이용하여 DNA의 염기를 분석하였는데, DNA의 출처에 상관없이 퓨린(purine) 대 피리미딘(pyrinidine)의 비가 항상 거의 1:1임을 보여주었다.

Data Leading to the Formulation of Chargaff's Rules

Source	Adenine to Guanine	Thymine to Cytosine	Adenine to Thymine	Guanine to Cytosine	Purines to Pyrimidines
Ox	1.29	1.43	1.04	1.00	1.1
Human	1.56	1.75	1.00	1.00	1.0
Hen	1.45	1.29	1.06	0.91	0.99
Salmon	1.43	1.43	1.02	1.02	1.02
Wheat	1.22	1.18	1.00	0.97	0.99
Yeast	1.67	1.92	1.03	1.20	1.0
Hemophilus influenzae	1.74	1.54	1.07	0.97	1.0
E-coli K2	1.05	0.95	1.09	0.99	1.0
Avian tubercle bacillus	0.4	0.4	1.09	1.08	1.1
Serritia marcescens	0.7	0.7	0.95	0.86	0.9
Bacillus schalz	0.7	0.6	1.12	0.89	1.0

SOURCE : After E. chargaff et al., J. Biol. Chem. 177(1949)

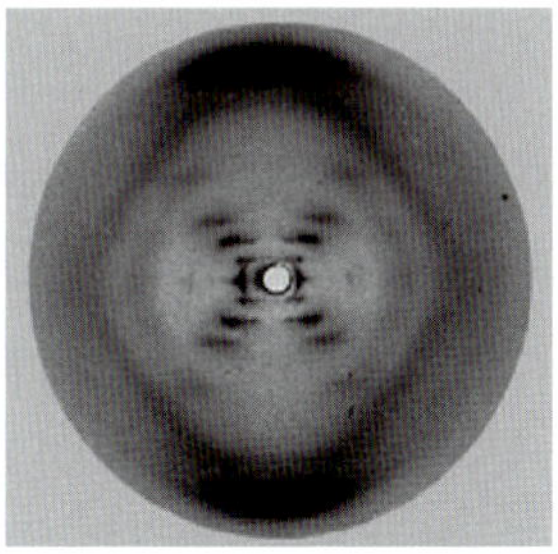

1952년 프랭크린은 X-선 회절을 이용하여 DNA 구조가 8자형, 바나나 또는 나선모양으로 되어있을 것이라고 추정하였으며, 찍은 DNA X-선 회절 사진은 DNA의 구조를 이해하는데 결정적인 역할을 하였다. 그리고 프랭크린과 같이 X-선 회절을 연구하던 윌킨스(Maurice Wilkins)와 왓슨이 1953년 이 사진을 공유하게 되면서 DNA에 관한 수수께끼가 풀리게 된다. 프랭크린의 X-선 회절연구는 DNA가 나선구조임을 강력하게 시사하였을 뿐만 아니라 나선구조의 모양과 크기에 대한 중요한 정보를 제공하였다.
왓슨과 크릭은 프랭크린과 함께 DNA의 정체를 밝히는데 가장 가까이 접근했지만, 생물학적 영감을 얻지 못한 샤가프의 업적이 DNA 구조의 발견에는 결정적인 역할을 하였다.

post-genome 시대로 진입하게 되었다.

분자유전학의 개략적인 발달사를 정리하면 다음과 같다.

1859년 : 다윈(Charles Darwin)은 『종의 기원』을 출간하였다.

1866년 : 멘델(Gregoe Mendel)이 「식물잡종실험(Experiments on Plant Hybridization)」을 Society for Research in Nature에 발표하였다.

1869년 : 미셔(Friedrich Miescher)는 백혈구의 핵에서 DNA를 발견하였다.

1900년 : 코렌스(Carl Correns), 드브리스(Hugo de Vries) 그리고 체르마크(Erich Tschermak)는 멘델의 법칙과 유사한 이론을 제시하면서 멘델의 법칙을 재확인하였다.

1902년 : 개롯(Archibald Garrod)은 알캅톤뇨증에 대한 유전적 원인을 최초로 밝혔다.

1909년 : 요한센(Wilhelm Johannsen)은 유전자(gene), 유전형(genotype), 표현형(phenotype) 등의 용어를 제안하였다.

알아두기 1-10. 개롯과 알캅톤뇨증

런던 병원에서 내과의사로 근무하던 개롯은 환자의 소변으로 배설되는 여러 가지 색소에 대한 관심을 가지게 되고, 이러한 궁금증을 풀기위해 생화학자인 홉킨스(Frederick Hopkins)와 공동 연구를 하게 되었다. 그 결과로 신생아에서 나타나는 검은 기저귀 병으로 알려진 알캅톤뇨증의 원인을 알게 되었고, 이 질병의 유전관계를 조사하여 근친관계의 부모를 가진 자녀에게서 자주 나타나는 것을 발견하였다.

이어 식물학자이며 유전학자인 베이트슨(William Bateson)의 도움으로 알캅톤뇨증이 멘델의 법칙에 따라 열성형질과 같이 유전한다는 사실을 알게 되어 멘델의 법칙이 재발견된 지 2년 후인 1902년에 「The incidence of alkaptonuria : a study in chemical individuality」라는 제목의 논문을 발표하였다. 그리고 1908년에 시스틴뇨증(cystinuria)과 펜토스뇨증(pentosuria)을 추가로 제시하면서 「선천성 대사장애(inborn errors of metabolism)」라는 용어를 사용하였다. 그러나 그의 눈부신 업적에 대해서 관심을 받지 못하고, 30년이 지난 후에야 비들(George Beadle)과 타툼(Edward Tatum)에 의해 유전자와 유전자 산물에 대한 개념이 정립되었다.

호모겐틴산의 옛 이름이 알캅톤(alkapton)이기 때문에 알캅톤뇨증이라고 명명된 이 질환은 티로신(tyrosine) 대사의 결함에 의해 발생하는 상염색체 열성으로 유전되는 질병이며, 호모겐틴산 산화효소(homogentisic acid oxidase)의 선천성 결손에 의해 나타난다.

알캅톤뇨증은 약 20만 명 중 한명의 빈도로 발생하는 질병이며, 페닐알라닌(phenylalanine)과 티로신 이화작용의 중간물질인 호모겐틴산이 세포와 조직에 축적되고 환자의 소변으로 배출된다. 이 물질은 빛과 공기 중에서 검은색으로 산화되어 흑갈색으로 변하며, 연골조직 부위에 축적되어 귀와 코를 검게 만들고, 관절에 축적이 되는 경우는 양성의 관절염을 일으키기도 한다.

이 질환은 심각하지는 않지만, 일생 동안 지속이 되며, 결합조직에 침투하는 경우는 조직갈변증(ochronosis)으로 진행된다. 성인의 경우는 조직갈변증과 골관절염이 나타나며, 순환기 증세로는 심장판막장애와 동맥류를 합병하는 경우가 많고, 심장판막에서 석회침착이 일어나며 심근경색증에 의하여 사망하기도 한다.

1913년 : 스터트에반트(Alfred Sturtevant)는 최초로 염색체의 유전자지도(genetic map)를 작성하였다.

1924년 : 포일겐(Robert Feulgen)은 DNA가 염색체 상에 있다는 사실을 확실하게 밝혔다.

1927년 : 뮐러(Herman Muller)는 X-선 주사에 의해 인공적으로 돌연변이가 유발됨을 발견하였으며, 그 공로로 1946년 노벨 생리의학상을 수상하였다.

1931년 : 크라이톤(Harriet Creighton)과 맥클린토크(Barbara McClintock)는 유전적 재조합과 세포학적 교차(crossing over) 사이의 상관관계를 밝혔다.

1941년 : 비들(George Beadle)과 타툼(Edward Tatum)에 의해 1유전자-1효소설이 제안되었다.

1943년 : 아스트버리(William Astbury)와 허긴스(Maurice huggins)는 X-선이 DNA의 회절을 일으키는 것을 발견하였다.

1944년 : ① 에이버리(Oswald Avery), 맥로드(Colin MacLeod) 그리고 맥카티(Maclyn McCarty)는 형질전환인자에 대한 화학 · 생물학적 연구를 통해 형질전환인자가 DNA 임을 입증하였다.

② 맥클린토크(Barbara McClintock)는 점프하는 유전자(jumping genes)를 발견하였다.

1950년 : ① 맥클린토크(Barbara McClintock)는 옥수수를 이용한 실험에서 유동유전자(mobile genetic elements)를 발견하였고, 'Activator dissociation system'을 밝혔으며 그 공로로 1983년에 노벨상을 수상하였다.

② 샤가프(Erwin Chargaff)는 1949년부터 크로마토그라피 방법으로 DNA의 염기를 정량적으로 분석하여, 아데닌과 티민 그리고 구아닌과 시토신이 각각 1:1의 몰(mole) 비로 들어 있다는 사실을 밝혔다.

1952년 : 허쉬(Alfred Hershey)와 체이스(Martha Chase)는 DNA가 유전물질임을 밝히는 실험을 하였는데, 이를 'Hershey-Chase experiment'라고 하며, 이들은 전자현미경을 통해서 바이러스의 DNA가 박테리아 내부로 들어가 감염시키는 것을 관찰하였다.

1953년 : 왓슨(James Watson)과 크릭(Francis Crick)은 DNA의 이중나선구조를 밝혔으며, 1962년 노벨상을 수상하였다.

1955년 : 콘버그(Arthur Kornberg) 등은 *E. coli* bacteria에서 DNA가 세포 밖에서도 복제될 수 있다는 것을 알아냈고, DNA polymerase를 분리하였으며, 그 공로로 1966년 노벨상을 수상하였다.

1958년 : 미질슨(Matthew Meselson)과 스탈(Franklin Stahl)은 박테리아의 DNA가 반보존적으로 복제가 됨을 증명하였다.

1961년 : ① 브렌너(Sydney Brenner), 제이콥(Francosis Jacob) 등은 mRNA를 발견하고, messenger hypothesis의 증거를 발표하였다.

② 거스리(Robert Guthrie)는 신생아에서 대사성이상 질환인 페닐케톤뇨증(phenylketonuria, PKU)을 발견하였다.

③ 스피겔만(Sol Spiegelman)은 핵산의 혼성화(hybridization) 방법을 개발하였다.

1965년 : 해리스(Henry Harris)는 생쥐와 사람의 세포를 이용하여 체세포의 융합(somatic cell fusion)을 시행하였다.

1966년 : 니렌버그(Marshall Nirenberg), 코라나(Har Khorana) 등에 의해 세 개의 염기가 하나의 부호를 이루어 한 개의 아미노산을 지정한다는 사실을 발견하였다.

1968년 : 스미스(Hamilton Smith) 등은 제한효소가 DNA 특정 염기서열을 자른다는 것을 발견하였으며, 스미스는 1970년 최초로 제한효소를 분리하였다.

1973년 : 코헨(Stanley Cohen)과 보이어(Herbert Boyer)는 제한효소와 리가제(ligases)를 사용해서 DNA를 자르고 붙이는 기술과 박테리아에서 새로운 DNA를 복제하는 기술을 완성하였다.

1975년 : 서던(Edwin Southern)은 blotting 방법을 개발하였다.

1975~1977년 : 길버트(Walter Gilbert)와 생어(Frederick Sanger)는 DNA 염기서열법을 개발하였으며, 생어는 ∮X 174 바이러스의 전체 염기서열을 결정하였다.

1977년 : 로버츠(Richard Roberts)와 샤프(Phillip Sharp)는 아데노바이러스의 mRNA가 DNA의 연속되지 않는 4개부분과 대응된다는 사실을 발견하였으며, 유전자 내의 인트론(intron)을 발견하였다.

1983년 : 구셀라(James Gusella)와 웩스러(Nancy Wexler)는 DNA의 다형성(polymorphism)을 이용하여 염색체 4번 p16.3 부위에 위치하는 유전자가 헌팅톤병(Huntington disease)과 관계가 있음을 발견하였다.

1985년 : ① 멀리스(Kary Mullis)는 중합효소연쇄반응(polymerase chain reaction, PCR) 기법을 개발하였으며, 1993년에 노벨상을 수상하였다.

② 사이키(Randall Saiki) 등이 PCR을 이용한 특정 DNA 절편의 증폭에 성공하였다.

③ 그라이더(Carol Greider)와 블랙번(Elizabeth Blackburn)은 텔로미어(telomere) 합성에 관련된 효소 활성의 특성에 대해 보고하였다. 이들은 소스텍(Jack Szostak)과 함께 2009년 염색체들이 분해되지 않고, 텔로미어와 효소 텔로머라제에 의해 어떻게 보호되고 있는지를 발견한 'the discovery of how chromosomes are protected by telomeres and the enzyme telomerase' 공로로 노벨상을 수상하였다.

1987년 : 사이키(Randall Saiki)에 의해 *Taq* DNA polymerase가 발견되었다.

1990년 : 왓슨과 NIH (National Institutes of Health)에서 사람게놈프로젝트(Human Genome Project, HGP)를 시작하였다.

1995년 : *Haemophilus influenzae, Mycoplasma genitalium*의 전체 유전체 염기서열을 완성하였다.

1997년 : *E. coli* 유전체 염기서열을 완성하였다.

1998년 : ① *M. tuberculosis Bacterium, C. elegans* 유전체 염기서열이 완성되었고, ② 미국에서 HUGO (Human Genome Organization)가 결성되어 사람유전체의 염기서열 규명이 시작되었으며, ③ 델로커스(Panos Deloukas)는 3만 개 이상의 유전자가 포함된 사람유전자의 물리적지도를 발표하였다.

1999년 : ① 놀러(Harry Noller)에 의해 리보솜 결정구조가 밝혀졌다.

② 사람의 22번 염색체 염기서열이 완성되었다.

③ 포디어(Steven Fodeor)가 DNA 미세칩(microarray)을 개발하였다.

2000년 : ① 스타이츠(Thomas Steitz)는 X-선 단결정법을 이용하여 리보솜의 원자배열 구조를 파악하였고, 펩티딜 전달의 활성을 나타내는 중심부상에 23S rRNA가 존재함을 발견하였다.

② 벤터(Craig Venter)와 콜린스(Francis Collins)는 사람 게놈지도의 초안을 작성하여 보고하였다.

④ 사람의 21번 염색체의 염기서열이 완성되었다.

2001년 : 만성골수성백혈병(CML) 환자에게 글리벡(gleevec) 치료가 시작되었다.

2002년 : Mouse와 rice 전체 유전체 염기서열이 완성되었다.

2003년 : 사람 게놈 프로젝트가 완성되었다.

2004년 : ① Rat, chicken 전체 유전체 염기서열이 완

성되었고, ② Affymetrix사에서 Genechip microarray 기술을 의학에 적용하기 시작하였다. ③ 닭 게놈 DNA를 완전하게 해독하였다. ④ '쓸모없는 DNA(junk DNA)'가 밝혀졌다.

2005년 : ① Chimpanzee, dog 전체 유전체 염기서열이 완성되었다. ② 차세대염기서열분석(Next Generation sequencing technique)법이 개발되었다.

2006년 : ① The Cancer Genome Atlas (TCGA) 프로젝트가 시작되었다. ② 네안데르탈인 DNA 염기서열을 분석하였다. ③ 마이크로 RNA와 siRNA보다 긴 새로운 RNA를 발견하였다.

2007년 : '스페인 감기' 바이러스의 독성을 강하게 하는 원인 유전자가 밝혀졌다.

2008년 : 루게릭병을 유발하는 유전자를 찾았고, 항생제 '페니실린'을 만드는 균의 '유전자 서열'이 완성되었다.

2009년 : 마이크로 RNA의 메커니즘이 밝혀졌다.

2011년 : 미국 FDA에서 차세대염기서열분석(NGS) 임상적용이 승인되었다.

2013년 : ① 'DNA 백과사전'이 완성되었다. ② 유도만능줄기세포(iPS) 임상 연구가 최초로 승인되었다.

2015년 : 표적유전자만 제거하는 '크리스퍼 유전자 가위'의 정확성 입증이 발표되었다.

2016년 : microRNA (mRNA) 생성에 결정적 역할을 하는 드로셔(DROSHA) 단백질의 3차원 구조가 최초로 밝혀졌다.

5) 의학유전학

의학유전학(Medical genetics)은 주로 사람의 유전성 질환의 진단과 치료를 다루는 학문으로, 1902년 개롯이 발견한 알캅톤뇨증이 멘델의 유전법칙에 따라 유전됨을 발견하면서 시작되었다고 할 수 있다.

의학유전학은 다른 유전학에 비해 늦게 시작되었지만, 2003년 사람유전체 프로젝트 완성에 따른 사람유전체 염기서열의 완전 해독으로 사람유전체가 약 35,000개의 핵 내 유전자를 가지고 있음이 밝혀지고 사람에 존재하는 유전자 변이형에 대한 유전체 분석기술의 발달로 질병의 원인유전자 변이형 규명이 가능하게 되면서 가장 빠른 속도로 발전하고 있다. 최근 자료에 의하면 사람유전체는 약 41,470개 정도의 유전자를 가지고 있으며, 이 유전자 중에서 단백질을 코딩하는 유전자는 약 20,000개 정도로 알려지고 있다.

의학유전학은 유전자 하나가 아닌 유전체 전체의 연구가 가능해짐에 따라 유전체의학(genomic medicine)의 일부가 되었다. 유전물질을 조작할 수 있을 정도로 발전한 분자생물학적 기술의 덕택으로 유전자가 어떻게 작용하고 조절되는지 규명되면서 유전자 발현조절, 사람유전자의 다양성, 유전자와 환경과의 상호작용을 포함하는 유전체에 대한 분석들이 의료분야에 적용되고 있다.

의학유전학은 염색체 연구분야인 세포유전학(cytogenetics), 각 유전인자의 구조와 기능에 관한 분자유전학(molecular genetics)과 생화학 유전학(biochemical genetics), 유전체와 그 조직 및 기능을 연구하는 유전체학(genomics), 인류 집단 내에서 유전적 다양성과 대립인자의 빈도 등을 연구하는 집단유전학(population genetics), 발생과정에서 유전적 조절에 대한 연구를 하는 발생유전학(developmental genetics) 그리고 약리유전학(pharmacogenetics) 등 유전학의 모든 분야를 포함한다.

의학유전학은 환자 진단과 치료 및 관리에 적용하는 임상유전학(clinical genetics)과 진단유전학(diagnostic genetics) 분야로 구분될 수 있다. 임상이라는 말은 '침대 옆에(bedside)'라는 의미로서 그리스어의 'klinikos'에서 유래된 것으로 유전성 질환의 진단과 환자의 치료와 관련된 분야이다. 진단유전학은 질병의 분자적 기전과 유전체 정보에 대한 지식과 빠르고 간편하게 유전정보 등을 분석할 수 있는 기법들의 발달에 힘입어 놀라운 속도로 발전하고 있으며, 유전질환의 진단에 관한 검사를 일컫는 말로 '임상검사유전학'이나 '유전진단'이라고 부르기도 한다.

진단유전학은 염색체를 검사하는 세포유전, 유전자의 염기순서 등 분자 수준을 대상으로 하는 분자유전 그리고 대사물질이나 효소 등을 검사하는 생화학유전 등의 세부 분야로 나눌 수 있다. DNA, RNA와 같은 유전물질을 대상으로 분자유전학적 기술을 적용해 검사하는 분야를 유전자검사 또는 DNA검사라고 부르며, 이것은 유전질환뿐만 아니라 종양, 감염질환 그리고 친자감별이나 조직적합성 검사 등과 같은 개인의 다양성 검사에 적용된다.

생화학 유전학은 단백질 또는 대사산물의 이상을 연구하는 학문이며, 인체의 대사는 효소에 의해 매개되는 수많은 생화학적 경로의 상호작용이 수반되며 세포 내 소기관, 세포표면 수용체 그리고 세포 내 수송계 등이 중요한 역할을

알아두기 1-11. 사람유전체 사업(The Human Genome Project, HGP)

사람유전체 사업은 1990년 미국의 국립보건원(National Institutes of Health, NIH)과 에너지국(U.S. Department of Energy, DOE)이 공동 주관하여 1차 목표로 2005년까지 사람유전체를 서열화하고 지도를 만드는 것과 다섯 가지 다른 생물들(세균, 효모, 선충, 초파리, 쥐)의 유전체를 서열화하는 것을 제2의 목표로 미국의 여러 연구소에서 시작되었다.

그러나 1993년 영국의 비영리 재단인 Well-come Trust의 지원을 받은 Sanger Center의 합류를 시작으로 프랑스와 일본이 그리고 그 뒤를 이어서 독일과 중국이 참여함으로써 사람유전체 사업단(Human Genome Organization, HUGO)이란 컨소시엄이 설립되기에 이르렀고, 그 후 DNA의 구조를 발견하여 노벨상을 받은 왓슨이 초대 단장으로 참여하는 등 세계적인 연구자들이 속속 가세함으로써 과학 분야에서 국제적인 대규모 연구사업으로 변모되었다.

사람유전체 사업은 단순히 사람유전체의 DNA 염기서열만을 결정하는 것이 아니라 유전자지도 및 물리적지도의 작성, DNA 염기서열 분석기술의 개발, 모델 생명체의 유전체연구, 생물정보학, 유전체연구의 윤리적 · 법적 및 사회적 연관성 연구 등 인류의 건강 증진 추구라는 포괄적인 목적을 가지고 있었다. 당초 2005년을 목표로 시작되었던 사람유전체 사업은 염기서열 분석기술의 급속한 발전과 함께 국제 컨소시엄과 미국의 벤처기업 셀레라(Celera Genomics)와의 경쟁으로 가속화되어 사람유전체 초안이 2001년 Nature지에 발표되었고, 같은 주에 셀레라는 자신들의 초안 서열을 Science지에 발표하면서 염기서열과 유전체지도가 4년이나 앞 당겨져 완성되었다.

사람유전체 사업은 사람 생물학에서의 주요한 이정표가 되었다. 의학유전학의 급속한 발달로 유전의료시대를 직면하고 있지만, 공적 지원을 받는 컨소시엄 내부 실험실끼리의 특허권 경쟁이나, 셀레라 같은 사립 회사가 사람유전자의 구조와 같은 공적인 자원에 대한 소유권을 행사하는 권리에 대한 논쟁들은 해결되지 않고 여전히 남아있다.

담당한다. 대부분의 유전성 대사질환(inherited metabolic disease)은 단백질 또는 대사물질의 분석을 통해 진단이 이루어지기 때문에 '생화학유전질환'이라고도 한다.

약리유전학(pharmacogenetics)이란 약리학(pharmacology)과 유전학(genetics)이 결합된 것으로 약물에 대한 인체의 반응에서 약물대사, 효력 및 독성에 영향을 주는 유전적인 요소를 다루는 학문이다. 동일한 치료약제와 용량을 선택하여 적용을 해도 환자마다 약물반응 정도는 매우 큰 차이를 나타낼 수 있어 효과적인 예방 및 치료가 지연 또는 실패하거나 경우에 따라서는 심각한 약물 부작용을 초래하기도 한다. 이러한 약물치료 반응에 대한 개인 간의 차이는 개인의 약물대사능력이나 반응 정도를 결정하는 유전적 요인에 의한 것으로 설명될 수 있다.

약리유전학을 이해하기 위해서는 약리학에 있어서의 2가지 중요한 요소 즉, 첫 번째는 체내 약물 또는 약물대사체의 흡수, 분포, 대사, 배설 등 체내 동태를 다루는 약동학(pharmacokinetics), 두 번째는 약물의 효능이 전달되는 과정을 설명하는 약력학(pharmacodynamics)에 대해 정확한 이해가 필요하다(그림 1-6).

어떤 약물 또는 화학물질에 대한 인체의 반응은 매우 다양한데, 일부에서는 기대효과가 나타나는 반면에 다른 사람에서는 부작용이 나타날 수 있다. 이러한 약물효과는 치료하는 질환의 원인 및 중증도, 환자의 나이, 영양상태, 간과 신장의 기능, 동반된 질환, 그리고 기후나 음식물과 같은 환경적 요인에 의해 영향을 받을 수 있는데, 무엇보다도 약물대사에 관여하는 유전적 차이와 약물반응에 관여하는 효소 및 단백질에 관련된 유전자의 다형성이 가장 큰 영향을 미친다. 약리유전학에서 가장 중요하며 많은 연구가 이루어진 대표적인 효소는 산화효소인 cytochrome P450(CYP)이 있으며, *CYP2D6*, *CYP2C9*, *CYP2C19*, *CYP1A1/2*, *CYP2E1*, *CYP2A6* 등의 유전자 다형성이 약물대사에 관여하는 것으로 알려져 있다.

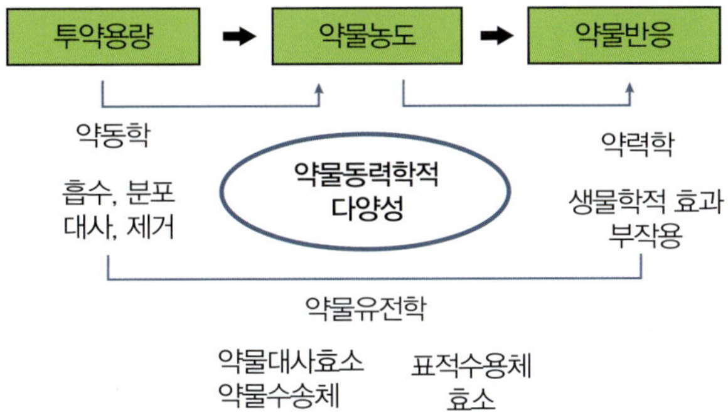

그림 1-6. 약리유전학과 약동학 및 약력학의 관계

약리유전검사에는 표현형검사(phenotyping)와 유전형검사(genotyping)가 있으며, 궁극적 목표는 단순한 유전적 변

알아두기 1-12. 유전성 대사질환의 종류

종류	질환명
탄수화물대사	당원병, 갈락토스혈증, 과당대사질환 등
아미노산대사	고페닐알라닌혈증, 단풍당뇨증, 타이로신혈증, 요소회로계 결함, 비케톤성 고글라이신혈증
핵산대사	정신지체와 관련된 레쉬니한(Lesch-Nyhan) 증후군
리소좀축적 질환	스핑고리피드 대사질환, 뮤코다당증 등
스테롤대사	콜레스테롤 생합성 대사질환, 담즙산 생합성 대사질환 등
에너지대사	미토콘드리아 호흡연쇄 대사질환, 지방산 산화 대사질환 등
금속대사	간이나 뇌에 구리가 축적되는 윌슨병, 구리대사 장애의 멘케스병
퍼옥시좀대사	과산화소체 대사질환
호르몬	선천성 부신기능항진증

알아두기 1-13. 유전자치료(Gene Therapy)

유전자치료란 환자의 세포, 조직에서 질환을 유발하는 비정상 유전자를 대체할 정상 유전자나 질병 치료에 도움이 되는 유전자를 삽입하는 치료기술을 통칭한다. 유전자 치료의 장점은 질환의 근본 원인을 분자수준에서 규명하여 치료하는 것으로 개념은 1950년대 부터 등장하였다. 그러나 1980년대 초반 레트로 바이러스(retrovirus)를 이용한 벡터가 개발되면서 구축되었으며 이후 세계적으로 유전자 치료의 성공을 위해 노력중이다. 국내에서는 2016년 유전자치료제 임상시험 가이드라인을 적용하여 유전자치료제를 사용하는 임상시험과 허가받은 유전자치료제에 대한 위해성 관리를 하고 있다.

유전자치료 방법의 예로는, 혈액세포를 이용하는 치료법으로서 환자의 혈액세포에 치료용 유전자를 운반할 벡터를 넣고 배양을 한 후 다시 환자에게 넣어주는 *ex vivo*(생체 밖에서의) 방법, 치료용 유전자를 플라스미드 또는 레트로 바이러스와 같은 벡터를 이용하여 체내에 직접 넣어주는 *in vivo*(생체 안에서의) 방법 그리고 주로 호흡기 질환을 앓고 있는 환자에게 국소적으로 사용하는 in situ(제자리에서의) 교잡법 등이 있다. 그러나 세포 · 조직 특이적 벡터의 미개발, 불충분한 유전자 발현, 바이러스의 면역성 그리고 삽입 시의 돌연변이 유발 등의 문제점과 부작용으로 인해 유전자치료의 진전은 매우 제한적이다.

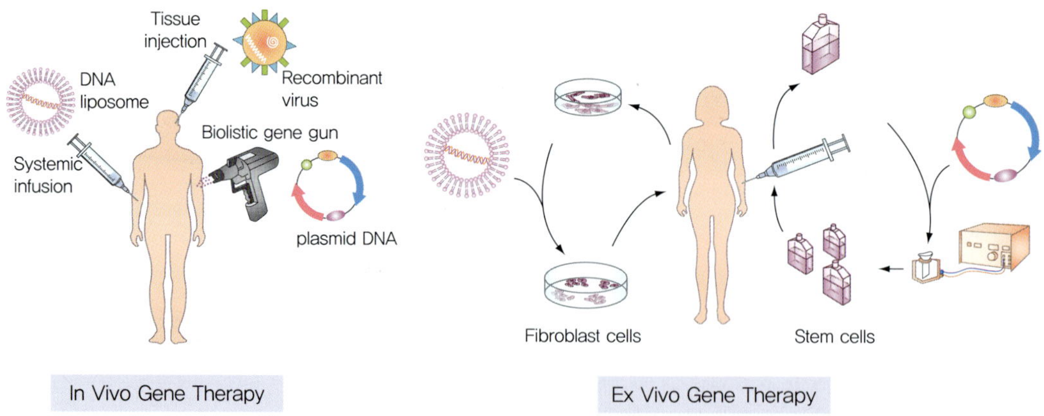

유전자치료를 위해서는 난치성 질환이어야 하며, 질병을 일으키는 원인 유전자가 분리되어야 하는데, 유전질환의 50% 이상이 돌연변이의 위치가 밝혀지지 않았고 또한 그 유전자가 밝혀졌다 하더라도 질병의 분자학적 병인이 밝혀지지 않았다. 예를 들면, 페닐케톤뇨증(PKU)의 경우 수년간의 연구가 진행되었음에도 불구하고 phenylalanine의 증가가 뇌의 발달이나 기능에 어떻게 작용하는지가 명확하게 밝혀지지 않고 있다.

유전자치료를 하기 위해서는 그 질환에 대한 유전적 의미, 치료에 대한 이해 그리고 평생 불편이 지속될 수 있는 가능성에 대한 환자의 교육이 매우 중요하며, 모든 유전자치료 연구계획서는 환자를 수용하고 있는 병원과 국가 규제기관에 의하여 검토가 된 후 승인을 받아야 한다.

이의 확인 자체가 아니라, 개개인의 약물 치료 실패나 독성 발현, 약물동력학적 변화를 예측하여 환자에게 적합한 약제의 선택 및 약물의 적정투약용법 결정에 도움을 주기 위함이다. 따라서 약리유전검사가 약물반응에 대한 임상적 평가나 치료적 약물농도 모니터링을 대체할 수는 없으며, 개인맞춤치료를 위한 상호보완적인 역할을 하는 것이다.

이처럼 의학유전학은 현대 생물학의 모든 분야와 협력관계를 이루며 많은 질병의 본질을 밝히고, 질병에 대한 발병 가능성을 미리 파악하고 위험인자를 제거함으로써 발병을 사전에 방지하거나 조기진단을 통한 치료가 가능할 수 있는 방향으로 발전하고 있다.

제2장

세포

1. 세포의 일반적 특성

세포는 인체의 가장 기본적인 기능적 구성요소로서 성장과 번식을 하고, 정보를 처리하고, 자극에 반응하며, 화학반응을 수행함으로써 생명유지에 관여한다. 1839년 식물학자인 슐라이덴(Matthias Schleiden)과 슈반(Theodor Schwann)이 세포설을 제일 먼저 주장하였고, 1858년 독일의 의사인 비르효(Rudolf Virchow)는 "모든 동물은 각자 생명단위의 총합으로 나타나며, 이것들은 각자 자체에 생명의 완전한 특징을 가지고 있다"고 언급하였다. 사람의 경우는 약 250종 이상의 세포로 이루어져 있지만, 아메바와 박테리아 같은 원생동물은 단일세포로 구성되어 있다.

세포의 크기는 1 μm정도인 박테리아에서부터 수십 cm나 되는 타조의 난세포 등 생물의 종에 따라 다양하고, 동일 종 내에서도 세포의 종류에 따라 다양한데 일반적으로 동물의 세포는 수 μm에서 수십 μm 정도이다(그림 2-1).

일반적으로 세포의 종류는 크게 핵막의 존재 유무에 따라 원핵세포(prokaryotic cell)와 진핵세포(eukaryotic cell)로 구분한다. 원핵세포는 핵막으로 구획된 핵이 없으며, 핵양체(nucleoid)라고 하는 유전물질을 간직한 섬유상의 물질이 존재하고, 고세균(Archaea)과 진정세균(Bacteria) 영역으로 분류된다.

진핵세포에는 막으로 둘러싸인 핵과 막성 소기관이 존재하며, 단세포성 원생생물, 곰팡이, 조류와 다세포성 동·식물이 포함된다. 세포의 형태는 세포의 종류, 기능에 따라 다양하며(예 : 상피세포, 간세포, 신경세포 등), 외부 환경과 경계를 이루는 세포막으로 둘러싸여 있다. 원핵세포와 진핵세포는 유전정보의 전달과 해독과정, 에너지 대사과정, 분비과정 등에서도 많은 차이점을 나타내지만, 유전암호와 DNA에 있는 유전정보 발현과정, 대사적인 면에서는 아주 비슷하다(표 2-1).

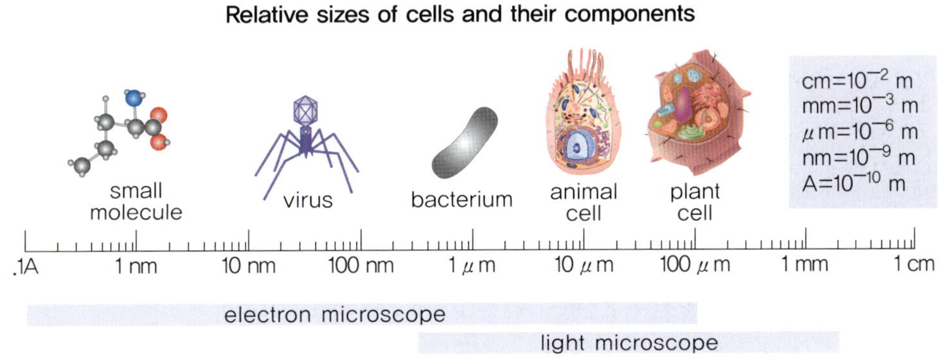

그림 2-1. 세포의 크기와 종류

표 2-1. 원핵세포와 진핵세포의 비교

특징	원핵세포	진핵세포
핵	핵막이 없으며, 핵 속에 인이 없음	핵막이 있으며, 핵 속에 인이 하나 혹은 그 이상 존재
히스톤단백질	없음	있음
인트론	일반적으로 없음	있음
염색체 수	한 개 정도를 가짐	두 개 혹은 그 이상
DNA 함량	$1 \sim 5 \times 10^6$ bp	$1.5 \times 10^7 \sim 5 \times 10^9$ bp
DNA 합성	세포의 전 생활주기 동안에 이루어짐	특정 세포주기에서만 이루어짐
유사분열	중심체, 방추사, 미세소관이 없어서 2분법으로 분열함	유사분열을 함
유전자 재조합	DNA의 일방성 전달(부분적)	감수분열과정에서 일어남
세포 내 막성체계	광합성을 하는 몇 세균을 제외하고 세포 내 막성체계가 없음	미토콘드리아, 엽록체, 골지복합체, 소포체 등의 막성 소기관과 막성체계가 있음
세포골격	미세소관, 액틴섬유, 중간섬유가 없음	미세소관, 미세섬유, 중간섬유가 있음
스테롤성분	대부분 존재하지 않음	세포막에 존재함
분화	제한적	조직, 기관 등으로 분화함

2. 세포의 구조와 기능

진핵세포는 핵과 다양한 세포 소기관들을 가지고 있으며, 이들의 대부분은 막에 의해 둘러싸여 있다. 핵은 핵막(nuclear membrane)과 염색질(chromatin), 핵인(nucleolus)으로 이루어져 있으며, 내막(internal membrane)으로 싸여 있는 세포 소기관들, 그리고 세포질 전체에 뻗어있는 단백질섬유의 세포골격으로 구성되어 있다.

세포 전체 부피의 50%를 약간 넘는 세포질(cytoplasm)은 세포막과 핵 사이의 부분을 말하는 것으로 세포 내 대사과정이 일어나는 주요 장소로서 다양한 효소들을 포함하고 있으며, 액체부분의 세포질액(cytosol)과 소기관들이 존재한다.

세포 내 소기관에는 골지체(Golgi apparatus), 리보솜(ribosome), 미토콘드리아(mitochondria), 리소좀(lysosome), 소포체(endoplasmic reticulum) 그리고 퍼옥시좀(peroxisome) 등이 있다(그림 2-2). 이외에도 세포골격을 이루는 미세섬유(microfilament), 중간섬유(intermediate filament), 그리고 미세소관(microtubule)이 있다.

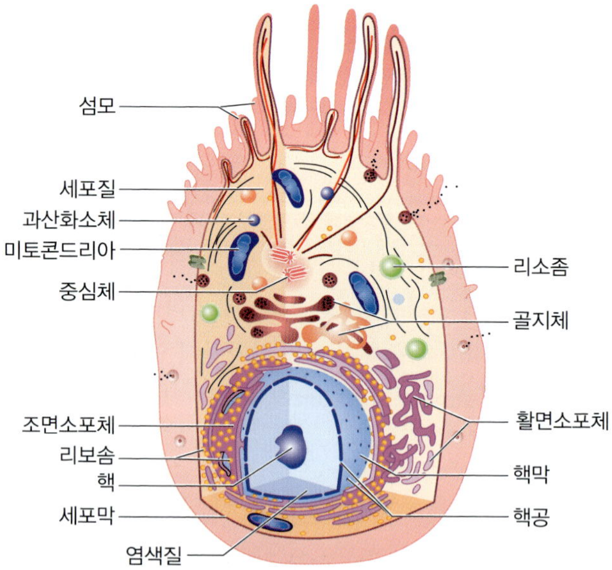

그림 2-2. 세포의 구조

3. 세포막

모든 세포는 공통적으로 막에 의해 둘러싸여 있는데, 특히 진핵세포들은 외부 표피의 세포막뿐만 아니라 각각의 소

알아두기 2-1. 세포의 구조

- 세포(cell)
  - 세포막 (plasma membrane)
  - 원형질 (protoplasm)
    - 핵 (nucleus)
    - 세포질 (cytoplasm)
      - 세포골격 (cytoskeleton)
      - 세포 소기관 (organelles)

기관 내막을 가지고 있다. 세포막은 전자현미경을 통해서 관찰할 수 있는 7~8 nm 정도의 얇은 두께로, 지질, 단백질 그리고 탄수화물로 구성되어 있다.

세포막의 구조와 기능에 대한 연구는 1915년 적혈구세포에서 분리한 막을 화학적으로 분석한 결과, 지질과 단백질로 구성되어 있음이 처음으로 밝혀졌다. 1925년 독일의 고터(Evert Gorter)와 그렌델(François Grendel)에 의해 적혈구막에서 인지질들을 추출하여 세포막이 실제로 인지질 이중층(phospholipid bilayer)으로 구성되어 있다고 추론되었으며, 전자현미경으로 막을 처음으로 관찰하였던 1950년대에 단백질이 생물학적 막을 가로질러 극성분자를 수송하는데 관련된다는 사실이 인식되었다. 이러한 결과를 근거로 1972년 싱어(Jonathan Singer)와 니콜슨(Garth Nicolson)이 유동성 모자이크 모델(fluid mosaic model)을 발표하면서 연구가 활발하게 이루어졌다.

유동성 모자이크 모델의 기본원리는 세포막은 비대칭의 이중층 구조로서 여기에 두 종류의 단백질이 존재하는데, 막단백질이 구형일 수 있으며, 수용성으로 유동성일 것이라는 내용이었다. 현재 이 모델의 이론은 막의 주변에서만 발견되는 단백질들이 자유롭게 이동하지 않는다는 점을 제외하고는 지금도 그대로이다.

1) 세포막 지질

체내의 원형질막과 세포 내 소기관 막은 40~80%가 지질로서, 막을 구성하는 지질의 종류는 다양한데 인지질, 콜레스테롤 그리고 sphingolipids 등으로 구성되어 구조적 기반을 형성한다.

인지질은 대표적인 막지질로서 소수성(hydrophobic)을 갖는 꼬리부분과 친수성(hydrophilic)의 머리부분이 이중으로 배열되어 있다. 이러한 구조적 특성으로 인하여 세포막의 기능이 결정되는데, 이온이나 극성분자와 같은 수용성 물질들은 통과할 수 없게 되어 세포의 안과 밖의 경계면을 형성할 수 있다. 또한 단단하지 않고 점성이 있는 액체처럼 유동성을 가질 수 있는 특징을 가진다.

콜레스테롤 역시 세포막의 주요 성분으로서 특이한 고리구조로 인하여 세포막의 구성성분 중에 매우 독특한 기능을 가진다. 콜레스테롤 자신은 세포막을 형성할 수는 없지만, 극성 머리부위의 OH기를 인지질의 머리부분에 밀착시킨 형태로 막표면에 직각으로 인지질들 사이에 끼워져 있다. 콜레스테롤은 온도에 따라 막의 유동성에 영향을 끼치는데, 높은 온도에서는 인지질 지방산의 움직임을 억제하여 세포막 외층의 유동성을 감소시키며, 낮은 온도에서는 지방산들의 상호작용을 억제하여 세포막의 동결을 막는다. 동물세포의 세포막에서 콜레스테롤은 절대적으로 필요한 성분이지만 박테리아와 식물세포에서는 콜레스테롤이 없으며, 식물세포에서는 콜레스테롤 대신에 비슷한 다른 스테로이드들이 콜레스테롤과 같은 기능을 담당한다.

Sphingolipids (sphingomyelin과 당지질)는 지질 이중층의 외층에 분포하며, 일부 콜레스테롤, 막단백질들과 함께 뗏목(raft)이라고 불리는 반고체형태의 덩어리를 형성하여 막의 유동성에 영향을 준다고 알려져 있지만 아직까지 이러한 지질 뗏목구조의 기능은 완전히 밝혀지지 않았고, 최근에는 세포막의 지질성분들이 자유롭게 유동하지 않는다는 연구들도 나오고 있다.

2) 세포막 단백질

세포막 단백질은 막종류에 따라 막 총 중량의 약 50%(신경세포는 25%, 미토콘드리아는 75%) 정도이고, 세포막의 기능적인 특성을 담당한다. 세포막 단백질의 주요 기능으로는 세포의 안과 밖으로 물질수송, 효소단백질의 경우 효소로 활성화되며, 단백질수용체에 의해서 세포의 안쪽에 신호를 전달하고, 당단백질에 의해 세포 간의 인식을 하는 역할을 하며, 다양한 종류의 접합을 통해서 세포간 결합을 하기도 한다. 뿐만 아니라 세포질 쪽의 면에서는 몇몇 단백질들이 세포골격에 붙은 채로 위치하고 바깥 면에서는 세포의 기질에 붙어 있는데, 이러한 결합들은 세포가 세포막 자체로 있는 것보다 더 강한 구조물이 될 수 있도록 한다.

적혈구세포의 막에서만 50종류 이상의 단백질들이 발견될 정도로 다양하고, 크게 표재성 단백질(peripheral protein)과 내재성 단백질(integral protein)로 구분한다.

표재성 단백질은 지질 이중층의 소수성 핵심부위와 결합하지 않으며, 흔히 내재성 단백질들과의 결합을 통하여 세포막에 간접적으로 부착하고, 강한 pH나 이온농도가 높은 용매로 처리를 했을 때 세포막의 구조에 영향을 끼치지 않고 쉽게 분리되는 특성이 있다. 표재성 단백질의 종류에는 적혈구세포막의 세포질 면에 붙어 있는 스펙트린(spectrin) 그리고 세포질면과 세포질 사이를 순환하는 효소인 단백질 인산화효소 C와 같은 단백질이 있다.

내재성 단백질은 대부분이 소수성 곁사슬을 가진 아미노산이 있고 이것이 지방산그룹과 결합하여 단백질을 막에 부착시키는 역할을 하며, 하나 이상의 막을 관통하는 구조를 가지고 있다. 동결파쇄법(freeze-fracture technique)을 사용하여 세포막의 내층과 외층을 분리시킨 후에 전자현미경으로 관찰을 하면 막을 관통하는 단백질들을 관찰할 수 있으며, 막을 관통하는 부위에는 20~25개 정도의 소수성 아미노산들이 α나선구조로 감겨져 있는데, 이런 종류의 내재성 단백질을 막 관통성 단백질(transmembrane protein)이라고 부른다. 이렇듯 내재성 단백질의 일부분이 세포막 안쪽의 소수성 영역과 직접 결합하고 있기 때문에 계면활성제와 같은 물질로 처리해야 분리가 가능하다.

3) 세포막 탄수화물

세포막의 탄수화물은 2~60개의 잔기로 이루어진 가지친 사슬형태로 단백질 또는 지질과 결합하여 당단백질이나 당지질을 구성하는데, 주로 올리고당으로서 세포막표면에 많으며 막의 안정성, 세포 외부의 단백질 분해효소에 대한 저항성, 세포 외부의 신호전달체계에 관여한다.

4) 세포막을 통한 물질의 이동

세포막은 이온이나 물질의 유출입을 통해서 세포 내의 환경을 일정하게 유지하는데, 세포막의 지질 이중층 내부가 소수성을 띠기 때문에 물질들이 세포 내외로 이동하기 위해서는 매우 선택적인 수송기능을 수행하게 된다. 이와 같은 세포막을 통한 물질의 수송은 세포의 저장에너지 사용 여부에 따라 수동수송(passive transport)과 능동수송(active transport)으로 구분할 수 있다(표 2-2).

(1) 수동수송

수동수송은 분자들이 농도기울기(concentration gradient)에 의해 운반되며, 에너지를 필요로 하지 않는다. 이러한 수동수송에는 확산(diffusion), 삼투(osmosis), 촉진확

표 2-2. 세포막을 통한 물질의 이동의 방법과 특징

	Diffusion	Osmosis	Facilitated Diffusion	Gated Channel	Pumps	Endocytosis/ Exocytosis
Direction	High to Low	High to Low	High to Low	Hight to Low	Low to High	N/A
Transport Mechanism	Pores	Pores	Channels	Gated Channels	Pumps	Membrane
Energy Required?	No	No	No	No	Yes	Yes
Type of Particle	small-nonpolar	Water	small-medium	small-medium	ions	small-large
Examples of Particles	CO_2, O_2	H_2O	Glucose, Fructose, Na^+, Ca^{2+}	Glucose, Fructose, Na^+, Ca^{2+}	Na^+, K^+, H^+	food, waste

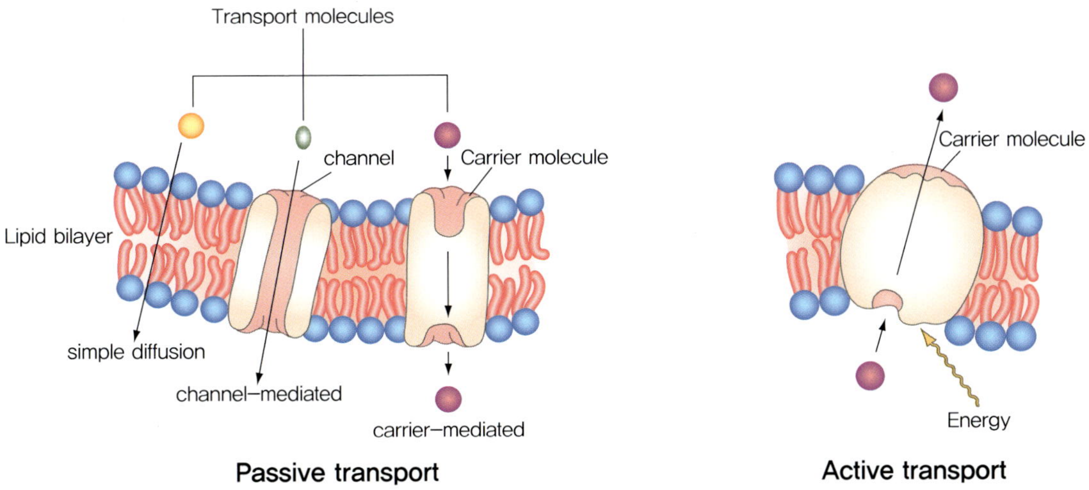

그림 2-3. 수동수송과 능동수송의 특징

산(facilitated diffusion)이 있다(그림 2-3).

확산은 막단백질의 도움을 필요로 하지 않고 언제든지 농도가 높은 쪽에서 낮은 쪽으로 움직이는 수동적 확산으로 O_2, CO_2 그리고 N_2와 같은 작은 기체분자들과 벤젠과 같은 소수성 화합물, 그리고 에탄올, 글리세롤과 같은 작고 전하를 띠지 않는 극성분자들이 지질 이중층을 가로질러 농도기울기에 따라 단순하게 확산할 수 있다.

삼투작용은 물의 농도가 높은 곳에서 낮은 곳으로 막을 가로질러 흐르는 것을 의미한다. 예를 들면 반투과성으로 막혀 있는 두 개의 공간에 각각 순수한 물과 단백질 용액이 있다면, 두 공간사이에는 농도기울기가 생기는데, 단백질은 반투과성을 통과할 수 없으므로 단백질의 확산은 일어나지 않으며, 대신 물분자의 농도가 높은 곳에서 낮은 곳으로의 확산이 일어난다. 이처럼 물의 이동을 삼투라고 한다.

포도당과 아미노산, 핵산 그리고 이온(H^+, Na^+, K^+, Cl^-)을 포함한 극성 및 전하를 띤 물질들은 운반단백질(carrier protein)과 통로단백질(channel protein)같은 수송단백질의 도움으로 촉진확산을 통하여 세포막을 통과한다. 촉진확산도 물질의 이동방향이 세포막 양쪽의 농도기울기에 의하여 결정이 되므로 외부의 에너지가 필요하지 않다. 적혈구에서 글루코스를 받아들이는 것이 촉진확산에 의한 것으로 대부분의 세포에서는 글루코스는 촉진확산에 의해 이동된다.

운반단백질은 이동하는 물질과 결합한 후에 그 3차 구조가 세포막을 통과할 수 있는 형태로 변하여 일정한 크기 또는 전하량을 가지는 분자들이 자유롭게 이동할 수 있도록 해주는데, 당과 아미노산 그리고 핵산이 운반단백질의 도움으로 막을 통과한다. 특히 세포대사의 중요한 에너지원인 포도당의 운반은 원형질막의 가장 중요한 기능이다.

통로단백질은 막을 관통하는 열린 통로를 형성해서 적당한 크기와 전하를 가지는 분자들이 자유롭게 드나들 수 있는 길을 만들어 준다. 거의 모든 세포에 이온통로가 존재하지만, 신경세포와 근육세포에서 주로 연구가 되어 있다. 이온통로를 통한 수송은 그 속도가 매우 빨라서 열려진 상태라면 매 초 백만 개 이상의 이온들이 통과할 수도 있고, Na^+, K^+ 그리고 Cl^- 같은 이온분자들의 수송을 담당하는 이온통로가 각각 따로 존재하며, 특정 자극이 주어졌을 때 열리고 닫히는 문과 같은 역할을 한다.

(2) 능동수송

세포는 어떤 물질이나 이온을 농도기울기 또는 전기화학적 기울기(electrochemical gradient)에 역행하여 축적할 필요가 있는데, 이런 형태의 물질이동을 능동수송이라고 하며, ATP 가수분해에너지를 사용하여야만 한다.

능동수송은 세포의 내부와 외부에서 작은 분자들의 농도가 다를 때 내부 농도를 유지할 수 있게 하는데, 그 예로는 Na^+-K^+ 이온펌프(Na^+-K^+ ATPase)가 있다. Na^+-K^+ 이온펌프는 거의 모든 세포에 분포되어 있는데 신경세포와 근육세포에서 활성도가 높으며, 가장 대표적인 기능은 신경 및 근육세포에서 전기신호를 전달하는 것과 또 다른 중요한 기능은 세포에서 삼투압을 조절하여 세포의 부피가 일정하도록 유지시켜 주는 것이다.

사람과 동물세포의 세포질과 세포외 액의 이온조성은 많은 차이를 나타내는데(표 2-3), Na^+-K^+ ATPase는 전기화학적 기울기에 역행하여 3개의 Na^+을 세포 밖으로 퍼내고 2개의 K^+을 세포 안으로 퍼들이기 위해 ATP 가수분해 작용의 에너지를 이용한다. 이는 Na^+을 세포 밖으로 그리고 K^+은 세포 안으로 퍼냄으로써 농도기울기를 유지할 수 있다. Na^+-K^+ ATPase는 대사에너지의 중요한 소비자로서 기초대사량의 20~25%를 차지하며, 뇌에서는 이용 에너지의 절반 정도를 Na^+-K^+ ATPase가 사용한다.

표 2-3. 원형질막 사이에 이온들의 분포(막 전하는 ΔV=−60 mV)

Ion	Cytoplasm (mM)	Extracellular Fluid (mM)
K^+	141	4.7
Na^+	10	137
Cl^-	4	113
Ca^{2+}	10^{-4}	2.4

(3) 세포 내 섭취와 세포 외 배출

큰 분자나 입자들이 수동수송이나 능동수송 기전으로 세포 내로 들어오고 나가는 것이 불가능할 때 사용되는 과정이다. 세포 내 섭취(endocytosis)는 세포막으로부터 새로운 소낭을 형성함으로써 세포가 큰 분자들이나 특정 물질을 받아들이는 것으로, 식세포작용(phagocytosis)과 음세포작용(pinocytosis), 수용체 매개 세포 내 섭취작용(receptor-mediated endocytosis) 등 세 가지가 있다(그림 2-4).

식세포작용은 주로 대식세포(macrophage)와 호중구세포(neutrophil)에 의하여 수행되며, 감염된 조직에서 병원균을 제거하여 체내 방어시스템을 유지한다. 식세포작용은 한정된 범위의 세포에서만 일어나지만, 음세포작용은 거의 모든 세포에서 찾아볼 수 있다. 가장 잘 알려진 형태는 수용체 매개 세포 내 섭취작용으로 세포는 이 방법에 의해서 여러 가지 고분자물질을 흡수할 수 있다. 수용체 매개 세포 내 섭취작용은 원형질막이 담당하는 가장 중요한 기능으로 20여 개의 다양한 수용체들이 이 방법을 이용하여 세포 내 수송을 하며, 그 기전은 포유류의 세포가 콜레스테롤을 흡수하는 과정을 연구하면서 밝혀졌다.

사람의 비장과 간에 있는 대식세포는 하루에 10^{11}의 오래된 혈구세포를 처리한다.

세포 외 배출(Exocytosis)은 소낭이 세포막과 융합됨으로써 거대분자들을 분비하는 것인데, 췌장에 있는 특정 세포들은 인슐린을 만들고 세포 외 배출작용에 의해 혈액으로 분비하고, 신경세포인 뉴런은 다른 뉴런이나 근육세포로 신호를 전달하는 신경전달물질을 방출할 때도 세포 외 배출 작용을 이용한다.

4. 세포핵

핵은 1831년 식물학자인 브라운(Robert Brown)에 의해 난초의 세포에서 최초로 발견되었다. 핵은 일반적으로 구형이며 대부분의 유전자를 가지고 있는데, 각종 단백질과 결합한 DNA가 가느다란 섬유상으로 구성된 염색질(chromatin)로 이루어져 유전정보를 저장하고 있다. 사람 세포의 핵은 평균 지름이 약 10 μm 정도인데, 약 2 m의 이중가닥 DNA를 함유한다.

핵은 세포에서 일어나는 모든 대사과정을 조절하고 생명유지에 관련된 단백질합성에 대해서도 명령을 하고 조절을 할 뿐만 아니라 세포분열의 과정을 총괄하는 등 세포의 조절센터의 역할을 한다. DNA의 복제, 전사 및 RNA의 가공과정은 핵 내에서 일어나며 유전자의 마지막 단계(번역)는 세포질에서 일어난다. 핵은 핵막, 염색질 및 핵인으로 나눌 수 있고, 핵의 구조는 핵막과 핵 기질의 단백질에 의해 결정된다.

1) 핵막

핵막(Nuclear membrane)을 전자현미경으로 관찰하면 이중층의 막과 핵 라미나(nuclear lamina) 및 핵공 복합체(nuclear pore complex)로 구성되어 있으며(그림 2-5), 세포질과 핵의 내용물을 분리하고 핵을 형성하는 골격과 같은 역할을 하여 핵이 생화학적으로 구획화되도록 한다. 핵 내부 쪽의 막을 내막(inner membrane), 외부 쪽의 막을 외막(outer membrane)이라 한다. 내막은 핵 라미나와 밀접하게 접촉해 있으며, 외막은 소포체와 연결되어 있고, 내막과 외막 사이의 공간은 소포체 내강과 연결되어 있어서 세포의

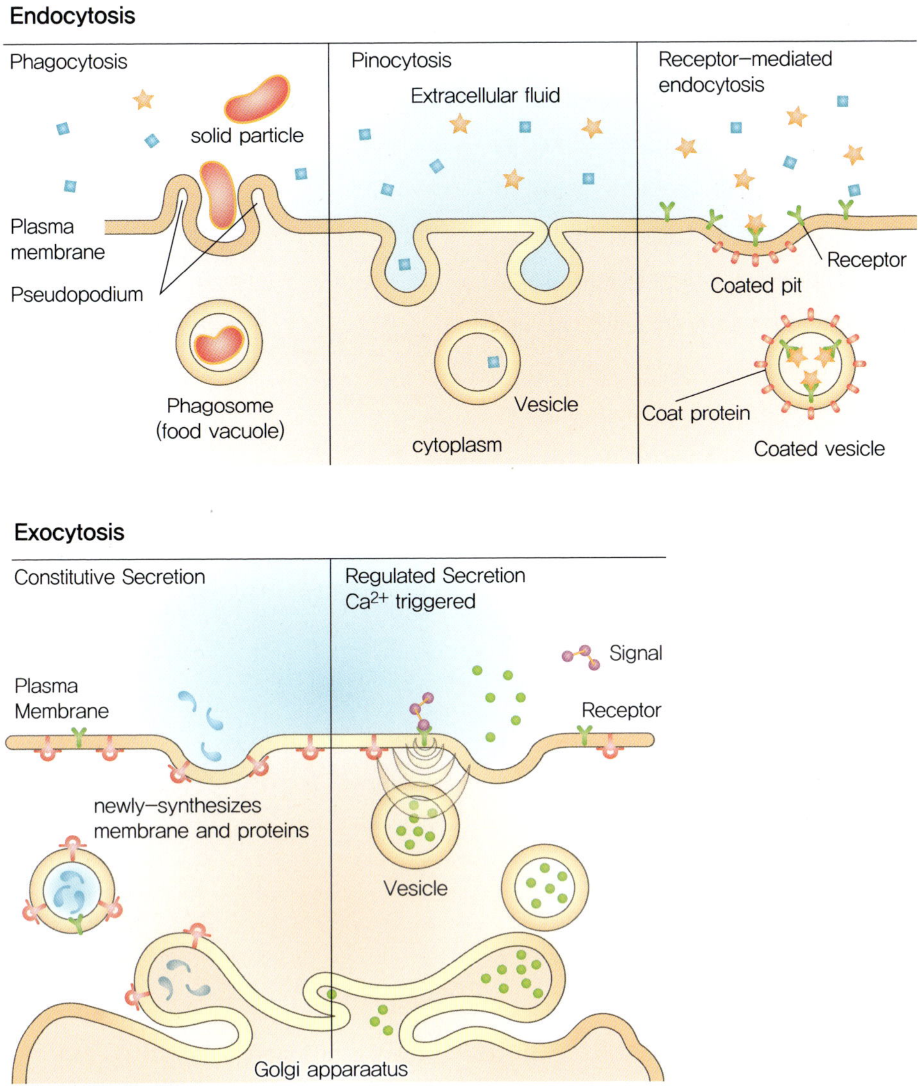

그림 2–4. 세포 내 섭취(endocytosis)와 세포 외 배출(exocytosis)

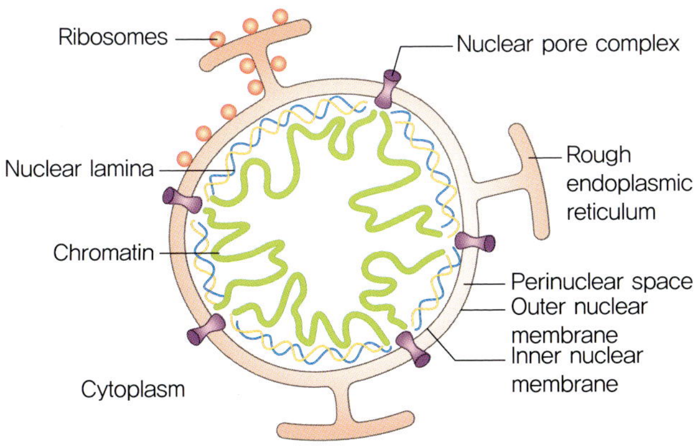

그림 2–5. 핵막의 구조

에너지나 기타 영양분의 공급 통로가 된다.

핵막의 가장 중요한 기능은 세포질로부터 핵을 분리하는 역할이며, 세포막과 같이 비극성분자만 통과할 수 있는 인지질 이중층으로 되어 있다. 진핵세포의 핵막은 유전체를 분리함으로써 세포질로부터 핵으로 전사조절인자가 수송되므로 유전자 발현이 조절되지만, 원핵세포에서는 일어나지 않는다.

간기세포에서 핵의 내막 안쪽에는 핵구조를 지탱하는 섬유상 망구조인 핵 라미나가 있는데, 이 망은 단백질 망으로 핵 내막과 핵 내 염색질 사이를 접촉시키는 두께가 30~100 nm인 전자밀도가 높은 층을 형성한다. 전자현미경으로 관찰하면 라민(lamin)이라고 불리는 폭이 10 nm 가량의 단섬유들로 만들어져 있다.

세포주기동안 핵막의 분해와 재형성에 관여하는 핵 라민은 3가지 종류가 있다. 라민 A와 C의 mRNA는 1번 염색체 q21.2-q21.3에 위치하는 *LMNA* 유전자가 교대로 꼬여진 전사물로부터 별개의 단백질이 암호화되어 형성된다. 라민 B는 라민 A와 C와는 다르며 유전자에 의해서 합성되는 mRNA로부터 암호화된다. 일반적으로 라민은 60~80 kDa의 섬유상 단백질로 세포골격체의 중간섬유와 비슷한 구조로서, DNA 복제에 필수적이며 전사를 조절하는 역할을 한다.

2) 핵공 복합체

핵공 복합체(Nuclear pore complex)는 핵과 세포질 사이를 왕복할 수 있는 유일한 통로로서 외경이 약 100 nm이고 내부통로의 직경은 9~10 nm로 알려졌으며, 주로 이온, 단백질 및 RNA와 같은 분자들이 왕복할 수 있다(그림 2-6). 진핵세포에서는 핵과 세포질 사이의 물질수송을 조절함으로써 생리적으로 중요한 역할을 하는데, 특히 핵공 복합체를 통한 단백질과 RNA 수송의 조절은 핵 내 물질구성과 유전자 발현에 매우 중요하다. 핵 안의 DNA에서 전사되는 대부분의 RNA는 ribonucleoprotein (RNP) 복합체 상태로 세포질로 수송된다.

히스톤, DNA 중합효소, RNA 중합효소, 전사조절인자, splicing 인자 등의 단백질들은 핵 위치 신호(nuclear localization signal)라는 특수한 아미노산서열을 가지며, 한 방향으로만 수송되는 능동수송에 의해 핵공 복합체를 통과하여 세포질에서 핵 안으로 수송된다.

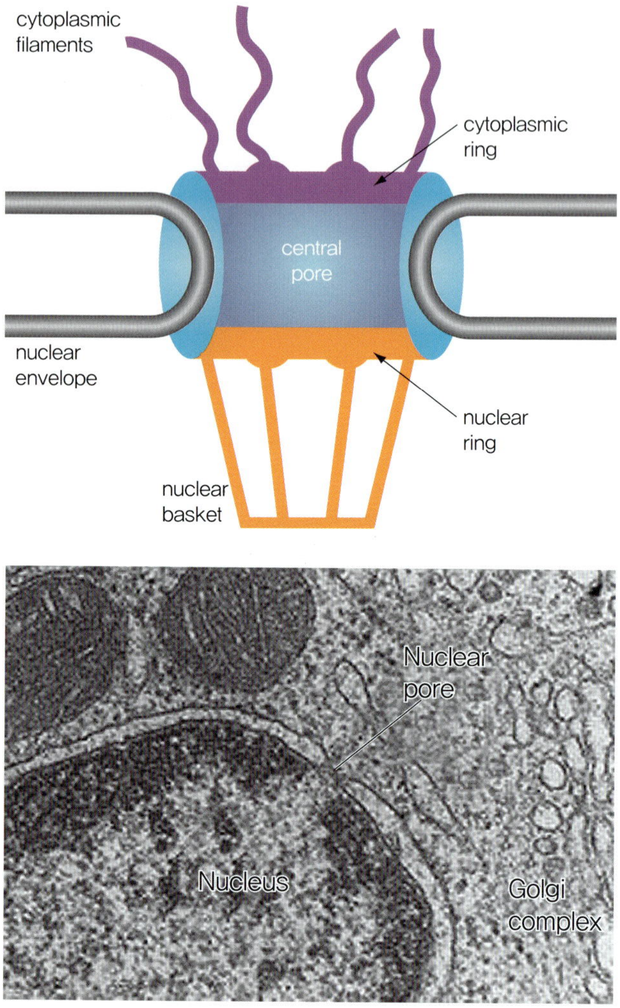

그림 2-6. 핵공 복합체의 구조

3) 염색질

염색질(Chromatin)은 염색체와 핵 내 단백질로 구성된 DNA-단백질 복합체이며, 전자현미경으로 관찰을 하면 단백질과 결합하고 있는 DNA가 긴 섬유모양으로 보인다. 1974년에 콘버그(Roger Kornberg)와 샴본(Pierre Chambon) 연구실에서 전자현미경과 생화학적 연구결과를 토대로 염색질의 가장 기본적인 포장단위가 뉴클레오좀(nucleosome)이라고 발표하였다.

뉴클레오좀은 각기 히스톤 H2A, H2B, H3, H4 단백질 분자가 2개씩 포함된 8개의 히스톤단백질분자로 구성되어 있으며, 8개의 단백질분자는 핵심 8량체를 이루고 약 180 bp의 DNA가 이 주위를 두바퀴 감아 돌고 있다(그림 2-7).

히스톤단백질은 세포의 DNA양과 거의 비슷할 정도로 많이 존재하는 단백질인데, 염색질에는 히스톤단백질 외에도 거의 동량의 비히스톤단백질이 포함되어 있으며, 비히스톤단백질의 종류는 다양하고 DNA의 복제 및 유전자 발현 등 다양한 기능을 한다.

염색질의 종류에는 이질염색질(heterochromatin)과 진정염색질(euchromatin)이 있으며, 이질염색질은 간기에는 응축된 상태로 남아서 뭉친 염색질이라고 하고, 매우 단단하게 뭉쳐 있어서 유전자 발현에 관련되는 단백질들이 이런 형태의 DNA에는 접근할 수 없을 것이라고 생각되고 있다.

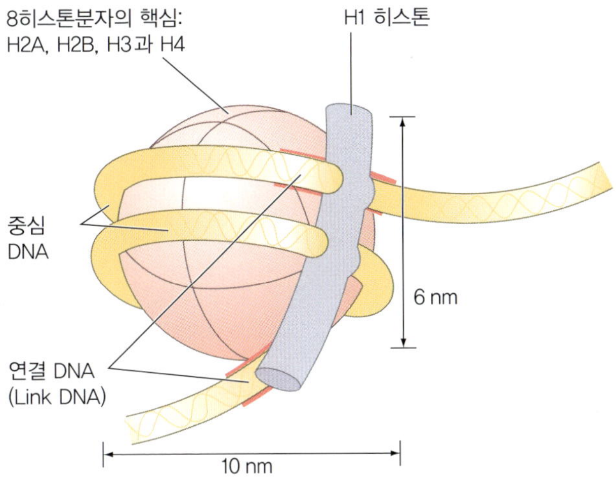

그림 2-7. 뉴클레오좀의 구조

반면에 응축이 풀어져 핵 내에 넓게 분산이 되어 있는 진정 염색질은 DNA가 비교적 풀린 형태로 존재하여 발현 단백질들이 쉽게 접근을 할 수 있다.

4) 핵인

정상세포의 핵인(nucleolus)은 핵 내에서 가장 분명한 구조로서 간기 세포에서만 관찰이 가능하며, 막으로 둘러싸여 있지 않고 5S, 5.8S, 18S, 28S rRNA를 가지면서 염색체 근처에서 형성된다. 광학현미경하에서는 작은 구형 또는 타원형으로 관찰되고, 크기와 형태는 그 활성에 따라 다른데, 생합성이 활발한 세포에서는 전체 핵 용량의 25%까지 차지하며, 휴지기 세포에서는 관찰하기 어렵다.

핵인의 성분은 단백질과 결합된 RNA가 대부분을 차지하고 있다. 핵인의 기능은 rRNA 전사 및 가공 그리고 리보솜 조립이 일어나는 장소로서, 여러 종류의 리보솜단백질들은 세포질에서 합성이 된 후 핵 안의 인으로 이동을 하고, 인에서 rRNA의 최종적인 형태와 합쳐지면서 리보솜을 형성한다.

핵인은 형태학적으로 fibrillar center, dense fibrillar component, granular component 등 3가지 영역으로 구성되어 있으며, 이 지역에서 rRNA 전사, 가공, 리보솜 조립의 과정이 단계적으로 일어난다.

리보솜의 유전자 전사는 인의 섬유성 지역에서 일어나는데, 5.8S, 18S, 28S rRNA는 RNA polymerase I에 의해 45S pre-rRNA로 전사된다. 45S pre-rRNA는 40S의 18S rRNA와 60S의 5.8S, 28S rRNA로 가공된다. 60S 리보솜에서 발견되는 5S rRNA는 인 외부에서 RNA polymerase III에 의해 전사된다.

알아두기 2-4. 스베드버그 단위(Svedberg Unit)

초원심분리기 발명자인 테오도르 스베드버그(Theodor Svedberg)의 이름에서 유래한 단위로 침강속도가 빠를수록 S값이 커진다.

5. 세포 내 소기관

세포 내부에는 세포의 생명을 유지할 수 있도록 각기 다른 구조와 기능을 지닌 여러 형태의 구조들이 존재하며 이를 세포 내 소기관(cell organelles)이라 한다. 세포 내 소기관들은 매우 작아서 광학현미경으로는 볼 수 없으며 전자현미경으로 관찰할 수 있고, 원심분리력(1,000,000 g 이상)에 의해 세포 내 구성물들을 크기나 밀도에 의해 분리하는 세포분획방법을 통해 세포 내 소기관들을 분리할 수 있다.

세포 내부의 구획마다 서로 다른 환경을 만들어 세포가 생명을 유지하는 데 필요한 영양분이나 산소, 호르몬 등을 흡수해서 세포대사의 전 과정을 수행하며, 에너지의 저장 및 공급, 단백질의 합성, 신호전달 등의 기능도 있다.

알아두기 2-3. 히스톤단백질

히스톤단백질은 1884년 코셀(Albrecht Kossel)이 거위의 적혈구 핵으로부터 작은 염기성의 단백질을 분리하면서 처음으로 보고되었으며, 2가지 종류가 있는데, 보존이 잘된 히스톤과 가변적인 연결히스톤이 존재한다. 히스톤단백질은 진핵세포에만 존재하며, 양으로 하전된(염기) arginine과 lysine 같은 아미노산이 풍부한 비교적 작은(분자량이 11~16 kDa) 단백질로서 음으로 하전된(산성) DNA 분자와 단단하게 결합할 수 있다. 반면에 비히스톤단백질은 히스톤단백질보다는 약간 크며(>20 kDa), 그 종류에는 구조단백질, Myc처럼 유전자조절에서 직접적인 역할을 하는 조절단백질 그리고 DNA 중합효소나 RNA 중합효소와 같이 핵산기능에 필요한 효소를 포함하는 polypeptide들이 있다.

세포 내 소기관에는 리보솜(ribosome), 미토콘드리아(mitochondria), 소포체(endoplasmic reticulum), 골지체(Golgi apparatus), 리소좀(lysosome), 퍼옥시좀(peroxisome) 등이 있다.

1) 리보솜

리보솜(Ribosome)은 진핵세포인 경우 rRNA와 50여 개의 단백질로 구성된 복합체로서, 핵인에서 만들어지고, 단백질합성을 수행하는 세포 내 소기관으로 다른 소기관들과는 달리 막으로 둘러싸여 있지 않다. 리보솜은 전자현미경으로 관찰할 수 있는데, 두 개의 소단위체로 이루어져 있으며, 침강속도에 따라 원핵세포인 박테리아의 경우는 70S이고, 진핵세포는 원핵세포보다는 조금 커서 60S와 40S 소단위로 이루어져 있고 이들이 합쳐져서 80S 리보솜을 형성한다(그림 2-8).

리보솜의 역할이 단백질합성이라고 알려진 1960년대에는 펩타이드결합의 형성은 리보솜단백질에 의해 촉진되며, rRNA는 구조적인 역할을 이룬다고 알려졌다. 그러나 1970년대부터 rRNA가 단백질합성에 직접적인 역할을 할 것이라고 발표되기 시작했으며, 2000년에 X-ray 결정구조 분석을 통해 50S와 30S 소단위 구조가 밝혀졌고, 단백질합성을 rRNA가 촉매한다는 사실도 밝혀졌다. 따라서 단백질 합성의 주요 반응은 rRNA에 의해 촉매되고, 리보솜단백질들은 단지 리보솜을 이루는 구조적 역할을 하는 것으로 여겨진다.

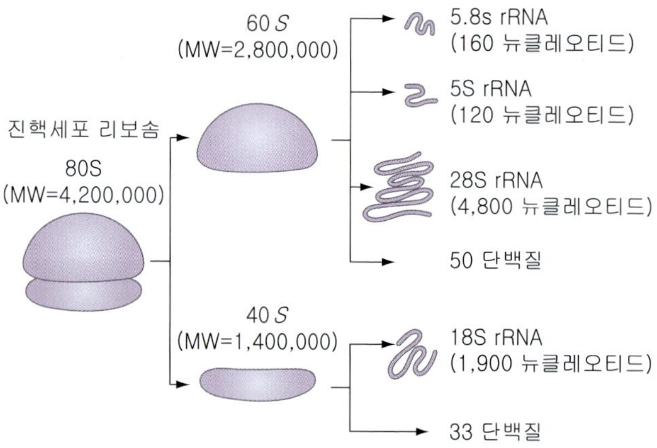

그림 2-8. 진핵세포 리보솜의 구성

원핵세포의 리보솜은 세 분자의 rRNA가 있고, 진핵세포의 리보솜은 네 분자의 rRNA가 있는데 작은 소단위엔 18S rRNA가, 큰 소단위에는 5S, 5.8S, 28S rRNA가 각각 존재하며, 포유류 세포에는 약 500~1,000만 개의 리보솜이 존재한다.

세포들은 항상 새로운 단백질들을 만들어야 하기 때문에 세포질에 매우 많은 수의 리보솜이 존재하며, 세포질에서 떠다니는 자유리보솜과 소포체나 핵막의 바깥쪽에 붙어 있는 부착리보솜 두 종류가 있지만 구조적으로 동일하며 각자 바꾸어 다른 역할을 수행하기도 한다.

2) 미토콘드리아

미토콘드리아(Mitochondria)는 거의 모든 진핵세포에 존재하며, 물질대사의 활성정도에 따라 미토콘드리아 숫자가 다르다. 전자현미경 사진에 의하면 길이가 1~2 μm이고, 폭이 0.1~0.5 μm인 구형 또는 막대모양 구조이다(그림 2-9). 그러나 형광염료인 rhodamine 123을 이용해 살아있는 세포의 미토콘드리아를 관찰한 결과 세포 내부를 돌아다니며 자신의 모습을 변형하기도 하고, 융합하며, 각 세포

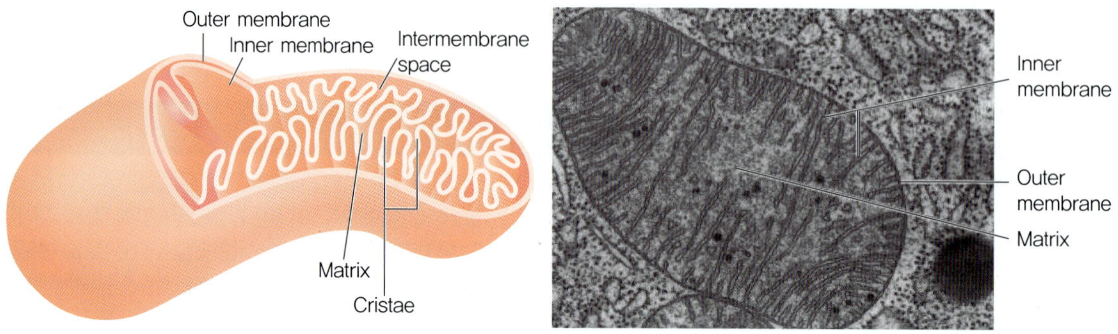

그림 2-9. 미토콘드리아의 구조

주기동안 질량이 두 배가 되면 둘로 분열하기도 한다.

미토콘드리아는 세포호흡이 일어나는 장소로서, 탄수화물과 지방산이 분해될 때 생성되는 에너지를 산화적 인산화과정을 통해 ATP로 전환시키는 대사에너지 생성에 매우 중요한 역할을 한다.

미토콘드리아는 내막과 외막의 이중막으로 둘러싸여 있는데, 각각의 막은 독특한 단백질이 끼여 있는 인지질 이중층으로 되어 있다. 외막은 포린(porin)이라는 내재성 단백질을 가지는데, 외막 내에 통로를 형성할 수 있으며, 이 통로를 통하여 10 kDa 이하의 작은 분자들이 자유롭게 통과할 수 있다. 내막은 미토콘드리아의 기질(matrix)로 돌출되어 크리스테(cristae)라고 부르는 복잡한 구조로 되어 있으며, 내막의 75%가 단백질로서 미토콘드리아의 주요 기능을 하는 부위이다. 기질은 산화적 대사의 중추적 반응을 담당하는 효소뿐만 아니라 유전자도 가지고 있으며, 동물세포에서는 포도당과 지방산의 산화적 분해에 의해 에너지를 공급한다.

미토콘드리아 유전체는 이중가닥으로 된 원형으로서 크기가 다양하며, 사람의 경우 16,569 nucleotides를 가지는데, 이는 사람 genome의 10^{-5}배 정도의 크기이다. 이 DNA는 13개의 폴리펩타이드, 22개의 tRNA 그리고 2개의 rRNA (12S, 16S)를 부호화한다.

3) 소포체

소포체(Endoplasmic reticulum, ER)에서 endoplasmic이라는 단어는 '세포질 내'를 그리고 reticulum은 '작은 망'을 의미하며, 1945년 포터(Keith Porter)와 클로드(Albert Claude) 등에 의해 처음으로 소개되었다. 진핵세포에서 가장 큰 세포 내 소기관으로 세포 전체 막의 50% 이상을 차지하고, 소포체 전체는 연속적인 막으로 싸여져 있으며, 대부분의 세포에서 핵막으로부터 뻗어져 나온 막으로 둘러싸여진 관과 시스테나(cisternae)라고 부르는 낭(sac)들로 이루어져 있다. 소포체는 연결되어 있기는 하지만, 구조와 기능이 전혀 다른 활면소포체(smooth ER)와 조면소포체(rough ER)의 두 종류로 되어 있다(그림 2-10).

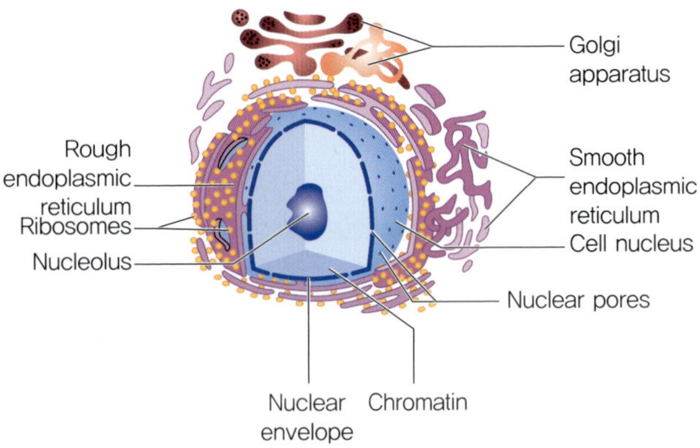

그림 2-10. 소포체

(1) 활면소포체

활면소포체는 바깥 표면에 리보솜이 없으며, 인지질과 스테로이드를 포함하는 지질의 합성에 관여한다. 활면소포체에 의해 생산되는 스테로이드들 중에는 성호르몬과 부신에서 분비되는 다양한 호르몬들이 있다. 콜레스테롤로부터

알아두기 2-5. 레버 유전성 시신경 질환(Leber's Hereditary Optic Neuropathy, LHON)

LHON은 1871년 독일의 레버에 의해 최초로 보고되었으며, 15세에서 35세 사이에 양쪽 눈에서 발생하는 원인 불명의 시신경병증의 30~50%에 이르는 것으로 알려져 있다. 1988년 미국 Wallace 연구팀은 LHON의 발병 원인이 미토콘드리아 DNA (mtDNA) 돌연변이이며, 멘델의 유전양식이 아닌 모계유전을 한다고 보고하였다. 수정이 될 때 정자는 세포질을 거의 전달하지 않지만, 난자의 세포질은 전달되므로, 남자가 mtDNA 돌연변이에 의한 유전병 환자나 보인자인 경우에는 그 질병이 자식에게 유전되지 않는다. 그러나 돌연변이 mtDNA를 갖는 여자는 자녀 모두에서 100%의 유전 성향을 보이긴 하지만, 임상적으로 발현되는 것은 아니다.
LHON은 mtDNA의 점돌연변이에 의한 유전병 중 가장 처음 발견된 질환으로 다른 mtDNA 유전병 연구의 모델이 되었다. LHON의 약 90%가 mtDNA 11778 G>A 돌연변이를 보유하고 있다. 또한 primary mutation으로 11778 부위 외에 14484 T>C 그리고 3460 G>A site의 돌연변이 여부를 검사하고 있다. mtDNA는 핵 DNA보다 더 높은 변이율을 가지기 때문에 일생 동안 DNA 변이율이 축적될 수 있고 또한 산화적 능력은 나이가 많아짐에 따라 감소되는데, 이는 노령에서 많은 유전적인 mtDNA 변이가 증상으로 나타날 수 있다는 것을 보여준다. 예를 들면, 미토콘드리아의 tRNA의 유전자 변이는 신경의 이상, 심근병, 망막퇴화 그리고 lactic acid 등을 특징으로 하는 질병들을 유발한다.

스테로이드합성에 관여하는 효소들도 활면소포체의 막상에서 발견되며, 정소나 난소처럼 호르몬들을 실제로 합성하고 분비하는 세포에는 활면소포체가 풍부하다.

또한 간에도 활면소포체가 풍부하며, 활면소포체의 효소들은 간에 특히 유해한 살충제(pesticide)나 제초제(herbicide) 그리고 해로운 약물(phenobarbital)과 같은 소수성 화학물질들을 변형시켜 수용성 산물로 변환시킴으로써 소변으로 배출될 수 있도록 한다.

반면, 근육세포의 활면소포체는 세포질로부터 칼슘이온을 저장하여 근육세포 섬유의 수축에 있어서 중요한 역할을 담당한다.

(2) 조면소포체

조면소포체는 바깥 표면에 리보솜이 붙어 있어서 막(membrane) 단백질과 분비단백질을 합성하며, 특히 외부로 분비되는 단백질을 대량으로 생산하는 세포에 많이 존재한다. 예로는 항체를 생산하는 형질세포(plasma cell), 소화에 관련된 효소를 분비하는 췌장세포(pancreatic acinus cell) 그리고 인슐린과 글루카곤과 같은 polypeptide 호르몬을 분비하는 랑게르한스 섬(Langerhans islet) 세포들이 있다.

4) 골지체

골지체(Golgi apparatus)는 1898년 이태리의 해부병리학자 골지(Camillo Golgi)에 의해 처음으로 기술되었다. 골지체는 생산, 저장, 분류 및 수송을 담당하는 것으로 추측하였으나, 많은 생합성활성을 가지는 세포 소기관으로 알려졌다. 소포체에서 합성된 단백질은 골지체에서 변형을 거친 후 수송소낭(transport vesicle)에 의해 다른 목적지(내포, 리보솜, 원형질막 등)로 보내진다.

골지체는 형태학적으로 전자현미경 사진에서 보면 핵 근처 중심체 가까이에 접시를 쌓아 놓은 덩어리처럼 보이고, 특징은 구조와 기능 양쪽에서 뚜렷한 극성을 가지고 있으며, 납작한 막으로 된 소낭인 시스테나(cisternae)로 이루어져 있다(그림 2-11). 시스테나는 극성을 가지고 있어서 반대편의 두 극은 시스(cis)면과 트랜스(trans)면으로 각각 부르기도 하는데, 소포체로부터 떨어져 나온 소낭은 골지체막과 융합함으로써 소포체의 막과 내강의 물질을 시스면 쪽의 골지체에 전달하고, 트랜스면에서는 소낭들이 성장한 후에 떨어져서 다른 소기관으로 옮겨간다.

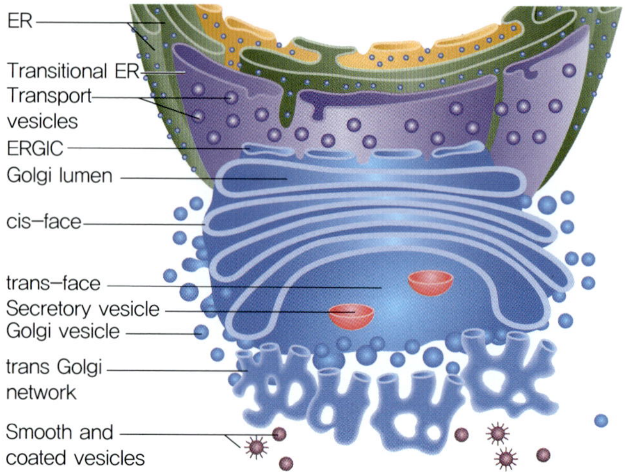

그림 2-11. 골지체의 구조

골지체의 주요한 역할은 소포체 내에서 합성되는 단백질과 지질의 번역 후 변형(post-translational modification)과 선별 분류의 기능을 하는 것인데, 소포체에서 합성된 단백질들은 보통 골지체의 시스지역에서 트랜스지역으로 운반되는 동안 변화를 한다. 즉 골지체의 시스테나는 시스면에서 트랜스면으로 이동하고, 시스테나가 이동하면서 단백질들을 운반하고 수정을 한다.

골지체 내에서의 단백질가공에는 당단백질 탄수화물 부위의 변형과 합성이 있는데, 단백질은 소포체에서 14개의 당 잔기로 구성된 oligosaccharide의 첨가로 변형이 되고, 3개의 glucose와 1개의 mannose가 제거된 후 골지체로 수송이 된 다음, 골지체 내에 존재하는 가공효소의 양에 따라 서로 다른 N-결합 oligosaccharide들을 다양하게 형성한다.

5) 리소좀

리소좀(Lysosome)은 폭은 0.2~0.5 μm이며, 단일 막으로 싸인 소기관으로 proteases, nucleases, glycosidases, lipases, phospholipases, sulfatases 그리고 phosphatases를 포함하여 다양한 산성 가수분해효소를 함유하기 때문에 단백질, 핵산, 탄수화물 그리고 지질을 가수분해할 수 있다. 이 효소들은 리소좀 내부의 산성 pH(약 5)에서 활성화되고, 세포질의 중성 pH(약 7.2)에서는 불활성이다.

리소좀들은 다양한 환경에서 세포 내 소화를 수행하는

데, 물질이 분해되기 위해 리소좀에 도달하는 경로는 4가지로 분류할 수 있다(그림 2-12). 첫 번째는 식세포작용(phagocytosis)으로 거핵구와 호중구는 세균과 같은 큰 외입분자들을 식포(phagosome)로 흡수하고, 리소좀과 융합하여 소화시킨다. 두 번째는 내포작용(endocytosis)으로 세포막에 클래트린 피복구(clathrin-coated pits)를 형성하여 세포 밖으로부터 물질을 섭취하여 소화하는 것이다. 이 피복소포는 피복을 분리하고 초기 내포(endosome)를 형성하기도 하며, 어떤 물질들은 내포로부터 회수되어 원형질막으로 돌아가기도 한다. 기타 물질은 수송소포에 의해 리소좀에 보내져서 산성 가수분해효소들에 의해 소화된다. 세 번째는 쇠퇴한 세포 내에서 일어나는 자식작용(autophagy)의 과정을 통하여 이루어지는데, 쇠퇴한 세포 내 소기관들은 소포체로부터 유래된 막에 의해 자식포(autophagosome)를 형성한 다음 자식포는 리소좀과 융합하여 소화된다. 네 번째는 Lys-Phe-Glu-Arg-Gln 아미노산 서열을 갖는 세포질 내의 단백질들은 lysosome에 의해 선택적으로 흡수되기도 하는데, 그 기작은 아직까지 밝혀지지 않았다.

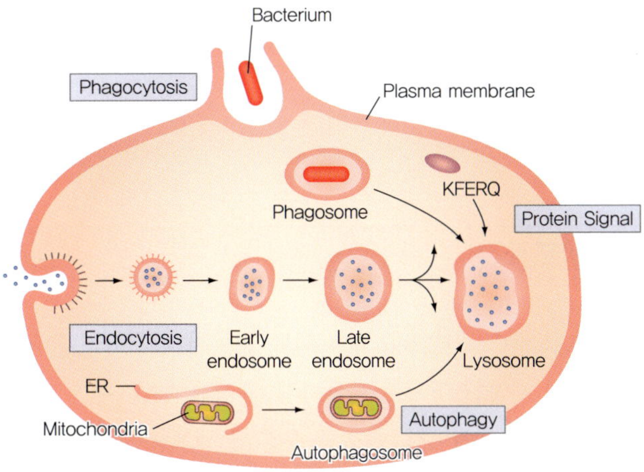

그림 2-12. 물질이 리소좀으로 보내지는 경로

6) 퍼옥시좀

퍼옥시좀(Peroxisome)은 1967년 듀브(Christian de Duve)에 의해 발견되었으며, 여러 산화대사과정을 수행하는 세포 내 소기관으로 지름이 0.15~0.5 μm이며 단일 막으로 둘러싸여 있다. 형태는 리소좀과 유사하지만, 세포 내막계에서 만들어지지 않고, 유전체나 리보솜을 가지지 않기 때문에 세포질에서 만들어지는 단백질, 소포체에서 만들어진 지질과 자신이 합성한 지질을 병합하여 성장하고 분열한다. 사람의 체세포에는 약 500개의 퍼옥시좀이 있다.

퍼옥시좀은 과산화수소, catalase, D-아미노산 산화효소 등을 풍부하게 가지고 있으며 소량의 요산염 산화효소를 함유하는데, 그 중에는 유기물 기질로부터 수소원자를 제거하여 O_2로 전달할 수 있는 효소들도 있다. 유기물질들은 산화작용을 통해 과산화수소를 생성하며($RH_2 + O_2 \rightarrow R + H_2O_2$, R: organic substrates), 생성된 과산화수소는 세포에 해롭기 때문에 catalase를 이용하여 과산화수소를 물로 변환시키거나 다른 유기화합물로 산화시킨다($H_2O_2 + R'H_2 \rightarrow R' + 2H_2O$).

퍼옥시좀 단백질의 40%를 차지하는 catalase는 phenol, alcohol, formaldehyde 그리고 formic acid와 같은 종류의 물질들을 분해하는데, 그 예로 alcohol의 해독과정의 반응을 들 수 있다. 퍼옥시좀의 또 다른 중요한 기능은 대부분의

알아두기 2-6. 리소좀과 Gaucher병

리소좀과 관련된 대표적 질환으로는 Gaucher병이 있는데, 국내에서도 2016년 80여명의 환자가 있다고 보고되어 있다. 1965년 Brady 등에 의해 처음으로 확인되었고, 1982년 프랑스 의사인 Philippe Gaucher가 설명하였다. 유전적인 대사저장장애로서 남 · 녀 모두에게 같은 비율로 나타나며, 유태인 2,500명 중 1명꼴로 발병하는 흔한 상염색체 열성질환이다. 이 병은 glucocerebroside를 포도당과 ceramide로의 가수분해를 촉매하는 리소좀 glucocerebrosidase의 결핍으로 발병되는데, 염색체 1q21에 있는 *GBA* 유전자의 돌연변이에 의한다.

Gaucher병은 일반적으로 골수 내에 Gaucher 세포의 존재, 췌장(spleen) 비대, 간 비대(hepatoma) 및 골반뼈 겉질 침식을 특징으로 하며, 형태는 중추신경계의 침범 정도에 따라 세 가지로 구분된다. 가장 흔한 1형(성인형)은 신경계의 침범이 없는 상태로 serine이 asparagine으로 돌연변이를 일으킨 경우이며, 심각한 증상은 보이지 않고, 수명도 영향을 받지는 않는다. 그러나 2형(영아기 형)은 영아기 때 발병하며 심한 중추신경계 침범을 보이고, 조기 사망에 이를 수 있다.

3형은 경미한 중추신경계의 침범을 보이며 사춘기나 성인 초기에 발병하여 빠른 진행을 보이는데, 2형과 3형은 proline이 leucine으로 치환된 돌연변이를 갖는다.

세포에서 fatty acid를 산화시키는 것으로 알려져 있으며, 20개 이상의 CH_2 group을 가지는 매우 긴 fatty acid chain은 퍼옥시좀에서만 분해가 된다.

6. 세포골격

세포골격(Cytoskeleton)은 세포질을 가로지르는 단백질 섬유들의 복잡한 망으로 이루어지며, 세포 내 소기관 및 구조물의 위치 유지 등의 구조적 역할과 세포운동 기능을 수행한다. 세포운동에는 세포 전체의 이동뿐만 아니라 세포질에서 세포 내 소기관의 수송 및 체세포 분열 과정에서 염색체의 이동과 같은 운동도 포함된다.

세포골격은 세 가지 종류의 섬유질(filament) 성분으로 구성되어 있는데, 각각의 지름, subunit 타입, subunit의 배열 상태를 기준으로 하여 구분할 수 있으며, 미세섬유(microfilament), 중간섬유(intermediate filament) 그리고 미세소관(microtubule)의 세 가지 분자적 구조로 구성된다(표 2-4). 이들 단백질섬유들은 서로 결합이 되어 있으며 다양한 보조단백질들에 의해 세포 내 소기관 및 세포막에 연결되어 있다.

1) 미세섬유

미세섬유(Microfilament)는 고체 막대모양으로 액틴(actin)이라는 구형단백질로 구성되어 있기 때문에 액틴섬유(actin filament)라고도 한다. 액틴은 1887년 할리버튼(William Halliburton)에 의해 처음으로 관찰되었으며, 1942년 골격근으로부터 맨 처음 분리되어 원래 근육세포에

알아두기 2-7. 퍼옥시좀과 부신백질이영양장애(Adrenoleukodystrophy, ALD)

성염색체 열성으로 유전되는 ALD는 포화장쇄지방산(very long chains of fatty acids, VLCFA)이 분해가 되지 않아 뇌와 부신 등 체내에 축적되어 대사성 뇌증으로 진행되며 결국은 사망하게 되는 질환이다. 최근에 X-염색체 q28에 위치한 peroxisomal transport gene (*ABCD1*) 유전자의 돌연변이와 관련된 것으로 밝혀졌다.

1923년 처음으로 보고된 후, 1963년에 염색체 열성으로 유전된다는 것으로 밝혀진 희귀병으로 '로렌조 오일병(Lorenzo's oil disease)'으로도 알려져 있다. 이는 부신백질이영양장애에 걸린 아들 로렌조(Lorenzo)를 치료하기 위해 아버지 오거스토와 어머니 미카엘라가 올리브유와 평지씨(rapeseed) 기름으로 만든 것을 '로렌조 오일'로 부르면서 유래되었다. 또한 이 내용을 1993년 '로렌조 오일(Lorenzo's oil)'이란 영화로 제작되면서 많이 알려지게 되었다.

Lorenzo oil은 glycerol trioleate (C18:1)와 trierucate (C22:1)가 4:1로 섞인 혼합물로서, 1989년 ALD 환자에게 Lorenzos oil을 투여하였더니 혈중 포화장쇄지방산 수치가 감소되었다는 보고가 있은 후 현재까지 ALD의 치료제로 사용되었지만, 그 치료효과에 대한 생물학적 작용기작은 잘 알려져 있지 않다.

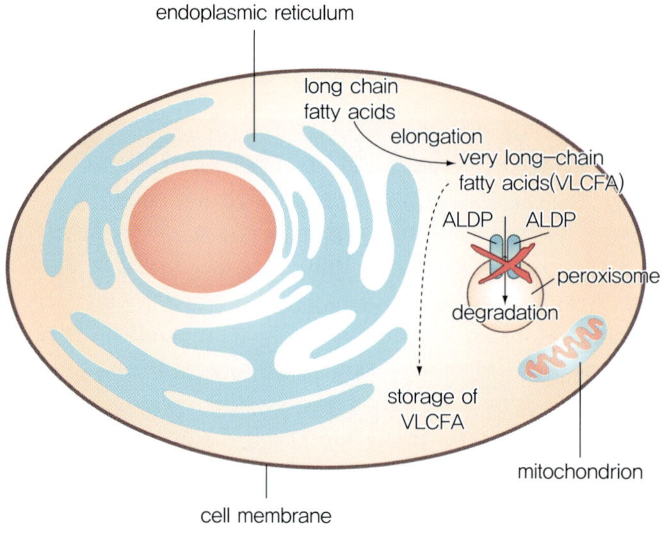

표 2-4. 세포골격의 구조와 기능

	미세섬유(액틴섬유)	중간섬유	미세소관(튜불린중합체)
특징	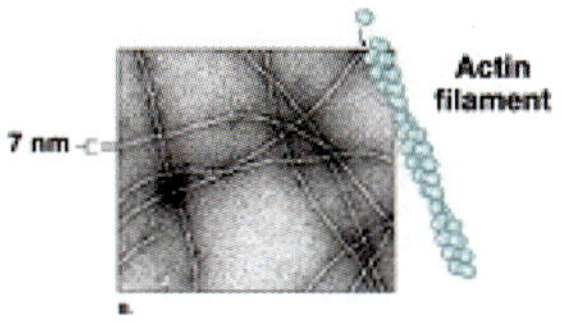	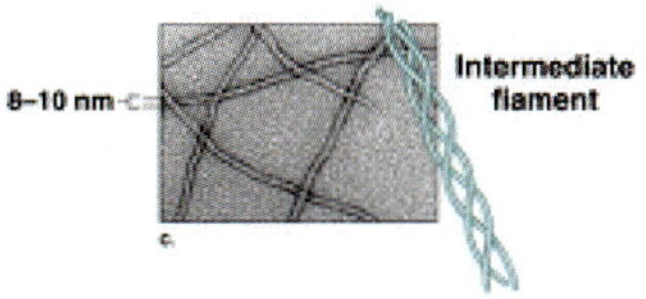	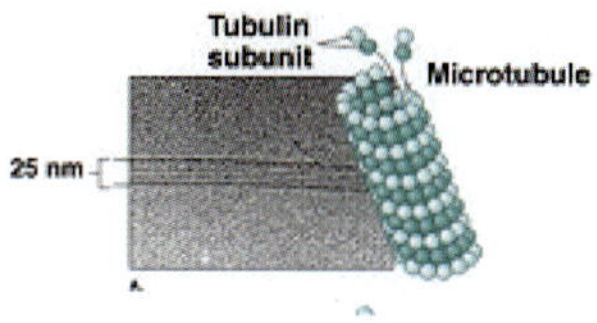
지름	7 nm	8∼10 nm	25 nm
subunit	액틴	케라틴(세포에 따라 다름)	α와 β 튜불린
구조	2개의 가닥이 서로 꼬인 나선모양으로 각각의 나선은 액틴 소단위(subunit)체의 중합체임	미세섬유와 미세소관의 중간 크기의 케이블로 꼬인 섬유성 단백질	속이 빈 관으로 벽은 13개의 튜불린분자로 된 기둥들로 이루어짐
기능	세포의 모양 유지 근육의 수축 세포질 유동 세포의 이동	세포의 모양 유지 핵과 다른 소기관의 고정 핵막하층 형성	세포의 모양 유지 세포의 이동 세포분열 시 염색체 이동 세포 소기관의 이동

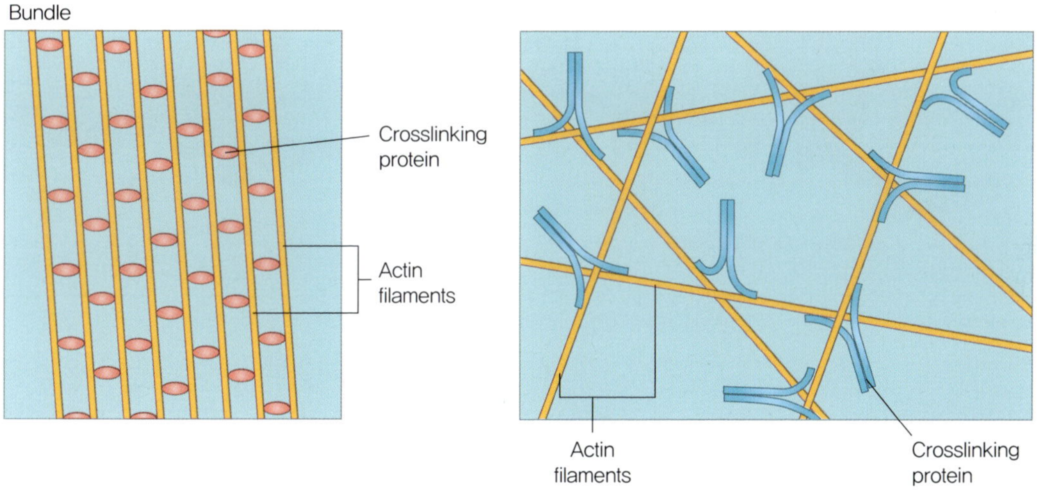

그림 2-13. 액틴 다발과 네트워크 형태

만 발견되는 단백질로 알려졌지만, 액틴은 대부분의 진핵세포에 가장 풍부하게 존재하며 유전적으로 보존이 잘된 세포 내부 단백질이다.

액틴분자와 미세섬유의 3차 구조는 1990년 홈스(Kenneth Holmes)와 카브스크(Wolfgang Kabsch) 등에 의해 결정되었으며, 375개의 아미노산 잔기를 가진 43 kDa의 구형단백질이다. 액틴은 중합반응을 하여 미세섬유를 형성하고, 미세섬유는 지름이 7 nm 정도로서 2개의 가닥이 서로 엉킨 구조를 가지고 있으며, 선형 필라멘트로 존재할 뿐만 아니라 미세섬유에 붙는 단백질에 의해 새로운 섬유가 가지를 뻗어 자랄 수 있기 때문에 세포막의 안쪽에 3차원적 네트워크를 형성함으로써 세포의 모양을 유지할 수 있다.

미세섬유는 일반적으로 2가지 유형의 구조들로 조립되는데 그물모양의 액틴 네트워크(actin network)와 액틴 다발(actin bundle)의 형태를 이루며(그림 2-13), 각각 세포에서 다른 역할을 한다. 미세섬유는 근육세포의 수축기구의 일부로 세포운동에 관여를 하는데, 수천 개의 미세섬유가 근육세포의 길이를 따라 평행하게 배열되어 있고, 미오신(myosin)이라는 단백질로 구성된 두꺼운 섬유와 얽혀있다.

세포에서 미세섬유가 가장 많이 존재하는 세포피질(cell

알아두기 2-8. 유전구형적혈구증(Hereditary Spherocytosis)

적혈구막은 두 층의 지질층과 그 아래 스펙트린과 액틴 구조의 세포골격으로 이루어져 있다. 적혈구막의 세포골격을 이루는 단백질은 α, β-스펙트린, ankyrin, band 3 protein 그리고 protein 4.2 등이며, 스펙트린은 전체 적혈구막단백질의 25~30%를 차지한다. 이 질환은 상염색체열성 유전에 의해 발생하는 것으로 적혈구막의 이상에 의해 발생하는 빈혈 중 가장 흔하며, 1980년대까지는 이 질환이 스펙트린 결핍이라고 생각했다. 그러나 최근에는 적혈구막단백질의 이상을 일으키는 유전자들이 밝혀지면서 유전적 결핍이나 기능 이상에 의하여 적혈구막에서 지질소포(lipid vesicle)가 방출되어 탄력성 및 변형 능력이 감소되어 구형적혈구가 생기고 이것이 비장에서 잘 파괴되어 용혈을 일으킨다. 현재 적혈구막단백질 이상을 일으키는 유전자들의 연구가 진행이 되고는 있지만, 원인유전자가 다양하여 진단에는 아직까지 활용되지 못하고 있다.

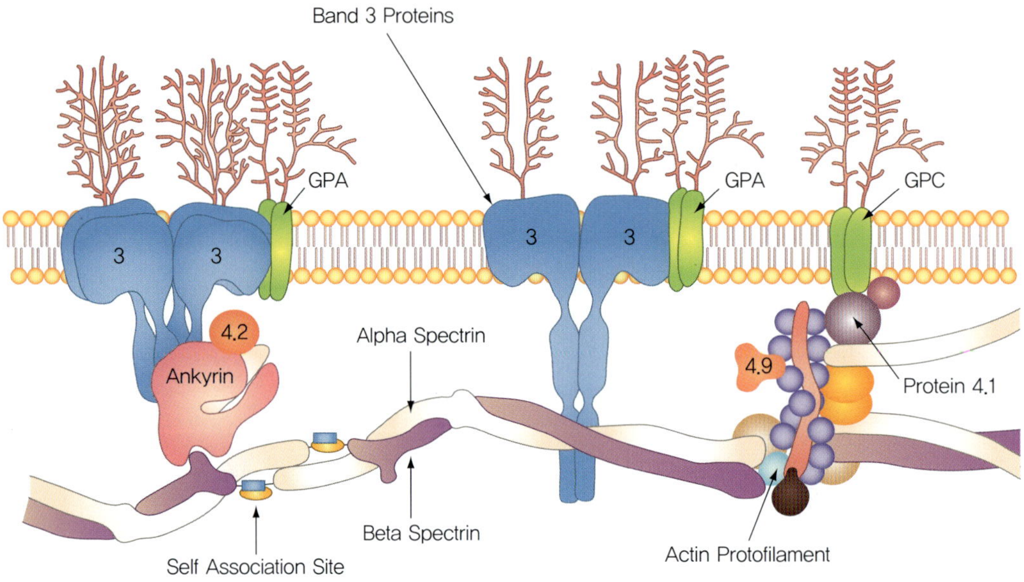

cortex)은 세포막의 바로 아래쪽에 위치하며, 이 구역에는 세포 소기관들이 거의 존재하지 않는다.

세포막과 피질 세포골격의 연구는 핵이나 세포 소기관이 없으며 미세소관과 중간섬유를 가지고 있지 않은 적혈구에서 많이 이루어졌고, 양면이 오목하게 들어간 적혈구의 모양은 액틴섬유로 구성된 피질 세포골격으로 결정된 것이다. 적혈구의 세포골격을 형성하는 구성요소는 200 nm 길이의 긴 섬유성 단백질인 스펙트린(spectrin)으로, 이것들은 8 μm 정도가 되는 적혈구들이 2 μm의 모세혈관을 지날 때 연속적으로 변형을 하여 세포막의 파괴없이 모세혈관을 통과하도록 한다. 스펙트린 단백질의 유전적 결함은 적혈구의 형태를 변화시키는 구형적혈구증(spherocytosis)을 유발시켜 적혈구의 용혈 및 감소로 인한 빈혈현상이 일어난다.

적혈구는 120일간의 수명동안 약 4,800 km 정도의 거리를 이동하게 되는데, 꾸불꾸불한 모세혈관을 통과하면서 기계적 손상에 노출이 되는 상황에서 구조적 통합성, 특징적 모양을 유지하면서 원성 회복력을 유지할 수 있는 것은 스펙트린 망상조직을 가지고 있기 때문이다.

2) 중간섬유

중간섬유(Intermediate filament)는 식물과 곰팡이류에서는 발견되지 않으며, 직경이 약 10 nm로 미세섬유보다는 크고, 미세소관보다는 작은 중간정도라서 붙여진 이름이다. 세포의 운동에는 직접적으로 관여를 하지 않지만, 미세소관과 미세섬유보다 영구적인 세포의 지지물로서 여러 부위에서 합성되고 분해된다. 중간섬유는 핵을 둘러싸고 있는 고리로부터 세포막으로 뻗어나가는 네트워크를 형성하여 세포의 모양을 강화하고, 소기관의 위치를 고정시키는데 중요한 역할을 한다.

표 2-5. 사람세포에서의 중간섬유단백질

유형	소단위(subunits)	분자량(kDa)	발현 장소
Keratin filaments	Keratin filaments	40~65	hard keratin : 머리털, 손톱, 뿔 soft keratin : 상피세포의 세포질
	Neutral/Basic keratin		
Neurofilaments	NF_L*	70	신경세포 (운동성 신경세포의 축색돌기에 가장 많이 존재함)
	NF_M	140	
	NF_H	210	
Vimentin-containing filaments	Vimentin	55	백혈구, 혈관의 내피세포, 섬유아세포
	Vimentin+glial fibrillary acidic protein	50	신경교세포
	Vimentin+desmin	51	근육세포
Nuclear lamina		65~75	핵

$^{*}{}_{L,\ M,\ H}$는 light, medium, heavy chain의 약자임

중간섬유는 50가지 이상의 단백질로 구성되어 있고, 아미노산 서열에 따라 4가지 그룹으로 나눌 수 있다(표 2-5).

3) 미세소관

미세소관(Microtubule)은 진핵세포의 세포질에 고루 분포하고 있으며 세포의 모양을 결정하는 기능과 세포의 이동, 유사분열과 감수분열의 염색체 이동, 세포 내 소포 수송과 분비 그리고 섬모와 편모운동 등을 포함한 많은 세포현상에 관여한다. 미세소관의 길이는 200 nm~25 μm 정도이고, 직경이 약 24 nm인 속이 빈 원통형 구조물로, 튜불린(tubulin)이라는 한 종류의 구형 단백질로만 구성되어 있다. 미세소관은 분자량이 약 50 kDa인 동일하지 않은 α-와 β-소단위들로 구성된 이종 이량체(heterodimer)인 튜불린 단백질로서 아직까지 그 특징은 뚜렷하게 알려지지 않았다. γ-튜불린은 미세소관이 형성되는 시기에 핵심적인 역할을 하는 중심체(centrosome)에만 존재한다.

대부분의 세포에서 미세소관은 중심체가 대표적인 예인 미세소관 형성 중심부(microtuble organizing center, MTOC)에서 뻗어져 나오며, 중심체는 간기 세포에서는 핵 근처에 위치하고 있다. 동물세포의 중심체는 한 쌍의 중심립(centriole)이 있는데, 각 중심립은 3개의 미세소관이 한 단위가 되어 9세트가 둥글게 배열한 구조이다(그림 2-14).

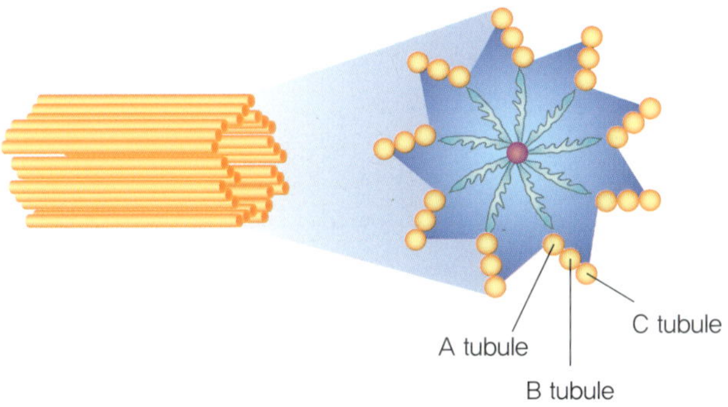

그림 2-14. 중심립의 구조

미세소관을 구성하는 튜블린 이량체는 중합반응과 탈중합반응도 가능하기 때문에 빠른 조립과 분해능력을 가진 가장 불안정한 구조물이다. 1984년 미치슨(Tim Mitchison)과 커쉬너(Marc Kirschner)는 대부분의 미세소관은 체세포분열을 하는 동안 지속적으로 빠르게 재편성되기 때문에 그 반감기는 단지 수분에 불과하다는 역동적 불안정성(dynamic instability)을 제안하였다. 그러나 실제로 미세소관의 평균 반감기는 약 10분 정도로 알려져 있으며, 세포는 세포질 미세소관들을 안정화시키는 몇 가지의 기작을 또한 가지고 있기 때문에 기대했던 것보다 더 긴 시간 동안 존재

알아두기 2-9. 단순표피수포증 (Epidermolysis Bullosa Simplex, EBS)

인체에서 keratin과 관련된 질환에는 EBS가 있는데, *KERA5*, *KERA14* 유전자의 돌연변이에 의해서 발생하며, 가벼운 외상에도 세포용해가 일어나면서 피부에 수포가 생기는 질환이다.

알아두기 2-10. 콜히친(Colchicine)

콜히친($C_{22}H_{25}NO_6$)의 분자량은 399.43이며, 백합과의 구근식물인 콜키쿰(Colchicum autumnale)의 종자와 비늘줄기에서 추출되는 알칼리성을 나타내는 물질이다. 1945년 듀워(M. Deware)에 의하여 구조가 결정되었으며, 세포의 성장을 억제하여 염증반응을 억제하는 기능을 가지고 있다고 알려져 있는데, 세포분열에서 저농도로 작용하며 유사분열 동안방추체를 만드는 것을 방해한다. 따라서 식물에서 4배체와 보통 것을 교배시키면 씨 없는 수박과 같은 불임성 3배체를 만들 수 있다. 그리고 콜히친은 급발성 질환 치료제로 알려져 있지만, 다른 형태의 관절염에는 효과적이지 않으며, 통풍환자에 필수적인 약제로 사용되고 있다.

체세포분열 동안에 미세소관이 핵심적인 역할을 하기 때문에 미세소관 저해제들은 보통 암 화학요법에 유용하게 사용되고 있다. 예로, 콜히친(colchicine)이나 vinblastin sulfate, nocodazol, 그리고 paclitaxel (Taxol®)같은 약물처리를 하면 미세소관의 정상적인 기능을 파괴할 수 있다. 그 밖에 저온처리는 튜블린끼리의 상호작용을 막으며, 독극성 약물은 튜블린과 강하게 결합하여 튜블린분자의 결합을 방해한다. 저온상태에서 온도를 높이거나 콜히친을 제거하면, 튜블린분자는 중심체를 기점으로 재결합을 하여 미세소관을 형성한다.

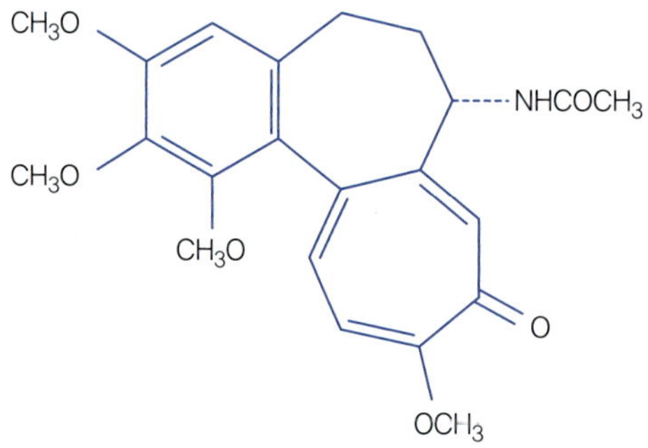

COLCHICINE

할 수 있다. 이러한 미세소관의 역동적 불안정성은 체세포 분열동안 세포골격이 재편성될 때 중요하게 작용한다.

미세소관은 체세포분열을 하는 동안 복제된 중심체로부터 뻗어져 나와 방추사를 형성하며, 이 방추사가 염색체를 딸세포로 분리시키는 것이다. 체세포분열 간기에 존재하는 미세소관의 배열은 분해되며, 동원체 미세소관(kinetochore microtubules)과 극성 미세소관(polar microtubules)이 재구성되어 방추사(mitotic spindle)를 형성한다. 동원체 미세소관은 동원체와 결합하여 체세포분열 염색체를 분리하는 역할을 하며, 극성 미세소관은 염색체에 연결되어 있지 않고 2개의 중심체로부터 뻗어져 나와 세포의 중앙부에서 서로가 겹쳐지고, 방추극을 서로 멀어지도록 밀어냄으로써 염색체를 분리하는 기능을 한다. 또한 미세소관은 세포 내 소포와 세포 소기관의 수송과 배치에 관여를 하는데, 미세소관을 따라 일어나는 운동은 ATP에너지를 사용하는 운동성 모터단백질의 작용에 의존한다. 이러한 운동에 필요한 동력을 제공하는 모터단백질은 카이네신(kinesin)과 다이닌(dynein)군 두 부류가 있다.

카이네신 단백질은 미세소관을 따라 한 쪽 방향으로만, 즉 (−)말단 혹은 중심체 쪽에서 먼 거리에 있는 (+) 말단 쪽으로 이동을 하는데, 소포와 세포 소기관이 카이네신의 이동에 의해서 수송된다. 다이닌은 세포질형태의 섬모단백질로서, 미세소관을 따라(+)말단에서 (−)말단으로 옮기는 역할을 한다. 이처럼 미세소관 모터단백질들은 소포체, 골지체, 리소좀, 미토콘드리아 같은 막으로 둘러싸인 세포 소기관들의 세포질 내 위치를 결정해 주는 기능을 한다. 그러나 아직까지는 이 두 부류의 단백질들이 세포 내에서 일어나는 모든 형태의 미세소관의 운동에 대해 설명할 수는 없다.

섬모(Cilium)와 편모(flagellum)는 미세소관으로 구성된 원형질막 돌기로서 공통된 축사(axoneme)라는 구조를 가지며, 몇 가지 서로 다른 세포종류들의 표면에 돋아나는 특이화된 세포부속물들이다. 섬모는 대부분의 세포에 많은 수로 존재하고, 직경은 약 0.25 μm, 길이는 2~20 μm이다. 반면에 편모는 섬모와 직경은 비슷하지만, 길이는 약 200 μm 정도 되고, 대부분의 세포당 1개 또는 몇 개의 적은 수로 존재하는데(그림 2-15), 사람에서 주요 형태의 편모가 있는 세포는 정자이다.

섬모와 편모는 구조적으로 매우 유사하지만, 움직이는

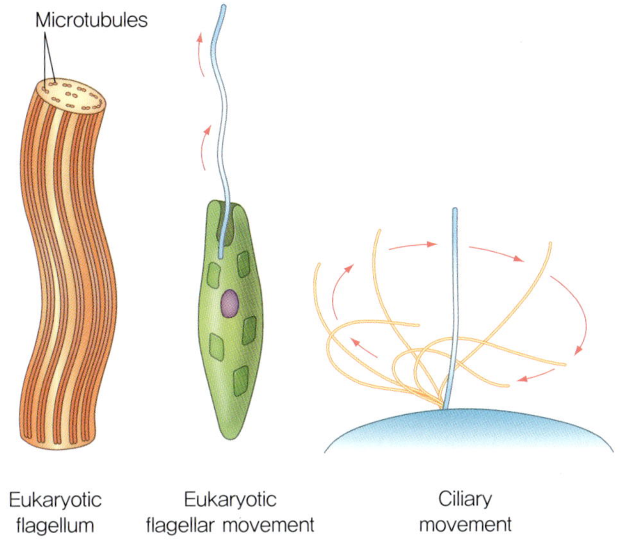

그림 2-15. 섬모와 편모의 구성과 각각의 움직임

양상은 서로 다르다. 섬모는 노와 같은 방식으로 전후운동을 하면서 세포가 액체 속에서 자유롭게 이동을 한다거나 세포의 표면 위로 액체가 흐를 수 있도록 한다. 예를 들면, 섬모는 기관지와 난관을 덮고 있는 상피세포의 정점 표면에 많이 분포되어 있으며, 기관지 안쪽에서는 호흡기 안으로 들어오는 먼지와 점액을 폐의 바깥부분으로 밀어내어 제거하는 역할을 하고, 여성의 생식기관에서 난관을 덮고 있는 것은 난자를 자궁 쪽으로 수송하는데 관여를 한다. 그러나 편모는 파동운동을 하며, 예로는 정자의 이동을 들 수 있다. 섬모와 편모의 운동은 섬모성 dynein의 모터활동에 의해 외곽의 미세소관 이중체가 미끄러지면서 일어난다. 이 조절에 대한 자세한 기작은 알려져 있지 않다.

사람에서 섬모와 편모운동의 축사단백질을 암호화하는 유전자들 중 돌연변이가 생기면, 호흡섬모가 기관지와 비강 통로에서 먼지를 제거할 수 없기 때문에 만성기관지 질환을 보일 수 있고, 남자의 경우는 정자가 부동성이면 불임을 초래할 수도 있다.

7. 세포외 기질

세포 분비물에 의해 만들어지는 세포외 기질(extracellular matrix, ECM)은 세포와 세포 사이의 공간을 채워 조직을 구성하는 한편, 세포 및 조직을 구조적으로 지지할 뿐만 아니라 다세포 생물에서 세포의 성장, 증식 그리고 유전자 발현 등 세포사이의 기능조절에도 중요한 역할을 한다(그림 2-16). 대부분의 조직화된 세포들은 60~120 nm보다 얇은 기저층(basal laminae) 위에 있거나 둘러싸여져 있다. 기저층은 기저막(bascement membrane)이라고도 불리우며 상피세포에서는 아래쪽에 존재하며 근육세포, 지방세포와 말초신경은 기저층에 의해 둘러싸이기도 하지만, 가장 많이 발견되는 곳은 결합조직(connective tissue)으로 상처의 치료와 재생에서 중요한 역할을 하는 발판을 형성한다.

1) 세포외 기질의 구조와 조성

모든 조직의 세포외 기질에는 결합조직에서 gel과 같은 성질을 제공하는 글리코스아미노글리칸(glycosaminoglycans, GAGs)과 프로테오글리칸(proteoglycan), 기계적인 힘을 부여하는 여러 종류의 콜라겐(collagen)과 탄성에너지를 주는 엘라스틴(elastin), 그리고 기질과 세포를 연결해 주는 피브로넥틴(fibronectin)과 라미닌(laminin) 같은 접착단백질(adhesion protein)의 세 가지 형태의 분자들이 있다.

글리코스아미노글리칸과 프로테오글리칸은 세포외 기질이 압력에 저항하도록 수화된 gel을 형성한다. 글리코스아미노글리칸은 아미노당과 우론산(갈락토오스)으로 이루어지는 2당의 반복구조를 가진 긴 사슬의 복합다당류의 총칭으로 뮤코다당이라고도 하며, 아미노당은 일반적으로 N-아세틸화된 글루코사민 또는 갈락토사민이며, 우론산에는 글

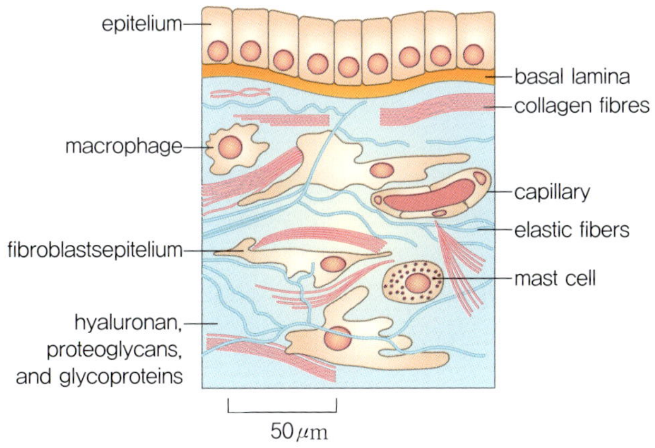

그림 2-16. 세포외 기질

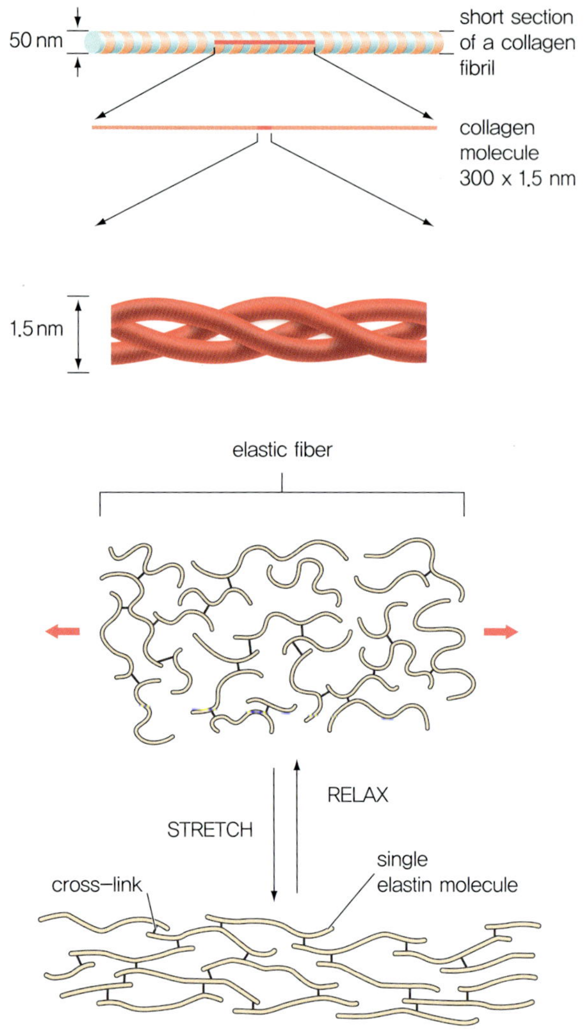

그림 2-17. 콜라겐과 엘라스틴의 구조

루코론산이 구성성분이 된다. 글리코스아미노글리칸은 무릎관절에서 만나는 긴 다리뼈의 표면을 덮고 있는 연골에서 중요하게 작용하며, 프로테오글리칸은 신장에서 여과장치의 형성뿐만 아니라 사구체의 기저막 분자체로서 중요하게 작용한다.

표 2-6. 여러 가지 조직에서의 콜라겐 함량(건조 중량비율)

조직	콜라겐 함량(%)
산을 처리하여 무기질 성분이 제거된 뼈	90
인대	80~90
피부(진피)	50~70
연골	50~70
동맥	10~25
폐	10
간	4

세포외 기질의 주성분인 콜라겐은 사람 생체단백질의 약 30%를 차지하는 섬유성 단백질로(그림 2-17) 조직형태의 골격구조의 유지, 각종 세포의 흡착, 세포의 분화 · 증식 등에도 관여를 한다. 콜라겐섬유(collagen fiber)는 결합조직, 뼈, 치아의 상아질 등 체내에서 가장 넓게 존재하는 결합조직섬유로서(표 2-6) 육안으로 백색으로 보이며, 삶으면 아교를 만들기 때문에 '아교질섬유'라고도 부른다.

콜라겐은 약 20여종이 있으며, 삼중나선구조(triple helix)를 형성하는 3개의 폴리펩타이드로 구성되어 있다. 유형 중에 I, II, III, VI, XI만 섬유를 형성하고 있으며, 기저막의 주요성분인 IV 유형은 비섬유성이다.

콜라겐대사는 나이와 질병에 따라 달라지는데, 나이가 많아지면 콜라겐의 양은 실질세포(parenchymal cell)의 단백질에 비해 증가한다. 콜라겐합성은 외상에 의해 촉진되기도 하는데, 상처치유기간에 섬유아세포(fibroblast)가 상처부위로 이동을 해서 콜라겐을 생성하기 때문에 상처의 흉터조직은 콜라겐으로 구성된다. 그 밖에 간경화증(liver cirrhosis)에서는 대부분의 실질세포가 콜라겐과 같은 섬유질의 결합조직으로 대체된다.

콜라겐섬유는 당단백질인 프로테오글리칸이 그물망처럼 짜여진 곳에 끼어들어가 있으며, 만약에 합성에 문제가 생

알아두기 2-11. 엘러스-단로스 증후군(Ehlers-Danlos Syndrome, EDS)

엘러스-단로스 증후군은 콜라겐유전자의 이상으로 초래되는 질환으로, 쉽게 멍들고 피부에 탄력이 없어지면서 조직이 약한 공통적인 특징이 있다. 이 질환은 환자에 따라 차이가 있는데 일반적 유형, 혈관형, 피부형 그리고 관절탈구형 등 9가지로 분류하며, 특히 콜라겐 III유형의 구조적 결함은 때때로 주요 혈관이나, 결장(colon), 임신 중인 자궁(gravid uterus)의 파열을 수반하기도 한다.
엘러스-단로스 증후군은 상염색체 우성 혹은 열성으로 유전되는데, 상염색체 우성과 열성 형태의 엘러스-단로스 증후군은 남성과 여성에게 동일한 비율로 나타난다. 반면에 엘러스-단로스 증후군의 X-linked 유형은 오직 남성에게만 나타나며, 이 질환의 보인자인 여성은 질환의 증상을 나타내지 않는 것으로 알려져 있다.
엘러스-단로스 증후군과 관련된 유전자는 *COL5A1, COL5A2, COL3A1, COL1A1, COL1A2, PLOD1, ADMATS2* 등이 있다.

기면 몇 가지 질병을 일으키기도 한다. 콜라겐의 합성에는 비타민 C가 매우 중요한데, 결핍되면 비정상의 콜라겐을 합성하게 되어 혈관손상이나 치아가 빠지기도 하며, 치료하지 않을 경우는 괴혈병의 증상을 보일 수도 있다. 또한 콜라겐섬유와 관련된 유전병은 불완전 골형성증인 엘러스-단로스(Ehlers-Danlos)증후군이 있다.

세포외 기질에서 콜라겐 외 섬유상단백질은 엘라스틴이다. 이 성분은 조직과 콩팥, 혈관, 근육, 치아 그리고 피부 등에 다양하게 존재하며, 일상적으로 늘어났다가 원래 모습으로 돌아가기를 반복하는데(그림 2-17), 특히 숨을 들이쉴 때마다 늘어나고 내쉴 때는 줄어들어야 하는 허파에서 많이 발견된다.

세포외 기질과 세포를 연결해 주는 접착단백질에는 결합조직의 가장 전형적인 피브로넥틴과 기저층에 특이적인 라미닌이 있다. 피브로넥틴은 당단백질의 이량체로 존재하며, 섬유상구조를 형성할 뿐만 아니라 세포외 기질의 여러 구성물들을 서로 연결시켜 주며, 세포표면에는 피브로넥틴을 인지하는 수용체가 있어서 세포와 세포외 기질 사이의 접착제 역할도 한다.

라미닌은 기저층에 특이적인 단백질로서, 기저층에 있는 상피세포에 의해 생산되며, 구조는 3개의 폴리펩타이드로 이루어져 십자가형태를 이루며, 피브로넥틴처럼 세포표면에서 라미닌수용체에 결합하거나, heparin sulfate와 결합하고, type IV collagen과 상호작용을 하는 몇 가지의 영역이 존재한다.

세포와 세포외 기질을 연결시켜주는 접착단백질 중에서 가장 두드러지는 막 관통단백질 인테그린(integrin)은 여러 종류의 인테그린분자들이 모여서 커다란 그룹을 형성하는 것이며, 세포외 기질과 세포골격 사이에서 변화를 전해 주는 곳에 위치하기 때문에 세포의 안쪽과 바깥쪽의 변화를 통합하게 된다.

2) 세포간 상호작용

다세포생물은 해부학적으로 여러 종류의 세포들이 존재하는데, 정상적으로 발생하고 기능을 발휘하기 위해서는 세포들 사이의 상호작용이 매우 중요하다. 세포간 상호작용에는 백혈구와 염증부위의 조직세포 사이에서 일어나는 일시적인 작용도 있는 반면 조직 내에서 지속적으로 유지되는 작용도 있다. 세포간 상호작용은 발생중인 배(embryo)의 서로 다른 조직으로부터 세포를 추출하여 혼합배양하는 과정에서 동일한 종류의 세포끼리 다시 응집되는 현상으로부터 알려졌다.

세포간 부착은 세포표면에 존재하는 부착단백질을 통하여 이루어지며, 부착단백질은 크게 4종류, 즉 셀렉틴(selectin), 인테그린(integrin), 면역글로불린(Ig superfamily), 그리고 캐드히린(cadherin)으로 분류한다. 세포부착단백질들 중 셀렉틴, 인테그린 그리고 캐드히린을 통한 세포부착에는 Ca^{2+} 나 Mg^{2+} 가 필요하며, Ig superfamily는 Ca^{2+} 비의존성 기작을 통하여 상호작용을 한다.

세포부착단백질 중에서 셀렉틴, 인테그린, Ig superfamily에 의한 세포간 결합은 내부의 세포골격단백질까지 참여하는 것이 아니기 때문에 일시적으로만 유지된다. 그러나 캐드히린을 통한 세포간 결합은 세포골격까지 연결되므로 매우 안정적이다.

(1) 셀렉틴

셀렉틴(Selectin)은 당지질과 당단백질의 다당류 사슬 말단에 있는 특이한 탄수화물단위를 인식하는 막성단백질로서, 백혈구와 혈관상피세포 또는 혈소판 사이에서 일시적으로 상호작용을 매개하는 부착단백질이다. 셀렉틴의 종류는 내피세포에서 발현되는 E (endothelial)-셀렉틴, 혈소판에서 발현되는 P (platelet)-셀렉틴 그리고 모든 백혈구에서 발현되는 L (leukocyte)-셀렉틴 등 세 가지가 있다(그림 2-18).

셀렉틴의 가장 중요한 기능은 혈액을 타고 순환하는 백혈구가 염증반응과 혈액응고가 일어나는 조직부위의 혈관

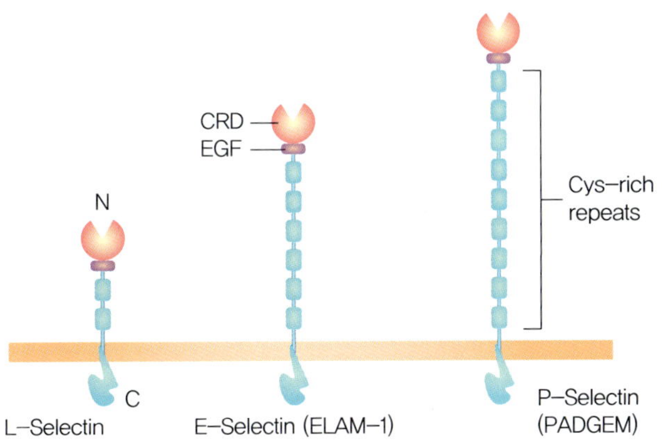

그림 2-18. 셀렉틴의 종류

상피세포에 부착하는 것을 도와주는 일이다. 감염부위에서 상피세포는 셀렉틴 생산을 시작하고, 세포표면의 셀렉틴은 중성구의 표면에서 당잔기에 결합하여 중성구를 붙잡은 다음 중성구는 혈류를 빠져나와 면역반응의 역할을 수행한다. 암세포가 혈액이나 림프순환계를 따라 다른 조직으로 전이될 때도 이러한 과정을 거친다.

(2) 인테그린

일반적으로 대부분의 인테그린(integrin)은 세포가 세포외 기질과 연결시켜주는 작용을 하는데 반해 몇몇 인테그린은 세포와 세포의 부착에 관여를 하기도 하는데, 두 종류의 서로 다른 분자가 서로 결합하는 이질적 상호작용(heterophilic interaction)을 하기도 한다. 예를 들면, 셀렉틴에 의해 혈관에 부착된 백혈구는 표면의 인테그린과 상피세포 표면에 있는 Ig superfamily 단백질 사이에 보다 강력한 결합이 일어나서 모세혈관을 뚫고 조직 속으로 침투를 하게 된다. 인테그린과 관련된 질환에는 인테그린 중 중요한 CD18의 결손에 의한 백혈구의 부착 및 유입과 염증부위로의 이동을 할 수 없는 백혈구-부착결핍증(Leukocyte-Adhesion Deficiency, LAD)이 있다.

(3) Ig superfamily

Ig superfamily에 속하는 세포부착단백질들은 immunoglobulin과 유사한 구조를 가지고 있으며, 한 종류의 단백질이 각기 서로 다른 세포표면에 발현되어 서로 결합하는 동질적 상호작용(homophilic interaction)을 유도하기도 한다. Ig superfamily에는 100여종 이상의 부착단백질을 포함하는데, 제일 많이 연구된 것으로는 신경세포부착단백질(neural cell adhesion molecule, N-CAM)이 있다. N-CAM은 1970년대에 에델만(Gerald Edelman)에 의해

알아두기 2-12. 중성구의 분출(Neutrophil Extravasation)

중성구는 염증이 일어난 내피세포에 가장 먼저 결합하여 조직 내로 분출되는 세포로서, 정상인에서 중성구의 생산은 하루에 체중 1 kg당 약 12억(0.85∼1.6×10^9) 개 정도이며, 골수에서 약 14일간 생성 분화된 다음 말초혈액으로 들어가서 약 6시간 정도 순회하다가 폐, 위장관, 간, 비장, 구강 등의 조직으로 침투한다. 이어서 각 조직에서 2∼4일간 머물다가 방어작용을 한 후 파괴되어 조직구에 탐식되거나 점막에서 소실된다. 혈액 내의 중성구는 조직으로 이동을 하는데, 그 반감기는 6∼12시간 정도이며, 염증이나 감염 혹은 발열 시에는 그 반감기가 더 짧아진다.

중성구의 표면은 서로 다른 많은 종류의 막고정단백질로 덮여 있으며, 세포 내부를 외부환경과 연결시키는데, 예를 들면 셀렉틴과 인테그린이라는 부착분자들을 이용해 혈관 벽에 부착하여 순환계를 떠나 조직으로 침투할 수 있다.

중성구는 감염된 부위로부터 분비되는 케모카인(chemokines)*과 다른 화학주성(chemotatic) 물질들에 반응하여 모세 혈관으로 굴러 들어가게 된다. 또한 이 물질들은 내피세포를 활성화시켜 E-셀렉틴과 P-셀렉틴을 표현케 하고, 셀렉틴은 중성구의 구르는 능력을 감소시킨다. 활성화된 내피세포는 inter-cellular adhesion molecule-1 (ICAM-1)을 표현하고 중성구의 β_2-인테그린 분자에 작용하여 내피세포를 통한 이동이 일어난다. 이어서 중성구는 특정 과립과 단백질분해효소를 분비하여 기저막과 결체조직을 통과하게 되는 것이다.

* 케모카인은 90∼130개의 아미노산을 가진 작은 폴리펩티드 집단을 의미하며, 백혈구의 이동에 대한 아주 중요한 조절인자로서 선택적으로 또는 특이적으로 세포 조절에 대한 부착, 화학주성, 많은 종류의 백혈구의 활성화를 조절한다.

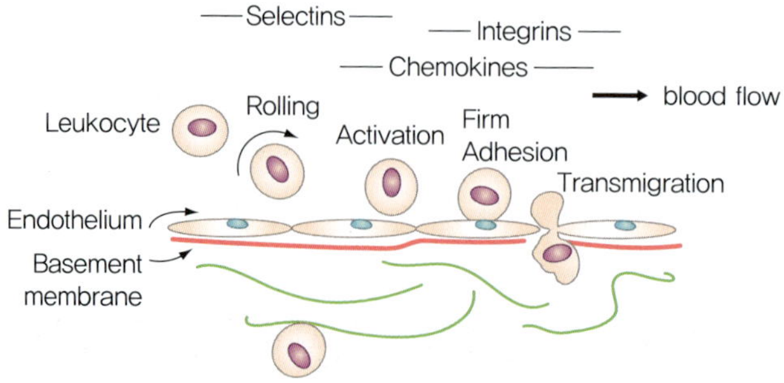

중성구의 삼출 경로는 ① 회전이동, ② 화학주성인자의 자극에 의한 활성화, ③ 정지와 부착, ④ 내피횡단 이동 등의 4단계 과정을 거친다.

발견되었으며, 신경세포와 신경아교세포의 표면에서 발현되어 발생 도중 신경세포들 사이의 상호작용을 다양하게 조절한다.

(4) 캐드히린

80여종에 달하는 캐드히린(cadherin)은 세포 외 Ca^{2+}의 존재하에서 안정한 형태를 갖는 부착단백질이며, 공통적으로 세포 바깥쪽에 동질적 상호작용을 유도할 수 있는 구조를 가지고 있다(그림 2-19). 캐드히린을 분비하는 세포의 종류에 따라 상피성(epithelial), 신경성(neuronal) 그리고 태반성(placental) 캐드히린으로 나누기도 한다. 상피세포표면에서 발현되는 E-캐드히린은 상피세포 간의 선택적 결합을 하며, 상피세포에서 E-캐드히린이 만들어지지 않으면 암조직이 생길 수 있다는 사실을 통해서 세포부착단백질의 기능의 중요성을 알 수 있다.

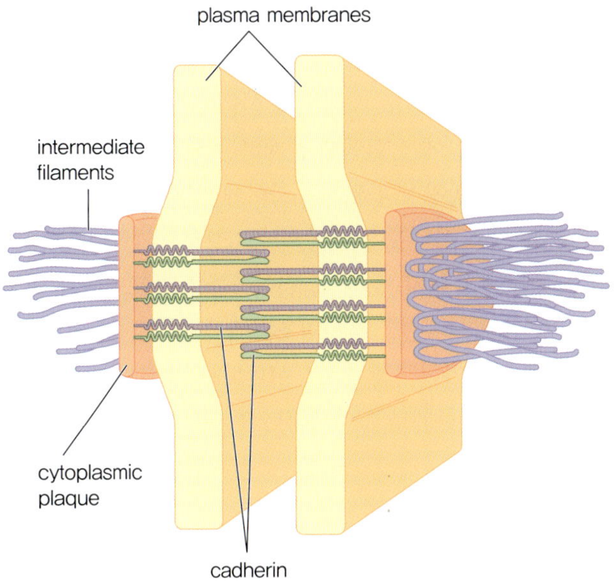

그림 2-19. 세포간 결합에서 캐드히린

3) 세포간 결합

세포간 결합(Cell junction) 또는 세포연접은 전자현미경 또는 동결절단법에 의해 상피세포나 배아의 발생과정에서 관찰할 수 있다. 상피조직은 대부분이 세포성이며 세포외 기질 물질을 거의 가지지 않는 반면, 특이화된 지역에서 세포-세포 연접으로 서로 결합되어 있다.

세포간 결합은 조직의 견고함을 제공하고, 세포의 안과 밖 사이의 정보를 전달할 뿐만 아니라 세포층을 통한 이온과 분자의 수송을 조절하고, 인접해 있는 세포의 세포질로부터 이온이나 분자가 이동할 수 있는 통로의 역할도 한다. 이러한 세포간의 결합은 기관 및 조직의 항상성을 유지하고 조절하기 위한 자가조절기구로서 기능에 따라 밀착결합(tight junction), 접착결합(adhesive junction) 그리고 간극결합(gap junction)의 세 종류로 구분할 수 있다(그림 2-20).

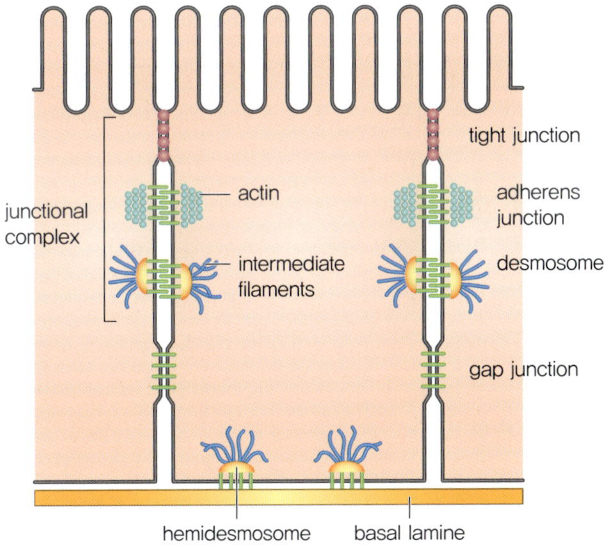

그림 2-20. 세포간 결합의 종류

(1) 밀착결합

밀착결합(Tight junction)은 세포간 결합 중에서 가장 강한 형태로 알려졌으며, 많은 상피조직의 한 쪽에서 다른 쪽으로 세포 내 물질들이 유출되는 것을 방지하기 위한 물리적 장벽을 형성한다. 밀착결합은 인접한 두 세포 사이에

알아두기 2-13. 콜레라(Cholerae)

콜레라는 수인성 식품매개 질환의 대표적인 질병으로 소장에 감염된 콜레라균(V. cholerae O1 또는 V. cholerae O139)에서 생성되는 독소에 의해 밀착결합의 성분과 활성이 바뀌게 되면, 장내 상피세포의 밀착결합의 투과성과 ion pumping protein의 변화가 생기게 되고, 체내의 이온이나 수분이 위장관으로 손실되어 심한 설사를 일으키거나 치명적인 탈수증세를 나타낼 수 있다.

claudin과 occludin 같은 막관통단백질의 다발이 결합하여 세포와 세포 사이를 결합하는 것으로, 기능은 이온 같은 작은 분자들이 상피세포 사이로 흘러들어오지 못하게 한다. 예를 들어, 콩팥에서 혈액에 존재하는 찌꺼기나 독소를 여과하는 동안 방광상피세포들 사이에 밀착결합이 없다면, 높은 농도의 독성물질이 세포 외 공간으로 유출되어 조직주위에 심한 손상을 주게 된다. 밀착결합은 장표면에서 확산장벽의 역할도 하는데, 장상피조직에서 음식물의 분해물이 내강으로 들어가는 것을 막고, 아미노산, 포도당 그리고 기타 분자들을 순환계로 들여보내는 역할도 한다.

(2) 접착결합

접착결합(Adhesive junction)은 마치 지퍼와 같은 연결장치로서 인접 세포나 외부기질에 세포를 물리적으로 부착시킴으로써 강력한 힘을 제공하며, 피부의 상피조직과 같은 조직에 가장 많다. 접착결합은 주로 세포간의 형태를 유지하여 조직을 이루는 기능을 하며, 접착결합과 desmosome의 두 가지가 있다.

접착결합에는 세포와 세포의 결합을 의미하는 adherens belts와 세포와 세포외 기질의 결합을 나타내는 focal contacts가 있다. Adherens belts는 상피층의 이웃 세포 사이에서 발견이 되는데, 밀착결합 바로 밑의 세포 정점지역에 위치해 있으며, 수축성 있는 actin 미세 단섬유망으로 형성된다. Focal contacts는 세포가 세포외 기질의 단섬유들과 결합하여 유지되도록 하며, 면역반응 과정에서 백혈구의 이동을 촉진한다.

Desmosome은 smooth muscle(평활근)과 같은 몇 가지 다른 형태의 세포와 상피세포를 강하게 결합하도록 한다. 반면에 hemidesmosome은 desmosome과는 다른 세포에 접착하지 않고, 상피세포에서 분비된 기저층과 같은 세포의 물질에 결합을 한다.

(3) 간극결합

간극결합(Gap junction)은 한 세포에서 다른 세포로 이온 같은 물질과 신호를 전달하는 기능을 하는 독특한 형태의 세포결합이다. 세포들은 2~3 nm 정도의 공간을 두고 규칙적으로 배열하고 있으며, 이 때 세포와 세포 간에는 속이 빈 원통형구조의 연결관을 형성하여 일반 단백질과 핵산을 제외한 1,500 Da 이하의 작은 분자들이 이동할 수 있도록 한다(그림 2-21). 간극결합은 세포질 내의 Ca^{2+}, H^{+} 이온농도의 변화에 따라 반응한다. 이처럼 간극결합을 통해서 한 세포 내부의 생리대사와 전기적 자극이 다른 세포로 전해질 수 있기 때문에, 상피 및 내피와 심장 그리고 근육을 포함한 거의 모든 조직에서 세포의 상호작용을 한다.

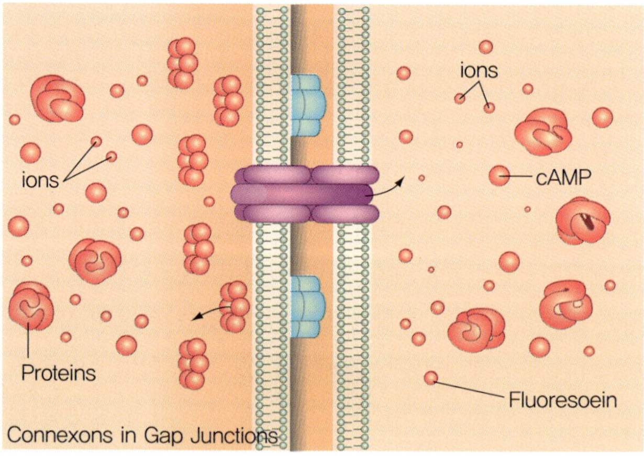

그림 2-21. 간극결합

알아두기 2-14. 천포창(Pemphigus)

원인을 알 수 없는 자가면역질환인 천포창 환자들은 desmosome 막관통 연결체 당단백질과 특이적으로 반응하는 자가항체들을 생산하는데, 이 항체들이 피부에서 desmosome을 파괴하여 수포와 체액손실을 일으킨다. 이 밖에 천포창은 고용량의 자외선이나 X-선에 노출된 후 생길 수 있고, 항류마티스제인 디페니실라민(d-penicillamine), 항고혈압제 캡토프릴(Captopril), 결핵약 리팜핀(Rifampin)과 같은 약물에 의해 유발될 수도 있다.

제3장

염색체

염색체(Chromosome)는 색이 있는 덩어리('chroma soma' = colored body)라는 그리스어에서 유래한 것으로, 진핵생물의 유사분열 때에 출연하고 유전정보를 담고 있는 DNA가 모여서 이루는 구조물로서 핵 속에 위치한다. 염기성 색소에 잘 염색되며, 사람의 경우 약 2 m나 되는 DNA를 작은 핵이란 공간 속에 보관하기 위해 만들어진 구조를 이루며, 체세포분열을 통해 세포에서 세포로 그리고 감수분열을 통해 부모에서 자손으로 DNA를 전달하는 역할을 한다. 염색체의 수는 생물체의 종류나 성에 따라 다르며, 사람의 경우는 성을 결정하는 두 개(XX 또는 XY)를 포함하여 46개이다.

사람의 염색체는 약 100년 전 독일의 연구원에 의해 처음으로 관찰되었다고 하며, 1923년에는 패인터(Theophilus Painter)에 의해 염색체 수가 48개임이 보고되었고, 1956년에 치오(Joe Tjio)와 레반(Albert Levan)에 의해 사람의 염색체는 46개임을 처음으로 확인하였다. 치오와 레반은 사람의 폐 섬유아세포를 배양하여 세포를 저장액에 노출시키는 시간을 줄이고, 콜히친을 첨가함으로써 염색체들이 최대한 응축되어 가장 뚜렷하게 보이는 중기세포의 수를 늘렸으며, 261개의 모든 세포에서 염색체가 46개임을 발견하였다.

염색체는 성숙한 적혈구를 제외한 사람의 모든 체세포의 핵 안에 위치하며, 배반(germline) 세포를 제외한 각각의 세포에는 23쌍의 염색체가 존재한다. 핵분열의 과정을 거치더라도 그 본래의 생리적 또는 형태적 성상이 변하지 않는 연속성을 갖는 특징이 있어서, 동일 개체 내의 모든 염색체는 똑같은 구조를 유지하면서 세포분열을 하는 동안 유전정보는 새롭게 만들어진 세포에 전달이 된다.

세포유전학(Cytogenetics)은 생명체의 기본단위인 세포를 중심으로, 유전정보를 운반하는 염색체를 현미경으로 관찰하고 세포분열과정에서 발생하는 염색체의 수적 이상과 구조적 이상을 밝혀냄으로써, 선천성 이상이나 기형을 보이는 여러 유전질환의 규명뿐만 아니라 종양의 진단 및 예후결정과 발암기전 등을 이해하는 중요한 수단이 되는 학문이다.

1. 염색체의 구조

1) 일반적 특성

염색체는 현미경 관찰에 사용되는 헤마톡실린(hematoxylin)이나 카민(carmine)과 같은 염기성 색소에 염색된다는 뜻으로 붙여진 이름으로 수, 모양 및 크기 등은 생물종에 따라 다르다. 같은 생물종에서는 모자이시즘(mosaicism)을 제외하고는 모든 체세포가 동일하므로 핵형의 특징을 비교하여 염색체의 이상을 알아내기도 하고, 생물의 유연관계를 찾아내기도 한다.

사람의 유전체 내에 존재하는 유전인자 조성 및 그 발현을 결정짓는 요소는 46개 염색체 DNA상에 특성화되어 있다. 즉, 핵 내에 위치하는 각각의 염색체는 하나의 긴 이중나선구조의 DNA 분자이다. 그런데 이 DNA는 평상시에는 염색질(chromatin)이라는 형태로 있다가 세포분열 과정의 중기에 비로소 현미경으로 관찰할 수 있다.

알아두기 3-1. 염색체의 수

일반적으로 염색체 수는 2n으로 표시하는데, 이는 생식세포의 염색체 수를 기본수 n으로 표시하기 때문이다. 염색체 수는 각 생물의 종마다 고유한 것으로서 사람의 경우는 46개, 개는 78개, 개구리의 경우는 26개 등 매우 다양하다.
염색체 수가 적은 종류에는 회충(*Ascaris megalocephala univalent*) 2n = 2, 누룩곰팡이(*Aspergillus oryzae*) 2n = 4 등이 있으며, 염색체 수가 많은 것으로는 붕어(*Crucian carp*) 2n = 100, 게(*Eupagurus ochoterisis*) 2n = 254, 뽕나무(*mulberry tree*) 2n = 308, 스페인나비(*Lysandra niverscens*) 2n = 380 등이 있다.

종류	학명	염색체 수(2n)	종류	학명	염색체 수(2n)
사람	*Homo sapiens*	46	쥐	*Rattus norvegicus*	42
침팬지	*Pan troglodytes*	48	생쥐	*Mus musculus*	40
말	*Equus caballus*	64	파리	*Musca domestica*	12
소	*Bos taurus*	60	초파리	*drosophila melanogaster*	8
양	*Ovis aries*	54			
염소	*Capra bircus*	60	감자	*Solanum tuberosum*	48
돼지	*Sus scrofa*	38	담배	*Nicotiana tabacum*	48
개	*Canis familiaris*	78	밀	*Triticum aestivum*	42
고양이	*Felis domesticus*	38	옥수수	*Zea mays*	20
토끼	*Oryctolagus cuniculus*	44	콩	*Vicia faba*	12
선충	*Caenorhabditis elegans*	11/12♀			

알아두기 3-2. 염색체 연구와 초파리

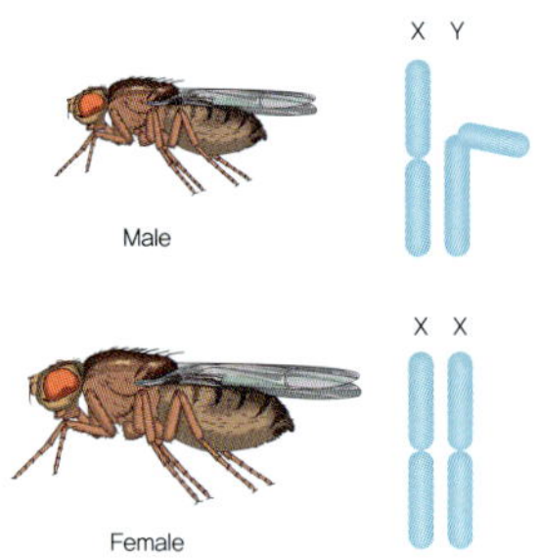

일명 과일파리(Fruit fly)라고도 불리는 초파리는 생활주기가 짧고(2주), 체세포의 염색체가 8개라는 점 그리고 하루에 100개의 알을 놓을 수 있는 높은 생식력을 가질 뿐만 아니라 기르기가 쉽기 때문에 동물유전자연구에 가장 많이 사용되는 전형적인 생물이다. 20세기 초 모건(Thomas Morgan)은 초파리의 성연관 유전요소를 집중적으로 연구하여 염색체 상에 유전자가 직선으로 존재한다는 사실을 발견하였다. 몇 천 개의 유전자 중 특정 부위가 돌연변이 된 파리들은 유전자의 발달과 행동양식 등 많은 연구에 사용되고 있다.

2) 염색체의 구성

염색체는 염색질로 구성되며, 순수하게 DNA 이중나선으로만 구성된 것은 아니라, 8개의 히스톤(histone)이라는 단백질로 구성된 구형접합체(globular) 주위를 147 bp로 된 DNA 가닥이 1.75회 감아 전체적으로 구슬이 꿰어진 실 모양 구조의 뉴클레오좀(nucleosome)을 형성한다. 이는 DNA 직선길이를 10,000배까지 줄여서 응축시키는 과정의 첫 번째 단계이며, 6배 정도로 응축된다.

5~6개의 뉴클레오좀들은 코일모양으로 감겨 30 nm 폭의 섬유(fiber)를 형성하며 관형(solenoid) 구조를 이루는데, 이 구조는 DNA 가닥을 효과적으로 줄어들게 하는 것으로 더욱 응축이 되면 처음 길이의 1만분의 1까지 수축된 염색체의 구조를 보이게 된다(그림 3-1). 예를 들어, 대장균의 염색체 길이가 1200 μm인데 반해, 사람의 염색체 한 개는 약 19,000~73,000 μm 범위에 있으므로 사람의 한 개의 세포 내에 존재하는 46개의 염색체 DNA를 펼치면 거의

알아두기 3-3. 염색체를 이루는 DNA의 포장단위

사람 염색체 1개에 포함된 DNA의 길이는 평균 5 cm 정도로 염색체의 길이보다 길기 때문에 염색체가 형성되는 과정에서 DNA는 조직적으로 응축되어야 한다.

단계	형태(응축된 정도)	특징
1단계	뉴클레오좀(1:6)	히스톤단백질 주위를 DNA 가닥이 1.75회 감고 있는 중심핵으로 구성됨
2단계	염색사(1:36)(chromatin fiber)	뉴클레오좀이 감겨진 형태로 구성되는 초나선(superhelix)의 구조
3단계	염색사-골격복합체	스캐폴드(scaffold) 주위에 염색사 루프들로 구성됨
4단계	중기 염색체(1:50,000~1000,000)	염색사-뼈대 복합체(fiber scaffold complex)의 꼬임으로 형성됨

2 m에 이른다.

염색질은 분열 중기에는 고차원적인 구조체로서의 염색체가 되지만, 간기에는 다시 분산된 상태로 존재한다. 고차원적인 형태의 염색체는 염색질과 동원체, 텔로미어 등으로 구성되어 있다.

(1) 염색질

유전체는 염색질 형태로 뭉쳐 있는데, 이는 유전체 DNA가 히스톤단백질과 복합체를 형성하고 있기 때문이다. 염색질을 형성하는 히스톤은 염색질의 구조를 형성하는 단백질로서, 양전하를 띠고 있기 때문에 음전기를 띤 DNA와 쉽게 결합이 가능하며, 세포 내에 매우 많이 존재하는데,

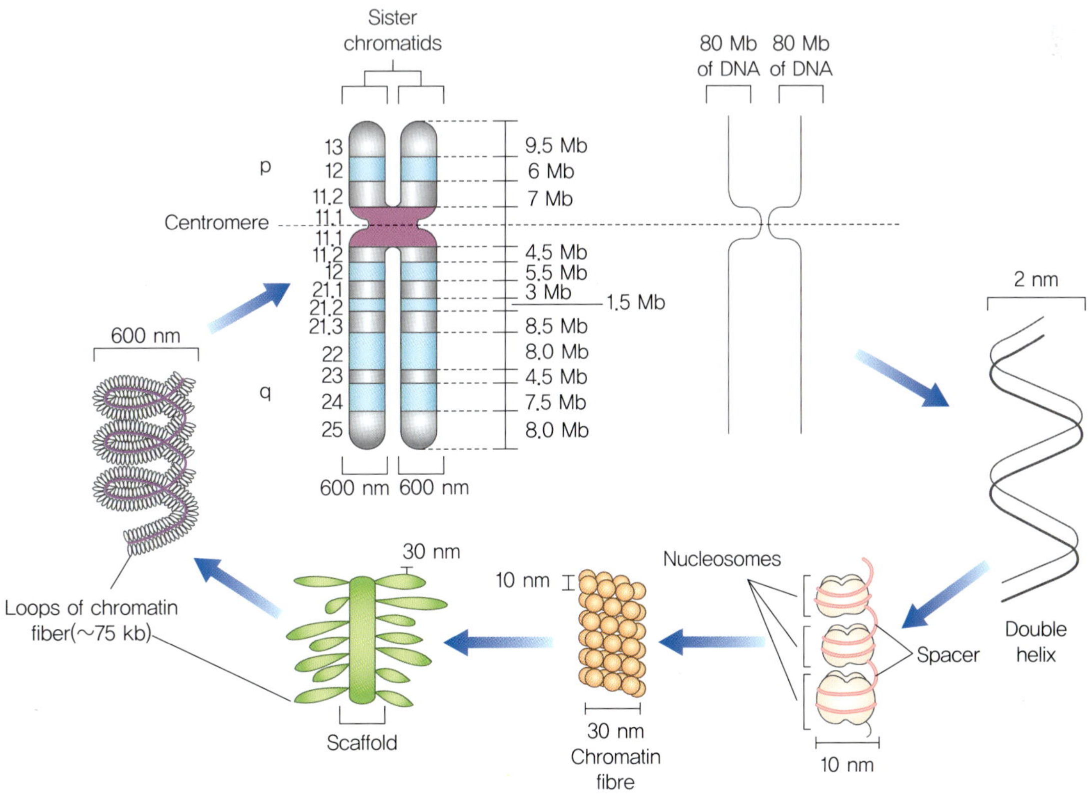

그림 3-1. 17번 염색체의 구조 (Strachan T, Read AP(2004) *Human molecular genetics 3,* Garland Science, London 인용)

알아두기 3-4. 바이러스와 세균의 염색체

바이러스의 염색체들은 한 가닥 또는 두 가닥으로 이루어진 DNA나 RNA로 이루어지는데, 환형구조로 존재하거나 선형분자의 형태를 이루기도 한다. 박테리오파지 람다(λ) DNA 길이는 17 μm인데 파지 머리로 들어가기 위해서는 0.1 μm 미만으로 응축시켜야 한다. 세균의 염색체들은 항상 두 가닥의 DNA 분자로 구성되며, 때때로 뉴클레오이드(nucleoid)라는 구조로 응축된다. 세균 염색체 DNA는 HU와 H라는 두 가지의 단백질들과 연결되어 있다.

그 질량은 DNA의 질량과 비슷하다.

염색질은 세포주기의 각 단계별로 유전적 활성상태에 따라서 그 구조가 현저하게 다르게 나타나는데, 중기(metaphase)에는 고차원적인 염색체가 되고, 간기(interphase)에는 분산되어 염색사의 형태로 세포 내에 존재한다. 또한 염색질은 진정염색질(euchromatin)과 이질염색질(heterochromatin)로 분류된다(그림 3-2).

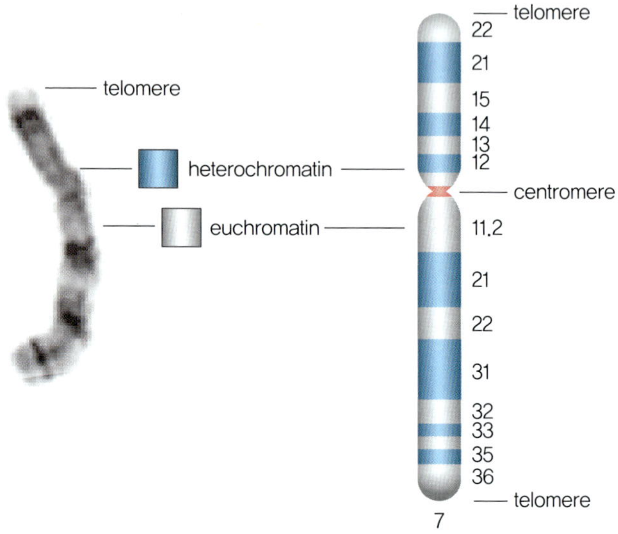

그림 3-2. 염색질의 분류(G-염색에서 사람의 7번 염색체)

알아두기 3-5. 뉴클레오좀

뉴클레오좀은 염기서열 비특이적 핵산분해효소인 micrococcal nuclease를 염색체에 처리함으로써 처음으로 정제되었다. 1970년대에 이르러 생화학자인 미국의 콘버그(Roger Kornberg)와 프랑스의 샴본(Pierre Chambon)의 연구결과와 전자현미경 기술의 발달로 염색질의 가장 기본적인 포장단위가 뉴클레오좀이라는 것이 결정되었는데, 히스톤의 핵심 8합체와 연결히스톤 그리고 약 180 bp의 DNA를 함께 칭하는 말이다.

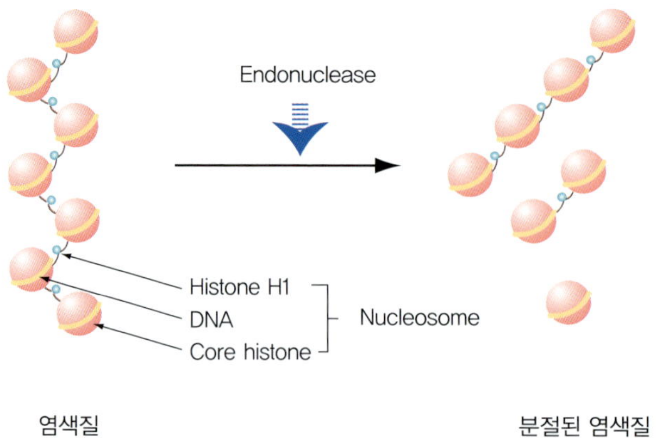

뉴클레오좀은 각기 히스톤 H2A, H2B, H3, H4 단백질 분자가 두 개씩 포함된 8합체이고, 그 주위를 약 147 bp로 된 DNA가 약 1.75회 전하여 감고 있으며, 각 뉴클레오좀은 50~70 bp 정도의 연결 DNA를 사이에 두고 있다. 따라서 뉴클레오좀은 핵산가수분해효소 보호 분석법(endonuclease protection experiment)을 이용해서 보면 190~200 bp 정도의 DNA가 반복적으로 나타나는 것을 알 수 있다. 크로마토좀(chromatosome)은 하나의 뉴클레오좀과 H1 단백질로 구성되어 있으며, 뉴클레오좀들이 접혀서 30 nm의 섬유를 만든다.

(2) 염색질의 분류

진정염색질은 유사분열이나 감수분열에서 염색체가 응축되어야만 관찰이 되는 부분으로서, 생체에서 기능을 가진 단백질을 만들어 낼 수 있는 유전자를 포함하고 있다. 간기 세포의 염색질은 대부분 진정염색질로 응축되지 않은 상태로 핵에 분포하고 있으며, 이 시기에 유전자가 전사되고 DNA 복제가 일어난다. 대부분의 진정염색질은 30 nm 크기의 섬유로 나타나며, 약 50~100 kb 크기의 DNA 고리 모양을 하고 있다.

이질염색질은 보다 더 응축된 형태로서, 단백질을 만들어 내는 유전자가 거의 없거나 있어도 억제되어 있기 때문에 유전적 측면에서 불활성화 되어 있는 부분이다. 이질염색질 부위는 DNA 수준에서 길이가 50~500 bp로 이루어진 비교적 짧은 염기서열을 선상으로 길게 반복되는데, 일반적으로 염색체 동원체(centromere) 부근, 인 부착부분, 텔로미어(telomere) 등 특정 부위가 이질염색질로 나타나는 경우가 있다. 사람의 경우 이질염색질 부위의 크기와 양이 개인마다 다양하게 나타날 수 있으며, 진정염색질보다 더 진하게 염색이 되고, 질환과의 관련성은 없는 것으로 알려져 있다.

이질염색질에는 두 종류가 있다. 유전자를 포함하지 않고, 항상 응축된 구조를 유지하면서 동원체 부위를 둘러싸며 많은 부수체 DNA (satellite DNA)를 가지는 구성 이질염색질(constitutive heterochromatin)과 동원체 부위에 있는 이질염색질을 제외한 진핵생물 염색체 전반에 걸쳐 퍼져있는 기능적 이질염색질(facultative heterochromatin)이 있다. 사람의 Y 염색체는 대부분 유전적으로 불활성이며, 구성 이질염색질로 이루어져 있다.

(3) 동원체

정상적인 염색체는 각각 한 개의 동원체(centromere)를 가지고 있다. 동원체는 염색체의 일차협착(primary constriction)으로 자매염색분체가 서로 접히는 부위로서(그림 3-3), 세포분열 중기에 방추사의 미세섬유가 부착되는 방추사부착점(kinetochore)이 형성되는 부위이다. 따라서 세포분열 후기에 딸세포가 정확하게 분리되는데 중요한 역할을 한다.

동원체 염기서열의 길이는 매우 다양한데, 사람의 동원체는 머리-꼬리 방향으로 직렬로 배열된 171 bp의 반복 서열로 구성되어 있으며, 이들은 α-부수체(α-satellites)로 분

알아두기 3-6. 히스톤단백질의 특성

프로타민 · 히스톤의 연구로 1910년 노벨생리 · 의학상을 수상한 독일의 생리화학자 코셀(Albrecht Kossel)은 1884년 거위의 적혈구 핵으로부터 염기성의 작은 단백질을 분리하였으며, 이 단백질을 히스톤이라고 명명하였다. 히스톤은 진핵생물의 DNA와 결합하는 단백질 중 가장 많으며, 수용성으로 각 히스톤 안의 20% 이상의 잔기들은 리신(lysine)과 아르기닌(arginine)인데 반하여 전형적인 단백질의 리신과 아르기닌의 함량은 몇 %에 불과하다. H1을 비롯한 히스톤단백질들은 최근 gene transfer agent로 이용되고 있으며, 이와 관련된 연구들이 많이 수행되고 있다.

히스톤단백질의 특성

히스톤의 종류	히스톤	분자량 (Da)	잔기들의 종류	리신과 아르기닌의 %
중심 히스톤	H2A	14,000	slightly lysine–rich	20
	H2B	13,900	slightly lysine–rich	22
	H3	15,400	arginine–rich	23
	H4	11,400	arginine–rich	24
연결 히스톤	H1	20,800	lysine–rich	32

염색질의 상태가 어떻게 달라지는지에 대한 연구는 1997년 리치몬드(Timothy Richmond)와 그의 동료들에 의해 이루어졌는데, X-선 회절연구의 해상도를 개선(7Å → 2.8Å)하여 히스톤을 감고 있는 DNA 초나선 구조의 미묘한 꼬임이나 회전까지도 볼 수 있게 되었다. 2003년에는 해상도를 1.9Å까지 낮추어 뉴클레오좀 내부에서 히스톤의 실제 위치를 확인하였고, 염색질 변형 복합체가 유전자의 활성화와 억제화 모두에 중추적인 역할을 하는 것이 밝혀졌다.

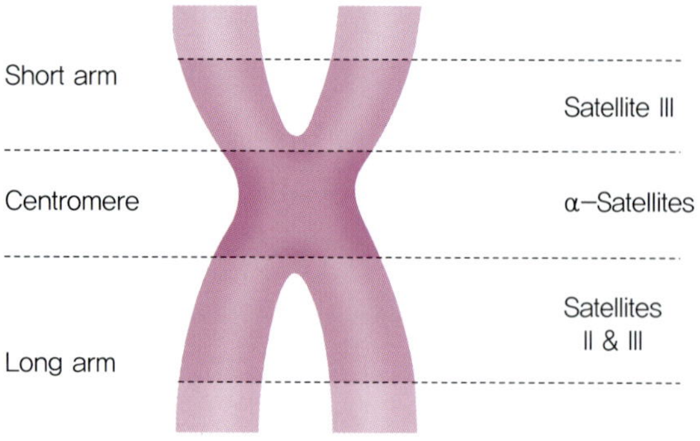

10번 염색체의 동원체 부위

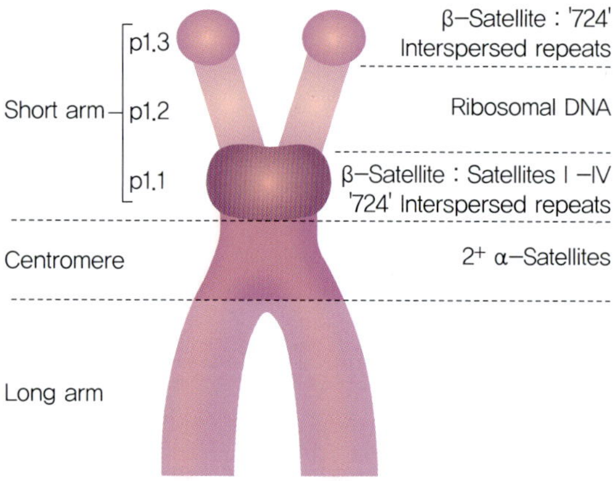

차단부(acrocentric) 염색체의 동원체 부위

그림 3-3. 염색체의 동원체

류된다. 이 서열은 알파형 DNA로 'GGAAT'의 염기서열이 동원체마다 1,500~30,000번 반복되고, 그 배열은 상당히 보존적이며, AT 염기가 많이 존재하면서 각 염색체들마다 다르기 때문에 특정한 동원체 DNA 탐침자들을 이용하는 FISH 분석에 이용될 수 있다.

(4) 텔로미어

텔로미어(Telomere)는 1938년 옥수수 연구를 통해 맥클린토크(Barbara McClintock)가 확인하였고, 뮐러(Herman Muller)에 의해 정의되었다. 선형 염색체의 두 말단에 위치하며, 염색체의 구조적 안정성 유지와 복제에 중요한 역할을 하며, 사람에서는 5'-TTAGGG-3' 라는 매우 일정한 염기서열이 15,000~20,000 bp 정도 직렬로 반복된다. 세포는 세포분열을 한 번 할 때마다 50~200개의 말단부의 염기배열을 소실하는 것으로 알려져 있다. 따라서 염색체의 말단부위는 세포분열과 노화에 관련이 있고, 세포가 분열할 때마다 그 길이가 조금씩 짧아지며, 일정한 횟수가 지나면 더 이상 세포분열을 하지 못하고 사멸되지만, 그렇지 못한 경우에는 암의 원인이 되기도 한다.

텔로미어의 염기서열은 하등진핵생물에서부터 고등진핵세포생물까지 넓은 범위에서 확인이 되었으며, 같은 종류의 염기서열은 식물과 사람에서도 발견되었다(표 3-1). 사람의 텔로미어는 5~8개의 염기쌍이 반복된 것으로서 짧고 직렬 반복형 염기배열의 긴 연속체로 구성이 되며, 생물종에 따라 수백~수천 번 반복되기도 한다. 최초의 서열

표 3-1. 텔로미어의 염기서열

생물종	텔로미어 반복 염기서열
사람, 포유류, 조류, 파충류	TTAGGG
섬모충류(Tetrahymena)	TTGGGG
애기장대(Arabidopsis)	TTTAGGG
포복성 원생동물(Oxytricha)	TTTTGGGG
효모(yeast)	GT, GGT, GGGT

알아두기 3-7. 커밍스(David Comings)의 염색질 종류 구분

염색기법으로 얻어진 정보에 의해 커밍스는 염색질을 3종류로 구분하였다.

특징	euchromatin	constitutive HC	facultative HC
밴드와의 관계	R밴드 염색에서 진한 부분	C밴드 염색에서 진한 부분	G밴드 염색에서 진한 부분
위치	염색체의 완(arm)	염색체의 동원체 부분	염색체의 완(arm)
간기 동안의 상태	보통 흩어져 있다	응축되어 있다	응축되어 있다
유전자의 활동	활성적	비활성적	활성적이라고 예측

은 1978년 블랙번(Elizabeth Blackburn)과 그라이더(Carol Greider)에 의해 단세포 생물인 섬모충류(Tetrahymena thermophila)에서 분리되었다.

텔로미어는 텔로머라제(telomerase, 말단소체중합효소)에 의해 신장될 수 있는데, 이 효소는 단백질과 RNA의 복합체로서 염색체 말단에 부착되어지는 개개의 반복염기배열을 합성하지만, 반복되어지는 수는 스스로 조절을 하지 못하며, 대부분의 체세포에서는 텔로머라제의 활성이 거의 없거나 매우 낮다. 그러나 단세포 생물, 초기 배아세포, 출생 후 생식세포 및 줄기세포에서는 활성화되어 있으며, 골수에서 새로운 혈구세포를 생산하는 조혈모세포 분야에서 연구가 가장 잘 되어 있다. 텔로머라제는 암에 중요한 작용을 하는 것으로 알려져 있으며, 모든 암의 약 90% 정도에서 발현이 된다. 그러나, 텔로머라제의 활성이 암에 어떻게 기여하는지는 명확하게 밝혀지지 않았다.

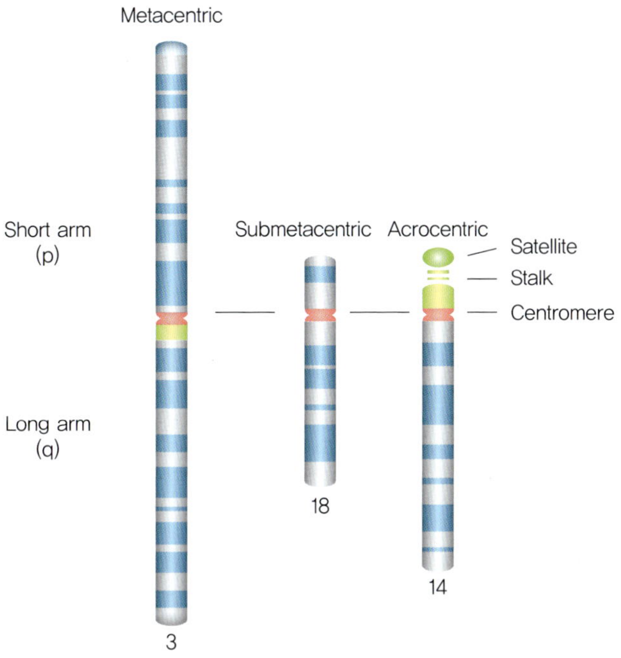

그림 3-4. 동원체의 위치에 따른 염색체의 분류

2. 염색체의 분류

염색체는 일반적으로 크기와 모양 등의 기준에 따라 동원체 위치에 따른 분류와 염색체의 크기와 동원체의 위치에 따른 A에서 G까지의 7개의 군으로 구분한다.

1) 동원체 위치에 따른 분류

동원체는 염색체에서 일차협착이 나타나는 부분이며, 동원체를 중심으로 하여 염색체의 양측을 완(arm)이라 하는데, 긴 쪽을 장완(long arm or q arm) 그리고 짧은 쪽을 단완(short arm or p arm)이라고 한다(그림 3-4).

첫째로, 중부(metacentric) 염색체는 동원체의 위치가 염색체의 중간부위에 위치한다. 둘째로, 차중부(submetacentric) 염색체는 동원체의 위치가 염색체의 중간과 말단부위 사이에 위치하는 경우를 뜻하며, 단완이 장완에 비해 짧은 모양을 이루고 있다. 셋째로, 차단부(acrocentric) 염색체는 동원체의 위치가 염색체의 말단부위 근처에 있는 경우이다.

알아두기 3-8. 텔로미어의 두 가지 단백질

사람의 텔로미어 반복서열에는 telomeric repeat binding factor 1 (TRF1)과 telomeric repeat binding factor 2 (TRF2) 단백질이 특이적으로 결합을 하는데, TRF1은 말단소체의 길이를 조절하고, TRF2는 말단부의 단일가닥 연장 부위를 조절한다. TRF1은 텔로머라제의 염색체 말단 접근을 막기 위해 접혀진 염색질 구조 형성을 유도하는데, 텔로미어가 짧아지면, 결합된 TRF1 단백질 수가 줄어들면서 염색질의 구조가 열리게 되고, 이때 텔로머라제가 염색체 말단에 부착하여 텔로미어를 연장시키게 된다. 텔로미어가 연장되면, TRF1 단백질이 다시 부착하고 염색질이 다시 접혀진 구조로 바뀌면서 텔로머라제는 염색체 말단에서부터 배제된다. TRF2는 G+C rich 나선인 3' 말단의 반복단위체에 텔로미어의 상위부에 상동염기부위를 대치함으로써 D-루프형의 구조가 형성되는 반응을 촉매하여 염색체 말단을 안정화시킨다.

알아두기 3-9. p와 q arm

p는 '작다(petit)'를 표시하는 것이며, q는 그저 p의 다음 알파벳으로 나타낸 것이다.

2) 염색체의 크기와 동원체 위치에 따른 분류

염색체는 크기 순서에 따라 1번에서 22번까지의 상염색체와 성염색체 X, Y로 나눌 수 있다. 염색체를 일반염색으로 실시하는 경우, 염색체의 크기와 동원체의 위치에 따라 A에서 G까지 7개의 군으로 구분한다(그림 3-5).

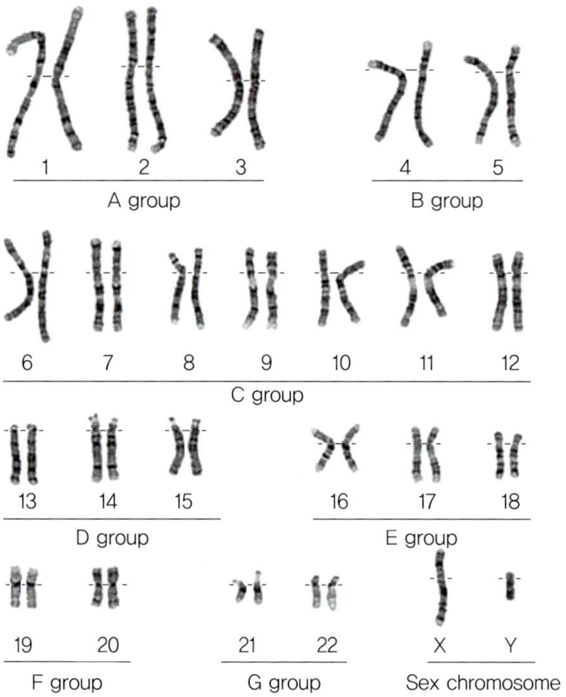

그림 3-5. 크기에 따른 염색체의 분류

Group A(1-3) : 가장 큰 중부(metacentric) 염색체로서, 크기와 동원체의 위치로 다른 염색체 군과 쉽게 구분이 된다.

Group B(4-5) : A군에 비해서는 짧은 차중부(submetacentric) 염색체이다.

Group C(6-12) : 중간 정도 크기의 중부 또는 차중부 염색체이다.

Group D(13-15) : 중간 정도 크기의 차단부(acrocentric) 염색체로서, satellite가 존재한다.

Group E(16-18) : 약간 작은 중부 또는 차중부 염색체이다.

Group F(19-20) : 작은 중부 염색체이다.

Group G(21-22) : 짧은 차단부 염색체로서, satellite가 있다.

Y 염색체는 satellite가 없다.

성염색체(X, Y) : X 염색체는 차중부 염색체로서 크기는 C군과 비슷하고, Y 염색체는 차단부 염색체로서 크기는 D~G군에 이르기까지 다양하다.

3. 염색체 명명법

사람의 염색체에 대한 명명법은 여러 번의 국제회의(Denver, 1960; London, 1963; Chicago, 1966; Paris, 1975; Stockholm, 1977; Paris, 1980; Memphis, 1994; Vancouver, 2004)를 통해 이루어 졌으며, International System for Human Cytogenetic Nomenclature; ISCN 1995, 2005, 2009, 2013, 2016 표기법에 의한 규칙을 따른다.

1) 염색체 분염법

염색체의 밴드는 흑백의 염색 차이에 의해 주위와 분명히 구분되는 염색체의 부분을 명명하는 것이다. 염색체의 핵형분석을 위해 1972년 스웨덴의 세포 · 유전학자 카스퍼슨(Torbjorn Caspersson) 등에 의해 소개된 quinacrine fluorescence를 이용한 Q-banding이 최초로 적용되었고 뒤이어 GTG, R-banding, Nor banding, C-banding, High-resolution banding 등 다양한 banding기법이 개발 적용되었다.

염색체 분염법(Chromosome banding)은 'Banding 기법'이라고 표현하기도 하며, DNA의 상호작용, 관련된 단백질 그리고 염색시약이 관련되어 있다. 전체 염색체를 관찰할 수 있는 G-, R-, Q-분염법 그리고 특정한 염색체의 구조(즉, heterochromatin)를 보기 위한 C-bands, telomeric bands를 보는 T-bands 그리고 핵인의 형성 부분을 보는 NORs 등이 있다.

(1) G-분염법

G-분염법(Giemsa banding)은 염색체를 Giemsa 색소로 염색을 하면 진정염색질은 밝게 염색되고, 이질염색질은 어둡게 염색이 되는 원리이다. G-분염법에서 가장 많이 사용되는 분염법은 GTL (Giemsa/Trypsin/Leishman) 방법인데, 단백분해효소인 trypsin을 사용하여 염색체를 구성하는 히스톤단백질을 부분적으로 소화시키고, 느슨하게

풀어진 DNA를 Leishman 염색액으로 염색한다.

(2) Q-분염법

형광염료인 quinacrine mustard 혹은 DAPI 등을 사용하여 AT가 많은 부분을 염색하는 방법으로서, 형광현미경으로 관찰하면 염색양상은 G-분염법과 유사하며, 주로 Y 염색체의 이질염색체 부위의 구조와 변이상태를 관찰하는데 이용한다. 염색체의 전처리 과정이 없기 때문에 염색체 원형이 그대로 유지되는 장점이 있지만, 형광물질은 영구적 염색이 아니므로 일정 시간 후에는 형광성이 없어지는 단점이 있다.

알아두기 3-10. ISCN의 역사

1960년	염색체 명명법의 기본체계를 만들면서 상염색체를 크기 순서대로 1~22번을 결정함
1963년	파타우(Klaus Patau)는 크기나 모양이 상이한 염색체 군을 A~G의 7개의 group으로 분류하자고 제안함
1966년	염색체의 수적 · 구조적 이상을 논의하고, p와 q 등의 기호를 결정함
1971년	각 염색체의 밴드 위치와 부위(region) 등을 결정함
1975년	이형(heteromorphism)의 기재방법을 결정
1977년	이때까지의 회의 내용을 종합하여 공통명명체계인 ISCN 1978의 출판을 결정함
1978년	종양염색체의 동정과 이상의 기재에 필요한 용어들을 자세하게 정의함
1981년	고해상도분염법을 추가하여 ISCN 1981개정판을 결정하였으며, 1985년에 발간
1995년	기존 명명체계의 실제 예제를 많이 추가하고, hybridization에 관한 예제를 포함하는 ISCN 1995가 출판됨
2004년	기존과 달라진 4가지의 핵심 내용을 추가하고, cancer cytogenetics guideline 내용을 포함하는 ISCN 2005가 출판됨 ① G-와 R-band 핵형을 400~900 band 수준의 고해상도 반영 ② 300~700 band level의 ideogram 추가 ③ hybridization 명명법이 재정립 ④ CGH 결과의 명명법 소개
2009년	아래의 4가지 내용을 자세하게 추가하여 ISCN 2009가 출판됨 ① 종양에서 클론 변화가 나타날 때 idem 또는 sl/sdl이란 용어를 도입 ② 제자리부합법(in situ hybridization) 명명법도 예를 들어 자세하게 기술 ③ 기초적인 microarray 명명법 개정 ④ MLPA (multiple ligation-dependent probe amplification)대한 명명법 도입
2013년	내용을 자세하게 추가하여 ISCN 2013이 출판됨 ① Microarray 명명법을 대폭 수정 ② 염색체파열 Chromothripsis (cth)라는 용어를 도입하였고, 중복(duplication)에 대한 용어 설명도 수정 ③ 부위특이분석(region-specific assay, RSA)에 대한 항목을 신설
2016년	현재 유전학 연구에는 핵형분석, FISH, Microarrary, 염색체부위별(RSA) 그리고 핵산염기서열분석에 이르기까지 다양한 검사법을 이용한다. 이러한 여러 기법으로 확인된 유전체 재배열을 기록하고 해석하기 위한 표준적인 명명법을 제공하기 위해 새로운 염기서열 기반 세포유전학적 명명법을 추가하여 ISCN 2016이 출판됨

알아두기 3-11. 염색체 분염법

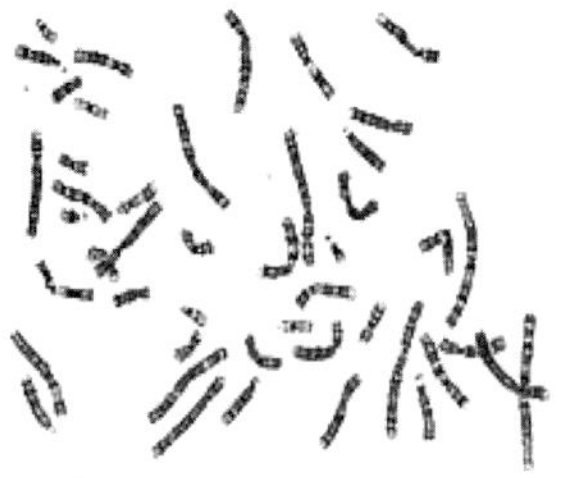

G-분염법

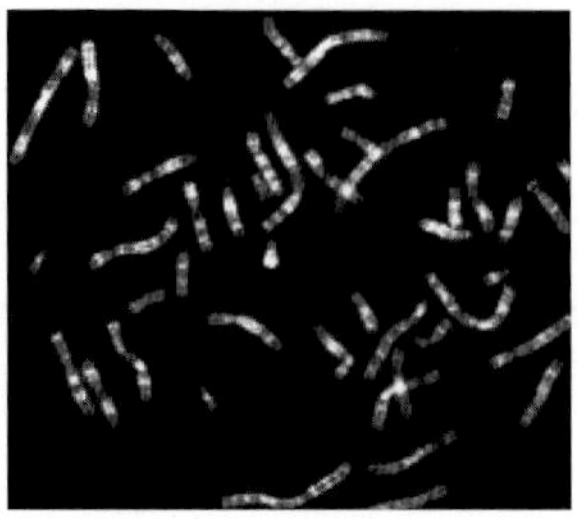

Q-분염법

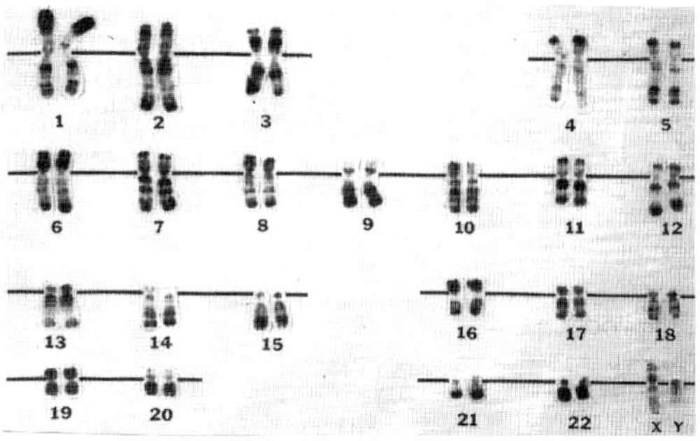

R-분염법

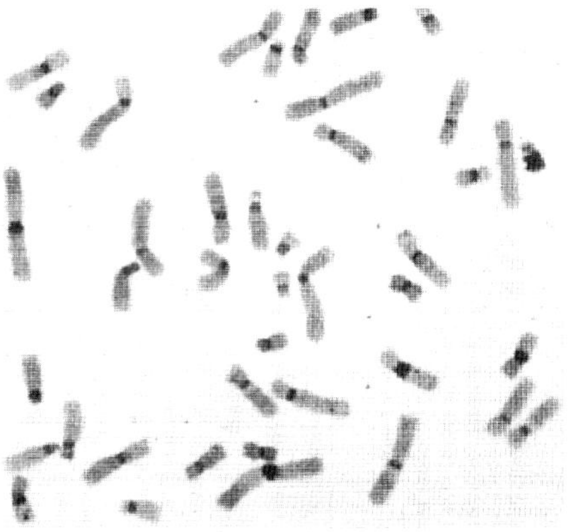

C-분염법

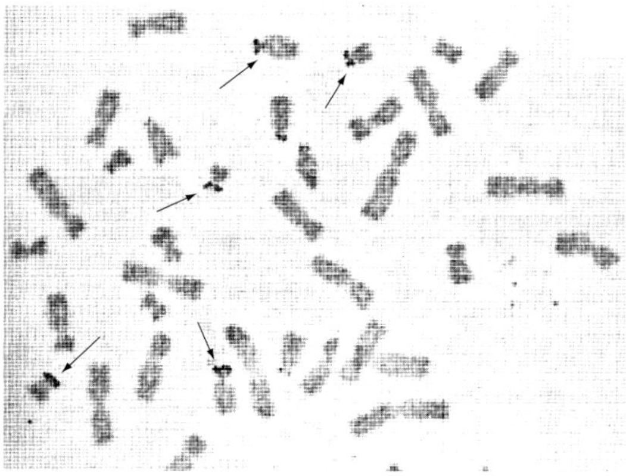

Ag-NOR-분염법

(3) R-분염법

R-분염법(Reverse banding)은 AT-rich DAN 부위는 열에 쉽게 변성이 되지만 GC-rich 부위는 온전하게 남아서 염색이 되는 원리를 이용한 방법으로서, G- 또는 Q-분염법과 반대의 염색양상을 보인다. 주로 염색체 말단 부위와 관여된 결실이나 상호전좌 등을 분석할 수 있다.

(4) C-분염법

C-분염법(Constitutional heterochromatin banding)은 일반적으로 Giemsa 염색 전에 barium hydroxide 같은 알칼리와 산(acid)을 짧은 시간 처리하는 방법이며, 동원체 가까이에 있는 응축된 염색체 물질을 염색할 수 있다. 주로 상염색체의 동원체 부위와 1번, 9번, 16번 염색체 장완의 2차 협착 부위 그리고 Y 염색체의 말단 끝 부위의 이질염색질을 염색한다.

(5) Ag-NOR 분염법

간기에 핵인을 형성하고 유지하는 염색체의 특정 부위를 nucleolus organizer region (NOR)이라고 부르며, 주로 ribosomal RNA의 큰 조각(28S)에 대한 유전자들로 구성되어 있는데, 주로 acrocentric 염색체(13, 14, 15, 21, 22)의 단완 부위이다. NOR-분염법은 개인별로 특이한 양상을 보이며, 다형성을 밝히는 데 이용되기도 한다.

2) 염색체 밴드 명명

염색체의 밴드는 주위와 흑백의 염색 차이에 의해 분명히 구분되는 염색체의 부분으로써 명명되어지며, 특정 표지(landmark)에 의해 영역(region)으로 구분되고, 표지는 특징적인 형태학적 양상으로 염색체를 구분하는데 사용된다. 이러한 표지에는 염색체 arm과 동원체 그리고 특정 밴드로 구성되고, band와 region은 동원체로부터 바깥쪽으로

알아두기 3-12. X-염색체 밴드 명명의 예

사람 염색체는 86개의 영역과 320개의 밴드로 구분되며, 염색체에 따라서 550~850개의 부 밴드(sub-band)를 볼 수 있다. 한 개의 밴드에는 약 100개 정도의 유전자가 존재한다.

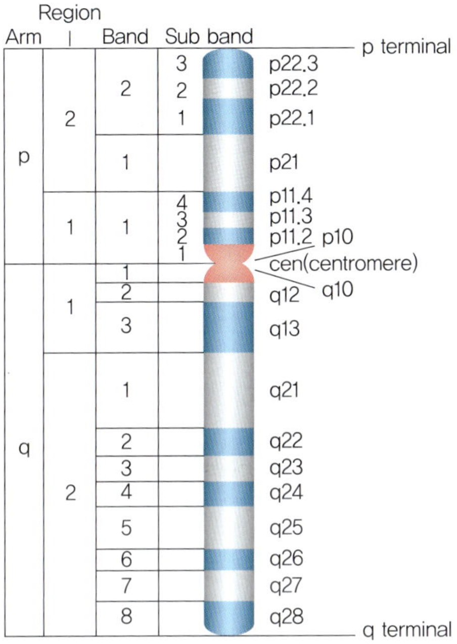

* 영역(region) : 두 개의 인접한 표지 사이에 놓인 염색체 영역을 뜻한다.
* 밴드(band) : 염색체에서 염색기법에 의해 연속된 측선 형태로 나타나며, 각 밴드는 약 10^7 bp의 DNA를 포함한다.
* 부 밴드(sub band) : 한 개의 밴드 내에서 밝고 어두운 염색상태에 따라 다시 구분할 수 있는 부분으로, 밴드 뒤에 소수점을 찍은 뒤에 표시한다.
* 320밴드의 의미 : 1번에서부터 성염색체까지 46개의 염색체 밴드를 모두 세었을 때 320개 정도가 관찰된다는 의미이다.

가면서 번호가 할당된다.

염색체의 밴드는 DNA 복제, 재생, 전사 그리고 유전자 재조합(genetic recombination)을 조절하는 유전의 기능적 생성을 나타낸다고 알려져 있으며, 한 개의 밴드는 수백 개 이상의 유전자를 포함하기도 한다. Banding 기법은 유전자의 기능적 생성과 염기의 구성 그리고 단백질과 관련이 있다고 알려져 있다. G-분염법에서 진하게 염색이 되는 부분은 AT-rich 부위로서 세포분열 시에도 늦게 복제가 되며 유전자가 비교적 적게 존재하는 반면에 GC-rich 부위는 밝게 염색이 되며 유전자가 많이 존재한다.

3) 염색체 핵형분석

핵형(Karyotype)이란 핵분열 중기에 나타나는 염색체 수와 형태의 특징을 말하며, 설명하기 위한 명명법은 ISCN (An International System for Human Cytogenetic Nomenclature) 기준에 따른다(표 3-2). 따라서 이 방법에 따라 명명된 결과는 분석기관이 다르더라도 공통된 해석이 가능하다.

'Karyotype'이라는 용어와 'ideogram'이라는 용어를 혼용해서 사용하는 경우가 있는데(그림 3-6), karyotype은 조직이나 cell line에서 정상과 비정상, 선천적 또는 추가적 염색체 설명을 하기 위한 명명법으로 사용하며, ideogram은 karyotype의 도식적인 표현을 나타낼 때 사용된다. Karyogram은 한 개인 또는 한 종(species)을 대표할 수 있는 세포 한 개의 염색체를 번호 순서대로 그림이나 디지털 영상 사진으로 표현한 것이다.

일반적으로 핵형분석(karyotyping)이란 현미경상에서 G-분염법으로 염색된 염색체 사진을 찍은 후에 염색체 크기와 centromere 위치, 밴드에 의해서 번호 순서대로 배열하여 염색체의 수와 구조를 판독하는 과정이라고 할 수 있다. 최근에는 자동화 핵형분석시스템을 개발하여 사용하고 있다.

표 3-2. 염색체 핵형의 약자 표기법

Abbreviation or Symbol	Description
add	Additional material, origin unknown
[ ] square brackets	Number of cells in each clone
cen	Centromere
chi	Chimera
del	Deletion
der	Derivative chromosome
dic	Dicentric
dmin	Double minute(s)
dup	Duplication
fis	Fission
fra	Fragile
h	Heterochromatin
i	Isochromosome
inv	Inversion
ins	Insertion
mar	Maker chromosome
mat	Maternal origin
minus sign (–)	Loss
p	Short arm of chromosome
pat	Paternal chromosome
plus sign (+)	Gain
q	Long arm of chromosome
question mark(?)	Uncertainty of chromosome identification or abnormality
r	Ring chromosome
rcp	Reciprocal
rec	Recombinant chromosome
rob	Robertsonian translocation
s	Satellite
slash (/)	Separates cell lines or clones
stk	Satellite stalk
t	Translocation

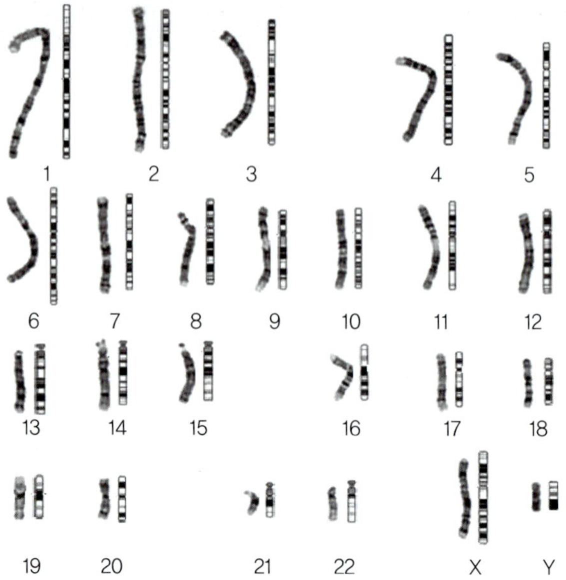

그림 3-6. G-분염에 의한 염색체(왼쪽)와 ideogram(오른쪽)

4) 염색체 핵형 명명법

염색체 핵형은 세포유전학 국제명명규약 ISCN에 따라 표기를 하는데 정상 염색체는 46개(23쌍)이고, 22쌍의 상동염색체와 1쌍의 성염색체로 구성된다. 단완부(short arm)와 장완부(long arm)를 각각 'p'와 'q' 기호로 표시하며 염색체 배열은 염색체의 크기, 동원체의 위치, 염색대(band)에 따라 서로 다르게 구별되어진다.

(1) 정상핵형일 때

총 염색체 수를 먼저 표기한 뒤에 comma(,)를 찍은 후에 성염색체를 기록하는데, 성염색체는 항상 영문 대문자로 표기하며, 이외는 모두 소문자로 표기한다.

- 46,XX : 정상 여성, 46,XY : 정상 남성

(2) 비정상핵형일 때

① 세포군의 총 염색체 수를 먼저 표기하고, comma(,)를 찍은 후에 성염색체 수, 비정상 염색체를 표기하며, 2개 이상의 변이가 일어난 염색체 번호를 구분할 때는 semicolon(;)으로 표시한다.

- 46,XX,t(7;10)(q22;q24)

☞ 염색체를 분석할 때는 보통 20개의 중기세포를 관찰한다. 위의 표기에 대한 해석은 46개의 염색체를 가진 여성

알아두기 3-13. 염색체 구조적 이상의 예

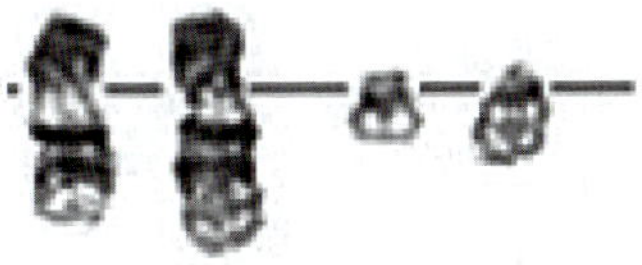

t(9;22)(q34:q11)

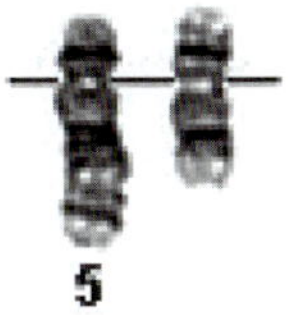

del(5)(q22q35)

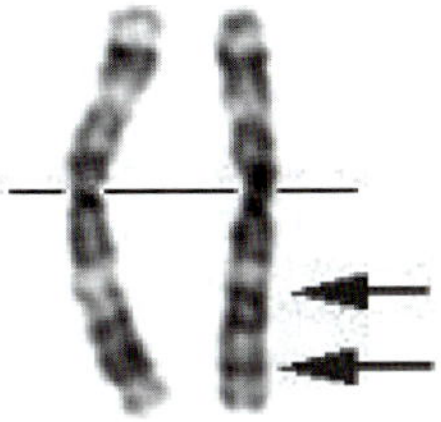

inv(3)(q13q26)

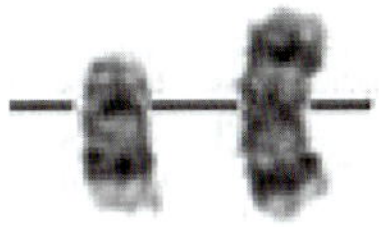

i(17)(q10)

으로, 7번 염색체의 장완 22부위와 10번 염색체의 장완 24부위가 전좌(translocation)되었다는 의미이다.

② 만일 재배열된 염색체가 성염색체인 경우는 성염색체 비정상을 먼저 표기하며, 상염색체의 비정상이 여러 개일 때는 이상유형에 관계없이 염색체 번호가 낮은 순서대로 기록한다.

- 46,X,t(X;3)(p10;q10)

☞ 46개의 염색체를 가진 여성으로, X 염색체의 단완과 3번 염색체의 장완이 전좌되었다는 의미이다.

- 46,Y,t(X;13)(q27;q12),inv(3)(q21q26),t(9;22)(q34;q11.2)

☞ 46개의 염색체를 가진 남성으로, X 염색체의 장완 27부위와 13번 염색체의 장완 12부위가 전좌되었고, 3번 염색체가 장완 21부위와 장완 26부위가 역위되었으며, 9번 염색체의 장완 34부위와 22번 염색체의 장완 11.2부위가 전좌되었다는 의미이다. inv(3)(q21q26)에서는 절단점이 두 개이지만 같은 염색체이므로 semicolon(;)을 사용하지 않는다. 이런 염색체의 핵형은 선천성으로는 생존하기 어렵고, 후천성 이상(acquired abnormality)으로 생긴 종양세포에서 볼 수 있다.

③ 각 염색체에서는 구조적 이상보다 수적 이상을 먼저 기록하는데, 염색체의 가감을 표시할 때는 염색체 번호 앞에 plus(+) 혹은 minus(-)를 표기한다. 염색체 뒤에 plus(+) 또는 minus(-) 표시가 있을 때는 유전자의 가감을 나타내는 것으로 정상변이(normal variant)인 경우에만 해당된다.

- 46,XY,+3,del(5)(q13),-21

☞ 46개의 염색체를 가진 남성으로, 3번 염색체가 3개이며, 21번 염색체는 1개, 5번 염색체의 장완 13부위부터 장완의 끝까지 결실되었다는 의미이다.

- 16qh+

☞ 16번 염색체 장완의 이질염색체 길이가 증가되었다는 의미이다. 정상변이는 정상인에서도 나올 수 있는 염색체이지만, 자손에게 염색체 이상을 동반할 위험성이 있다.

④ 모자익형의 경우에는 slant line(/)으로 서로 다른 세포군을 표기하고, 뒤에 square bracket([ ])으로 각각의 세포군의 숫자를 표기한다.

- 46,XX,t(9;22)(q34;q11.2)[10]/46,XX[10]

☞ 46개의 염색체를 가진 여성으로, 정상과 비정상 세포군을 가지고 있으며, 10개의 중기세포에서는 9번과 22번 염색체의 전좌가 일어난 필라델피아 염색체가 관찰되었고, 10개의 세포에서는 정상이라는 의미이다.

알아두기 3-14. 터너 증후군(Turner Syndrome; 45,X)

터너 증후군은 1938년 미국의 내분비학자인 터너(Henry Tuner)에 의해 처음으로 발표되었고, 염색체적 원인은 1959년에 포드(Charles Ford)에 의해 밝혀졌다. 45,X 핵형을 가진 태아는 98% 이상에서 자연유산 되는데, 대개 자궁 내에서 사산이 되지만, 출산 후의 생존이 가능한 경우에 대해서는 원인이 아직까지 명확하게 밝혀지지 않았다.

터너 증후군의 약 50%에서 45,X의 핵형을 가지는데, 이런 경우의 80%는 부계 감수분열에서 발생을 한다고 알려져 있으며, 나머지 50%는 45,X/46,XX(20%), 46,X,i(Xq)(15%), 45,X,r(X)(5%), 46,X,del(Xp)(5%), Other(5%) 등이다.

터너 증후군은 작은 키, 생식샘 기능장애, 특징적으로 이상한 얼굴, 거미줄 목 등의 증상과 신장 및 심장 기형을 동반하며, 45,X 핵형을 가진 터너 증후군의 여성은 난소발육부전(ovarian dysgenesis)으로 인해 거의 불임이지만, 일부에서는 남편의 정자와 제공받은 난자를 인공수정 시킨 후에 배아를 이식하여 임신을 유도할 수도 있다.

45,X를 가진 경우에 모친 쪽의 X를 가진 경우는 부친의 X를 가진 경우보다 사회 인지능력이 많이 떨어지는 것을 볼 수 있는데, 이러한 각인은 어떤 부모로부터 유래되었는지의 효과를 설명할 수 있다.

알아두기 3-15. 47,XYY 증후군

아버지 염색체에서 제2감수분열 시 비분리에 의해 YY 정자가 만들어져 XYY핵형의 자손이 나타날 수 있는데, 신생아 검사에서 남성 출생 1,000명당 1명의 빈도라고 알려져 있으며, 정상인과 비교했을 때 분명한 표현형의 이상이나 신체적 또는 행동적 이상이 없다. 그러나 47,XYY 남아의 약 절반에서 언어발달의 지연, 읽기장애 등을 가질 수 있기 때문에 교육치료를 필요로 하며, 지능지수는 평균보다 10~15 정도 낮다.

XYY 남성은 정상핵형을 가진 정상 남성에 비해 키가 크고 학습이나 행동장애를 자주 보이긴 하지만, 외형적으로 이상이 없을 뿐만 아니라 임신이 가능하고 자녀에서의 염색체 이상의 위험률은 높지 않으며 정상적 생활을 하기 때문에 평생을 모르고 지나가는 경우도 많다.

47,XYY에서처럼 추가 Y 염색체가 존재하면 주의집중력결핍, 과잉행동장애 그리고 충동적인 폭력이 관찰되지만, 현저한 공격성이나 정신병적인 행동은 흔하지 않다. 미국에서 1960년대와 1970년대에 교도소와 정신병원에서 특히 장신인 경우에 XYY의 비율이 증가하였다는 보고가 있었지만, 현재에서는 편견적이며 잘못된 주장이라고 알려져 있다. 그러나 47,XYY 남성의 예후를 예측하기 불가능하기 때문에 XYY 태아의 발견은 유전상담을 하는데 곤란할 수 있다.

- mos45,X[15]/46,XX[20]

☞ 정상 세포군을 포함한 터너 증후군을 가진 모자익형으로, 정상은 항상 마지막에 표기하고, mos는 핵형 앞에 표기한다.

⑤ 염색체의 변이가 부모로부터 유전되었을 때는 pat (paternal origin) 또는 mat (maternal origin)로 표기하고, 새롭게 생성된 변이의 경우(de novo)에도 핵형의 맨 뒤에 표기한다.

- 15cenh+pat

☞ 15번 염색체의 centromeric heterochromatin의 길이가 증가되었는데, 아버지로부터 유전되었다는 의미이다.

(3) 염색체의 구조적 이상 핵형일 때

염색체의 구조적 이상은 전좌(translocation, t), 결실(deletion, del), 역위(inversion, inv), 환염색체(ring chromosome, r), 동완염색체(isochromosome, i) 등의 형태로 표현한다. 기술할 때에는 염색체 수와 성염색체를 기술한 뒤에 표기하는데, 간단하게 단축해서 묘사하는 단축형과 단완의 말단부로부터 장완의 말단부를 포함하여 서술하는 서술형으로 표기한다.

- 46,XX,del(5)(q13) : 단축형
  46,XX,del(5)(pter → q13:) : 서술형

☞ 5번 염색체의 일부가 결실된 것으로 5q13에 terminal deletion이 되었다는 것을 의미한다.

4. 염색체 이상

염색체 이상은 사람의 질병률과 사망률에 중요한 인자로 작용을 하는데, 일반적으로 염색체 이상들은 수나 구조적 이상을 뜻하며, 한 개 또는 한 개 이상의 상염색체, 성염

색체 등에 생길 수 있다. 염색체 이상의 결과는 염색체 물질을 잃었을 때와 얻었을 때 그리고 관계된 염색체 이상이 균형 상태인가 불균형 상태인가에 따라 임상적 증상이 다르게 나타난다.

불균형 염색체 이상(unbalanced chromosome abnormality)은 성장과 발달에 부작용을 일으키지만, 균형이 잡힌 재배열의 경우는 염색체 절단부위가 중요한 유전자 기능의 손상을 입지 않으면 별 영향을 미치지 않는다. 그러나 균형 재배열 보인자인 부모로부터 불균형한 염색체 조성을 물려받은 자손들에게는 심각한 문제가 발생할 수 있다.

1) 염색체 수의 이상

정상적으로 염색체 숫자가 46개에서 벗어났을 때 이형배수(heteroploid)라고 하고, 염색체 수가 23개이면 반배수(haploid)라고 한다. 염색체 수(n)의 정확한 배수를 정배수(euploid)라고 하며, 염색체 숫자가 23개의 배수가 아닌 경우를 이수성(aneulpoid)이라고 한다.

염색체 이상은 정자의 10%와 난자의 25% 정도에서 존재하며, 임신 초기 자연유산의 50% 정도에서 염색체 이상을 보이고 있다.

(1) 정배성

염색체 수가 23개일 때 반배수(haploid, n), 69개일 때 삼배수(triploid, 3n), 92개일 때 사배수(tetraploid, 4n)라 하는데, 이와 같이 정배수의 크기로 증가할 때 정배성(ploidy)이라고 한다.

(2) 이수성

염색체의 숫자가 정상적이지 않을 때 이수성(aneuploidy)이라고 말하고, 이수체의 원인에 대해서는 아직 명확하게 밝혀지지 않았지만, 염색체 질환에서 가장 흔하고 임상적으로 의미가 있으며 여러 가지 원인이 있다. 가장 흔한 것은 난자나 정자가 만들어지는 감수분열 단계나 체세포분열 때 일어나는 염색체분리과정에서 이상이 생기는 비분리현상(nondisjunction) 때문인 것으로 알려져 있다.

(3) 일염색체성

일염색체성(Monosomy)은 염색체 하나가 소실된 것으로 표현형에 심각한 영향을 미치며, 상염색체에 관한 일염색체성은 어떤 경우라도 생존할 수 없다. 그러나 양쪽 배우자 중 어느 한쪽이 X나 Y 염색체를 소실하게 되는 경우는 X 염색체에 대한 일염색체성의 터너 증후군(Turner syndrome)을 일으킨다. 일염색체성은 부분적으로 방추체가 손상되어 염색체들이 딸세포의 핵까지 도달하지 못했을 경우에도 발생할 수 있다.

(4) 삼염색체성

삼염색체성(Trisomy)의 효과는 일염색체성과 같다고 할 수 있지만, 염색체가 부가적으로 늘어나는 경우는 염색체 소실보다는 어느 정도의 생존력이 있는 것으로 볼 수 있다. 그러나, 커다란 상염색체가 더해지면 발생단계에서 치사한다. 즉, 상염색체를 한 개 더 얻는 경우는 보통 임신 초기에 자연 유산되는데, 이는 임신 초기 1삼분기(first trimester)의 자연유산에서 발견되는 이상의 절반을 차지하는 것으로 설명된다. 그러나 13, 18, 21 염색체는 3염색체성을 대표하는데, 이들 중에서 21번 3염색체성이 가장 흔하게 발생한다.

성염색체의 삼염색체성은 상대적으로 정상 성장 및 발달에 적합하다. 이는 X 염색체의 불활성화와 관계가 있으며, Y 염색체는 소수의 유전자가 존재하기 때문이라고 생각할 수 있다. 질환에는 사람의 성염색체이상 가운데 가장 처음으로 보고가 되었던 클라인펠터 증후군(Klinefelter syndrome; 47,XXY), 47,XYY 증후군, 삼염색체X 증후군(47,XXX) 등이 있다.

2) 염색체 구조의 이상

염색체의 구조적 재배열은 염색체의 절단(breakage)된 부위가 새롭게 재배열될 때 잘못된 결과로 일어나는데, 여러 가지 기전에 의해 일어날 수 있다. 감수분열 또는 유사분열의 세포주기 G1, S, G2 중 어떤 시기에도 발생할 수 있지만 이수성의 경우보다 발생빈도는 낮다.

구조적 이상 형태는 균형적(balanced) 재배열과 불균형적(unbalanced) 재배열로 분류할 수 있으며, 균형적인 재배열은 정상적인 유전정보가 모두 존재하는 경우로서 역위(inversion), 전좌(translocation) 등이 있으며, 세포분열시에 안정된 상태로 전달될 수 있다. 반면에 불균형적인 재배열은 염색체의 일부분이 첨가되거나 결실된 경우이며, 결실(deletion), 중복(duplication), 등완염색체(isochromosome) 등이 있으며, 이중동원체염색체(dicentrics chromosomes)와 환(ring)염색체 등은 불안정한 것으로 정상적인 세포분열을 하지 못한다.

(1) 결실

결실(Deletion)은 염색체의 일부가 손실된 것으로, '결손(deficiency)'이라고도 부르며 염색체 불균형을 초래하는데, 염색체의 말단이나 중간에서 일어날 수 있다. 결실의 형태는 크게 말단부(terminal)이거나 간극(interstitial)으로 분류할 수 있는데, 말단결실은 한 개의 염색체 말단 부위에서 한 개의 절단부위가 결실되어 소실되는 것이며, 간극결실은 염색체 두 곳의 절단점에서 절단되어 가운데 부분이 소실되는 형태로 나타낸다(그림 3-7).

결실부분이 동원체를 갖는 염색체에 다시 결합되지 않으면 이 염색체 조각은 세포분열 시 방추사에 의하여 극으로 이동하지 못하고 소실된다. 감수분열 또는 유사분열과정 중에 잘못 배열된 상동염색체 또는 자매염색분체(sister chromatid)의 부등교차(unequal cross over)가 일어나게 되어 불균형 염색체를 만들게 된다.

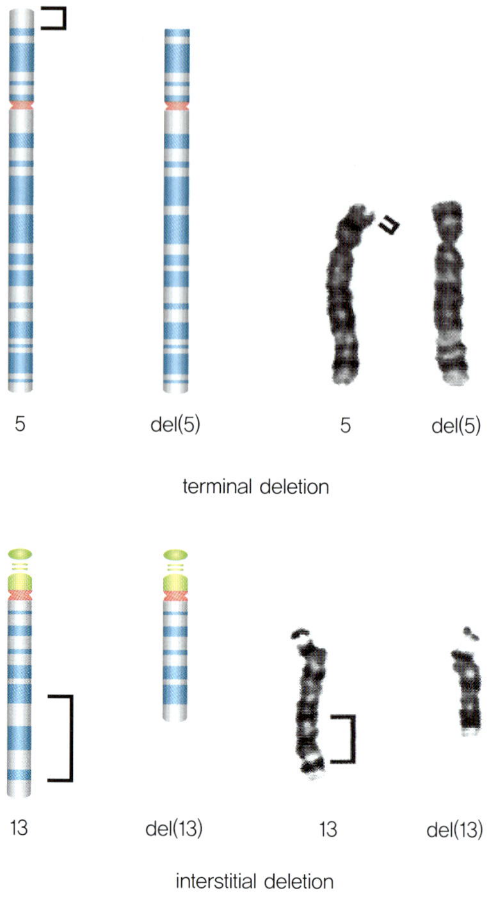

그림 3-7. 염색체의 결실

(2) 중복

염색체의 중복(duplication)은 결실과 마찬가지로 감수분열 또는 유사분열과정 중에 부등교차로 새로이 발생하거나, 전좌 또는 역위 보인자의 감수분열에서 이상분리에 의하여 발생하기도 하며, 간혹 불균형 자매염색분체 교환(unequal sister chromatid exchange) 혹은 상동염색체의 일부분이 삽입(insertion)하여 생길 수 있다(그림 3-8).

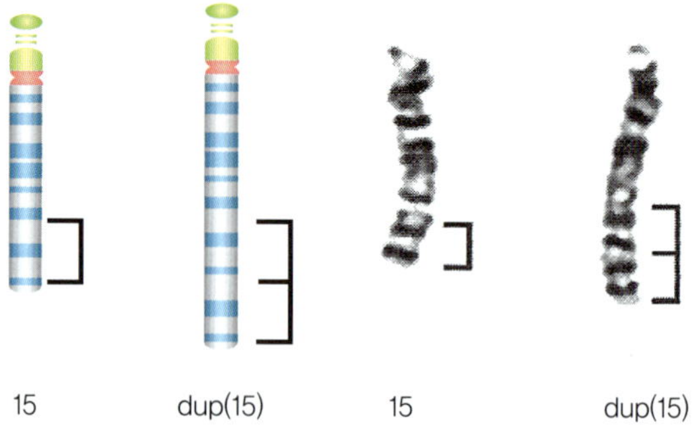

그림 3-8. 염색체의 중복

(3) 역위

역위(Inversion)는 단일 염색체의 두 지점에서 절단이 생기고, 절단된 부분이 180° 회전하여 재배열되는 경우로서, 완간역위(pericentric inversions)와 완내역위(paracentric inversions)의 두 가지 유형이 있다(그림 3-9).

알아두기 3-16. 세포유전학 검사의 한계

광학현미경으로 관찰할 수 있는 G-분염법에서 해상도가 400~500 밴드인 경우의 염색체 결함은 5~10 Mb 정도이며, 850 밴드에서는 2~5 Mb 정도의 염색체 결함을 발견할 수 있다. 따라서 2 Mb 이하의 염색체 결함은 G-분염법에서 발견하기 어렵기 때문에 분자세포유전학적 방법인 FISH법을 이용해야 한다. FISH방법은 중기세포인 경우에는 1~3 Mb 그리고 간기세포인 경우에는 100 kb~2 Mb의 유전자 재배열을 관찰할 수 있다.

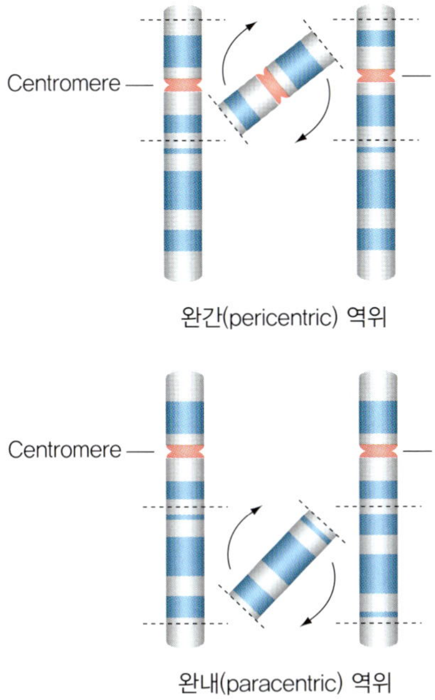

그림 3-9. 염색체의 역위

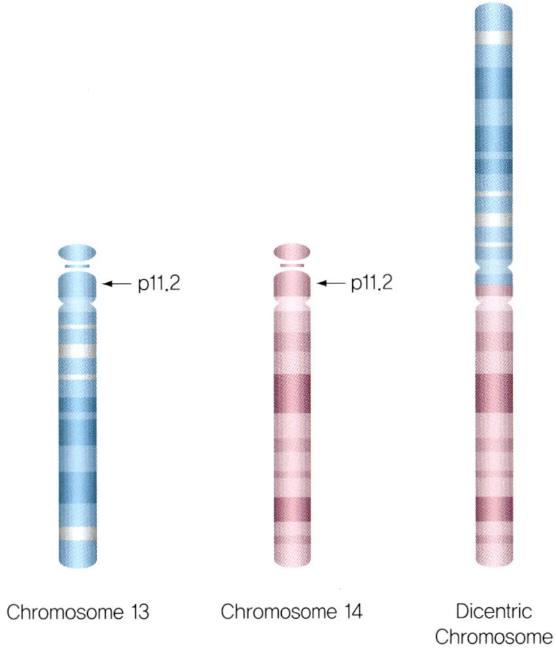

그림 3-10. 이중동원체염색체

완간역위는 한 개의 염색체에서 동원체를 포함한 두 부위의 절단으로 인한 역위된 부분으로, 완(arm)의 길이에 차이가 생길 수 있으며 완내역위보다 상당히 빈도가 높다. 완간역위는 염색체의 중복이나 결실이 없어 총 염색체의 양이 정상이므로 표현형이 정상이지만, 보인자가 임신할 경우 태아가 중복과 결실의 염색체를 가진 불균형 접합자(unbalanced zygote)로 될 수 있다.

완내역위는 한 개의 염색체에서 동원체를 포함하지 않은 상태에서 장완이나 단완에 두 개의 절단이 각각 발생하여 일어나는 역위현상으로서, 완의 길이에 차이가 없어 확인이 어렵지만 FISH방법으로 분석이 가능하다.

(4) 이중동원체염색체

이중동원체염색체(Dicentric chromosome)는 두 개의 다른 염색체 또는 같은 염색체로부터 일어날 수 있는데, 동원체를 포함한 염색체의 말단 부분이 결합하고, 동원체가 없는 부위가 결실되어 발생하는 이상염색체로 드문 유형이다(그림 3-10). 동원체가 2개 있기 때문에 유사분열 후기에 분리되는 경향이 있다. 그러나 두 개의 동원체가 아주 가까이 존재하고 불활성화되는 경우라면, 이중동원염색체는 안정화 될 수 있다. 동원체와 동원체단백질 면역형광분석과 더불어 FISH에 의한 방법으로 분석이 가능하다.

(5) 등완염색체

염색체의 구조가 한쪽 완이 소실되고 다른 쪽 완이 거울상으로 복제된 형태로서, 등완염색체(isochromosome)를 가진 사람의 염색체는 46개임에도 불구하고 부분적으로는 monosomy(단염색체)와 trisomy(삼염색체)가 생기게 된다(그림 3-11). 등완염색체는 감수분열과 유사분열 어느 시기에도 발생할 수 있으며, 발생기전은 정확하게 알려져 있지 않지만 두 가지 기전이 보고되었다. 첫째는 제2감수분열에서 동원체를 중심으로 분열이 잘못 일어나는 경우이고, 둘째는 동원체에 인접한 완에서 상동염색체 또는 자매염색분체의 일부가 U-type의 교환이 일어나는 경우이다. 가장 흔한 등완염색체는 i(Xq)로 터너 증후군을 가진 사람 중의 15% 정도에서 발견되며, 그 밖에 고형암과 악성 혈액종양의 핵형에서도 빈번하게 발견된다.

(6) 환염색체

환염색체(Ring chromosome)는 염색체의 두 곳에서 절단이 일어나고 절단된 끝이 연결되어 환모양의 구조를 가지게 되는 염색체이다(그림 3-12). 발생기전은 염색체의 양 끝 부분이 결실된 후 그 부분이 서로 결합을 하거나 혹은 유전자의 결실 없이 장완과 단완의 끝 부분이 결합을 하는 것으로 알려져 있다. 이것은 매우 드물지만 사람의 모든 염색

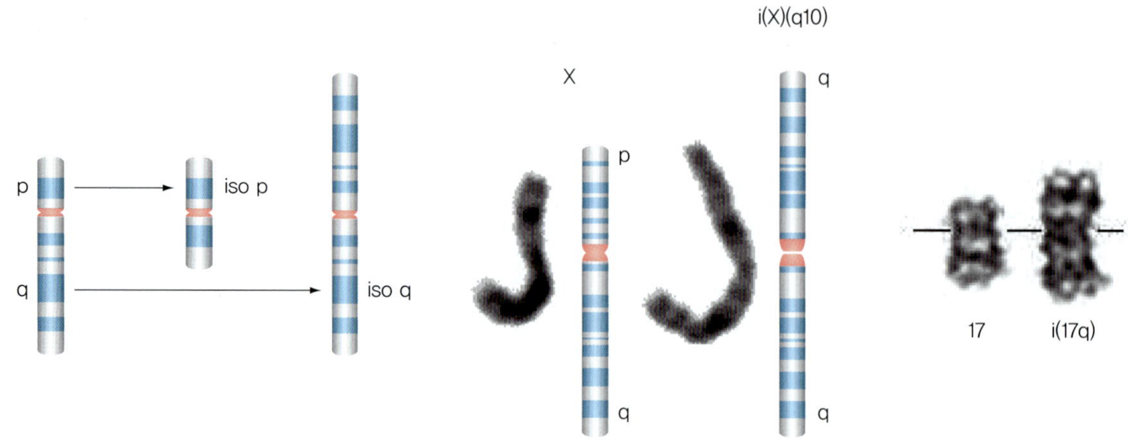

그림 3-11. 등완염색체

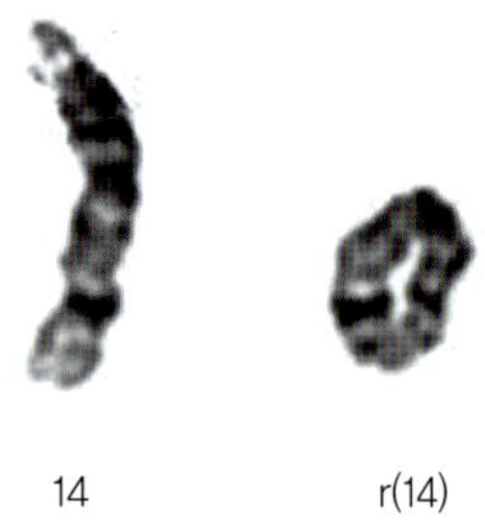

그림 3-12. 환염색체

체에서 발견될 수 있으며, 주로 13번, 18번과 X 염색체에서 많이 나타난다.

환염색체의 경우 유사분열 과정에서 두 개의 자매염색분체가 전기에서 분리되는 과정에서 결실이 일어나면 다시 융합이 되어 더 크거나 작은 염색체의 환이 만들어진다. 이러한 유사분열기의 불안정성 때문에 환염색체는 일부의 세포에서만 나타나는 경우가 흔하다. 환염색체들은 염색체의 양끝 부분이 손실되었기 때문에 불균형 핵형이다.

(7) 전좌

전좌(Translocation)는 다른 두 개의 염색체 사이에 염색체 일부분이 교환되어 붙음으로써 발생하며, 상호전좌(reciprocal translocation)와 로버트소니안 전좌(robertsonian translocation)의 두 종류가 있다.

상호전좌의 형태는 비상동염색체의 절단과 절단된 부위의 상호교환에 의해 이루어진다(그림 3-13). 일반적으로 유전자의 소실은 없이 두 개의 염색체만이 관여하는 것이며,

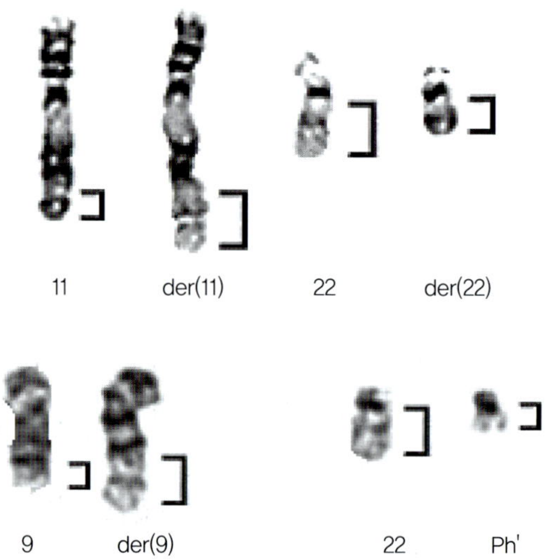

그림 3-13. 상호전좌

총 염색체 숫자에는 변화가 없지만 3개 이상의 염색체가 관련된 복잡한 전좌도 아주 드물게 나타난다. 일반적으로 위해가 없으나, 불균형 생식체를 생산할 가능성이 높아져 보인자의 자손은 정상이거나 전좌를 그대로 가지고 태어날 수 있으며, 유전물질의 중복 및 결실이 있을 수 있어서 비정상적인 자손을 낳을 가능성도 있다.

로버트소니안 전좌는 두 개의 차중부(acrocentric) 염색체들(13, 14, 15, 21, 22번, Y)의 단완이 소실되면서 동원체 부위가 융합되는 과정이 관여하는 형태로서, 유전물질이 균형을 이루는 경우에 두 개의 장완으로 이루어진 전좌된 염색체를 포함하여 45개의 염색체만이 존재한다(그림 3-14).

알아두기 3-17. 9번 염색체의 역위

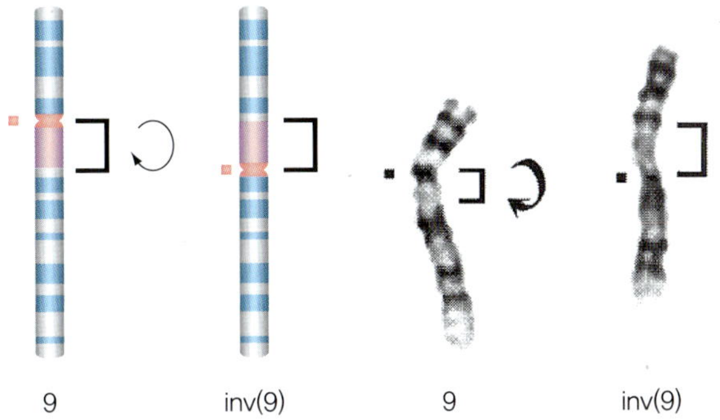

사람 염색체에서 제일 흔하게 발견되는 역위는 inv(9)(p11q12)이며, 보인자에게 알려진 해로운 영향은 없으며, 유산이나 불균형 자손의 위험성과도 관련성이 없는 것으로 여겨진다. 외국의 통계에 의하면 세포유전학 검사실에서 검사되는 모든 개인들의 약 1% 정도에서 발견된다고 한다.

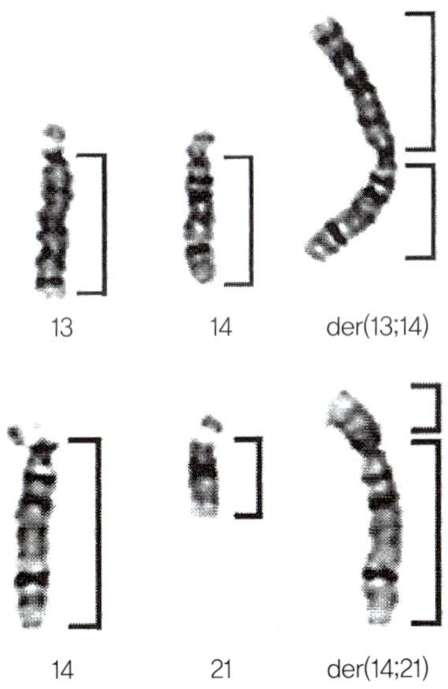

그림 3-14. 로버트소니안 전좌

차중부 염색체의 단완에는 주로 rRNA에 대한 정보가 있기 때문에 두 개의 차중부 염색체 단완의 소실로 인한 영향은 크지는 않지만, 보인자가 표현형상으로는 정상이더라도 불균형 생식체를 생산할 가능성이 높으므로 염색체 이상이 있는 자손을 낳을 가능성이 있다. 이 전좌의 주된 임상적 중요성은 21번 염색체와 관련된 로버트소니안 전좌 보인자는 전좌를 가진 21번 삼염색체성의 다운 증후군을 가진 아이를 출산할 위험이 있다.

(8) 삽입

삽입(Insertion)은 비상호적인 전좌의 개념으로 한 개 염색체의 절단부위가 떨어져 나와 다른 절단부위에 삽입이 되는 형태로 세 개의 염색체 절단부위가 필요하기 때문에 매우 드물다. 한 개의 염색체 내에서 발생하는 경우와 두 개의 염색체사이에 발생하는 경우로 나눌 수 있으며, 절단된 부위가 원래의 방향 또는 역방향(inverted)으로 삽입된다(그림 3-15).

염색체 삽입을 가지고 있는 보인자에서 비정상적인 분리가 일어나면, 정상적인 자손과 삽입된 염색체 부위에 대해서 중복내지는 결실의 자손이 태어날 수 있다.

(9) 표지염색체

표지염색체(Marker chromosome)는 기원을 전혀 알 수 없고, 매우 작으면서 band 양상이 뚜렷하지 않기 때문에 구분하기 어려운 염색체를 의미한다. 주로 정상 염색체 수에 추가적으로 존재한다고 하여, 추가염색체(extra structurally abnormal chromosome : ESAC)로도 부른다. 표면적으로는 수적인 이상으로 보이지만, 구조적인 이상을 동반하기도 한다. 일반적으로 분염법이나 고해상도 기법에 의해서도 구분하기 어렵기 때문에 페인트 probe를 사용한 FISH 분석으로 기원을 규명한다.

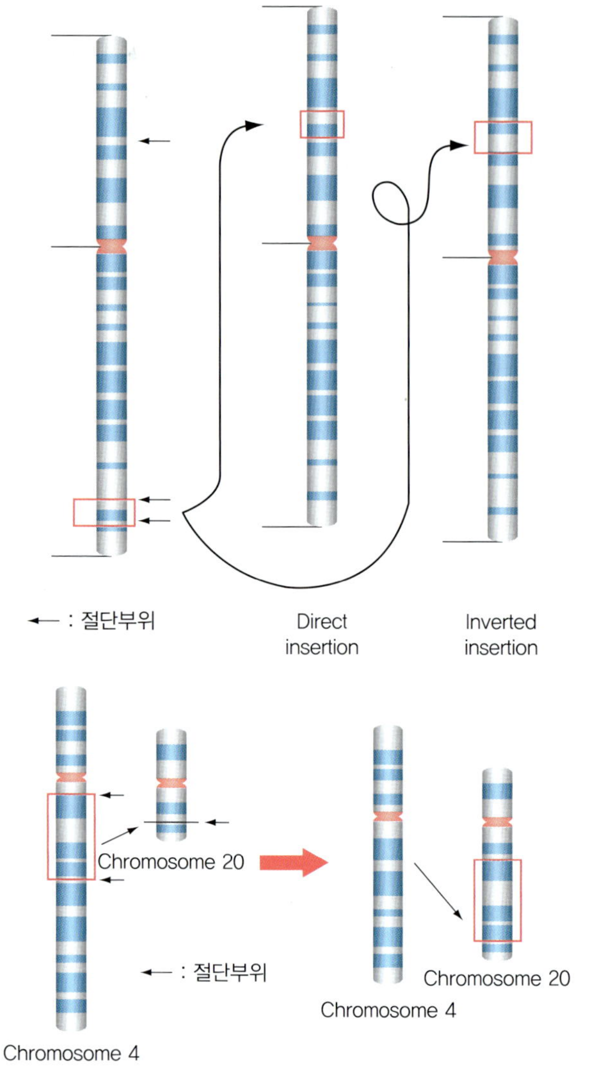

그림 3-15. 삽입

(10) 정상변이 염색체

정상변이 염색체(Normal variable chromosome)는 정상인에게서 나올 수 있는 염색체이지만, 자손에게서는 염색체 이상을 동반할 위험성이 있다. inv(9)와 Y 염색체의 이질염색체 부분, 그리고 차단부 염색체(13, 14, 15, 21, 22번)의 단완은 satellite DNA가 반복되는 부위로 개인차가 있는 부위이다.

3) 모자이시즘과 키메리즘

(1) 모자이시즘

염색체 이상을 가진 사람 대부분은 모든 세포에서 이상이 발견된다. 그러나 때로는 두 가지 이상의 염색체 이상을 나타내기도 하는데, 이런 경우를 모자이시즘(mosaicism)이라고 하며, 수적 이상이나 구조적 이상을 나타낸다. 이러한 모자이시즘의 가장 흔한 원인은 정자와 난자가 수정이 된 후, 접합체의 유사분열 과정에서 염색체 절단이나 비분리 현상이 일어나 비정상적 세포분열이 발생하여 정상인 세포주와 비정상인 세포주가 한 개체에 나타나는 것이다.

모자이시즘의 영향은 비분리 현상이 일어난 시점, 염색체 이상의 성질, 염색체 구성 비율 그리고 조직에 따라 다양하기 때문에 판단하기 어렵다. 또한 검사를 시행하는 검체(혈액, 양수 등)에서 발견된 모자이시즘이 다른 조직의 세포와 동일하지 않을 수도 있기 때문에 모자이시즘의 효과에 대한 평가를 하기 어렵다.

(2) 키메리즘

키메리즘(Chimerism)은 한 사람에서 두 개 이상의 genotype이 나타나는 경우로, 동일인에서 46,XX와 46,XY가 동시에 존재하는 것을 뜻한다. 각각의 cell line은 다른 zygote로 출발하여 두 개의 zygote가 융합해서 생성되는 경우로 난소와 고환의 조직을 전부 가지고 있는 남녀한몸(hermaphroditism)을 나타내기도 하는데, 실제적으로 진성 키메리즘에 대한 결과는 극히 드물다.

5. 염색체 검사

염색체 검사는 살아 있는 모든 세포를 이용하여 체외에서 배양한 후, 분열 중기 세포의 염색체를 분리하고, 현미경을 통해 수적 혹은 구조적 이상 유무를 판단하는 방법이다. 선천성 유전질환이나 기형이 의심스러운 경우에는 출생 전에는 양수세포나 융모막(chorionic villi)으로 검사를 시행하고, 출생 후에는 주로 말초혈액의 T-림프구를 배양하여 검사를 시행한다. 모자이시즘 진단을 위해서는 림프구 외에 섬유아세포(fibroblast)를 배양하여 검사를 한다. 후천적으로 발생하는 악성종양의 염색체 이상은 반드시 종양 조직의 종양세포를 이용하여 검사를 시행해야 한다.

1) 염색체 분석의 적용 대상

(1) 발육 및 지능장애를 포함하는 다발성 기형

저체중, 소두증(microencephaly), 구순(cleft lip), 구개

열(cleft palate), 소하악증(micrognathia), 소안구증(microphthalmia) 등 발육장애 또는 지능장애를 포함하는 다발성 기형(표 3-3)

(2) 염색체 이상의 보인자로 의심될 때

불임, 3회 이상의 연속적인 습관성 유산, 이전에 기형아를 출산한 경력이 있는 염색체 이상의 보인자가 의심될 때와 산전검사

(3) 성 분화 이상

불분명한 생식기(ambiguous genitalia), 잠복고환증(cryptorchism), 무정자증(azoospermia), 무월경(amenorrhea) 등의 증상을 보일 때(표 3-4)

(4) 취약 X 증후군

취약 X 증후군(Fragile X syndrome) 99% 이상의 환자에서 X 염색체 q27.3에 위치한 CGG 서열이 200회 이상 반복되어 있으며, 이들은 완전돌연변이를 나타낸다. 이렇게 확장된 *FMR-1* 유전자의 메틸화는 전사를 차단하고 정신지체를 유발한다. 이 질환은 정신지연(mental retardation)을 보이는 가장 흔한 유전형태로서, 남성에서는 다운 증후군에 이어 두 번째를 차지한다. 취약 X 증후군은 유사분열 과정에서 염색질이 적절하게 응축되지 못하는 '연약 부위(fragile site)'가 X 염색체의 q27.3에 존재하는 것과 관련이 있다.

표 3-3. 발육 및 지능장애를 포함하는 다발성 기형

질병	특징
소두증 (작은 뇌증)	머리가 선천적으로 작은 상태로 머리둘레가 약 48 cm 이하이고, 10세 이하 소아의 경우는 평균 둘레보다 약 5 cm 작은 경우이다. 원인으로는 유전적인 것과 임신 중의 풍진감염이나 골반부에 받은 X-선 조사에 의하여 일어날 수 있다. 신체발육은 장애를 받지 않지만, 지능은 대부분 정신박약이다.
구순 (입술갈림증)	입천장갈림증과 함께 외표기형의 빈도가 높은 질환으로, 태생기의 구상돌기와 상악돌기가 융합되는 부위에 일치하여 출현한다.
구개열 (입천장갈림증)	입술갈림증과 함께 외표기형의 대표적인 것으로, 젖먹이 기간에는 젖 빠는 장애가 있고, 나중에는 구음이나 삼킴에 중대한 장애를 준다.
소하악증 (작은 턱증)	턱이 정상적으로 발육하지 못하여 작은 것으로, 소하악증 증세를 보이는 아동들은 대부분 목이나 턱관절에 관절염을 수반한다.
소안구증 (작은 안구증)	한쪽 또는 양쪽 눈의 모든 면이 비정상적으로 작은 상태

표 3-4. 성 분화 이상

질병	특징
잠복고환증	정상적으로 고환은 배안에서 발생되어서 분만 2개월 이전에 음낭으로 내려와야 하지만 계속해서 복강 속에 머무는 것으로서, 오랫동안 배안에 머무르게 되면 배안의 높은 온도 때문에 고환 속의 정자를 만드는 생식세포가 죽게 되어 정자를 생산하지 못하게 된다.
무정자증	정액 속에 정자가 전혀 없는 병적인 상태로 불임의 원인이 된다. 무정자증 인자(azoospermia factors, AZF)는 Y 염색체 장완에 위치하며, 비 폐쇄성 무정자증의 약 10% 그리고 심각한 정자 부족증의 6%에서 결실이 나타날 수 있다. 건강한 남성의 약 2% 정도에서 AZF 돌연변이, 결실 그리고 서열 변화 등에 의한 불임이 나타나는데, 남성 불임의 모든 경우가 염색체의 결실에 의한 것은 아니다. Y와 연관된 유전자는 기능이 정확하게 밝혀지지는 않았지만, 정상적인 정자발생에 중요한 역할을 하는 것으로 예측되고 있으며, 이 유전자에 새로운 점돌연변이가 알려지고 있다.
무월경	임신 동안을 제외하고 월경이 있어야 할 연령의 여성에게 월경이 없거나 중지한 상태로 불임의 원인이 되며, 생리적인 것과 병적인 것으로 분류할 수 있다. 생리적인 것으로는 폐경기 이후의 노년 무월경, 임신 무월경, 산후 무월경, 수유 무월경이 포함되고, 병적인 것에는 자궁성 · 난소성 · 뇌하수체성 · 과여포호르몬에 의한 무월경이 있다. 무월경에 의한 이유로 염색체 검사를 하는 경우는 사춘기 이후의 무월경과 조기 폐경의 경우에 할 수 있다.

알아두기 3-18. 산전진단(Prenatal Diagnosis)이 필요한 경우

산전진단이란 임신이 확립된 시기에 유전적 이상에 대한 검사를 통해 진단을 하는 것을 의미하며, 검사법으로는 초음파 검사, 모체혈청 선별검사(screening), 양수천자 그리고 융모막생검 등이 있다. 이러한 방법을 통해 선천적 기형이나 염색체 이상 등을 찾아내고, 태아의 전반적인 성장상태나 자궁이상과 같은 합병증을 알 수 있다. 일반적으로, 염색체 검사를 이용한 산전진단이 필요한 경우는 다음과 같다.

① 산모의 나이가 35세인 경우

산모의 연령이 증가할수록 염색체 이상이 동반될 확률이 증가하는 것으로 알려져 있는데, 특히 다운 증후군 태아의 발생빈도가 급격하게 증가하는 것으로 보고되어 있다.

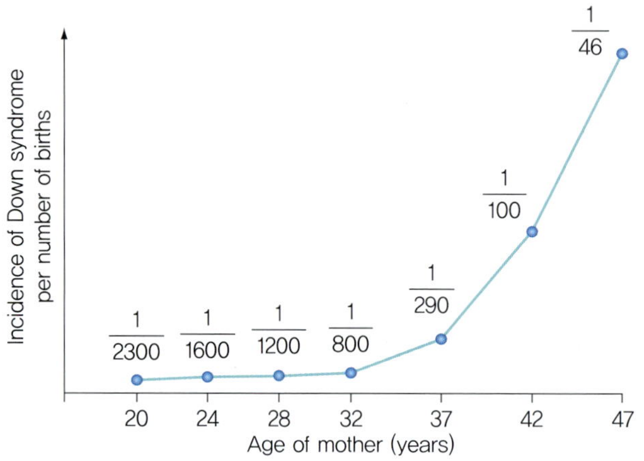

② 이전에 염색체 이상의 기형아 출산 경험이 있는 산모
③ 부모 중 한 사람이 염색체의 전좌 또는 역위 같은 재배열을 가진 보인자일 경우
④ 모체혈청 선별검사 결과에서 양성이 나온 경우
⑤ 초음파 검사상의 이상소견이 있는 경우
- 십이지장 폐쇄증(trisomy 21)
- 무후뇌증과 전전뇌증(trisomy 13)
- 둘째와 다섯째 손가락이 셋째와 넷째 손가락을 감싸는 형태(trisomy 18)
- 태아수종(터너 증후군)

(5) 염색체 절단 증후군

판코니 빈혈(Fanconi anaemia), 블룸 증후군(Bloom syndrome), 색소성 건피증(Xeroderma pigmentosum), 혈관확장성 운동실조증(ataxia telangiectasia) 등 희귀질환으로 모두 상염색체 열성유전을 한다. 판코니 빈혈, 블룸 증후군, 혈관확장성 운동실조증을 가진 환자에게 방사선학적 검사는 특별한 주의를 요한다(표 3-5).

(6) 악성종양 염색체 검사

종양세포를 대상으로 하며, 특히 혈액종양에서는 염색체의 결과가 환자의 진단과 예후 결정에 매우 중요하다.

2) 염색체 검사의 세포종류별 배양

염색체 분석을 위해서는 대상 검체 내에서 분열세포를 얻어야 하는데, 잘 분열하지 않는 세포는 적절한 조건하에서 배양하여 세포분열을 유도한다. 선천성 질환이나 기형이 의심되는 경우의 산전 검체는 양수나 융모막이 사용되고, 출생 후에는 말초혈액의 림프구를 사용한다. 악성종양의 염색체 검사는 반드시 종양세포가 포함된 조직을 사용해야 하고, 혈액종양 환자의 경우 골수검체를 이용한다. 모자이시즘이 의심될 때는 림프구 배양 외에도 조직 생검에서 분리한 섬유아세포를 배양해서 결과를 얻어야 한다.

표 3-5. 염색체 절단 증후군

질병	특징
판코니 빈혈 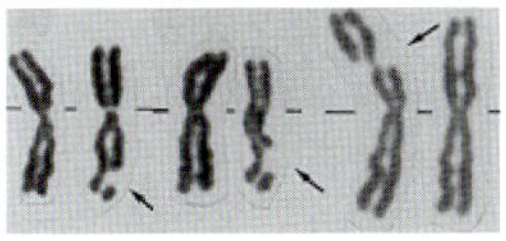	골수부전, 저신장, 비정상적인 피부의 색소침착 및 발달기형을 특징으로 하며, 골수이형성증후군(MDS)이나 급성골수성 백혈병(AML) 및 상피종양이 높은 빈도를 보이는 질병이다. 검사는 말초혈액의 T 림프구나 섬유아세포들이 소량의 mitomycin이나 diepoxybutane (DEB)에 의해 염색체 절단(breakage)이 오는 것을 관찰한다.
블룸 증후군 	소인증, 광선과민증 및 얼굴의 모세혈관확장성 홍반을 나타내는 질병으로서, 피부의 색소침착, 각화 그리고 치아발생 및 발육 등에 많은 이상을 초래한다. 원인으로는 복제와 수선에 앞서 DNA를 풀어주는 헬리케이즈의 결함에 의해 발생하며, 검사로는 유사분열 시 자매염색분체 사이의 교환이 증가되는 것을 관찰한다.
색소성 건피증	1~2세에 증상이 나타나며, 예방적 보호를 하지 않는다면 색소성 건피증에 걸리지 않은 사람보다 30년 정도를 적게 산다. 거의 45%의 환자가 기저세포암, 편평세포암 혹은 함께 발병을 하기도 하며, 원인은 뉴클레오티드 손상 회복의 전체적인 유전체 교정과정의 돌연변이나 복제 후 교정과정에 영향을 미치는 돌연변이에 의해 발생을 한다. DNA 교정과 자외선 감수성의 기능적 검사로 진단한다.
혈관 확장성 운동실조증	눈 · 피부의 모세혈관확장증, 반복되는 호흡기감염증 그리고 비정상적인 눈운동을 보이는 진행성 유전병으로서 어린아이 때 나타나며, 면역글로빈(IgA, IgE)의 이상을 동반하기도 한다. 이 질병은 정상적인 DNA 수선을 위한 세포분열 정지가 불가능한 결함을 가지고 있다.

알아두기 3-19. 선천성 외성기이상(Ambiguous Genitalia)

남성과 여성의 생식기관 발생과정은 3단계를 거친다. 염색체가 결정이 된 후 Y 염색체가 있으면 고환으로 발생을 하고, Y 염색체가 없으면 난소로 발생되며, 생식샘에서 분비되는 호르몬에 따라 외부 또는 내부의 생식기가 분화하는 연속적인 과정으로 이루어진다. 그러나 태아기 중 미분화 상태에서 한쪽 성으로 진행하는 과정이 완성되지 못하여, 새로 태어난 신생아의 생식기가 모호하기 때문에 성을 결정하기 어렵거나 불가능한 경우를 선천성 외성기이상이라고 한다.

대표적인 경우로는 참남녀한몸(true hermaphroditism), 남성거짓남녀한몸(male pseudohermaphroditism), 여성거짓남녀한몸(female pseudohermaphroditism) 그리고 생식샘 발생장애(gonadal dysgenesis) 등이 있다.

① 참남녀한몸
염색체의 변화, 단일유전자의 결실 또는 비유전학적인 원인에 의해 난소와 고환을 다 가지고 있으며, 외부 또는 내부생식기의 기형을 가지고 있다.

② 남성거짓남녀한몸
46,XY의 핵형을 가지고 있고 고환이 있음에도 불구하고 고환의 발달과 관련된 유전자의 변이 또는 결손, 생식샘자극호르몬의 이상, 테스토스테론의 합성과 대사장애 그리고 테스토스테론 표적세포의 이상 등에 의한 것으로 남성이 여성화 되어있다.

③ 여성거짓남녀한몸
46,XX의 핵형을 가지고 정상 난소조직을 가지긴 했지만, 외부생식기가 불분명하고 남성화 되어있다. 흔한 원인으로는, 부신피질에서 코티졸의 합성에 필요한 효소가 부족하여 발생을 하는 선천부신과다형성(congenital adrenal hyperplasia, CAH)이 있는데, 이는 여아의 남성화를 초래한다.

④ 생식샘 발생장애
양측으로의 잠재력이 있는 성선이 고환이나 난소로 완전히 분화되지 못한 경우에 발생한다.

알아두기 3-20. 혈액종양과 관련된 염색체 변이의 예

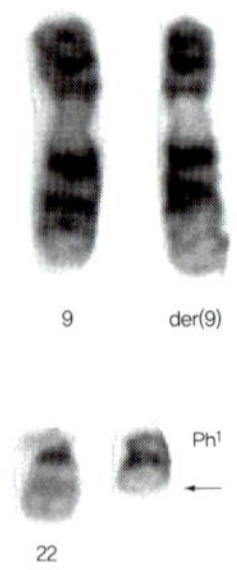

BCR-ABL

BCR-ABL 유전자는 9번 염색체의 ABL proto-oncogene이 22번 염색체의 *BCR* 유전자로 이동하여 생성된 융합유전자이다. 비정상적으로 생성된 전사물에 의하여 줄기세포 증식 조절에 영향을 미치고, 세포자멸사(apoptosis)를 차단함으로써 백혈병 세포의 증식을 유도하는 tyrosine kinase 단백질을 생성한다. *BCR-ABL* 유전자는 만성골수성백혈병(CML)의 98% 이상과 성인 급성림프구성백혈병(ALL)의 15~25% 정도에서 관찰된다.

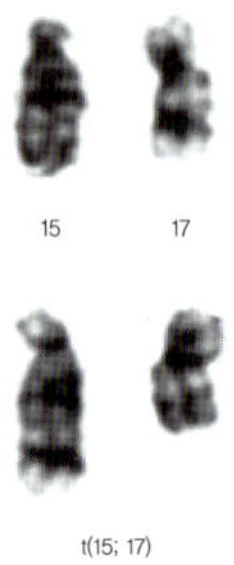

PML-RARA

PML-RARA 유전자는 백혈병 발생에 관여를 하는데, 17번 염색체의 retinoic acid receptor alpha (*RARA*) 유전자와 15번 염색체에 위치하는 promyelocytic leukemia (*PML*) 유전자의 재배열에 의한 것으로 급성전골수성백혈병(AML, M3)에 특이적이기 때문에 진단시 유용하다. *PML-RARA* 유전자 재배열만 있는 경우에는 ATRA (retinoic acid) 치료에 반응이 좋고 예후가 좋다.

알아두기 3-21. 급성골수성백혈병의 예후 분류(2013 NCCN 지침)

예후(위험도)	염색체 이상	유전자 이상
양호	inv(16)/t(16;16) t(15;17), t(8;21)	Normal cytogenetics *NPM1* mutation without *FLT3-ITD* or isolated biallelic *CEBPA* mutation
중간	Normal isolated trisomy 8 t(9;11) other non-defined	inv(16) or t(16;16) t(8;21) with *c-KIT* mutation
불량	del(5q)/-5, del(7q)/-7 inv(3), t(3;3) t(6;9), t(9;22) 11q23 except t(9;11) Complex(3종류 이상)	Normal cytogenetics with *FLT3-ITD* mutation

(1) 림프구를 이용한 분석

염색체 분석에서 말초혈액의 림프구는 가장 흔하게 이용되는 세포이며, 혈액응고를 방지하기 위해 헤파린(heparin) 용기에 채취한다. 일반적으로, 말초혈액의 혈구세포는 더 이상 분열을 하지 않기 때문에 분열촉진제(phytohemagglutinin, PHA)를 넣어주는데, 당단백질인 PHA는 세포막에 붙어서 세포막의 투과성(permeability)을 높여줌으로써 세포 내 고분자물질의 합성을 촉진시키는 것으로 알려져 있다. PHA를 첨가한 후 24시간째에는 RNA 합성이 현저하게 증가하고, 림프구들은 interleukin-2 혹은 lymphocyte growth factor를 생성하여 세포분열을 더욱 자극하게 되는데, 이후로는 PHA가 필요하지 않게 된다.

일반적으로, 림프구들은 4~5세대 후에는 퇴화되면서 더 이상 분열을 하지 않으며, 말초혈액의 림프구를 이용한 염색체 분석은 72시간 배양을 하지만 48시간 또는 96시간을 배양하기도 한다.

(2) 골수를 이용한 분석

골수는 조혈모세포(hematopoietic stem cell)가 성장할 수 있는 환경을 만들어 주며, 세포의 종류도 많고 인체에서 새로운 세포가 가장 활발하게 생산되는 조혈기관으로서 하루에 적혈구 20억 개/kg, 혈소판 70억 개/kg, 과립구 8.5억 개/kg 정도를 만든다. 조혈모세포로부터 혈액세포로의 조혈과정에서 이상이 발생하여 분화가 정지되고 비정상적인 증식이 진행됨으로써 혈액종양이 발생을 한다.

혈액종양 환자에서 염색체 분석을 하기 위해서는 종양세포가 포함된 골수가 필요한데, 주로 골수 흡인액으로 배양을 하며, 만성골수성백혈병이나 만성림프구성 백혈병 그리고 T-cell 림프종인 경우에는 말초혈액이 더 적당할 수도 있다. 혈액종양에서 조혈모세포의 염색체 이상을 확인할 때 골수세포 배양을 하는데, 일반적으로 mitogen을 첨가하지는 않으며, 배양조건은 질환의 종류와 환자 개인의 상태에 따라 다를 수 있으므로 직접분석법(direct), 24시간 배양법, 48시간 배양법 등에서 2가지 이상의 세포배양법을 실시한다.

(3) 양수액을 이용한 분석

양수천자(Amniocentesis)는 100년 이상 전부터 양수과다증(polyhydramnios) 치료에 사용되던 방법이었는데, 1950년대 후반에는 양수세포의 Barr body의 존재유무로 성(sex)을 구별하기 시작하였으며, 혈우병과 근위축증 그리고 X-연관질병 등의 유전질환의 진단과 선천성 대사이상 및 염색체 이상의 진단에 쓰이게 되었다.

양수에는 액체성분 외에 다양한 세포들과 단백질, 무기질 등의 성분이 풍부하게 존재하는데, 세포의 약 70% 정도는 영양배엽(trophoblast)에서 유래하며 나머지는 피부나 방광, 상피세포 그리고 섬유결합조직 등의 섬유아세포에서 유래한다. 세포의 농도는 임신이 진행되면서 점차적으로 증가하지만, 실제로 살아있는 세포는 20~30% 정도이며, 염색체 분석을 할 수 있는 세포는 극히 적고, 살아있는 세포만이 배양용기에 부착하여 자라기 때문에 분석하기에 충분한 세포를 얻기 위해서는 10~14일간의 배양이 필요하다.

양수액을 이용한 염색체 분석방법에는 일반적인 플라스크 배양법 뿐만 아니라 coverslip-petridish를 이용하는 in situ 배양법 등이 있다. 많은 수의 염색체를 얻기 위해서는 플라스크 배양법을 사용하지만 배양시간이 다소 긴 단점이 있으며, in situ 방법은 염색체 분석을 빨리할 수 있는 장점은 있으나 해상도가 좋은 염색체를 얻지 못하는 경우가 발생하기도 한다.

(4) 융모막융모세포를 이용한 분석

융모막융모생검(Chorionic villus sampling, CVS)은 1968년 모어(Jan Mohr)에 의해 소개되었지만, 높은 검사 실패율과 합병증을 나타내면서 사용되지 않다가 1980년대에 초음파의 도입과 생검 기술의 발달로 관심이 높아지게 되었고, 1983년에는 시모니(Giuseppe Simoni) 등에 의해 세포배양 없이 염색체를 직접 관찰할 수 있는 방법이 알려졌다.

융모막융모생검의 가장 좋은 시기는 임신 10~12주 사이로서, 그 이전에는 자연유산이 되는 경우가 많기 때문에 유

알아두기 3-22. 염색체 검사에 적용될 수 있는 세포의 종류

Source Tissue	Cell type	Application
Peripheral blood	T-lymphocyte	Routine anlysis
Bone marrow	White blood cell	Leukemia
Amniotic fluid	Amniocytes	Second-trimester prenatal diagnosis
Chorionic villi	Trophoblast	First-trimester prenatal diagnosis
Fetal tissue	Fibroblast	Confirmation of diagnosis
Solid tumors, ascites	Tissue specific	Diagnosis, treatment and prognosis

전적 결함의 위험성이 높은 임신 초기에 시행한다. 이를 통해서 임신 중기보다 안전한 시기에 치료적 유산이 가능할 수 있게 한다.

융모막융모세포는 직접법과 배양법으로 시행하는데, 융모막융모세포의 핵은 빠르게 분열을 하기 때문에 세포배양 없이 직접 염색체 분석이 가능하지만, 염색이 잘 되지 않는 문제점이 있어서 해상도가 좋은 염색체의 수를 많이 얻기가 어렵기 때문에 미세하게 존재하는 구조적 이상을 발견하기 어려울 수도 있다. 배양법은 해상도가 좋은 염색체를 많이 얻을 수 있다는 장점은 있으나, 남자아이의 경우는 감별을 쉽게 할 수 있지만, 여자아이의 경우는 모체의 세포일 가능성도 있기 때문에 융모세포를 정확히 고른 후에 배양을 해야만 모체세포의 오염을 방지할 수 있다. 따라서 두 가지 방법을 병행해야만 하며, 배양법은 결과를 신속하게 보고하기 위해 in situ 법을 많이 사용하지만 플라스크법도 많이 사용한다.

(5) 제대혈천자 검사와 수태산물 검사

태아의 제대혈(cord blood)을 이용하여 염색체를 분석하는 제대혈천자 검사(cordocentesis)는 양수검사 시기를 놓쳐 20주가 넘은 산모인 경우에 주로 시행하며, 말초혈액의 염색체 분석방법과 같은 방법으로 시행한다. 사산된 태아 조직에서의 염색체 분석을 통해서 자궁 내 태아 사망의 원인이 선천적인 염색체 결함여부를 알 수 있다.

알아두기 3-23. 조혈모세포와 이식

조혈모세포는 조혈의 근간이 되는 세포로서, 성인의 경우에는 주로 골수에 존재하지만 말초혈액에서도 소수가 존재한다. 조혈모세포의 가장 큰 특징은 골수를 찾아가는 귀향(homing)의 본능이 있는데, 이는 조혈모세포의 표면에 존재하는 케모카인 수용체인 CXCR4와 골수기질세포에서 항상 생성되는 기질세포유래인자-1 (stromal cell-derived factor-1, SDF-1) 케모카인의 상호작용에 의한 것으로 알려져 있다. 조혈모세포의 귀향 본능의 특징 때문에 조혈모세포이식을 가능하게 한다.

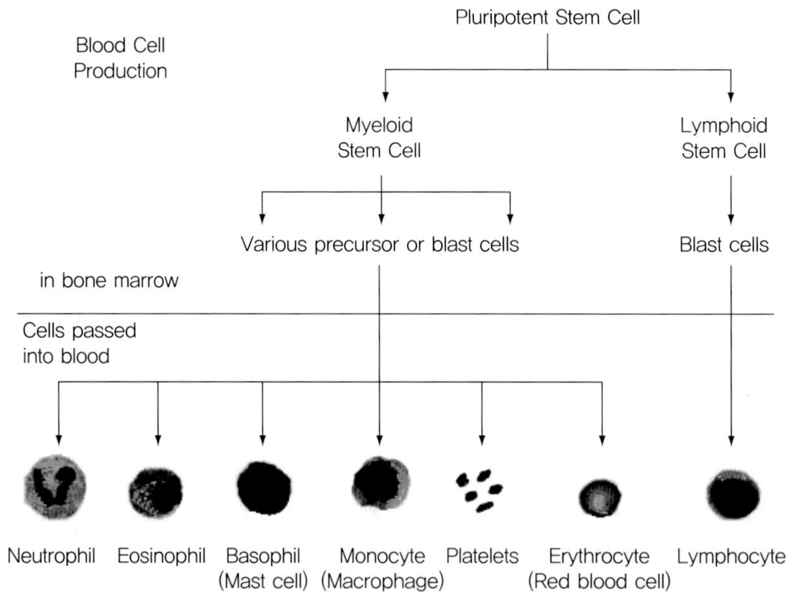

조혈모세포이식(Hematopoietic stem cell transplantation, HSCT)은 골수이식(bone marrow transplantation, BMT)을 포함하여 말초혈액과 제대혈(cord blood, CB) 내에 존재하는 모든 형태의 조혈모세포들을 이식하는 것이다. 골수이식은 1950년대 초에 제이콥슨(Leon Jacobson)과 로렌즈(Egon Lorenz)에 의해 골수이식을 위한 최초의 동물실험이 시행되었고, 1958년 마테(George Mathe) 등은 유고슬라비아 원전사고에 의한 피해자에게 골수세포를 투여하였으나, 면역억제제나 사람백혈구항원(human leukocyte antigen, HLA) 등의 개념이 없는 상황에서 이식이 되었기 때문에 치료 성과를 거둘 수 없었다.
조혈모세포이식은 초기에는 HLA가 일치하는 형제 사이에서만 시행되었지만, 면역억제제의 발전으로 현재는 비혈연간 이식이나 HLA 불일치 상황에서도 이식이 이루어지고 있다. 또한 환자 자신의 말초혈액 내 조혈모세포(peripheral blood stem cell, PBST)도 시행되고 있다.

알아두기 3-24. 양수액(Amniotic Fluid)

양수의 대부분은 어머니 혈액에서 유래되며, 임신 초기의 배아는 탯줄에 연결되어 양수에 떠 있는데, 이때 양수는 충격을 흡수하여 완화하는 역할을 한다. 양수의 양은 임신 10주에 약 30 mL, 20주에는 350 mL 그리고 37주에는 약 1 L정도가 된다. 양수는 3시간에 한 번 정도로 교체가 되는데, 임신 5개월 초부터 태아는 하루에 전체 양의 절반에 해당하는 약 400 mL의 양수를 마시기 시작하고, 태아의 오줌이 양수에 더해지지만, 대사산물이 태반에서 교환이 되기 때문에 태아의 오줌 성분은 대부분이 수분이다.

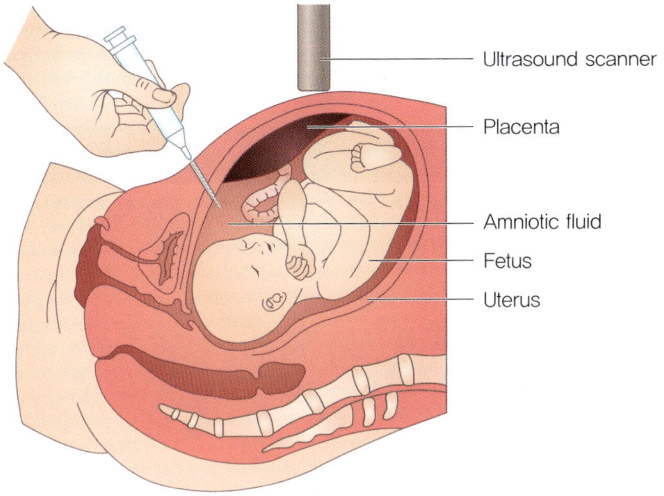

Amniocentesis

양수천자는 일반적으로 임신 16~18주경에 시행하며, 20~30 mL의 양수를 채취하여 모체세포 오염을 방지하기 위해 처음 뽑은 1~2 mL은 반드시 버리고 원심분리(1,000 rpm, 10분)하여 세포층만 배양을 하도록 한다.

알아두기 3-25. 융모막 융모세포

융모막은 수정란에서 유래하며, 태아와 동일한 염색체 구성을 하고 있기 때문에 태아의 염색체 분석이나 분자유전학적 검사가 가능하다. 융모막은 배아밖 중배엽(extraembryonic mesoderm)중 벽쪽층, 세포영양막(cytotrophoblast), 융합세포영양막 (syncytio-trophoblast) 등 다층으로 구성되어 있다. 바깥층의 세포영양막(cytotrophoblast)과 같이 자연적으로 분열하는 세포는 직접분석에 사용되고, 배양이 필요한 경우는 융모막융모의 내부조직인 중배엽(mesenchymal core) 내의 섬유아세포(fibroblast), 내피세포(endothelial cell)들이다.

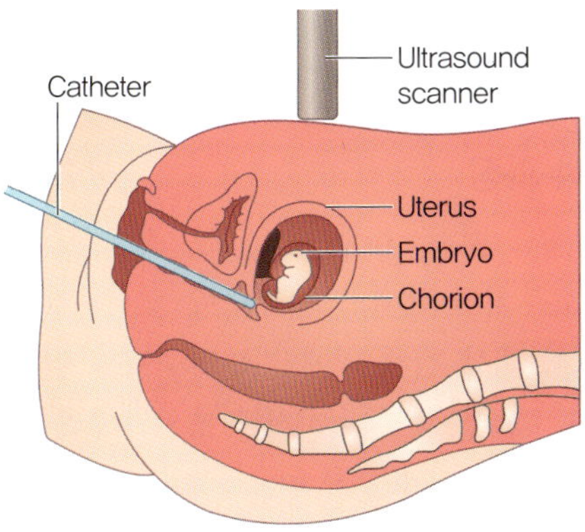

Chorionic villus sampling

융모막융모생검을 시행하는 동안 초음파로 확인하면서 자궁경부를 통해 도관을 태반으로 찔러 넣어 5~30 g의 융모조직을 흡인생검하는 방법과 임신기간 내 시기에 관계없이 복부를 관통하는 방법으로 이루어진다. 태아의 유전적 특징을 검사하는 시간은 양수천자보다는 짧지만, 태아 사망의 위험도는 양수천자보다 높으며, 임신 9~10주 이전에 융모막 채취를 시행할 경우 태아의 팔다리 축소 결함의 위험성이 동반된다는 문헌들이 보고된 바 있다. 따라서 임신 10주 이후에 융모막 채취를 시행하고 있다.

알아두기 3-26. 제대혈(Cord Blood)

제대혈은 제대(umbilical cord)와 태반(placenta)으로부터 얻을 수 있는 혈액을 일컬으며, 제대혈에 포함되어 있는 조혈모세포는 성인의 말초혈액이나 골수와 비교하여 증식력이 뛰어나다. 재대혈 조혈모세포는 골수에 비해 그 수는 적지만, 미성숙한 세포들이 풍부하고 집락형성 능력이 뛰어나다는 특성이 있기 때문에 제대혈 조혈모세포 이식 후에 생착이 가능한 것이다.

제대혈은 분만 후에 버려지는 부산물로 인식되었으나, 1982년 제대혈에 조혈전구세포가 풍부하다고 알려진 후에 제대혈의 채취, 세포처리, 냉동보관 그리고 해동 후 세포의 생존도 회복 등에 관한 연구가 활발하게 이루어졌고, 조혈모세포 이식이 가능하게 되었다. 국내 제대혈 이식의 역사는 매우 짧지만, 1996년 최초로 재생불량성빈혈 소아 환자에게 시도되었으나 생착에 실패하였고, 1998년 이차 관해상태의 소아 백혈병 환자에게 최초로 성공적인 이식이 이루어지기도 했다.

알아두기 3-27. 염색체 분석과정

세포 배양 → 중기에서 세포분열을 정지시키기 위한 colcemid 처리 → 저장성 염류용액 (0.075M KCl)으로 세포를 팽창시키는 저장처리 → 팽창된 세포를 고정(acetic acid : methanol = 3:1) → 표본제작 및 염색 → 현미경분석과 핵형분석

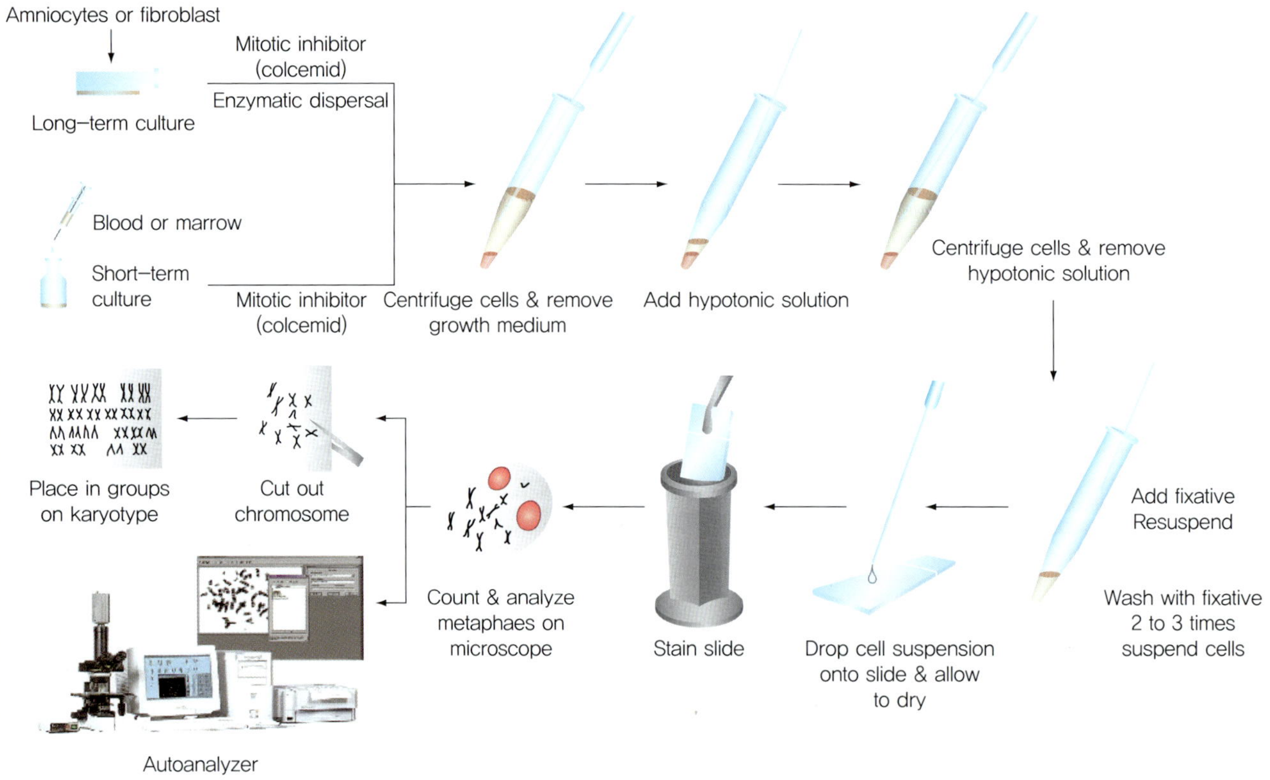

(6) 조직세포를 이용한 분석

암세포뿐만 아니라 다양한 조직세포들을 배양하는 방법은 크게 두 가지 방법이 적용되는데, 조직세포를 잘게 잘라서 배양을 하는 방법과 다른 하나는 collagenase 같은 효소를 처리하여 세포를 하나하나씩 분리해서 배양하는 방법이다. 조직세포를 이용한 염색체 분석은 세포를 분리하는 방법이 다를 뿐 그 이후의 과정은 동일한 과정의 반복이라고 할 수 있다.

3) 염색체 분석 과정

염색체 분석 과정은 배양, 유사분열 중지, 저장액 처리, 고정, 염색 그리고 분석의 단계로 구분할 수 있다. 염색체 분석을 위해선 먼저 대상 검체 내에서 분열세포를 얻어야 하는데, 잘 분열하지 않는 세포는 적절한 조건하에서 배양하여 세포분열을 유도하는 것이 첫 번째 단계이다. 배양중인 세포를 유사분열 중기상태에서 억제시키는 두 번째 단계, 저장액 처리를 통한 세포팽창 단계, 팽창된 세포를 고

정시키는 단계 그리고 마지막으로 슬라이드 제작과 분석의 단계가 있다.

6. 각 염색체별 유전자의 특징

1) 각 염색체별 유전자의 크기와 유전자의 수

사람의 유전체는 약 30억 염기서열로 구성되어 있으며, 그 중 1.5%만이 실제로 단백질을 암호화한다. 그리고 약 5%는 조절부위를 포함하고 있는데, 발달과정이나 조직에서 유전자발현의 패턴에 영향을 줄 수도 있으며, 결정을 하기도 한다. 염색체 중에서 가장 큰 1번 염색체는 249 Mb, 가장 작은 21번 염색체는 47 Mb이다(그림 3-16).

사람 유전체에 포함되어 있는 유전자의 수는 약 41,470개로서 각 염색체에 위치하고 있으며(2016년 12월 기준), 이 유전자 중에서 단백질을 코딩하는 유전자는 약 20,000개 정도이다. 만약 특정 질병과 관련된 유전자가 22번 염색체에 존재한다면, 그 질병을 유발하는 유전자가 22번에 있는 488개의 유전자 중 하나일 것이며, 좀 더 상세한 위치정보를 알게 된다면, 후보유전자 수는 더 좁혀질 수 있을 것이다.

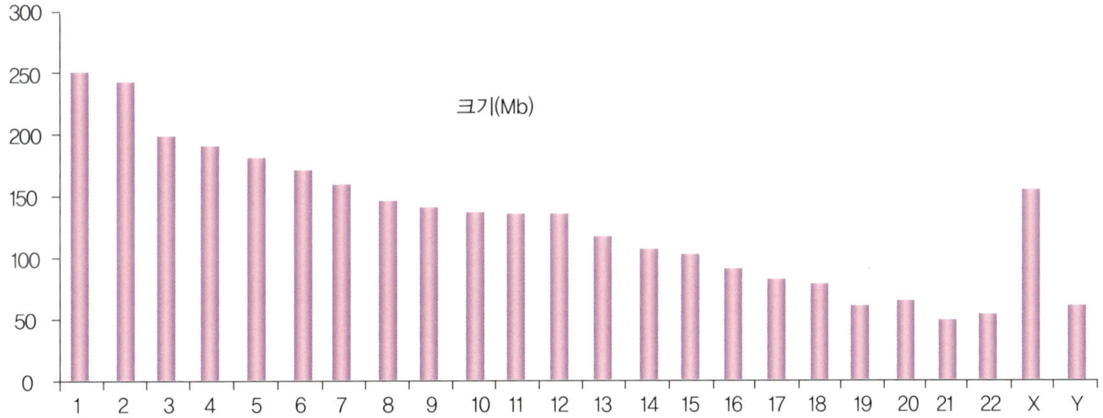

그림 3-16. 각 염색체의 크기

알아두기 3-28. 각 염색체별 유전자의 수(Human Genome Build 38: 2016년 12월 기준)

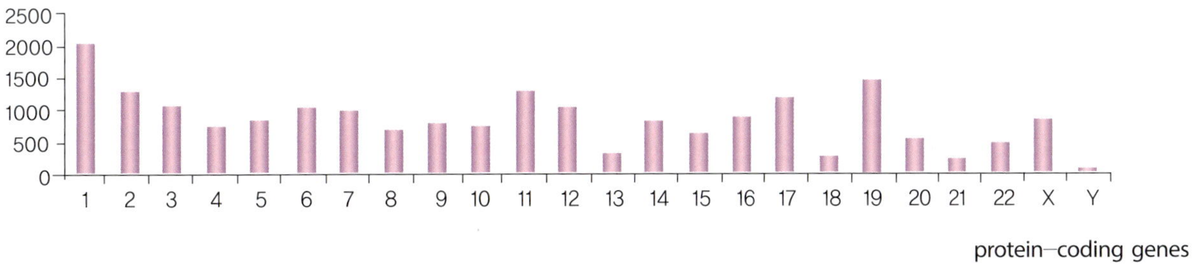

2) 각 염색체별 유전자 좌위와 특징

(1) 1번 염색체

크기는 249 Mb이며, 단백질을 코딩하는 유전자는 2,058개로 가장 큰 중부동원체(metacentric) 염색체이다. 주요 유전자로는 Rh혈액형을 결정하는 유전자, 편두통과 관련된 세로토닌 수용체, 전신성 홍반 관련 유전자, 암유전자 *L-MYC, SKI* 등이 있다. 또한, 뇌의 변성과 위축으로 발생하는 알츠하이머질환과 관련된 유전자도 위치한다. *HPC1* 유전자는 유전성 전립선암을 나타내는 대표적인 유전자이다.

(2) 2번 염색체

크기는 243 Mb이고, 단백질을 코딩하는 유전자를 1,309개 가지고 있으며, 차중부동원체(submetacentric) 염색체 중에서 가장 크다. *N-MYC, REL* 암유전자, 체질성 황달과 관련된 유전자 그리고 호메오박스 유전자 등이 위치한다. 2q35에 위치한 *PAX3* 유전자의 돌연변이가 원인인 바르덴부르크 증후군(Waardenburg syndrome)은 난청과 색소 이상을 유발하며, 임상형에 따라 원인 유전자가 4종류가 알려졌다. *PAX3* 유전자는 1형과 관계가 있으며, 상염색체 우성으로 유전되지만, 산발적으로 발생하는 경우도 있다. 바이러스에 저항하는 생리활성물질인 γ-인터페론 유전자도 2번 염색체에 위치한다.

(3) 3번 염색체

두 번째로 큰 중부동원체염색체로서, 크기는 198 Mb이며 단백질을 코딩하는 유전자 1,078개를 가지고 있다. 주요 유전자로는 *RAF-1* 암유전자, 시각세포의 간체(rhodopsin) 유전자, 세포사멸과 관련하여 텔로머라제의 생산을 중단시켜 암세포를 사멸하게 할 수 있는 *TERC* 유전자 및 *FHIT* 암억제 유전자 등이 위치한다. 여러 장기 중 특히 중추신경계 및 신장에 발생하는 악성 및 양성 종양을 특징으로 하는 질환인 폰 히펠-린다우 증후군(Von Hippel-Lindau syndrome)은 3번 염색체 p25-p26에 위치하는 *VHL* 유전자의 돌연변이에 의해 발생하는데, 중추신경계 혈관모세포종, 망막 혈관모세포종, 신세포암, 췌장낭, 부신수질의 갈색세포종, 부고환의 낭선종 등이 관련된다.

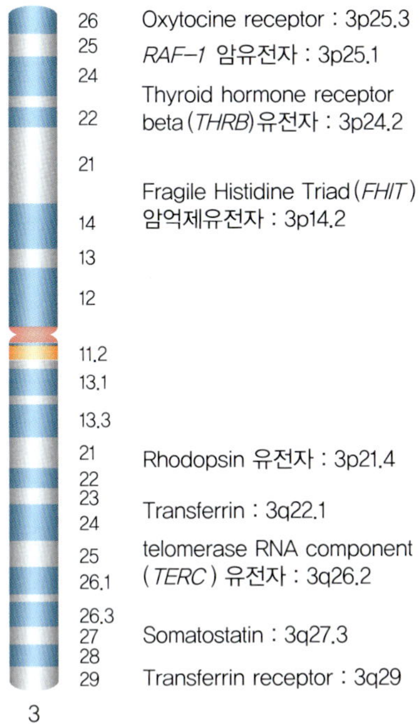

(4) 4번 염색체

차중부동원체 염색체로서, 크기는 191 Mb이며, 단백질을 코딩하는 752개의 유전자를 가지고 있다. 주요 유전자로는 콩팥에 응집이 생기는 상염색체 우성다낭성 신종과 관련된 *PKD2* 유전자 및 헌팅턴 질환을 일으킬 수 있는 유전자 등이 위치한다. 뮤코 다당류를 분해하는 색소의 결핍에 의해 발생하는 헐러증후군(Hurler syndrome)은 4p16.3에 위치하는 *IDUA* 유전자의 돌연변이에 의해 발생한다. 페닐케톤뇨증과 가족성 파킨슨병과 관련된 유전자도 위치한다.

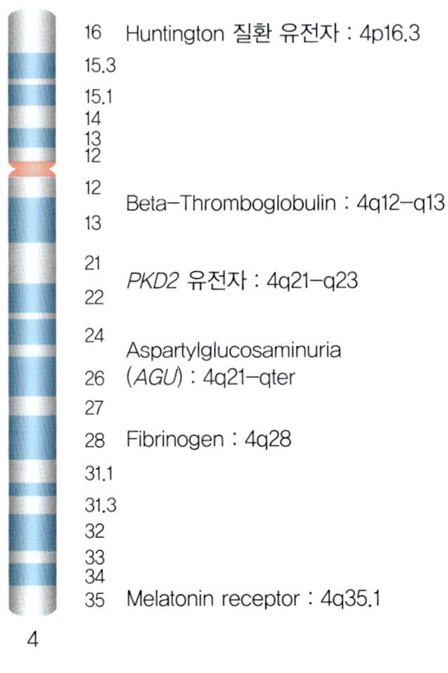

(5) 5번 염색체

4번 염색체와 비슷하고, 크기는 182 Mb이며, 단백질을 코딩하는 878개의 유전자를 가지고 있다. 주요 유전자로는 정신분열증과 관련이 있는 dopamine D1 수용체 유전자 및 *FMS* 유전자 등이 있다. 라론 증후군은 성장호르몬 수용체의 이상으로 성장호르몬에 대한 저항성이 생기는 경우로 1966년 라론에 의하여 유태인에서 처음 보고되었으며, 성장호르몬 결핍증과 비슷하여 키가 작고 비만하다. 체내의 황산염 수송을 담당하고 있는 *FMS* 유전자의 변이는 발육부진을 초래한다.

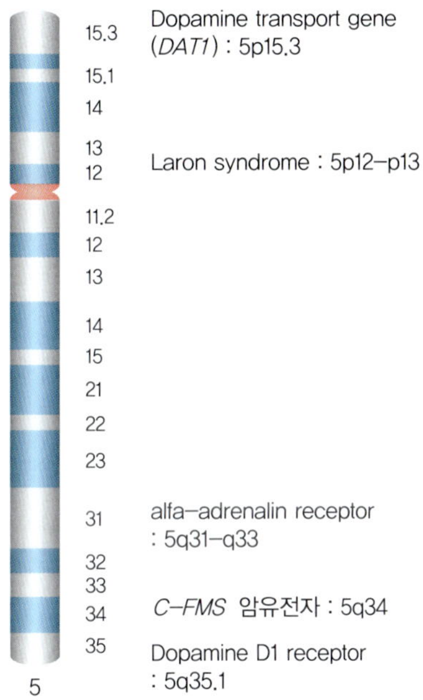

(6) 6번 염색체

크기는 171 Mb이고, 단백질을 코딩하는 1,048개의 유전자를 가지는 차중부동원체 염색체이며, 이식 등의 조직적합성을 결정하는 주조직복합체(MHC) 유전자가 위치한다. 그 밖에 유즙분비 호르몬(prolactin) 유전자, 에스트로젠 수용체 유전자 그리고 편두통과 관련된 세로토닌 수용체 유전자 등이 위치한다.

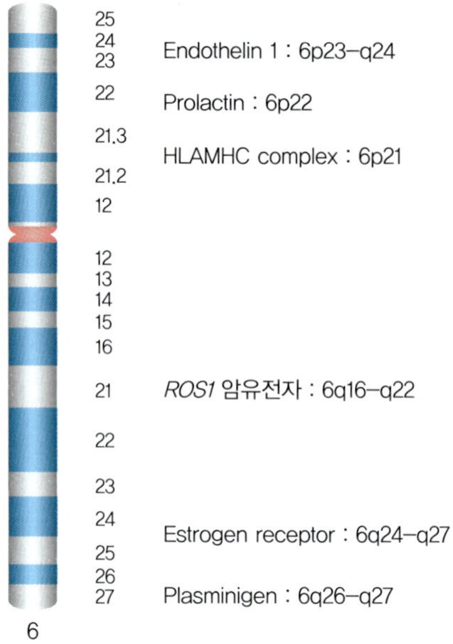

(7) 7번 염색체

크기는 160 Mb이며, 단백질을 코딩하는 989개의 유전자를 가지는 차중부동원체 염색체이다. 주요 유전자로는 인체의 발생과 관련된 호메오박스 유전자, 적혈구 생성을 촉진하는 에리스로포이에틴 관련 유전자 그리고 *CFTR* 유전자 등이 있다. *CFTR* 유전자와 관련된 낭포성 섬유증(cystic fibrosis)은 주로 호흡기, 췌장, 소화기, 남성요로생식기, 간·담도, 땀샘의 상피조직을 침범하며 하부기도염증, 재발성 폐렴, 점진적인 폐기능 상실로 인하여 치명적일 수 있다.

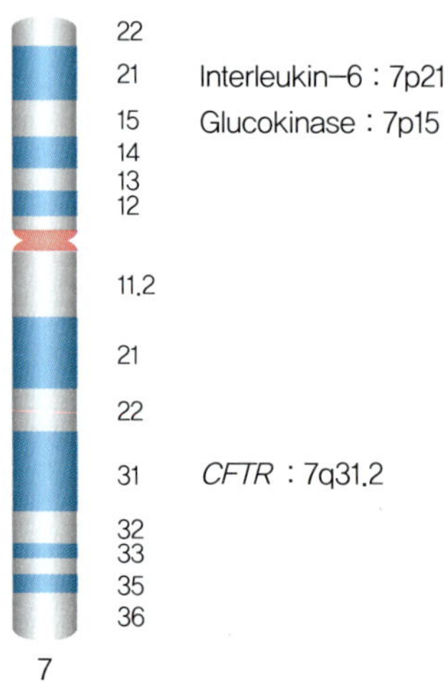

(8) 8번 염색체

크기는 146 Mb이고, 단백질을 코딩하는 677개의 유전자를 가지고 있는 차중부동원체 염색체이다. 주요 유전자 중에 c-MYC 암유전자와 관련된 염색체 배열의 변화는 Burkitt 림프종을 일으키는데, 주로 14q32(*IgH* 유전자)와 전좌된다. 그밖에 *GnRH*(성선자극호르몬 분비호르몬) 유전자가 위치한다.

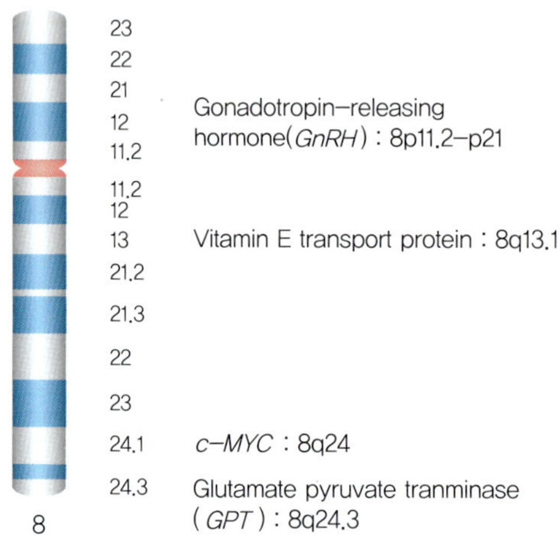

(9) 9번 염색체

크기는 139 Mb이고, 단백질을 코딩하는 786개의 유전자를 가지고 있는 차중부동원체 염색체이다. 주요 유전자로는 ABO혈액형을 결정하는 유전자와 *P16* 유전자가 있다. Tyrosine kinase인 원발암유전자 *ABL*이 위치하는데, 22번 염색체의 *BCR* 서열로 전좌되면, bcr/abl chimera 단백질이 합성된다. 운동실조로 시작해서 마비나 골격이상이 발생하는 프리드라이히 운동실조증과 관련된 유전자도 위치한다.

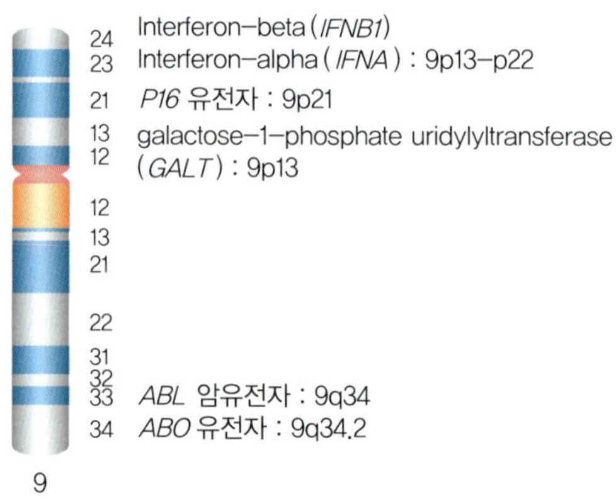

(10) 10번 염색체

크기가 134 Mb이고 단백질을 코딩하는 733개의 유전자를 가지는 차중부동원체 염색체이. 주요 유전자로는 *OAT* 유전자와 *MEN2A* 유전자 등이 위치하는데, *OAT* 유전자의 변이는 눈의 망막과 맥락막의 위축을 가져오며, *MEN 2A* 유전자는 다발성 내분비종양증 2형과 관련되어 있고, 변이가 일어나면 뇌하수체, 갑상선, 부신, 부갑상선 등의 내분비 기관에 다발성 종양을 만든다. 두개골의 발달장애에 의한 소두증을 나타내는 잭슨-바이스증후군(Jackson-Weiss syndrome)과 관련된 유전자도 위치한다.

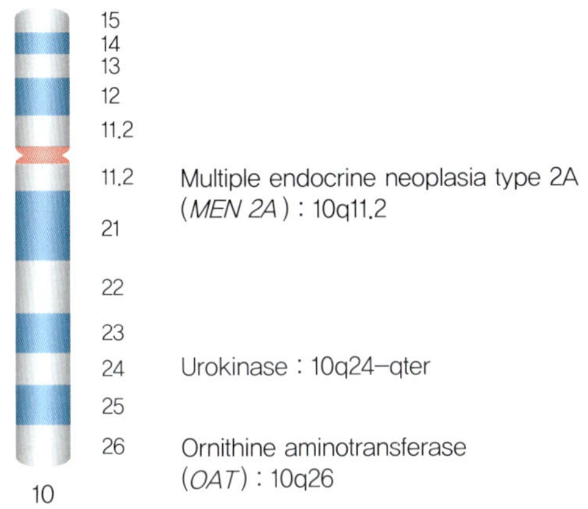

(11) 11번 염색체

크기는 135 Mb이고, 단백질을 코딩하는 1,298개의 유전자를 가지는 상염색체 중에서 3번째로 유전자 함량이 많은 차중부동원체 염색체이다. 겸상적혈구 빈혈과 관련이 있는 *HBB* 유전자 및 백혈병과 관련이 있는 *MLL* 유전자 등이 위치한다. Long QT syndrome(심장긴간격증후군)은 대표적인 cardiac ion channelopathy로서, 해당 유전자에 돌연변이가 있는 경우 갑작스런 실신, 심장마비, 급사를 유발할 수 있다.

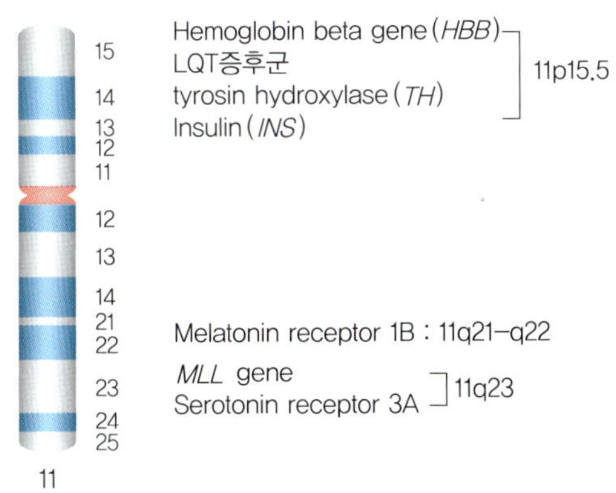

(12) 12번 염색체

크기는 134 Mb이고, 단백질을 코딩하는 1,034개의 유전자를 가지는 차중부동원체 염색체이다. 누난 증후군은 상염색체 우성유전을 하는 선천성기형질환으로서 *PTPN11* 유전자의 돌연변이에 의해 생기며, 두눈먼거리증, 눈꼬리 처짐, 지능저하 등을 동반한다. 그밖에 신경계통 질환인 치상적핵담창구루이시안위축증(DRPLA)을 일으키는 유전자 등이 위치한다.

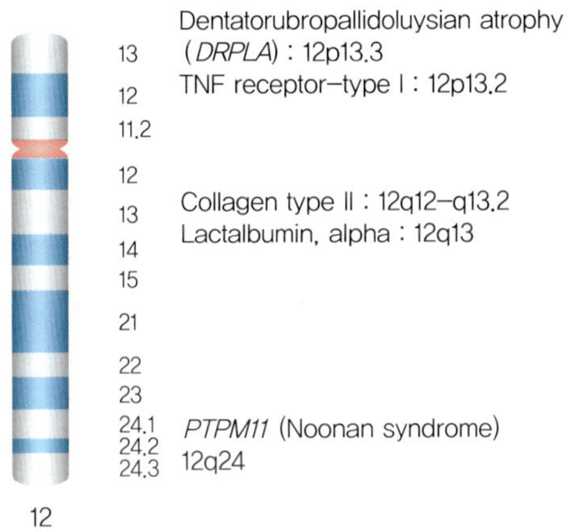

(13) 13번 염색체

크기는 115 Mb이고, 단백질을 코딩하는 327개의 유전자를 가지는 차단부동원체 염색체이다. 망막아세포종과 관련된 *RB1* 유전자, 유방암을 일으킬 수 있는 *BRCA2* 유전자 그리고 선천적으로 안면신경마비 증세가 일어나는 뫼비우스증후군 유전자 등이 위치한다. 부수체(Satellite) 부위에는 rRNA에 대한 유전자를 가지고 있다.

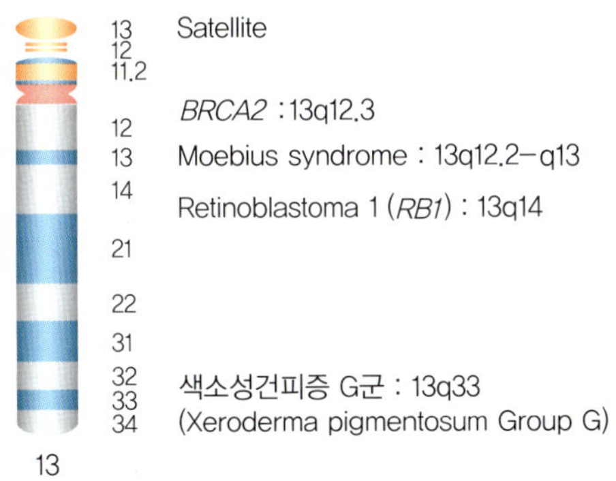

(14) 14번 염색체

크기는 107 Mb이고, 단백질을 코딩하는 830개의 유전자를 가지는 차단부동원체 염색체이다. 알츠하이머질환과 관련있는 *SEN1* 유전자가 위치하며, *GLAC* 유전자의 돌연변이는 시각, 청각, 언어, 운동 등을 관장하는 대뇌신경세포의 퇴행을 가져오는데, 강직성 반신마비(spastic paraparesis)와 같은 크레베병을 유발한다. 그 밖에 *IgH* 유전자가 위치한다.

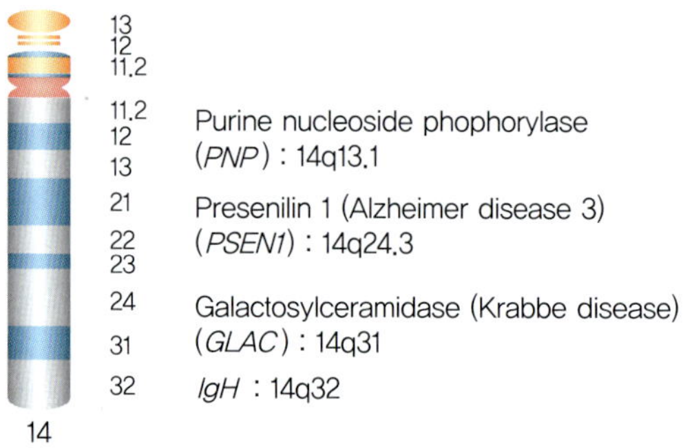

(15) 15번 염색체

크기는 102 Mb이고, 단백질을 코딩하는 613개의 유전자를 가지는 차단부동원체 염색체이다. 주요 유전자로는 엔젤만(Angelman) 증후군의 *UBE3A* 유전자, 마르판(Marfan) 증후군의 *FBN1* 유전자, 테이삭스(Tay-Sachs) 질환의 *HEXA* 유전자 및 불룸(Bloom) 증후군의 *BLM* 유전자 등이 있다. *PML* 유전자는 급성골수성백혈병(AML-M3)에서 17번 염색체의 q21 부위의 *RARA* 유전자와 재배열된다.

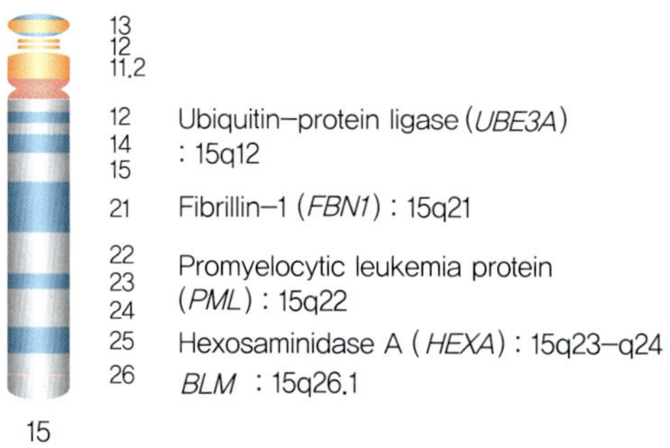

(16) 16번 염색체

크기는 90 Mb이고, 단백질을 코딩하는 873개의 유전자를 가지고 있으며, 가족성지중해열과 관련이 있는 *MEFV* 유전자, 다낭성신장병과 관련된 *ABCC6* 유전자 등이 발현된다. 루빈스타인-테이비증후군(Rubinstein-Taybi syndrome)은 *CREBBP* 유전자의 변이가 원인이며, E-cadherin은 세포를 서로 부착시켜주며 이동하는 것을 막는 종양억제유전자로서 변이가 생기면, 암이 잘 발생하며 쉽게 전이된다.

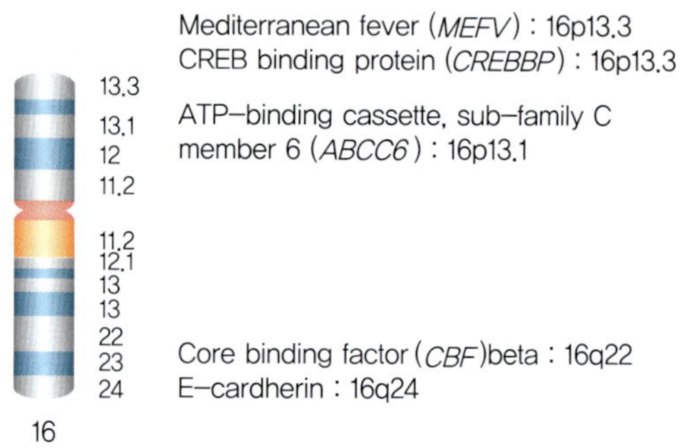

(17) 17번 염색체

17번 염색체는 22개의 상염색체 중에서 18번째인 83 Mb의 크기를 가지지만, 단백질을 코딩하는 유전자는 5번째로 많은 1,197개이다. 신경섬유종과 관련이 있는 *NF1* 유전자, 유방암과 난소암의 25% 이상에서 증폭되는 *ERBB-2* 유전자, 유방암과 관련된 *BRCA1, HER2* 유전자 그리고 암억제유전자인 *p53* 등이 위치한다. 그 밖에 뇌와 척수의 중추신경계통 해면변성증을 특징으로 하는 유전성 신경계통 질환인 카나반 병(Canavan disease)을 일으키는 *ASPA* 유전자도 위치한다.

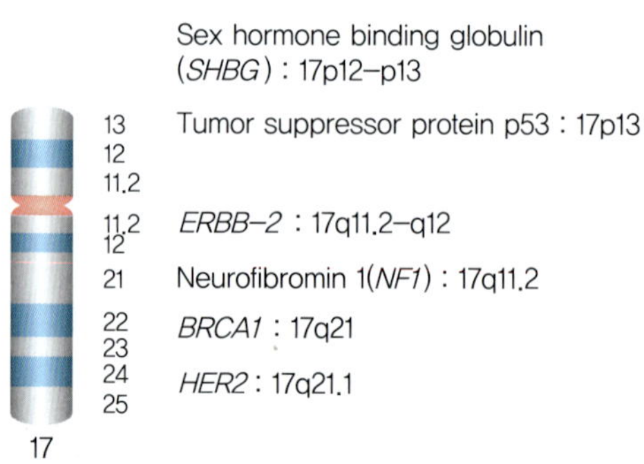

(18) 18번 염색체

크기는 80 Mb로 22개의 상염색체 중에서 21번에 이어 두 번째로 작으며, 단백질을 코딩하는 270개의 유전자를 가지는 염색체이다. *DPC4* 유전자의 결손은 췌장암이 악성화되고 전이를 한다. 니만픽병(Niemann-Pick type C1)은 신경퇴행성 lysosomal 저장 질환으로 *NPC1* 유전자의 돌연변이에 의해 발생된다. 그 밖에 18번 염색체가 3개이면 에드워드 증후군이 생긴다.

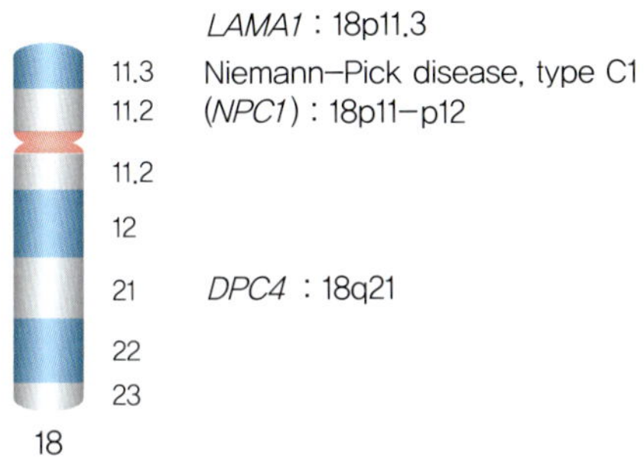

(19) 19번 염색체

크기는 59 Mb이고, 단백질을 코딩하는 1,472개의 유전자를 가지고 있는 중부동원체 염색체로서, 단완은 전체 염색체 중에서 가장 밝다. 주요 유전자로는 근긴장성이영양증 유전자, 변이가 생기면 비인슐린 의존성 당뇨병을 유발하는 인슐린 수용체 유전자 그리고 알츠하이머병과 관련된 *APOE* 유전자 등이 위치한다. 가족성 콜레스테롤 혈증과 관련된 유전자도 위치한다.

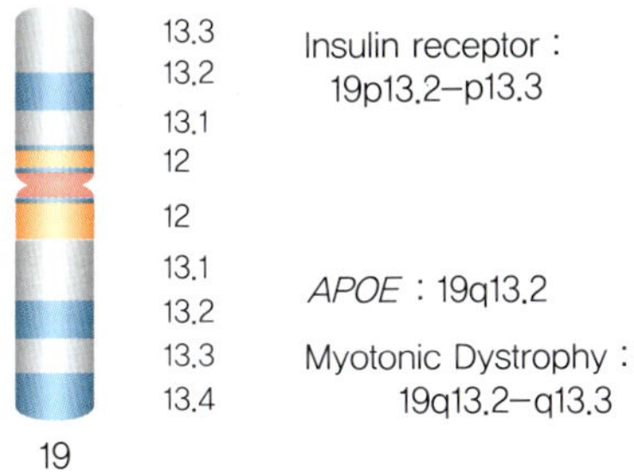

(20) 20번 염색체

크기는 65 Mb이고, 단백질을 코딩하는 544개의 유전자를 가지고 있는 작은 중부염색체이다. 주요 유전자로는 사람 프리온 단백질 생산을 조절하는 *PRNP* 유전자가 있는데, 이 유전자의 돌연변이는 크로이츠펠트-야콥병(Creutzfeldt-Jakob disease)이나 게르스트만슈투로이슬러병(Gerstman-Straussler disease) 등의 원인이 된다. 암유전자인 *SRC*도 위치하며, T림프구의 합성에 장애가 생겨 면역능이 저하되는 *ADA* 결핍증과 관련된 유전자도 위치한다.

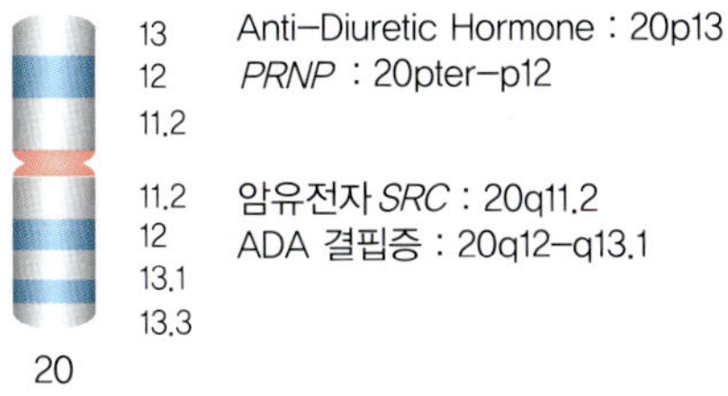

(21) 21번 염색체

크기는 염색체 중에서 가장 작은 47 Mb이고, 단백질을 코딩하는 234개의 유전자를 가지고 있는 차단부염색체이다. 주요 유전자로는 가족성 알츠하이머병이나 다운 증후군 환자의 뇌에 얼룩 모양으로 발견되는 β아밀로이드 전구체 단백질(amyloid precursor protein, APP) 유전자와 활성 산소를 억제하는 항산화 효소인 *SOD1* 유전자가 위치한다. 최근 연구결과에 의하면 *SOD1* 유전자의 변이와 9번 염색체의 단완에 위치하는 다른 유전자 변이가 루게릭병 발병과 연관되어 있다고 알려졌다.

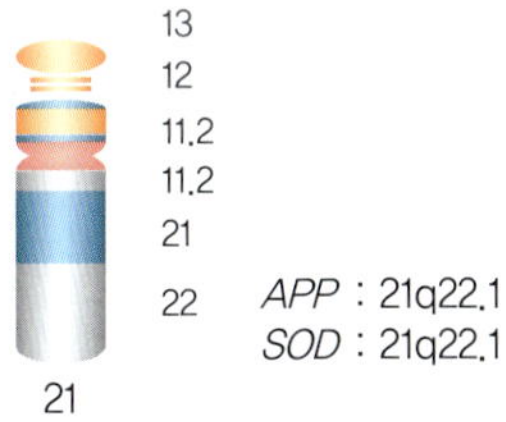

(22) 22번 염색체

크기는 51 Mb이고, 단백질을 코딩하는 488개의 유전자를 가지고 있는 차단부염색체이다. 묘안증후군(Cat-Eye syndrome)은 22번 염색체의 22pter-22q11 부분의 중복에 의한 것인데, 정상인에서보다 2배, 3배 그리고 4배까지 증폭되어 있다. 그리고 DiGeorge 증후군은 태생 초기에 제3, 제4 인두낭의 이형성증에 의하여 흉선과 부갑상선의 무형성(aplasia) 또는 형성 부전(hypoplasia)이 나타나는 질환이다. 근육의 산소운반단백질인 미오글로빈과 관련된 유전자도 위치한다.

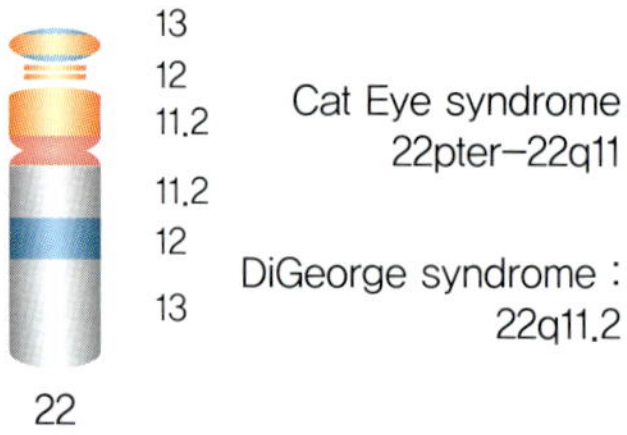

(23) X 염색체

10번 염색체와 유사하며, 크기는 156 Mb이고, 단백질을 코딩하는 842개의 유전자를 가지고 있는 중간 크기의 차중부염색체이다. *DAX-1* 유전자의 돌연변이로 발생하는 선천성 부신 저형성증(adrenal hypoplasia congenita)은 주로 남아에서 나타나는데, 잠복고환이 나타나고, 저성선자극호르몬성 성선기능저하증(hypogonadotropic hypogonadism) 때문에 남아는 사춘기 발달이 없다. 또한, *DAX-1* 유전자는 glycerol kinase 결핍증, Duchenne형 근이영양증, 지능지체를 유발시키는 유전자를 포함하고 있어서 이들 질환과 함께 발생할 수 있다. 혈우병 B형과 관련된 F9(factor IX) 유전자가 있으며, X 염색체가 부서지기 쉬우며, 특히 남성에게 정신지체가 일어나는 취약부위도 존재한다. PIG-A 유전자의 돌연변이는 발작성 야간 혈색소뇨증(paroxysmal nocturnal hemoglobinuria)의 원인이며, 이 질환은 후천성 줄기세포질환으로서 비정상적인 클론에 의해 생성된 적혈구, 백혈구, 혈소판 등이 보체에 민감하게 반응하여 쉽게 파괴되는 특징이 있다. *MECP2* 유전자는 레트 증후군(Rett syndrome)과 관련이 있으며, *ATP7A* 유전자의 돌연변이는 구리대사의 장애를 일으키는 멘케스병(Menkes disease)의 원인이 된다.

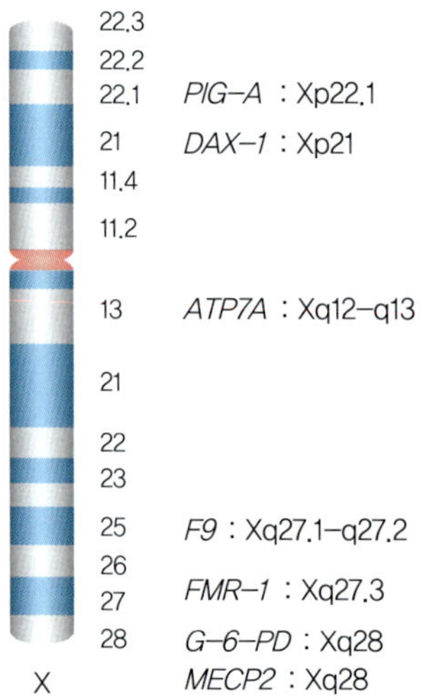

(24) Y 염색체

크기는 58 Mb이고, 단백질을 코딩하는 71개의 유전자를 가지고 있는 가장 작은 차단부염색체이다. *SRY* (sex-determining region on the Y) 유전자는 남성을 결정하며, 고환이 분화되기 바로 전에 종자능선(geminal ridge) 세포의 초기 발달단계에서 잠시 동안 발현이 된다. *USP9Y* 유전자는 정자발생에 관여한다고 알려져 있다.

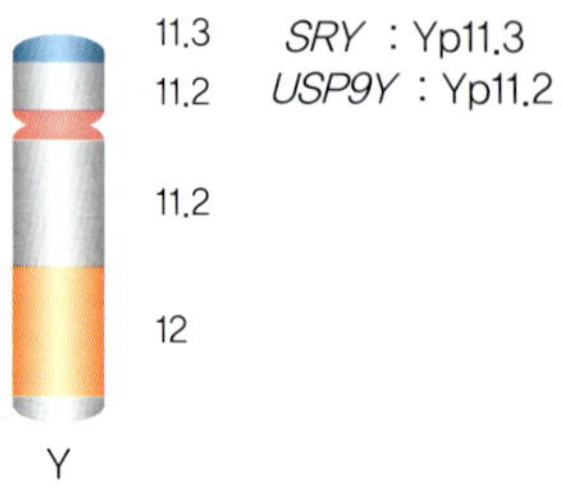

제4장

DNA, RNA, 단백질합성

진핵세포 생명체의 DNA는 세포핵 안에 정돈되어 염색체의 형태로 존재하며, 한 세대에서 다음 세대로 옮겨 갈 수 있는 형태로 정보를 운반하고, 신체의 모든 단백질을 암호화(encode) 하는데 필요한 정보를 지니고 있다.

핵산이라 부르는 DNA와 RNA는 다수의 연결된 뉴클레오티드들로 구성되며, 각 뉴클레오티드는 당, 인산, 그리고 염기들로 구성된다. 인산들로 연결된 당들은 공통의 등뼈를 형성하지만, 염기들은 네 가지가 다양하게 바뀐다. 염기들은 서로 수소결합에 의해 안정되는 특이한 쌍들을 형성하여 짝을 지으므로 이중나선(double helix) 구조를 형성하고, 이중나선은 유전정보의 정확한 전달을 수월하게 한다. 현대의 모든 세포들과 많은 바이러스들의 유전자는 DNA이다. DNA는 DNA 중합효소라고 불리는 효소에 의해 복제된다.

알아두기 4-1. 센트럴 도그마(Central Dogma)

센트럴 도그마란 정상세포에서 유전정보의 흐름을 의미하며, 중심원리라고도 한다. 센트럴 도그마는 크릭에 의해 명명되었는데, '하나의 유전정보는 단백질로 변환이 되지만, 단백질로 변환된 유전정보는 다시 유전자로 될 수 없다'는 것으로 유전정보의 흐름은 각각의 과정마다 특별한 이름을 가진다. 원래의 DNA에서 똑같은 DNA를 정확하게 복사하는 과정을 복제(replication), 두 가닥의 DNA 중 한 가닥에 해당하는 유전자서열과 똑같은 RNA를 만드는 과정을 전사(transcription) 그리고 RNA의 핵산서열이 단백질의 아미노산서열로 변환되는 것을 번역(translation)이라고 한다. 몇몇 바이러스는 RNA 유전체를 가지고 있으며, RNA는 RNA로 바로 복제되기도 하고, 어떤 DNA는 중간 매개체 없이 자신의 유전체를 복제하기도 한다.

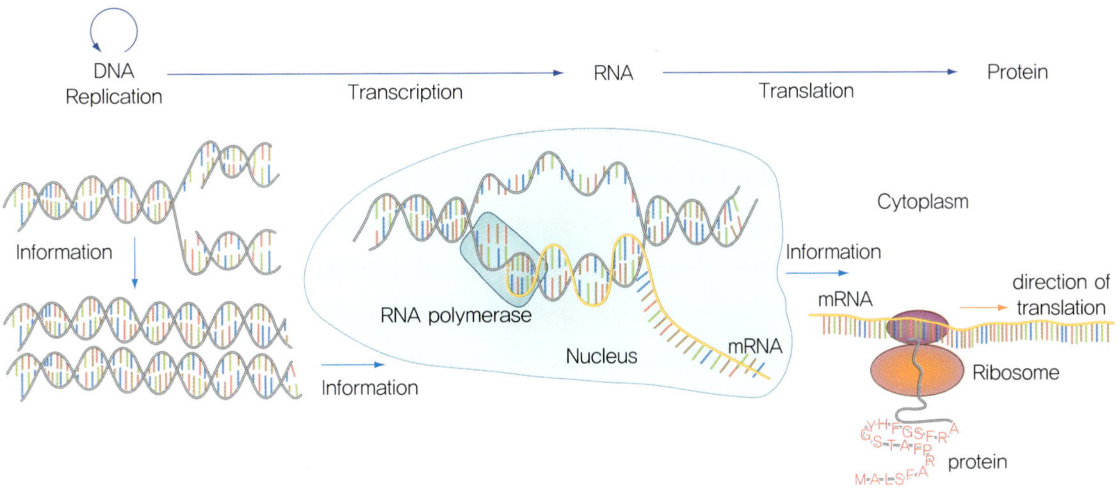

DNA의 염기서열에 포함된 유전자들은 세포들이 만드는 단백질들의 종류를 지정하지만, 단백질합성의 주형은 RNA (ribonucleic acid) 분자들로 단백질합성에는 전령 RNA (messenger RNA, mRNA)라 부르는 RNA 분자들이 정보를 운반하는 매개물이다. 그리고 전이 RNA (transfer RNA, tRNA)와 리보솜 RNA (ribosomal RNA, rRNA)와 같은 RNA 분자들은 단백질을 합성하는 장치의 일부분이다.

유전정보의 흐름은 유전암호(genetic code)에 의존하고, 이 유전암호는 모든 생물에서 거의 동일하며, 세 염기들의 순서(codon)가 아미노산을 지정한다. mRNA에 있는 코돈들은 단백질합성에서 tRNA 분자들에 의해 순차적으로 읽히고, 단백질합성은 rRNA들과 50가지 이상의 단백질들의 복잡한 조립체인 리보솜에서 일어난다.

1. 사람 유전체의 구성

체내의 모든 세포 내에는 전체적인 신체활동을 결정하고 조절하는 정보를 가지고 있는데, 그 정보가 유전체(genome)에 위치한다. 유전체는 유전자(gene)와 염색체(chromosome)의 합성어로서, 사람의 유전체 내에 존재하는 유전인자 조성 및 그 발현을 결정짓는 요소는 46개 염색체 상에 포함된 DNA상에 특성화되어 있다.

유전체는 유전정보의 모든 것으로 염색체의 완전한 세트를 의미하며, 사람의 유전체는 대립유전자(allele)라는 명칭으로 불리는 두 쌍으로 이루어져 있다. 유전자는 생물학적 기능을 가진 단백질과 RNA를 만드는 특별한 기능을 가진 DNA 단위를 의미한다. 완전히 분화된 적혈구를 제외한 성인의 몸에 존재하는 약 10^{13}개의 세포 각각은 부모로부터 물려받은 유전체 사본을 가지고 있으며, 각각의 상염색체는 두 개 사본을 가지며, X 혹은 Y 두 개의 성염색체를 가진다.

사람은 약 35,000개의 유전자가 있으며, 유전체를 구성하는 염기서열의 대부분은 intergenic DNA(63%)인데 유전자와는 직접적인 관련성이 없는 쓰레기 DNA (junk DNA)이다. 유전자나 유전자와 관련된 염기서열은 약 37.5% 정도 있지만, 단백질을 코딩하는 엑손부위는 전체 유전체의 약 1.5% 정도이다(그림 4-1).

사람 유전체를 구성하는 염기서열에서 가장 많은 부분은 반복성 DNA들로 사람 유전체에 대한 유전자 추적을 위한 연관분석에 사용되는 미세부수체(microsatellite)와 최초의 유전적 지문의 바탕이 된 미소부수체(minisatellite)가 있으며, 트랜스포존에는 short interspersed nuclear elements (SINEs)와 long interspersed nuclear elements (LINEs)로 구성되는 산재서열들로 이루어져 있다.

대표적인 반복성 DNA에는 아직 기능이 알려져 있지 않은 알루(Alu)반복이 있다. 사람 유전체 내에 100만 번 이상 반복되어 나타나는 알루는 약 280~300 bp 길이로 사람 유전체 염기서열의 10%에 해당되며, 유전체 DNA의 복사

알아두기 4-2. 사람 유전체 부분

사람의 유전체는 핵과 미토콘드리아에 존재하며, 전체 유전정보의 99.9995%에 해당하는 핵 유전체(nuclear genome)는 약 3.2 Gb의 DNA로 이루어져 있는데 가장 짧은 것은 5천만 bp에서부터 가장 긴 2억 6천만 bp까지로 다양하고, 46개의 염색체로 이루어져 있다. 반면에 미토콘드리아에는 0.0005%의 유전체(mitochondrial genome)가 존재하며, 16,569 bp의 원형 DNA분자로 인트론이 없는 coding DNA로 구성되어 있고, 37개의 유전자만을 포함한다.

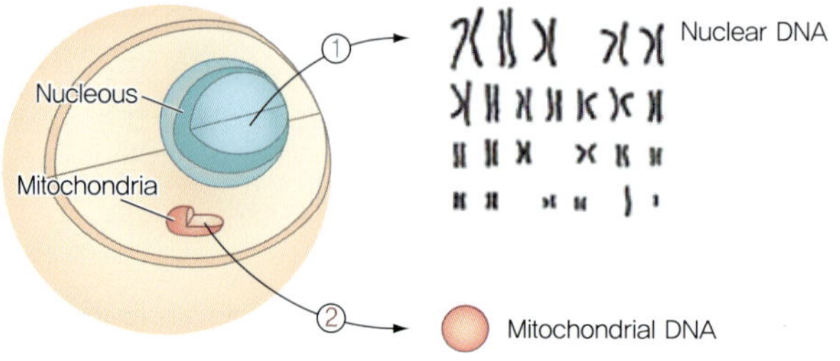

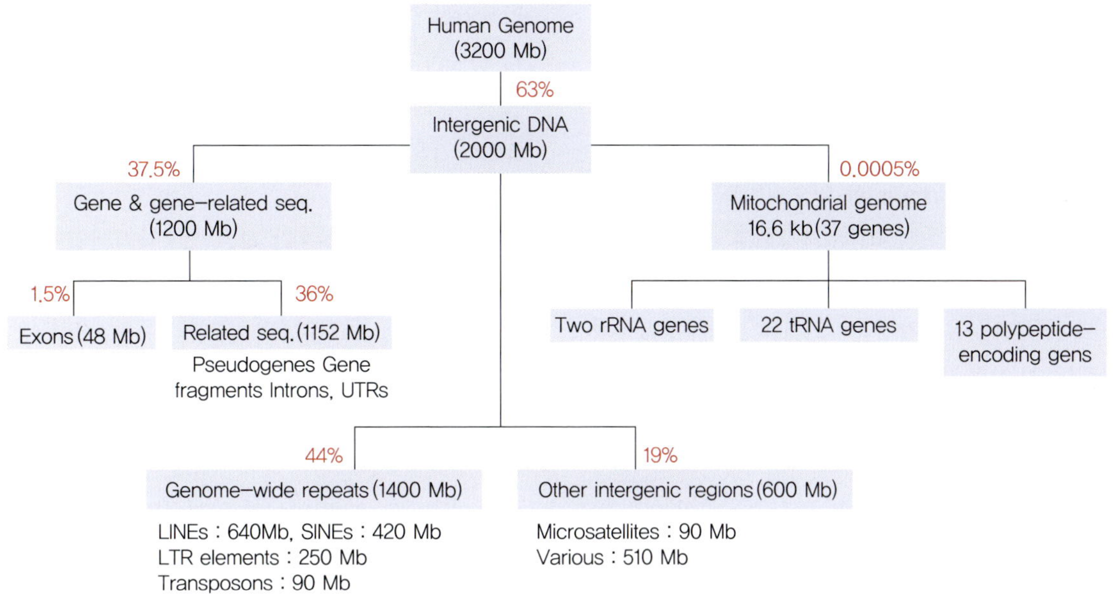

그림 4-1. 사람의 유전체

알아두기 4-3. 쓰레기 DNA (Junk DNA)

쓰레기 DNA는 유전자 사이부위(intergenic region)에 해당하는 DNA와 같은 뜻으로 예전에 불리던 말이다. 그러나 아직 기능에 대해서 완전히 밝혀져 있지 않지만, 이것의 중요성이 최근의 연구결과로 점점 밝혀지고 있기 때문에 쓰레기 DNA라는 표현은 쓰지 않는다.

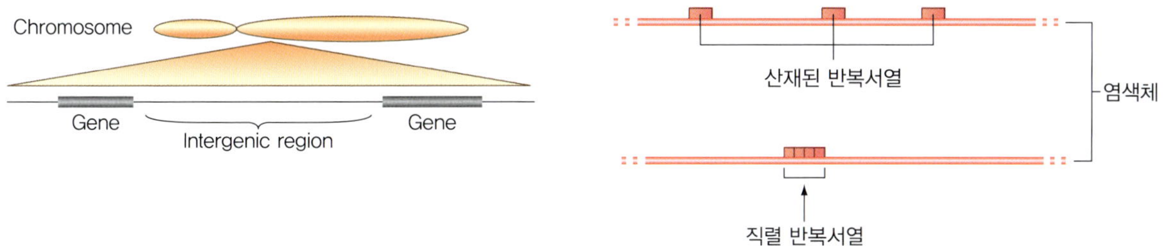

유전자 사이 DNA는 산재된 반복서열(interspersed repeats)과 직렬 반복서열(tandemly repeated DNA)의 두 종류로 되어 있다. 이런 반복염기는 DNA를 이용한 지문술(fingerprinting) 같은 실험을 하거나, 돌연변이 같은 유전과정을 이해할 뿐만 아니라 인류학 연구에도 활용할 수 있다.

Junk DNA는 유전체의 약 98%를 차지하고 있으며, 단백질을 코딩하지는 않는다고 알려져 있다. 그러나 2010년 영국 리스대학과 독일의 맥스 델브릭 분자의학센터(Max-Delbruck Center for Molecular Medicine, Berlin, Germany)의 공동연구팀에 의해 junk DNA의 한 형태인 long terminal repeats (LTRs)가 호지킨 림프종(Hodgkin's lymphoma) 환자에서 암 성장에 관여를 한다는 연구가 발표되었다. 이 연구결과에 의하면 호지킨 림프종을 대상으로 암성장을 촉진하는 junk DNA를 활성화 시키는 기전을 밝혀냈는데, 이와 같은 결과를 볼 때 junk DNA가 다른 혈액암의 발달에도 관여할 것으로 예상된다.

출처 : Lamprecht B, Walter K, Bonifer C, Mathas S, et al. Derepression of an endogenous long terminal repeat activates the CSF1R proto-oncogene in human lymphoma. Nat Med 2010 may. 16(5); 571-9.

에 관여하여 재조합을 증진시키는 것으로 추정하고 있다. 그 예로, 저밀도지질단백질수용체(low-density lipoprotein receptor, LDLR) 유전자에서의 알루 반복물 사이의 재조합은 결실(deletion)을 일으켜서 가족성 고콜레스테롤 혈증(familial hypercholestrolaemia)을 일으키기도 한다.

또한 사람의 유전자를 생물학적 기능으로 분류하면 유전체의 발현 및 복제 그리고 유지와 관련된 유전자가 약 23.2%, 신호전달관련 유전자가 약 21.1%, 일반 생화학적 기능과 관련이 있는 유전자가 약 17.5% 그리고 기타 기능을 담당하는 유전자가 약 38.2%를 차지하는 것으로 알려져 있다.

사람의 세포는 수백만 개의 미토콘드리아를 가지고 있는데, 미토콘드리아 유전체는 에너지생산에 관여하는 13개의 유전자와 22개의 tRNA 및 2개의 rRNA를 생성하는 유전자들이 존재한다. 비록 크기는 작지만 유전인자의 중요한 일부분이 세포질에 존재하는 미토콘드리아 안에 존재하며, 완전한 모계유전을 나타내므로 미토콘드리아 DNA의 돌연변이를 가지고 있는 모친의 경우 모든 자손에 변이가 전달된다.

사람 유전체상에는 각 개인별로 염기서열이 동일하지 않은 단일염기다형현상(single nucleotide polymorphism, SNP)이 있다.

모든 사람이 99.9%가 동일한 서열의 유전자를 지닌다는 사실이 밝혀져서 각 개인 간의 다양한 차이는 0.1%에 해당되는 300만 개의 염기에서 나오는 것이기 때문에, 염기서열의 아주 최소한의 변이에 의해 질병에 잘 걸릴 수도 있고 혹은 치료에 잘 반응해서 유전적인 여러 가지의 다른 반응이 나타날 수도 있을 것이다.

알아두기 4-4. 인트론

거의 모든 유전자들은 유전자가 발현되는 암호화서열인 엑손(exon)과 발현되지 않는 개재(intervening)서열인 인트론(intron) 부분을 포함한다. 인트론들은 핵 내부에서 pre-mRNA(1차 RNA)로 전사되지만, 세포질에 존재하는 성숙한 mRNA에는 인트론이 잘려 나가기 때문에 존재하지 않는다. 사람 유전자들은 평균적으로 9개 정도의 엑손을 가지므로 평균적인 인트론의 수는 8개 정도이며, 엑손의 대략적인 크기는 50~300 bp이다.

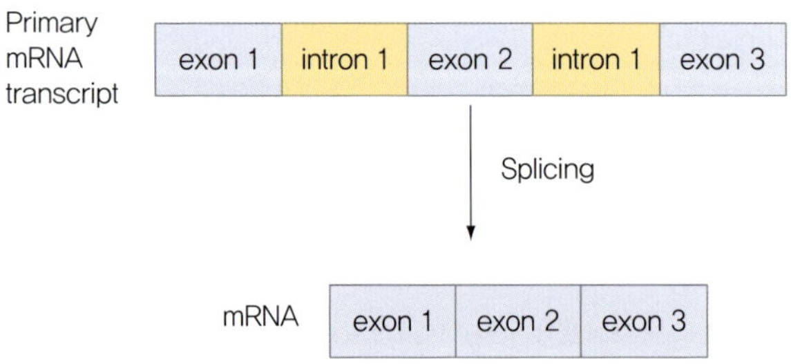

유전자가 전사될 때는 인트론과 엑손 모두 RNA에 존재하지만, 전사 후에는 스플라이싱(splicing)되기 때문에 인트론은 제거되고 엑손들만 결합하여 mRNA를 만든다.

인트론은 1978년 길버트(Walter Gilbert)가 처음으로 사용한 용어로서 기원에 대해서는 두 가지 가설이 있다. 진핵유전체에서 점차 상실되어 가고 있다는 초반 인트론(intron early)가설과 진핵세포 유전체에 점진적으로 누적되고 있다는 후반 인트론(intron late) 가설이 있다.

인트론은 진핵생물의 핵, 미토콘드리아와 엽록체 유전자에 존재하지만, 세균의 유전자에는 거의 없다. 원핵생물의 유전자에는 인트론이 없을 것이라고 오래전부터 생각되었지만, 고세균을 비롯하여 박테리오파지 그리고 일부 진정세균에서 발견되었다. 현재 진핵생물의 인트론에는 4가지 유형이 알려져 있다.

유형	장소	스플라이싱 방법
유형 1	rRNA 유전자의 일부	자가
유형 2	미토콘드리아와 엽록체	자가
핵 mRNA 전구체	핵 내의 단백질 암호화 유전자	스플라이솜에 의해
tRNA	tRNA 유전자	효소에 의해

알아두기 4-5. 단일염기다형현상(SNP)

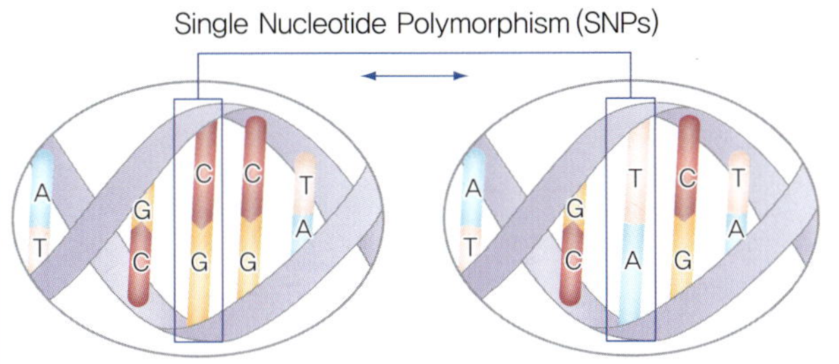

전체 유전체의 0.1% 또는 1,000 bp마다 한 번씩 단일 염기쌍에서 변이가 일어나며, 10만 개 정도의 cSNP (SNPs in cDNA)가 존재할 것으로 추정되고 있다. 이러한 SNP의 유전적 다양성은 개체간의 차이를 나타내며, 각종 질병에 대한 감수성과 약물반응에 영향을 준다.

2. DNA의 구조

1953년 DNA의 이중나선구조가 밝혀진 후 DNA가 결정적인 유전물질이라는 간단한 설명은 현재까지 변함이 없는 사실로 받아들여지고 있다. 그러나 DNA의 구조는 처음의 생각처럼 균일한 형태가 아니라는 사실을 인식하게 되었다. 예로는 염색체가 이중가닥이 아닌 단일가닥의 DNA로 이루어져 있는 바이러스가 있으며, 염기쌍의 정확한 방향은 염기쌍마다 조금씩 다르기도 하고, 몇몇 DNA 서열은 일반적인 DNA 구조인 오른손 방향과 반대인 왼손 방향으로 꼬인 DNA 구조도 있다.

1) DNA의 구성성분

(1) 염기

염기(Base)는 용액 내에서 수소이온과 결합할 수 있는 분자로서, DNA를 구성하는 네 개의 염기에는 퓨린염기(purine bases)인 아데닌과 구아닌 그리고 피리미딘염기(purimidine bases)인 사이토신과 티민이 있다(그림 4-2). RNA는 티민 대신 우라실을 포함하지만, 나머지는 동일한 염기로 구성된다. 퓨린은 질소 고리(ring)를 2개를 가지고 있는 반면에 피리미딘은 1개의 질소 고리를 가지고 있으며, 질소는 분자들이 염기성이 되도록 한다. 염기는 각 당(sugar)의 1번 탄소에 붙어 있다. 또한, 하나의 당과 하나의 인산기(phosphate group)는 각 염기와 함께 뉴클레오티드(nucleotide)를 구성한다.

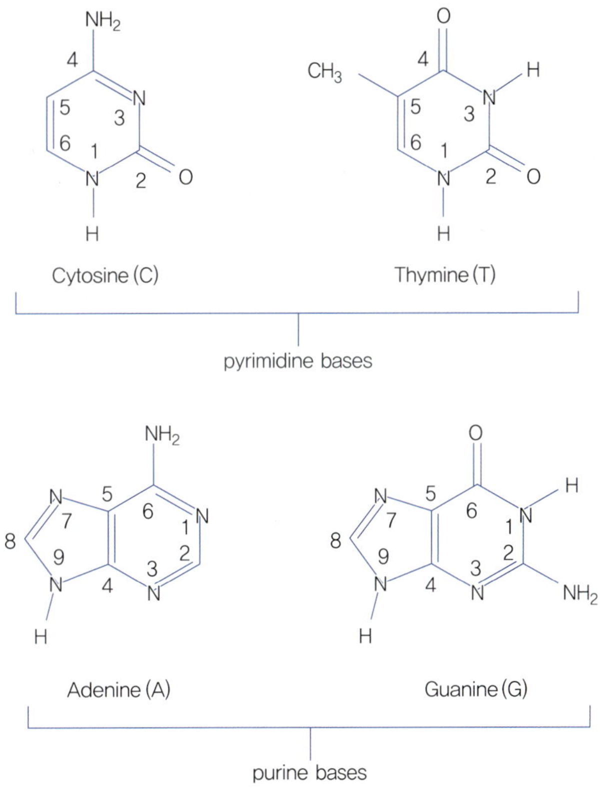

그림 4-2. 염기의 종류

(2) 당

DNA의 당(sugar)들은 5탄당(펜토스, 5개의 탄소원자를 가지고 있는 당 분자)으로 항상 데옥시라이보스(deoxyribose)인데, 데옥시라는 접두사는 이 당의 2' 탄소원자가 라이보즈(ribose)의 2' 탄소원자에 연결된 산소원자를 가지지 않는다는 것을 가리킨다(그림 4-3). 보통 당이 뉴클레오티드의 부분으로 되어 있을 때, 탄소원자를 1'에서 5'까지 번호를 붙인다.

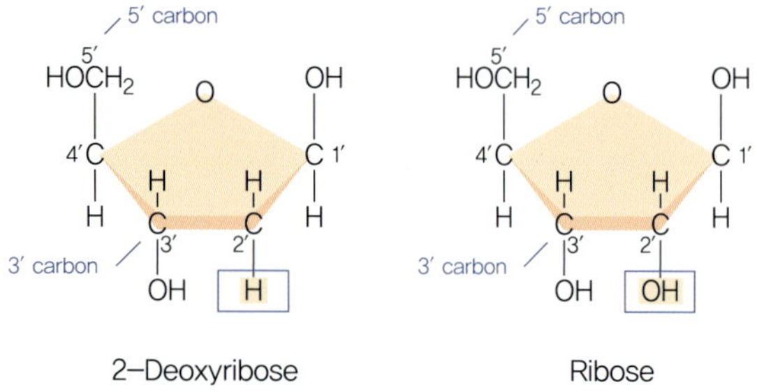

그림 4-3. 당의 종류

(3) 인산기

핵산은 비교적 강산인 에스테르가 존재하기 때문에 산성을 띠고 있으며, 중성 pH에서는 인산기(phosphate group)가 수소이온으로부터 해리되고, 인산기의 이온화 형태로 모노(mono-), 다이(di-), 트리(tri-) 등이 있다.

2) DNA의 형성

(1) 뉴클레오사이드 = 염기+당

뉴클레오사이드(Nucleoside)는 뉴클레오티드(nucleotide) 중합체에서 인산기가 빠진 것으로 5탄당의 1' 탄소가 피리미딘의 질소 1번 또는 퓨린의 질소 9번과 연결되어 있다(그림 4-4).

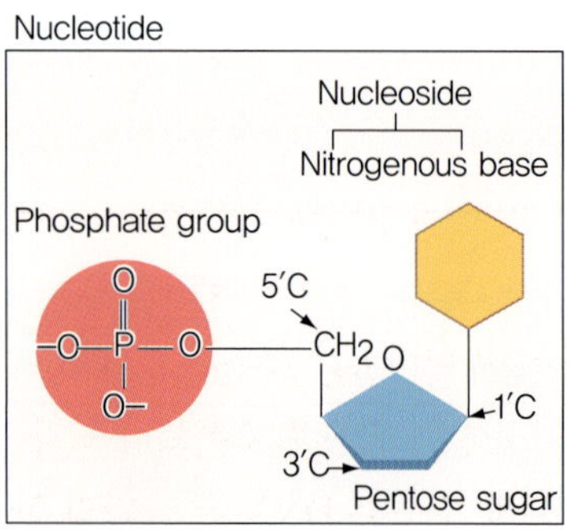

그림 4-4. 뉴클레오사이드와 뉴클레오티드

(2) 뉴클레오티드=염기+당+인산기

뉴클레오티드는 핵산을 형성하기 위하여 서로 연결되는데, 당의 5번 탄소에 연결된 인과 인접한 뉴클레오티드의 당의 3번 위치에 연결된 수산기(-OH)가 서로 에스테르결합을 한다(그림 4-5). 또한 DNA의 구조를 형성하는 외에, di-, tri-인산기는 화학에너지의 중요한 저장장소이다. 즉, 말단의 인산기결합이 끊어질 때 세포가 기능을 하도록 하는 에너지(ATP)가 방출된다.

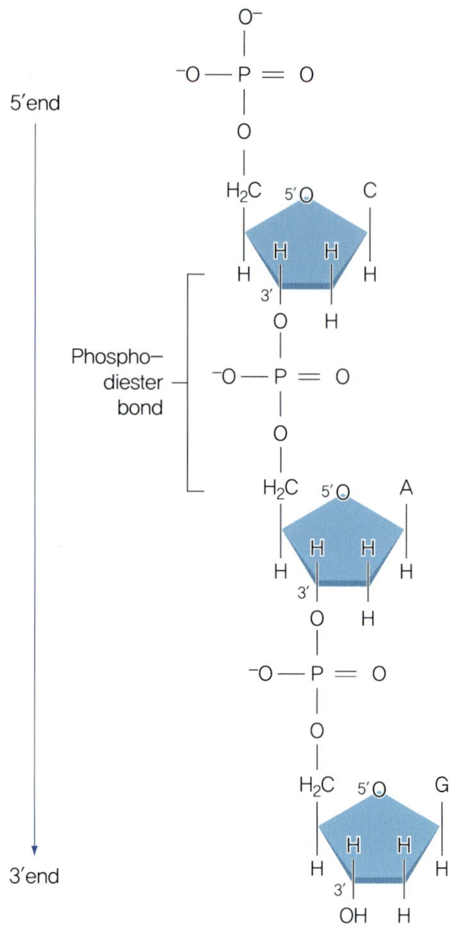

그림 4-5. DNA 염기의 에스터결합. DNA의 염기들은 phosphodiester bond에 의해 연결되고, DNA polymerase는 phosphodiester bond를 생성하기 위해 free 3'-OH 말단이 필요하므로 이 연결은 5'→3'의 일정한 방향성을 갖는다.

3) DNA의 구조

1950년대에 X-선 회절법에 의한 연구결과로 DNA가 규칙적 나선구조로 감긴 두 개의 사슬들로 형성되었다는 것이 관찰되었다. 이 데이터와 그 밖의 데이터에서 왓슨과 크릭은 DNA의 구조모형을 추론하여, 왜 그러한 회절 양식이 생기는지를 밝혔다.

DNA의 이중나선구조를 이루기 위해서는 DNA의 두 가닥은 서로 방향이 반대의 상보적으로 놓여야 하며, 인-당의 등뼈 구조는 밖으로 되고, 염기들은 안쪽으로 배열됨으로

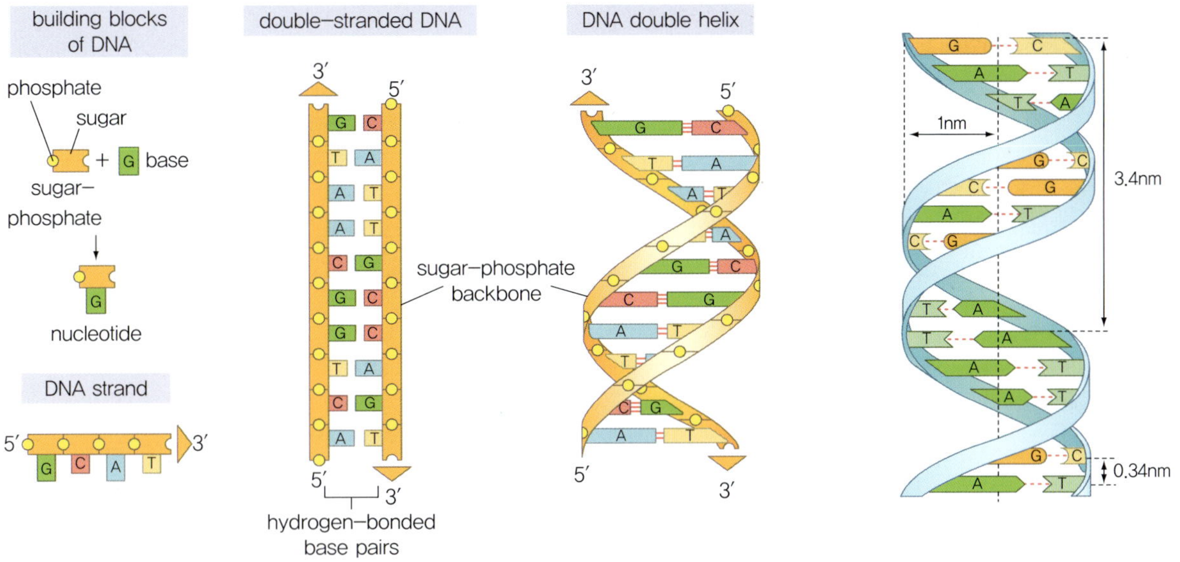

그림 4-6. DNA의 구조

표 4-1. DNA형의 비교

특성	A-DNA	B-DNA	Z-DNA
나선회전 방향	오른쪽	오른쪽	왼쪽
나선 회전 당 염기쌍	~11	~10	12
염기쌍 간의 거리	2.3 Å	3.32 Å	3.8 Å
나선각도	28.6 Å	34 Å	44.4 Å
나선지름	25.5 Å	23.7 Å	18.4 Å
큰 홈의 특징	좁고, 매우 깊음	넓고, 깊음	넓고, 평평함
작은 홈의 특징	넓고, 얕음	좁고, 깊음	매우 좁고, 깊다

* 1 Å은 0.1 nm 또는 10^{-10} m

써 양쪽의 퓨린 염기와 반대쪽의 피리미딘염기가 수소결합을 하게 된다. 이때 아데닌은 항상 티민과, 구아닌은 항상 사이토신과 결합을 한다(그림 4-6).

DNA 나선은 A-DNA, B-DNA, Z-DNA형이 있는데, B-DNA형이 가장 흔하며, 왓슨과 크릭이 제안한 DNA 구조는 상대습도 92%에서 형성된 섬유상 DNA의 나트륨염을 설명한 것으로서 B형 DNA라고 한다. 이것은 대부분의 세포 내 DNA형태와 비슷하지만, 만약에 상대습도를 75%로 낮추면 DNA 구조는 A형으로 변하며, A형 DNA는 살아있는 세포에 존재하지 않는다. A형과 B형의 DNA가 오른쪽으로 꼬여 있는 반면에 Z형 DNA는 왼쪽 방향으로 꼬여서 지그재그형태를 가지며, 진핵세포의 염색체 내에는 부분적으로 Z-DNA가 존재하지만 기능은 밝혀지지 않았다(표 4-1).

DNA 구조에서 염기들은 나선축의 내부에 있으나 가장자리 부분들은 액상의 환경에 노출되어 있다. 외측에는 두 개의 홈이 있는데, 하나는 DNA 두 가닥의 한 묶음이 나선으로 회전하면서 만들어진 크고 깊은 큰 홈(major groove)이 되며, 다른 하나는 염기끼리 서로 연결되어 인접하게 된 두 가닥의 DNA 사이에 염기배열에 따라 존재하고 좁고 얕은 작은 홈(minor groove)이다.

DNA 길이의 단위를 염기쌍(base pair, bp)이라고 하는데, 일반적으로 인체의 한 개의 세포에는 거의 7,000 Mb 정도 크기의 DNA가 존재한다. 사람의 염색체에 있는

알아두기 4-6. DNA의 수소결합

DNA는 네 가지 염기단위체들로 구성된 선형 중합체(linear polymers)로서, 이중 나선구조에서 염기들 자신의 구조를 결정하는 탄소-탄소 결합 또는 탄소-질소 결합은 공유결합이며, 아데닌은 티민과 쌍(A-T)을 이루고 구아닌은 사이토신과 쌍(G-C)을 이루는 것은 수소결합이다.

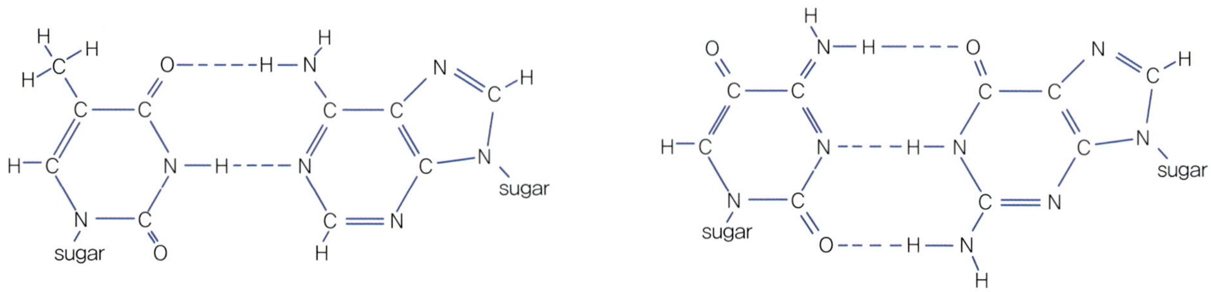

thymine **adenine** **cytosine** **guanine**

수소결합은 공유결합보다 훨씬 약하지만, 동시에 많이 형성될 때는 이중나선과 같은 특이한 구조들의 안정을 도울 만큼 충분히 강해지기 때문에 DNA와 단백질 같은 생물학적 고분자에서는 매우 중요한 결합 형태이다.

DNA 분자는 선형이다. 그러나 몇몇 다른 생물의 DNA 분자는 원형으로 존재한다.

4) DNA의 특성

(1) DNA의 변성

이중가닥의 DNA는 열을 가하면 염기쌍들 사이의 수소결합이 파괴되어 두 가닥이 서로 분리된다. DNA가 분리되기 위해서는 열에너지가 필요하기 때문에 이 과정을 변성(denaturation) 혹은 융해(melting)라고 하는데, 그 이유는 융해가 어떤 온도에서 비교적 갑작스럽게 일어나는데 있다. 융해온도(melting temperature, Tm)는 DNA 가닥의 절반이 변성되었을 때의 온도를 의미하며, 보통 생리조건인 0.1 M NaCl에서는 95℃정도가 된다(PCR에서 일반적으로 denaturation 온도로 사용).

DNA가 융해된 정도는 파장 260 nm에서 DNA 용액의 흡광도를 측정함으로써 알 수 있으며, DNA를 구성하는 네 가지 뉴클레오티드들의 최대 UV 흡수파장은 각기 다르지만 네 가지를 합치면 260 nm의 파장을 가장 많이 흡수하고, 두 개의 가닥이 이중나선을 이루어 염기끼리 근접하게 되면 흡광도가 감소한다. 반대로 두 개의 가닥으로 분리되면 흡광도가 증가하는데, 이를 농색전환(hyperchromic shift)이라고 한다. 융해곡선에서 흡광도가 갑자기 상승하

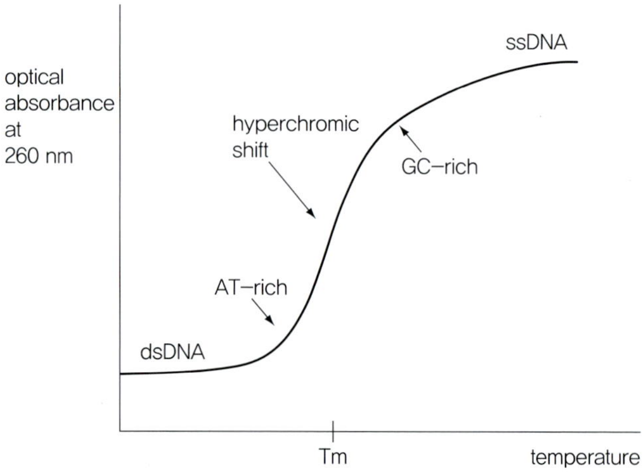

그림 4-7. DNA의 융해곡선

는 이유는 DNA 가닥들이 온도가 Tm에 접근하면 순식간에 분리된다는 것을 의미한다. 각 DNA 가닥의 염기구성에서 GC의 함량은 Tm에 중요한 영향을 미친다. 이는, G-C 염기쌍이 3개의 수소결합인데 비해, A-T 염기쌍은 2개의 수소결합으로 형성되기 때문이다. 또한 GC의 함량은 DNA 밀도에도 영향을 미치는데, G-C 염기쌍과 비교해보면 A-T 염기쌍의 몰당 부피가 더 크기 때문이다(그림 4-7).

DNA의 변성은 가열 외에도 디메틸황산(dimethyl sulfoxide)과 포름아미드(formamide)같은 유기용매 혹은 높은 pH가 DNA의 염기가닥 사이의 수소결합을 약화시켜 변성

알아두기 4-7. T_m값에 영향을 주는 요인

염(salt) 농도가 높으면 T_m값이 올라간다. 이는 이중나선의 바깥 부분에는 음전하를 띤 인산기들이 분포되어 있어 서로 밀치는 반발력으로 나선을 불안정화 시킬 수 있지만, 염이 수용액 중에서 해리가 되면 생성된 이온들(metal ion)이 인산기를 중화시켜 나선이 안정화되기 때문이다. GC 함량이 높을수록 T_m값이 올라간다. 일반적으로 짧은 이중나선의 경우, 3개의 수소결합을 공유하는 GC 염기쌍이 하나 늘어나면 T_m값이 4℃ 올라가고, 2개의 수소결합을 공유하는 AT 염기쌍이 하나 늘어나면 3℃ 정도 올라간다. 즉, 수소결합 한 개를 없애기 위해서는 1℃가 필요하다.

사슬의 길이도 T_m값에 영향을 주지만, 매우 긴 나선의 경우에는 사슬의 길이에 상관없이 일정하게 95℃ 이상의 T_m값을 갖는다.

알아두기 4-8. 높은 pH에서의 변성

pH 11~12 정도에서 DNA 이중나선은 변성이 될 수 있는데, 이는 G와 T의 고리 내 질소(ring nitrogen)가 H^+를 잃어서 음전하를 띠기 때문이다. pH에 대해서도 융해곡선을 그릴 수 있으며, 총 분자수의 50%가 변성되었을 때의 pH를 *Pm*이라고 한다.

을 일으키기도 한다. 세포 안에 있는 이중나선은 열에 녹지 않고, 나선효소(helicase)라는 단백질들이 화학에너지를 사용하여 분열시킨다.

(2) DNA의 재생

DNA는 변성이 있은 후, 적절한 조건이 되었을 때에 분리된 두 개의 단일가닥이 다시 점진적으로 결합하여 이중결합을 형성할 수 있는데, 이를 DNA의 재생(renaturation) 또는 재결합(annealing)이라 한다. DNA의 재생에 영향을 미치는 요인으로는 온도, DNA 농도 그리고 재생시간 등이 중요하다.

① 온도

열에 의해 분리되었던 DNA 가닥은 서서히 냉각시키게 되면 단일가닥이 되었던 DNA가 상보적인 가닥을 만나 다시 이중나선구조를 이루게 된다. DNA 재생에 작용하는 온도는 DNA가 변성되지 않도록 낮으면서도 잘못된 염기쌍간의 결합이나 단일가닥 내의 염기서열간의 결합을 약화시키고, DNA 분자가 쉽게 확산할 수 있을 만큼 높은 온도로서, 일반적으로 Tm보다 25℃가 낮다. 반면에, DNA의 재생을 방지하기 위해서는 DNA를 변성시킨 후 온도를 급격하게 냉각시킨다. 이 과정을 억제과정(quenching)이라고 한다.

② DNA의 농도

DNA의 농도는 높을수록 일정한 시간 내에 상보적인 가닥이 만날 확률이 높아지기 때문에, 농도가 높을수록 더 빨리 재결합한다. 그러나 적절한 범위인지가 중요하다.

③ 시간

시간이 길어질수록 재결합은 더 많이 일어난다.

(3) DNA의 잡종화

DNA 이중나선을 두 개의 가닥으로 변성시킨 후, 한 가닥과 상보적인 염기서열을 가진 RNA 가닥과 혼합할 경우에 DNA와 RNA로 이루어진 이중나선을 만들 수 있는데, 이런 경우를 잡종화(hybridization)라고 한다(그림 4-8). 이때 두 개의 사슬은 반드시 DNA와 RNA처럼 다르지 않아도 된다. 상보적이거나 거의 상보적인 두 개의 다른 DNA 사슬이 합쳐질 때도 잡종화라 할 수 있다.

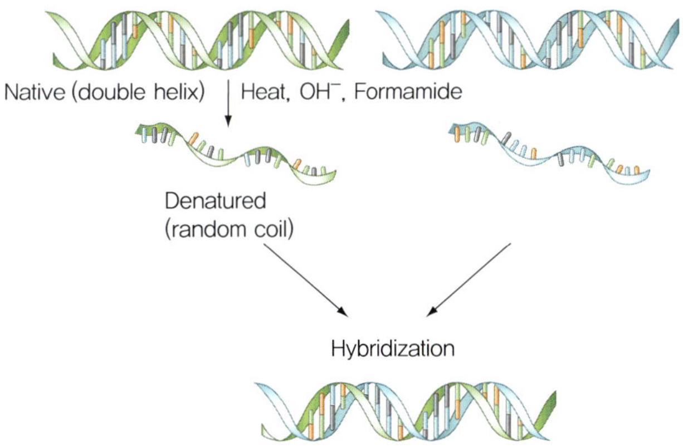

그림 4-8. DNA의 잡종화

3. DNA의 복제

부모와 그 자손의 유사성은 DNA의 정확한 복제(replication)를 통해 한 세대에서 다음 세대로 전달되는데 기초하고 있다. 모든 생물은 매번 세포분열 전에 DNA가 복제되어야 하며, 세포주기 당 한 번만 일어난다. DNA 합성은 세포주기 중 S 단계에서 일어나며, 이중나선의 염기서열이 서로 상보성을 가지는 특성 때문에 가능하다.

진핵생물체에서 핵 DNA의 복제기간에 일어나는 과정은 전체적으로 원핵생물체와 유사하지만 세부적으로는 약간의 차이를 보이며, 진핵생물에서의 핵 DNA 복제는 DNA가 뉴클레오좀 형태로 존재하는 동안 일어나게 된다. 대장균의 염색체 DNA가 원형이며 길이가 1,300 μm인 반면, 사람의 DNA는 선형으로 핵에 있는 염색체의 길이를 합하면 2 m에 달한다. 따라서 짧은 시간 내에 DNA를 복제하기 위해서는 확실히 많은 복제기점에서 동시에 복제가 일어나야 한다.

DNA 복제의 일반적인 특징은 반보존적이라는 점과 불연속적으로 복제된다는 점이다. DNA 복제 시, 새롭게 생성된 두 개의 이중가닥 DNA 각각은 합성의 모체가 되었던 한 가닥과 새로이 합성된 한 개의 가닥으로 이루어지기 때문에 반보존적(semiconservative) 복제라고 하는데(그림 4-9), 이는 DNA에 담겨있는 유전정보를 정확하게 후대에 전달할 수 있다는 점에서 중요하다. 복제는 대개 양방향으로 이루어지는데, 복제의 시작점에서 출발한 복제과정은 이중가닥의 방향성이 서로 역방향이므로 두 가닥 중 하나의 가닥은 반불연속적(semidiscontinuous)으로 이루어진다.

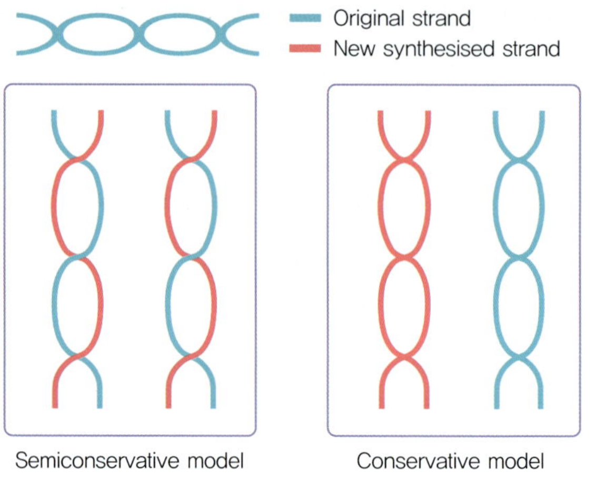

그림 4-9. 반보존적 복제

1) DNA 중합효소

DNA 중합효소(polymerase)는 1958년 콘버그(Arthur Kornberg)에 의해 대장균에서 처음으로 발견되었다. 이것은 DNA 복제모델에 대한 하나의 생화학적 기초를 제공하기는 하였지만 대장균 DNA 복제에 관여하는 주요한 효소는 아니었으며, 클레나우조각(klenow fragment)이라고 불리는 구조였다.

DNA 중합효소들은 dNTP (deoxyribonucleotide triphosphate; ATP, GTP 등)를 재료로 하여 새로운 DNA를 합성하며, 원핵생물과 진핵생물 모두에서 5가지(α, β, γ, δ, ε) 종류가 존재한다. 진핵세포는 적어도 14개의 서로 다른 DNA 중합효소를 가지고 있는데, 크게 반보존적 복제를 위해 요구되는 것들과 손상된 DNA를 회복하는 물질을 합성할 때 요구되는 것들로 나눌 수 있다. 중합효소 α, δ, ε은 분열하는 세포에서 가장 활성이 있으며, 중합효소 β는 분

알아두기 4-9. 복제기점(Replication Origin)과 복제분지(Replication Fork)

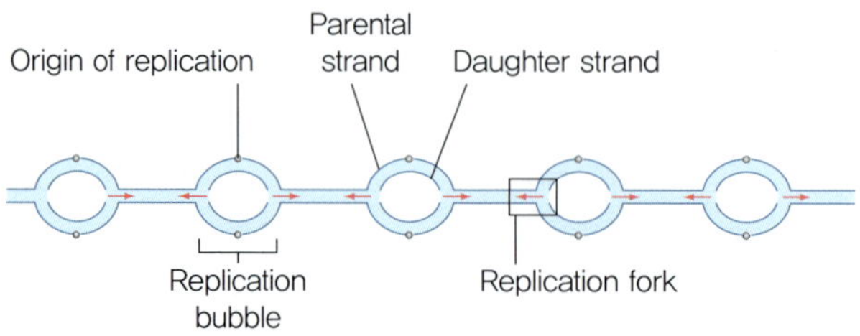

복제가 시작되면 DNA 이중나선에서 가장 먼저 풀리는 지점을 복제기점이라고 하며, 복제가 진행되면서 나타나는 DNA 이중가닥이 분리된 상태를 복제버블(replication bubble)이라고 하는데, 이때 복제버블 양쪽 끝부분을 복제분지라고 한다.

열하는 세포뿐만 아니라 비분열 세포에서도 활성이 나타나는 것으로 볼 때 DNA 손상의 회복기능도 한다. 선도가닥(leading strand)의 합성에는 DNA 중합효소 ε가 사용되지만, 지연가닥(lagging strand)의 합성에는 DNA 중합효소 δ가 사용된다. DNA 중합효소 α는 RNA의 짧은 가닥을 합성하는 DNA 프리마제(primase) 소단위를 포함하며, 이 프리마제에 의해 합성된 짧은 RNA 가닥은 프라이머(primer)로 작용한다. 미토콘드리아 DNA 복제는 핵 내에서의 복제와는 다르게 독립적으로 일어나며, DNA 중합효소 γ가 사용된다.

2) 복제

DNA 복제기작에 대해서는 *E. coli* 복제가 가장 잘 알려졌으며, DNA의 복제는 세포주기 S-phase의 약 8시간 동안에 일어난다. 동원체 DNA는 염색체가 분리되기 바로 직전에 복제가 되고, 미토콘드리아 DNA는 핵 DNA의 복제 시기와는 별개로 진행된다. 진핵생물과 박테리아의 복제과정은 유사하지만, 진핵세포의 DNA 복제는 핵 DNA가 뉴클레오좀 형태로 존재하는 동안에 일어난다.

진핵생물체에서의 복제기점은 50~300 kb 간격을 두고 다발적으로 존재한다. 복제는 초당 약 40~50뉴클레오티드로 단일가닥을 따라 진행이 되고, 양쪽에서 동시에 일어나는데, 복제가 시작될 때 DNA의 이중나선은 헬리카제(helicase) 효소에 의해 벌어지게 된다(그림 4-10).

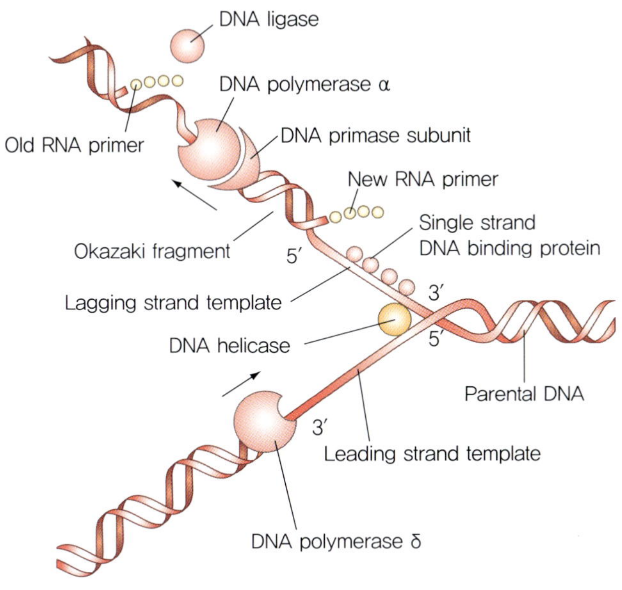

그림 4-10. DNA 복제

모든 DNA 중합효소들은 오로지 5’ → 3’ 방향으로만 새로운 DNA를 합성한다. 3’ → 5’ 방향의 DNA 가닥(antisense DNA)을 주형으로 5’ 에서 3’ 방향으로 DNA가 계속 합성되는데, 이 DNA 가닥을 선도가닥이라고 하며 단 하나의 가닥을 따라 연속적으로 일어나게 된다. 또 다른 가닥(sense DNA)으로는 지연가닥이 있는데, 연속적인 복제에 장애가 되어 짧게만 진행하게 된다.

지연가닥을 따라 합성되는 새로운 DNA 분절의 길이는 100~200 bp 정도가 되는데(세균의 경우는 1,000~2,000 bp), 이러한 DNA 분절을 오가자키(Okasaki) 단편이라고 부른다. 이 분절들은 5’ → 3’ 방향으로 합성되어진 후 DNA 연결효소(ligase)에 의해 서로 연결이 되며, 복제가 진행되는 동안 단일가닥인 지연가닥에는 일시적으로 단일가닥결합단백질(single-strand binding protein) 또는 나선불안정화단백질(helix-destabilizing protein)과 결합되는데, 이것으로 이러한 단일가닥은 복제기간동안 분리된 채 남게 되며 단일사슬 구조물을 안정화시킨다. 모든 복제단위에서 각각 DNA 합성이 진행되어 서로 만나게 되면 DNA의 합성이 완성되는 것이다.

3) 복제의 종결

DNA 복제의 종결(termination)은 원핵세포의 원형 염색체와 진핵세포의 선형 염색체가 서로 다르다. 원형 염색체는 DNA 복제가 완결된 후 그 결과로 생성된 딸 분자를 위상학적인 방법으로 연결한다. 그러나 선형 염색체는 DNA 복제 후 종결을 위해서 말단부위에 존재하는 RNA 염기가 제거되고, DNA 염기로 채워져야 하는 문제가 발생한다. 이러한 말단복제 문제의 해결방안은 1985년 텔로미어(telomeres)와 텔로머라제(telomerase)의 연구를 한 그레이더(Carol Greider)와 블랙번(Elizabeth Blackburn)에 의해 보고되었으며, 이들은 2009년 노벨생리의학상을 수상하였다.

선형 염색체의 텔로미어는 TG가 풍부한 DNA 서열이 순차적으로 반복되어 있으며, 이들 반복서열의 대부분은 이중가닥으로 존재하지만 각 염색체의 3’말단은 5’말단보다 단일가닥 DNA가 더 뻗어 나와 있는데, 이런 구조가 말단복제 문제를 해결하기 위한 새로운 복제 개시점으로 작용한다.

텔로미어는 텔로머라제에 의해 무한정으로 신장될 수

알아두기 4-10. 대장균의 DNA 중합효소

대장균에는 5개(I, II, III, IV, V)의 DNA 중합효소가 존재한다. I은 대장균에 가장 많이 존재하는 중합효소이지만, 대부분의 복제과정에서 효소로 작용하진 않는다. III은 DNA 복제를 담당하는 주효소로서 10개의 서로 다른 폴리펩티드 소단위로 구성되며, α 소단위는 복제 활성을 지니고 ε 는 3'→5' 엑소뉴클라제를 지니고 있다. II는 DNA 복구에 관여를 하며, IV와 V는 번역 DNA의 합성을 중개한다.

알아두기 4-11. DNA복제에 관여하는 단백질

① 헬리카제(helicase)
복제분기점 앞쪽에서 ATP를 가수분해하여 부모 DNA를 풀어주는 것을 촉매하는 효소이며, 어떤 공유결합의 파괴도 없이 DNA 두 가닥의 수소결합만을 파괴한다. 고리모양의 6량체 단백질로써 DNA를 둘러싸고 있기 때문에 높은 진행성을 보여주며, 단일가닥 DNA를 따라서 특정한 방향으로 이동을 하는 극성(polarity)의 특징을 가지고 있다. 헬리카제의 유전적 결함은 염색체절단질환인 블룸증후군(Bloom syndrome)을 일으킨다.

② 단일가닥결합단백질(single-strand binding protein, SSB)
이 단백질은 헬리카제와 달리 가닥의 분리는 촉매하지는 않지만, 단일가닥이 생기면 곧 선택적으로 결합하여 이중나선으로 되돌아가지 못하도록 덮어씌움으로써 단일가닥이 복제기간 동안 분리된 채 남게 되며, 불필요한 손상으로부터 보호를 받게 된다.

③ DNA 프리마제(primase)
DNA 중합효소 α에는 RNA의 짧은 가닥을 합성할 수 있는 DNA 프리마제 소단위를 포함하며, 이 프리마제에 의해 합성된 RNA 가닥은 DNA 합성의 프라이머로 작용하게 된다.

④ DNA 연결효소(ligase)
DNA 중합효소는 3'-OH와 5'-인산 사이를 연결시킬 수 없기 때문에, 오가자키절편 사이의 단일사슬 틈은 DNA 연결효소에 의해 연결되어 진다. 이 효소는 ATP를 가수분해함으로써 얻어지는 자유에너지를 이용하여 이웃한 5'-인산과 3'-OH 사이의 인산에스테르결합을 형성한다.

있지만, 텔로미어의 이중가닥 부위에 결합된 단백질들에 의해 조절이 된다. 이들 단백질에는 POT1 (텔로미어의 보호), TRF1 (TTAGGGG 반복 결합인자1) 그리고 TRF2 (TTAGGG 반복 결합인자2)가 있다.

4. RNA와 유전부호

1) RNA

RNA는 DNA와 비슷한 분자로서 세포 내에서 유전정보의 발현을 용이하게 만들며 보통 단일사슬로 구성되어 있다. 당은 DNA의 데옥시라이보스 대신에 라이보스(ribose)이고, 2개의 피리미딘염기 중 DNA의 티민 대신에 우라실(uracil)로 되어 있다.

박테리아의 RNA는 전체 무게의 약 6% 정도이고, 포유동물의 경우는 1% 정도이다. RNA의 분류는 암호화 RNA(coding RNA)와 비암호화 RNA (noncoding RNA)로 나눌 수 있으며, 비암호화 RNA는 다시 기능성 RNA (functional RNA)로 분류할 수 있는데, 기능성 RNA는 전사체의 일부는 아니지만 세포 내에서 필수적인 역할을 한다(그림 4-11).

2) RNA의 종류

다양한 기능을 수행하는 RNA의 능력은 세 가지의 특성이 있다. 첫째는 RNA는 다른 핵산(DNA 또는 RNA)과 수소결합을 할 수 있고, 둘째는 RNA 자신의 폴리뉴클레오티드사슬의 다른 부분에 있는 염기 사이에서 수소결합을 형성함으로써 tRNA와 같은 특수한 3차원 구조를 가질 수 있으며, 셋째는 RNA 자신이 촉매로 작용할 수 있는 리보자임을 가지고 있다. 그리고 여러 형태의 RNA가 알려져 있다.

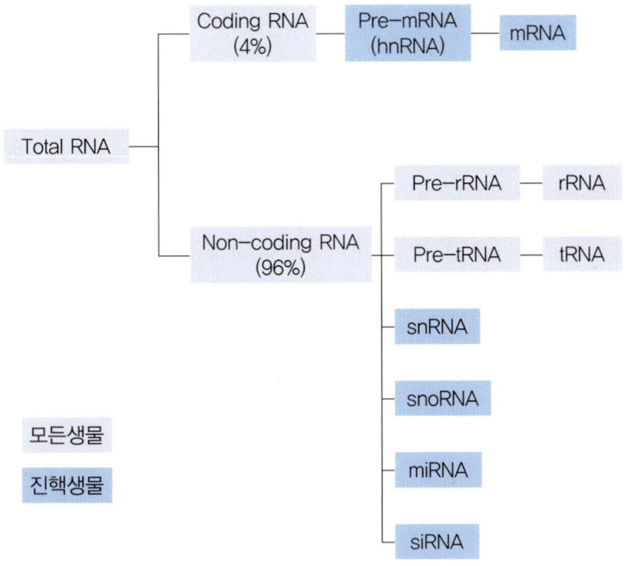

그림 4-11. 세포 내 RNA

(1) 이질 핵 RNA

이질 핵 RNA (Heterogeneous nuclear RNA, hnRNA)는 진핵세포생물에서만 존재하고, 원핵세포에서는 발견되지 않는다. 전령 RNA의 전구체로 유전체의 암호화된 염기서열로부터 직접적으로 유래한 전사물이기 때문에 종류가 다양하다. hnRNA는 RNA 중합효소 II에 의해 DNA로부터 전사된다.

(2) 전령 RNA

전령 RNA (Messenger RNA, mRNA)는 DNA의 유전정보를 옮겨 적는 청사진 역할을 하며, hnRNA의 유전정보 중에서 암호화된 정보만을 갖기 때문에 hnRNA보다는 길이가 짧다. 단백질합성 즉 특이한 아미노산서열을 암호화하는 DNA의 복사본으로서 리보솜이라는 세포의 단백질 공장에 유전정보를 전달하고, 리보솜은 전달 RNA에 있는 유전부호(genetic code)를 해독해서 정보대로 단백질을 합성한다.

(3) 전달 RNA

전달 RNA (Transfer RNA, tRNA)는 아미노산들을 리보솜으로 운반하는 역할을 하며, 약 75개의 뉴클레오티드로 이루어져 RNA 분자들 중에서 가장 작다. tRNA 분자는 RNA 중합효소 III에 의해 DNA 내에 있는 그것들의 암호화 서열들로부터 전사된다.

(4) 리보솜 RNA

리보솜 RNA (Ribosomal RNA, rRNA)는 리보솜을 구성하는 성분으로서 mRNA와 tRNA 사이의 상호작용을 용이하게 하고, 그 결과 mRNA가 단백질을 번역하도록 한다. 리보솜 RNA는 보통 스베드베그단위(Svedberg unit, S)로 표현되는 침전지수(sedimentation coefficient)에 의해 분류되는 몇 가지 종류의 리보솜 RNA들이 존재하는데, 액상배지(aqueous medium)에서 원심분리의 속도에 따라 분리된다.

리보솜은 각각 하나씩의 큰 소단위와 작은 소단위로 이루어져 있는데, 작은 리보솜 소단위는 18S rRNA를 포함하고, 큰 소단위는 5S, 5.8S, 23S rRNA를 포함한다. 이러한 RNA들은 tRNA나 mRNA보다 많이 존재한다.

알아두기 4-12. 텔로머라제의 특징

텔로머라제는 다른 모든 DNA 중합효소처럼 DNA 기질의 3' 말단을 신장시키는데 작용할 수 있으며, 3'-AAUCCCAAU-5'의 RNA 염기서열 주형을 포함하는 리보핵산단백질(ribonucleoprotein, RNP)로서 텔로미어의 염기서열 5'-TTAGGG-3'의 1.5배에 해당되며 상보적인 서열을 가진다.

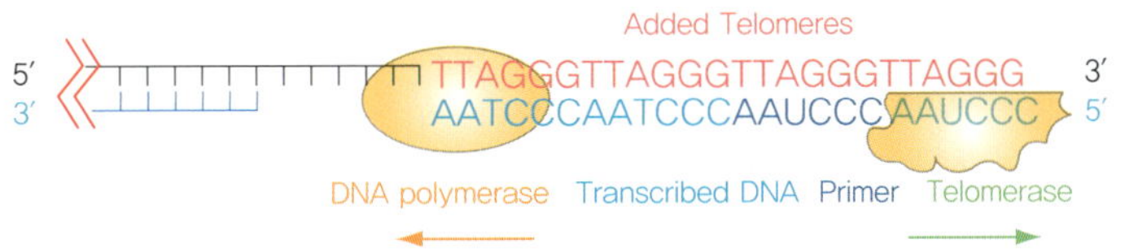

텔로머라제는 자신의 RNA를 주형으로 해서 특정 단일가닥 DNA의 3'-OH 말단만을 특이적으로 신장시키고, 5'말단의 신장은 지연가닥 DNA 복제기구에 의해 이루어진다.

(5) 소핵 RNA

소핵 RNA (Small nuclear RNA, snRNA)는 핵 안에서 RNA를 스플라이싱 하는 기능이 있으며, 100~300개의 뉴클레오티드 길이로 5개의 RNA (U1, U2, U4, U5, U6)를 통칭한다. snRNA들은 RNA-RNA 염기쌍을 형성하여 특정한 리보핵산염기서열을 식별할 수 있을 것으로 추정하며, 1개 이상의 snRNA와 단백질로 구성된 복합체를 소핵리보핵산단백질(small nuclear ribonucleo-protein, snRNP: 'snurp' 스너프라고 읽음)이라고 한다. 전신홍반루프스(systemic lupus erythematosus) 환자들의 몸에는 자신의 snRNA 단백질에 대항하여 생긴 항체들이 존재하는데, U1-nRNP에 대한 항체가 있다.

(6) 소핵소체 RNA

소핵소체 RNA (Small nucleolar RNA, snoRNA)는 핵에서 RNA의 변형을 일으킨다. 진핵생물의 핵인부위에서 발견되며, rRNA의 화학적 처리에 관여하고, 인에서 리보솜의 소단위 형성을 위한 rRNA 전구체의 가동을 돕는다.

(7) 마이크로 RNA

1993년 빅터 앰브로스(Victor Ambros) 연구팀에서 꼬마선충의 발생 시기를 조절하는 유전자를 찾다가 우연히 lin-4라고 이름 붙인 작은 RNA가 LIN-14 단백질 합성에 영향을 준다는 것을 발견했다. 연구팀은 지속적인 관찰을 통해, 이 작은 RNA가 유전자의 발현을 조절하는 중요한 인자임을 발견하였다. 이런 종류의 작은 RNA를 마이크로 RNA (Micro RNA, miRNA) 라고 명명했으며, 이후 동 · 식물에서 15,172개의 miRNA가 발견되면서 생명과학의 새로운 관심사로 떠올랐다. miRNA는 변이 단백질을 통제하여 유전자들이 정상적으로 작동할 수 있도록 하는데, 이는 RNA 간섭(interference)과 매우 유사하다. RNA 간섭은 세포 내에서 일어나는 기전으로 이중나선 RNA (double-stranded RNA, dsRNA)에 의해 표적 유전자 발현 억제가 유도되는 현상으로 생물의 발생, 성장, 면역 등 거의 모든 부분에서 결정적인 역할을 하는 것으로 알려졌다. 따라서 이 기능을 활용하면 잘못된 단백질을 억제할 수 있으므로 지금까지 불치병이라고 알려졌던 많은 질병의 치료 가능성을 열어줄 것으로 기대하고 있다.

miRNA는 21개 정도의 뉴클레오티드로 구성된 짧은 RNA로서 표적 mRNA의 상보적인 염기배열과 염기쌍을 형성함으로써 유전자 발현을 조절한다. miRNA들은 대개 발생에 따라 발현 양상이 조절되는 것으로 알려져 있으며, 이들의 표적은 조절단백질을 암호화 하는 mRNA들이다. 최근 많은 miRNA 표적들이 확인되고 있어, miRNA 시스템은 유전체 조절과 관련하여 광범위하고 매우 중요한 관점으로 부각되고 있다.

(8) 신호입자 RNA

신호입자 RNA (Signal recognition particle RNA, srpRNA)는 외부로 수송될 신호서열을 인지하여 단백질들이 세포막을 관통하여 수송될 수 있도록 도와주는 역할을 한다.

(9) 미토콘드리아 RNA

13개의 폴리펩티드, 22개의 tRNA, 2개의 rRNA를 암호화하는 미토콘드리아 DNA는 하나의 연속된 고리형태로

알아두기 4-13. 이중나선 RNA (double-strand RNA, dsRNA)에 의한 RNA 간섭

2006년 노벨 생리의학상은 "이중나선 RNA에 의한 RNA 간섭현상 발견"으로 앤드루 파이어(Andrew Zachary Fire)와 크레이그 멜로(Craig Cameron Mello)에게 공동 수여되었다. 그들은 두 개의 RNA 분자(전령 RNA와 그 RNA 거울상)를 섞으면 이중나선 RNA가 형성되는 사실을 알게 되었고, 꼬마선충에 이중나선 RNA를 주입하자 마침내 유전자 발현이 억제되는 현상을 발표하였다. 이 결과를 통해 유전정보의 흐름을 조절하는 새로운 기전을 발견한 것이다. 1998년 논문에서는 이중나선 RNA에 의해 유전자 발현이 억제될 때 활성화되는 효소들을 밝힘으로써 그 메커니즘 또한 규명하였는데, 오늘날 이 현상을 RNA 간섭이라고 부른다.
세포들이 이 RNA 간섭현상에 의해 수천 개의 유전자를 조절하고 있는 연구들이 연이어 발표되면서 유전자 발현은 RNA 간섭으로 아주 정밀하게 조절되며, 이로 인해 각 세포들은 그들의 유전자를 정확하게 이용하여 단백질을 생성할 수 있음이 알려졌다. 최근 수행된 연구들에 의하면 사람 세포에 암호화된 dsRNA가 축적되면 자가면역 및 노화 관련 황반변성의 발현과 관련이 있는 것으로 밝혀졌으며, 치매와 관절염과 같은 퇴행성 질환에도 관련이 있다는 증거들이 보고되고 있다. 현재 RNA 간섭에 기초한 암 치료에 관한 연구가 활발히 진행 중이며, 암 치료뿐만 아니라 세균성 질환의 치료에도 이용될 수 있을 것으로 예상된다.

존재한다.

3) 유전부호와 아미노산 구성

1967년 니렌버그(Marshall Nirenberg)와 코라나(Gobind Khorana)는 유전부호의 실체를 규명하였는데, 그들은 3개의 염기가 하나의 부호(codon)를 이루어 1개의 아미노산을 지정한다는 것을 발견하였다.

20개의 아미노산들은 각각 3개의 염기서열에 의하여 부호화 되는데, 그 이유는 4종류의 염기에 의해서 연속 3좌위에서 얻어지는 염기배열의 총 수가 4×4×4 = 64이며, 2좌위로 가정하면 42 = 16이 되기 때문이다. 즉, 최소한 연속 3개의 염기서열에 의해서만 20개 이상의 암호가 만들어지는 것이다. 가능한 64개의 코돈 중에서 61개는 아미노산을 지정하고, 3개(UGA, UAA, UAG)는 결합할 수 있는 tRNA가 존재하지 않아 아미노산합성이 진행되지 않는 종결코돈이 된다(표 4-2).

4) 유전부호의 특징

유전부호는 연속된 3개의 염기서열을 하나의 단위로 하여 아미노산을 부호화하고, 동물세포의 mRNA와 대장균의 mRNA에 대해 모두 동일한 아미노산을 부호화하는 보편성을 가진다. 그러나 초파리의 미토콘드리아에서는 UGA는 종결부호가 아니고, 트립토판에 대한 코돈이다. 포유동물의 미토콘드리아에서는 AGA와 AGG는 아르기닌에 대한 부호이지만, 사람과 소의 미토콘드리아에서는 종결코돈이다. 더구나 AUA는 이소류신(isoleucine)이 아니고 메티오닌(methionine)에 대한 코돈이다.

① 해독에 있어서 mRNA codon은 서로 중복되지 않고 순서적으로 읽혀진다.

② 각 코돈은 3개의 염기로 구성되며, 64종의 코돈 중에서 61개는 특정 아미노산을 암호화하고, 나머지 3종은 단백질합성의 종결을 암호화한다.

③ 61개의 코돈이 20종의 아미노산을 암호화하는데, 유전암호는 중복이 되어 있기 때문에 서로 다른 여러 개의 코

표 4-2. 유전부호(codon table)

첫번째 염기	두 번째 염기: U		C		A		G		세번째 염기
U	UUU	Phe	UCU	Ser	UAU	Tyr	UGU	Cys	U
	UUC		UCC		UAC		UGC		C
	UUA	Leu	UCA		UAA	(종결코돈)	UGA	(종결코돈)	A
	UUG		UCG		UAG	(종결코돈)	UGG	Tryp	G
C	CUU	Leu	CCU	Pro	CAU	His	CUG	Arg	U
	CUC		CCC		CAC		CGC		C
	CUA		CCA		CAA	Gln	CGA		A
	CUG		CCG		CAG		CGG		G
A	AUU	Ile	ACU	Thr	AAU	Asn	AGU	Ser	U
	AUC		ACC		AAC		AGC		C
	AUA		ACA		AAA	Lys	AGA	Arg	A
	AUG*	Met	ACG		AAG		AGG		G
G	GUU	Val	GCU	Ala	GAU	Asp	GGU	Gly	U
	GUC		GCC		GAC		GGC		C
	GUA		GCA		GAA	Glu	GGA		A
	GUG*		GCG		GAG		GGG		G

* 개시코돈

돈이 동일한 아미노산을 지정하기도 한다.

(예 serine : UCU, UCC, UCA, UCG, AGU, AGC 등)

④ 유전암호는 대부분의 생물체에 동일하게 사용되지만, 몇몇 생물체와 진핵세포의 미토콘드리아에서는 다르게 사용된다.

5. 단백질합성

유전자는 단백질구조를 결정함으로써 기능을 나타낼 수 있고, 대부분의 대사과정은 단백질효소 등의 활성을 통하여 이루어진다. DNA의 암호화된 정보가 단백질로 전환되기 위해서는 hnRNA 사본으로의 전사가 되고, hnRNA 전사물이 합성이 되면 mRNA로의 가공이 진행되며, 폴리펩티드로의 해독 및 단백질합성과정이 필요하다.

단백질합성은 유전자 발현의 최종단계이며, DNA분절이 RNA로의 전사과정과 mRNA 주형에 따라 일어난다. 전사는 전사인자들이 프로모터와 기타 상류 조절지역인 인헨서(enhancer)들과 같은 부위에 결합했을 때 시작되며, 과정은 개시, 신장, 종결로 되어 있다(그림 4-12).

1) 전사

전사(Transcription)는 DNA가 RNA로 전환되는 과정을 포함하는 것으로, 전사개시부위에서 시작되며, RNA중합효소에 의해 5' → 3' 방향으로 단일가닥의 mRNA가 합성되는 과정이다.

(1) RNA 중합효소

진핵세포들은 세 가지의 서로 다른 RNA 중합효소(RNA polymerase)를 가지고 있으며, 각각은 서로 다른 종류의 RNA를 전사한다. RNA 중합효소 I는 핵소체에 분포하며, rRNA를 전사한다. RNA 중합효소 II는 핵질에 분포하며, mRNA 전구체와 snoRNA, snRNA의 일부 그리고 몇몇 miRNA를 전사한다. RNA 중합효소 III는 tRNA와 크기가 작은 rRNA와 snoRNA, snRNA의 일부 등을 전사한다.

(2) 프로모터

프로모터(Promoter)란 RNA 중합효소가 결합하여 전사를 시작하는 유전자신호를 지니는 DNA 서열이라고 할 수 있다. 진핵세포에서의 프로모터 인식은 프로모터에 결합하는 보조단백질들에 의해 수행되고, 그 후에 특정한 RNA

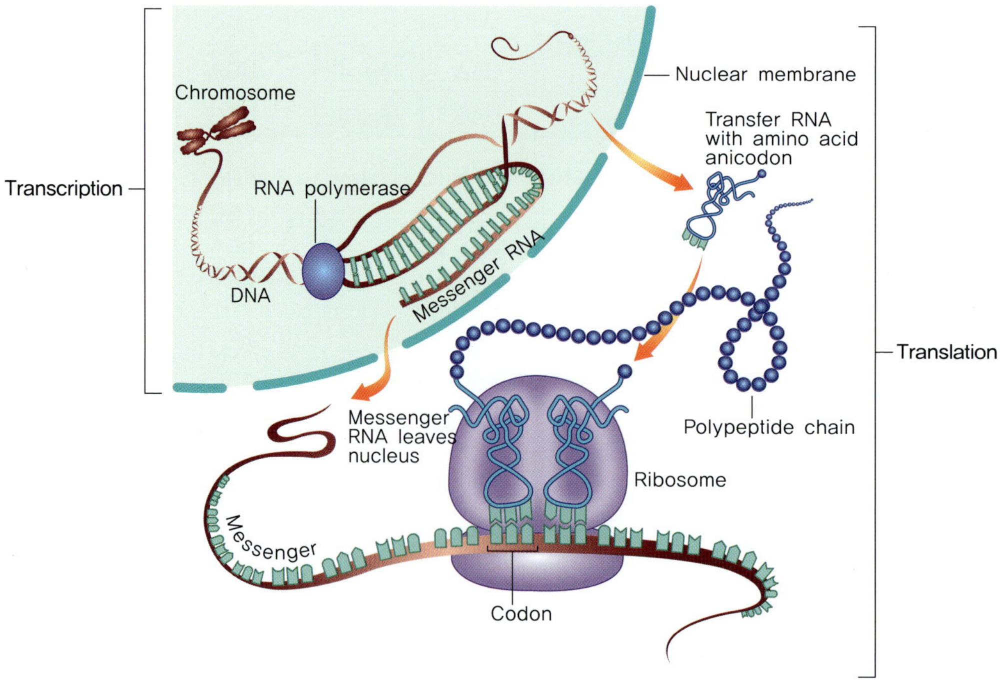

그림 4-12. 단백질합성

중합효소가 결합을 한다. 보조단백질의 종류는 기본 전사인자들과 전사활성화 단백질로 되어 있다.

대부분의 진핵세포에서는 RNA 중합효소 II가 유전자를 전사하는데, 전사되는 유전자에 대한 프로모터는 핵심 프로모터와 조절 프로모터(regulatory promoter)로 구성되어진다.

조절 프로모터는 핵심 프로모터의 바로 위쪽에 위치하며, 전사활성화 단백질들이 이 염기서열에 결합하고 전사가 시작되는 속도에 영향을 주기도 한다. 전사활성화 단백질들은 인헨서라고 하는 좀 더 멀리 떨어진 염기서열에 결합함으로써 전사를 조절한다.

(3) RNA 전사과정

전사는 전사개시부위로부터 시작되며, RNA 중합효소에 의해 5' → 3'방향으로 단일가닥의 mRNA가 합성되는 과정으로서, 개시(initiation), 신장(elongation) 그리고 종결(termination) 3 단계로 되어 있다(그림 4-13).

(4) 전사 후 변형과정

mRNA 사본으로 구성된 1차 RNA 전사체는 세포질로 이동하기 위해서 mRNA로 가공(processing)되어야 한다. 가공과정은 RNA 스플라이싱(RNA splicing)에 의해 비암호성 인트론을 잘라내고, 보호성 5' 모자(5' cap)를 형성하며, 3' 말단에 폴리 A 꼬리(poly-A tail)를 만들기 위해 아데닌(A) 잔기들을 첨가한다(그림 4-14). 5' cap이나 3' poly-A tail은 RNA 전사물이 분해되는 것을 막는 역할을 하며, 좀 더 가공되어 세포질로 이동되도록 하는데 필수적이다.

인트론을 제거하는 리보핵산단백질복합체를 스플라이시오좀(spliceosome)이라고 하며, 핵 내 유전자들의 스플라이싱은 두 단계로 일어난다. 첫 번째는 인트론의 5' 말단이 절단되어 분지점에 결합하여 올가미형태의 고리(lariat)를 만들고, 인트론의 3' 말단은 절단되어 엑손의 두 말단이 연결되는 것이다.

RNA 스플라이싱과정에는 인트론 경계의 시작과 끝을 알리는 GT(스플라이스 공여자리)와 AG(스플라이스 수용자리)를 인식하는 과정이 필요한데, 대부분의 인트론들은 GU로 시작하며 AG로 끝나기 때문에 이들 서열이 말단에

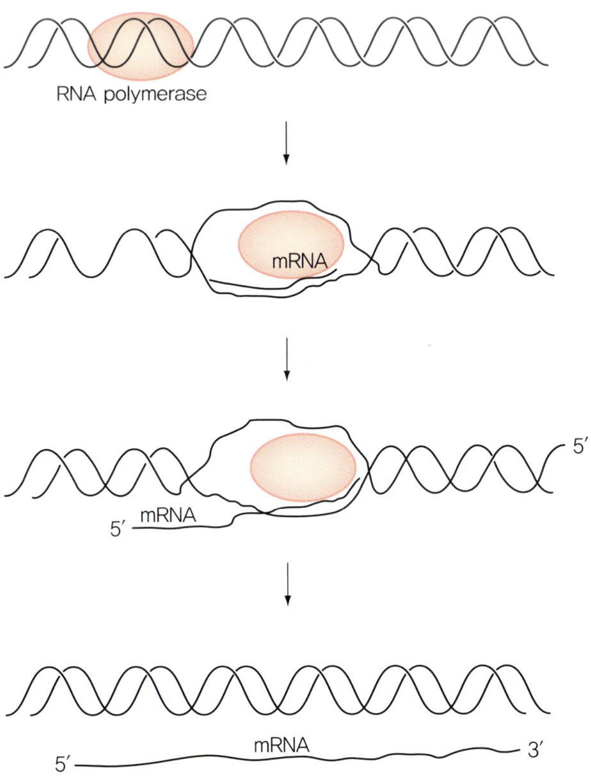

전사는 전사인자(transcription factor)라고 하는 단백질들이 프로모터와 인헨서와 같은 기타 상류 조절영역부위와 결합했을 때 시작되며, RNA 중합효소 II는 DNA의 '프로모터'라고 알려진 염기서열과 결합을 한다.

RNA 중합효소 II가 DNA의 사슬을 풀면서 RNA의 전사가 시작되는데, 전사는 DNA 주형의 3'→5'(왼쪽 → 오른쪽) 방향으로 진행된다.

RNA 중합효소 II가 DNA쪽으로 이동하면서 RNA를 합성하는데, RNA 중합효소 II는 주형가닥(template strand)에 염기짝짓기 법칙에 따라 암호가닥(coding strand)의 RNA 사본을 정확하게 만들어 낸다.

RNA 중합효소 II가 '터미네이터'로 알려진 특수한 염기서열을 만나면 전사가 종료되며, mRNA가 빠져나오면 DNA의 이중나선이 재형성된다. 아직까지 진핵생물에서의 전사 종료신호는 불분명하다.

그림 4-13. 전사과정

알아두기 4-14. 전사와 뉴클레오좀의 구조

전사가 시작되기 위해서는 RNA 중합효소와 다른 단백질들이 DNA 서열에 접근할 수 있어야 하는데, 진핵세포에서는 염색질의 상태로 되어 있기 때문에 염색질의 구조가 변형이 되어야만 한다. 염색질의 변화는 히스톤단백질의 변형, 염색질의 리모델링 그리고 DNA의 메틸화에 의해 일어날 수 있다. 아세틸전이효소(Acetyltransferase)는 히스톤단백질들의 끝에 있는 아미노산에 아세틸기를 붙여 염색질의 구조를 불안정하게 하여 DNA에 접근할 수 있도록 한다.

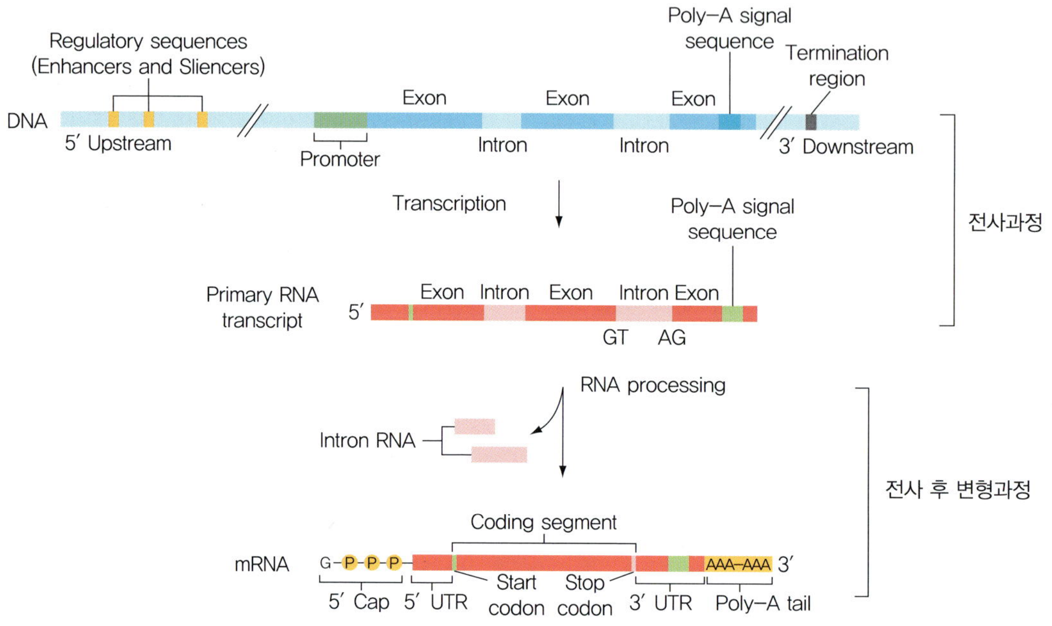

그림 4-14. 전사 및 전사 후 변형과정

서 스플라이싱역할을 할 것이라고 예상한다. 스플라이스 자리의 돌연변이(splice-site mutation)는 단백질구조와 기능에 심각한 영향을 끼칠 수 있다. 항생제 중에 rifampicin은 원핵생물의 프로모터에 결합함으로써 박테리아의 전사를 방해하며, actinomycin은 DNA의 G-C 염기쌍 사이에 결합함으로써 전사를 방해한다.

2) 번역

번역(Translation)이란 DNA에 의해 전사된 RNA의 염기서열이 폴리펩티드의 아미노산으로 전환되는 과정으로, mRNA는 세포질에 있는 리보솜 내에서 5'에서 3' 끝으로 번역된다.

mRNA의 3중자(triplet) 리보뉴클레오티드가 어떻게 특정 아미노산을 폴리펩티드 내의 맞는 자리로 정확하게 지정하는지에 대한 궁금증은 tRNA의 발견으로 해결되었다. 즉, tRNA는 안티코돈(anticodon) 부위와 아미노산 부착 부위(amino acid binding site)를 가지고 있으며, 특정 염기서열의 안티코돈을 보유하는 tRNA와 아미노산의 결합 반응은 세포질 내에 존재하는 아미노아실-tRNA 합성효소(amnioacyl-tRNA synthase)에 의해 이루어진다.

번역은 대응유전자부호 염기서열에 적합한 아미노산이 결합된 tRNA를 필요로 하며, tRNA에 아미노산이 결합한 뒤에 전사와 비슷한 방식으로 개시, 신장 그리고 종결의 3단계로 나눌 수 있다.

(1) 리보솜

리보솜은 rRNA와 다수의 리보솜 단백질을 함유하고 있는 2개의 소단위로 구성되어 있다(그림 2-8).

리보솜의 주된 기능은 mRNA의 유전자암호를 해독하고, 아미노산을 펩티딜트랜스퍼라아제(peptidyltransferase)

알아두기 4-15. 세균의 RNA 중합효소

세균은 전형적으로 한 종류의 RNA 중합효소만을 가지고 있으며, 이 효소는 핵심효소와 여러 폴리펩티드로 이루어져 있는 크기가 큰 복합체로서 mRNA, tRNA, rRNA 모두를 합성할 수 있다.

알아두기 4-16. 핵심 프로모터(Core Promoter)

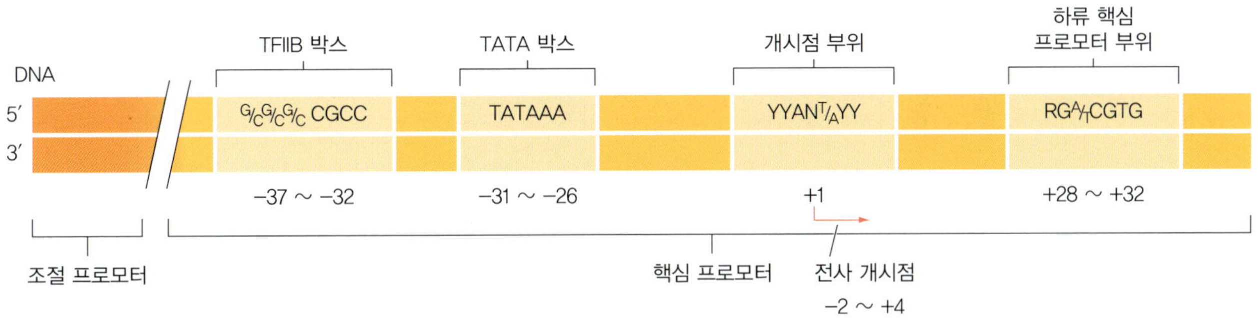

핵심 프로모터는 유전자의 바로 위쪽에 위치하며, 기본 전사기구가 결합하는 약 60 bp의 DNA서열로 RNA 중합효소 II와 전사시작 부위(+1)와 겹쳐진다. 지금까지 알려진 핵심 프로모터의 요소에는 TATA 박스, 개시점 부위, TFIIB 인식 박스 그리고 하류 핵심 프로모터(DPE) 부위 등이 있다.

TATA 박스는 진핵세포의 단백질부호화 유전자에서 최초로 분리된 핵심 프로모터요소이며, 진핵세포의 프로모터에서 −25 위치에 존재하는 보존서열로서 최근의 사람유전자의 서열분석에 의하면 TATA 박스가 잠재적인 핵심 프로모터의 32%에서만 존재함이 밝혀졌다. 이는 프로모터인자의 전체 범주를 밝혀내고 새로운 조절요소들을 찾아내는 것이 점차 중요해짐을 의미한다.

하류 핵심 프로모터는 초파리에서 사람에 이르기까지 7개의 뉴클레오티드로 구성된 요소이며, TATA 박스가 없는 프로모터에서 기능을 하고, 전사시작 부위로부터 약 +30 정도에 위치한다.

의 작용에 의해 폴리펩티드로 만드는 펩티드결합형성을 촉매하는 것이다. 펩티딜트랜스퍼라아제의 중심부는 큰 소단위에 있으며, mRNA의 해독은 작은 소단위에서 일어난다. 리보솜에는 tRNA와 결합할 수 있는 자리가 3군데 있는데, 아미노아실-tRNA가 결합하는 자리는 A자리, 펩티딜-tRNA(peptidyl-tRNA)의 결합자리는 P자리 그리고 아미노아실-tRNA로 전이된 성장 폴리펩티드로부터 방출된 tRNA와 결합하는 E자리가 있다. 또한 리보솜에는 채널이 있어서 mRNA와 새롭게 합성된 폴리펩티드사슬이 들어가고 나온다.

리보솜은 세포질에서 작용하지만 큰 소단위와 작은 소단위는 세포질로 나오기 전에 핵소체에 집합을 하며, 사람의 경우 리보솜 합성과정은 명확하게 밝혀지지는 않았고 1분당 14,000개 정도의 리보솜 소단위들이 핵소체에 모였다가 해체된다.

(2) tRNA의 구조

tRNA의 완전한 서열은 1965년 홀리(Robert Holly)와 그의 동료들에 의해 효모에서 분리하여 보고하였으며, 세균이나 진핵생물의 모든 tRNA는 75~95개의 뉴클레오티드로 구성되어 있다. 이들은 다수의 변형된 염기들을 포함하며 부분적으로는 이중가닥을 형성할 수도 있고, 이중가닥을 형성할 수 없는 부위는 고리구조를 형성하여 이중가닥 부위인 줄기에 연결되면서 전체 분자의 2차구조는 클로버 모양의 구조를 이루고, tRNA의 3차구조는 L자 형태로 존재한다(그림 4-15).

(3) 아미노아실-tRNA 합성효소

번역이 진행되기 전에 tRNA 분자가 그에 맞는 아미노산과 결합하는 과정이 필요한데 이를 tRNA 충전(tRNA charging)이라고 하며, 코돈-안티코돈 인지와 아미노아

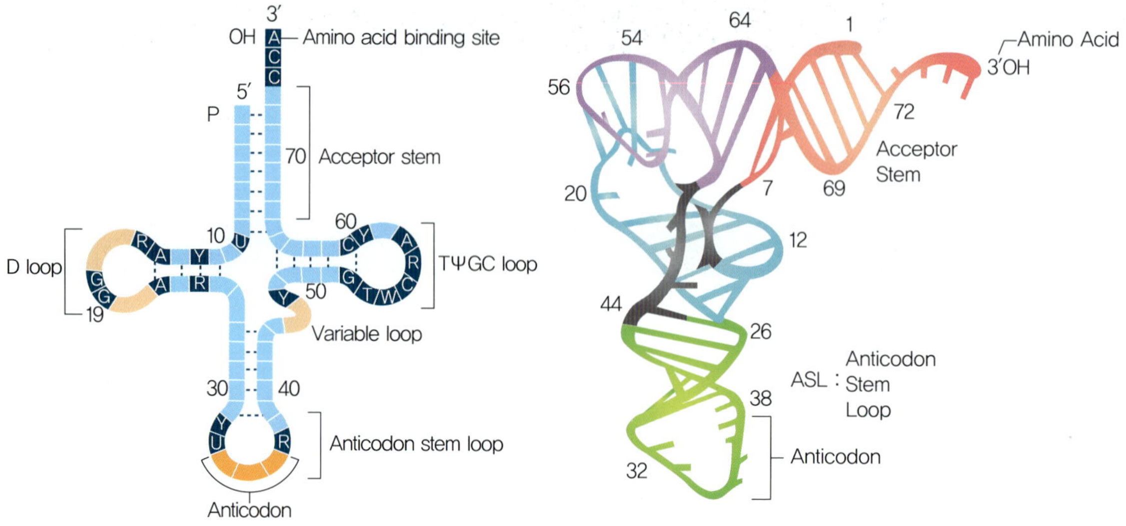

그림 4-15. tRNA의 2차원 구조(클로버잎 형태)와 tRNA의 3차원 구조

알아두기 4-17. tRNA의 구조적 특징

① 3′-OH 말단에 있는 모든 tRNA들이 ...pCpCpA-3′ 같은 서열을 포함하고 있으며, 아미노산의 카르복실(COO-)그룹은 tRNA의 말단에 있는 아데닌 뉴클레오티드에 결합한다.

② 모든 tRNA들은 다른 쪽에 5′-Gp...를 포함하는데, 이는 tRNA의 안정성에 기여하는 것으로 알려졌다.

③ tRNA에는 DHU 고리(DHU loop), 안티코돈 고리(anticodon loop), TΨGC 고리(TΨGC loop)의 커다란 단일사슬 고리가 3개 존재하며, 5~21개의 뉴클레오티드 크기가 다양한 변이성 고리(variable loop)가 존재한다. DHU 고리는 쌍을 이루지 않는 8~12개의 염기로 구성되고, 안티코돈 고리는 7개의 염기를 가지며 mRNA 염기서열과 상보적으로 대응한다. TΨGC 고리는 쌍을 이루지 않는 7개의 염기로 구성되며, 리보솜과 결합하는 부위이다.

실-tRNA 합성과정이 얼마나 정확하게 진행되는가에 따라 번역의 효율이 결정된다.

하나의 세포에는 20개의 서로 다른 아미노아실-tRNA 합성효소(aminoacyl-tRNA synthetase)가 있으며, 각 합성효소는 특정한 아미노산뿐만 아니라 그 아미노산에 결합한 tRNA를 인식한다.

아미노산은 단독으로 mRNA상의 코돈을 인식할 수 없기 때문에 tRNA의 결합을 통해서 코돈을 인식하게 되는데, 아미노아실-tRNA 합성효소는 두 단계의 효소작용을 통해 아미노산을 tRNA에 연결한다. 첫 번째 단계는 활성화단계로서 아미노산과 ATP가 반응하여 아미노아실-AMP가 형성되고, 두 번째는 전이단계로서 효소와 결합하고 있는 아미노아실-AMP가 tRNA와 반응하여 아실화(acylation)된 tRNA와 AMP를 생성한다.

RNA 충전과정에서 오류는 약 1/10,000~1/100,000 정도로 발생을 하는데, 이는 아미노아실-tRNA 합성효소의 교정능력 때문이며 아미노산과 tRNA 간에 잘못된 결합이 일어나면 이 효소에 의해 제거된다.

(4) 번역과정

번역이 성공적으로 진행되기 위해서는 리보솜이 mRNA로 이동을 해야 하고, 충전된 tRNA가 리보솜의 P자리에 위치해야 하며, 리보솜이 mRNA의 개시코돈 위에 정확하게 위치해야 한다. 이 중에서 리보솜이 개시코돈 위에 정확하게 위치하는 것이 제일 중요한데, 만일 하나의 염기만이라도 틀리는 곳에 위치하면 완전히 다른 폴리펩티드를 합성할 수 있기 때문이다.

① 개시신호 선택

작은 리보솜 소단위는 여러 개의 개시인자(initiation factor)를 포함하는데, 개시인자들은 mRNA의 5' 말단에 결합하는 것 외에 3' 말단에 존재하는 poly-A 꼬리에도 결합을 하기 때문에 mRNA를 둥근 고리모양으로 유지시켜 주는 역할을 한다(그림 4-16). 진핵생물에서는 특정 신호가 없고, mRNA 내의 AUG 위치가 중요하게 작용한다.

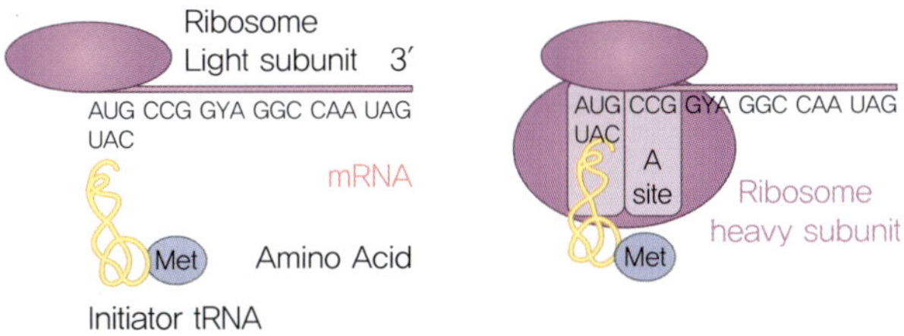

그림 4-16. 개시 신호 선택

② 개시

메티오닌이 결합된 tRNA는 mRNA의 5' 캡에 결합하며 AUG 코돈을 만날 때까지 mRNA를 따라 미끄러져 간다. AUG 코돈을 만나면, 개시인자는 떨어져 나가고 큰 리보솜 소단위가 작은 리보솜 소단위와 결합하여 해독을 시작하게 된다.

큰 리보솜 소단위에는 tRNA가 붙을 수 있는 A자리와 P자리가 있는데, 개시의 마지막 시점에서는 A자리는 비워져 있고, P자리에는 AUG 코돈과 대응하는 안티코돈을 보유하게 되며, 메티오닌이 결합된 met-tRNA가 위치하게 된다(그림 4-17).

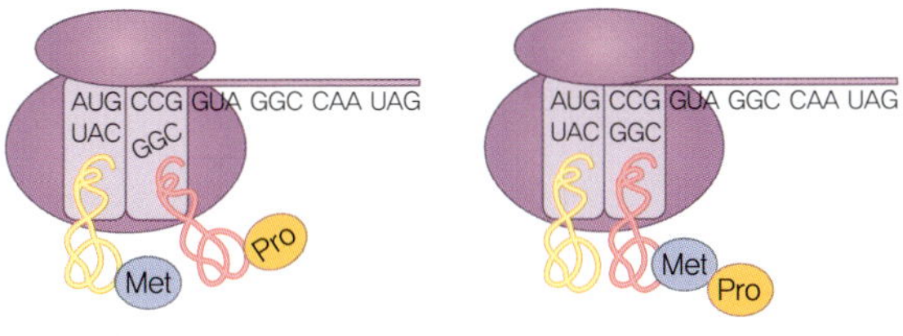

그림 4-17. 개시(initiation)

③ 연장

리보솜의 P자리에 met-tRNA가 결합하게 되면 폴리펩티드합성이 시작된다. 아미노아실 tRNA는 가용성 연장인자(elongation factor, EF1)의 도움을 받아 A자리에 위치하게 되고, A자리에 위치한 아미노산의 아미노(amino, $-NH_2$)기와 P자리에 위치한 아미노산의 카르복실($-COOH$)기 사이에 펩티드전이효소반응(peptidyl transferase reaction)이 일어나서 펩티드결합(peptide bond)이 형성되고, 최초의 tRNA는 떨어져 나간다(그림 4-18).

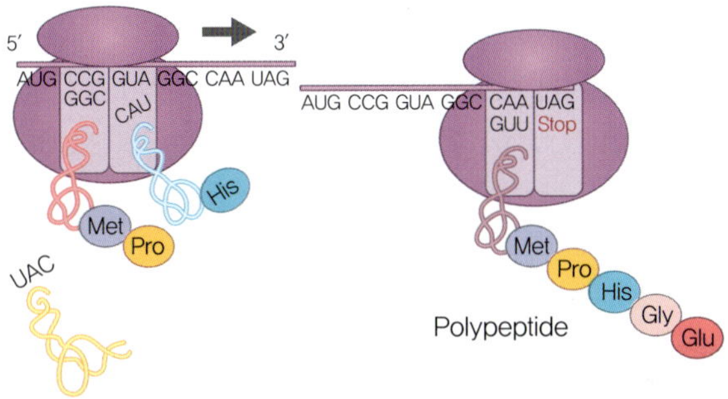

그림 4-18. 연장(elongation)

그 후로 전이효소반응(translocase reaction)에 의해 아미노산이 결합되지 않은 tRNA는 제거되며, 리보솜은 3개의 염기를 따라 이동하게 되고 연장되는 펩티드는 연장인자 EF2에 의해서 A자리에서 P자리로 위치가 바뀌게 된다.

④ 종료

연장은 정지코돈이 A자리에 들어갈 때까지 계속되며, 정지코돈의 세 염기는 tRNA에 의해 읽혀지는 것이 아니라 방출인자(release factor, RF)라고 하는 특별한 단백질에 의해 인식된다. 이 방출인자는 펩티딜-tRNA로부터 폴리펩티드의 가수분해를 촉진하며, 그 후 리보솜은 mRNA에서 떨어져 나가며 소단위로 분리가 되는데 이때 완성된 폴리펩티드도 떨어지게 된다(그림 4-19). mRNA의 수명은 보통 몇 시간 정도이며, 400개의 아미노산으로 구성된 평균크기의 폴리펩티드가 합성이 되는 시간은 약 20초 정도이다.

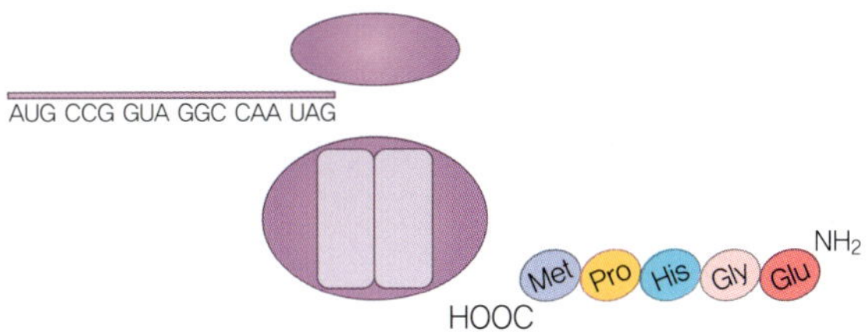

그림 4-19. 종료(termination)

3) 해독 후 변형

리보솜에서 떨어져 나오는 폴리펩티드들은 활성이 없기 때문에 생리적 기능을 가지기 위해서 N 말단에 있는 메티오닌의 제거와 절단 등으로 변형이 일어나야 한다. 많은 단백질들의 폴리펩티드는 적절한 3차 구조로 접히기 전에는 활성이 없고, 일부 단백질들은 단백질분해효소(protease)에 의해 절단이 되어 다듬어지기도 하며, 다른 단백질들의 경우 탄수화물이 첨가됨으로써 활성화되기도 한다.

세포 밖으로 분비가 될 폴리펩티드들은 우선 조면소포체와 골지체에서 당화(glycosylation)된다. 당화는 항체나 리소자임(lysozyme)의 생산에서처럼 당이 아미노산의 NH_2-group의 질소원자에 연결되는 N-연결당화(N-linked glycosylation)와 아미노산의 OH-group의 산소원자에 연결되는 O-연결당화(O-linked glycosylation)의 두 가지 유형이 있다. 아스파라긴(asparagine)이 N-연결 소당류 형성에 주로 관여하며, O-연결(O-linked) 소당류는 분비된 ABO식 혈액형의 항원에 붙는 것과 같이 세린(serine), 트레오닌(threonine), 하이드록시라이신(hydroxylysine)의 곁사슬인 −OH기에 부착한다.

알아두기 4-18. 항생제의 목표

항생제는 미생물을 죽이는 약으로서, 세균은 파괴하지만 그 숙주가 되는 세포는 죽이지 않도록 조심스럽게 선택되어야 한다. 세균의 리보솜과 진핵생물의 리보솜은 크기와 구성이 다르기 때문에, 주요 항생제는 원핵생물에서 일어나는 해독과정을 목표로 삼는다. 따라서 많은 항생제들은 선택적으로 세균의 리보솜과 결합해서 해독과정의 단계를 억제하지만, 진핵세포의 리보솜에는 영향을 주지 않는다. 테트라사이클린(Tetracycline)은 세균 리보솜의 A부위에 결합하여 아미노산을 가진 tRNA가 들어오는 것을 막고 있으며, 네오마이신(neomycin)도 A부위 근처 리보솜에 결합하여 아미노산을 가진 tRNA가 결합하는 것을 방해하여 단백질합성의 실수를 유발한다. 클로람페니콜(Chloramphenicol)은 큰 리보솜의 소단위에 결합하여 펩티드결합을 방해하며, 스트렙토마이신(streptomycin)은 작은 리보솜 소단위에 결합하여 개시단계를 억제하고, 에리스로마이신(erythtomycin)은 리보솜의 이동을 막는다.

제**5**장

세포주기

생명의 연속성은 세포가 성장을 하고, 유전물질을 복제하며, 세포분열을 통해서 유지된다. 세포주기(cell cycle)는 처음 모세포로부터 분열되어 세포가 형성된 순간부터 그 세포가 분열되어 2개의 세포를 형성할 때까지 세포의 일생을 의미하며, 세포분열 과정은 세포주기의 필수적인 구성요소이다.

세포주기는 배양된 사람세포를 대상으로 하여 나타낼 수 있고, 한 주기는 약 22~24시간이며, 여러 단계로 나누어져 있다(그림 5-1). 세포주기의 과정을 정확하게 구별할 수는 없지만, 현미경으로 관찰되는 세포주기는 유사분열기(mitosis)와 간기(interphase)로 나눌 수 있다. 일반적으로 세포주기는 세포성장, DNA복제, 딸세포로의 염색체 분배 그리고 세포분열 등 4과정으로 나눌 수 있는데, 이러한 과정은 매우 복잡하지만 정확하게 순차적으로 일어나야 한다.

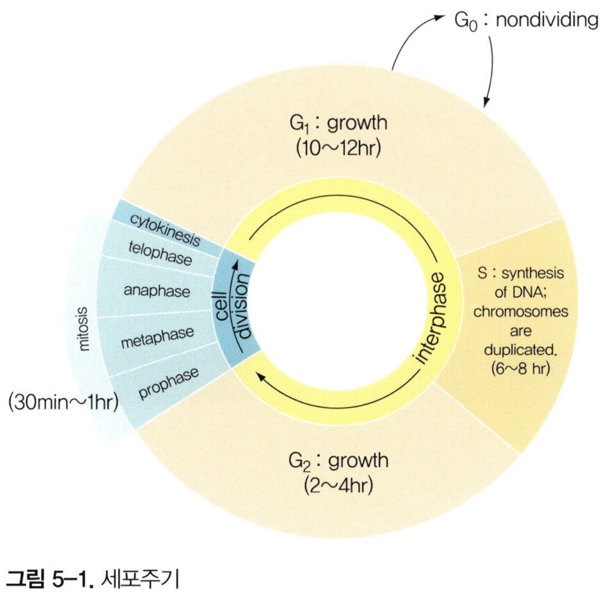

그림 5-1. 세포주기

세포분열에는 유사분열과 감수분열의 두 종류가 있으며, 유사분열은 모세포와 동일한 염색체와 유전인자를 갖는 두 개의 딸세포를 만들어 내는 것이고, 주로 신체의 성장과 분화 그리고 조직의 재생과 관련이 된다. 반면에 감수분열은 생식계열 세포(germ-line cell)들에서만 일어나고, 생식세포를 형성하는데 염색체의 수는 23개로 반수체(n)를 이룬다(표 5-1).

다세포 생명체가 정상적으로 발달하기 위해서는 세포분열이 정확하게 조절되어야 하는데, 세포분열의 각 단계에서 일어나는 염색체의 복제와 분리를 조절하는 분자적 기전은 완벽하게 알려지지는 않았지만 모든 진핵세포에서는 종의 구분 없이 거의 동일하다고 알려져 있다. 세포분열은 세포주기 중 세 가지의 검사점(checkpoint)에 의해 조절되며, 이때에 단백질활성화효소가 중요한 기능을 하는데 세포분열에 관여하는 여러 단백질들을 인산화하여 활성화시키거나 저해한다.

사람은 이배체세포인 수정란 한 개로부터 생명이 시작되고, 수십에서 수백 번의 연속된 유사분열을 통해서 신체의 모든 세포로 분화된다. 어떤 세포들은 G1기에서 며칠 또는 몇 년이라는 긴 시간을 보내기도 하지만, 다른 세포 종류들은 몇 시간 정도 걸리는 것들도 있다. 신경세포와 적혈구세포 종류들은 완전히 분화된 이후에는 절대로 분열하지 않고 G0기에서 영원히 정지되어 있는 반면, 피부의 섬유모세포(fibroblast), 간, 신장, 폐 등의 세포들은 G0기에서 정지

표 5-1. 세포분열의 종류와 특성

특성	유사분열	감수분열
DNA 복제	유사분열의 간기상태에서 일어남	감수분열 I이 시작되기 전 간기에 한 번의 복제가 일어남
분열 장소	체세포	생식세포
분열 횟수	1회	2회
분열 시기	생장할 때	생식세포를 만들 때
분열 시간	짧고 일정하다	매우 길며 일정하지 않다
염색체 수	2n → 2n	2n → n
교차 현상	일어나지 않음	전기 I 과정에서 일어남
딸세포 수	2개	4개
딸세포의 유전적 구성	유전적으로 부모와 동일하다	부모세포와 비교하여 절반의 염색체를 가지고, 부모 세포뿐만 아니라 다른 딸세포와도 다름
체내의 역할	발생과 생장	생식

해 있다가 장기가 손상을 받게 되면 G1기로 돌아와 세포주기를 다시 시작한다.

체세포나 생식세포의 분열과정에서 발생될 수 있는 오류들은 염색체의 수나 구조적 이상들을 초래할 수 있다. 또한 세포주기과정에 대한 조절기능을 상실하게 되면 암을 유발할 수 있으므로 의학적으로 매우 중요하다.

1. 세포주기 특성

세포주기에는 유사분열기와 간기가 교대로 나타나는데, 세포분열은 세포주기의 한 부분이며, 간기가 세포주기의 약 90% 이상을 차지한다. 세포주기에서 간기는 세포의 크기가 2배로 되며, 세포분열을 위해 염색체를 복제하는 시기로서 G1기(gap1 phase), S기(synthesis phase), G2기(gap2 phase)의 세 시기로 나뉜다. 세 시기 모두에서 세포는 단백질과 미토콘드리아 및 소포체와 같은 세포 내 소기관들을 만들어 크기가 증가하는데, 염색체는 오직 S기에만 복제된다.

G1기에는 세포생장에 필요한 효소와 여러 종류의 단백질이 합성되고, S기에는 핵 내의 모든 DNA가 복제되면서 계속 생장하여 새로 만들어진 딸세포가 모세포와 같은 유전물질을 갖게 된다. S기에서의 DNA 합성은 모든 염색체뿐만 아니라 동일 염색체 내에서도 동시에 일어나지 않으며, 각 염색체 전체에 걸쳐 수천 수백 개의 DNA 복제기점에서 시작된다. S기가 끝날 무렵 세포의 DNA의 양은 두 배가 되고, 각 세포는 이배체 유전체의 2 copy를 가지게 된다. G2기는 세포분열을 위한 준비를 끝내가면서 더욱 생장을 한 후에 분열을 하며, 딸세포는 이러한 주기를 다시 반복한다.

알아두기 5-1. 사람의 세포주기

사람의 정상세포는 보통 분열하는 횟수에 한계가 있으며, 약 50~80회 정도 분열하면 더 이상 분열하지 않고 늙어 죽는다. 대개 24시간에 한 번 정도 분열을 하는데, 간기가 16~24시간이 걸리며, 유사분열기는 30분~1시간 정도이다. 세포주기의 길이는 아주 다양한데, 피부의 진피세포나 장의 점막세포들은 단 몇 시간 만에 분열하지만, 어떤 세포들은 수개월 걸리기도 한다. 배아(Embryo)에서의 생장은 아주 빨라서 30분으로 짧을 수 있다. *E. coli* 의 경우는 생장이 매우 다양하지만 37℃에서 복제가 끝난 후, 20분 내에 세포분열이 일어난다.

2. 유사분열

유사분열(Mitosis)은 1879년 플래밍(Walter Flemming)에 의해 처음 기술되었다. 유사분열과정은 간기 이후의 세포분열과정으로 유전물질이나 염색체 수에는 변화 없이 동일한 2개의 딸세포를 형성하는 과정이며, 연속적으로 일어난다. 유사분열은 성장과 분화에 결정적이기는 하지만 세포주기에 있어서는 작은 부분을 차지하며, 세포의 형태에 따라 전기(prophase), 전중기(prometaphase), 중기(metaphase), 후기(anaphase), 말기(telophase)의 다섯 시기로 구분할 수 있다. 말기과정을 마친 세포에 있어서 세포질의 분할(cytokinesis)과정이 포함되기도 한다.

알아두기 5-2. 유사분열

전기(prophase)

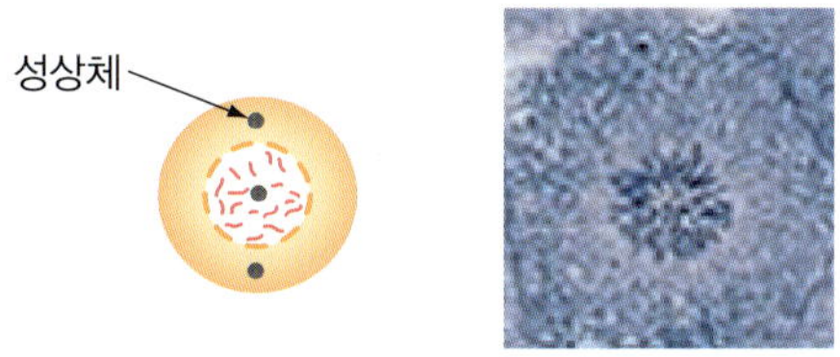

염색체 응축이 시작되면서 현미경으로 관찰이 가능하다.

전중기(prometaphase)

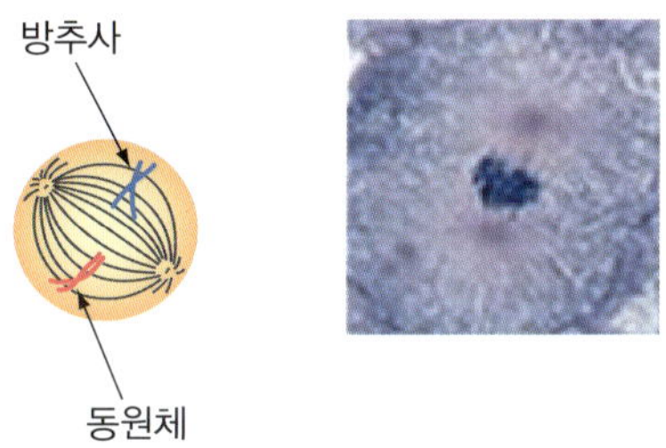

핵막의 붕괴가 일어나고, 동원체의 방추사부착점은 서로 다른 방향에서 나오는 방추사에 의해 부착된다.

중기(metaphase)

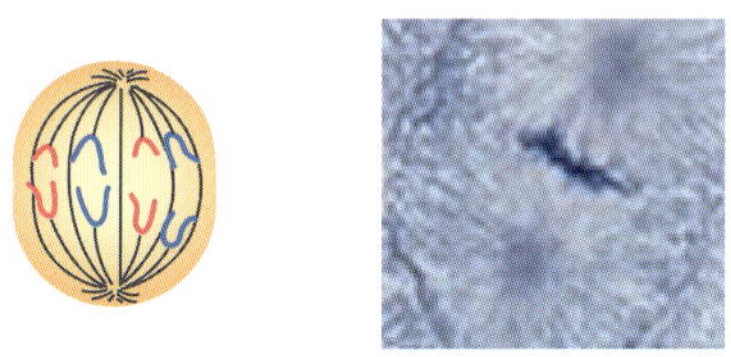

염색체들이 중기판에 위치하며, 염색체들이 최대로 응축되어 가장 잘 보이기 때문에 염색체분석이 이루어지는 단계이다.

후기(anaphase)

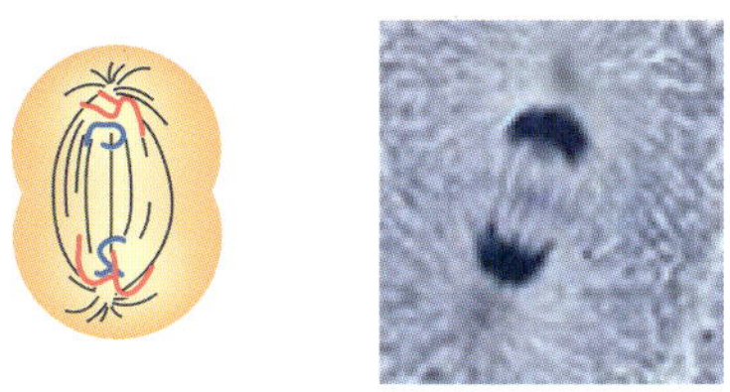

자매염색분체들이 동원체에서 분리되면서 독립적인 딸염색체가 되고, 방추사에 의해 세포의 반대편으로 쪽으로 이동한다.

말기 & 세포질분열(telophase & cytokinesis)

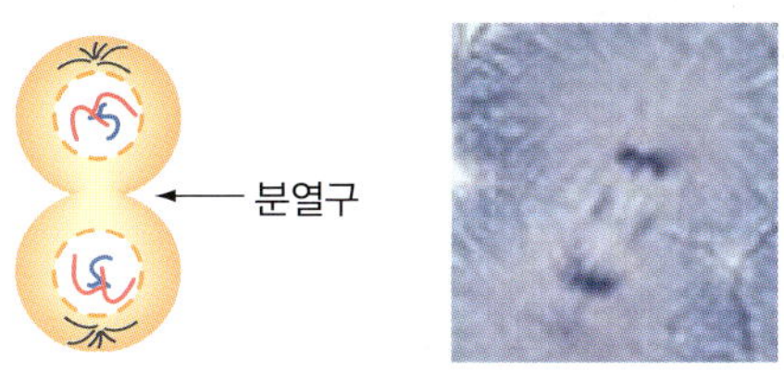

딸염색체 주위에 새로운 핵막이 형성되고, 세포질분열의 과정에 의해서 세포질도 나뉘면서 46개의 염색체를 포함하는 2개의 세포가 형성된다. 분열구는 동물세포의 세포질분열에서만 관찰할 수 있으며, 중기판이 있던 부위 가까이의 세포표면에 있는 얕은 홈을 말한다.

1) 전기

유사분열은 염색체의 응축으로부터 시작되는데, 전기(prophase)에서는 인이 소실되면서 염색사는 더 강하게 응축되어 뚜렷한 형태를 갖추기 때문에 광학현미경으로 관찰이 가능하다. S기에서 복제된 염색체는 2개의 동일한 자매염색분체(sister chromatid)가 합해진 것처럼 보이고, 미세소관과 성상체로 구성된 방추사가 중심체에서 형성되기 시작한다.

2) 전중기

핵막의 붕괴가 일어나면서 전중기(prometaphase) 단계가 시작되며, 2개의 자매염색분체는 각각 방추사부착점(kinetochore)을 가지고 있기 때문에 서로 다른 방향에서 나오는 방추사에 부착되고, 세포 중앙을 향해 움직이다가 마지막에는 세포의 두 끝 사이의 중앙에 자리를 잡는다.

3) 중기

중기(Metaphase)는 유사분열 중 가장 긴 시기로 약 20분 정도 걸리는데, 복제되어 최대로 응축된 염색체의 동원체가 방추사의 두 극 사이의 중기판(metaphase plate)에 위치하게 된다. 이 시기의 염색체들은 세포 중앙에 고정되어 있는 상태라고 할 수 있다.

4) 후기

후기(Anaphase)는 두 개의 자매염색분체가 갑자기 떨어질 때 시작되는데, 유사분열 중 가장 짧은 단계로 몇 분 안에 끝난다. 떨어져 나온 2개의 자매염색분체는 방추사부착점 미세소관이 짧아짐에 따라 세포의 반대편으로 이동하게 된다. 후기의 마지막 단계에는 세포의 양 끝에 완전하고 동일한 염색체 조합이 위치하게 된다.

5) 말기와 세포질분열

말기(Telophase)에는 전기에 일어났던 과정이 반대로 일어나는 시기라고 할 수 있다. 즉, 2개의 딸핵이 세포 안에서 형성되기 시작하고, 핵막이 모세포의 핵막조각과 내막계의 부분들로부터 생겨난다. 염색체들이 최대한 짧아지면서 응축이 풀리기 시작하고, 하나의 핵이 유전적으로 동일한 2개의 핵으로 나뉘는 핵분열이 완성된다. 이 시기에 세포질분열(cytokinesis)도 동시에 일어나는데, 세포질분열은 말기의 뒷부분에서 시작되므로 핵분열 후 바로 2개의 딸세포가 나타나고 분열구(cleavage furrow)가 형성되어 2개의 새로운 세포가 형성된다.

알아두기 5-3. 방추사부착점

방추사부착점(Kinetochore)은 염색체 DNA상의 특정 부위, 즉 동원체부위에 결합되어 있는 단백질복합체이다. 방추사 미세소관(microtubule)은 튜불린(tubulin) 단백질을 중합시킴으로써 길이가 신장되는데, colcemid는 튜불린단백질에 결합하여 길이신장을 억제하기 때문에 중기염색체를 관찰할 수 있는 것이다.

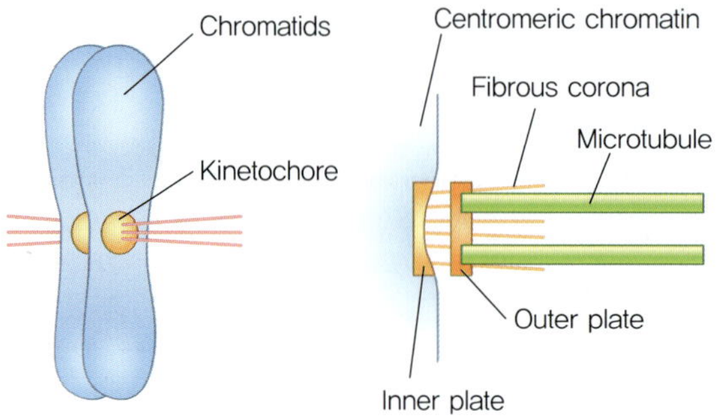

3. 감수분열

감수분열(Meiosis)은 생식계열(germ line)의 2배체(diploid) 염색체수가 반수체(haploid)로 감소하는 세포분열의 한 종류로서 배우자를 형성하는 과정이다. 사람의 경우는 46개의 염색체를 가지고 있는데, 정자와 난자에서 각각 23개가 온 것이다. 감수분열의 여러 단계는 유사분열과 비슷하지만, 한 번의 DNA복제와 제1감수분열과 제2감수분열로 불리는 두 번의 연속적인 유사분열이 일어난다(그림 5-2). 즉, 4개의 딸세포를 형성하고, 각 세포는 부모세포에 비해 염색체 수가 절반이다.

1) 제1감수분열

감수분열은 유전물질을 반으로 줄여 수정되었을 때, 정상적인 2배체를 형성할 수 있도록 만드는 과정으로 제1감수분열(meiosis I)을 감소분열이라고도 한다. 제1감수분열에서 중요한 부분은 유전적 재조합(recombination, meiotic crossing-over, 교차)이 일어나는 것이다.

(1) 전기 I

이 시기는 유사분열의 전기에 비해서 길고 복잡한 과정을 거치며, 전형적으로 감수분열에 필요한 시간의 90% 이상을 소비한다. 전기 I (Prophase I)과정에서는 유사분열에서는 볼 수 없었던 상동염색체의 접합(synapsis)과정을 통해 길이 방향으로 정렬하여 지퍼와 같은 단백질구조인 접합복합체에 의해 물리적으로 쌍을 이룬다. 또한 이 시기에 교차(crossing-over)에 의한 유전자 재조합이 일어난다.

(2) 중기 I

중기 I (Metaphase I)은 핵막이 사라질 때부터 시작된

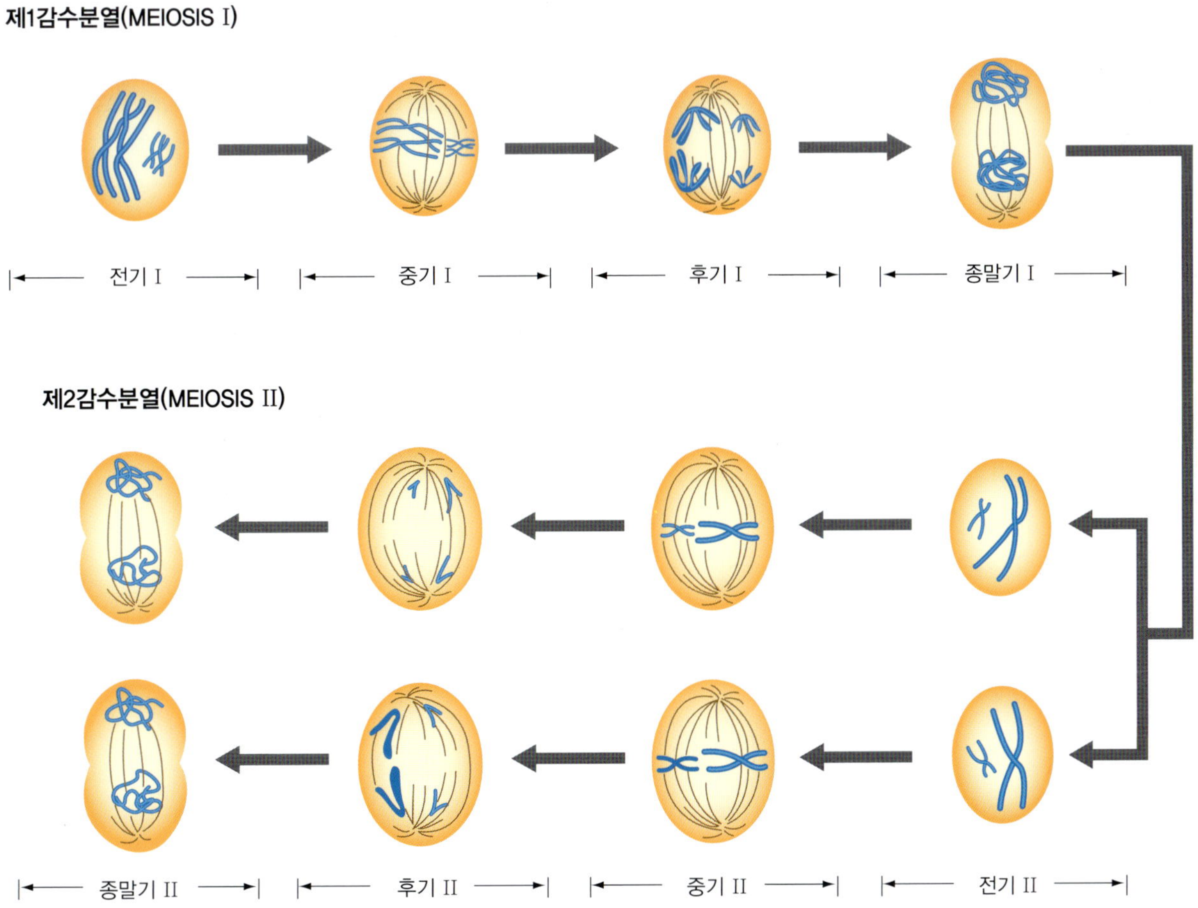

그림 5-2. 감수분열의 과정

다. 사분염색체가 동원체를 중심으로 중기판으로 정렬하는데, 이때에 한 상동염색체의 두 염색분체의 동원체는 서로 밀어내는 힘에 의하여 방추사에 연결되어 양극으로 이동하기 시작한다. 유사분열에서는 양극에서 나온 방추사가 각각의 염색체 동원체에 부착을 하지만, 감수분열에서는 하나의 염색체에 한 개씩의 방추사만이 연결된다.

(3) 후기 I

후기 I (Anaphase I) 과정에서는 각 이배체 염색체들은 서로 떨어져서 양극 쪽으로 이동을 하는데, 이 과정을 분리(disjunction)라고 한다. 그렇게 하여 염색체 수는 절반으로 줄어들게 된다. 결과적으로 원래의 아버지와 어머니 유래의 염색체들은 무작위적 조합으로 재구성될 수 있는

알아두기 5-4. 제1감수분열의 전기 I 단계

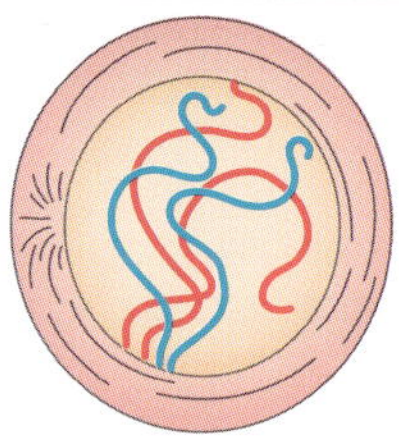

① 세사기(leptotene)

핵 내의 염색체들은 가는 실처럼 보이고, 응축되기 시작한다.

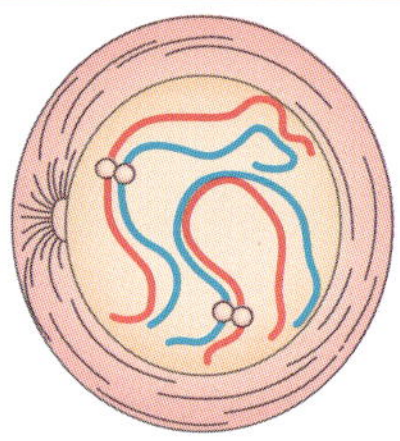

② 접합기(zygotene)

상동염색체가 느슨하게 길이 방향으로 쌍을 이루고, 유전자가 정확하게 배열되면서 동일 유전자 좌위간의 접합점을 이루는 것이 특징이다. 접합의 분자적 기초는 알려지지 않았지만, 전자현미경 관찰을 통해서 염색체가 리본같이 생긴 단백질을 포함하는 구조인 synaptonemal complex에 의하여 붙어 있는 것을 알게 되었다.

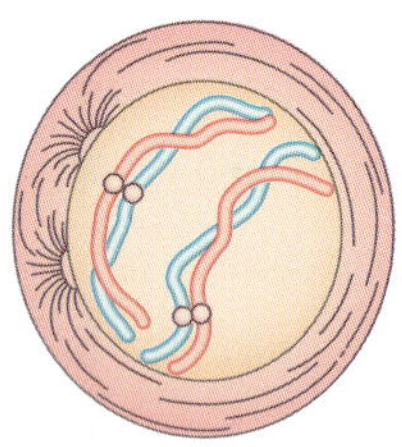

③ 태사기(pachytenc)

이 시기 동안에 염색체는 더 심하게 응축되면서 명확한 모양을 나타내게 된다. 각각의 상동염색체는 4개의 자매염색분체로 보이며, 교차과정을 통해서 비자매염색분체들의 DNA 분자는 같은 부분에서 끊어져서 다른 비자매염색분체의 DNA와 연결된다. 염색분체가 4개로 형성된 상동염색체를 사분염색체라고 한다.

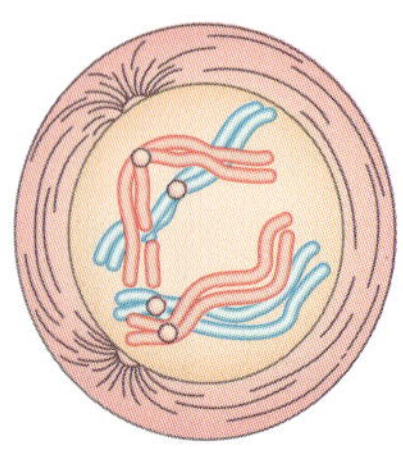

④ 복사기(diplotene)

쌍을 이룬 염색체가 분리되기 시작하는 시기로 상동염색체는 접합복합체에 의해 분리되지만, 자매염색분체는 단단히 붙어 있다. 각 자매염색분체는 1개 이상의 십자 모양의 교차점(chiasma)을 가지는데 여기서 교차가 일어나며 유전물질의 교환이 일어나서 염색체들 사이에 재조합을 만들어 낸다는 점에서 매우 중요한 의미를 갖는다.

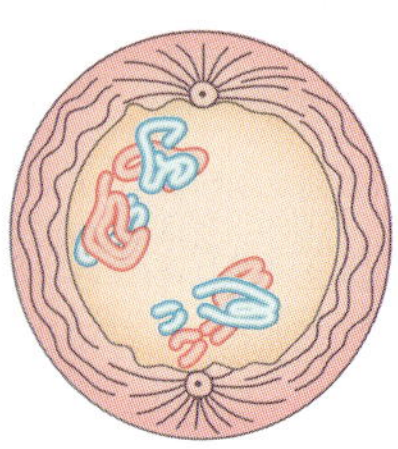

⑤ 이동기(diakinesis)

전기 I의 마지막 시기로 염색체가 최대로 응축되면서 상동염색체가 분리되기 시작한다. 중심체의 이동, 방추미세소관의 형성, 핵막과 인의 소실이 유사분열처럼 보인다.

알아두기 5-5. 교차(Crossing-Over)

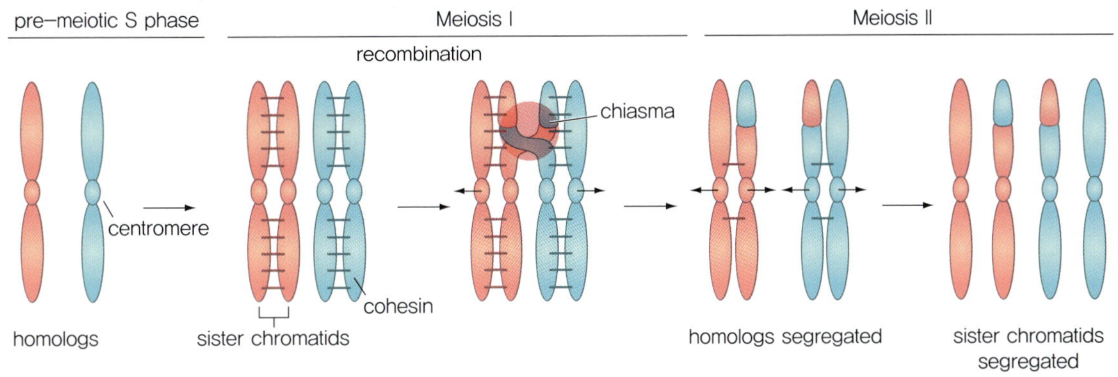

교차는 유전물질이 섞여서 유전적 변이(다양성)를 증가시키는 기작으로 생각될 수도 있지만, 정상적으로 염색체가 분리될 수 있도록 하는데 결정적인 역할을 한다. 2개씩의 자매염색분체(4개의 염색분체)가 모여 있는 부위에 십자형 모양으로 꼬여진 키아즈마를 형성한 뒤, 교차반응이 일어나 서로 다른 염색체와 결합하게 된다. 이 과정에서는 DNA의 상동적 분절(homologous segment)이 상동염색체 쌍의 자매염색분체 간에 교환이 일어나기 때문에 전혀 다른 생식세포들이 된다.

데, 23개의 염색체들에서 나타날 수 있는 조합 가능의 수는 2^{23}(8백만 이상)이다. 따라서 제1감수분열의 후기는 세포분열과정에서 가장 많은 오류가 발생할 수 있는 시기이다. 그러한 오류에 의해 염색체 쌍의 상동염색체가 한 쪽으로 이동하기도 하는데, 이러한 오류의 과정을 비분리(non-disjunction)라고 한다.

(4) 말기 I

말기 I (Telophase I)과정에서는 핵이 재배열되고 염색체가 풀어지면서 세포질분열이 일어난다.

2) 제2감수분열

제2감수분열(Meiosis II) 과정에서는 DNA를 합성하는 과정이 없고, 염색체 수가 반수체라는 것을 제외하고는 유사분열과정과 동일하다. 감수분열에서는 연속 2회의 핵분열을 통해서 2n (diploid)인 하나의 모세포로부터 n (haploid)의 염색체를 갖는 4개의 딸세포를 형성하는 것이다.

4. 세포주기의 조절

사람은 46개의 염색체를 가진 수정란 한 개로부터 생명이 시작되고, 연속적인 유사분열을 통해 약 75×10^{12} 에 달하는 신체의 모든 세포로 유도되는데, 정상적으로 발달하기 위해서는 세포분열조절이 정확해야 한다. 세포주기조절 연구의 기초는 2001년에 노벨생리의학상을 수상한 하트웰(Leland Hartwell)에 의해 주로 효모를 이용하여 이루어졌으며, 1989년 yeast를 중심으로 다양한 checkpoint의 존재가 확인되었다.

세포주기의 조절기전은 진핵세포의 경우 종에 따른 차이가 거의 없으며, 세포주기의 진행은 여러 종류의 사이클린-의존 단백질활성화효소(cyclin-dependent protein kinase,

알아두기 5-6. 세포주기 조절물질

세포주기 조절물질에는 cyclins과 CDKs라고 부르는 두 부류의 단백질이 기본이 된다. Cyclin은 단백질이 각 세포주기에서 주기적으로 합성이 되었다가 분해되어 붙여진 이름이고, CDK 효소는 cyclin과 결합했을 때만 기능을 나타낸다. 세포주기 동안 cyclin의 단백질 수준은 일정 주기로 변화하며, cyclin의 종류에 따라 CDK는 다른 종류의 표적단백질에 인산화를 시키게 된다.

CDKs)의 활성과 비활성이 교차되면서 진행이 되는데, 이 효소에 cyclin이 결합한다.

1) Cell Cycle 조절과 Checkpoint

세포주기 조절은 세 가지의 checkpoint에서 조절되는데, 첫 번째는 DNA 합성의 개시점(G_1/S기)으로, 이전의 분열에 이어 생긴 세포의 크기와 DNA의 손상유무를 확인하고 정상인 경우에만 S기로 진행을 한다. 두 번째는 분열개시 시점(G_2/M기)으로, 분열에 들어가기 전에 세포 내의 생리적인 조건들을 점검한다. 마지막은 M기 checkpoint로, 방추사시스템의 형성과 동원체와 관련된 방추사의 부착이 점검되며 만약 방추사가 정확하게 형성되지 않았거나 부착이 적당하지 않으면 분열은 억제된다(그림 5-3).

(1) G_1 DNA damage checkpoint

G_1기는 세포질의 양이 증가되는 시기로, S기로 전환이 이루어지기 전에 DNA 손상을 치유하고 세포의 주변 환경이 적절한지 검사하는 G_1 checkpoint가 존재한다.

(2) G_2 DNA damage checkpoint

G_2 checkpoint는 G_2기에서 유사분열기로 이동하기 전에 G_2 checkpoint를 통해 복제된 DNA를 추가적으로 점검한다.

(3) M기 checkpoint

Metaphase checkpoint는 '방추체 checkpoint'라고 하기도 하며, 분열기에 내부 신호에 의해서 진행된다. 모든 염색체의 방추사부착점이 방추사에 연결된 다음에 자매염색분체를 결합시켜 주는 단백질이 불활성화 되었을 때 염색체의 분리가 진행된다. 방추체 미세소관과 바르게 결합하지 않은 염색체의 동원체가 1개라도 있으면, 동원체상의 checkpoint인자가 인지를 하게 되어 CDK 및 후기 억제인자(anaphase inhibitor)를 통하여 세포주기의 진행을 억제하는 것으로 알려지고 있다.

2) Cyclin과 CDK

1960년대 후반에 효모를 이용한 세포주기 연구에서 세포주기의 특정 시기에 증식을 정지하는 변이주로서 cell division cycle (CDC)이 발견되었고, 나중에 이것이 kinase인 것 같다는 것도 알게 되었다. 동물발생학적으로는 1982년에 헌트(Richard Hunt)에 의해 성게의 난발생에서 cyclin이 발견되었고, 1988년 maturation-promoting factor (MPF)의 정제를 통해서 MPF는 cyclin B와 효모에서 발견된 CDC2 단백질과의 복합체인 것을 알게 되었다. 그 후 고등진핵생물에서는 CDC2와 관련된 단백질이 존재하여 family를 형성하고 있다는 것이 발견되었으며, cyclin과 결합하고 있는 경우에는 CDK로서 순차적으로 번호를 부여하기로 했다. 이에 따르면 CDC2는 CDK1과 동일한 의미이다.

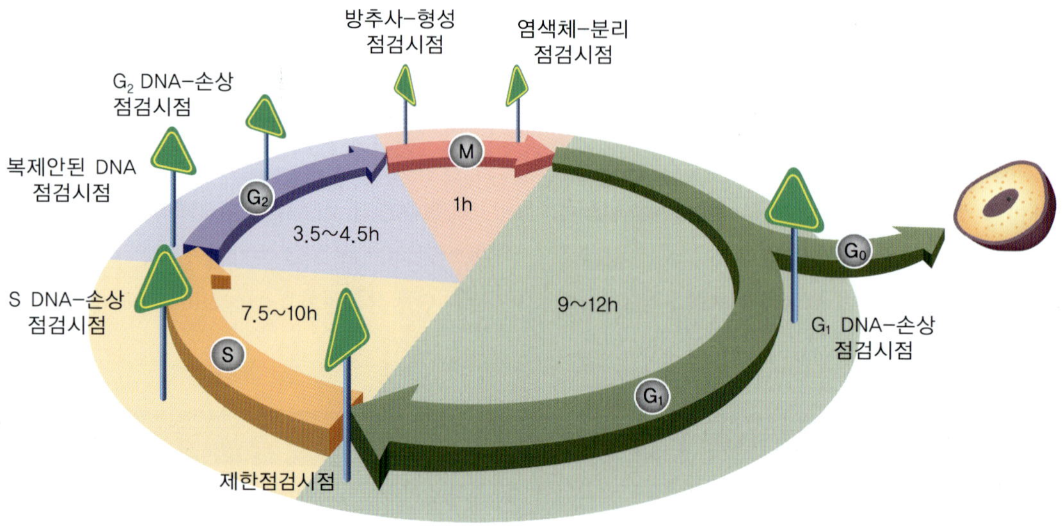

그림 5-3. 세포주기조절 checkpoint

알아두기 5-7. 세포주기를 제어하는 인자

사람에서 세포주기를 제어하는 인자에는 대표적으로 *BUB1, BUB3, MAD1L1, MAD2, CDC20* 등이 있는데, 어떤 종류의 대장암 세포에서는 방추체 checkpoint 기전에 결손이 있고, *BUB1* 유전자에 변이가 있다. 또한, 백혈병에서도 방추체 checkpoint 기전을 저해하여 염색체 분배이상을 일으키는 경우도 있다. 이러한 것들에서부터 발암과정에서 방추체 checkpoint의 역할에 대한 연구가 활발하다.

종류	염색체 위치	mRNA	단백질
BUB1	2q13	3.4 kb	1,085 aa
BUB3	10q26.13	1.4 kb	326 aa
MAD1L1	7p22.2–p22.3	2.7 kb	718 aa
MAD2L1	4q27	1,373 bp	205 aa
CDC20	1p34.2	1,697 bp	499 aa

Cyclin은 진핵생물의 세포주기조절을 하는 단백질로 크기는 35~90kDa 정도이고, CDK와 함께 복합체를 형성해서 이 효소의 기질특이성을 활성화하고 결정한다. 1982년 헌트 등에 의해 세포분열에 따라 주기적으로 발현과 소실을 반복하는 두 종류의 cyclin A와 B가 존재하는 것이 밝혀졌으며, 1991년에 D가 발견되었다. 그 후로 사람에서는 적어도 16종류가 보고되었으며(표 5-2), 포유동물의 cyclin은 아미노산배열의 상동성을 기초로 하여 알파벳명으로 아형을 분류하였다.

(1) 주요 cyclin의 종류

① Cyclin A

Cyclin B와 구조적으로 유사하고, 생식계열세포에 특이적으로 발현되는 A1과 체세포 전반에 발현되는 A2의 두 종류가 있다. 특히, *A2* 유전자는 4번 염색체 q26-q27에 위치하며 8개의 exon으로 이루어져 있다.

② Cyclin B

사람의 cyclin B에는 B1과 B2의 두 종류가 있으며, 그 중에서 *B1* 유전자는 5번 염색체 q13-qter에 위치하며 433개의 아미노산으로 이루어져 있다. Cyclin B는 CDK1과 복합체를 형성하여 MPF의 활성조절인자로서 M기의 조절에 참여하며, cyclin B와 CDK1이 분해되면 CDK1은 활성을 상실한다.

표 5-2. 세포주기와 관련된 주요 유전자와 단백질의 종류

Activators

Gene/Proteins	Location
Cyclin A1	13q12.3–q13
Cyclin A2	4q26–q27
Cyclin B1	5q13–qter
Cyclin B2	15q22.2
Cyclin C	6q16.3
Cyclin D1	11q13
Cyclin D2	12p13
Cyclin D3	6p21
Cyclin E1	19q12–q13
Cyclin E2	8q22.1
Cyclin F	16p13.3
Cyclin G1	5q34
Cyclin G2	4q21.1
Cyclin H	5q14.3
CDK1/CDC2	10q21
CDK2	12q13
CDK3	17q25.1
CDK4	12q14
CDK5	7q36.1
CDK6	7q21
CDK7	5q13.2
CDK8	13q12.13
CDK9	9q34.11
CDK10	16q24.3
CDC25A	3p21
CDC25B	20p13
CDC25C	5p31

Inhibitors

Gene	Protein	Location
RB1	RB1	13q13
HDAC1	HDAC1	1p35.1
TP_{53}	TP53	17p13
General Cyclin/CDK inhibitors		
CIP1/WAF1	p21	6p21.2
KIP_1	p27	12p12–p13
KIP_2	p57	11p15.5
Specific Cyclin/CDK4 and 6 inhibitors		
NK_4B	p15	9p21–p22
NK_4B	p16, p19	9p21–p22
INK_4B	p18	1p32

알아두기 5-8. 세포주기에서 Cyclin과 CDK 작용

포유동물세포는 다른 세포에서 분비된 세포 외 성장인자(extracellular growth factor)에 의해 자극을 받으면 D형의 cyclin이 먼저 나타나는데, 이 D형의 cyclin은 CDK4, CDK6과 결합을 하고, 세포가 성장을 할 때는 cyclin E가 나타나게 된다. 따라서 G1기에는 cyclin D와 E가 CDK2, CDK4와 각각 결합하여 S기로 이동하는데 결정적인 역할을 하는 것으로 보인다.

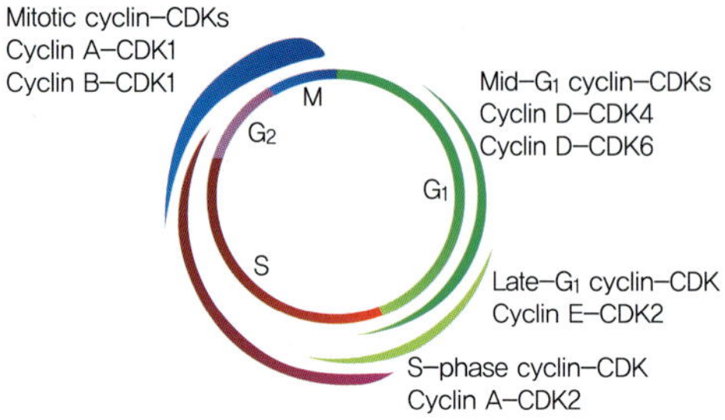

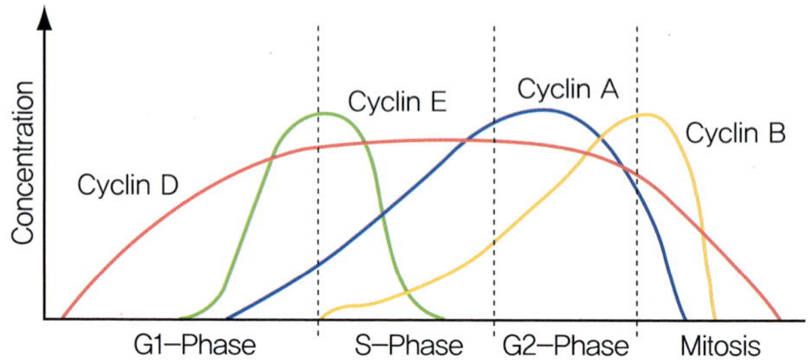

포유동물세포가 G_1기에서 S기에 들어가면 cyclin A가 합성되기 시작하고, cyclin A는 CDK2와 결합하며, cyclin D와 E는 감소한다. 만약 cyclin A의 합성을 저해하면 세포는 DNA를 합성할 수 없게 된다.

S기에서 G_2기로 이동될 때 증가하는 cyclin B는 S기에서부터 합성되기 시작해서 G_2기를 거치는 동안 계속 증가하면서 유사분열 초기에 최고에 이르렀다가 분열 말기에 급격하게 감소한다. 이처럼 세포주기조절은 여러 종류의 cyclin과 CDK의 복합적인 조합에 의해 이루어진다.

③ Cyclin D

Cyclin D는 포유동물의 G1 cyclin으로 알려져 있고, D1, D2, D3의 3종류가 있으며, 발현양상이 서로 달라서 각각 조직특이적으로 발현한다(표 5-3). Cyclin D는 포유동물에서 세포주기의 G1중기부터 G1후기에 발현하여, CDK4, CDK6과 결합하였을 때 활성화된다.

Cyclin D1은 CDK의 활성화기능뿐만 아니라 여러 가지 기능을 하는 단백질로 알려져 있지만, cyclin D2와 D3은 아직까지 특이성과 기능적인 차이에 대해서는 명확하지 않다. Cyclin D1은 편평상피암과 식도암 등에서 유전자의 증폭과 함께 과잉발현이 되며, 난소암과 정소암의 일부에서 cyclin D2의 과잉발현된다는 보고가 있다.

④ Cyclin E

사람의 cyclin E는 19번 염색체 q12-q13에 위치하며 410개의 아미노산으로 되어 있고, 유전자구조에 대해서는 promoter 영역이 해석되면서 전사인자 E2F에 의한 발현조절이 확실하게 밝혀졌다. Cyclin E는 세포 안에서는 주로 CDK2와 결합을 하고 다른 CDK와는 결합하지 않으며, 각종 암에서 cyclin E의 과잉발현이 보고되고 있다.

표 5-3. 사람 Cyclin D의 특징

종류	염색체 위치	mRNA	단백질
Cyclin D1	11q13	4.5 kb	295 aa
Cyclin D2	12p13	~7 kb	289 aa
Cyclin D3	6p21	2.2 kb	292 aa

⑤ Cyclin G

포유동물에서 7번째로 발견된 Cyclin G는 5번 염색체 q32-q34에 위치하며, 그 후 p53에 의해 전사유도되는 표적유전자로 알려졌고, p53의 활성화 혹은 DNA 손상 및 apoptosis 유도 후에도 전사가 유도된다. 폐암이나 전립선암에서 과잉발현되어 있고, 다른 암세포에서는 세포주기조절이 되지 않는다고 알려져 있다. Cyclin G의 조절은 정상세포에서는 S기부터 G_2/M기에 걸쳐 최대가 되는 확실한 주기성을 띠지만, 암세포에서는 cyclin G가 과잉발현되어 조절이 되지 않는다.

(2) 주요 CDK의 종류

CDK는 불활성 형으로, cyclin이 결합할 때만 촉매적 활성을 나타내는 단백질 kinase이며, 다양한 CDK complex

는 진핵세포주기의 다른 단계를 통해서 명확한 표적 단백질을 인산화시킴으로써 cell cycle의 진행을 촉진한다(표 5-4).

표 5-4. 사람에서의 cyclin 의존성 단백질의 활성화 효소 (사람 CDK)

CDK 종류	연관 Cyclin	기능
CDK4, CDK6	Cyclin D1, D2, D3	G1–phase progression
CDK2	Cyclin E, A	$G_1 \rightarrow S$ phase
CDC2(CDK1)	Cyclin A, Cyclin E	$G_2 \rightarrow M$ transition
CDC2(CDK1)	Cyclin B	M–phase
CDK5	p35(gene)	neuronal differentiation

① CDK1

CDC2 (CDK1)는 분열효모의 M기와 S기의 주된 제어 유전인자로 밝혀졌으나, 사람의 *CDK1*유전자는 10번 염색체 q21에 위치하며, 분자량은 34 kDa, 297개의 아미노산으로 이루어졌고, 분열효모와는 아미노산 수준에서 63%가 상동성을 나타낸다. *CDK1*은 cyclin B와의 복합체가 형성되어야만 MPF로서 활성을 나타낼 수 있다.

② CDK2

포유류에서 두 번째로 발견된 CDK2는 CDK1과 매우 비슷한 단백질 kinase로서 사람의 *CDK2* 유전자는 12번 염색체 q13에 위치한다. *CDK2*는 G1말기에서부터 S기에 걸쳐서 cyclin A 및 E와 복합체를 형성하고, 세포주기의 진행에 중요한 역할을 하는 기질단백질을 인산화하여 기능을 발휘한다. CDK2의 발현량은 세포주기를 통해 거의 일정하고, 활성화는 각 세포주기에 특이적으로 발현하는 cyclin과의 결합에 의해 제어된다. 암세포에서 *CDK2* 유전자가 변이되거나 증폭되는 경우는 거의 없다고 알려져 있지만, CDK2 활성의 상승은 세포증식을 촉진할 수 있기 때문에 암화를 유도한다고 할 수 있다.

③ CDK4와 CDK6

CDK4와 CDK6은 그 기능은 밝혀지지 않았지만, cyclin D에 의해서만 활성화되며, 표적기질로서 retinoblastoma (RB) 단백질을 인산화하고 RB의 증식억제활성을 상실시킨다. *CDK4* 유전자는 12번 염색체 q14에 위치하고 섬유아세포와 마크로파지에서 주로 그 활성을 나타내며, *CDK6* 유전자는 7번 염색체 q21.2에 유전자가 위치하며 림프구등에서 활성을 나타낸다. CDK4/6의 복합체의 기질로는 RB 단백질과 이와 관련된 유전자산물(p107, p130)이 알져져 있고, G_1/S기의 세포주기진행에 있어서 cyclin D-CDk4/6 복합체는 RB kinase로서 중요한 역할을 한다.

어떤 종류의 세포에서는 CDK4가 중요한 역할을 하는것으로 알려져 있는데, 흑색종(melanoma), 교모세포종(glia-blastoma), 유방암, 난소암 등에서 CDK4의 활성이 높다고 보고되어 있다. 최근에는 마우스실험을 통해서 CDK4 넉아웃 마우스는 작고, 때로는 췌장의 발육부전에 의한 인슐린결핍성 당뇨병을 유발하거나 불임이 되기는 하지만 심각한 장애 없이 생존할 수 있다는 사실이 알려짐에 따라 CDK4를 제거하는 암요법이 발표되기도 하였다.

④ CDK5

최근에 알려진 *CDK5* 유전자는 7번 염색체 q36.1에 위치하며, 세포주기를 조절하는 다른 CDK와는 달리 유사분열이 끝난 신경세포에서 높게 발현되고 신경의 이주(migration), 신경의 성장(outgrowth), 그리고 신경축삭의 형성이나 분비 등과 같은 신경기능에 관여한다. 신경에서의 CDK5의 활성은 p35와 p39라는 두 개의 활성화인자에 의해서 일어나는데, 이들 활성화인자도 역시 신경계에서 유사분열 후의 신경세포에 발현하는 것으로 알려져 있다.

3) 세포주기 조절인자

세포주기조절에 관여하는 인자들 중에는 암억제유전자(tumor suppressor gene) 산물과 CDK 저해단백질들이 있는데, 대표적으로 암억제유전자 산물에는 p53과 RB 단백질이 있으며, CDK 저해단백질들로는 p16 family(p15, p18, p19)와 p21 family(p27, p57) 등이 있다.

암억제유전자인 RB는 세포의 성장을 억제하는 것으로 알려져 있다. 세포주기에 따라 RB의 인산화가 달라지는데, G0과 G1의 초기에는 저인산화가 되어 있다가 G1말기부터 S, G2, M기에는 고인산화가 된다. 이것은 인산화가 적게 된 RB가 G1기에 세포주기의 진행을 억제하고 있다가, 인산화가 많아지면 억제기능을 상실해서 세포가 G1기를 지나 다음 단계로 진행된다고 생각할 수 있다. Cyclin D형은

알아두기 5-9. CDK 저해단백질들과 세포죽음(Apoptosis)

CDK 저해단백질들의 대표적인 것으로는 G_1 checkpoint에서 DNA가 손상되었을 때 p53이라는 단백질의 활성도가 증가하게 되며, p53은 p21 단백질의 전사를 유발하게 된다. p21은 S기를 유도하는 cyclin-CDK complex에 결합하여 CDK 4/6/2의 kinase 활성을 저해함으로써 RB의 인산화를 막는다. 그 결과, 세포는 G_1에 머물면서 손상된 DNA를 수리할 시간을 얻게 되지만, 만일 DNA 손상이 세포가 수용하지 못할 정도로 심하면 p53은 apoptosis-inducing gene인 Bax 단백질의 gene을 발현시켜 세포죽음을 유발한다. 세포죽음은 세포가 조직 내에서 더 이상 필요 없을 때, 바이러스의 침입을 받았거나 암세포로 변환되었을 때 등의 경우에 개체수준에서 세포의 죽음이 오히려 도움이 되면 세포 스스로 자살하는 기작이다. 이러한 이유로 p53은 '유전체의 보호자(the guardian of the genome)'로 잘 알려져 있다.

RB와 결합하여 CDK에 의한 인산화를 증진시키는 것으로 알려져 있으며, 만약에 cyclin D형을 과발현시키면 RB에 의한 세포증식억제를 극복할 수 있다.

세포는 내외부의 다양한 신호를 받아 세포주기를 조절하는데, CDK가 RB를 인산화하고 또 세포 내에서 CDK저해 단백질이 존재한다는 사실을 통해서 활성화인자와 저해인자들의 균형에 의해 세포주기가 조절되고 있음을 알 수 있다.

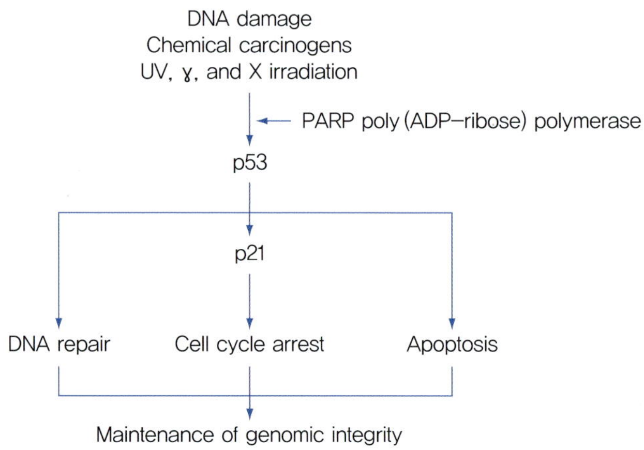

그림 5-4. p53에 의한 세포사멸

(1) RB 단백질

RB는 분자량 110 kDa의 핵단백질로 세포주기에 따라 저인산화 되었다가 과인산화되는 인산화단백질이다. 이단백질은 성장억제인자이기 때문에 전사인자에 결합하여 그들을 불활성화시켜 세포가 세포주기를 통한 진행에 필요한 mRNA의 생산을 억제시킨다. *RB* 유전자의 돌연변이 등으로 인하여 RB 단백질이 손실되면, 세포주기 진행에 필요한 mRNA를 계속 합성하게 되고 결국은 세포주기 조절이 되지 않는 세포성장을 일으키게 된다.

(2) p53

p53은 1979년 랜(David Lane) 등이 simian virus 40 large T 항원과 결합하여 안정적인 상태로 존재하는 분자량 53 kDa의 세포유래 단백질로 발견되었다. 생리적 기능에 대해서는 1990년대에 전사인자로 밝혀졌고, 1993년에는 보겔스테인(Bert Vogelstein) 등에 의해 CDK 억제제인 $p21^{Waf1}$을 유도함으로써 세포주기를 정지시키는 것으로 알려지기 시작했으며, apoptosis를 유도한다는 사실도 발견되었다.

p53단백질은 DNA-결합단백질로서 세포분열을 멈추게 하는 유전자의 전사를 활성화시키는 전사인자이며, 손상된 DNA를 보수하는 역할을 하기도 한다. 또한 보수가 불가능하게 돌연변이된 세포는 세포사멸(apoptosis)을 일으키도록 유도해서 돌연변이된 세포를 제거한다.

p53 단백질은 매우 불안정하고 빠르게 분해되기 때문에 정상세포에서 매우 낮은 농도로 존재하다가, DNA에 손상을 주는 화학물질들, 이온화 방사선, UV 노출 등에 의해 p53의 분해가 멈추게 되면 세포 내 p53의 농도가 빠르게 증가하여 DNA수리, 세포분열의 중단, 프로그램 된 세포사멸 등으로 진행된다(그림 5-4).

(3) p16 family

p16은 inhibitor of cyclin-dependent kinase 4A (*INK4A*), *CDKN2A*, multiple tumor suppressor 1 (*MTS1*) 유전자라고도 하며, 9번 염색체 p21.3에 위치한다. $p16^{INK4A}$ family에는 $p15^{INK4B}$, $p18^{INK4C}$, $p19^{INK4D}$가 존재하고, CDK4 및

CDK6와 결합하여 kinase활성을 억제한다고 알려져 있다. 암세포에는 자주 결실되는 유전자로 알려져 있는데, 특히 급성림프구성 백혈병, 방광암, 식도암, 췌장암의 경우 높은 빈도로 불활성화 되어 있다.

(4) p21 family

p21은 암억제 단백질로 *CDKN1A* 유전자로 암호화되어 있다. 유전자는 6번 염색체 p21.31에 위치하고, 노화세포에서 발현이 증가하는 단백질로서 처음 발견되었다. 이어서 cyclin/CDK2의 복합체에 결합하여 kinase의 활성을 저해하고, p53에 의해 발현되고 유도되는 세포분열억제성 단백질로 분리되었다.

p27은 분자량 27 kDa의 CDK 저해단백질로서 접촉저지와 TGF-β이외에도 여러 증식인자에 의해 유도·활성화되며, p21과 구조적으로 유사하다. p27은 여러 종류의 CDK 저해제 중에서 세포증식 억제에 중요한 역할을 하고 있으며, 특히 암억제, apoptosis 제어에도 중요하게 작용하는 인자이다. *p27* 유전자는 cyclin-dependent kinase inhibitor 1B(*CDKN1B*) 라고도 하며, 12번 염색체 p13.1에 위치한다.

p57 유전자는 11번 염색체 p15.5에 위치하는데, 이 위치는 genome imprinting을 받는 영역으로 알려져 있으며, Wilm's 종양 등의 소아암 등에서 높은 빈도로 염색체 구조 이상을 나타내기도 한다. p57은 p21, p27과 비슷하게 모든 cyclin/CDK와 결합하여 그 활성을 저해하는 것으로 알려져 있다.

제6장

인체의 발생

사람의 발생(development)은 남성의 생식자인 정자(sperm)와 여성의 생식자인 난모세포(oocyte)가 합쳐져 수정(fertilization)이 되어 이배체세포가 된 수정란(접합자, zygote) 한 개로부터 시작되고, 수십 수백 번의 연속적인 유사분열을 통해 신체의 모든 세포로 분화된다. 일반적으로 발생은 출생전기(prenatal period)와 출생후기(postnatal period)로 나눌 수 있지만, 출생 이후에도 뇌의 발달 등 대부분의 발생과정은 25세 정도가 되어야 끝난다.

발생학(Embryology)은 배아(embryo)를 연구하는 학문을 뜻하지만, 일반적으로는 배아뿐만 아니라 태아까지 포함한 출생 이전의 과정을 연구하는 학문이다.

1. 사람 생식세포의 형성과 수정

사람의 생식자는 원시생식세포(primordial germ cells)에서 비롯되는데, 원시생식세포는 발생 4주째 배아 미측부의 바깥쪽 난황의 내배엽 내에서 식별이 가능하고, 6주경에 생식융기(genital ridge)로 이동하며 체세포들과 결합하게 된다. 그리고 그 세포들의 성염색체의 구성(XX 또는 XY)

알아두기 6-1. 출생전기

① 생식자발생(gametogenesis) : 정자나 난자 같은 생식자를 형성하는 과정으로 생식자발생 중 염색체 수는 일반 체세포의 반이 된다.
② 접합자(zygote) : 정자와 난자가 합쳐져서 생성된 세포를 일컬으며, 합쳐지는 과정을 수정이라고 한다. 수정을 통해서 두 생식자의 염색체가 체세포와 같아지며, 성이 결정되면서 사람의 시작이라고 할 수 있다.
③ 상실배(morula) : 분할에 의해 형성된 12~16개 이상의 분할구가 공처럼 모여지는 상태를 의미하며, 수정 후 3일째에 만들어지고 자궁으로 운반된다.
④ 포배(blastocyst) : 상실배가 자궁관에 들어온 뒤 자궁액이 투명층을 지나 세포사이 공간으로 흘러들어 상실배의 안쪽에서 액체로 채워진 포배강(blastocystic cavity)을 형성하며, 이 시기의 배아를 포배라고 한다. 포배의 한쪽 끝에 치우쳐 위치하는 속세포덩이(inner cell mass)는 배아모체(embryoblast)라고 하고, 바깥세포덩이는 영양막(trophoblast)이라고 하며 태아쪽 태반을 형성한다. 발생 1주 말에 포배는 자궁점막에 부착되면서 자궁내막지질로 가라앉는데, 이것을 착상(implantation)이라고 한다.
⑤ 세겹배아원반(trilaminar embryonic disc) : 발생 3주에 낭배(gastrula)의 발생이 진행되어 내배엽(endoderm), 중배엽(mesoderm), 외배엽(ectoderm)으로 이루어진 세겹배아원반이 형성된다.
⑥ 신경배(neurula) : 발생 4주의 배아를 의미하며, 신경판과 신경관이 형성된다.
⑦ 배아(embryo) : 발생 2주까지는 배아라고 하지 않으며, 발생 3~8주까지를 배아기(embryonic period)라고 한다. 이 시기는 인체의 기관이나 구조의 초기 발생을 분명하게 구별할 수 있는 상태로서, 신생아에서 나타나는 기형은 배아기의 발생장애에 의해 초래된다.
⑧ 태아(fetus) : 발생 9주에서 출생 전까지의 사람을 의미하며, 배아기에 출현한 기관과 구조물들이 발달하고 성장한다.

알아두기 6-2. 출생후기

① 영아기(infancy) : 출생 후 1년을 말하며, 출생 후 첫 4주 동안은 신생아기(neonatal period or newborn infant)라고 한다. 유아기는 심장혈관계통과 호흡기계통에 큰 변화가 생기며, 성장이 매우 빠르다.
② 소아기(childhood) : 출생 후 13개월부터 12~13세 사이를 지칭한다.
③ 사춘기(puberty) : 남성은 13~16세, 여성은 12~15세 사이를 말하며, 이차성징이 나타나고 생식기능을 가지게 된다. 여성이 초경을 시작하고, 남성은 정자가 생산이 되면 사춘기는 끝이 난다.
④ 청소년기(adolescence) : 사춘기 이후 3~4년 동안을 청소년기라고 한다. 대략 11~19세까지의 기간이라고 할 수 있으며, 육체적 및 성적 성숙(sexual maturation)이 이루어지고, 이 시기에 생식능력을 가지게 된다.
⑤ 성인기(adulthood) : 골화 및 성장이 완성되는 18~25세 사이를 말하며, 이후에는 발달이 느려지고, 노년기(senility)로 접어들게 된다.
⑥ 갱년기(climacterics) : 나이가 많아짐에 따라 호르몬의 생산이 감소되거나 중지되는 시기를 말하며, 여성에서는 45세~50세에 시작되고 폐경기(menopause)라고 한다. 남성은 보통 50~60세부터 시작된다.

에 따라 고환과 난소로 분화한다.

정자형성과정과 난자형성과정은 감수분열을 필요로 하는데, 여성의 감수분열은 태아시기에 제한된 숫자의 세포들에서 한 번 일어나는 반면에 남성의 감수분열은 성인기에 일어나며, 분열하고 있는 많은 세포집단에서 연속적으로 일어난다(그림 6-1).

1) 정자발생

정자의 발생(Spermatogenesis)은 세정관(seminiferous tubule) 벽의 가장자리에 위치한 가장 미숙한 하나의 정조세포(spermatogonia)가 2회의 감수분열을 통하여 4개의 완전한 정자(spermatozoa)로 바뀌기까지의 모든 과정을 의미하며, 사춘기에 이르러 시작된다.

정자는 성적으로 성숙한 이후에 고환의 세정관에서 형성되고, 세정관들은 분화의 단계가 다른 정조세포들로 이

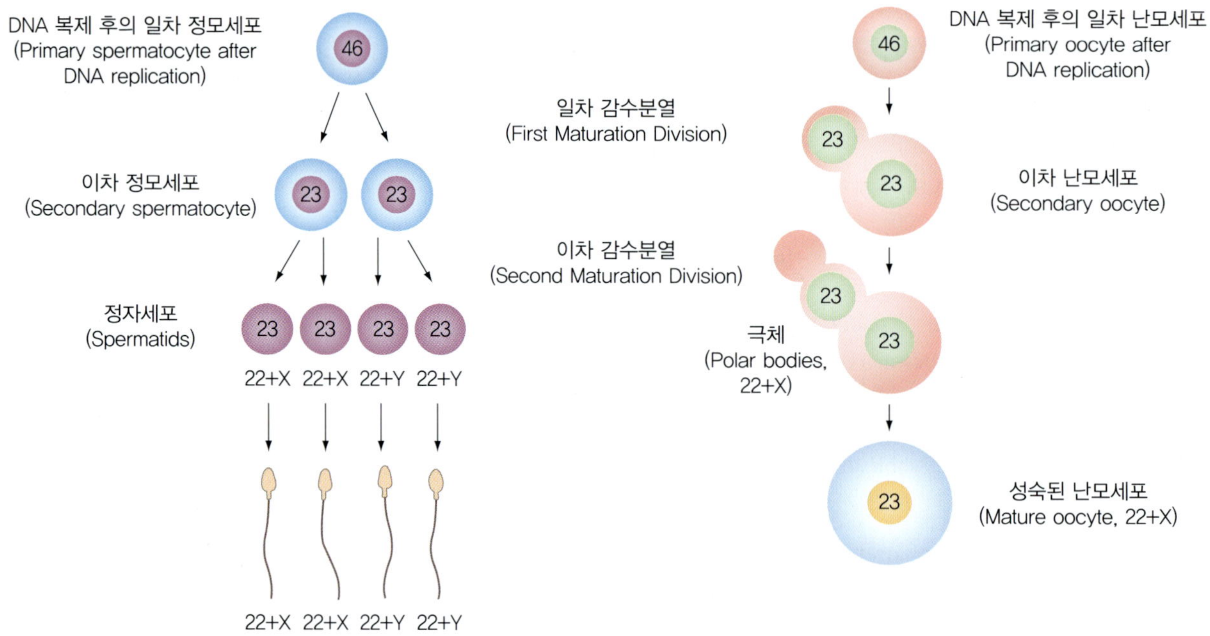

그림 6-1. 생식세포의 일차 및 이차 감수분열 과정

알아두기 6-3. 정자발생과 계획임신

일반적으로 계획임신은 임신 3~4개월 전부터 시작하는 것으로 알려져 있는데, 이는 정자형성기간과도 관련이 있다. 즉, 정자가 만들어지는 약 74일 동안은 위해환경의 노출을 막고 약물이나 담배 같은 독성물질을 피하는 것이 좋다.

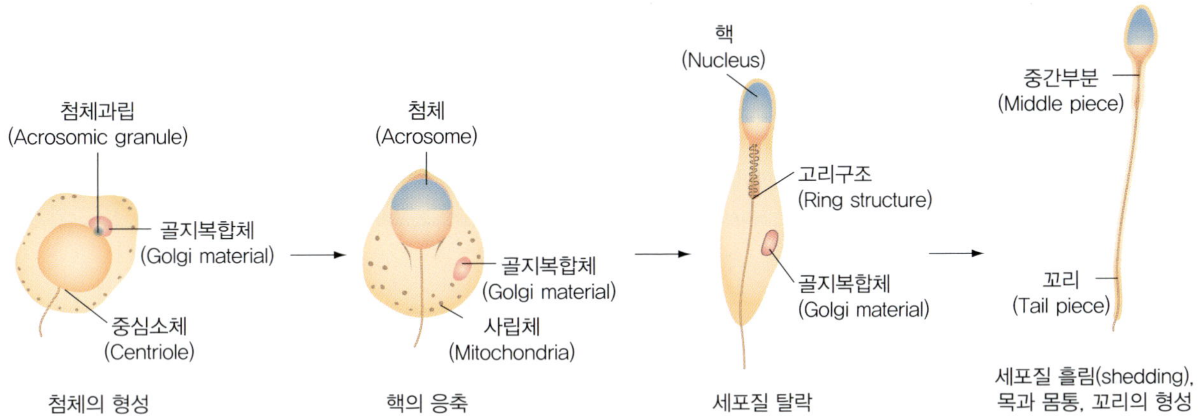

그림 6-2. 정자의 성숙과정

루어져 있다. 정자발생은 편의상 세 시기로 나누는데, 1기는 정모세포의 형성시기로 가장 원시상태의 정조세포가 체세포분열을 통해 증식하여 많은 일차 정모세포(2n)를 형성한다. 2기는 제1감수분열을 통해 2개의 이차 정모세포(n)로 분리되고, 다시 제2감수분열을 통해 4개의 정자세포(n)가 형성된다. 3기는 정자세포가 정자로 되는 과정을 말하며, 난자(egg)로의 침투효소가 포함된 첨체(acrosome)의 형성, 핵의 응축, 세포질 대부분의 흘림(shedding), 목과 몸통 및 꼬리의 형성 그리고 세포질 탈락의 성숙과정을 통해서 정자로 완성이 된다(그림 6-2). 사람의 경우 정자형성과정은 평균 약 74일(64~96일)이 걸리고, 하루에 3억 개 정도가 만들어지며, 여성생식기관 안에서 1~2일 동안 살아 있을 수 있다.

성숙한 정자는 소포체나 골지체, 리보솜 등 세포내기관이 없으며, DNA를 포함하고 있는 머리부분과 운동성을 나타내는 꼬리부분으로 이루어져 있다. 정자 머리끝의 세포막 밑에 위치하는 첨체는 골지체로부터 형성되었고, 정자가 수정 시 난자의 난막을 통과하는데 필요한 가수분해효소를 포함하고 있다.

정자의 DNA는 프로타민(protamine)이라는 단백질에 의해 안전하게 응축되고 비활성화된 상태로 있다. 정자의 머리와 꼬리 사이에 존재하는 미토콘드리아는 정자가 난자를 향해 움직일 때 필요한 ATP를 생산하여 공급한다. 일반적으로 정자의 크기는 0.5~70 μm, 수명은 2~3일이며, 한 번 사정할 때 2억 개 정도로 일생동안은 10^{12}개 정도로 추정할 수 있으며, 연속적으로 수백 번 이상 유사분열을 한다.

특별한 발정기가 없는 사람의 경우, 정자는 성적으로 성숙한 상태에서는 계속 만들어지지만 중년 이후에는 세정관의 퇴화가 뚜렷하게 나타난다.

2) 난자발생

난소에서 난조세포(oogonia)가 난자(ovum)로 발생하는 과정(oogenesis)으로서, 이 과정은 출생 전부터 시작되며, 출생 후 일시 중단되었다가 사춘기에 다시 진행된다. 난자는 수정이 이루어진 후에 제2감수분열이 끝나고 난모세포(oocyte)가 완전히 성숙되기 때문에 거의 성숙된 상태의 난모세포로서 원시생식세포인 난조세포로부터 발생되는데, 대부분 산전의 발생시기에만 일어난다.

난모세포는 미성숙상태의 여성 생식세포를 의미하며, 발생은 출생 전에 시작된다. 첫 번째 감수분열은 출생 전에 제한된 세포 수에 있어서 한 번 일어나는데, 4개의 반수체 세포들 중 1개만이 난자로 발육하며, 나머지 3개의 반수체 세포들은 극체(polar body)라 불리며 퇴화한다. 두 번째 감수분열은 난자가 성숙되었을 때인 배란기간 중에 완성된다.

발생 4개월째의 난조세포는 일차 난모세포(primary

알아두기 6-4. 정액분석

남성의 생식능력은 정액분석으로 평가할 수 있다. 정액은 정자와 사정액으로 이루어져 있는데, 사정액은 부속생식선인 정낭, 전립선과 요도망울선의 분비물로 구성된다. 정자는 정액의 10% 이하이며, 개인에 따라 많은 차이가 있지만 보통 1 mL 당 1억 개 이상의 정자가 들어 있다. 임신이 되기 위해서는 정자수가 1 mL당 2000만 이상이거나 전체적으로 5000만 이상일 때 가능하지만, 1000만 개 이하이면서 운동성이 없거나 비정형인 경우는 정상적인 수정이 불가능하다고 알려져 있다. 불임가정의 30~50%가 남성불임이라고 알려지고 있는데, 남성불임은 정자수의 감소, 정자의 운동성 부족, 정자의 비정상적인 형태, 약물투여, 내분비 장애, 오염물질의 노출과 생식관의 폐쇄 등에 의한 결과이다.

알아두기 6-5. 성세포의 생존력

정자는 여성생식관 속에서 48시간 이상 생존하지 못한다고 알려져 있지만, 어떤 것은 3일 동안 수정력을 가지기도 한다. 그러나 시험관 속에서는 약 2주 동안 살 수 있으며, −79~−196℃에 냉동된 경우는 수년 후에 냉동저장된 정자를 이용해서 인공수정이 가능하다. 난자는 배란 후 퇴화과정을 겪는데, 배란 후 12시간 이내에 수정이 되지 않으면, 난관 속에서 12~24시간 이내에 죽는 것으로 알려져 있다.

oocyte)로 발생하기 시작하며, 일부는 유사분열을 하기도 하고, 일부는 일차 난모세포로 분화하여 제1감수분열 전기에 들어서 있다. 발생 7개월째에 대부분의 난조세포는 일차 난모세포가 되어 제1감수분열 전기에 들어서 있으며, 신생아시기에는 난조세포는 보이지 않는다. 난소를 덮는 표면 상피에서 유래하는 납작한 상피세포를 난포세포(follicular cell)라고 한다.

난자의 형성과정은 동시에 일어나지 않으며, 출생 시에는 제1감수분열의 전기까지만 분열이 이루어진 상태이다. 여자 신생아가 출생 시에는 약 200만 개의 일차 난모세포가 있으나 유년기에 대부분 퇴화되고, 사춘기 전까지 약 40,000개 정도만이 남으며, 이들 중 약 400개만이 이차 난모세포로 되어 가임기간동안 배란이 된다. 사람의 난모세포의 직경은 일반적인 체세포보다 100배 정도 큰 100 μm 정도 이다.

이차 난모세포는 곧바로 제2감수분열이 시작되는 것이 아니라, 배란되기 전 3시간 정도 제2감수분열 중기(metaphase)에서 멈춰 있다가 정자를 만나서 수정이 되어야만 제2감수분열이 완성된다. 수정이 되면 정자와 난자의 반수체(n) 핵은 난자의 세포질에서 융합해서 이배체(2n)의 핵이 되지만, 수정이 이루어지지 않을 경우 이차 난모세포는 배란 후 24시간 내에 퇴화한다.

3) 월경주기

월경주기(Menstrual cycle)는 자궁내막에서 주기적으로 일어나는 변화를 뜻하며, 대개 28일이지만 개인에 따라 변이가 있을 수 있다. 수정란이 착상되지 않으면 주기적으로 자궁내막의 일부와 혈액이 배출되는데 이러한 현상을 월경(menstruation)이라고 하며, 일반적으로 월경기(menstrual phase), 증식기(proliferative phase), 황체기(luteal phase) 및 허혈기(ischemic phase)로 나눌 수 있다(그림 6-3).

(1) 월경기

가장 쉽게 확인할 수 있는 시기로서 월경의 첫날이 월경주기의 시작으로 월경은 대개 3~6일간 지속되는데, 월경 분비물은 자궁 내 상부의 점막에서 유래하며, 혈액, 점막, 상피세포 조각 등이 포함되어 나온다. 정상인의 월경 중에 나오는 혈액은 단백질분해효소의 작용에 의해 응고되지는 않으며, 2일째에 가장 많이 나오고, 그 양은 50~80 mL 정도이다.

(2) 증식기

증식기는 난포기(follicular phase)라고도 하는데, 약 9일간(주기의 6~14일) 지속되고, 난포의 성장기간과 일치하며, 이들 난포에서 분비되는 에스트로겐(estrogen)에 의해 조절이 된다. 월경 후 4~6일 동안 남아있던 일부의 자궁내막선이 증식하면서 재생과 증식이 반복되면서 자궁내막이 2~3배로 두꺼워진다.

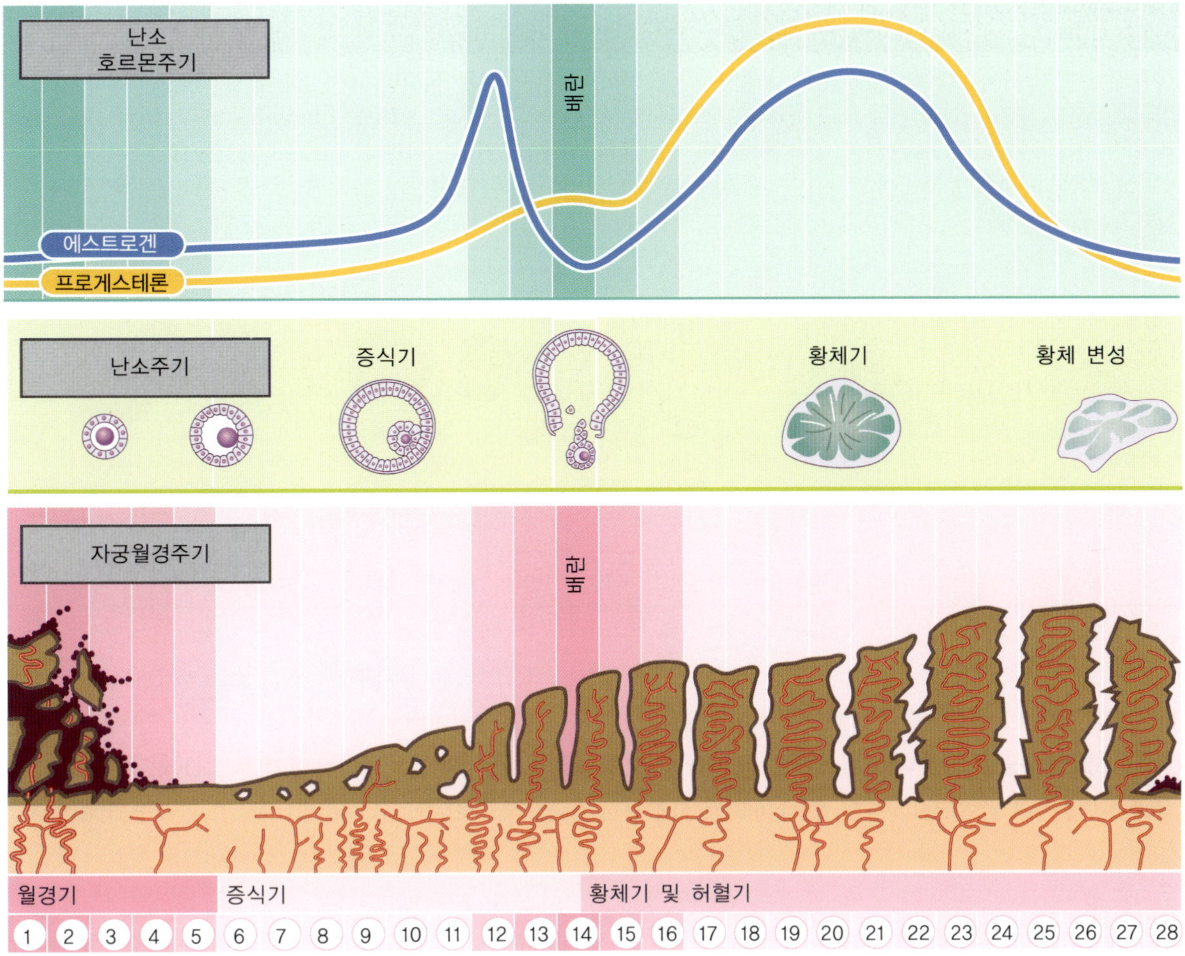

그림 6-3. 월경주기

(3) 황체기

황체기는 분비기(secretory phase)라고도 하는데, 황체의 형성 및 성장과 일치하는 시기로 약 13일간(주기의 15~28일 사이) 지속된다. 황체에서 분비되는 프로게스테론(progesterone)은 자궁내막선상피를 자극하여 글리코겐과 점액소가 풍부한 자궁유상액(uterine milk)을 분비시킨다. 황체에서 분비되는 프로게스테론과 에스트로겐의 영향으로 내막선상피들은 더 넓고 꼬불꼬불한 주머니모양으로 된다. 이 시기에 수정이 일어나면 월경주기 20일경에 수정란이 이곳에 착상을 하여 황체기를 지속시켜 출생 시까지 성장을 하게 되며, 임신한 경우에는 월경주기가 정지되고, 자궁내막은 임신기(pregnancy phase)에 돌입한다. 임신이 끝난 뒤 수유를 하지 않는 경우에는 6~10주 이후에 월경이 시작되며, 여성의 생식주기는 폐경기까지 정상적으로 지속된다.

(4) 허혈기

수정이 이루어지지 않으면 황체는 변성이 되며, 프로게스테론과 에스트로겐의 농도가 떨어지면서 자궁내막이 황체기에서 허혈기로 이행된다.

4) 수정

수정(Fertilization)은 여성과 남성의 생식세포(gametes)가 결합하는 과정으로, 소요시간은 약 24시간이다. 일반적으로 수정은 난자가 배란된 후 하루 정도 내에 난관의 가장 넓고 긴 부분인 난관팽대부(ampulla)에서 이루어지는데, 정자가 난자표면에 있는 수용체와 결합하고 난자의 원형질막과 융합을 한다. 수정된 난자와 정자의 염색체들은 전핵

알아두기 6-6. 비정상적인 정자와 난자

비정상적인 난모세포는 흔하게 발견되지는 않으며, 비정상적인 정자는 전체 정자의 10% 정도에서 나타날 수 있지만, 형태가 비정상적인 정자가 20% 이하이거나 또는 운동이 비정상적인 정자가 25% 이하인 경우는 정상범주로 본다. 비정상적인 형태로는 정자의 머리나 꼬리 등이 크거나 작을 수 있으며, 머리부분이 융합되기도 하는데, 이러한 경우는 정자의 운동성이 없기 때문에 수정을 할 수 없을 것으로 추측한다. 드물게 난자가 두 개 들어 있는 원시세포나 핵이 두세 개인 난모세포인 경우에는 대부분 성숙하기 전에 퇴화한다.

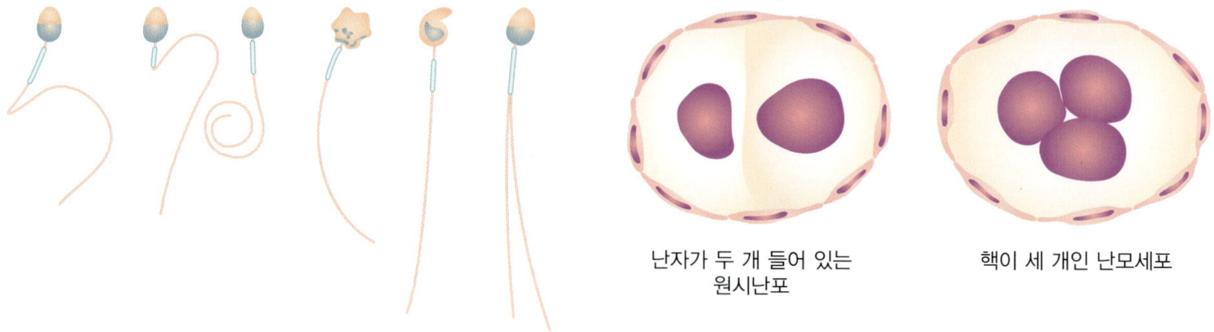

난자가 두 개 들어 있는 원시난포

핵이 세 개인 난모세포

(pronuclei)이 되면서 세포질에도 다양한 변화가 생긴다.

정자의 운동성은 분당 2~3 mm 정도지만 그 속도는 주변 환경의 pH에 따라 달라진다. 여성 질(vagina)에 사정된 2~3억 개의 정자 중에서 300~500개만이 자궁경(cervix)으로 들어가서 몇 시간동안 생존할 수 있으며, 자궁경에서부터 난관까지 이동하는 데는 최소한 2~7시간이 걸린다. 난관협부(Isthmus)에 도달하면 정자는 이동을 중단하는데, 아마도 이때 배란이 되면 난모세포들에서 방출된다고 생각되는 화학유인물질(chemoattractants)에 의해 정자가 다시 움직이게 되고, 약 200개만이 수정이 일어나는 장소까지 도달하며, 나머지 대부분은 여성 생식관에서 재흡수된다.

여성 생식관에 도착한 정자는 수정능력이 없는 상태이며, 수정을 하기 위해서는 수정능획득(capacitation)과 첨체반응(acrosome reaction)을 거쳐야 한다. 수정능획득은 여성 생식관에서 수정능력을 얻기 위한 조정기간으로 사람은 약 7시간이 소요되며, 정자의 첨체부위에 있는 형질막에서 당단백질막(glycoprotein coat)과 정장단백질(seminal plasma proteins)이 제거된다.

수정능이 생긴 정자만이 첨체효소인 히알루로니다제(hyaluronidase)의 작용에 의해 방사관세포들을 통과할 수 있다(그림 6-4). 이어서 정자가 투명대(zona pellucida)를 통과하는데, 이 과정은 수정시작의 중요한 시점이며, 투명대에 닿으면 첨체에서 분비하는 에스트라제(estrase), 아크로신(acrosin) 그리고 뉴라미니다제(neuraminidase) 등의 효소가 투명대를 용해시켜 정자가 난모세포에 침투할 수 있다. 이들 중 가장 중요한 단백질분해효소는 아크로신이다.

알아두기 6-7. 프로게스테론(Progesterone)

황체호르몬이라고도 불리는 프로게스테론은 프레그니놀론(prognenolone)에서 생성되는 스테로이드호르몬이다. 여성에서는 주로 난소와 태반에서 분비되고, 자궁내막과 자궁근육에 작용하는 임신유지호르몬이며, 착상을 근본적으로 조절한다. 임신을 하면 8주 미만까지는 임신황체에서, 10주 이후는 태반에서 주로 분비하며, 혈중 농도는 10주 때부터 상승하면서 39주째 경에 최고치에 달한다. 임신한 돼지에서 분리 또는 인공적으로 합성하여 만든 약품이 있으며, 기능성 자궁출혈, 월경주기 이상, 절박유산(threatened abortion)의 치료에 쓰인다. 최근에는 동종의 합성 프로게스테론이 경구피임약으로 이용되고 있으며, 주사용 프로게스테론 제제인 데포프로베라(Depo-Provera)를 피부 밑 조직에 주사하면 최고 5년, 근육주사하면 23개월까지 배란을 억제할 수 있다.

프로게스테론은 황체기능이나 임신에 관련되는 성호르몬, 월경주기 이상이나 불임증의 진단에 유용하게 사용되는 지표로 사용된다.

* 증가 : 임신, 황체기부신암, 선천성 부신 과형성, 쿠싱증후군
* 감소 : 무월경, 배란 이상, 난소기능 저하증, 황체 · 태반기능 부전, 에디슨병 등

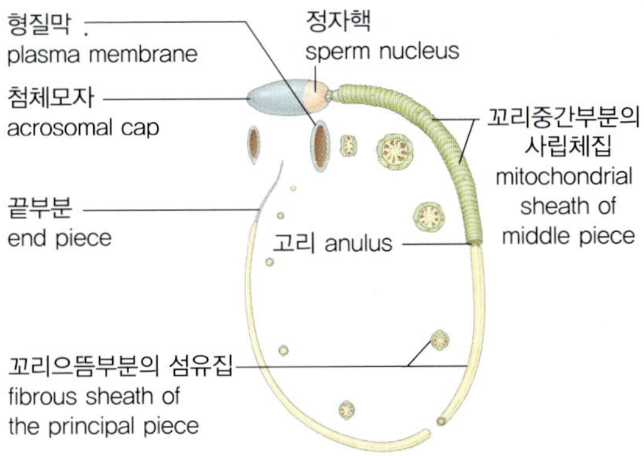

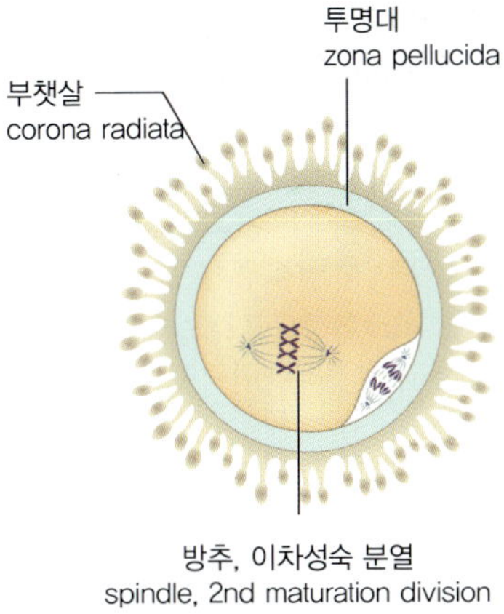

그림 6-4. 정자의 형태와 배란 직후 난모세포의 형태

알아두기 6-8. 일시적인 무월경(Amenorrhea)

사춘기 초기나 폐경기에는 월경주기가 매우 불규칙적인데, 특히 월경사이의 간격이 길다. 수유기간을 제외하고, 심리적 상태, 직업이나 환경 등의 영향 및 정신 질환 등이 있을 때는 월경이 일시적으로 없기도 한다.

수정은 일반적으로 난모세포의 방사관 관통, 투명대 통과 그리고 정자 세포막과 난모세포의 세포막이 융합하는 3단계로 나눌 수 있다.

(1) 1단계

수정장소에 도달한 정자들 중에 오로지 하나만이 수정을 하게 되는데, 수정능획득과정을 거친 정자는 자유롭게 방사관을 통과할 수 있으며, 나머지 정자들은 난모세포를 보호하는 장벽을 통과하는데 도움을 주는 것으로 생각된다.

(2) 2단계

난모세포의 투명대는 두께가 약 13 μm 정도이고 주로 sulfated glycoprotein으로 이루어져 있으며, 정자의 부착을 촉진하고 첨체반응을 유발하는 작용을 한다. 첨체반응은 투명대 단백질의 일종인 리간드 ZP3에 의해 매개가 되며, 첨체효소인 아크로신이 방출되면서 정자가 투명대를 통과할 수 있다.

(3) 3단계

난모세포의 인테그린(integrin)과 정자의 리간드인 디스인테그린(disintegrin)의 상호작용에 의해서 정자와 난모세포의 부착이 시작된다. 사람의 경우 정자의 머리와 꼬리 전부가 난모세포의 세포질로 들어가지만, 원형질막은 난모세포 표면에 남는다. 정자 목에 위치한 미토콘드리아는 난자 속으로 들어가지만, 접합자 속에서 실제로 기능을 하는지는 확실하지 않다.

정자가 난모세포로 들어가 수정란이 되면, 난자의 표층과립(cortical granule) 속의 용해소체효소(lysosomal enzyme)가 분비되어 다른 정자의 부착과 통과를 저지한다. 정자가 들어온 직 후, 난모세포는 제2감수분열을 완료하면서 염색체(22+X)는 여성전핵(female pronucleus)이라고 하는 거품핵(vesicular nucleus) 속에 배열된다. 또한 수정란의 대사가 활성화되는데, 활성인자는 아마도 정자가 운반해 오는 것으로 알려져 있다.

정자는 여성전핵 가까이 위치하면서 핵은 부풀어 남성전핵(male pronucleus)을 형성하게 되고 꼬리는 떨어져 나간다. 이어서 단배수체(haploid)인 두 전핵은 서로 접촉하게 되면서 핵막은 소실되고 성장하는 동안에 각각의 DNA를 복제하게 된다.

수정의 결과로는 부모로부터 물려받은 반씩의 염색체

알아두기 6-9. 비정상적인 배아와 자연유산

많은 수의 접합자, 상실배와 포배가 착상 초기에 자연 유산되는데, 비정상적인 수정이 되면, 여성이 임신사실을 알기 전(수정 후 2~3주)에 유산이 되어버리므로 정확한 통계를 내기는 어렵다. 월경이 며칠 늦어진 경우나 월경이 유난히 많은 경우는 흔히 자연유산한 것으로 보기도 한다. 대략적으로 전체 임신의 약 50%가 자연유산이 되며, 이 중 절반 이상이 염색체 결함에 의한 것으로 추정된다. 나이가 많은 여성들의 조기 유산율이 높은 이유는 난자의 발생 중에 염색체 비분리현상의 빈도가 높은 것으로 추측하고 있다. 자연 유산된 태아는 신경관결함(neural tube defect), 입술갈림증(cleft lip), 입천장갈림증(cleft plate) 등을 포함하여 다른 기형의 발생률도 높았다고 알려져 있다. 이러한 현상은 결함 있는 배아를 골라내는 자연적인 수단이라고 볼 수 있으며, 궁극적으로 선천성 기형 발생률을 낮춘다.

알아두기 6-10. 염색체 이상의 빈도와 어머니 나이

모든 일차 난모세포는 출생 시에 제1감수분열 전기에 들어와 있지만, 바로 중기(metaphase)로 넘어가지 않고 전기(interphase)의 휴지기인 배사기(diplotene stage) 상태로 있다가 배란 직전에 이르러서야 제1감수분열 중기로 들어간다. 따라서 중년기에 성숙하는 난모세포는 40년 이상을 배사기상태로 존재한다고 할 수 있는데, 그동안 난소에 작용하는 환경적 영향에 대해 배사기가 난모세포를 보호하는 가장 적절한 시기인지는 아직 확실하지 않다.
어머니 나이와 염색체 이상의 빈도가 관계가 있음을 볼 때, 일차 난모세포는 나이가 듦에 따라 손상을 받을 수 있으며, 오래된 난자는 염색체 이동을 조절하는 단백질이 축적되는 변화로 인하여 정상적인 감수분열을 완성하기 어렵다.

가 합쳐져 배수체(2n)의 염색체가 되면서 접합체는 부모와는 다른 새로운 염색체조합을 갖게 되며, 새로운 개체의 성(sex)이 결정되고, 분할(cleavage)이 시작된다.

2. 발생의 진행

사람의 발생은 세포 하나에서 9개월 만에 아이가 되는 일련의 연속과정으로 정자와 난자가 수정되어 수정과정이 완료되어야 접합자가 되며, 접합자나 배아는 새로운 개체의 시작이라고 할 수 있다. 배아(Embryo)는 발생 초기단계에 있는 사람 개체라고 할 수 있으며, 8주 말엽까지이고, 모든 주요 구조물의 시초가 되는 시기로 심장순환계통만이 기능을 한다. 태아(Fetus)는 발생 이후의 가장 초기단계에 있는 사람 개체를 의미하며, 9주부터 출산까지를 태아기라고 한다. 배아기에 형성된 조직과 기관이 태아기에서 분화와 성장이 이루어진다.

1) 발생 1주

발생 1주에는 발생 1~4기가 속하며, 수정란(수정 1일)은 분할이 되풀이되면서 세포수가 증가하게 된다. 사람에서는 다른 동물에 비해 분할이 느려서 2세포기까지는 수정 후 30시간, 4세포기까지는 40시간이 걸리며, 12~16세포기까지는 약 3일이 걸린다(그림 6-5). 직경이 0.1~0.2 mm인 상태의 접합자를 상실배(morula, 16세포기)라고 하는데 상실배까지는 약 3일이 걸린다.

상실배가 자궁으로 들어갈 때쯤 투명대가 사라지며, 세포사이의 공간이 합쳐져서 포배강(blastocyst cavity)을 형성하는데 이 시기의 배아를 포배(blastocyst)라고 한다. 포배 속에 있는 세포를 내세포괴 또는 속세포덩이(inner cell mass)라고 하고 장차 배아 자체(embryo proper)가 될 부분이다. 포배의 바깥부분을 둘러싸고 있는 바깥세포덩이(outer cell mass)는 영양막(trophoblast)이라고 하며 태반(placenta)으로 형성된다.

수정란에서 투명대가 소실되는 것은 착상할 준비가 되어 있음을 나타내며, 착상이 성공적으로 이루어지기 위해서는 포배와 자궁내막조직이 정상적인 기능을 하고 있어야 한다. 착상이 일어날 무렵의 자궁내막 두께는 최대로 발달해 5 mm 정도가 되어 있고, 분비기에 있으며, 프로게스테론의 작용에 의해 자궁점막이 착상을 준비한다.

포배가 자궁점막의 상피세포와 접촉해 부착하여 자궁내막지질에 묻히게 되는 과정을 착상(implantation)이라고 하며, 사람의 경우 수정 후 6일 무렵에 배아모체쪽의 영양막세포는 자궁점막 상피세포를 뚫고 착상을 하기 시작하는데

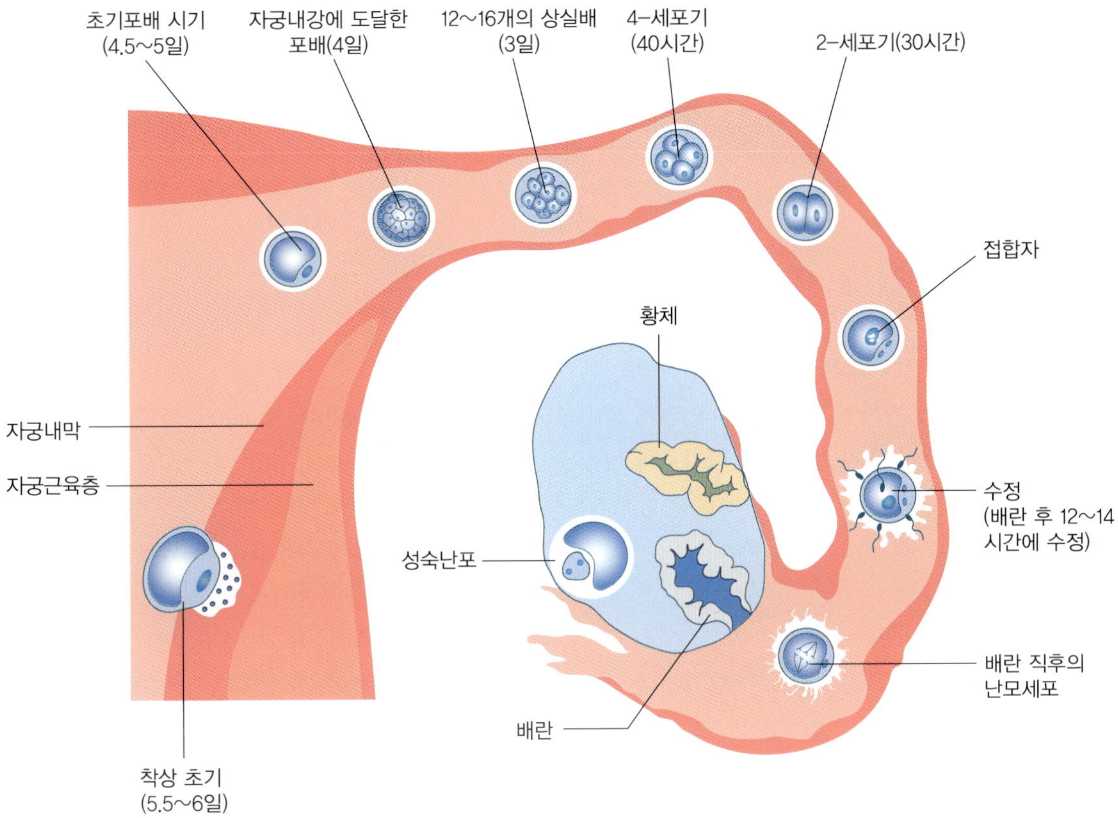

그림 6-5. 배란에서 착상까지의 변화

대략 1주일이 걸린다.

포배는 모체혈액과 가까워지려는 경향이 있어서 자궁내막선이 열리는 곳 사이에 착상을 하는데, 일반적으로는 자궁몸통의 위쪽에 착상을 하며 자궁의 앞쪽 보다는 뒤쪽 벽에 더 많이 착상을 한다. 발생 8일에는 자궁내막지질에 부분적으로 묻혀있으며, 발생 11~12일에 자궁내막의 치밀층에 완전히 묻히게 된다. 포배가 침투해 들어가면서 형성된 표면상피의 결손된 부위는 반흔(fibrin coagulum)에 의해 덮이며, 피부의 창상이 치유되는 것처럼 주위 상피세포의 증식에 의해 발생 2주 말에 완전히 복구된다.

2) 발생 2주

발생 2주는 월경을 거르기 약 1주일 전에 해당되며, 발생 2주째를 'week of twos'라고도 하는데, 이는 영양막이 세포영양막(cytotrophoblast)과 합포체영양막(syncytiotrophoblast)의 두 층으로 분화하고, 배아모체도 배아덩이위판(epiblast layer)과 배아덩이아래판(hypoblast layer)을 형성하며, 배아밖 중배엽은 벽쪽장막과 내장막의 두 개의 판으로 나누어질 뿐만 아니라 또한 양막공간과 난황주머니공간이 형성되기 때문이다.

발생 8일에 포배는 자궁속막에 부분적으로 파묻혀 있으면서 영약막은 안쪽의 단핵세포층인 세포영양막과 뚜렷한 경계가 없이 여러 개의 핵이 있는 바깥쪽의 합포체영양막의 두 층으로 분화된다. 또한 속세포덩이인 배아모체가 배아덩이아래판과 배아덩이위판으로 분화되는데, 이러한 상태를 이층배아원반(bilaminar embryonic disc)이라고 한다.

발생 9일이 되면 포배는 더욱 깊이 파묻히게 되고, 11~12일째는 자궁속막에 완전히 묻히면서 자궁속 공간으로 약간 돌출되어 보인다. 이때 모체의 모세혈관은 울혈(congestion)되고 확장되어 굴모양혈관(sinusoid)이 되어 있으며, 합포체영양막은 모체의 자궁막 속으로 계속 파고 들어옴으로써 영양막 공간과 굴모양혈관이 연결되어 모체의 혈액이 영양막 공간으로 밀려들어가게 되면서 자궁태반 순환(uteroplacental circulation)이 형성된다.

알아두기 6-11. 착상과 셀렉틴(Selectin)

착상과정은 배아모체 쪽의 세포영양막과 자궁점막 상피세포간의 상호작용의 결과로서, 최근의 연구결과에 의하면 영약막세포의 L-selectin과 자궁상피세포의 L-selectin에 대한 탄수화물수용체(carbohydrate receptor)가 포배를 자궁점막에 처음으로 부착시킨다고 알려졌다. 셀렉틴에 의해 포획된 다음에는 영약막에서 발현되는 인테그린(integrin)과 세포외지질 분자인 라미닌(laminin) 및 섬유결합소(fibronectin)가 관여한다. 라미닌과 결합하는 인테그린수용체는 부착을 촉진하며, 섬유결합소에 결합하는 인테그린수용체는 이동을 자극한다.

발생 13일에 영양막은 융모(villi)의 출현이 특징적이며, 영양막 공간 속으로 혈류가 증가하여 착상부위에 출혈이 생길 수도 있는데, 이 출혈은 월경주기 28일에 나타나므로 정상월경으로 혼동될 수 있다.

3) 비정상적인 착상

자궁외임신(extrauterine pregnancy)이란 자궁 밖에 착상을 하는 것으로 복강이나 난소, 자궁관 등 어디에서나 일어날 수 있지만, 대부분의 경우에는 난관에서 가장 빈번하게 일어나며 자궁외임신이 되면 대부분 2개월 전후로 배아가 사망을 하기 때문에 심한 출혈과 복통이 일어난다.

자궁외임신에는 다음과 같은 종류가 있다.

(1) 난관임신

난관임신(Tubal pregnancy)은 자궁외임신의 95% 정도를 차지하며, 전형적으로 정상임신과 같은 징후를 나타낸다. 그러나 발생 2개월이 되면, 난관은 착상된 배아 및 태반이 커지는 것을 수용하지 못하게 되고 배아는 사망을 하며, 영양막에 의해 난관벽의 혈관이 손상되어 출혈이 일어나면서 골반 복막이 자극되어 급성 복통을 일으킨다. 이때 치료하지 않으면 영양막에 의해 난관이 파열되면서 출혈량이 많아져 산모의 생명이 위험할 수도 있다.

난관임신의 원인은 일반적으로 분열하는 접합자가 자궁 안으로 이동하는 것을 막거나 지체시키는 요인들과 관계가 있으며, 예를 들어 골반주위염, 선천성기형, 전에 수술을 한 경우 그리고 종양 및 월경역류 등 수정란이 자궁으로 가지 못하는 경우 등이 있다. 그리고 피임용 자궁내장치(intrauterine device, IUD)를 사용한 여성에서도 일어날 수 있는데, 자궁내장치는 포배가 자궁내막에 착상을 하는 것을 막을 수 있지만 난관에서 수정이 되는 것은 막지 못하며 난관에 착상이 될 수도 있다.

(2) 복강임신

복강임신(Abdominal pregnancy)은 배안임신이라고도 하는데 아주 드물며, 난자가 난관으로 가기 전에 수정이 되거나 수정란이 복강으로 역류되면서 일어난다. 태반이 복강 속의 주요 기관에 부착을 하게 되면 출혈이 심해져서 매우 위험하며, 복강임신에서 임신을 유지하며 태아를 분만하는 경우는 드물다. 복강임신은 정상임신에 비해 사망위험률이 90배 정도이고, 난관임신에 비하여도 7배가 높으며, 매우 드물게 배안에서 태아가 사망한 경우에 모르고 지나치면 태아가 석회화되기도 하는데 이런 태아를 화석태아(stone fetus)라고 한다.

(3) 난소임신

난소임신(Ovarian pregnancy)은 드물게 나타나며 수정란이 난소의 지질에 착상을 한 경우로서, 대부분 발생 초기에 난소조직이 파열되기도 한다.

(4) 자궁경임신

자궁경임신(Cervical pregnancy)의 일부는 수태물이 임신 초기에 유산되기 때문에 임신을 알지 못하고, 어떤 경우에는 경부에 단단하게 부착되어 임신 중이나 출산 때 출혈을 일으키는데 이런 경우는 자궁을 절제하기도 한다. 때로는 자궁경 근처에 착상이 된 배아가 자궁경관을 가로지르는 전치태반(placenta previa)을 형성하는데 임신 중이나 분만시에 심한 출혈을 일으킨다.

4) 배아기

배아기(Embryonic period)는 발생 3~8주 사이에 해당되며, 배아를 이루는 3배엽의 종자층(germ layers)에서 많은 조직과 기관들의 원기가 발생한다. 배아기가 되면 성인에 존재하는 약 4,500개의 구조 중에서 90% 이상이 출현하

알아두기 6-12. 착상과 면역반응

착상된 배아유전자의 50%는 아버지에게서 온 것이기 때문에 착상과정 중에서 모체 자궁내막조직에 의해 거부되어야만 하는데, 실제로 이러한 현상은 일어나지 않는다. 최근의 연구결과에 의하면, 수태물을 외부조직으로 인식하는 것을 차단하는 면역억제 cytokine과 단백질이 생산되고, 사람 융모막융모(chorionic villi)세포에서 비전형적 주조직적합체 계열 I (non-classical major histocompatibility class I)인 사람 백혈구항원-G (human leukocyte antigen-G, HLA-G)는 자연살해세포(natural killer cell)의 융해(lysis)로부터 세포를 보호하여 초기 임신을 유지하기 때문에 수태물이 이물체로 인식되는 것을 막는다고 알려졌다. 그러나 산모가 전신성홍반성루푸스(systemic lupus erythematosus, SLE) 같은 자가 면역질환이 있다면, 이 질환에서 유발된 항체가 수태물을 공격하여 유산이 일어날 수 있다.

여 발달하므로 정상적인 발생에 매우 중요한 시기이며, 기관형성기(period of organogenesis)라고 한다.

(1) 발생 3주

발생 3주는 월경을 거른 첫 주에 해당되며, 가장 특징적인 것은 낭배형성(gastrulation)으로 배아에서 3배엽의 종자층이 모든 배아조직을 만들고 몸통축의 방향성을 확립해 준다. 낭배형성은 원시선(primitive streak)이 나타남으로써 시작되며, 배아 중배엽(embryonic mesoderm)을 만들고 배아 자신의 유전자활동을 시작하는 과정이라고도 할 수 있다.

원시선이 나타난 후 원시선에 있던 세포는 표면에서 아래쪽으로 이동하여 중간엽(mesenchyme)을 형성하며, 중간엽은 몸을 이루는 대부분의 결합조직을 형성한다. 원시선에서 유래한 중간엽세포(mesenchymal cells)는 배아에서 광범위하게 이주를 하며, 다능성세포(pluripotential cell)이기 때문에 증식하여 섬유모세포, 연골모세포, 뼈세포와 같은 다양한 세포유형으로 분화할 수 있다. 원시선은 발생 3주 말에 배아의 엉치꼬리부위에서 퇴화하여 사라지는데, 원시세포의 잔유물이 남게 되면 엉치꼬리기형종(sacrococcygeal teratoma)이 생길 수 있다.

한편, 영양막은 빠르게 성장하여 일차융모(primary villi)에 중간엽 속이 생기고, 발생 약 16일에 이차융모(secondary villi)의 중배엽이 분화하여 작은 모세혈관(삼차융모)이 발생하며, 이 융모 모세혈관을 통해 영양과 산소를 배아에 공급할 수 있게 된다.

(2) 발생 4주

배아의 모양에 중요한 변화가 생기는 시기로서 배아는 거의 곧은 모양이고, 3쌍의 인두굽이(pharyngeal)가 나타나고, 팔싹(upper limb buds)이 관찰되며, 여러 가지 기관계통의 초기 모양 특히 심혈관계통이 형성된다.

(3) 발생 5~8주

발생 5주는 주로 뇌와 얼굴융기가 급속하게 발달하기 때문에 머리의 성장이 다른 부분에 비해 뚜렷하다. 발생 6주는 촉각에 대한 반사를 보인다고 알려진 시기로 몸통과 팔다리를 씰룩거리는 운동을 한다고 알려져 있으며, 손 · 발가락 선이 형성되고, 뇌세포가 뚜렷하게 보이면서 배꼽탈장이 시작된다. 발생 7주에는 손 · 발가락 선이 분리되며, 젖꼭지와 눈꺼풀이 형성된다. 발생 8주에는 팔다리가 길어지면서 손 · 발가락이 분리되고, 머리가 둥굴게 변해서 얼굴이 사람처럼 보이며, 바깥 생식기관의 형태로는 남녀의 구분은 할 수 없다.

5) 태아기

발생 9주부터 출생 직전까지를 태아기(fetal period)라고 하며, 배아기 때 발생이 시작된 여러 조직과 기관이 성숙되고 신체가 빠르게 성장을 한다. 이 시기에는 선천성 기형은 거의 일어나지 않지만 물리적인 힘에 의해 변형이 생길 수 있고, 중추신경계의 세포가 손상을 입으면 출생 후에는 행동장애가 나타나거나 지능이 낮을 수도 있다.

태아의 성장을 위해서는 에너지 생산 및 성장에 필요한 영양물질들을 필요로 한다. 태아의 대사작용과 성장에 필요한 일차에너지의 공급원인 포도당(glucose)과 아미노산 등의 영양물질들은 모체로부터 태반(placenta)을 자유롭게 통과하여 태아에게로 전달된다. 포도당대사에 필요한 인슐린은 태반을 통과하지 못하며, 발생 20주 이후부터는 태아의 이자에서 분비된다. 태아의 성장을 촉진하는 것은 인슐린, 인슐린유사성장인자(insulin like growth hormone-1,

알아두기 6-13. 세 배엽의 분화

낭배형성과정은 외배엽(ectoderm), 중배엽(mesoderm) 그리고 내배엽(endoderm)의 세 배엽이 완성되는 것으로 세포의 형태, 재배열, 이주 및 부착성의 변화에 영향을 받는다.
외배엽(Ectoderm)은 신체 외부와 접촉을 유지하는 기관 및 구조들이 발생하며, 표피, 중추 및 말초신경계통, 눈, 속귀, 신경능선세포, 머리의 결합조직으로 분화한다.
중배엽(Mesoderm)은 축옆중배엽, 중간중배엽, 외측중배엽으로 나눌 수 있다. 축옆중배엽은 몸통의 근육과 두개골절을 제외한 골격 그리고 진피 및 결합조직이 있다. 중간중배엽은 신장, 신우, 집합요세관, 성선, 생식관과 부생식선 등을 포함한 비뇨기계통이 발생한다. 외측중배엽은 사지의 결합조직 및 근육, 심장외막, 흉막 및 복막 등의 장막과 부신피질, 혈구, 비장, 심장근육층, 심장내막 그리고 내피 등이 발생한다. 또한 중배엽은 혈관계통의 일체를 만든다.
내배엽(Endoderm)에서는 소화기관계통, 호흡기관계통 그리고 갑상선, 부갑상선, 간 및 이자의 실질을 형성하며, 방광, 요도의 상피 그리고 고실과 귀인두관 상피의 형성에 기여한다.

IGF-1) 및 성장호르몬(growth hormone) 등이라고 알려져 있다.

분만예정일은 수정으로부터 266일 또는 38주, 즉 최종 정상월경일 후 280일로 알려져 있다. 일반적으로 대부분의 태아는 분만예정일 10~14일 전후에 태어나는데, 예정일보다 훨씬 이전에 태어나면 미숙아(premature)라고 하며, 2주 정도를 넘기면 과숙아(postmature)라고 한다. 약 5~6% 정도가 분만예정일보다 2주 정도를 넘기는 경우가 발생을 하는데, 일부 영아는 사망을 할 수도 있기 때문에 유도분만을 시행한다.

6) 태반과 태아막

태반과 태아막은 태아를 자궁내막(endometrium)으로부터 분리를 해주는데, 태반은 발생 4개월경에 완성이 되며, 모체와 태아 사이에서 영양소와 가스교환이 일어나는 기관이다. 태반은 영양, 호흡, 태아로의 물질 운반과 대사물 제거 등을 수행하며, 단백질합성 및 면역학적 기능과 보호 기능 등도 한다. 수정란의 발생이 진행되면서 일부는 태아로 되며, 나머지는 배아의 외부에 위치해서 모체와 배아의 중계역할을 하는데 이를 태아막(fetal membrane)이라고 한다.

태반과 태아막은 배아의 보호, 영양, 배설 및 호르몬의 생산 등에 관여하며, 출산 직후에 후산(afterbirth)으로 자궁에서 배출이 된다. 탯줄(umbilical cord, 제대)은 태아와 태반을 연결하는 혈관성 띠라고 하며(그림 6-6), 임신 말기까지 태아와 태반을 연결하기 때문에 태아의 생리적 생명선이라고 할 수 있다.

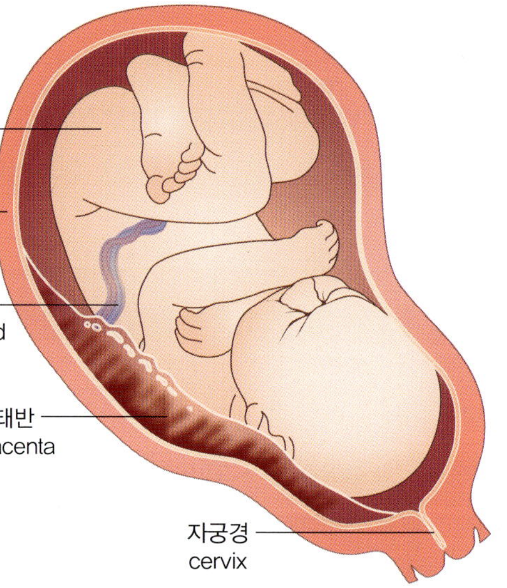

그림 6-6. 자궁속의 태아 자세(임신 말기)

(1) 태반

태반은 융모막주머니로부터 발생한 태아부분(fetal part)과 자궁내막으로부터 유래한 모체부분(maternal part)으로 이루어져 있다. 영양소와 산소는 모체혈액으로부터 태반을 통하여 태아혈액에 전달이 되고, 노폐물과 이산화탄소는 태반을 통해 태아혈액에서 모체혈액으로 이동된다. 태반은 태아가 자라고 자궁이 팽창함에 따라 같이 커지는데, 그 크기와 성장은 임신 20주가 될 때까지 계속되며, 임신기간 중 자궁 속면의 약 15~30% 정도를 덮는다.

출생 후의 태반은 직경이 약 15~20 cm, 두께가 2~3 cm 정도 되는 원판모양이며, 무게는 500~600 g으로 태아 체

알아두기 6-14. 태아 발생의 시기별 특징

① 발생 9~12주 : 태아가 자극에 반응하기 때문에 활동시작기(stage of initial activity)라고 하지만, 산모가 느끼지는 못한다. 발생 9주에 간은 조혈, 특히 적혈구의 형성이 활발하다가 12주말에는 둔화되며, 외부의 성기는 12주말에 구분이 가능하다.
② 발생 13~16주 : 태아 성장이 매우 빠르며, 손가락을 빠는 모습이 관찰되고, 간에서 생산된 담즙에 의해 태변이 녹색으로 염색된다. 난소에는 난조세포를 포함하는 원시난포가 있다.
③ 발생 17~20주 : 보통 산모가 태아의 운동을 쉽게 느낀다. 발생 18주에는 자궁이 완전히 형성되며, 20주에는 고환이 하강을 시작한다. 태아의 몸 전체는 부드러운 배냇솜털(lanugo)로 덮여 있으며, 눈썹과 머리카락이 보인다.
④ 발생 21~25주 : 태아의 체중이 뚜렷하게 증가한다. 22~24주의 태아는 호흡기계통이 성숙되어 있지 않기 때문에, 이 시기에 태어나면 대부분 사망한다.
⑤ 발생 26~29주 : 태아의 허파와 허파혈관계통이 충분히 발달되어 이 시기에 태어난 아이는 집중치료를 하게 되면 생존이 가능하며, 중추신경계통도 성숙되어 규칙적인 호흡운동과 체온조절이 가능하다. 26주에는 눈커풀이 열리며, 머리카락이 잘 자란다.
⑥ 발생 30~34주 : 30주에는 빛에 대한 동공반사(pupillary reflex)가 나타난다. 32주 이후에 태어난 태아는 조산되어도 대부분 생존할 수 있다.
⑦ 발생 35~38주 : 35주의 태아는 물체를 단단하게 움켜 쥘 수 있으며, 빛에 대해 자연적으로 방향을 잡는다. 출산이 다가오면 성장은 느려지고, 만기 임신 때 보통 신생아는 체중이 3~3.4 kg, 엉덩이 길이는 360 mm 정도이다.

중의 1/6 정도이다. 태반의 크기 및 모양은 매우 다양하지만 생리학적 또는 임상적 의의가 거의 없다.

태반막(Placenta membrane)은 모체혈액과 태아혈액을 격리시키는 얇은 막으로 모체혈장에 존재하는 대부분의 호르몬은 태반막을 통과하여 태아혈장으로 전달된다. 합성 프로게스테론 제제는 태반에 빠른 속도로 전달이 되어 여성태아의 남성화를 유발하기도 하며, 풍진(rubella), 천연두(variola), 수두(varicella), 홍역(measles), 소아마비(poliomyelitis) 등의 바이러스들은 어렵지 않게 태반막을 통과하여 선천성 기형을 유발할 수도 있다.

(2) 태아막

태아막(Fetal membrane)에는 난황낭(yolk sac), 양막(amnion), 융모막(chorion) 및 요막(allantois) 등이 있으며, 유전적으로는 태아와 동일하지만 먼저 성숙하고 먼저 죽는다. 사람의 난자에는 난황은 없지만 난황낭을 형성하여, 자궁태반순환이 형성되는 발생 2~3주 중에 영양물질을 배아에게 운반하는 역할을 하는 것으로 알려져 있다.

양막은 양수(amniotic fluid)로 채워져 있는 커다란 주머니로 발생 초에 형성되며, 배아나 태아를 둘러싸는 막으로 얇지만 질기고 투명하다. 양수는 초기에는 투명하다가 임신 주수가 많아지면서 약간 노란색 또는 지푸라기색(갈색보다 흐린)으로 변하는 맑은 액체이며, 일부가 양막세포에서 만들어지기도 하지만 대부분 모체혈액에서 유래한 것이다. 양수의 양은 느리게 증가하며, 발생 10주에 30 mL, 20주에 350 mL이며, 37주에는 약 800~1,000 mL 정도가 되었다가 이후에는 갑자기 감소된다.

양수는 배아와 태아의 대칭적 외부성장이 가능하도록 하며, 감염에 대한 보호, 정상적인 태아허파의 발생을 도와줄 뿐만 아니라 배아나 태아가 양막에 유착되는 것을 방지, 모체가 받은 충격을 흡수하여 배아나 태아가 받을 충격의 완충작용, 배아의 체온조절 그리고 물과 전해질의 항상성을 유지하는데 관여한다.

요막은 사람 배아에서는 생리학적으로 기능이 없지만, 발생 3~5주에 요막의 벽에서 조혈작용이 일어나며, 요막벽의 혈관은 나중에 커져 배꼽동맥 및 정맥으로 된다.

(3) 탯줄

태아를 태반에 연결시키는 탯줄(umbilical cord)은 출생 시 지름이 약 1~2 cm, 길이는 30~90 cm(평균 55 cm)로 태아의 키와 비슷하다. 탯줄은 대개 태반의 중앙부근에 위치하며, 2개의 동맥과 1개의 정맥을 가지고, 혈관보호층 역할을 하는 점액성결합조직(wharton jelly)에 의하여 둘러싸여 있다. 약 1% 정도에서 제대동맥이 하나인 경우가 있는데, 이때에는 선천성 기형의 동반률이 증가한다. 긴 탯줄은 탈출되거나 태아 주위를 감는 경향이 있는데, 탈출이 되면 탯줄이 태아의 몸 전체와 모체의 골반 사이에서 압박을 받아 태아에게 저산소증(fetal hypoxia)이나 무산소증

알아두기 6-15. 태반의 주요 기능

① 기체 이동 : 산소, 이산화탄소, 일산화탄소는 단순확산(simple diffusion)에 의해 태반막을 통과한다. 태아에 공급되는 산소의 양은 혈액공급에 의해 좌우되므로 태반의 혈류는 태아의 산소공급에 중요한 역할을 하며, 만삭의 태아는 모체혈액으로부터 1분당 20~30 mL 혈액 내의 산소를 가져간다.
② 영양물질 : 수분은 단순확산에 의해 자유롭게 교환이 되며, 모체와 태반에서 형성되는 글리코겐은 촉진확산(facilitated diffusion)에 의해 운반이 된다. 모체의 콜레스테롤이나 트리글리세라이드(triglycerides), 인지질(phospholipids)은 거의 운반되지 않는다. 태아성장에 필수적인 아미노산은 능동수송(active transport)에 의해 태반막을 통과하며, 모체혈장보다 태아혈장의 농도가 높다. 모체의 트랜스페린(transferrin)은 태반막을 통과하여 철(iron)을 배아나 태아에게 운반된다.
③ 모체항체 : 태아는 면역계통이 미성숙하기 때문에 모체의 항체가 태반을 통하여 수송됨으로써 일부 수동면역(passive immunity)이 전해진다. IgGγ-글로불린은 태아에게 쉽게 운반이 되며, 모체항체에 의해 디프테리아(diphteria), 천연두(small pox), 홍역(measles) 등에 대한 면역이 생길 수도 있지만 수두나 백일해 등은 생기지 않는다.
④ 호르몬 생산 : 갑상선호르몬(Thyroxine)을 제외한 대부분의 단백질호르몬들은 배아나 태아에게 전달이 되지 못한다. 태반에서 합성이 되는 단백질호르몬에는 사람융모성생식선자극호르몬(human chorionic gonadotropin, hCG), 사람융모성체유설자극호르몬(human chorionic somatomammotropin), 사람융모성부신피질자극호르몬(human chorionic corticotropin) 등이 있으며, 모체의 혈액과 소변에 있는 hCG를 통해 임신을 진단할 수 있다. 태반에서 합성이 되는 스테로이드호르몬에는 프로게스테론과 에스트로겐이 있다.
⑤ 노폐물 : 태아의 대사작용에 의해 형성된 노폐물은 태반을 통해 배출이 되는데, 신장과 유사한 기능을 한다고 할 수 있다. 이산화탄소는 산소보다 더 빨리 태반을 통과하며, 요소 및 요산은 단순확산에 의해 태반을 통과한다.
⑥ 약물 : 아미노산과 구조가 비슷한 메틸도파(methydopa)와 항대사물 같은 약물을 제외한 대부분의 약물이 단순확산에 의해 자유롭게 태반막을 통과한다. 엄마가 헤로인(heroin) 같은 습관성 약물을 사용하면 태아가 약물중독이 될 수 있다.

(anoxia)이 초래될 수 있다. 만약에 태아에게 산소결핍이 5분 이상 지속되면 태아의 뇌가 손상을 받아 정신지체가 유발될 수 있다.

7) 분만

분만(Parturition, childbirth)이란 태아, 태아막과 태반이 모체의 자궁으로부터 배출되는 동안의 모든 과정으로, 분만을 시작하게 하는 요인은 아직 명확하게 밝혀지지 않았지만 몇몇 호르몬들이 자궁수축의 시작과 관련이 있다.

분만의 과정은 자궁경의 확장, 태아분만 그리고 태반분리의 3단계로 나눌 수 있다. 자궁경의 확장시기는 동통을 수반한 자궁의 규칙적인 수축이 10분 간격으로 일어나며, 평균 지속시간은 초임신부인 경우 12시간 정도이다. 태아분만의 단계는 태아가 자궁경과 질을 통해 밀려 내려오는 시기로 초임신부인 경우 약 50분 정도 소요된다. 태반분리는 출산 직후에 태반과 태아막이 배출되는 단계로 약 15분 정도 소요되는데, 60분 내에 배출되지 않는 경우를 잔류태반이라고 한다.

산욕기(Puerperium)는 분만이 끝난 후부터 산모가 임신 전의 상태로 회복될 때까지의 기간을 말하며, 대개 6~8주 정도이다. 월경은 출산 후 6~8주가 지나서 일어나지만, 모유수유를 하는 상태에서는 몇 개월이 지연된다.

3. 선천성 기형

선천성 기형(Congenital malformation)은 출생결함(birth defect) 또는 선천이상(congenital anomaly)이라고 하기도 하는데, 일반적으로 출생 시에 존재하는 구조적, 기능적, 그리고 대사이상을 포함하는 비정상을 의미한다. 정상변이(normal variation)의 범위는 확실하게 정할 수 없으며, 판단 역시 다양하지만, 기관(organ) 또는 개체의 특성이 합리적인 범위를 확실하게 벗어났을 때 기형이라고 한다.

선천성 기형은 영아사망률의 약 20%를 차지하는 주요 원인이며, 인종 간의 차이를 보이지는 않는다. 선천성 기형을 나타내는 경우의 50~60%에서는 그 원인이 밝혀지지는 않았지만, 염색체이상과 같은 유전적 인자를 가진 경우가 15% 정도이며, 환경적 영향에 의한 경우가 10%, 유전적 영향과 환경적 영향이 합쳐진 다인자성 요인이 약 20~25% 정도이다.

알아두기 6-16. 태반기형

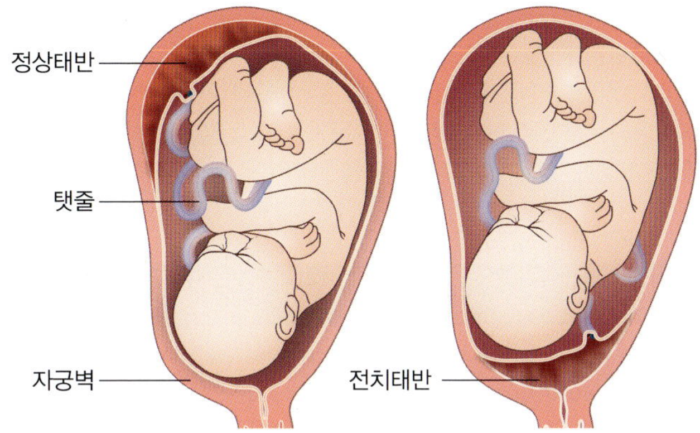

태반이 비정상적으로 자궁근육에 부착이 된 경우를 유착태반(placenta accreta) 그리고 태반이 자궁근육층의 전체에 걸쳐 부착이 된 경우는 천공태반(placenta percreta)이라고 하는데, 천공태반은 때로는 자궁파열을 일으킬 수 있다. 태반이 자궁출구의 전부 혹은 일부를 막아 태아가 나오지 못하게 되는 경우를 전치태반(placenta previa)라고 하는데, 이러한 태반이상은 임신 말기에 출혈이 야기되며, 전치태반의 경우는 수술을 통해 분만되어야 한다.

작은귀증(microtia), 색소반점 등과 같이 경미한 상태의 구조적 이상은 작은 이상(minor anomalies)이라고 하는데, 신생아의 약 15% 정도에서 발견되며 건강에는 치명적이지는 않지만 일부의 경우는 큰 결함을 동반하기도 한다. 특히 귀이상은 증후군기형(syndromic malformation)을 보이는 모든 어린이에게서 관찰되기 때문에 다른 결함이 있을 수 있다는 것을 알려주는 지표이기도 하다.

1) 선천성 기형의 분류

선천성 기형을 분류하는 데는 여러 가지 방법이 있지만, 일반적으로는 병인에 따라 나눌 수 있다.

(1) 단일 이상

① 기형

대부분의 기형(Malformation)은 기관발생기(period of organogenesis)인 임신 3~8주 동안에 발생하며, 내재요인에 의한 비정상적 발생과정의 결과로서 기관 전체 혹은 부분, 신체의 일부에 나타나는 형태적 이상을 말한다.

② 파열

외부적인 요인에 의해 원래의 정상적인 발생과정의 파괴와 방해에 의한 것으로 이미 형성된 기관 전체 혹은 일부에 나타나는 형태적 이상을 파열(disruption)이라고 하는데, 약물이나 바이러스와 같은 기형유발물질에 노출된 뒤의 형태적 변화도 파열에 의한 것이다. 창자폐쇄를 초래하는 혈관이상(vascular accidents)과 양막대(amniotic band)가 아이의 몸과 연결되어 신체의 일부가 성장을 못하는 양막밴드증후군(amniotic band syndrome) 등이 있다.

③ 변형

태아의 일부분에 가해진 물리적 요인에 의해 장시간 동안 신체의 일부가 비정상적인 형태, 위치 등을 나타내는 것을 변형(deformation)이라고 하며, 예로는 양수에 가해진 물리적인 힘 때문에 생긴 곤봉발(clubfeet)이 있다. 근육뼈대계통에 생기는 변형은 생후에 고칠 수도 있다.

(2) 다발성 이상

① 증후군

증후군(Syndrome)은 이미 진단이 이루어진 상태로 발생기전이 밀접한 특정요인에 의해서 여러 종류의 기형이 같이 생긴 경우를 말한다.

② 연합

연합(Association)은 원인이 밝혀지지 않았지만, 두 개

알아두기 6-17. 양수의 구성성분

양수는 탈락된 태아상피세포와 같은 비용해성 물질이 떠 있는 용액으로 약 98~99%는 수분이며, 거의 비슷한 양의 유기질 및 무기질이 포함되어 있다. 양수의 구성성분은 임신이 진행되면서 태아의 태변과 소변이 첨가됨에 따라 변하게 되는데, 양수천자(amniocentesis)로 뽑은 양수액을 이용하여 태아의 효소, 아미노산, 호르몬 등을 검사할 수 있다. 양수의 알파태아단백질(α-fetoprotein, AFP)은 주로 yolk sac에서 기원하지만, 모체의 혈액 내에 존재하는 AFP는 태아의 간에서 기원하는 것으로 양수와 모체혈액 내의 AFP 수치가 높으면 신경관결손이 심하다는 것을 의미하며, AFP 수치가 낮으면 다운증후군과 같은 염색체 이상이 있음을 시사한다. 다운증후군은 양수 내의 세포를 이용한 염색체분석을 통해 진단할 수 있으며, 태아세포를 이용한 형광동소교잡법을 시행한다.

알아두기 6-18. 분만과 호르몬

태아의 시상하부에서 부신피질자극호르몬방출호르몬(adrenal corticotropin-releasing hormone)을 분비하고, 이 방출인자는 뇌하수체를 자극하여 부신피질자극호르몬(adrenal corticotropic hormone)을 생성하도록 하며, 부신피질자극호르몬은 콩팥위에 존재하는 부신피질로부터 코르티솔(cortisol)을 분비하도록 한다. 코르티솔은 에스트로겐 합성에 관여하는데, 이들 스테로이드호르몬들은 자궁의 수축을 촉진할 수 있다. 에스트로겐은 자궁근육층 활성을 증가시키고, 옥시토신(oxytocin)과 프로스타글란딘(prostaglandin)의 분비를 촉진한다. 자궁근육세포가 옥시토신에 매우 민감하게 반응을 하면서 수축을 촉진하기 때문에 임상적으로 유도분만을 해야 할 상황에서는 이 호르몬을 투여한다.

옥시토신은 9개의 아미노산으로 구성된 단백질호르몬으로서 시상하부의 신경세포에서 형성되고, 뇌하수체 후엽에 저장되는 호르몬 중의 하나로 자궁수축작용과 젖배출작용을 한다. 활동성 진통을 유도하고, 분만할 때 자궁수축력을 증가시키고, 태반배출 후에 자궁근육수축, 분만 후 출혈을 조절하고 젖배출을 자극하기 위해 근육주사나 정맥주사로 주입한다.

이상의 기형이 동시에 나타나는 것을 의미한다.

2) 병인

1940년대 초까지는 선천성 기형의 일차적 원인이 유전요인이라고 추정되었으나, 1941년 시드니의 안과의사였던 그레그(Norman Gregg)가 임신 초기 산모가 풍진(rubella or german measles)에 감염되면 선천성 기형을 일으킬 수 있다는 보고를 하였다. 이어서 1961년에 렌즈(Widukind Lenz)가 1960년대 전반에 수면제로서 유럽에서 널리 사용된 탈리도마이드(thalidomide)가 임신 초기의 여성에 사용하면 태아의 중증 선천 기형, 특히 무지증 및 단지증을 일으키는 원인이 된다는 것을 발견함으로써 약물이 태반을 지나 선천성 기형을 유발할 수도 있다는 것이 밝혀졌다. 그 이후로 여러 종류의 약물이 기형유발인자(teratogen)로 밝혀졌다.

(1) 유전요인

선천적 기형의 가장 중요한 원인은 유전요인으로 전체 선천성 기형의 대략 1/3을 차지하며, 그 중의 85%는 원인을 알 수 없는 경우이다. 유사분열이나 감수분열과정에서 흔하게 염색체 이상이 초래되며, 실제로 6~7% 정도의 접합자에서 염색체 이상이 관찰된다. 염색체 이상은 숫자나 구조적 이상으로 상염색체와 성염색체에서 각각 일어나거나 동시에 일어나기도 한다.

① 세포분열과정의 오류

세포분열의 생물학적 의의는 한 세대로부터 다음 세대에 이르는 과정에서 염색체 수가 변함이 없다는 것이다. 그리고 세포분열과정과 의학적 연관성은 염색체의 수적 이상이나 구조적 이상을 형성하는데, 세포분열의 오류나 또 다른 기작과 관련이 있다. 감수분열의 비분리는 유전질환의 원인이 되기도 하며, 빠르게 분열하는 조직들에서의 비정상적인 염색체분리는 종양으로 발전하기도 한다.

② 재배열

재배열은 염색체가 끊어진 후 비정상적인 조합으로 다시 결합한 것을 의미하며, 제1감수분열에서는 유전적 재조합(recombination)이 일어나는데, 이 과정에서 DNA의 상동적(homologous) 분절이 상동염색체 쌍의 비자매염색분체간에 교환이 일어나기 때문에 어떠한 생식세포들도 동일할 수는 없다.

재배열은 여러 가지 방법으로 일어날 수 있으며, 염색체 구조의 이상을 초래할 수 있다. 그러나 염색체 수적 이상보다는 드물게 나타나며, 신생아 약 400명 중 1명의 비율로 나타난다.

염색체 구조의 재배열은 균형(balanced)과 불균형(unbalanced)으로 분류할 수 있으며, 정상염색체 구성요소를 다 갖춘 경우를 균형이라고 하고, 염색체 일부분이 첨가되거나 결실된 경우를 불균형이라고 한다.

(2) 환경요인

임산부가 기형유발물질(teratogens)에 노출되면 태아 발생에 이상을 일으킬 수 있으며, 배아의 장기나 기관들은 분화가 빨리 진행되기 때문에 기형유발물질에 매우 민감하다. 이러한 환경적 요인들이 선천성기형의 원인 중 7~10% 정도를 차지한다.

기형유발물질은 세포분화가 시작되기 전에는 선천성기형의 요인으로 작용하지는 않지만, 발생 2주간에는 선천성 기형을 일으키기보다는 배아를 죽이고, 기관발생기 동안에는 발생에 영향을 끼쳐 주요 선천성 기형을 유발시킨다(그림 6-7). 태아기 동안에는 주로 뇌와 눈에서 형태적 · 기능적 이상들을 일으킨다. 기형유발물질에는 약물, 감염인자, 화학물질, 방사선 그리고 물리적 요인 등이 있다.

① 약물

기형을 유발하는 약물의 성질은 매우 다양하게 나타나는데, 투여되는 시기에 따라 심각한 장애를 초래할 수 있으며, 정신지연이나 성장지연 등 여러 가지 이상을 일으킬 수 있다.

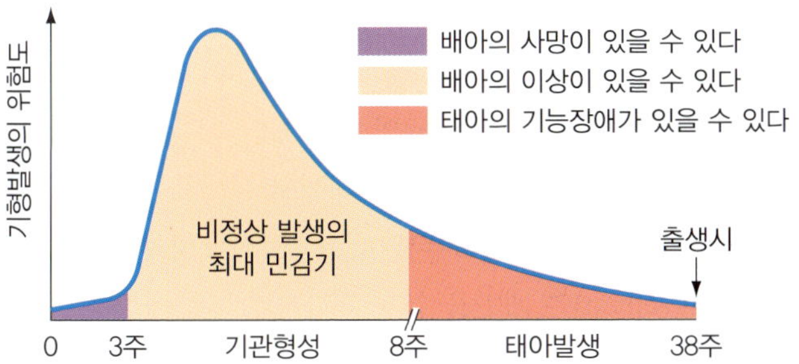

그림 6-7. 사람의 발생과정에서 기형발생의 위험도

• 알코올

임신 초기에 알코올을 많이 마시면 태아의 형태발생과 성장에 변경을 초래할 수 있다. 작은머리증, 얇은 위입술, 관절이상 그리고 선천성 심장병 등을 묶어서 태아알코올증후군(fetal alcohol syndrome, FAS)이라고 하는데, 임신기간 동안 폭음이나 지속적으로 음주를 하는 경우에 태아알코올증후군이 나타나기 쉽다. 특히 뇌 발생은 임신의 전반에 걸쳐 있으므로 임신기간에는 음주를 자제하는 것이 안전하다. 최근에는 임신부의 알코올 남용이 정신결핍의 가장 흔한 원인으로 알려지고 있다.

• 호르몬제

에티스테론(Ethisterone)과 노르에티스테론(norethisterone)은 기형유발 위험도는 낮지만, 발생의 결정적 시기에 노출은 심장혈관계통의 이상을 증가시킬 수 있으며, 여자 태아에서 테스토스테론의 투여는 남성화의 효과를 나타낸다.

Diethylstilbestrol (DES)는 출생 이전에 노출된 여성에서 자궁과 질에 대한 선천적 이상인 질의 선암종(adenocarcinoma of vagina) 등이 발생하였다. 임신 11주 이전에 DES에 노출된 남성은 고환형성저하증을 동반한 생식관 이상의 빈도가 높았지만, 자궁 속에서 DES에 노출된 경우에는 남성의 생식능력은 영향을 받지 않는 것으로 알려졌다.

• 항생제

테트라싸이클린(Tetracycline)은 태반막을 통과할 수 있으며, 석회화가 활발한 배아의 뼈나 치아에 침착이 될 수 있다. 결핵체료제인 스트렙토마이신(Streptomycin)은 높은 용량으로 치료를 받은 임산부들의 태아에서 청각장애가 있었다는 보고가 있다. 임신기간 동안에 가장 흔하게 사용되고 있는 페니실린은 배아나 태아에게는 해가 없는 것으로 알려져 있다.

• 항응고제

헤파린(Heparin)을 제외한 대부분의 항응고제들은 태반을 통과할 수 있기 때문에 태아에서 출혈을 발생시킬 수 있다. 가장 예민한 시기는 수정 이후 6~12주이며, 임신의 2~3개월 동안의 노출은 정신발육 지연, 작은머리증 등을 유발할 수 있다. 인공심장판막을 시술한 환자에게 사용되

알아두기 6-19. VACTERL 연합

VACTERL 연합은 척추(vertebrae), 항문(anus), 심장(cardia), 기관 식도 누공(tracheoesophageal fisula), 신장(renal), 사지(limb) 기형을 포함하는 다양한 선천성 기형의 조합으로 진단 시에는 3가지 이상의 기형이 포함되는 경우이다.
VACTERL 연합 발생의 뚜렷한 원인은 밝혀지지 않았으나, 발달과정 중 중배엽의 이상 때문이라고 추정하고 있다. 최근에 쥐(rat)를 이용한 연구결과에 의하면 초기 배아(embryo) 발생 시 중요한 신호전달체계인 Shh (Sonic Hedge-hog) 경로가 변화되었을 때 VACTERL 연합과 같은 선천성 기형이 발생할 수 있다고 보고되었다.

알아두기 6-20. 선천성 기형 유발물질 탈리도마이드

탈리도마이드는 1957년 독일의 헤미 그뤼넨탈사에서 개발된 약물로 구토방지와 수면제로서 알려져 있었으며, 1960년부터 1962년 중반까지 서독과 오스트레일리아를 포함한 유럽과 미국 등지에서 많이 사용되었다. 그러나 임신 28~42일 사이에 이 약물을 복용하게 되면 팔다리에 심한 기형이 나타난다는 사실이 알려지면서 임신 중 처방되는 모든 약물을 완전히 검토하는 계기가 된 의학역사상 중요한 사건이었다(탈리도마이드 사건). 이 약물은 동물의 종에 따라 효과가 다르게 나타나는데, 생쥐와 쥐는 예민하지 않은 반면에 사람을 비롯해 토끼, 원숭이에서는 예민하게 작용을 한다.
부작용으로 판매금지 조치를 받고 1962년 이후 사라졌던 탈리도마이드가 나병에 대해서는 이미 승인을 받은 상황이며, 혈액암, 뇌암, 폐암 및 여러 암들을 대상으로 시험되어 이것이 항암효과가 있음이 확인되었다. 특히 2001년에 미국 매이요 클리닉(Mayo Clinic)의 라즈쿠마르(Vincent Rajkumar) 박사 연구팀은 탈리도마이드가 다발성골수종(multiple myeloma)에 항암효과가 있다는 연구결과를 학술지 "백혈병(Leukemia)" 8월호에 소개하였다.

는 와파린(Warfarin)은 명백한 기형유발물질이지만, 헤파린은 기형유발물질이 아니다.

• 항경련제

항경련제인 트리메타디온(Trimethadione)에 의한 태아트리메타디온증후군(fetus trimethadione syndrome)의 특징으로는 출생 전후의 성장발육 지연, 아래쪽으로 처진 귀, 입천장갈림증 등과 심장이나 비뇨기계통의 결함 등이 있다. 발프로이크산(Valproic acid)은 최우선의 항경련제이지만, 임신부에게 사용은 심장 결함과 팔다리 결함 등을 비롯해 신경관결함(neural defect)과 머리얼굴 결함(craniofacial defect)의 위험도가 증가된다. 페노바르비탈(Phenobarbital)은 임신 중에 사용할 수 있는 항경련제로 알려져 있다.

• 항고혈압제

항고혈압제인 angiotensin converting enzyme (ACE) 억제물질 사용은 임신 초기에는 위험도가 낮지만, 노출이 되면 자궁속성장 제한, 콩팥기능 장애 등을 비롯해 출생전후기 합병증 때문에 임신 중에는 복용하지 않는 것이 좋다.

• 레티노산(비타민A)

낭포성 여드름 치료제인 이소트레티노인(Isotretinoin)은 잘 알려진 기형유발물질로서 발생 3~5주 사이에 노출되면 자연유산 및 기형의 위험성이 높다. 주요 이상으로는 작은 귀, 입천장갈림증, 심장혈관 이상 그리고 신경관 결함 등이 있다. 비타민 A는 임신기간 동안 필수적인 영양소이지만, 매일 10,000 IU 이상을 복용하는 여자의 아이들은 출생결함이 생길 수 있다는 보고가 있기 때문에 임신기간에 많은 양의 복용은 피하는 것이 좋다. 최근 엽산(folic acid)이 포함된 종합비타민제에는 비타민 A가 8,000 IU 정도 함유되어 있어서 과다복용에 대한 우려가 있으며, 대부분의 과학자들은 25,000 IU/일의 용량이 기형을 유발하는 문턱값(threshold, 역치)이라고 한다.

• 항정신성약물

조울증(Biopolar disorder)의 치료제인 리튬(Lithium)을 임신 초기에 복용한 임신부에서 태어난 아이들에서 심장과 큰 혈관의 선천성 결함을 나타냈고, 정신활성약물인 디아제팜(Diazepam)은 태반을 쉽게 통과하기 때문에 임신 중에는 복용하지 않는 것이 좋다.

알아두기 6-21. 비분리현상

비분리현상은 제1감수분열에서 상동염색체가 분리하는데 실패하거나, 자매염색분체가 제2감수분열이나 유사분열 시에 분리가 되지 않아서 염색체 쌍 혹은 양쪽 염색분체가 딸세포 중 한쪽으로만 이동하고, 다른 하나의 딸세포에는 결실되는 현상이다.

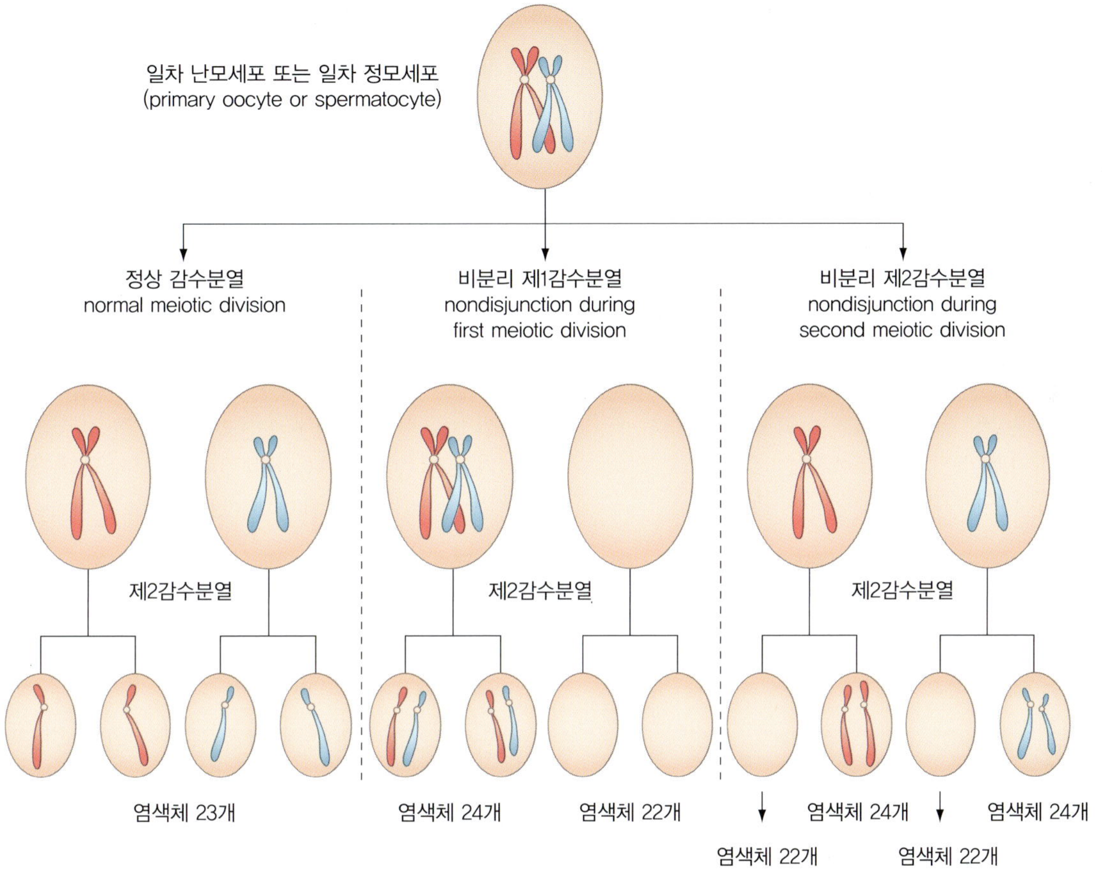

비분리현상은 남성보다 여성에서 흔히 나타나고, 제1감수분열과 제2감수분열 중에 일어나는 결과는 각각 다르며, 제2감수분열보다 제1감수분열에서 더 많이 나타난다. 실제로 trisomy 21은 어머니로부터 기원하고, 약 80%가 제1감수분열에 문제가 있는 것으로 알려졌다. 감수분열과정 중 제1감수분열에서 문제가 발생하면 생식세포가 24개의 염색체를 가지면서 문제가 되는 염색체는 아버지와 어머니 염색체 모두를 가지는 반면, 제2감수분열에서 문제가 발생하면 더 많아진 염색체는 아버지 또는 어머니 쪽 염색체의 두 개 복사를 가지게 된다.
사람의 경우 감수분열의 비분리는 난자형성과정에서 가장 흔한 돌연변이기작으로 염색체 이상인 태아의 원인이 되기도 하는데, 모든 수정되는 난자의 10~30%에서 나타나는 것으로 알려져 있다. 가장 흔하고 임상적으로 중요한 형태는 trisomy로 염색체 전체의 trisomy는 대개 생존이 불가능하지만, 살아서 태어나는 아이의 경우는 다운증후군이 95%를 차지하는 것으로 알려졌다. 염색체 전체가 monosomy인 경우는 거의 사망을 하지만, 터너증후군(45,X)은 생존할 수 있다.

② 감염인자

배아와 태아는 다양한 미생물에 감염될 수 있는 환경에 있으며, 미생물들은 태반을 통과하여 태아의 혈류로 들어갈 수 있다. 태아의 혈액뇌관문(blood brain barrier)은 미생물의 침입에 대한 저항이 불완전하기 때문에 중추신경계통이 쉽게 영향을 받는 경향이 있다.

• **풍진**(rubella virus)

전염성인 풍진바이러스는 대표적인 감염기형유발인자로 태반을 통과하여 배아나 태아를 감염시키는데, 임신초

알아두기 6-22. 임신과 흡연

니코틴은 자궁혈관들을 수축시켜 자궁의 혈액을 감소시킴으로써 태아에게 산소와 영양분의 공급이 감소되어 배아 세포성장의 장애를 일으키고, 정신발육에 나쁜 영향을 끼친다. 특히 흡연에 의해 임신부와 태아의 혈액 속에 일산화탄소혈색소(carboxyhemoglobin)의 수치가 높아지면 혈액의 산소운반능력에 영향을 주게 되고 만성태아저산소증(chronic fetal hypoxia)에 빠질 수 있으며, 태아의 성장과 발육에 영향을 미칠 수 있다. 임신부가 하루에 한 갑 이상의 담배를 피우면 정상 산모보다 조산의 확률이 2배 이상 높은 것으로 알려져 있다.

기에 일차적인 모성감염이 발생한 경우에 배아나 태아의 감염위험도는 약 20% 정도로 알려져 있다. 선천성풍진증후군(congenital rubella syndrome, CRS)의 특징들은 백내장(cataract), 심장결함, 청각장애 등이 있으며 정신결함, 녹내장 등이 나타나기도 한다. 임신 4~5주는 뇌 등의 장기발생 과정으로 가장 예민한 시기에 해당되는데, 이 시기에 감염이 되면 선천성 기형이 될 위험성이 커진다.

• **거대세포바이러스**(cytomegalovirus)

태아의 바이러스 감염 중에서 가장 흔한 거대세포바이러스 감염은 임신 초기에 일어나면 대부분 자연유산이 되지만, 임신 말기의 감염은 자궁속성장 제한, 시각상실, 작은머리증, 정신발육 지연, 청각장애 그리고 뇌성마비 등을 일으킨다.

• **단순포진바이러스**(herpes simplex virus)

임신 초기에 단순포진바이러스에 감염이 되면 유산이 되는 경우가 3배 정도가 증가되며, 임신 12주 이후에 감염이 되면 미숙아가 될 가능성이 높아진다.

• **수두**(varicella virus)

임신 초기 4개월 동안의 수두-대상포진바이러스 감염은 피부반흔(skin scarring), 근육위축(muscle atrophy), 정신발육 지연과 팔다리 형성부전 등이 있다. 임신 20주 이후엔 기형유발의 위험이 없는 것으로 알려져 있다.

• **사람면역결핍바이러스**(HIV)

이 바이러스가 어머니에게서 태아로의 전달은 대부분 분만할 때에 일어나며, HIV바이러스에 감염되어 발생하는 HIV배아병증(HIV embryopathy)은 주로 두개안면기형, 비정상적으로 작은 머리, 성장장애 등이 발생 할 수 있다.

• **선천매독**(congenital syphilis)

매독균(*Treponema pallidum*)은 임신 9~10주 초기에 태반을 빠르게 통과할 수 있으며, 임신기간 동안 언제든지 감염이 될 수 있다. 임신 중에 감염되었는데 치료하지 않으면 심각한 태아감염과 선천성 기형을 초래하지만, 임신 16주 이전에는 치료에 의해 매독균이 태반을 통과해 태아를 감염시키는 것을 막을 수 있다. 임신 이전에 매독균에 감염되어 치료하였다면 태아감염을 일으키지는 않지만, 치료하지 않았다면 선천성 청각장애, 물머리증과 정신발육 지연 등이 나타날 수 있다.

③ 화학물질

최근 산업과 농업의 발달로 인해 화학물질과 오염물질 그리고 식품첨가제 등의 환경화학물질에 대한 기형발생의 가능성에 관심이 대두되고 있지만, 대부분의 연구에서 약제의 종류와 양 등이 산모의 기억력에 의존해야한다는 점 때문에 어떤 화학물질들이 사람에게 기형을 유발하는지에 대한 관련성은 명확하게 밝혀지지 않았다.

• **유기수은**

유기수은이 많이 함유된 어류로 식사를 많이 한 산모에서 뇌성마비(cerebral palsy)와 비슷한 증상을 보이는 아이를 출산했던 예가 보고되어 있다. 음식을 통해 메틸수은(methylmercury)을 섭취한 임신부가 심한 뇌손상, 정신발육 지연과 시력손상의 아기를 출산하였는데, 메틸수은은 뇌위축(cerebral atrophy), 강직(spasticity), 발작(seizure)과 정신발육 지연 등의 원인이 된다.

• **납**

태반을 통과할 수 있는 납은 태아에 축적될 수 있다. 임신기간 동안에 납에 노출된 경우에는 자연유산이 증가할 수

알아두기 6-23. 선천성 기형과 톡소포자충(*Toxoplasma Gondii*)

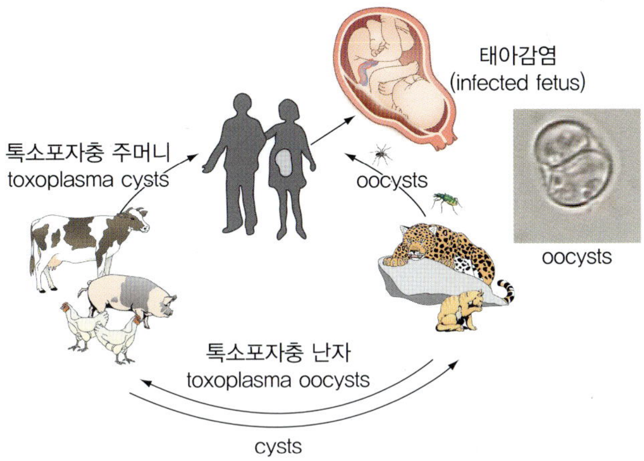

이 기생충은 감염된 가축(특히 고양이)과의 접촉 또는 흙을 통해서 감염되거나 톡소포자충주머니(toxoplasma cyst)를 가진 육류(대개 돼지와 양)를 날것으로 먹거나 제대로 조리되지 않은 상태로 섭취했을 때 감염이 될 수 있다. 톡소포자충에 임신부가 감염이 되고, 태반을 통과하여 태아가 감염이 되면 뇌와 눈에 파괴적 변화를 일으켜 머리뼈안 석회화와 맥락망막염을 일으킬 뿐만 아니라 정신결핍, 작은머리증 등을 일으킨다. 임신 초기에 감염되면 태아가 사망할 수도 있으며, 선천성 결함이 있는 영아의 엄마들 중에는 자신들이 톡소포자충에 감염된 사실을 모르는 경우도 있다. 개나 고양이를 비롯한 가축들은 톡소포자충에 감염이 되어 있을 수 있으므로 임신부들은 가까이 하지 않는 것이 좋다.

있고, 태아 이상, 기능결핍 등이 알려져 있다.

④ 방사선

높은 수준의 전리방사선에 노출되었을 때 배아세포들을 죽이거나 염색체 손상 또는 정신발육과 성장의 지연을 일으킬 수 있다. 일본의 원폭생존자들 조사에 의하면 임신 8~16주가 방사선에 대해 가장 예민한 시기로 이때 심각한 정신발육 지연과 뇌의 손상이 많은 것으로 알려졌다. 임신 초기에 가슴방사선촬영을 실시한 경우 배아나 태아에 미치는 방사선의 노출량은 약 1미리라드 정도로, 5라드 미만인 경우 배아에 대한 방사선의 영향은 매우 약한 것으로 알려져 있다. 그러나 임신부의 골반부위 검사는 신중을 기해야 한다.

⑤ 모성인자

당뇨병을 가진 임산부가 배아기 동안 혈당조절이 되지 않은 경우에는 자연유산의 위험이 증가하며, 출생결함의 발생비율도 2~3배 이상 높아질 수 있다.

(3) 유전 및 환경의 상호작용에 의한 요인

대부분의 선천성 기형은 특정 유전자나 환경요인에 의한 것보다는 상호작용에 의해 초래된다고 할 수 있으며, 이렇게 유전되는 기형을 다인자성유전(multifactorial inheritance)에 따른다고 한다.

4. 성결정의 염색체

정자와 난자가 수정이 되면 성분화가 시작되며, 정자의 성염색체가 X 또는 Y 인지에 따라 성이 결정된다. 발생 6주에 원시생식세포가 생식융기(genital ridge)로 이동하게 되고, 이 시기까지는 염색체의 핵형에 상관없이 성적으로 미분화된 상태이다. Y 염색체를 가진 배아는 발생 8주 무렵에 정소가 만들어지고, Y 염색체를 가지지 않은 경우는 발생 12주 무렵까지 난소가 만들어 진다.

XX를 가진 배아의 포배단계에서 각각의 모든 세포에 존재하는 하나의 X 염색체는 영구적으로 불활성화(lyonization) 되고, XY를 가진 경우에는 Y 염색체에 존

알아두기 6-24. 성염색체의 Ideograms

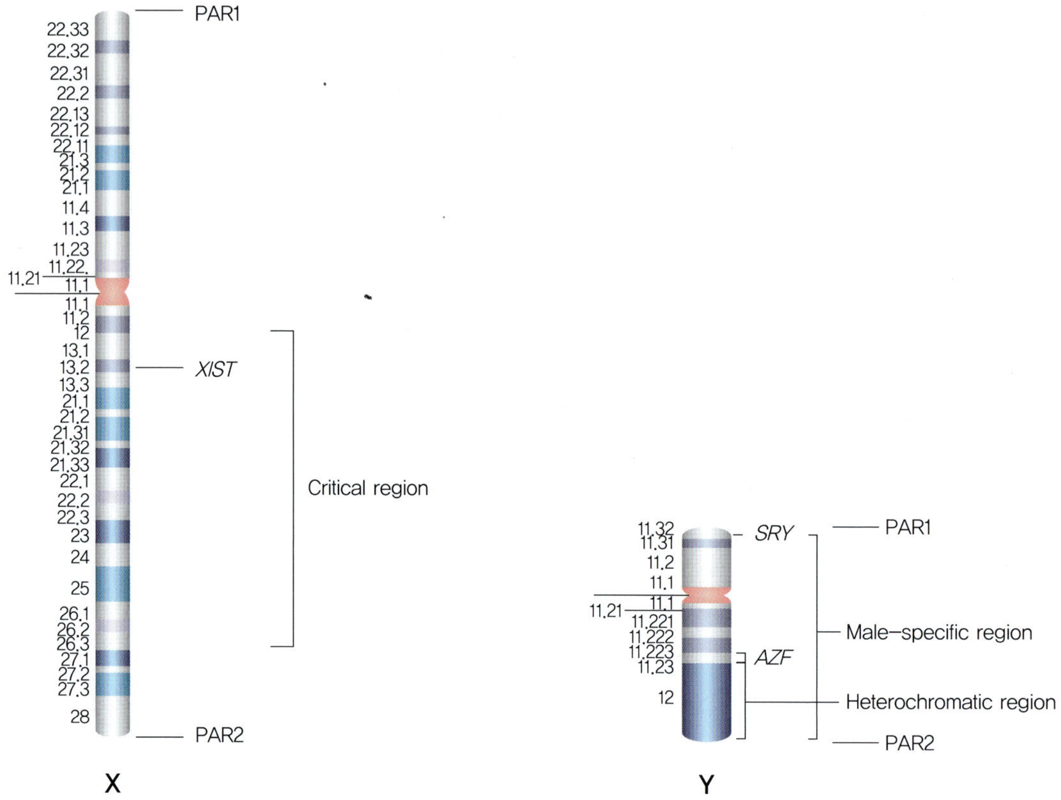

PAR1, PAR2 : 거짓상염색체구역(pseudoautosomal region),
XIST gene : X–inactive–specific transcript, Xq : critical region,
SRY gene : sex–determining region, *AZF* gene : azoospermia factor region

재하는 SRY 유전자(sex-determining region on Y, Y 염색체의 성결정 구역)가 기능을 하면 고환으로 분화되어 남성화시킨다.

1) Y 염색체

Y 염색체는 397개의 유전자를 가지고 있지만, X 염색체나 상염색체의 유전정보와 비교할 때 생식선과 생식기의 발달에 영향을 미치는 중요한 유전자를 가지고 있다. Y 염색체가 존재하면 고환으로 분화되고, Y 염색체가 존재하지 않으면 성선은 배아 12주경부터 성선이 난소로 분화되고, 난포 내에서 난자형성이 시작된다.

(1) *SRY* 유전자

Y 염색체의 가성염색체부위 p11.3에 위치하는 *SRY* 유전자는 고환결정인자(testis- determining factor, TDF)로서, 영국의 굿펠로(Peter Goodfellow)에 의해 발견되었다. 1990년대 초에 성역전환자(외형은 여성인데 염색체는 XY를 가지고 있는 경우이거나, 외형은 남성인데 염색체는 XX인 경우의 환자)에서 거짓상염색체구역 및 성특이구역의 서로 다른 결손부위에 관한 연구를 통해 유전자 위치가 결정되었지만, 정확한 유전인자가 규명되지는 않았다. 46,XY 핵형을 가진 여성에서 *SRY* 유전자가 결실되거나 변이가 되어 있다.

(2) *AZF* 유전자

AZF 유전자는 1976년 티에폴로(Luciano Tiepolo)와 저파르디(Oresetta Zuffardi)에 의해 처음으로 제안되었고, Y 염색체 q11.23에 중복되지 않은 세부분 *AZFa*, *AZFb*,

알아두기 6-25. *SRY* 유전자

SRY 유전자는 전사인자(transcription factor)로 생각되는 DNA 부착단백질(DNA binding protein)을 부호화하지만, *SRY*에 의해 조정되는 특정 유전자가 무엇인지는 알려져 있지 않다. 따라서 Y 염색체 내에 존재하는 *TDF* 유전자와 동등하다고 볼 수 있다. *SRY* 유전자는 사람의 정상적인 발달동안에 남성생식기의 형성을 위해 필수적이고, 이것의 결여는 여성 생식기의 형태를 만든다. *SRY* 유전자가 고환발달의 부정적 조절인자를 억제할 수 있다고 추정되지만, 남성생식기의 발달에 영향을 미치는 정확한 원인은 밝혀지지 않았다.

알아두기 6-26. X와 Y-염색체에 위치하는 키 유전자

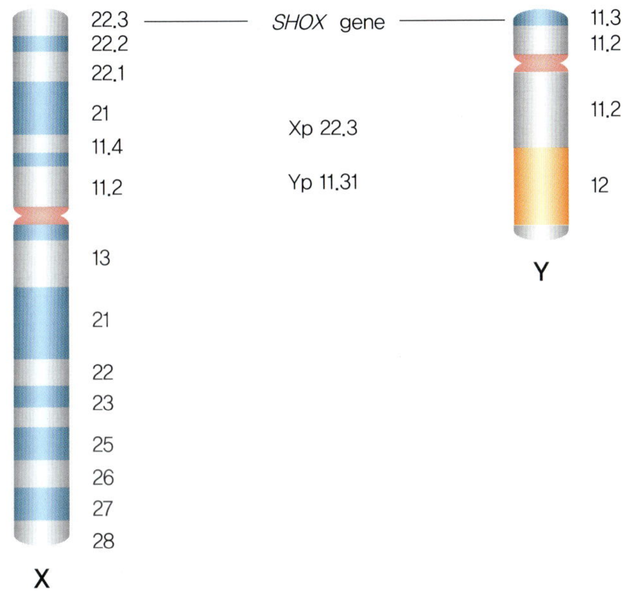

저신장 호메오박스 유전자(short stature homeobox containing gene, SHOX)는 X와 Y 염색체 양쪽에 존재하기 때문에 남성과 여성 모두 2개의 *SHOX* 유전자를 가지고 있는데, *SHOX* 유전자는 불활성화된 X 염색체에서도 작용할 수 있다. *SHOX* 유전자에서 만들어지는 *SHOX* 단백질은 DNA와 결합을 하는 능력을 가지고 있으며, 여러 가지 유전자의 작용을 조절함으로써 연골세포의 증식 등과 관계가 있다고 알려졌다. 터너증후군은 *SHOX* 유전자가 한 개이므로 키가 작으며, 클라인펠터증후군 환자의 평균 신장이 큰 것도 *SHOX* 유전자가 세 개이기 때문이라고 할 수 있다. 그리고 Y 염색체에는 Y 성장유전자가 존재함에 따라 남녀의 신장 차이가 나는 것으로 알려져 있다. 그러나 Y 성장유전자는 대략적인 위치(Yq11.21)만 밝혀졌을 뿐, 염기배열이나 어떤 단백질을 만드는지에 대해서는 아직 밝혀져 있지 않다.

*AZFc*로 이루어져 있으며, 무정자증과 관련되어 있다. 특히 *AZFc* 부분에 위치하는 *DAZ* (Deleted in Azoospermia) 유전인자는 고환의 감수분열 이전 생식세포에만 발현되는 RNA 결합단백질(RNA-binding protein)을 부호화하는 유전인자로서, 결실되면 불임을 초래할 수 있다.

대체적으로 건강한 남성의 약 2%에서 정자형성의 장애로 인한 불임이 나타나는데, 유전인자의 변이 또는 결실이 원인이 될 수 있으므로 불임남성환자는 염색체검사와 함께 Y 염색체의 분자유전학적검사를 시행하여야 한다. 남성불임과 관련된 *DAZ* 유전자 외에 *USP9Y* 유전자가 있는데, 정자형성과정에서의 역할은 알려지지 않았다.

(3) Heterochromatic region

Y 염색체에서 heterochromatic region은 반 이상을 차지하는 부분(q11-qter)으로 반복되는 DNA 구조로서 길이가 사람마다 다를 수 있으며, 이 부위와 인접한 부분은 신

알아두기 6-27. X 염색체의 바소체(barr body)

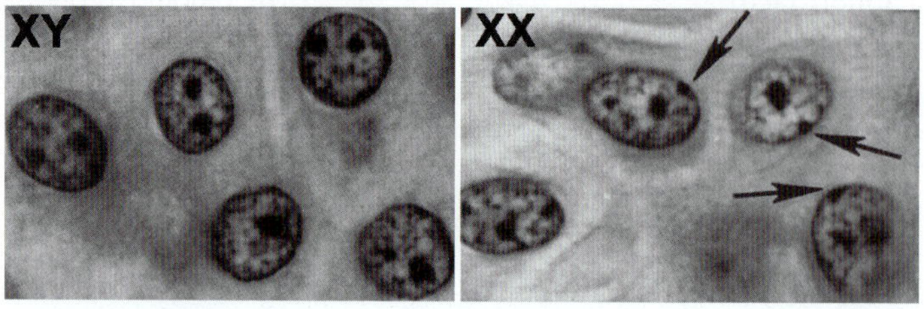

바소체는 1949년 캐나다의 해부학자 바(Murray Barr)가 고양이의 뇌세포의 염색체를 관찰하면서 특히 간기 신경세포에서 암컷 세포의 핵 속에 짙게 염색된 작은 반점들을 발견했으며, 그의 이름을 인용하여 바소체라고 하였다. 그 후 바가 발견한 작은 반점들은 고양이뿐만 아니라 사람을 포함한 여러 포유류의 암컷에 공통적으로 나타난다고 알려졌다. 바소체는 1959년 일본의 생물학자 오노(Susumo Ohno)에 의해 1개의 염색체가 응축한 것임이 밝혀졌으며, 주로 중성구들(neutrophils)의 핵에서 관찰된다. 터너증후군에서는 바소체가 없으며, 클라인펠터증후군에서는 한 개의 바소체가 존재하고, 47,XXX의 여성에서는 두 개의 바소체가 존재한다.

장과 치아의 크기 등에 영향을 미치는 유전자들이 존재하게 된다.

2) X 염색체와 X 염색체의 불활성화

X 염색체는 세포의 총 DNA에서 약 5%에 해당되며 1,606개의 유전자가 존재한다. 여성의 체세포(somatic cell)에서는 두 개의 X 염색체 중 한 개가 불활성화 되는데, X 염색체의 불활성화는 수정 후 3일 후에 시작해서 발생 7일에 끝난다. X 염색체의 불활성화는 두 개의 염색체가 정상일 때는 무작위로 한 개의 염색체에서 발생하기 때문에 어느 세포에서는 어머니에게서 온 X 염색체만 작용하고, 또 다른 세포에서는 아버지에게서 온 X 염색체만 작용을 하며, 이는 각각의 클론으로 계승된다. 따라서 여성은 X 연관 유전자의 측면에서 모자이시즘이라고 할 수 있다. 구조적 이상(전좌, 결실, 중복 등)을 보이는 경우는 언제나 이상이 있는 X 염색체가 불활성화 된다.

(1) X 염색체 유전

사람에서 Y 염색체 유전질환이 발견되지 않았기 때문에 성염색체와 관련된 유전은 X 염색체 유전을 의미한다. 여성의 경우는 두 개의 X 염색체 중 한 개가 불활성화 되지만, 남성의 경우는 X 염색체가 한 개이므로 만약에 X 염색체에 돌연변이가 있으면 항상 질환으로 발현되기 때문에 남성을 반접합체(hemizygote)라고 표현하기도 한다. 딸은 아버지로부터 X 염색체를 받고, Y 염색체는 아들에게만 전달되므로 성염색체와 관련된 아버지의 질환은 아들에게 전달되지 못한다.

X 염색체 우성의 경우는 성에 관계없이 모든 자녀에게 유전되지만, 보통 남성이 여성에 비해 심하다. 이는 여성의 경우는 X 염색체의 불활성화 효과이기도 하고, 변이유전자와 정상유전자의 상대적 발현정도에 따라 증상이 결정된다. X 염색체 유전은 대부분 열성에 속하는데, 대부분 남성에게만 발현되고 여성은 보인자(carrier)의 역할을 한다.

(2) X 염색체 불활성화

X 염색체의 불활성화 이론은 1961년 영국의 라이온(Mary Lyon)의 쥐에 관한 실험에 의해서 처음으로 제안되었으며, 이를 라이언의 가설(Lyon hypothesis)이라고 한다. 이 가설은 정상 여성의 체세포에서 X 염색체 한 개가 불활성화 되어 양쪽 성에서 X 연계성 유전자들의 발현이 같도록 한다는 것이다. X 염색체의 불활성화는 XIST(X-inactive-specific transcript) 유전자를 필요로 하며, Xq13 부위에 위치하는 불활성화센터(X inactivation center, XIC)에서 시작하여 양쪽으로 퍼져나가면서 X 단완 말단 가까이에 도달하면 멈추게 된다.

불활성화된 X 염색체는 처음에는 세포학적으로 분열 간기(intrephase) 상태에서 성염색질(barr body, 바 소체)이라는 뭉친 염색질의 존재로 확인이 되었으나, 최근에는 활성

알아두기 6-28. 성(性)을 좌우하는 유전자의 예

성의 결정에는 *SRY* 유전자 하나라고 알려져 있지만, 보통 염색체에도 성을 좌우하는 유전자가 있음이 밝혀지고 있다. 이러한 몇몇의 염색체에 존재하는 유전자들이 상호협력함으로써 생식선의 분화가 일어나고, 다양한 성분화가 촉진되는 것으로 여겨진다. 표에서는 생식기관련유전자들에 관하여 기록하였다.

유전자 이름	위치	유전자변이로 발생하는 비뇨생식기계통의 이상
SRY	Yp11.3	정소의 난소화
WT-1	11p13	비뇨생식기계통의 전반적인 형성 이상
M33	11q23	정소의 난소화
Ad4BP/SF-1	9q33	생식선과 부신의 형성 이상
DMRT-1	9p24.3	생식선의 형성 부전과 기능 이상
DAX-1	Xp21	생식선과 부신의 형성 이상
EMX-2	10q26	생식선과 신장(kidney)의 형성 이상
FGF9	13q11–q12	정소의 난소화
SOX-9	17q24	생식선의 형성 이상
LHX-9	1q31.3	생식선의 형성 이상
WNT4	1p35–p36	난소의 정소화

화 또는 불활성화 된 X 염색체를 구분하는 특징들이 많이 알려져 있다.

3) 거짓상염색체구역

X와 Y 염색체에는 PAR1, PAR2라는 거짓상염색체구역(pseudoautosomal region)이 포함되어 있는데, 이런 이름으로 불리는 이유는 PAR1, PAR2부위의 X, Y와 연관된 유전자들이 필수적으로 서로 동일하고, 제1감수분열단계에서 염색체 짝들처럼 재조합을 가끔씩 하기 때문이다.

여성의 체세포에서 한 개의 X 염색체가 불활성화 되지만, 단완 말단부위(PAR1)는 거짓상염색체구역으로서 매우 비슷한 DNA염기서열로 이루어져 있다. 이 거짓상염색체구역은 X 염색체와 Y 염색체에서 각각 단완과 장완의 말단부위(PAR2)에 위치하는 것으로 정상적인 제1 감수분열과정에서 Xp 및 Yp의 가성염색체구역간에 재조합이 발생될 때, 가성염색체 외의 인접부근에서도 재조합이 드물게 발생할 수 있다. 그 결과로 XX 남성 또는 XY 여성이라는 성역전환자가 발생할 수 있고, 그 빈도는 출생 20,000명당 1명 정도로 알려져 있다.

제7장

유전질환

유전질환(Genetic disorder)은 유전자가 발병에 관여한다고 생각되는 모든 질환이라고 할 수 있지만, 모든 유전질환이 선천적으로 발생하지는 않으며, 성인기에 발병하거나 때로는 매우 다양한 발생연령을 보이기도 한다. 유전질환은 크게 단일유전자 질환(single-gene disorders), 다인자 질환(multifactorial disorders) 또는 복합유전질환(complex genetic disorders) 그리고 염색체 질환(chromosome disorders) 등으로 분류할 수 있다.

1. 단일유전자 질환

단일유전자 질환이란 하나의 유전자 이상에 의해 직접적으로 발생하는 질환이다. 일반적으로 멘델의 유전양식을 따르며, 멘델 유전양식은 우성(autosomal dominant), 열성(autosomal recessive), X-연관(X-linked) 유전질환으로 분류할 수 있다. 비멘델식 유전방식으로는 사립체 유전질환 등이 있다.

단일유전자 질환의 표현형은 맥쿠식(Victor McKusick)

알아두기 7-1. 온라인 사람의 멘델식 유전(Online Mendelian Inheritance in Man, OMIM)

사람을 포함한 여러 생명체의 유전자와 유전체 정보를 볼 수 있는 데이터베이스의 웹사이트(http://www.omim.org)

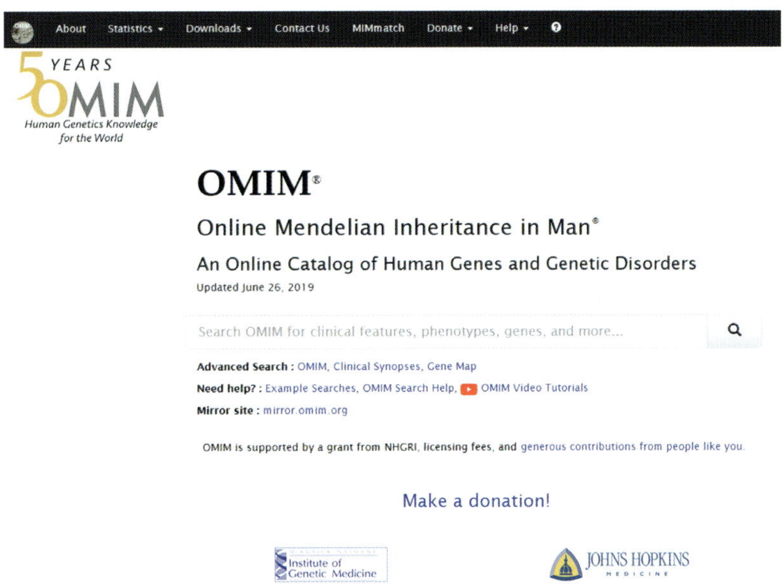

에 의해 제작된 Mendelian Inheritance in Man(12판, 1998)에 수록되었고, 현재도 꾸준한 업데이트를 통해 유전적 표현형의 명명 및 분류에 주도적인 역할을 수행하고 있다. 2019년 2월 기준 OMIM은 16,046개의 유전자와 8,801개의 표현형은 기술하는 24,847항목으로 구성되어 있다. 대표적으로 질병과 분자진단의 정보는 Genetics, NCBI (National Center for Biotechnology Information), OMIM, Entrez 등에서, 유전자 구조와 염기순서 등은 Entrez/Gene, Expasy 등에서 알 수 있으며, 염기순서는 RefSeq를 사용한다.

단일유전자 질환은 적어도 5,000종 이상이 될 것으로 추정되며, 2013년까지 대략 3,800종 이상의 질병원인 유전자가 규명되었다. 원인이 밝혀진 유전질환의 숫자와 돌연변이 유전자의 숫자가 다른 이유는 동일유전자의 돌연변이가 서로 다른 유전질환을 일으킬 수도 있고, 서로 다른 유전자임에도 불구하고 비슷한 유전질환을 일으킬 수도 있기 때문이다.

단일유전자 질환은 주로 소아 때 발생을 하며, 10% 이하는 사춘기 이후에, 약 1%가 생식시기가 끝난 이후에 발생을 하기 때문에 대개 소아기 연령 영역(pediatric age range)의 질환이라고도 한다.

1) 멘델유전 양식

(1) 상염색체 우성 유전

사람의 단일유전자에 의해서 발생하는 질병의 약 50% 정도는 상염색체 우성 유전(autosomal dominant inheritance)에 의한 것으로, 원인유전자가 22개의 상염색체에 위치하며 정상형(normal or wild type) 대립유전자(allele)와 비정상 혹은 돌연변이(abnormal or mutant) 대립유전자의 이형접합체(heterozygoate)에서 발병한다(그림 7-1).

특징으로는 세대를 통한 수직전달이 되기 때문에 환자의 부모에서 동일한 질환이 있고, 자손이 동일한 질환이 될 가능성이 50%이며, 자손이 정상인이면 그 후손으로 질환이 나타나지 않는다. 그리고 남녀 이환율은 동일하다.

상염색체 우성 유전질환은 이형접합체에서 표현이 되는 것으로 일부 상염색체 우성 유전질환들은 발현과 침투 양상이 다르게 나타나기도 하며, 동형접합체들인 경우는 이형접합체들보다 더 심각하게 영향을 받는다.

현재까지 알려진 상염색체 우성 유전질환은 4,000종이 넘으며, 대표적인 질환으로는 가족성 고콜레스테롤증(Familial Hypercholesterolemia, FH), 근육긴장성 이영양증(Myotonic Dystrophy), Huntington병, 마르판 증후군(Marfan Syndrome), 연골무형성증(Achondroplasia)과 성인 다낭포성 신증(Adult Polycystic Kidney Disease) 등이 있다.

① 가족성 고콜레스테롤혈증

가족성 고콜레스테롤혈증은 가장 일반적인 상염색체 우성 유전질환으로, 식습관에 상관없이 매우 높은 콜레스테롤 수치를 가지게 되는데, 이는 저밀도 지질단백질수용체(Low-Density Lipoprotein Receptor, LDLR)의 결핍 때문에 발생한다.

원인 19번 염색체 p13.2에 위치하는 저밀도 지질단백질수용체를 암호화 하는 *LDRL* 유전자는 18개의 엑손을 가지고 있으며, 수 백 가지의 돌연변이가 보고되고 있다. *LDRL* 유전자의 돌연변이는 변이종류에 따라 수용체를 생산하지 못하거나 있어도 LDL과 결합하지 못하므로 세포 내 콜레스테롤의 생성을 조절할 수 없게 되므로 콜레스테롤과 지방대사에 문제가 발생하여 나타난다.

증상 LDL 수용체는 간과 부신피질에서 막을 통해 생기는 당단백질에서 발현되며, 콜레스테롤의 항상성(homeostasis)에 중요하게 작용을 하는데, 생화학적으로는 LDL

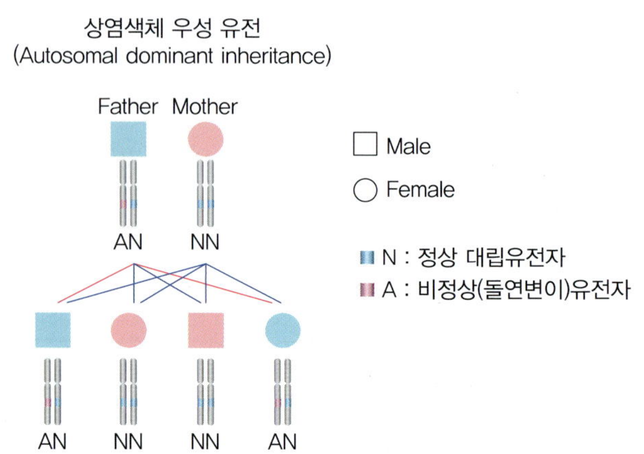

그림 7-1. 상염색체 우성 유전의 가계도

에 결합하는 혈청 콜레스테롤의 수치가 250~450 mg/dL (정상 : < 240 mg/dL), LDL-콜레스테롤 수치는 200~400 mg/dL(정상 : 75~175 mg/dL)로 상승된다. 이 질환에서 LDL 수용체의 수는 이형접합체인 경우 정상에 비해 약 50%로 감소되어 있으며, 중년에는 관상동맥질환이 생기고 대부분이 심근경색으로 사망을 하게 된다. 이형접합체보다는 동형접합체에서 증상이 심한데, 동형접합체는 아주 드물게 나타나지만 아주 심각한 수준의 특징들을 나타낸다.

빈도와 치료 모든 인종에서 발병할 수 있지만, 주로 유럽과 일본 인구의 약 500명당 1명의 빈도로 발병하며, 60세 이전의 심근경색 발병의 5% 정도를 차지한다. 예방적인 치료방법으로는 저콜레스테롤 식이와 3-hydroxy-3-methylglutaryl- CoA (HMG-CoA) 환원효소 저해제의 복용이 있다.

② 근긴장성 이영양증

근긴장성 이영양증은 너무나 많은 다양성을 가지고 있는 질환이라서 'multisystem' 질환이라고도 하며, Southern 부합법을 이용하여 진단한다. CTG 반복수가 정상인은 5~37회(normal), 보인자는 38~100회(premutation), 환자는 100회 이상(full mutation)으로 중증도의 성인발병 질환이 나타나고, 1,000회 이상이면 극심한 선천성 질환이 발생한다(그림 7-2).

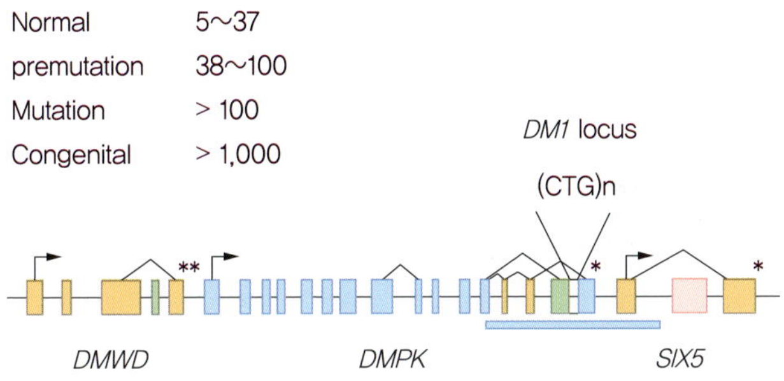

그림 7-2. 근긴장성 이영양증에서 DMPK 유전자의 변이

알아두기 7-2. 돌연변이 양상에 따른 진단 검사 기술

① 돌연변이가 특정 위치에 집중적으로 몰려 있는 경우
겸상적혈구빈혈증과 연골무형성증 같은 질환은 단 하나의 돌연변이에 의해 발생을 하지만, 어떤 질환들은 몇 개의 돌연변이나 몇 개의 exon 안의 돌연변이에 의해 발생하기도 한다. 이러한 경우에 사용되는 검사법에는 실시간 PCR, PCR-RFLP, 대립유전자 특이 PCR (allele-specific PCR), single nucleotide extension (SNE), 대립유전자 특이 부합법(allele-specific oligonucleotide hybridization, ASO) 등이 있다.

② 원인 돌연변이 유전자가 전체에 퍼져 있는 경우
단일유전질환의 대부분은 원인 돌연변이 유전자가 전체에 흩어져 있는데, 이런 경우는 염기서열분석이 기본 검사법이다. 이 검사는 시행하기 전에 염기변이가 있을 것으로 추정되는 exon을 선별해내야 하는데, 근래 대용량염기서열분석기술의 발달로 유전자 검사가 효율적으로 시행되고 있다. 대표적인 방법으로는 SSCP (single strand conformation polymorphism), DHPLC (denaturing high-performance liquid chromatography) 등이 있다.

③ 유전자량 검사
수십 bp보다 작은 결실이나 중복 유전자는 염기순서검사가 가능하지만, 대규모의 결실, 중복 등은 유전자량을 정량할 수 있는 기술을 사용한다. 주로 Southern 부합법, 실시간 PCR, MLPA (multiplex ligation-dependent probe amplification), DNA chip, FISH, 유전자 용량 PCR 등이 있다.

④ 반복구조가 증폭된 경우
불안정한 삼염기반복 구조의 증폭에 의해 발생이 되는 질환들은 증폭된 정도를 측정하여 진단하는데, PCR-증폭산물길이분석법과 Southern 부합법 등이 이용된다.

⑤ 메틸화의 확인이 필요한 경우
DNA 메틸화는 사람과 대부분의 포유동물에서 정상적으로 일어나는 유일한 DNA변경으로 구아닌 바로 앞의 씨토신에서만 일어나는 것으로 신경발달장애 질환인 Prader-Willi, Angelman 증후군 등에서의 각인, 취약 X 증후군에서의 완전돌연변이, X 염색체의 불활성화와 관계가 있다. 검사법으로는 메틸화민감 제한효소분석, 메틸화 PCR, bisulfite 염기순서 분석법 등이 있다.

⑥ 유전체 구조의 변화가 있는 경우
염색체 및 유전체의 전좌나 역전 등의 구조적 이상을 검사하는 것으로 Southern 부합법, PFGE, FISH, DNA chip 등이 있다.

원인 19번 염색체 q13.3에 위치하고 있는 근긴장성 이영양증 단백질 키나아제(dyatrophia myotoninica protein kinase, DMPK) 유전자의 변이에 의해서 유발되는 것으로 2개의 동일한 유전자 중 하나라도 변이를 일으키면 발병하며, 3' 조절부위에서 CTG의 반복으로 나타나는 3염기 반복(triplet repeat) 질환 중 하나이다. 선천적 근긴장성 이영양증은 정자에서는 발견되지 않은 변이로서 이 질환유전자를 가진 엄마로부터 유전되었을 때 발생한다.

증상 이 질환의 특징은 신체의 많은 조직과 기관, 발병 연령 등에 따라 너무나 다양하며, 주로 근육장애와 강직성 근육경련, 부정맥, 고환 위축, 위장 연동운동 장애, 당뇨병의 위험도 증가와 담석 등으로 나타날 수 있다.

빈도와 관리 유전질환으로서의 발생은 성별에 관계없이 약 8,000명 중 1명의 빈도를 가지고 다양한 연령층에서 나타난다. 효과적인 치료방법은 없으며, 주기적으로 심장 전도이상을 관찰하여야 하고, 특히 마취의 위험에 대한 교육이 필요하다.

③ Huntington병

헌팅턴병은 신경계에 영향을 미치는 유전성 뇌질환으로 1872년 미국의 헌팅턴(George Huntington)에 의해 처음으로 학계에 보고되었으며, 1983년에 구젤라(James Gusella)가 헌팅턴병을 유발하는 유전자가 4번 염색체에 존재한다고 밝혔다. 헌팅턴병은 위치지정클로닝 전략으로 유전자 찾기가 시작된 최초의 유전질병 중의 하나이며 유전자의 위치는 1993년 International consortium of scientist에서 4p16이라고 밝혔지만, 그 기능에 대해서는 연구가 계속되고 있다.

원인 이 질환은 4번 염색체 p16.3에 위치하는 *IT15* (interesting transcript 15) 유전자의 돌연변이에 의해 발생을 하는데, *IT15* 유전자는 210 kb의 크기로 67개의 엑손을 가지고 있으며, 3144개의 아미노산으로 이루어진 huntingtin이라는 단백질을 코딩한다. Huntingtin은 여러 부위에서 발현은 되지만, 기능은 아직 밝혀지지 않았다. 환자들 대부분은 엑손 1의 CAG 반복서열이 증가되어 polyglutamine을 초래하는데, 이것은 신경세포의 핵 안과 근처의 huntingtin의 비정상적인 응집을 촉진하고, 신경독성을 나타내며 궁극적으로 신경세포의 사멸을 유도한다. 정상 대립유전자는 10~26개의 CAG 반복을 가지지만, 환자들에서는 37~121개의 반복이 나타난다(그림 7-3).

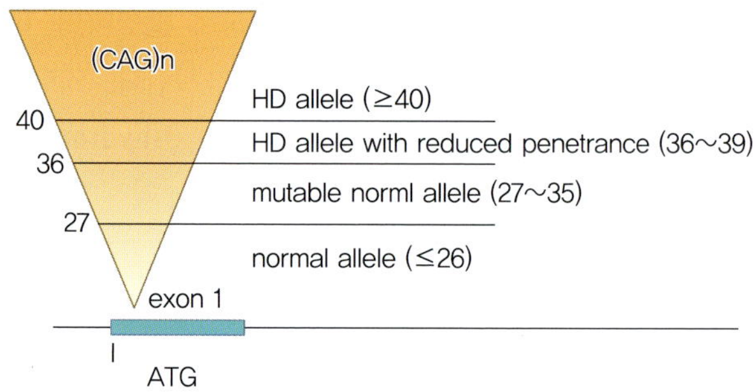

그림 7-3. 헌팅턴 병에서의 IT15 유전자의 변이

증상 이 질환은 안면 찡그림과 움찔수축 같은 '무도성' 움직임이 있는데, 진행성 운동, 인식, 정신적 이상이 악화되어 중년기에 점진적인 치매와 비수의적인 운동(chorea)이 특징이다. 신경단위의 기능장애로서 비정상 단백질 집합체들이 세포의 핵에 축적이 되는 경향이 있으며, 단백분해효소 케스페이즈(caspase)에 의한 헌팅턴 분할은 독성물질을 만들어 신경세포의 사멸을 일으킨다. 환자의 30% 정도에서 정신적인 장애가 나타나고, 60% 정도에서는 인식력과 운동장애를 동반하며, 증상이 나타나는 평균연령은 35~44세 정도이다. 이 질환이 진행되면, 음식물을 삼키기가 곤란하며, 보통은 폐렴으로 사망을 한다.

알아두기 7-3. 우성과 열성 명명에 대한 주의

상염색체 우성 질환들은 이형접합자들에서만 발현이 되며, 상염색체 열성 질환들은 동형접합자들에서만 발현이 된다. 즉 상염색체 우성은 하나의 상염색체 상에 위치한 정상 대립유전자 하나와 비정상 돌연변이 유전자 하나를 가지고 있는 경우에 질환으로 발병할 수 있으며, 상염색체 열성은 2개의 돌연변이 대립유전자를 가진 경우에 발현이 된다.

알아두기 7-4. 위치지정 클로닝(Positional Cloning)에 의해 동정된 질병의 예

위치지정 클로닝은 1980년대 후반에 고안되었으며, 사람 유전자에서 유전자 위치에 대한 지식을 통해 유전자를 분리하는 것으로 이 과정은 유전자의 대강의 위치를 결정하는 단계와 그 안에서 후보 유전자들을 찾는 두 가지 주요 과정으로 나뉜다. 이 방법은 지난 20년에 걸쳐 현대 분자유전학적 기술의 발달과 사람유전체 사업의 완성에 따른 지식이 결합되면서 단일 유전질환의 원인 유전자들을 찾아내는 매우 강력한 방법이 되었다.

Disease	Locus	Gene	Gene product
Achondroplasia	4p16	*FGFR3*	Fibroblast growth factor receptor 3
Adult polycystic kidney disease	16p13	*PKD1*	Polycystin–1 (a cation channel)
Cystic fibrosis	7q31	*CFTR*	Cystic fibrosis transmembrane regulator (a chloride channel)
Fragile X syndrome	Xq27.3	*FMR1*	FMRP (regulates mRNA translation)
Huntington disease	4p16.3	*IT15*	Huntingtin
Marfan syndrome	15q21	*FBN*	Fibrillin (in microfibrils)
Myotonic dystrophy	19q13	*DMPK*	Protein kinase
Retinoblastoma	13q14	*RB1*	Rb protein (tumor suppressor)

빈도와 치료 이 질환은 반복횟수에 따라 발병의 연령이 달라지는데, 30~45세 사이에 증상이 나타나며, 70세 이상의 환자는 거의 찾아볼 수 없다. 청소년기 발병의 80%는 부계유전 양상을 보이며, 이 질환은 일반적으로 발병된 후 15~25년 내 신체적, 정신적으로 심각한 무능력상태에 이르며, 결국은 사망하게 되는 퇴행성 유전질환이다. 현재까지 효과적인 치료는 없지만, 특징적으로 진행성 운동, 인식, 정신기능의 장애가 나타나기 때문에 행동과 신경학적 문제에 대한 약물치료를 한다.

④ 마르판 증후군

마르판 증후군은 1896년 프랑스의 소아과 의사인 마르판(Antoine Marfan) 박사가 처음 소개한 질환으로, 15번 염색체 q21.1에 위치하는 fibrillin-1 (*FBN1*) 유전인자의 돌연변이 결과로 발생한다.

원인 *FBN1* 유전자는 세포외 당단백질인 fibrillin-1을 암호화하고, fibrillin-1은 대동맥 외막 등 피부와 같은 조직들의 구조분자들인 미세섬유를 형성하기 위해 중합하는데, *FBN1*의 돌연변이가 일어나면 fibrillin-1의 합성, 과정, 분비 중합 또는 안정에 영향을 미친다.

증상 이 질환은 결합조직의 이상으로 골격, 안구, 심혈관, 폐, 피부 그리고 경뇌막 이상들을 가지는 다기관 질환으로 표현형이 다양하다. 주요 증상으로는 불균형적으로 키가 크고, 길고 가는 팔다리와 손가락, 새가슴(pectus carinatum) 기형, 척추측만증(scoliosis), 수정체 이탈, 심혈관 합병증, 특발성 기흉의 폐 이상, 재발성 탈장의 피부 이상 등을 포함한다. 마르판 증후군은 주로 나이가 들면서 발생을 하는데, 새가슴 기형과 척추측만증 같은 이상들은 뼈가 성장하면서 악화되고, 수정체 이탈은 청소년기에 진행된다. 심혈관 합병증들은 어떤 연령에서도 나타날 수 있으며, 일생동안 진행된다.

빈도와 치료 이 질환의 빈도는 10,000~20,000명당 1명 정도로 발생을 하며, 환자의 25~35%는 새롭게 발생하는 돌연변이에 의하는 것으로 알려져 있다. 완치 가능한 치료는 없으며, 예방과 징후 관리에 초점을 둔다.

⑤ 연골무형성증

연골무형성증은 섬유아세포 성장인자 수용체(fibroblast growth factor receptor)인 *FGFR3* 유전자의 특이한 돌연변이에 의한 질환으로 사람 난장이증이라고 하며, 얼굴중심형성 저하를 동반한 대두증(macrocephaly)과 돌출된 이

마를 가지고 출생한다. 연골발육부전증(Hypochondroplasia)은 전체적으로 연골무형성증과 비슷하지만, 머리는 정상이다.

원인 *FGFR3* 유전자는 4번 염색체 p16.3에 위치하고, 연골세포에 발현되며, 연골 내에서 정상 대립유전자의 활성화는 성장판의 연골세포의 증식을 저지하여, 뼈의 전구세포 분화와 성장, 연골세포의 분화와 성장을 조절한다. 그러나 *FGFR3* 유전자의 돌연변이는 연골세포의 증식을 방해하여, 다른 뼈들을 비정상적으로 분화시킬 뿐만 아니라 긴 뼈들을 짧게 하는데, 대부분 G1138A(~98%)와 G1138C (1~2%)의 두 종류이다(그림 7-4). *FGFR3* 유전자에서 G1138은 사람의 유전인자에서 돌연변이가 가장 잘 일어나는 뉴클레오티드 중의 하나이며, 주로 아버지의 생식세포에서 일어나고 아버지의 나이가 35세 이상일수록 빈도는 증가한다.

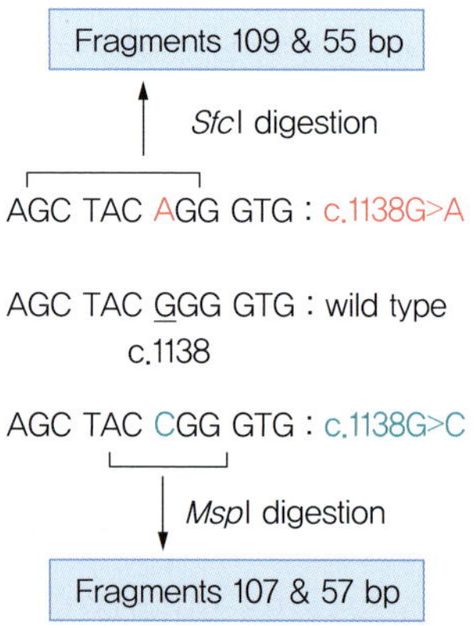

그림 7-4. 연골무형성증 환자에서 FGFR3 유전자의 c.1138 돌연변이

증상 이 질환은 성인 평균 신장이 125~130 cm 정도로 작고, 팔다리가 매우 짧으며, 함몰된 콧등, 척추가 앞으로 굽어 있는 허리앞굽음증(lumbar lordosis)의 증상을 보인다. 중이염(otitis media)이 흔하며, 허리앞굽음증은 디스크와 허리통증을 동반한다. 동형접합체를 임신한 경우에는 분만 시까지 생존하기 어려우며, 연골무형성증의 산모가 정상의 아이를 임신한 경우 대부분 제왕절개로 분만을 한다.

빈도와 관리 모든 인종집단에서 나타날 수 있으며, 15,000~40,000명당 1명의 빈도를 갖는다. 일생 동안의 관리는 합병증의 예방에 중점을 두며, 성장호르몬의 치료와 다리를 길게 하는 외과적 수술은 저신장의 치료로 사용되기도 하였다.

⑥ 다낭포성 신증

다낭포성 신증은 가장 일반적인 유전질환 중 하나로, 매우 커진 콩팥은 다양한 크기의 낭포들로 인해 표면이 울퉁불퉁하며 낭포 내에는 투명한 액체를 함유하고 있다. 양측성의 다발성 콩팥주머니가 특징인 이 질환은 유전적 이질성을 갖는데, 환자의 85%에서 *PKD1* 유전자에 그리고 나머지 대부분은 *PKD2* 유전자의 돌연변이를 가진다.

원인 염색체 6p13부위에 위치하는 *PKD1* 유전자는 polycystin 1을 부호화하며, 4번 염색체 q21-q23에 위치하는 *PKD2* 유전자는 polycystin 2를 부호화하는데, 이 두 대립유전자들이 모두 기능을 상실했을 때 낭포의 형성이 이루어진다. Polycystin 1과 polycystin 2는 상호작용을 하는 것으로 알려져 있으나, 어떠한 기능 손실로 인해 낭포가 형성되는 기전은 밝혀지지 않았다.

증상 다낭포성 신증은 일반적으로 30~40대에 증상과 징후가 나타나며, 요로감염, 혈뇨, 요로폐쇄, 야뇨, 신낭포로의 출혈 등에 의한 신부전이 나타난다. 그 밖에 신장낭포와 더불어 두개 내 낭상 동맥류(intracranial saccular aneurysm), 승모판 탈출증(mitral valve prolapse), 결장 게실(clonic diverticula) 그리고 간, 췌장, 난소, 비장 내 낭포

알아두기 7-5. 유전 위험성(Inheritance Risk)과 진단

연골무형성증의 아이를 둔 정상적인 부부 사이에 같은 질환의 아이를 낳을 수 있는 위험은 낮지만, 생식세포를 포함하는 모자이시즘이 가능하기 때문에 일반적인 인구집단의 위험률보다는 크다. 이 질환의 진단은 보통 방사선적 소견으로 가능하며, 산전진단으로는 임신 20주에 태아의 골격 방사선 사진 분석을 통해 진단될 수도 있지만, 태아 DNA를 이용하여 PCR-RFLP를 시행한다.

를 가지기도 한다.

빈도와 관리 이 질환은 모든 인종에서 300~1,000명당 1명 정도이며, 발생연령과 정도는 가족 간과 가족 내에서 변이를 가지는데, 환자의 90% 정도는 가족력을 가지고 있다. 진단은 가족력과 신장초음파로 가능하며, 치료의 방향은 신장질환의 진행을 지연시키면서 증상을 최소화하는 것이다.

(2) 상염색체 열성 유전질환

이형접합체 보인자는 질환으로 나타나지 않으면서 질병 대립유전자를 간직한 채 그것을 전달할 수 있기 때문에 열성 유전질환은 우성 유전질환보다 비교적 흔하게 발생을 한다. 만약에 환자의 부모가 모두 대립유전자의 이형접합체일 때, 그 자손 중 25%에서 변이 대립유전자의 동형접합체가 나타나 질환으로 발생된다(그림 7-5).

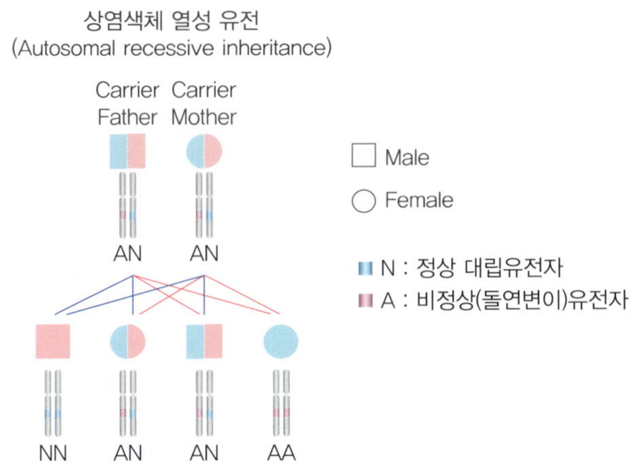

그림 7-5. 상염색체 열성 유전의 가계도

상염색체 열성 유전질환에는 겸상적혈구 빈혈(sickle cell anemia), 낭성 섬유증(cystic fibrosis), Tay-Sachs병, 페닐케톤증(phenylketonuria, PKU), 당원병(glycogen storage disease) 등이 있다.

① 겸상적혈구 빈혈

겸상적혈구 빈혈은 적혈구가 낫모양(sickle)을 이루는 비정상적인 혈구로 생성되어 말초혈액에 나타나는 질환으로 만성용혈성 빈혈과 혈류장애를 일으킨다. 이 질환은 주로 흑인에게 많이 발병하며, 주로 열대성 말라리아(falciparum malaria) 유행지역에서 발견되기 시작하였으며, 낫 모양 적혈구 빈혈, 헤릭 빈혈(Herrick's anemia) 등으로도 불린다.

HBB Sequence in Normal Adult Hemoglobin (Hb A):

Nucleotide	CTG	ACT	CCT	GAG	GAG	AAG	TCT
Amino Acid	Leu	Thr	Pro	Glu	Glu	Lys	Ser
	3			6			9

HBB Sequence in Mutant Adult Hemoglobin (Hb S):

Nucleotide	CTG	ACT	CCT	GTG	GAG	AAG	TCT
Amino Acid	Leu	Thr	Pro	Val	Glu	Lys	Ser
	3			6			9

그림 7-6. 겸상적혈구 빈혈증의 원인

원인 헤모글로빈은 2개의 α-subunit와 2개의 β-subunit로 구성되는데, 겸상적혈구 빈혈증은 β-subunit 유전인자가 과오(missensse) 돌연변이를 일으켜서 6번째 코돈 위치의 GAG 뉴클레오티드가 GTG로 치환됨으로써 glutamine에서 valine으로 바뀐 이상혈색소(Hb-S) 때문에 발병한다(그림 7-6).

겸상적혈구 빈혈증과 관련된 유전자는 Hemoglobin beta gene (*HBB*)로 11번 염색체 p15.5에 위치하며, 돌연변이가 생기면 산소가 해리된 헤모글로빈의 용해성을 감소시키면서 섬유중합체(fibrous polymers)의 아교모양의 망(gelatinous network)을 형성하여 낫모양의 불완전한 적혈구를 만든다. 겸상적혈구는 모세혈관을 막고, 경색증(infarction)을 일으킨다.

증상 이 질환의 증상은 보통 생후 6개월 이후에 발병을 하는데, 빈혈, 성장장애, 비장비대 그리고 25% 이상에서 뼈의 모세혈관 폐색에 의해 생기는 손발가락염(dactylitis)이 발견된다. 혈관폐쇄경색은 골수, 뼈, 비장, 중추신경계,

알아두기 7-6. 증상(Symptom)과 징후(Complaint)

증상과 징후는 병을 앓을 때 나타나는 여러 가지의 상태로 환자가 이야기 하는 상황을 증상이라고 하며, 의사가 진찰 등을 통해 느끼는 환자의 상황은 징후라고 한다.

폐, 신장 그리고 심장의 경색 및 부전으로 진행할 수 있다. 비록 신장이나 폐 기능상실 등으로 인해 사망을 할 수도 있지만, 감염이 주된 사망원인으로 파보바이러스(parvovirus) 외에 폐렴알균(*streptococcus pneumoniae*), 살모넬라균(*salmonella*), EBV (epstein-bar virus) 감염 등이 있다.

겸상적혈구 유전자의 이형접합체를 가진 보인자는 정상(Hb-A)과 비정상(Hb-S)의 혈색소 분자를 가지고 있는데, 거의 일생 동안 손상이 없기 때문에 임상적으로 빈혈이 없고 정상적이다.

빈도와 관리 겸상적혈구 빈혈의 발병은 아프리카계의 미국인에서 약 400명당 1명의 빈도로 발생한다고 알려져 있으며, 과거와 현재에 말라리아에 노출되는 정도에 따라 집단 간의 차이를 나타낸다. 이 질환의 진행성 심각성을 예측하기 위한 정확한 방법이 아직까지는 없으며, 치료는 일반적으로 건강관리와 감염, 합병증 예방 및 치료 등이 있지만 대중적인 방법들이다. 예후는 좋지 않으며, 1994년에 보고된 이 질환에 대한 평균수명은 남자 42세, 여자 48세로 나타났지만 최근의 연구에서 평균수명이 50세가 넘는 것으로 보고되었다.

② 낭포성 섬유증

낭포성 섬유증은 유럽에서 흔한 질병으로 피아노 연주자와 작곡가로 널리 알려진 쇼팽(Frederic Chopin)이 39세의 나이에 심혈관계 부전으로 사망하였다고 하는데, 그의 의료기록을 통해 그가 낭포성 섬유증을 앓았을 가능성이 대두되었다.

원인 이 질환의 원인은 염화이온의 세포막으로의 통로를 조절하는 낭포성 섬유증 막전위 전도 조절자(cystic fibrosis transmembrane conductance regulator, *CFTR*) 유전자의 돌연변이에 의한 것으로 알려져 있으며, 상피세포에서의 이온수송(epithelial ion transport)에 이상이 생기는 질환이다. *CFTR* 유전자는 7번 염색체 q21-q34에 위치하고 27개의 exon으로 구성되며, 1,480개의 아미노산으로 이루어진 단백질을 암호화한다.

가장 빈도가 높은 ΔF508은 10번 엑손의 3염기 결실에 의해 *CFTR* 단백질의 508번째 페닐알라닌 1개가 결손된 것으로 전체 환자의 약 70%에서 발견된다(그림 7-7). *CFTR*은 cAMP -regulated chloride channel로서 다른 ion channel을 조절하는 기능을 가지고 있는데, 그 기능에 이상이 생기면 신체의 여러 기관들이 영향을 받는다.

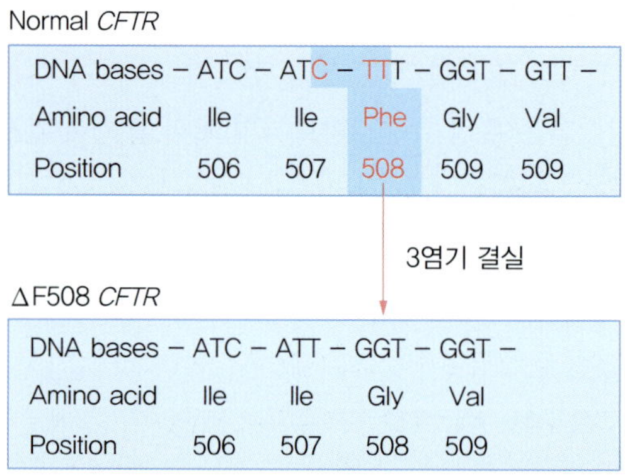

그림 7-7. 낭포성 섬유 중에서의 *CFTR* 유전자 돌연변이

증상 낭포성 섬유증은 일반적으로 유년기 때부터 시작되는 재발성 폐감염이 특징이며, 폐 손상과 순환기 장애를 일으키는 질환이다. 가장 심각한 경우는 췌장액 결핍에 인한 흡수장애를 나타내기도 하며, 다른 합병증으로는 인슐린의존성 당뇨병, 간경변 등이 나타날 수 있다. 남성 환자의 95% 이상에서 선천적으로 양쪽 정관의 결여 때문에 무정자증(azoospermia)을 보인다.

빈도와 치료 이 질환은 모든 인종에서 발병될 수 있지만, 북유럽인들에게서 가장 많은 빈도를 나타내며, 백인의 경우 2,500명당 1명, 아프리카계 미국인 15,000명당 1명으로 나타난다. 물리요법, 항생제, 그리고 췌장 효소의 공

알아두기 7-7. 혈색소병증(Hemoglobinopathy)

혈색소병증은 혈색소이상으로 발생하는 징후군들을 의미하며, 글로빈합성 이상에 의한 지중해성빈혈과 혈색소구조 이상에 의한 겸상적혈구 빈혈 그리고 Hb-C, Hb -D, Hb-E 및 불안정혈색소(unstabl hemoglobin)로 나눌 수 있다. Hb-C는 β-글로빈 사슬의 6번째 glutamine이 lysine으로 치환되어 발생하는 것이며, Hb-D는 β-글로빈 사슬의 121번째 glutamine이 lysine으로, Hb-E는 β-글로빈 사슬의 26번째 glutamine이 lysine으로 치환되어 발생한다.

급 등으로 수명은 연장시킬 수 있지만, 확실한 치료방법은 아직까지 개발되어 있지 않으며, 효과적인 치료 방법으로 페이식이 있다.

③ Tay-Sachs 병

테이-삭스병은 GM2 강글리오시드증(GM2 gangliosidosis)이라고 부르며, GM2 강글리오시드(ganglioside)라는 스핑고지질(sphingolipid)을 분해하지 못하여 발생한다. 이 질환은 일종의 이질성 용해소체 축적병으로서 영유아기에 발병하여 신경변성장애로 사망하는데, 보통은 4살을 넘기 어려운 질환이다.

원인 이 질환은 헥소스아미니다제(hexosaminidase A, *HEXA*)의 활성이 매우 감소되어 발생한다. *HEXA*는 α와 β 두 개의 subunit로 구성된 리소좀 효소로서 어디에나 존재하지만, 결핍이 되면 강글리오시드 분해대사의 장애가 나타나서 중추신경, 자율신경에서의 GM2 강글리오시드 축적에 의해 모든 신경계통에 영향을 끼친다.

15번 염색체 q23-q24부위에 위치하는 *HEXA* 유전자에 의해 α-subunit가 암호화 되는데, 이 유전자의 돌연변이에 의해 발병한다. 5번 염색체 q13에 위치하며, β-subunit를 암호화하는 *HEXB* 돌연변이는 샌드호프병(sandhoff disease)을 발생시킨다.

증상 유아기 발병은 생후 3~6개월에 발병하여 신경학적 악화에 의해 반응이 없는 식물인간 상태에 빠져 결국 2~4세에 사망하며, 2~4세 이후부터 청소년기 발병은 운동실조(ataxia)로 시작되는 신경학적인 악화로 20대에 식물인간 상태에 빠지게 된다. 성인기 발병은 근 긴장이상이나, 운동뉴런 질환을 보이는데, 특히 치매가 없는 정신과적 이상을 보인다.

빈도와 치료 유아기에서부터 성인기까지 발병할 수 있으며, 그 빈도는 인구 집단마다 매우 다양하다. 아슈케나지(ashkenazi) 유태인에서 3,600명당 1명 정도로 발병하였는데, 유전학적 집단검사 개입으로 360,000명당 5명 정도로 줄었다. 현재로서는 완치될 수 없는 질환으로, 증상의 관리와 완화를 중점으로 하며 대부분 발작의 약물치료를 필요로 한다. 부모가 보인자일 경우에는 산전 또는 착상 전 DNA 진단검사를 시행한다.

④ 페닐케톤뇨증

1934년 노르웨이의 폴링(Ivar FØlling) 박사에 의해 소개된 페닐케톤뇨증은 페닐알라닌수산화효소(phenylalanine hydroxylase, PHA)의 결핍에 의해 체내에 페닐케톤이 축적되어 소변으로 나오는 선천성 아미노산대사이상 질환이다.

원인 이 질환은 12번 염색체 q21-q24.1부위에 위치하는 PHA를 암호화하는 유전자의 돌연변이로 발생한다. PHA는 체내에 음식으로 섭취된 페닐알라닌을 티로신으로 바꾸는 기능을 하는데, PHA 결핍이 있으면 계속적인 페닐알라닌의 축적이 일어나고, 페닐케톤의 축적으로 발전한다.

증상 인체 내 페닐케톤의 농도가 높으면 태아의 뇌 발달을 억제하여 심각한 정신지체, 간질 또는 작은머리증과 같은 신경이상, 근육의 과다긴장 그리고 색소침착 등이 생긴다. 치료를 받지 않은 환자는 소변에서 페닐아세틱산에 의한 '쥐' 냄새가 나고, 근육긴장과도증(muscular hypertonicity)이 생기며, 수명은 감소된다.

빈도와 치료 이 질환은 한국에서의 빈도는 1/53,000명 정도로 알려져 있으며, 치료법은 페닐알라닌을 제한하는

알아두기 7-8. 선천성대사이상 질환의 진단

선천성대사이상 질환은 어떤 종류의 효소 결핍에 의해 우유나 음식물의 대사산물이 체내에 독성작용을 일으켜 인체에 치명적인 손상을 주는 질환이다. 특히 뇌세포가 손상을 받은 경우에는 치료가 불가능하여 심한 정신지체를 유발할 수 있다. 선천성대사이상 질환은 생후 3~7일 사이에 검사를 실시, 조기에 발견을 하여 치료를 하게 되면 정상적으로의 성장이 가능하다. 현재 전국에서 태어나는 모든 신생아들은 페닐케톤뇨증, 갑상선기능저하증, 갈락토스혈증, 호모시스틴뇨증, 단풍당뇨증 그리고 선천성부신과형성증 등 6종에 대한 선천성대사이상 검사를 국고 지원을 받아 무료로 받을 수 있다.

식이요법인데, 특수조제 분유와 저페닐알라닌 식이요법을 한다. 치료를 받지 않은 경우의 아기는 일주일에 IQ 1~2점씩 잃게 되므로 저페닐알라닌 식이요법을 4주 이내에 시작하여야 하며, 10년간 지속한다.

(3) X-연관 우성 유전질환

원인유전자가 X 염색체에 있으므로 대립유전자를 가진 남녀 모두에서 발병을 할 수 있지만, 남자에게서 증상이 더 심하다. 남자환자는 그 질병을 모든 딸에게 전달하지만 아들에게는 전달되지 않고, 여자환자는 아들과 딸들에게는 절반만 전달이 된다(그림 7-8). X 염색체와 연관된 우성질환은 매우 희귀하며, 비타민 D 저항성 구루병(vitamin D-resistant ricket)과 레트증후군(Rett syndrome)이 있다.

① 비타민 D 저항성 구루병

비타민 D 저항성 구루병은 신장의 근위세뇨관(proximal tubule)에서 인산염을 재흡수하지 못해 혈중 인산염의 저해를 초래하여 발생하는 질환이다. X 염색체 p22.1 부위에 위치하는 *PHEX* (phosphate-regulating gene with homologies to endopeptidases on the X chromosome)는 막성 펩티드 내부분해효소의 합성에 관여하는 유전자로 알려져 있으며, *PHEX* 유전자의 돌연변이에 의해 발생한다. 보통 구루병과의 구별이 어렵고, 비타민 D를 대량 투여해도 호전이 보이지 않는 질환으로 발생기전과 빈도는 알려지지 않았다.

② 레트 증후군

레트 증후군은 주로 여아에서만 발생을 하며, 남아에서는 드물게 발생을 하는 신경계 발달 질환으로, 1966년 오스트리아의 의사 레트(Andreas Rett)에 의해 처음으로 보고되었다. 이 질환은 X-연관 우성으로 유전되기도 하지만, 대부분의 경우 X 염색체 q28에 위치하는 *MECP2* (methyl-CpG binding protein 2)유전자의 자연 돌연변이에 의해 발생하며, 남아에게 드문 이유는 X-linked 우성 질환유전자가 유전된 남자는 출생 전에 사망을 하는 것과 관련이 있을 것이라고 추정한다.

생후 6~18개월까지는 비교적 정상적인 발달을 보이다가 급격하게 기술적인 손운동을 잃어버리고, 두뇌의 발달이 감소되며, 동반되는 임상증상으로는 실조성 뇌성마비, 자폐증 양상, 간질, 비정상적인 호흡(과호흡/무호흡) 그리고 손과 발 등의 성장지연이 있다. 레트 증후군은 DNA 검사로 진단하고, 최근까지 완치할 수 있는 치료법은 없으며, 대부분의 *MECP2* 돌연변이는 새롭게 발생한 것으로 적어도 70% 정도는 아버지의 생식계열에서 일어나는 것으로 알려져 있다.

(4) X-연관 열성 유전질환

X 염색체의 유전은 대부분 열성유전에 속하며, X-연관 돌연변이 대립유전자를 가진 남성은 전형적인 표현형으로 발현되고, 모든 딸들에게 전달되지만 발현이 되지는 않고 절대 보인자이며, 아들에게는 전달되지 않는다(그림 7-9).

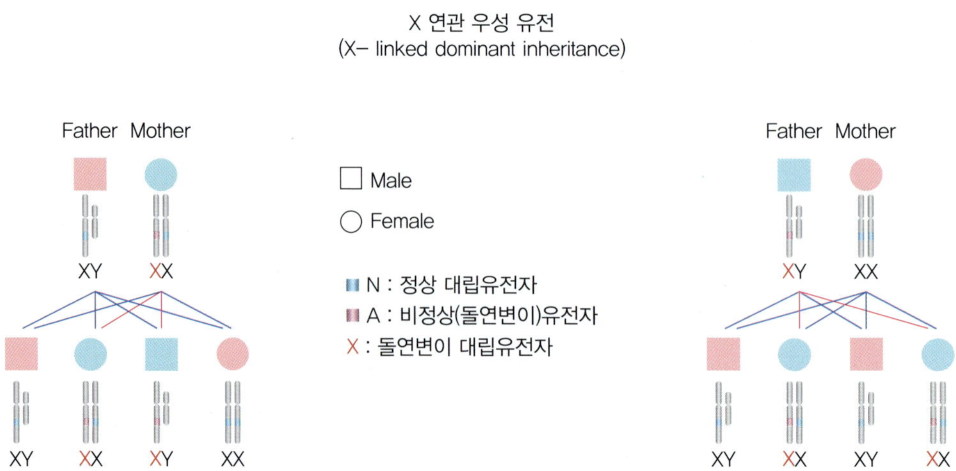

그림 7-8. X-연관 우성 유전의 가계도

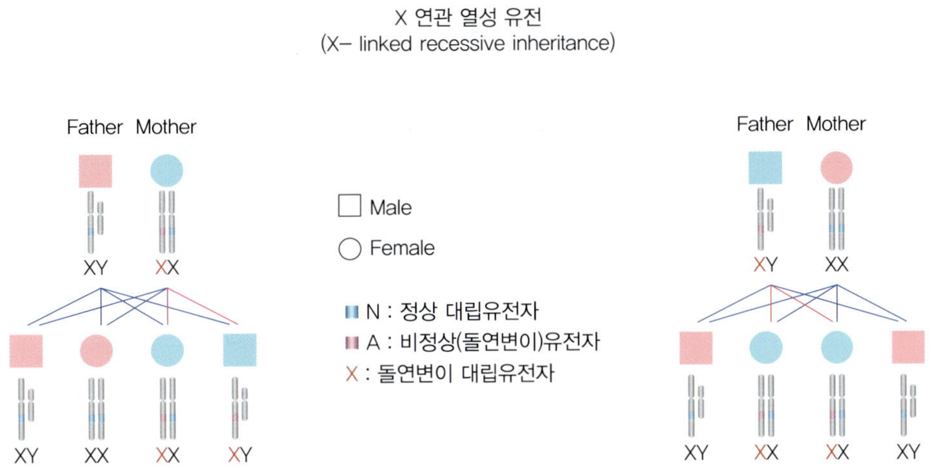

그림 7-9. X-연관 열성 유전의 가계도

정상 대립유전자 하나만으로도 기능면에서 문제가 없기 때문에 그 돌연변이가 열성이 되는 것이며, 보인자 여성들은 대부분 발현되지 않는다. 따라서 환자의 대부분이 남성이고, 아주 드물지만 동형접합체 여성에서는 발병을 하기도 한다. 여성이 보인자인 경우에는 아들의 50%에서 발병을 하고, 만약 정상 대립유전자를 가진 X-염색체의 비활성비율이 많아지면 보인자라해도 임상증상이 발현될 수 있다. 대표적인 질환에는 혈우병(hemophilia), 적색맹과 녹색맹(red and green colour blindness), 뒤시엔느 근위축증(duchenne muscular dystrophy, DMD), G6PD 결핍증(glucose-6-phosphate dehydrogenase deficiency) 등이 있다.

① 혈우병

선천성 출혈장애(inherited bleeding disorder)인 혈우병은 19세기경에 명명되었으며, VIII 인자결핍증인 혈우병 A와 IX 인자결핍증인 혈우병 B로 나눌 수 있다.

원인 혈우병은 전형적인 X-연관 혈액응고 질환으로 여성에게는 매우 드물게 발병하는 반면에 전형적으로 남성에게서 발생하며, A와 B형이 있다. 혈우병 A형은 X 염색체 q28에 위치하는 *F8* 유전자의 돌연변이에 의한 혈액응고인자 VIII의 결핍과 관련이 있으며, X 염색체 q27부위에 위치하는 *F9* 유전자 돌연변이는 응고인자 IX의 결함 또는 기능장애를 유발하며, B형 혈우병을 가진 환자에서 발견되었다.

증상 혈우병 A와 B 두 질환의 출혈증상은 동일하여 구분이 어렵다. VIII 인자와 IX 인자는 태반을 통과하지 못하기 때문에 출생 시부터 출혈증상이 나타날 수 있으며, 태아에서도 발생할 수 있다. 어린이가 걸어 다니기 시작할 때 출혈이 자주 발생하거나 근육내종과 혈우병의 특징인 혈관절증(hemarthrosis)이 나타난다. 출혈은 자연적으로 발생하는 경우가 많고, 중추신경계나 상기도의 출혈은 사망에 이를 수도 있다.

빈도와 치료 혈우병 A는 5,000명당 1명, B는 30,000명당 1명의 빈도로 출생하며, 모든 인종에서 발생한다. 혈우병의 효과적인 치료는 없으며, 출혈의 예방으로 외상을 막는 것이 최선의 방법이지만, 외상없이 자연적으로 출혈이 생길 수 있다. 혈소판 기능을 저하시키는 아스피린과 비스테로이드성 항염증약(non-steroidal anti-inflammatory drug, NSAID)은 금기약물이다. 우리나라에는 약 3,000~4,000여 명의 환자가 있을 것으로 추정을 하며, 치료를 받지 않으면 20세 이상 생존하기 어렵다.

② 적색맹과 녹색맹

빨간색과 초록색을 나타내는 유전자들은 X 염색체 q28 위치에 하나 또는 여러 개의 녹색 옵신(opsin)유전자에 바로 인접하여 하나의 적색민감 옵신유전자가 직렬로 배열된다. 또한 유전자들의 염기순서가 98% 이상 동일(364개 위치들에서 15개만이 다름)하기 때문에 부등 상동성 재조합(unequal homologous recombination)을 받기가 쉽다. 예를 들면 초록색을 나타내는 유전자를 잃는 염색체가 있는 반면에 다른 염색체는 유전자를 더 얻을 수도 있고, 초록색을 나타내는 유전자가 없는 사람은 초록색뿐만 아니라 빨간색도 구분하기 곤란하다.

빈도 성별에 따라 다른데, 남자는 백인(8%), 아시아인(4.5%), 아프리카인(2.5%)이며, 여자는 남자들에 비해 색맹 출현빈도가 현저하게 낮다. 여자에서 색맹인 경우가 1% 미만일지라도 보인자는 약 15%에 달하며, 색맹인 아들을 낳을 확률이 50% 정도로 나타난다.

③ 뒤시엔느 근위축증

진행성 근위축증 중에서 가장 빈도가 높은 뒤시엔느 근위축증은 근육 퇴행과 쇠약이 특징으로, 1861년 프랑스의 뒤시엔느(Guillaume Duchenne)에 의해 처음으로 알려졌으며, *DMD* 유전자 내부의 돌연변이에 의해 디스트로핀(dystrophin) 단백질의 결핍으로 발생한다(그림 7-10).

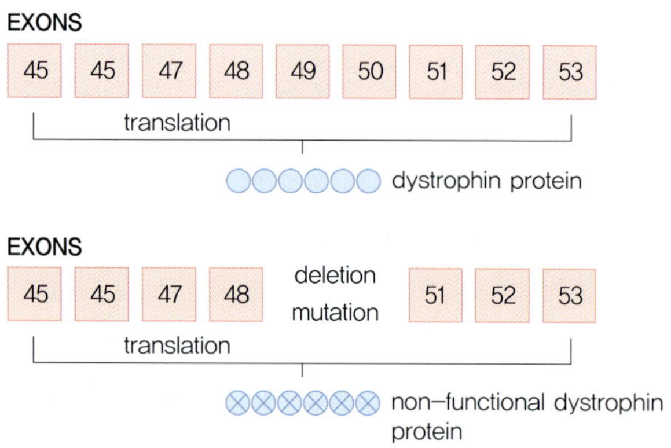

그림 7-10. *DMD* 유전자 돌연변이

원인 *DMD* 유전자는 1987년 클로닝 되었으며, X 염색체의 p21 부위에 위치하는데, 전체 X염색체의 1%를 차지할 만큼 사람에서 가장 긴 유전자로 밝혀져 있다. 유전자의 크기는 2.5 Mb에 이르고, 79개의 엑손을 포함하여 14 kb의 전사체를 만든다. *DMD* 유전자는 디스트로핀을 암호화하는데, 이것은 일부 뇌신경뿐만 아니라 평활근, 심장근 그리고 골격근에서 현저하게 발현되는 세포 내 단백질이다. 뒤시엔느 근위축증이 높은 빈도로 나타나는 것은 아마도 *DMD* 유전자가 크기 때문이라고 생각되고 있다.

DMD 유전자의 돌연변이에는 큰 결실(60~65%), 큰 중복(5~10%), 작은 결실과 삽입 그리고 뉴클레오티드의 변화(25~30%)가 있다. 이러한 돌연변이들은 단백질의 합성을 종결시키거나 번역틀(reading frame)에 손상을 주어 디스트로핀이 합성되지 않게 하고, 디스트로핀 단백질이 결핍되면, 주로 골격근에 진행성의 변성이 일어나 근육이 결합조직이나 지방으로 대치되어 근력이 저하된다.

증상 표현형과 병력이 남자와 여자가 다르다. 남자는 근육 퇴행과 쇠약이 특징이며, 일반적으로 3~5세에 걸음걸이의 이상을 나타내고, 10세 정도에는 휠체어를 타고 구축과 척추측만을 가진다. 수명은 10대를 넘기지 못하며, 대부분 폐기능 부전과 폐렴 등으로 사망을 하게 된다. 환자들의 95% 이상에서 심장합병증을 동반하고, 1/3에서 어느 정도의 정신박약을 나타내지만, 이러한 이상의 기전은 밝혀지지 않았다. 뒤시엔느 근위축증의 남자는 생식이 불가능하기 때문에 현재는 유전적 치사(genetic lethal)라고 불린다.

여자에서는 매우 드물게 발병을 하며, X 염색체의 불활성의 편중(skewing)에 따라 달라진다. 만약에 돌연변이 *DMD* 대립유전자를 가지는 X 염색체가 모든 세포에서 활성화가 되면 증상이 발현된다. 그러나 정상적인 *DMD* 대립유전자를 가진 X 염색체가 활성화되면 증상이 약하게 발현이 되거나 나타나지 않지만, 대부분의 보인자에서는 심장 이상을 보인다.

빈도와 치료 남자에서 3,500명당 1명이 발병하며, 지속적인 관리를 통해 평균수명은 연장시킬 수 있지만, 확실한 치료법은 없다.

④ *G6PD* 결핍증

포도당 6인산 탈수소효소(glucose-6-phosphate dehydrogenase, *G6PD*) 결핍증은 적혈구효소 질환으로서, *G6PD*의 결핍은 특정 약물, 특히 말라리아의 치료제인 프리마퀸(primaquine)에 대한 예민성을 일으키는데, 한국전쟁 시 항말라리아 약제를 투여 받은 미국의 병사가 용혈성 빈혈을 일으키게 되어 알려진 질환이다.

원인과 증상 이 질환은 X 염색체 q28부위에 위치하는 *G6PD* 유전자의 변이에 의한 것으로, *G6PD*는 당분해의 제1경로에 관여하는 효소로서, 이 효소의 결핍은 신생아 황달(neonatal jaundice)이나 급성 용혈성 빈혈증(acute hemolytic anemia)의 증상이 나타난다. 환자가 댑손(dapsone), 페나세틴(phenacetin)과 프리마퀸(primaquine)과 같은 약물을 복용하면 급성 용혈성 빈혈을 유발할 수 있으며, 좀약 성분인 나프탈렌(naphthalene)과 지중해 지역에서 널리 사용되는 채소인 잠두(fava bean)의 섭취로 인해 용혈성 빈혈이 나타날 수 있다. 대부분 남자에게서 아주 심각하게 발생된다.

빈도와 치료 이 결핍증의 발생빈도는 말라리아 극성 지역에서는 5~25% 정도이지만 다른 지역은 0.5% 미만이다. 대부분의 환자들은 용혈을 일으킨 경험이 없지만, 지중해 연안과 중동지역에서는 사망의 원인이 되기도 한다. G6PD 결핍의 진단은 적혈구 내의 G6PD 활성도 측정으로 가능하다.

2) 비정형 멘델유전 양식

단일유전자 질환의 유전방식과 분리 비율은 멘델의 유전을 따른다고 하였지만, 분자수준에서의 분석법이 발달함에 따라 멘델의 유전양식에서 벗어나는 단일유전자 질환들이 알려졌다.

(1) 예상현상

소수의 단일유전자 질환에서 세대가 거듭될수록 더 이른 나이에 발병을 하며, 또 증상이 심각해지는 현상을 예상현상(anticipation)이라고 하며, 여기에 존재하는 분자적 기전은 삼염기반복돌연변이(trinucleotide repeat mutation)의 확장과 관련이 있다. 삼염기반복돌연변이에 의해 발병하는 질환들은 두 그룹으로 나눌 수 있는데, 헌팅턴병과 같이 작은 CAG 확장(환자 : 37~121회 반복)에 의해 발생하는 것과 취약 X 증후군처럼 큰 CGG 확장(환자 : 200~2,000회 반복)이 있다.

(2) 모자이시즘

모자이시즘(Mosaicism, 섞임증)이란 한 개체나 조직에서 유전적 또는 염색체 구성이 서로 다른 두 개의 세포 계열(cell line)이 존재하는 것을 의미한다. 염색체의 수적, 구조적 이상과 관련된 모자이시즘은 임상적으로 매우 중요하며, 체세포 돌연변이(somatic mutation)는 많은 암들의 원인이 된다. 생식세포에서의 모자이시즘은 다음 세대로 유전될 수 있고, 생식세포를 제외한 전체 세포에 나타나는 모자이시즘은 유전되지 않을 수도 있다.

혈우병 A와 B, 뒤시엔느 근위축증과 같이 잘 알려진 질환들에서 생식세포 모자이시즘(germline mosaicime)에 의해 설명될 수 있는 가계들이 보고되고 있다.

(3) 유전체 각인

각인(Imprinting)은 부모로부터 유전된 염색체의 특정 부위에서 부계 또는 모계의 어느 한쪽의 생식선에서만 일어나는 과정으로, DNA 염기서열은 변화 없이 전사조절영역의 불활성화를 유발하는 메틸화(methylation)가 관련되어 유전자 발현이 달라진다.

① 프라더-윌리 증후군과 엔젤만 증후군

프라더-윌리 증후군(Prader-Willi syndrome, P-WS)은 키가 작고, 강박성 식사습관(compulsive eating), 비만, 생식샘기능저하증(hypogonadism) 그리고 신경발달 지연 등의 특징은 가진다. 이 질환의 50~60%는 아버지로부터 유전된 15q11-q13 유전자의 결실인데, 이것은 세포유전학검사로 확인할 수 있으며, 15%는 미세한 결실로 분자세포유전학 검사(FISH)로 확인할 수 있다. 나머지 25%에서는 어머니의 15q 이체성(maternal uniparental disomy)에 기인한다.

엔젤만 증후군(Angelman syndrome, AS)은 간질, 강박성 실소(compulsive laughter) 그리고 극심한 신경발달 지연 등의 특징을 가진다. 환자의 약 70%는 어머니로부터 유전된 15q11-q13 부위의 미세한 결실을 나타내며, 2~3%는 아버지의 15q 이체성(paternal uniparental disomy)이 원인이다.

② 베크위드-위드만 증후군

베크위드-위드만 증후군(Beckwith-Wiedemann syndrome, B-WS)은 큰몸증(macrosomia), 큰혀증(macroglossia) 등과 같은 과도한 성장과 관련이 있는 질환으로, 한 부모의 이체성(uniparental disomy, UPD)과 각인결함(imprinting defect)

에 의해 발생을 하지만 상염색체 우성으로 유전될 수도 있다.

원인 이 질환은 11번 염색체의 역위나 중복 같은 현미경으로는 발견할 수 없는 미세한 염색체 이상을 포함하여 11번 염색체 p15.5 부위에 있는 유전자의 각인에 의해 비정상적인 전사나 조절과 관련이 있다. 이러한 유전자의 불균형 발현에는 다양한 기전이 작용을 하는데, 이와 관련된 유전자는 전사와 관련된 *KCNQ1OT1* (potassium voltage-gated channel, KQT-like subfamily, member 1)와 *H19* (*H19* maternally expressed untranslated mRNA) 그리고 단백질을 암호화하는 *CDKN1C* (cyclin-dependent kinase inhibitor 1C)와 *IGF2* (insulin-like growth factor 2) 등이 있다. *KCNQ1OT1*와 *IGF2*는 부계 대립유전자이고, *CDKN1C*와 *H19*는 모계 대립유전자인데, 부모 대립유전자 모두로부터의 부적합한 *IGF2*의 과발현이 과다한 성장과 관련이 있다고 알려져 있다.

증상 주요 증상으로는 출생 전과 후에 과도한 성장을 하는 것인데, 태아 때부터 임신주수보다 크고, 양수과다증(polyhydramnios) 등이 있다. 유아기 때의 합병증으로는 배꼽탈장(omphalocoele), 신생아 저혈당증(hypoglycemia) 그리고 심근병증(cardiomyopathy) 등이 나타나며, 환자의 절반에서 신장석회증(nephrocalcinosis)과 결석증(lithiasis)이 나타난다. 아동기 때의 배아 종양발생 위험률은 대략적으로 7.5% 정도인데, 특히 윌름즈종양(Wilms' tumor)과 간모세포종(hepatoblastoma)의 발생 위험률이 높다. 배아 종양발생은 *H19* 유전자 부위의 메틸화와 연관이 있다고 알려져 있으며, 종양발생의 위험률은 8세 이후에는 많이 낮아진다.

빈도와 관리 이 질환은 남녀에서 동일하게 약 14,000명당 1명의 빈도와 다양한 인종에서 발생한다. 관리는 배꼽탈장의 수술이나 저혈당 관리 등 현재 증상의 치료를 중심으로 하며, 종양발생과 관련해서는 8세까지 복부초음파나 혈청 알파태아단백질(alpha-fetoprotein)의 검사를 주기적으로 시행한다.

(4) 미토콘드리아 유전

사람의 배아 미토콘드리아는 어머니로부터만 물려받기 때문에 미토콘드리아의 유전은 모계유전(maternal inheri-

알아두기 7-9. 사람 염색체의 각인 부위

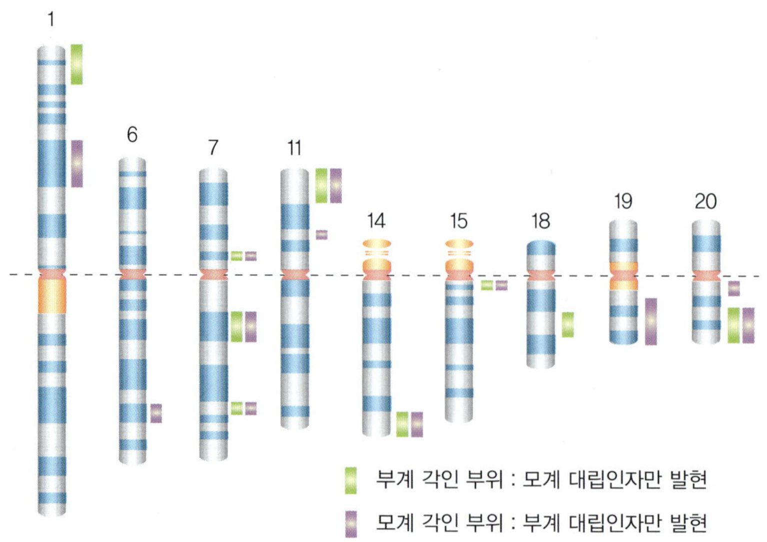

사람의 염색체에는 수십~100개 정도의 유전자들이 각인 효과를 나타낸다. 6번과 18번, 19번 염색체는 한 개의 각인 유전자를 포함하고 있으며, 1번, 7번, 11번, 14번, 15번 그리고 20번 염색체에는 집합을 형성하고 있다. 일부의 염색체들은 1 Mb 이상의 길이에 여러 개의 각인 유전자를 가지기도 한다.

tance)이라고 한다. 난자에는 약 100,000개의 미토콘드리아를 가지는 반면에 정자에는 100개 미만을 가지고 있으며, 수정이 되고 난 후에는 선택적으로 제거가 되기 때문에 mtDNA 돌연변이에 의한 질환들은 여자를 통해 유전되며 남자에 의해서 전달되지는 않는다(그림 7-11).

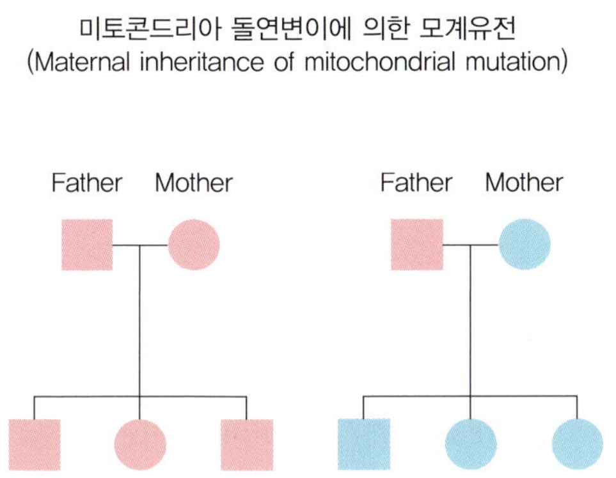

그림 7-11. 미토콘드리아 유전의 가계도

미토콘드리아는 적혈구 외에 대부분의 인체세포에 존재하며, ATP 생산에 결정적인 역할을 하기 때문에 근육과 뇌처럼 고도의 에너지를 필요로 하는 조직에 특히 더 많다. 미토콘드리아는 DNA 복구효소가 존재하지 않으므로 mtDNA는 자연적 돌연변이의 확률이 높은데, 미토콘드리아 유전체에서 100개 이상의 서로 다른 재배열(rearrangement)과 100개 이상의 점돌연변이(point mutation)들이 동정되었으며, 이러한 결함들은 신경계와 근육병증에 관여하는 질환들을 일으킬 수 있다.

미토콘드리아와 관련된 질환은 1990년대 초에 확인되었으며, 근육신경병이 대부분이지만 매우 다양하다. 대표적 질환은 mtDNA 결실과 복제와 관련된 컨스-세이어 증후군(Kearns-Sayre syndrome, KSS), 운반 RNA와 리보솜 RNA의 점돌연변이와 관련된 미토콘드리아근육병증(mitochondrial encephalomyopathy, lactic acidosis and stroke-like episodes, MELAS), 간대근육경련성간질(myoclonus epilepsy and ragged-red fiber, MERRF) 그리고 산화적 인산화에 수반되는 유전자 돌연변이에 의한 레버 유전성 시신경병증(Leber hereditary optic neuropathy, LHON) 등이다.

① 컨스-세이어 증후군

컨스-세이어 증후군(KSS)은 모계유전이 5% 정도이며, 산발성 체세포돌연변이가 원인으로 20세 이전에 발병을 한다. 주로 망막 착색을 동반한 진행성인 외안근 마비(external ophthalmoplegia)와 망막색 소변성(retinitis pigmentosa)이 있으며, 심장전도 이상과 소뇌기능 장애 등을 동반하는 특징이 있다. 이 질환의 원인으로는 mtDNA의 점돌연변이, 결실과 중복 등이 알려져 있는데, 단일 결실이 가장 많다.

증상으로는 만성적으로 진행하는 안구운동의 장애, 위눈꺼풀이 정상 위치보다 아래로 처지는 안검하수(blepharoptosis), 삼키는 것이 곤란한 연하곤란(dysphagia) 등이 있으며, 신경장애로는 망막색소 변성, 치매(dementia), 난청(auditory disorder), 야맹증(nyctalopia) 등이 나타난다. 심장장애로는 심부전(cardiac failure)과 서맥(bradycardia) 그리고 내분비장애로는 작은 키와 당뇨병 등으로 나타난다.

② 미토콘드리아근육병증

미토콘드리아근육병증(MELAS)은 가장 흔한 mtDNA 돌연변이인 tRNAleu 유전자의 3243A>G 치환에 의해 발생을 하는 질환이지만, 그 기전은 밝혀지지 않았다. 이 질환은 주로 저신장, 뇌병증(encephalopathy), 유산증(lactic aciodosis)과 뇌졸중 유사 증상(stroke-like episodes) 등이 복합적으로 나타나며, 흥미로운 것은 당뇨의 발병으로 보통은 제2형 당뇨병이 나타나고, 청력손상이 25% 정도의 환자에서 발생을 한다. 특별한 치료는 없으며, 징후의 완화에 중점을 둔다.

③ 간대근육경련성간질

진행성 근간대성 간질과 느리게 진행되면서 치매를 동반한 뇌의 퇴행과 시각신경 위축(optic atrophy)을 특징으로 하는 간대근육경련성간질(Myoclonic Epilepsy with Ragged-Red Fiber, MERRF)은 모든 인종에서 나타날 수 있는 희귀질환이다. 이 질환은 tRNAlys 유전자의 점돌연변이에 의하는데, 세 가지 유형(8344G>A가 80%, 8356T>C와 8363G>A가 10% 정도씩) 중 하나이다.

이 질환에 대한 증상은 아동기나 성인기에 시작하며, 천천히 진행이 되거나 급속하게 악화될 수도 있다. 현재까지는 치료방법이 없으며, 전통적인 항경련제로 경련성 질환을 치료를 하지만 전반적 진행을 막지는 못한다.

④ 레버 유전성 시신경병증

이 질환은 1871년 독일의 레버(Theodore Leber)에 의해 처음으로 보고되었으며, 시각신경 위축에 따라 통증을 느끼지 않으면서 갑자기 양쪽 시력을 잃게 되는 질환으로, 모든 연령에서 예고없이 발병할 수 있다. 보통 18~30세 사이에 발병하며, 주로 남자에게 많이 나타나고, 여자의 경우는 늦게 발현이 되지만, 더 심한 증상을 나타낸다. LHON 환자들의 일부는 시신경병증과 신경계이상을 가지는 경우가 있는데, 이를 'LHON plus' 증후군이라고 하며, 근긴장 이상(dysmyotonia), 파킨슨증(Parkinsonism), 운동실조(ataxia), 치매, 간질(epilepsy), 뇌병증 등을 포함한다.

LHON의 원인은 정확하게 밝혀지지는 않았지만, mtDNA의 4개의 돌연변이(11778G>A, 3460G>A, 14484T>C, 15257G>A)가 규명되었으며, 이들 모두는 정상적인 산화적 인산화를 방해하는 것으로 알려져 있다. 환자들의 90% 정도에서 세 가지 점돌연변이(11778G>A, 3460G>A, 14484T>C) 중 한 가지를 보유하고 있기 때문에 PCR 또는 mtDNA 염기서열 분석으로 진단할 수 있고, 발생빈도는 알려지지 않았으며, 확실한 치료법 및 예방법도 없다.

2. 복합유전질환

복합유전질환(complex genetic disorder) 또는 다인자질환(Multifactorial disorder)은 유전적 요인들과 환경적 요인들의 조합에 의해 발생한다. 특징으로는 ① 멘델의 유전에 따라 지배를 받지 않고, 많은 유전적 · 환경적 인자가 발생에 관여하고, ② 환자의 친척들에게서 무리지어 발생할 수 있는 가능성이 많은 가계집적현상(familial aggregation)이 나타나고, ③ 발단자(proband)와 가까운 친척들에게서 더 호발하며, 관계가 멀어질수록 덜 발생하고, ④ 일란성 쌍생아에서 동일한 유전자형인 경우에 단일유전자 질환에 이환될 확률은 100%이지만, 다인자성 질환에 이환될 확률은 20~40% 정도 등이 있으며, ⑤ 질환의 발현은 유전적 이상과 환경적인 영향이 어느 역치(threshold) 이상을 넘어설 때 나타난다. ⑥ 성별에 따라 질환의 발생률이 다른데, 유문협착증은 남성에서, 선천성 고관절 탈구는 여성에서 많이 발생한다.

복합유전질환의 분류는 질환에 따라 명확하게 분류하기 어렵고, 일반적으로 복잡한 표현형은 정성적(qualitative) 및 정량적(quantitative) 분류로 나누지만, 유전체학의 연구에 의해서 질환의 기전들이 알려지고 있기 때문에 분류의 방법은 계속 변화할 것이다. 정성적 유전형질의 경우 어떤 유전형의 존재 여부에 따라 유전질환의 존재 유무가 결정되는 것이며, 정량적 유전형질의 특징에는 키, 혈압, 피

알아두기 7-10. 미토콘드리아 유전체의 특징

① 복제성 분리(replicative segregation)

미토콘드리아 유전체는 복제과정에서 정확하게 조절되는 분리(segregation)가 없기 때문에 세포분열에서 미토콘드리아에 있는 DNA의 사본들은 복제가 되어 새롭게 합성된 미토콘드리아 사이에 무작위로 나뉘고, 두 딸세포 사이에 무작위로 분배된다.

② 동종형질성(homoplasmy)과 이종형질성(heteroplasmy)

하나의 세포에는 복제된 mtDNA가 많이 존재하는데, 그 중에 돌연변이가 발생하면 복제성 분리에 의해 미토콘드리아는 많은 돌연변이 mtDNA를 포함할 것이다. 세포분열에 의해서 딸세포들은 순수 정상 mtDNA만을 포함하거나, 순수 돌연변이 mtDNA만을 포함하는 미토콘드리아를 받을 수 있는데, 이러한 경우를 동종형질성이라고 한다. 반면에 어떤 딸세포는 정상 mtDNA와 돌연변이 mtDNA를 혼합하는 미토콘드리아를 받을 수 있는데, 이를 이종형질성이라고 한다. 따라서 미토콘드리아 질환들은 정상과 돌연변이 mtDNA의 상대적 비율에 의해 조직과 개개인 간에 다양하게 나타난다.

③ 모계유전성(maternal inheritance)

정자의 미토콘드리아는 일반적으로 배아(embryo)에서 제거되기 때문에 mtDNA는 어머니로부터 유전된다. 따라서 돌연변이에 대한 동종형질성인 여자의 자녀들은 모두 그 돌연변이를 물려받을 것이며, 이종형질성인 여자의 경우 모든 자녀들에게 전달은 하겠지만, 어머니에서 돌연변이 미토콘드리아의 존재 비율에 따라 위험도(risk)와 중증도(severity)는 매우 다양하게 나타날 수 있다.

부색 그리고 지능지수(intelligence quotient, IQ) 등이 속하는데, 전형적인 연속변이(continuous variation)라고 할 수 있다.

복합유전질환들은 전체 유전질환의 상당부분을 차지할 뿐만 아니라, 대부분 성인에서 흔히 나타나는 질환들로 유전적 요인들이 작용을 하지만, 환경인자들의 영향을 많이 받는 것으로 알려져 있다. 대표적 질환으로는 관상동맥질환(coronary artery disease, CAD), 알츠하이머병(alzheimer disease, AD), 당뇨(diabetes mellitus, DM)와 골다공증(osteoporosis) 등이 있다.

아동에서의 복합유전질환은 증후군의 일부가 아니면서 선천성 기형으로 흔하게 나타나며, 가족집적현상을 보이거나 친척에서 재발의 위험도가 높은 특징이 있다. 질환으로는 선천성 심장기형(congenital heart defect), 신경관 결손(neural tube defects, NTDs) 등이 있다.

복합유전질환에서 관련유전자를 찾기 위한 접근방법에는 연관분석(linkage analysis)과 연관성연구(association studies)가 적용된다. 유전연관(genetic linkage)이란 동일 염색체 내에 있는 유전자들이 멘델의 법칙에 따라 독립적으로 분리되지 않고, 자손에게 함께 전달되는 것을 의미한다.

연관분석이란 환자가 2명 이상인 가족 내에서 두 개의 유전자가 한 세대에서 다음 세대로 전달될 때마다 일관되게 반복적으로 연관(linked)관계에 있는지 아닌지를 결정하기 위한 유전자지도 작성의 한 가지 방법이다. 이 방법은 멘델의 유전법칙을 따르는 질환의 유전자 발견에는 매우 효과적이지만, 복합유전질환에서는 유전양식, 침투도(penetrance) 그리고 유전자의 빈도 등이 알려져 있지 않아

알아두기 7-11. 유전지도(Genetic Map)

유전체 완전 해독(genome sequencing)을 하기 위해서는 우선 분석하고자 하는 유전체 지도(genome mapping)를 만들어야 하는데, 유전체 지도는 유전지도와 물리지도(physical map)의 두 가지 방법으로 작성된다. 유전자 사이에서 재조합이 일어난 것을 이용하여 염색체상에 유전자들의 위치를 대략적으로 나타낸 것을 유전지도 또는 연관지도라고 하며, 물리지도는 염색체상에 유전자의 위치를 수학적인 개념으로 나타낸다. 유전지도 작성을 위해서는 microsatellite (short tandem repeat, STR)와 SNP같은 유전마커가 필요하다.

Chromosome 19

Band	cM/Mb Female	cM/Mb Male
p13.3	3.1	4.9
p13.2	2.8	1.9
p13.1	5.3	0.5
p12		
cen		
q12	3.0	0.4
q13.1	1.8	0.5
q13.2	2.0	1.5
q13.3	2.5	1.7
q13.4	2.8	6.5

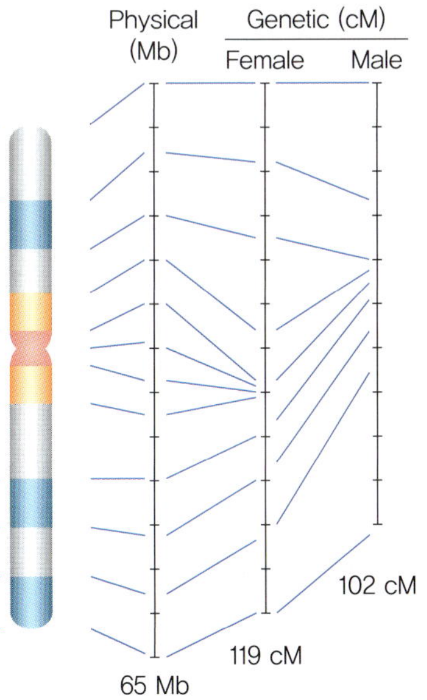

유전지도의 거리단위는 세포 감수분열 시 두 유전 마커 또는 두 유전자 간에 발생하는 재조합의 비율(%)로 구하며, 초파리에서 처음으로 유전적 교차를 발견한 모건의 이름에서 유래한 centiMorgan (cM)으로 표시한다. 1cM은 두 마커 간에 약 1%의 재조합이 발생한 거리를 의미한다. 반면에 물리지도는 클로닝된 DNA 조각들을 연결하여 만들었기 때문에 실제 염색체에 존재하는 아주 상세한 염기서열 순서 정보를 의미하며, 유전지도보다는 높은 해상도와 정확성을 가진다.
사람의 유전체는 약 3200 Mb로 측정되었으며 3615 cM의 유전적 길이를 가지게 되어 평균 1.13 cM/Mb가 된다.

출처 : Human Molecular genetics. 2nd edition Strachan T, Read AP. New York:Wiley-Liss;1999.

일반적으로 유전지도의 거리와 물리지도의 거리는 비례적인 관계에 있으며, 1 cM의 유전거리는 물리지도에서 약 1 Mb 정도 떨어져 있다고 추정할 수 있지만, 두 유전좌위 사이에서 재조합이 많이 일어나거나 거의 일어나지 않는 부위가 포함된다면 유전지도와 물리지도의 사이에는 오차가 발생하게 된다. 그리고 남성과 여성의 재조합에서는 상당한 차이를 나타내기 때문에 유전지도를 작성할 때 두 유전마커 간의 거리가 다르게 계산된다. 따라서 유전지도에서는 남성과 여성의 유전지도를 평균하여 사용하고 있다.

서 제한적이다.

연관성은 특정 유전자형(allele)과 표현형이 동시에 발생함을 나타내는 단순한 통계적 의미로서, 연관성 연구는 대조군과 비교하여 환자군 집단에서 특정 대립유전형질 또는 대립유전형질의 빈도 차이를 규명하는 방법이라고 할 수 있으며, 복합유전질환에 관여하는 변이를 발견하는데 가장 좋은 방법이다.

1) 관상동맥질환

대부분의 관상동맥질환은 산업화된 사회에서 다양한 환경적 인자와 유전적 요인들이 관여하는 복합유전질환으로 동맥경화 형태의 관상동맥질환은 오늘날 주된 사망원인이 되고 있으며, 지질대사를 포함하는 단일유전자 장애들의 합병증이다.

관상동맥질환의 유전학적 기초는 매우 복합적이며, 100여 개 이상의 유전자들이 이 질환의 후보유전자로 제시되기도 했는데, 여기에는 지질대사 혈압, 혈액응고와 섬유소용해 등을 조절하는 유전자들이 포함되어 있다. 관상동맥질환의 유전적 요인으로는 고혈압, 당뇨와 비만 등이 있으며, 환경적 인자에는 식이, 운동 그리고 흡연 등이 있다.

2) 알츠하이머병

알츠하이머병은 치명적인 신경퇴행성 질환으로 노인 치매의 가장 흔한 원인으로, 전체 치매의 50% 이상을 차지하며, 환자의 신경세포는 사멸과 연관되어 만성적이고 지속적인 기억상실과 지적능력 상실을 나타낸다. 알츠하이머병은 발생연령 55~60세를 기준으로 조기 발생형(early onset)과 자연 발생형(late onset)으로 나누는데, 약 3~5% 이내의 환자에서 20~40세에 발병하는 가족성 질환이 조기 발생형으로 단일유전자 결함에 의한 상염색체 우성으로 유전된다. 이 질환의 위험요소에는 나이, 성별 그리고 가족력이 있는데, 65세 이상의 여자에서는 위험도가 급격하게 증가된다.

(1) 상염색체 우성 알츠하이머병

알츠하이머병이 상염색체 우성으로 유전되는 경우는 21번 염색체 q11.2-q22.1에 위치하는 *APP* (amyloid precursor protein) 유전자, 14번 염색체 q24.3 영역의 *PSEN1* 유전

알아두기 7-12. 복합유전질환에서 질병관련 유전자 분석방법

① 환자-대조군 연구

환자-대조군 연구는 가계집적현상을 분석하는데 적용할 수 있으며, 질환을 가진 환자들과 질환을 가지지 않은 대조군의 유전형이 분석되는 연구이다. 이 방법은 질환과 유전형 사이의 관련이 교차비(odds ratio)에 의해 계산할 수 있으며, 신속하게 연구를 진행할 수 있고, 암종 환자들에서 germline과 somatic mutation에 대한 연구가 가능할 뿐만 아니라 환자군만을 대상으로 한 경우에 환경적 요인과 상호작용의 유무를 밝혀낼 수 있다. 그러나 대조군의 선정에서 오류 또는 편차(bias)를 범할 수 있다.

② 단면적 조사법

전체 인구집단에서 특정 인구집단(코호트, cohort)이 연구대상으로 선정되고, 그 후 질환과 감수성 유전형의 존재를 위해 분석된 연구로서 연관성의 강도는 상대적 위험도 비율(relative risk ratio)에 의해 측정된다.

③ 연관불균형(linkage disequilibrium)

연관불균형은 연관균형이 아닌 일배체형을 의미하는 것으로, 다른 염색체 부위에 위치한 대립유전자의 무작위적인 연관으로 인해 두 개의 대립유전자가 같이 연관되어 나타나는 것을 의미한다. 연관불균형은 인류의 수천 세대에 걸친 감수분열동안 발생한 재조합에 기반을 두기 때문에 고해상도 지도 작성을 가능하게 한다.

④ 유전자 표지자의 선택

기존의 사람 질병유전자에 관한 연관성 연구는 특정 단일염기다형성(SNP)이나 쉽게 유전형을 분석할 수 있는 HLA 유전좌위를 이용하였으나, 최근 유전체학의 발전에 의한 일배체형 지도(haplotype map, HapMap)의 구축으로 인하여 유전체 전체와 질병 표현형 사이의 유전체적 연관성을 찾을 수 있다. 일배체형 프로젝트의 목표는 유전체 전체에 분포하는 수백만 개의 SNP 사이의 연관불균형을 측정하는 것으로, 지리적으로 떨어진 네 개의 그룹(유럽, 서아프리카, 중국 한족, 일본)에서 한 명의 아이와 양쪽 부모를 포함하는 군과 아무런 상관이 없는 인구집단의 검체에서 연관불균형을 측정하였다.

알아두기 7-13. 관상동맥질환과 지질단백분해효소(Lipoprotein Lipase, LPL)

관상동맥질환은 혈관 내막에 지단백(lipoproteins)이 축적되면서 발생이 되는데, 고지혈증(hyperlipidemia)은 혈관내막으로 침투하는 지단백의 양을 증가시키고, 국소적인 adhesion molecule의 발현은 혈관내막으로 들어온 지단백과 단핵구들이 다시 혈액 내로 돌아가는 것을 억제하여 지단백의 균형을 깨뜨리면서 관상동맥 질환을 일으킨다.
LPL은 모세혈관 내피 표면에 부착되어 기능을 하는 glycoprotein 효소로서 장에서 흡수되어 대사되는 킬로미크론(chylomicron) 같은 중성지방과 간에서 생성되는 초저밀도지단백(VLDL)을 분해하여 심장이나 다른 장기에서 지방산을 이용할 수 있게 하거나, 고밀도지단백(HDL)을 형성함으로써 관상동맥질환의 진행을 억제한다. 또한 효소로서의 기능 이외에 혈관 벽의 세포외 기질(extracellular matrix)에 존재하면서 산화된 저밀도지단백(LDL)과 단핵구의 수용체로 작용하여, 지단백과 단핵구가 혈관내막에 저류되어 관상동맥질환의 유발인자로 작용하기도 한다.
8번 염색체 p22에 위치하는 *LPL* 유전자는 10개의 exon으로 475개의 아미노산을 encode하며, *LPL* 유전자의 돌연변이나 유전적 다형성은 LPL의 활성을 변화시켜, 혈중지질농도와 비만의 발생과 유지에도 영향을 주는 것으로 알려져 있다. Intron 부위의 유전자 다형성 중에 Pvu2 (intron 6) 및 Hind3 (intron 8) 다형성이 관상동맥질환과 연관됨이 보고되고 있다. 또한 *LPL* 유전자의 Asp9Asn 돌연변이는 관상동맥질환의 진행이 빠른 것으로 보고된 반면, exon 9의 447번째 serine 코돈이 termination 코돈으로 바뀌는 돌연변이는 관상동맥질환을 예방하는 것으로 알려졌다.

알아두기 7-14. 치매(Dementia)

치매는 뇌의 기질적 장애에 의하여 후천적으로 일어나는 회복불능의 지능장애로서, 지능, 의지, 기억 등 정신적인 능력이 두드러지게 감퇴하는 정신박약(amentia)과 같은 지능장애이다. 정신박약이 지능발육의 지체나 정지된 것에 비하여, 치매는 일단 발달된 지능이 대뇌의 병으로 인해 지속적으로 저하된 상태라는 점에서 구별된다.
치매는 뇌의 기질적 변화에 기인하며, 증상으로는 과거의 체험에 의한 기억이나 지식이 단편적으로 남아있고, 전체적으로 일정하지 않은 지능장애가 나타난다. 이름 쓰기, 기억력, 사고력, 계산력, 판단력 그리고 방향인식의 장애를 비롯해 감각, 감정, 행동이상도 수반되는 경우가 많다.
치매는 상태에 따라 완전치매, 간헐치매(intermittent dementia)로 나누는 경우도 있고, 전형적인 치매는 대뇌신경세포의 광범위한 손상에 의한 것으로 기질치매(organic dementia)라고 한다. 기질치매에는 알츠하이머병과 기타 뇌혈관병 그리고 기타 신경변성질환이 있으며, 그 밖에 노인치매(senile dementia), 간질 대발작의 반복으로 일어나는 간질치매(epileptic dementia), 유아에게 나타나는 유아치매(dementia infantilis), 편집증 특징을 보이는 편집증치매(dementia paranoia), 망상형 정신분열병의 망상치매(dementia paranoides), 중독치매(toxic dementia), 외상치매(traumatic dementia), 혈관치매(vascular dementia) 등이 있다.

(참고문헌 : 의학용어 큰 사전)

자 그리고 1번 염색체 q31-q42에 위치하는 *PSEN2* 유전자가 관련되어 있다.

APP 유전자는 β-아밀로이드 전구물질인 단백질 유전인자로서 β-아밀로이드 전구단백질(APP)은 향신경성과 신경을 보호하는 활동성을 가진 펩티드들을 생산하는데 관여를 한다. *PSEN1*과 *PSEN2* 유전자는 APP 처리의 촉진에 관여를 하는데, *APP*, *PSEN1*과 *PSEN2* 유전자의 돌연변이는 β-아밀로이드 전구단백질 대사에 손상을 주어 신경계 기능장애와 죽음의 원인이 될 수 있다. 일찍 발병하는 알츠하이머병 환자의 20~70%는 *PSEN1* 유전자의 돌연변이를 가지며, 1~2%에서 APP 그리고 5% 이하에서 *PSEN2* 돌연변이를 가진다.

(2) 다인자성 알츠하이머병

알츠하이머병이 65세 이후에 발병하는 대부분의 환자들은 모두 아포지방단백질 E 유전자(apolipoprotein E, *ApoE*)의 ε4 대립유전자가 이환다형성(susceptible polymorphism)을 나타내는 것으로 알려져 있다. 아포지방단백질 E는 저밀도지질단백질(low-density lipoproprotein, LDL)의 단백질성분으로 알츠하이머병에서는 아밀로이드 플라크의 구성성분이기도 하며, αβ 펩타이드에 부착하는 것으로 알려져 있다. *ApoE* 유전자는 19번 염색체 q13.2에 위치하며, 112번(cysteine/arginine), 158번(arginine/cysteine) 아미노산이 달라짐에 따라 ε2, ε3, ε4 의 세 가지 대립형질이 만들어지며, 이들 유전자의 조합에 의해 6종류의 유전자다형성이 이루어진다.

알아두기 7-15. 치매 유병률(2018년)

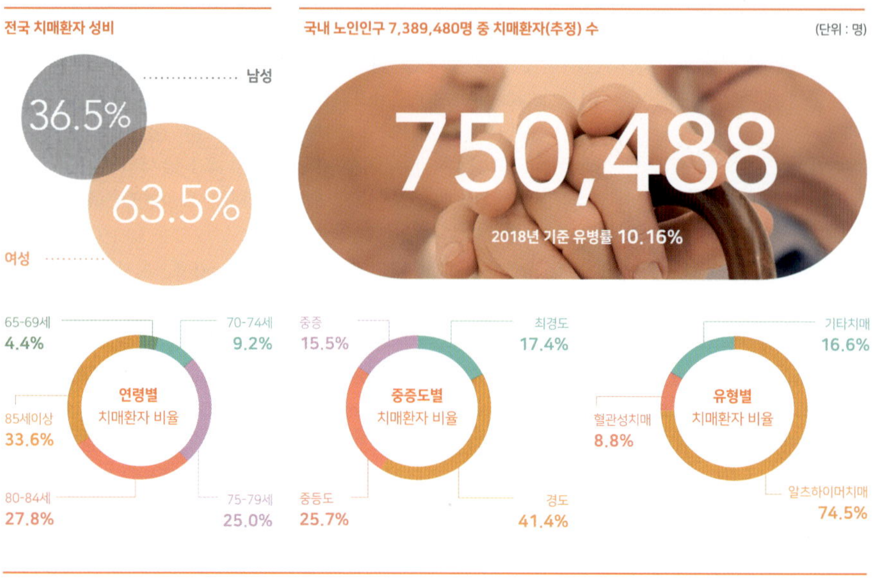

출처 : 2018 중앙치매센터 연차보고서

ApoE 양쪽 대립형질이 ε4인 경우에는 알츠하이머병의 발병시기에 영향을 미치는데, ε4가 두 개인 경우에는 한 개의 경우보다 조기에 발병을 한다. ε4 대립유전자의 동형접합체는 알츠하이머병의 발병위험률이 세 배나 높고, ε4 대립유전자가 없는 경우에 비해 10~15년 이상 앞당겨지는 원인으로 알려졌다.

이처럼 ε4 대립형질은 알츠하이머병을 조기에 유발시키는 확실한 인자이기는 하지만, ε4/ε4 동형접합자라고 해도 발병하지 않고 오랫동안 생존하는 경우도 있고, 한 개의 ε4 대립형질을 가진 이형접합자의 경우 50~70% 정도에서는 전혀 발병을 하지 않기 때문에 그 대립형질을 가지더라도 질환의 발병여부를 예측할 수는 없다. 따라서 *ApoE* 유전

알아두기 7-16. Allele-Specific PCR 방법을 이용한 *Apo E* Genotyping

ApoE 유전자 다형성 검사는 심혈관계 질환과 알츠하이머병의 발생 위험과 관계가 있는 검사로서, E4 단백질은 알츠하이머병과 관상동맥질환의 주요 위험인자로 알려져 있다. E2 단백질은 제3형 고콜레스테롤증 환자의 대부분이 동형접합체이며, 알츠하이머병에 대해서는 예방의 효과가 있다고 알려져 있다.

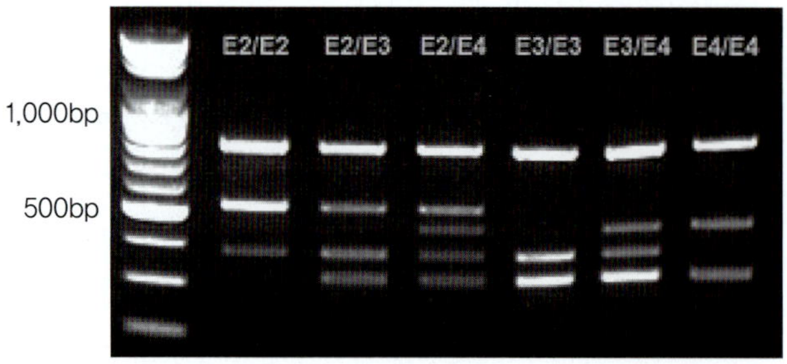

NO.	Genotype		
1	ε2/ε2	112T, 158T	Homo
2	ε2/ε3	112T, 158C, 158T	Hetro
3	ε2/ε4	112C, 112T, 158C, 158T	Hetro
4	ε3/ε3	112T, 158C	Homo
5	ε3/ε4	112C, 112T, 158C	Hetro
6	ε4/ε4	112C, 158C	Homo

출처: Seegene사의 *ApoE* genotyping 결과

자검사는 치매의 증상과 징후를 보이는 환자에게만 시행하며, 증상이 없는 개인에게는 권장되지 않는다.

3) 당뇨병

당뇨병은 인슐린 분비 및 작용 등에 이상이 발생하여 고혈당이 유발되는 탄수화물대사질환을 총칭하는 용어이며, 우리나라의 당뇨병 유병률은 2016년 현재 30세 이상 성인 7명 중 1명(14.4%)이 당뇨병을 가지고 있다. 65세 이상 성인에서는 10명 중 3명으로 증가했다. 공복혈당만을 진단에 사용할 경우 당뇨병 유병률은 13.0%이었다. 그리고 30세 이상 성인 중 당뇨병을 가진 사람은 501만 명으로 추정되었으며, 30대 23만 명, 40대 76만 명이 당뇨병이 있었다.

대부분의 당뇨병은 크게 제1형 당뇨병과 제2형 당뇨병으로 분류하였고, 그 밖에 임신성 당뇨병과 원인이 밝혀진 기타 특이형으로 나눌 수 있다. 우리나라의 경우 제1형 당뇨병은 서부 유럽국가와 비교하여 상대적으로 드문 질병이나, 15세 이하 소아 청소년 인구 10만 명당 당뇨 발생률은 1995년의 1.13명에서 2012년 2.87명으로 빠른 증가 추세를 보이고 있다. 제1형 당뇨병은 인슐린을 생산하는 췌장의 β-세포가 자가면역 기전에 의한 파괴로 발생을 한다. 반면에 제2형 당뇨병은 가장 흔히 볼 수 있는 유형으로 인슐린 분비 부족 및 인슐린 저항성과 같은 복합적 요인에 의한 상대적 인슐린 결핍상태라고 할 수 있다.

임신성 당뇨병은 임신 중에 내당능장애가 발생하였거나 발견한 경우라고 할 수 있으며, 주로 임신 중기나 말기에 발견이 되는데, 이는 태반호르몬들이 이때에 많이 분비되기 때문이다. 임신성 당뇨병 임산부의 대부분은 분만 후에 태반호르몬들이 소실되므로 정상 혈당을 유지한다.

(1) 제1형 당뇨병

인슐린 의존성 당뇨병(insulin-dependent diabetes mellitus, IDDM) 또는 유년형 당뇨병(juvenile-onset diabetes)이라고도 불리며, 유전형식은 우성유전이다.

제1형 당뇨병은 췌장의 islet β-세포가 자가면역 파괴에 의해 발생되는데, 자가면역 파괴의 기전은 밝혀지지 않았다. 이 질환은 유전적 감수성과 그 후에 일어나는 환경적인 자극에 의해 생기는 다인자성 질환으로, 환경적인 자극에 의해서만 생긴다거나 유전적인 돌연변이로 생기는 경우는 드물다.

① 유전적 요인

제1형 당뇨병의 약 90%는 가족력 없이 발생되지만, 13개 이상의 다른 감수성 유전인자 위치가 사람에서 보고되었다. 유전적 감수성의 30~60%에서 나타나는 유전자는 6번 염색체의 p21부위 *MHC* 유전자 locus로 백인에서 1형 당뇨 환자의 약 95%에서 *HLA-DR3*과 *HLA-DR4* 대립유전자 둘 중 하나 또는 둘 다 발현된다. 이러한 연관성은 *DR3*과 *DR4*가 감수성 대립유전자가 아님에도 *DR*과 *DQ* 사이의 연관불균형 때문이다. 1형 당뇨에서 *MHC* 유전자나 기타 영역에서 다른 감수성 유전자를 찾아내기 위한 연구가 많이 진행되고 있지만, 현재까지 발표된 유전자는 전체 당뇨인에 있어서 유전적 영향을 약 10%정도 밖에 설명하지 못하고 있다. 게다가 최근 유전체 전체를 탐색하는 GWAS (Genome Wide Association Study)를 이용한 결과들을 보면 당뇨병과 관련된 유전자가 예상보다 아주 많이 존재함이 알려졌다.

② 환경적 요인

일란성 쌍생아의 발병 일치율이 40% 정도이고, 선천성으로 풍진을 가지고 태어난 아이에게서 당뇨가 잘 걸린다는 사실을 볼 때 유전적으로 감수성을 가진 개인에서 1형 당뇨병을 유발시키는데 환경적 요소가 중요하게 작용한다는 것을 알 수 있다. 환경적 요인으로는 바이러스(coxsackie B와 rubella) 감염과 소의 우유단백질(bovine milk proteins) 등이 있다. β-세포의 단백질과 바이러스 또는 소의 우유단백질 사이의 항원결정인자를 공유하는 분자유사성(molecular mimicry)에 의해 β-세포의 자가면역 파괴를 일으킬 수도 있다.

③ 증상과 관리

초기 이상으로는 당을 섭취한 후에 정상 포도당 수치를 유지하지 못하는 당 내성반응이 계속 진행되다가 β-세포가 지속적으로 감소되면 고혈당으로 발전하게 되고, 인슐린 생성이 감소하게 되어 결국은 외부에서 공급되는 인슐린에 의존하게 된다. 합병증으로 동맥경화증, 말초신경병증, 신장질환 그리고 백내장과 망막병증을 동반하고, 환자의 50%에서는 신부전으로 사망을 한다.

치료방법으로는 췌장이나 islet을 이식하는 것이 있지만, 이식되는 조직이 적으며 면역억제제의 부작용 등으로 제한

알아두기 7-17. 제 1형과 제 2형 당뇨병의 특징

	제1형 당뇨병	제2형 당뇨병
발병시기	대체로 소아나 젊은 성인	나이가 들수록 흔하게 발생
위험인자	유전, 자가면역, 환경적 요인	유전, 비만, 인종 등
원인	췌장 β-세포의 파괴(자가면역)	자가면역 없음
약물치료	인슐린이 절대적으로 필요	인슐린이 보통 필요
발병 억제	알려진 내용 없음	체중 감소와 육체 활동 증가, 경구용 약물 복용(metformin, acarbose)

알아두기 7-18. 당뇨병 분류에서 당뇨병의 특이형

* β-세포의 유전적 결함
* 인슐린 작용의 유전적 결함
* 외분비성 췌장질환 : 췌장염, 종양, 낭성섬유증, 혈색소증 등
* 내분비이상 : 말단비대증, 쿠싱병, 글루카곤증, 갑상선과다증, 갈색세포종, 알도스테론 분비이상
* 약물이나 화학물질 : 약 자체만으로 당뇨병을 유발하지는 않지만, 인슐린 저항성을 가지고 있는 경우에 발생. 쥐약(vacor)이나 pentamidine은 β-세포 독성으로 인해 영구적인 인슐린 결핍이 발생한다. Nicotinic acid, glucocorticoids는 인슐린 저항성을 일으킨다.
* 감염 : 선천성 풍진, 거대세포바이러스, 콕사키바이러스
* 기타 유전성 증후군 : 다운 증후군, 클라인펠터 증후군, 터너 증후군, 헌팅턴병, 근긴장성 이영양증, 프라더-윌리증후군 등

적이다. 대부분의 치료는 인슐린의 주입으로 혈당을 조절하는 것이며, 일부의 경우는 인슐린 또는 니코틴아마이드(nicotinamide)를 투여하여 제1형 당뇨병의 발병을 지연시키기도 한다.

(2) 제2형 당뇨병

인슐린 비의존성 당뇨병(non-insulin-dependent diabetes mellitus, NIDDM) 또는 성인형 당뇨병이라고도 불리며, 당뇨병 환자의 90~95%를 차지하는 가장 흔한 유형이다. 제2형 당뇨병의 특징은 인슐린 분비장애와 말초조직(골격근, 지방세포)의 인슐린 저항성의 2가지로 설명할 수 있으며, 대부분의 환자는 인슐린 저항성을 보이고, 상대적으로 인슐린 결핍을 보인다. 일반적으로 서서히 진행되어 중년이나 노년기에 발병하였으나, 비활동적이고 비만이 많아짐에 따라 젊은 층에서도 발병률이 증가하고 있다.

① 발병 원인

제2형 당뇨병은 인슐린 저항성이나 췌장 베타세포의 인슐린 분비 장애에 의해서 발생하며, 유전적 요인과 환경적 요인의 상호작용에 의해 발생하는 대사질환으로 알려져 있다. 최근 제2형 당뇨병에서 인슐린 결핍이나 인슐린 저항성을 유발하며 당뇨병의 발생에 감수성을 나타내는 유전자들이 보고되고 있는데, 유전자의 변이는 인종에 따라 다른 결과가 나타날 가능성이 높기 때문에 특정 인구에 따른 유전적 요인을 찾을 필요가 있다. 먼저 한국인을 대상으로 한 대규모 코호트 자료를 이용하여 제2형 당뇨병과 관련된 19개의 단일염기다형성(single nucleotide polymorphism)이 보고되었다. 이러한 단일염기다형성은 *IGF2BP2, HHEX/IDE, ARAP1, MTNR1B* 등과 같이 인슐린 분비 또는 베타세포의 기능과 랑게르한스섬의 기능에 관련된 것이 대부분이었으나, *MC4R, MAEA* 등과 같이 그 기능이 잘 알려지지 않은 유전자들도 있었다.

제2형 당뇨병과 관련된 것으로 밝혀진 대표적인 유전자는 *KCNQ1, PPARγ, KCNJ11, TCF7L2, CDKAL1, CDKN2A-CDKN2B, IDE-KIF11-HHEX, IGF2BP2, SLC30A8, KCNQ1, HNF1B, DUSP9* 등이며 이러한 유전자들은 유럽

알아두기 7-19. 혈당을 조절하는 호르몬

포도당의 혈중 농도는 여러 종류의 호르몬에 의해서 수유나 공복 그리고 심한 운동 시에도 비교적 일정하게 좁은 범위에서 잘 유지되고 있는데, 그 중에서 가장 중요한 호르몬은 췌장에서 분비하는 인슐린이다. 췌장의 β-세포는 37개의 아미노산으로 구성된 islet amyloid polypeptide (IAPP)를 분비하는데, IAPP는 인슐린의 분비를 억제하고, 식후 글루카곤의 분비를 억제한다.

호르몬	분비부위	작용	혈당
인슐린	췌장의 β-세포	글리코겐 합성을 자극하며, 포도당에 대한 세포막투과성을 증가	내림
글루카곤	췌장의 α-세포	혈당을 증가시키는 가장 중요한 호르몬으로, 간에서 글리코겐 분해와 포도당 신합성을 자극	올림
에피네프린	부신수질	글리코겐 분해를 자극, 즉시 포도당 생산	올림
코티솔	부신피질	인슐린 길항제, 포도당 신합성을 자극	올림
성장호르몬	뇌하수체 전엽	세포에 의한 포도당 섭취를 억제, 인슐린 길항제	올림
티록신	갑상선	장관에서의 포도당 흡수율을 증가	
소마토스타틴	췌장의 δ-세포	글루카곤 및 인슐린 분비를 억제	

계 뿐 아니라 동양인, 히스패닉, 아프리카인에서도 공통적으로 제2형 당뇨병 발생과 관련된다.

② 증상과 관리

제2형 당뇨병은 서서히 발병되며, 케톤혈증이 나타나지 않기 때문에 혈당치 증가로 진단이 되며 3가지의 단계로 나눌 수 있다. 첫 번째는 인슐린 저항성은 가지고 있지만 혈당이 정상인 경우, 두 번째는 인슐린이 증가되었는데도 식후 혈당치가 증가된 경우, 그리고 세 번째는 인슐린 분비가 감소되어 공복 시 고혈당증과 당뇨가 발생하는 시기이다.

혈당의 유지는 glycosylation에 의해 조절되는 헤모글로빈의 퍼센트로 측정되는 혈당화색소(hemoglobin A1c)를 지표로 관찰할 수 있으며, 지속적인 고혈당증과 함께 소도세포(islet cell)의 기능 이상이나 인슐린 저항성이 동반되면, 동맥경화증과 신장질환을 비롯해서 백내장과 망막질환이 발병을 한다.

환자들은 체중조절이나 운동 또는 식이조절로 인슐린 반응성 및 조절 능력을 향상시켜 증상을 호전시킬 수 있지만, 약물이 필요한 경우는 주로 혈당강하제를 복용한다. 그러나 경구혈당강하제들은 체중조절이나 운동 또는 식이조절보다 혈당조절이 효과적이지 못하기 때문에 결국 합병증의 위험을 줄이기 위해 인슐린을 투여받게 된다. 인슐린 치료는 고인슐린혈증 또는 비만을 유발하여 오히려 인슐린 저항성을 악화시킨다.

4) 골다공증

세계보건기구(WHO)는 골다공증을 "골량의 감소와 미세구조의 이상을 특징으로 하는 전신적인 골격계 질환으로서 결과적으로 뼈가 약해져서 부러지기 쉬운 상태가 되는 질환"으로 정의하였으며, 어떠한 유전자의 차이가 골다공증 발생에 관여하는지 확실하진 않지만 골다공증은 다수의 유전적 변이의 상호작용에 따른 '다유전자 질환'이다.

① 발병원인

최근 유전체 전체를 탐색하는 GWAS (Genome-Wide Association Study)를 이용하여 다수의 유전자 조합을 찾아내고자 노력하고 있다. 17개의 GWAS를 취합한 대규모 메타분석인 GEFOS2 연구에서 골밀도, 골다공증 골절과 연관된 다수의 유전자좌를 밝혔다. 대부분이 RANK-RANKL-OPG, 중간엽줄기세포 분화, Wnt 전달경로에 관계된 유전자들이었으며, 일부는 기능이 알려지지 않은 부위도 발견되어 새로운 연구들이 기대된다.

환경적 요인은 칼슘, 비타민D, 단백질 등 영양성분, 신체활동량, 질병이나 약제사용 등 수많은 요인이 알려져 있다. 흡연은 골다공증 골절의 명백한 위험인자로 연구되고 있으며 에스트로겐 대사를 촉진하여 조기 폐경과 에스트로겐 효과 감소의 원인이 된다. 흡연으로 생성되는 발암물질이 조골세포와 파골세포에 영향을 미칠 수 있다는 연구가 보고되고 있다. 만성적인 음주는 테스토스테론, 에스트로겐등 성호르몬 감소와 근육량 감소를 유발하는 등 알코올은 다양한 기전으로 골량 감소를 유발할 수 있다.

② 관리

골다공증은 중년의 건강을 위협하는 흔한 질환일 뿐만 아니라 노년의 삶의 질과 수명까지 결정할 수 있는 심각한 질환으로 인식되어야 한다. 골다공증 치료는 당연히 골절의 위험이 높은 대상에 대해 시행되어야 한다. 폐경 후 여성이나 50세 이후 남성에서 대퇴골 골절이나 요추 골절이 있는 경우 또는 골밀도가 T 점수 가 -2.5 이하인 경우에는 치료가 시작되어야 한다.

5) 선천성 기형

다인자성 유전을 하는 선천성 기형으로는 신경관 결손(neural tube defect)과 선천성 심장기형(congenital heart defect) 등이 있다.

(1) 신경관 결손

신경관 결손은 사산(stillbirth)이나 신생아 조기사망 그리고 생존하고 있는 장애아동에게서 흔하게 나타나는 원인으로, 배아 발생동안 신경관(neural tube) 부분이 완전하게 닫히지 못해서 발생하는 심각한 장애로서 임상적으로 무뇌아(anencephaly)와 척추이분증(spina bifida) 등을 포함한다.

대부분의 신경관 결손은 단독 결손에 의해 나타나며, 비증후군성(nonsyndromic)으로 분류되지만, 다양하게 표현되는 단일유전자 이상, 염색체 이상 그리고 몇몇 기형물질에 노출된 경우 등 특정 원인이 되는 경우도 있다. 신경관 결손은 여러 가지의 유전적인 요인과 환경적인 요인이 관련되어 있다고 알려져 왔는데, 가장 큰 원인이 비타민 부족이라고 밝혀졌으며, 임산부의 혈중 엽산농도가 200 ㎍/L 미만일 경우에 신경관 결손의 위험도가 증가하는 것으로 알려져 있다.

신경관 결손 아이의 엄마에게서 5,10-methylene-tetrahydrofolate reductase (*MTHFR*) 효소의 과오돌연변이를 가진 경우가 대조군에 비해 두 배 정도 많은 것으로 보고되었는데, 1번 염색체 p36.3에 위치하는 *MTHFR* 유전자의 흔한 돌연변이는 677번째 염기가 C에서 T로 치환되는 것이다(그림 7-12). 이러한 돌연변이는 엽산 부족이 나타날 수 있지만, 혈중 엽산의 농도가 낮은 원인에 대해서는 아직 밝혀지지 않은 다른 유전적 요소나 식이부족 때문일 수도 있다. 신경관 결손은 양수 내 alpha-feto protein (AFP)의 검사와 초음파를 통해서 산전진단이 가능하다.

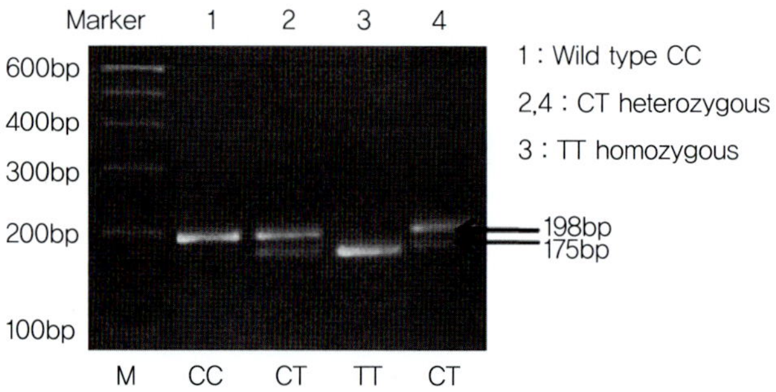

그림 7-12. *MTHFR* 유전자의 genotypes

(2) 선천성 심장기형

선천성 심장기형은 1,000명당 4~8명 정도로 흔하게 나타나는데, 단일유전자 이상 또는 풍진감염 임신성 당뇨 등과 같은 환경적 요인에 의해 발생하기도 하지만, 대부분의 경우 원인이 밝혀지지 않은 다인자성으로 알려져 있다.

알아두기 7-20. 신경관 결손과 엽산(Folic Acid)

엽산은 비타민의 일종으로 비타민 B9 또는 비타민 M이라고 하며, 과일에 풍부하게 존재한다. 신경관 결손이 엽산의 결핍과 관련이 되어 있다고 밝혀지면서 임신 한 달 전부터 엽산을 보충하고, 신경관이 완성되는 시기(임신 2개월) 동안 엽산을 보충해야 한다고 알려졌다. 임신을 고려하는 여성이 하루에 400~800 ㎍을 보충하게 되면, 신경관 결손의 빈도를 80% 정도까지 예방할 수 있다고 한다.

3. 염색체 질환

염색체 질환은 염색체 수준에서의 변화로 염색체의 수 또는 구조적 이상으로 인하여 발생되는 질환으로서, 염색체 결함은 감수분열 할 때 염색체분리가 불완전하거나 불균등하게 되었을 경우에 발생할 수 있다. 한 개의 염색체에는 크기에 따라 약 300~2,700개의 유전자들이 위치하므로 비정상적이고, 불균등한 염색체물질의 교환은 심각한 이상을 초래하므로 대부분 생존할 수 없다. 그러나 13, 18, 21번의 염색체들은 가장 크기가 작으면서 낮은 유전자밀도를 가지고 있기 때문에 세 개의 염색체를 가지고도 태어날 수 있다.

1) 상염색체의 수적 이상 질환

비정상적으로 1개의 상염색체가 첨가되어 3개의 상염색체를 갖는 경우 삼염색체(trisomy) 질환으로 분류한다. 한 쌍의 상염색체 중 한 개만 존재하는 단일염색체(monosomy)는 모든 경우 임신 초기에 유산되지만, 13, 18, 21번 삼염색체는 생존하여 출생하기도 한다(그림 7-13).

발생기전은 모계 감수분열에서의 비분리(nondisjunction) 또는 체세포분열 시 비분리(mitotic nondisjunction)에 의하며, 모체의 나이는 감수분열 시의 비분리와 관련이 높다.

(1) 다운 증후군

다운 증후군은 염색체 질환 중에서 가장 흔하고 잘 알려져 있으며, 인종의 차이나 경제적 환경 등에 관계없이 600~800명의 출생아 중 한 명의 빈도로 발생하는 대표적인 상염색체의 삼염색체 질환으로, 국내에서만 연간 600여명 이상의 다운 증후군의 아이들이 태어난다. 이 질환은 1866년 다운(Langdon Down)에 의해 처음으로 임상적인 내용이 기술되었으며, 1959년 레젠느(Jerome Lejeune)에 의해 21번 염색체의 추가적 존재가 보고되었다.

원인 다운 증후군이 염색체 이상에 의해 발생을 하지만, 염색체 이상의 원인은 명확하게 밝혀지지 않았다. 그러나 고령 산모에서 다운 증후군의 발생빈도가 증가하기 때문에 난모세포(oocyte)가 오래될수록 염색체가 정확하게 분리되는데 실패할 가능성이 많아진다는 것이 제시되어 왔으며, 또한 난자의 감수분열 I 단계에서 21번 염색체의 비분리가 주요 원인으로 작용한다는 것을 알 수 있지만, 모계의 연령과 21번 염색체의 비분리의 영향은 아직까지 이해되지 못

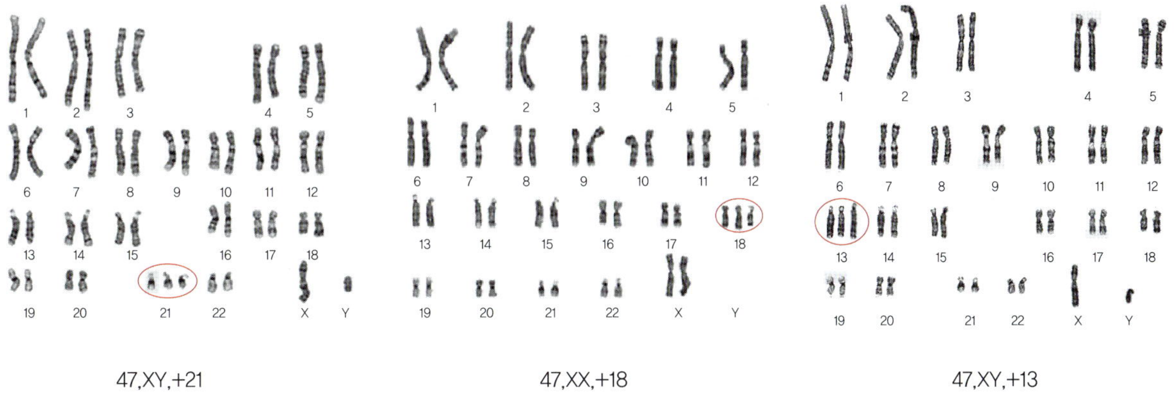

그림 7-13. 염색체의 수적 이상

알아두기 7-21. 선천성 이상(Congenital Anomalies)

선천성 이상은 태어나면서부터 가지게 되는 염색체 이상으로 수정이 될 때부터 또는 수정이 되어 태아가 형성되면서 발생하는 세포분열과정에서 일어나는 이상을 말한다. 즉, 태아가 자궁 내에서 생존하는 동안 발생하고 출생 시 인정되는 구조적 이상을 의미한다. 선천성 염색체 이상의 빈도는 출생아 160명 중 1명 정도로 알려져 있으며, 임신 제1삼분기(first-trimester) 유산의 50%, 제2삼분기 유산의 20%에서 관찰된다.

알아두기 7-22. 어머니가 보인자인 경우

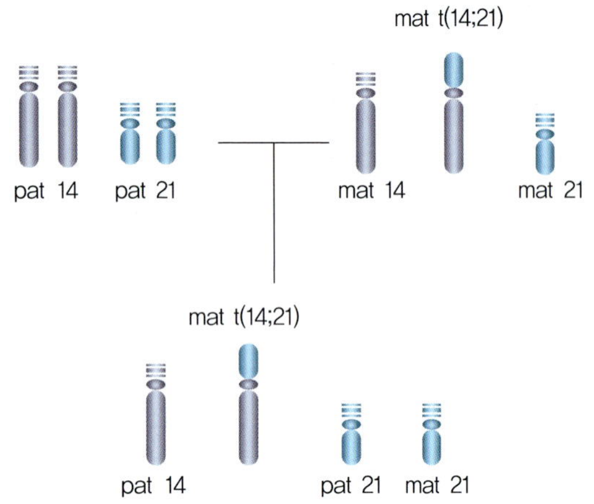

14번과 21번 염색체를 포함하고 있는 로버트소니안 전좌형을 가진 어머니는 보인자로서 45개의 염색체를 가지면서 21번은 2개를 가진다. 자손이 어머니의 t(14;21)의 염색체를 물려받게 되면, 염색체의 숫자는 46개가 되지만, 21번 염색체는 3개이므로 다운 증후군이 될 수 있다.

하고 있다.

표현형 다운 증후군은 외형적으로 특징적인 얼굴 형태, 작은 키, 납작한 머리, 뒤통수(occiput)가 편평한 단두증(brachycephaly)을 가지며, 목이 짧고, 목덜미에 늘어진 피부를 가지고 있기 때문에 일반인들도 쉽게 알아볼 수 있다. 다운 증후군의 아이들은 대부분 근육긴장저하(hypotonia)를 나타내며, 성인의 평균신장은 남자가 151 cm, 여자가 141 cm 정도이다.

1930년대에 다운 증후군의 어린이의 평균수명은 10년 이하였으며, 현재는 50세 이상으로 증가하였다고 하지만, 정확한 통계는 없고, 심장기형의 유무와 적극적인 치료 여부에 따라 차이가 크다. 선천성 심장질환을 동반한 영아의 약 25%는 만 1세가 되기 전에 사망을 하며, 신생아기에 생존한 다운 증후군의 환아는 백혈병의 위험성이 높고, 다운 증후군의 성인 대부분은 전형적으로 알츠하이머병이 발생하는 나이보다 수십 년 일찍 알츠하이머병에 걸린다.

다운 증후군의 40~45% 정도에서 심장질환을 나타내며, 50% 이상에서 중이염이나 중이의 기형에 의해 난청이 발생하고, 호르몬의 이상에 의해 갑상선 기능저하증이나 항진증이 나타날 수 있다. 남성은 대부분이 불임이며, 여성의 약 40%는 배란할 수 없다.

다운 증후군은 지능적 무능을 보이는데, 70% 정도에서 IQ가 20~50 범위에 분포하고, 10%는 IQ가 20 이하로 심하며, 나머지 20%는 IQ가 50~70으로 정상보다 약간 저하한다.

염색체 소견 다운 증후군은 세포유전학적으로 21번 염색체 3개가 존재하는 형태에 따라 삼염색체성(trisomy), 모자이시즘(mosaicism), 전좌형(traslocation)으로 분류할 수 있다.

삼염색체성 21은 21번 염색체가 한 개 더 많은 것으로 다운 증후군의 95%를 차지하는데, 삼염색체성 21의 약 90%는 어머니 난자의 감수분열시 21번 염색체의 비분리에 의한 것이며, 10% 정도는 아버지 정자의 감수분열동안에 일어나며, 제2감수분열 때 발생을 한다. 삼염색체성 21의 발생빈도는 산모의 연령이 증가할수록 높아지는데, 그 확률은 대략적으로 20대는 1/1500, 30대에서는 1/400~1/270, 40~44세는 1/100~1/40, 45세에서는 1/30로 증가한다.

모자이시즘은 다운 증후군의 약 2%를 차지하며, 삼염색체성 21을 갖는 세포와 정상세포가 혼재된 경우로 정상세포가 많을수록 정상 표현형에 가깝다. 전좌형은 다운 증후군의 약 4%를 차지하며, 13, 14, 15 또는 21, 22의 염색체와 21번 염색체 사이에 전좌가 일어난 로버트소니안(robertsonian) 전좌와 다른 염색체와의 상호전좌 형태로 분류한다. 발생기전은 산모의 연령과 관계가 없으며, 전좌형 다운 증후군의 약 40%에서는 로버트소니안 전좌를 가진 보인자 부모로부터 유전된다.

다운 증후군 환아를 출산한 경력이 있는 부부가 다시 다운 증후군 환아를 출산할 수 있는 빈도는 약 1% 정도이다. 그러나 부모 중 한 사람이 전좌형 보인자를 가지고 있다면, 훨씬 높은 재발빈도를 나타내므로 반드시 환아 부모에 대한 염색체 분석이 필요하다.

관리 다운 증후군 환자에게는 선천성 심장질환이나 감염 그리고 호흡기질환 등 여러 가지 의학적 문제점을 동반할 위험성이 크지만, 의학이 발달됨에 따라 치료와 관리를 잘 해준다면 양호한 건강상태를 유지할 수도 있다.

다운 증후군의 환아가 선천성 심장기형이나 다른 신체기형이 동반되어 있는 경우에는 외과적 수술이 필요하고, 선천성 심장병이나 감염에 의해 1세 미만에 사망의 위험률이 높기 때문에 1세까지는 매월 정기적인 검진을 받는 것이 좋다. 이후로는 정기적인 성장과 발달의 체크를 하면서 갑상선의 이상이나 안과와 이비인후과적 합병증의 유무를 검진받는 것이 좋다.

(2) 에드워드 증후군

에드워드 증후군은 1960년 에드워드(John Edwards)에 의해 염색체관련 질환이 처음 기술된 18번 삼염색체 질환으로, 약 6,000~8,000명의 출생아 중 1명의 빈도로 나타나며 남녀의 비는 1:4로 여아에서 더 많다. 삼염색체 18의 약 90% 이상에서 모체 감수분열동안에 발생하는 비분리현상 때문에 발생을 하는데, 다운 증후군과 마찬가지로 산모의 연령이 증가할수록 발생빈도가 높아지며, 수정 당시에 삼염색체 18 발생빈도는 높지만, 약 95%는 자연유산이 된다.

에드워드 증후군은 항상 정신지체와 성장장애를 나타내며, 심각한 심장기형을 동반하기도 한다. 치명적인 증상이 많기 때문에 약 50%는 출생 후 몇 주일 이내에 사망하며, 1년까지 생존하는 경우는 매우 드물지만, 모자이시즘인 경우는 임상적 특징과 예후가 양호한 편이다.

에드워드 증후군의 재발 위험성은 약 1% 미만이지만, 산모의 연령이 증가할수록 위험도가 높아지며, 부모 중에 전좌형 보인자에 의해 발생한 것이라면 환아 부모에 대한 염색체분석이 필요하다. 임신 2~3개월의 태아 초음파 검사를 통해 심장기형, 식도폐쇄, 특징적인 손발 모양 등으로 산전진단이 비교적 용이하다.

알아두기 7-23. 에드워드 증후군의 주먹

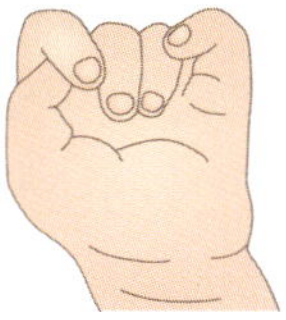

에드워드 증후군은 특징적인 방식으로 주먹을 쥔 형태를 나타내는데, 둘째와 다섯째 손가락이 셋째와 넷째 손가락은 감싸면서 겹쳐져 있다. 파타우 증후군에서도 같은 형태를 보인다.

(3) 파타우 증후군

파타우 증후군은 1657년 바르톨린(Erasmus Bartholin)에 의해 처음 관찰되었으며, 1960년 파타우(Klaus Patau)에 의해서 염색체관련 질환으로 기술된 13번 삼염색체(trisomy 13) 질환이다.

이 질환의 원인은 모체의 감수분열 비분리현상에 의한 것으로 약 15,000~25,000명의 출생아 중 1명의 빈도로 발생하며, 남녀의 비는 비슷하고, 대부분 유산 또는 사산되기 때문에 출생률은 매우 낮다.

염색체 소견으로는 전형적인 13번 삼염색체형과 전좌형 13번 삼염색체로 분류할 수 있으며, 전좌형 13번 염색체형은 파타우 증후군의 약 25%로 로버트소니안 전좌형태로 발생을 한다.

알아두기 7-24. 에드워드 증후군의 주먹

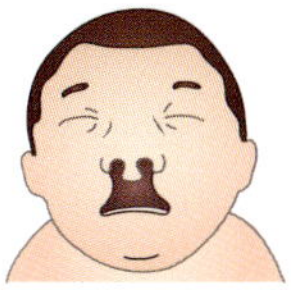

구순열

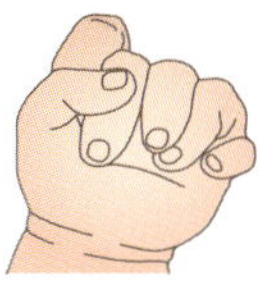

다지증

파타우 증후군은 성장 지연과 정신지체, 선천적으로 후각뇌가 없는 후각뇌결여증(arhinencephaly)과 같은 심각한 중추신경계의 기형을 동반하며, 선천성 심장기형 등 이러한 기형들 중에서 가장 특징적인 것은 구순열(언청이)과 구개열, 손가락이 1개 더 많은 다지증(polydactly) 그리고 주먹을 쥔 형태 등이 있다.

(4) 기타 삼염색체증

기타 삼염색체증에는 8번, 9번, 22번 삼염색체성이 있지만, 25,000~50,000명의 출생아 중 1명의 빈도로 극히 낮으며, 공통적으로 나타나는 임상증상으로는 지능저하, 두개골 모양의 기형, 낮은 귀, 구개열, 구순열, 손가락 기형 등이 있다.

2) 성염색체의 수적 이상 질환

성염색체 이상은 상염색체 이상과 마찬가지로 수적 이상과 구조적 이상이 있을 수 있지만, 성염색체의 구조적 이상은 흔하지 않으며, 모든 세포에 이상을 보이거나 모자이시즘으로 나타날 수 있다. 성염색체의 이상은 고령의 산모에서 감수분열 1기의 이상에 의해 발생을 하는 것 외에 정확한 원인이 밝혀지지 않았다.

수정 후에 생존이 불가능한 45,Y의 일염색체성(monosomy)을 제외하고는 일염색체성 또는 삼염색체성을 포함하는 성염색체 이상들은 일반적으로 상염색체의 이상이 있는 경우와 임상증상을 비교할 때 경미하게 나타난다. 모자이시즘의 경우도 상염색체 질환보다는 성염색체 질환에서 더 흔하게 발견된다.

성염색체의 이상을 의심할 수 있는 임상적 적응증은 늦은 사춘기, 일차적 또는 이차적 무월경(amenorrhea), 불임(infertile) 그리고 모호한 외부생식기(ambiguous genitalia) 등이 있다.

(1) 터너 증후군

터너 증후군은 1938년 미국의 터너(Henry Turner) 박사에 의해 처음으로 기술되었으며, 원인이 성염색체와 관련이 있다는 것은 1959년 포드(Charles Ford)에 의해 알려졌다.

원인 터너 증후군은 성염색체가 XX이거나 XY로 존재해야 하는데, X 단일염색체이거나 염색체의 수는 46개이지만, 성염색체 한 개가 부분적으로 결실이 있거나 구조적 이상이 있는 X 부분 단일염색체 그리고 모자이시즘의 세 가지 형태가 되었을 때 발생을 한다. 성염색체의 결실이 발생하는 원인은 아직까지 확실하지는 않지만, 45,X의 일반적인 원인은 생식세포(gamete)에서 부계 성염색체 전이의 실패에 의한 것으로 알려져 있다.

표현형 터너 증후군은 약 2,500~3,000명의 여성 중 1명의 빈도로 관찰되는 비교적 흔한 염색체이상 질환으로 터너 증후군의 태아는 95%가 자연유산 되며, 전체 자연유산의 5~10%를 차지한다.

터너 증후군의 모든 환자는 저신장을 가지고 있는데, 일반적으로 성장속도가 3세 이후부터 정상 아이보다 떨어지기 시작하고, 사춘기가 되어도 거의 자라지 않기 때문에 최종 신장은 140 cm 정도이다. 이 질환에서 나타나는 중요한 증상으로는 성적발달장애(유방발달, 여성체형, 무월경)인데, 그 이유는 난소가 발달하지 않아 여성호르몬이 분비되지 않기 때문이다.

많은 환자에서 전형적으로 작은 키 외에 두껍고 짧은 목, 낮은 머리카락선(low nuchal hairline), 방패형 가슴, 심장이상, 신장이상, 감각신경성 청력손실, 림프부종, 갑상선기능저하증 그리고 손발톱형성부전 등과 같은 이상을 동반한다.

터너 증후군에서의 지능은 개인마다 다를 수 있지만, 정상적으로 발달하며, X 염색체의 구조적 이상을 동반하는 경우에는 지능장애를 가질 수 있다. 그러나 지능은 정상적으로 발달할 수 있다 해도 공간지각능력, 인지와 운동의 구성이나 운동수행능력 등의 장애가 올 수도 있으며, 성장을 하면서 키가 작은 신체적인 외모 때문에 소극적이 되어 자아정체성과 열등감 등의 정신적인 문제가 발생할 수 있다.

염색체 소견 전형적인 45,X의 핵형 이외에 45,X/46,XX 또는 45,X/46,XY의 모자이시즘, X 염색체의 구조적 이상이 있는 경우에는 46,X,i(X)(q10)이나 Xp, 혹은 Xq의 결실의 형태로 관찰되기도 한다(그림 7-14). 감수분열 단계의 비정상적인 성염색체 분배에 의한 것으로 아버지 유래의 성 염색체 소실에 의해 발생할 가능성이 더 높다.

45,X/46,XY 모자이시즘의 경우는 극히 일부에서 생식아세포종(gonadoblastoma) 발생의 위험률이 증가할 수 있으므로 생식선(gonad)을 제거하기도 한다. 전형적인 터너 증후군의 여성은 대부분 불임이지만, 일부에서는 제공받은 난자를 인공수정 시킨 후에 배아를 이식하여 임신을 할 수도 있다.

관리 터너 증후군의 저신장은 성장호르몬의 치료에 의해 예측신장보다 6~12 cm 정도의 성장을 할 수 있으며, 2

차 성징의 발달을 유발시키고, 골다공증을 예방하기 위해 12~13세 사이에 에스트로겐의 치료를 시작한다.

터너 증후군의 대부분은 대동맥 협착증을 동반하며, 심혈관계기형의 위험이 증가하기 때문에 초음파 심장검진을 실시해야 하고, 신장무형성(anephrogenesis), 신장이형성증(renal dysplasia)과 같은 신장이상을 점검해야 한다. 소아에서는 인슐린 의존형 당뇨병이 발생하고, 비만이나 성인 경우에는 비인슐린 의존형 당뇨병이 초래될 수 있으므로 당내성검사도 실시하여야 한다.

(2) 클라인펠터 증후군

클라인펠터 증후군은 1942년 클라인펠터(Harry Klinefelter) 등에 의해 무정자증을 동반한 고환의 기능퇴화(hypogonadism)와 여성형유방(gynaecomastia)의 임상증

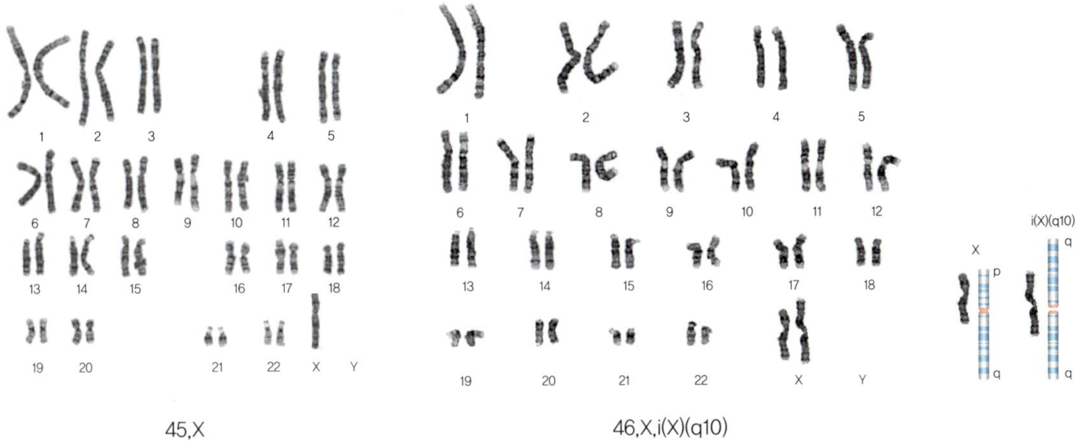

그림 7-14. 터너 증후군의 염색체 표현형의 예

알아두기 7-25. 산전 스크리닝 검사(Antenatal Screening Test)

산전 스크리닝 검사는 모체의 혈청을 이용하여 태아의 기형을 선별해 낼 수 있는 검사로서 산모의 나이에 의한 태아 기형 빈도를 산출함으로써 다운 증후군과 에드워드 증후군 그리고 개방성 신경관결손증 등을 미리 예측할 수 있다.

① 임신 초기 기형아 검사(First Double Test)
임신초기(10~13주)의 산모의 혈청에서 PAPP-A (pregnancy-associated plasma protein A)와 free β-hCG를 검사함으로써 다운 증후군과 같은 염색체 이상에 의한 기형 여부를 예측할 수 있다. PAPP-A는 태반에서 생산되는 단백질이며, free β-hCG와 병행하여 활용하는데, 다운 증후군인 경우에 PAPP-A의 농도가 감소한다.

② 임신 중기 기형아 검사(Triple/Quard Maker Test)
임신 중기 16~18주 사이에 산모의 혈청을 이용하여 Triple (AFP, hCG, uE3), Quard (AFP, total hCG, uE3, Inhibin-A)의 표지물질의 측정을 통해 분만 전에 염색체 이상이나 선천성 기형을 스크리닝 할 수 있다.

* AFP (α-fetoprotein) : 임신주수에 비례하여 증가하는데, 다운 증후군, 에드워드 증후군에서는 수치가 낮아지고, 신경관결손증에서는 증가한다.
* hCG (human chorionic gonadotropin) : 임신주수에 반비례하여 증가하는데, 다운 증후군에서는 정상에 비해 약 2배정도 증가하며, 에드워드 증후군에서는 감소한다.
* uE3 (unconjugated estriol) : 태반에서 분비되는 estriol 호르몬은 임신주수에 비례하여 증가하는데, total estriol은 여러 가지 원인에 의해 변동이 있기 때문에 주로 혈청의 uE3를 측정하며, 다운 증후군과 에드워드 증후군에서는 특징적으로 감소를 나타낸다.
* Inhibin-A : Inhibin은 뇌하수체로부터 FSH (follicle stimulating hormone)의 분비를 억제하는 호르몬을 총칭하며, 다운 증후군에서 Inhibin-A가 정상인에 비해 2배 정도로 증가하기 때문에 AFP, hCG, uE3결과를 함께 적용하여 다운 증후군의 산전 진단에 이용된다.

알아두기 7-26. 누난 증후군(Noonan Syndrome)

누난 증후군은 터너 증후군과 임상증상이 유사하면서 여성과 남성 모두에 영향을 끼치기 때문에 남성터너 증후군, 여성가성터너 증후군, 터너유사 증후군이라고 부르기도 한다. 정상핵형과 표현형을 나타내면서, 출생 후 성장지연, 익상경(neck webbing, 목이 물갈퀴 모양), 폐동맥협착증(pulmonary stenosis), 잠복고환 등을 가지는 다인자성 질환으로 1968년 누난(Jacqueline Noonan)에 의해 처음으로 보고되었다.

원인은 정확하게 알려져 있지는 않지만, 12번 염색체 장완(12q24.1)에 위치하는 *PTPN11* (protein tyrosine phosphatase nonreceptor-type 11)유전자의 돌연변이와 관련이 있을 것이라고 알려져 있다.

발생은 2,000명당 1명의 빈도이며, 증상에서 외형적인 변화는 나이가 들면서 변화하는데, 점점 세모형의 얼굴 형태가 되며, 주름진 피부를 나타내고, 인중은 두드러지게 된다. 임상증상으로는 평균보다도 작은 키, 선천적인 심장질환, 폐동맥협착증, 넓거나 오리물갈퀴 모양의 목, 비둘기 가슴(방패가슴)과 남아에서의 잠복고환 등이 나타난다.

상이 처음으로 기술되었으며, 1959년에 제이콥스(Patricia Jacobs) 등에 의해 원인이 X 염색체가 한 개 더 많은 47,XXY 핵형이라고 밝혀냈다.

원인 약 40%가 부계의 감수분열 1단계 과오에 의해 발생하고, 나머지는 모계의 감수분열1단계 또는 2단계 과오로 발생하며 극히 소수에서 수정 후 감수분열 과오에 의해 발생한다. 아버지의 나이는 큰 영향을 주지는 않지만, 어머니의 나이가 많아질수록 위험도가 증가하며, 어머니 유래의 47,XXY 발생에 매우 큰 영향을 준다. 이 질환의 약 15%는 두 가지 핵형이 존재하는 모자이시즘을 나타내는데, 가장 흔한 것이 47,XXY/46,XY이며, 48,XXYY, 48,XXXY 등의 여러 변이가 있을 수 있는데, X 염색체 수가 많아질수록 기형과 성 발달장애, 지능박약 등의 정도가 심해진다.

빈도와 표현형 700~900명의 출생 남아 중 1명의 빈도로 발생하며, 수명은 정상으로 사춘기 이전에는 정상으로 보이다가 사춘기 이후에 신체적으로 나타나는 이상소견으로 의심해 볼 수 있다. 신체표현형은 남성이며, 키가 크고 마른 체형이면서 상대적으로 긴 다리를 보인다.

임상적 특징으로는 생식능력 면에서는 대부분이 정세관(seminiferous tubule) 위축증으로 인해 불임 또는 정자를 생산하지 못하고 위축고환, 무정자증 등이 나타난다. 이 질환의 약 50%정도에서 여성형 유방이 나타나고, 유방암의 위험도는 46,XY 정상인에 비해 20~50배 정도가 높다. 혈액검사의 호르몬은 남성호르몬(testosterone)은 낮게, 생식선자극호르몬(gonadotrophin)은 높은 수치로 나타나며, 매일 얼굴면도가 필요 없을 정도로 털이 적게 난다. IQ는 정상인에 비해 10~15점이 낮으며, 학습장애와 언어기술 불량 등을 나타낸다.

관리 사춘기 초기에 남성호르몬의 치료가 시작되어 장기적으로 시행되어야 하며, 남성호르몬의 치료는 신체적 발달을 비롯해서 골다공증을 예방할 뿐만 아니라 자신감이나 활력수준, 동기부여 등의 효과를 나타낼 수 있다. 임신은 고환정자흡인(testicular sperm aspiration)에 의해 얻은 반수체의 정모세포(spermatocytes)를 이용하여 성취된 경우가 있다.

(3) 삼염색체성 X 증후군

XXX 증후군은 약 1,200명의 여성 중 1명의 빈도로 나타나는 흔한 염색체이상 질환으로 대부분 정상적인 사춘기를 지내고, 초경이 늦거나 불임이 있을 수 있지만, 수정 능력과 정상적인 자녀를 갖고 임상적으로 아무런 증상을 보이지 않을 수 있기 때문에 진단되지 않는 경우가 많을 것으로 추정된다.

이 질환의 약 95% 이상이 어머니의 생식세포 감수분열시 염색체의 비분리 현상에 의한 것으로 어머니의 연령이 증가함에 따라 빈도가 높아지며, 45,X/47,XXX, 46,XX/47,XXX의 모자이시즘이 있을 수도 있다.

증상으로는 키가 평균 이상으로 크고, 발달지연이나 정신지체는 없으며, 지능은 IQ가 64~120 범위이다. 언어발달의 저하와 신경운동계의 결함 그리고 대인관계형성 장애 등이 있을 수도 있으며, 말초혈액 염색체검사를 통해 핵형을 확인할 수 있다.

알아두기 7-27. Y 염색체 소실

말초혈액의 림프구를 배양하여 염색체분석을 할 때 Y 염색체의 소실을 발견할 수 있는데, 이는 정상 남성에서 나타나는 노화현상으로 60세 이상은 10.5%, 60세 미만은 2% 이하이다. 골수의 염색체분석에서는 더욱 뚜렷하게 나타나며, 정상 남성의 경우 약 6%이고, 비정상 핵형의 약 15~20%를 차지한다. 그런데 Y 염색체 소실이 자연적인 노화현상인지 질환과 관련된 것인지의 감별이 문제가 될 수 있다. 만성골수성백혈병(CML)은 10%, 골수이형성증후군(MDS)은 9.5%, 급성골수성백혈병(AML)은 3.2%로 골수계 혈액종양에서는 흔하지만, 림프계 종양에서는 드물다.

(4) 47,XYY 증후군

Y 염색체가 하나 더 추가된 XYY 증후군은 출생아 약 1,000명당 1명의 빈도를 가지며, 임상적 증상이나 신체적 또는 행동적인 형태에서 구별이 어렵고, 발달지연이나 정신지체는 없다. 그러나 정상염색체를 가진 아이와 비교했을 때 키가 크며, 정상지능(IQ 80~140)을 가지고 이상형태를 가지지는 않지만, 주의집중력 결핍, 과잉행동장애와 충동적인 폭력 등이 관찰되기도 한다.

원인은 아버지의 생식세포 감수분열 시 Y 염색체의 비분리현상 때문으로 부모의 나이와는 관계가 없으며, 46,XY/47,XYY의 모자이시즘이 있을 수도 있다.

3) 상염색체의 결실 증후군

염색체 이상의 90% 정도는 이배수체로 수적 이상을 나타내며, 나머지는 구조적 이상으로 염색체의 절단 후 재결합하는 과정에서 비정상적인 재조합의 결과로 나타난다. 이러한 구조적 이상은 여러 가지 기전에 의해 일어날 수 있는데, 2/3는 난모세포에서 그리고 1/3은 정자세포에서 일어나며, 형태적 이상을 가진 환자들에서 염색체의 결실이 많이 나타난다.

하나의 유전자는 작게는 약 1 kb 정도이고, 광학현미경을 통해 확인이 가능한 한계는 약 10 Mb이기 때문에 눈에 보이는 결실은 많은 유전자의 소실을 의미하며, 이러한 결실 증후군은 일반적으로 정신장애와 다발성 선천성 기형을 특징으로 한다.

(1) 결실

결실(Deletion)은 염색체의 일부가 손실되는 경우로 자연발생 혹은 감수분열동안 비정상적인 염색체 분배 또는 보인자 부모로부터 유전에 의해 발생하며, 임상적으로 4p 결실 증후군(Wolf-Hirschhorn syndrome), 5p 결실(Cri du chat syndrome) 등이 대표적이다.

① 울프-허쉬호른 증후군

울프-허쉬호른 증후군(Wolf-Hirschhorn syndrome)은 1965년 울프(Ulrich Wolf)와 허쉬호른(Kurt Hirschhorn)이 안면기형과 심한 발달지연 그리고 정신지체를 일으키는 질환이 4번 염색체 단완의 부분결실이 원인이라고 처음으로 발표하였다.

원인 4번 염색체의 단완결실이며, 중요한 부위는 4p16.3이다. 약 80% 정도는 자연발생적으로 일어나며, 나머지는 보인자인 부모로부터 유전되어 발생한다.

발생빈도 90,000명당 1명이며, 외형적인 특징으로는 작은머리증(microcephaly), 두눈먼거리증(hypertelorism), 눈구석주름(epicanthal folds), 크고 넓은 뾰족한 코 그리고 근육긴장저하(hypotonia) 등과 심장의 기형 등이 있다. 지능은 IQ 20 이하로 심한 정신지체를 나타내고, 이 질환의 생존 기간은 알려지지 않았지만, 환아의 1/3정도가 생후 1년 이내에 심장질환이나 감염증으로 사망을 하며, 때로는 십대까지 생존이 가능하다.

② 고양이 울음 증후군

고양이 울음소리와 같은 특징을 가지기 때문에 고양이 울음 증후군(Cri du chat syndrome)으로 명명되었으며, 다른 말로는 묘성증후군이나 5번 염색체 단완결실증후군이라고도 한다.

원인 5번 염색체 단완의 부분결실 때문으로 중요한 부위는 5p15.2-q15.3이고, 85~90% 정도는 자연발생적으로

알아두기 7-28. 울프-허쉬호른 증후군의 진단방법

말초혈액의 염색체 검사로 4번 염색체의 결실을 확인할 수 있으며, 이 질환의 일부는 미세한 결실을 가지고 있으므로 염색체 검사로 검출이 어려울 때는 FISH 검사로 확진할 수 있다.

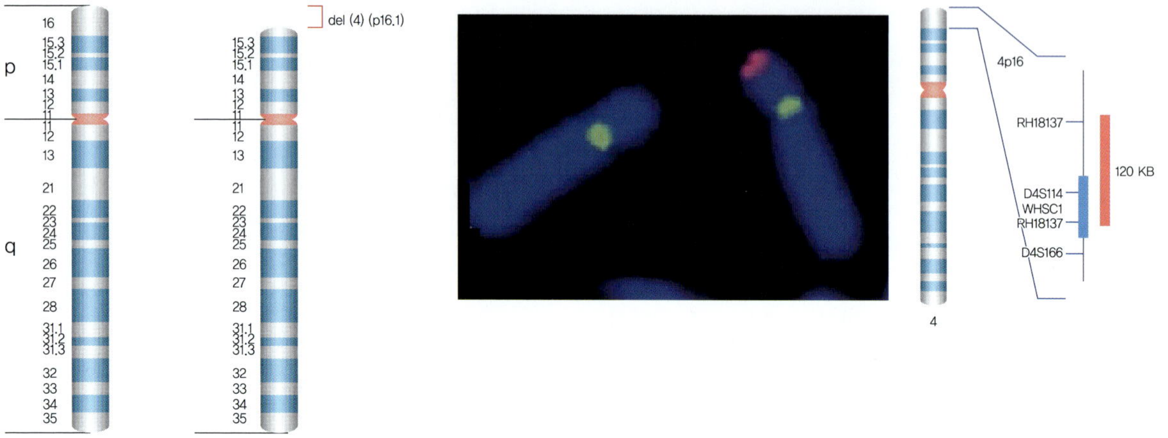

pink signal 부위 결실의 확인으로 울프-허쉬호른 증후군을 확인할 수 있다.

일어나며, 나머지는 보인자인 부모로부터 유전되어 발생한다.

발생빈도 출생아 20,000~50,000명당 1명의 빈도로 발생하며, 임상적 증상으로는 작은머리증(microcephaly), 두눈먼거리증(hypertelorism), 눈구석주름(epicanthal folds), 외사시(divergent strabismus), 처진 귀, 근육긴장저하(hypotonia) 그리고 심각한 호흡문제를 동반하며, 다른 특징들로는 중증도에서 심한 정신지연(IQ 20 이하)과 심장기형이 있다.

이 질환의 특징적인 고양이 울음소리의 원인은 후두의 결함이며, 영아기 후반부터 사라지고, 대부분이 성인기까지 생존한다.

(2) 미세 결실 증후군

미세 결실 증후군(Microdeletion syndrome)은 인접유전자 증후군(contiguous gene syndrome)이라고도 하며, 염색체의 한 개 혹은 두 개의 작은 band 소실에 의하여 인접한 수십 개의 유전자가 결실되는 여러 질환을 통틀어 지칭한다. 통상적인 염색체검사로는 확인이 어렵고 고해상도 분염법이나 형광동소교잡법에 의해 진단할 수 있다. 대표적인 질환으로는 스미스-메그너스 증후군, CATCH22(혹은 DiGeorge 증후군), Williams 증후군, Prader-Willi/Angelman 증후군, 망막모세포종(retinoblastoma), Miller-Dieker 증후군, WAGR 증후군 등이 속한다.

① 스미스-메그너스 증후군

스미스-메그너스 증후군(Smith-Magenis syndrome)은 1986년 유전학자인 스미스(Ann Smith)와 메그너스(R. Ellen Magnesis)에 의해 처음으로 보고되었으며, 특징으로는 다양한 선천성 기형과 정신지연을 보인다.

원인 17번 염색체의 p11.2의 4 Mb 정도의 결실이나 이 부위에 존재하는 *RAI1* (retinoic acid induced-1) 유전자의 결실 또는 돌연변이에 의해서도 발생할 수 있다.

발생빈도 25,000명당 1명 정도이며, 남자 아이보다 여자 아이에게서 더 많이 발생한다. 인종이나 부모의 연령에 상관이 없고 정상 수명을 보이기 때문에 정확하게 진단을 받지 못하는 경우가 대부분이었는데, 최근에는 분자유전학의 발달에 의해 진단을 받는 환자의 수가 증가하고 있다.

임상적 특징 작은머리증(microcephaly), 작은 코, 처지고 이례적인 모양의 귀를 가지며, 처음에는 성장지연이 일어나지만, 좀 더 성장한 어린이에게서는 과다체중을 나타내기도 하며, 발작이나 학습장애, 행동문제를 보인다. 환자의 1/3에서 선천성 심장병, 중이염과 난청(auditory disorder)은 2/3에서 나타나며, 척추측만증은 늦은 아동기에 절반 이상에서 발생한다.

스미스-메그너스 증후군의 근본적인 치료방법은 없지만, 개인에게 나타나는 증상에 따라 언어와 청력치료 등을 필요로 한다.

② WAGR 증후군

WAGR 증후군은 Wilms 종양, Aniridia(무홍채), Genitourinary abnormaliyies(비뇨생식기이상) 그리고 Mental Retardation(정신지체)을 나타내는 질환이다.

원인 11p13의 결실인데, 이 부위에는 *PAX6* 유전자와 *WT1* 유전자가 위치하며, *PAX6* 의 결실은 무홍채증, *WT1* 의 결실은 Wilms 종양을 유발한다.

발생빈도 10,000명당 1명 정도이며, 임상증상으로는 각 눈에 홍채 발달의 실패, 일반적 성장지연과 발달지체 그리고 배아신장종양(Wilms' tumor)과 생식샘종양(gonadal tumor) 등이 발생한다.

③ 망막아세포종

망막아세포종(Retinoblastoma)은 매우 희귀한 망막기원의 악성 배아성 종양으로 평균 발병나이가 30개월이며 산발성이고, 한쪽 눈에만 발병할 수 있다. 양쪽 눈에 발병을 하는 가족성의 경우는 14개월에 발병을 하며, 때로는 다른 암과 동반하여 나타날 수도 있다. 이 종양의 약 60%는 가족력과 상관없이 산발적으로 발생한다.

원인 염색체 13q14에 위치하는 *RB1* 대립유전자 2개 모두 돌연변이가 발생을 하거나 결실이 되어 발병을 하며, 돌연변이는 모든 코딩 구역과 프로모터 구역에 걸쳐 발생되는데, 두 형태의 돌연변이는 정상 Rb 단백질의 발현을 제한하여 Rb 단백질의 감소를 초래한다. Rb 단백질은 증식 중인 세포주기 진행을 조절하고, 분화(differentiating)하는 세포는 세포주기에서 벗어나게 하는 종양억제에 관여한다.

발생빈도 모든 인종에서 일어날 수 있으며, 18,000~30,000명당 1명의 빈도이고, 환자의 70% 정도는 한쪽 눈에 발병을 하며, 30%가 양쪽 눈에 발병을 한다. 80% 이상의 환자에서 5세 이전에 진단이 가능하다. 치료를 하지 않으면 치명적일 수 있고, 생식세포의 *RB1* 유전자 돌연변이를 가지는 환자에서는 다른 이차적 종양인 골육종

알아두기 7-29. Short Arm of Chromosome 5

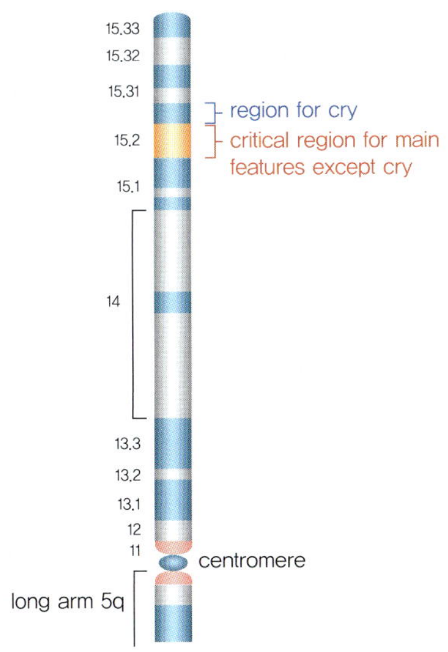

5번 염색체 단완의 절단점(breakpoint)과 결실된 부위는 환자마다 다양하게 나타나지만, 결정적인 부위는 5p15로 알려져 있다. 대부분의 임상적 소견과 관계가 있는 부위는 5p15.2이고, 이 band 내의 유전자가 한 개 혹은 여러 유전자들의 일배수부족(haploinsufficiency)에 의한 것이며, 특징적인 고양이 울음소리는 5p15.3 band의 결실에 의해 초래된다고 알려졌다.

5p14–p15 부위의 결실은 중증의 정신지연에 관계가 있을 수 있다고 하며, 정신지연의 정도는 결실의 크기와 연관성이 있다.

표 7-1. 프라더 윌리와 엔젤만 증후군의 원인 및 검사방법

원인	프라더-윌리 증후군(빈도)	엔젤만 증후군(빈도)	검사방법
염색체 15q11–q13결실(~4 Mb)	65~75%(부친형)	70%(모친형)	고해상도 / FISH
단친성이염색체 (Uniparental disomy)	25~30%(모친형)	7%(부친형)	PCR/미세위성체 분석
각인센터 결실	~5%	3%	염기서열 분석
점돌연변이	N/A	~11%(UBE3A)	UBE3A 염기서열 분석

(osteosarcomas), 연부조직육종(soft tissue sarcomas)과 흑색종(sarcomas) 등의 발생률이 높아진다.

망막아세포종은 조기에 발견을 하면 예후가 좋아지며, 치료의 목표는 가능한 많은 시력을 보존하는 것으로 안구적출, 다양한 방사선 요법, 냉동요법, 화학요법 그리고 광선 응고 등이 있다.

④ 프라더 윌리와 엔젤만 증후군

프라더 윌리와 엔젤만 증후군의 임상적 증상은 완전히 다르지만, 15번 염색체의 q11-q13을 포함하는 다양한 유전자의 변화에 의한 것으로 발생기전은 네 종류로 분류할 수 있으며, 비율은 두 질환에서 차이가 있다(표 7-1). 각 질환의 3/4 정도는 15번 염색체 q11-q13의 약 4 Mb의 단편의 결실에 의한 것인데, 결실의 크기에 따라 달라지는 것이 아니라 결실된 염색체가 각각 부모 중 어느 쪽에서 유래된 것인가의 차이로 나타난다. 프라더 윌리 증후군은 부친 유래 염색체에 결실이 있는 반면 엔젤만 증후군은 항상 모친 유래 염색체의 결실에 의한다.

발생은 모든 인종에서 남녀에 관계없이 일어날 수 있으며, 빈도는 프라더 윌리 증후군은 10,000~15,000명당

알아두기 7-30. 22번 염색체 장완 미세결실 증후군의 분류

22q11.2 부위의 크기는 3 Mb이고, 30개로 추정되는 유전자를 가지고 있으며, 증후군의 대부분은 결실에 의한 것이지만, 22q11.2의 상호중복에 의해 발생할 수도 있다.

일부의 환자에서 22q11.2 부위가 4배수로 나타나는데, 이는 고양이눈 증후군(cat-eye syndrome)이라고 불리며, 임상적으로 안구결손(ocular coloboma), 심장기형, 머리와 얼굴기형 그리고 중증도의 정신지체 등을 나타낸다.

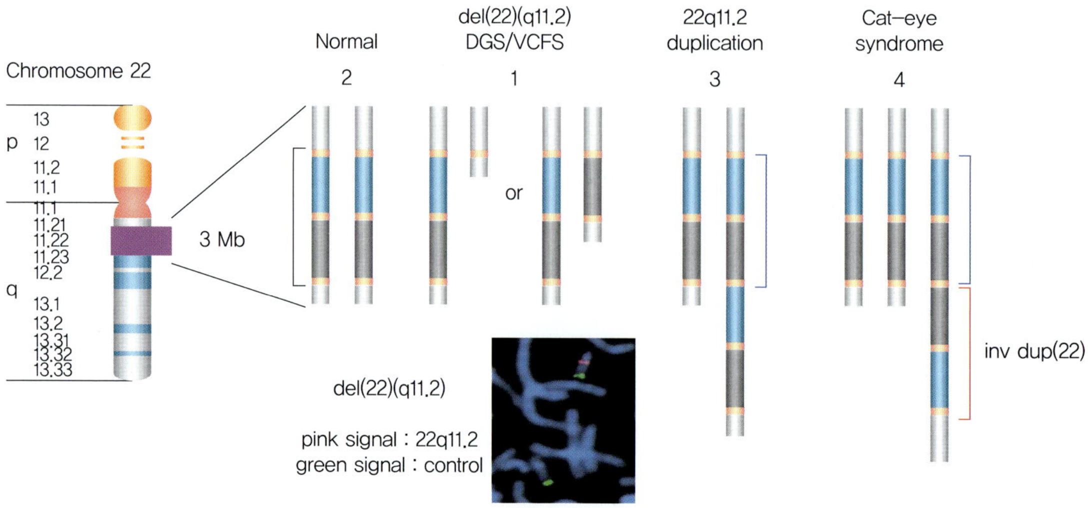

1명, 엔젤만 증후군은 12,000~20,000명당 1명 정도이다. 임상적 증상으로 프라더 윌리 증후군은 작은 키와 손과 발, 근육긴장저하, 비만(75%), 강박성 식사습관(compulsive eating), 생식선기능저하, 운동과 정신지체 등을 특징으로 한다. 반면에 엔젤만 증후군은 간질, 심한 정신지체, 꼭두각시 같은 걸음걸이(ataxia), 뇌간(brain stem)의 신경학적 문제에 의한 발작적 웃음(compulsive laughter) 등이 나타난다.

프라더 윌리 증후군의 치료법은 존재하지 않지만, 과식 치료에는 약물대신에 식이조절과 운동요법을 적용하고, 성장호르몬의 치료법으로 키를 정상화 할 수 있다. 성호르몬 치료는 2차 성징을 촉진할 수는 있지만, 가끔 남성에게는 행동장애를 악화시키고, 여성에서는 발작의 위험을 증가시킬 수 있다.

⑤ 디죠지 증후군

디죠지 증후군(DiGeorge syndrome)은 미세 결실 증후군 중에서 가장 흔하게 발생하며, 다양한 임상증상에 따라 입천장심장얼굴증후군(velocardiofacial syndrome), conotruncal anomaly face 증후군이라고도 한다. 또한 CATCH22 증후군(Cardiac defect, Abnormal face, Cleft palate, Thymic hypoplasia/aplasia, Hypocalcemia, 22q11.2 deletion의 약자)이라고도 한다. 22번 염색체이상과 관련된 근접유전자 증후군으로서 원인은 동일하지만, 임상소견들에 따라 여러 가지 이름이 사용되었다.

원인 22q11.2의 미세결실은 제3, 4 인두낭(pharyngeal pouch)의 정상발육에 영향을 끼쳐 흉선(thymus), 부갑상선(parathyroid gland), 대동맥궁(aortic arch) 등 심장발달 및 여러 가지 기형이 발생하게 된다. 인두의 발생에 관여하는 *TBX1* 유전자는 22q11 영역에 존재하는데, 이 유전자의 결실뿐만 아니라 돌연변이도 디죠지 증후군의 임상적 특징을 나타내는 경우도 보고되었다.

발생과 치료 2,000~4,000명당 1명의 빈도이며, 주요 임상증상으로는 심장기형, 구개열 외에 작은 턱증(micrognathia), 선천적으로 짧은 입천장, T 림프구와 관련된 면역체계의 이상과 혈청칼슘 수치를 낮추어 때로는 발작을 일으키는 부갑상선 기능저하증(parathyroid hypoplasia) 등이 나타난다. 성장발달이 지연되고, 행동장애 및 학습장애를 가지며, 시력과 청각장애도 동반된다.

많은 환자들이 생후 1년 이내에 사망을 하며, 이 질환의 근본적인 치료방법은 없지만, 개인적인 증상에 따라 외과적 수술과 언어치료, 물리치료 특수교육 그리고 정신과 치료 등이 필요하다.

⑥ 윌리엄스 증후군

윌리엄스 증후군(Williams syndrome)은 1961년 뉴질랜드의 윌리엄스(John Williams) 박사가 처음으로 보고했으며, 상염색체 우성으로 유전되는 매우 드문 질환으로 치료방법은 없지만, 관리가 잘 되어야 한다.

원인 7번 염색체의 q11.23 부위의 1.5 Mb 정도의 미

알아두기 7-31. 윌리엄스 증후군의 진단방법

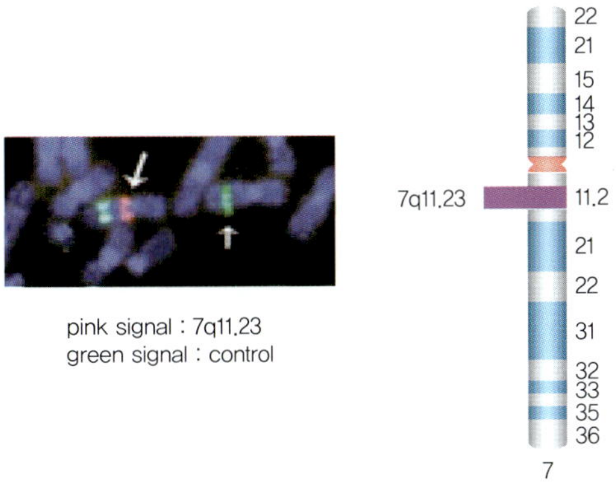

이 증후군의 진단방법은 17q11.23에 위치하는 엘라스틴 유전자 소식자(probe)를 이용한 FISH 방법으로 미세결실을 확인하며, 환자의 95~98%에서 이 유전자의 결핍이 발견된다.

세한 결실에 의한 것으로 대부분 자연발생적으로 일어난다. 이 부위에는 17개 정도의 유전자가 존재하며, 혈관의 탄력성과 강도를 유지하는 엘라스틴 단백질의 생성과 관련이 있는 *ELN* (Elastin) 유전자와 인지능력과 관계가 있는 *LIMK1* (LIM domain kinase 1) 유전자를 비롯하여 여러 유전자들이 존재한다. 따라서 7q11.23 부위의 결실에 의해 윌리엄스 증후군의 여러 증상이 나타나는 것으로 알려졌다.

발생 10,000명당 1명의 빈도로 매우 드문 질환으로 임상증상들은 출생 때부터 나타나기 시작하고, 성별 구분 없이 비슷한 증상을 보이며, 인종과 지역에 관계없이 전 세계적으로 공통적으로 발생한다.

외형적 특징과 치료 넓은 이마, 위로 솟은 작은 코끝, 긴 인중, 큰 입과 두꺼운 입술 그리고 부운 듯한 눈두덩이와 손톱의 형성부전 등이 나타나며, 심혈관 기형과 대동맥판 막협착증 등이 동반될 수 있다. IQ 범위는 2~105로 평균 58 정도이며, 성장발달 지연, 학습지진과 집중력 결핍 등이 나타나고, 특징적인 성격으로는 매우 사교적이고 친숙한 성격을 나타내기 때문에 '칵테일 파티 매너'라고도 한다.

근본적인 치료법은 없으며, 혈청의 칼슘을 조절하는 식이와 심장장애 등에서의 외과적 수술 그리고 재활 치료 등 일생동안의 관리가 필요하다.

⑦ 밀러-데커 증후군

밀러-데커 증후군(Miller-Dieker syndrome)은 모든 인종에서 발생할 수 있으나 발생률이 알려져 있지 않은 매우 희귀한 질환이다. 1963년 밀러(James Miller)가 신생아기에 성장부진, 두개 안면 기형 및 심한 신경학적 소견을 지닌 자매를 생후 부검한 결과 활택뇌증(lissencephaly)을 관찰하면서 처음으로 기술되었고, 1969년 데커(H. Dieker)가 뇌의 기형과 관련된 질환이라고 밝혔기 때문에 '밀러-데커'라고 명명되었다.

원인 17번 염색체의 p13.3 부위 유전자의 결실에 의한 것인데, 결실된 부위에는 50여 개의 유전자들이 위치하지만, 오직 *PAFAH1B1* (*LIS1*) 유전자와 그 인접 유전자들의 소실에 인한 것으로 밝혀졌으나, 그 기전은 확실하게 알려지지 않았다. 환자들의 80%는 17p13.3의 미세결실에 의하며, 20%는 균형된 염색체배열을 가진 보인자 부모에 의해 유전된다.

증상과 치료 활택뇌증, 근긴장성저하, 정신지체, 성장장애와 얼굴기형 등을 포함하며, 잘 먹지 못하고 성장이 느리다. 정신박약과 척추강직, 경련수축과 발작 등을 겪기도 한다.

이 질환은 불치병으로 대부분의 환자는 뇌의 변화로 인해 예후가 좋지 않으며, 2세 이전에 사망을 한다. 활택뇌증은 MRI나 초음파로 검출되지 않기 때문에 산전진단은 융모막 또는 양수세포를 이용한 17p13.3 결실의 발견이 필요하다.

4) 특수 염색체 유전질환

특수 염색체 유전질환은 일반적인 염색체 분석방법으로는 불가능하며, 엽산(folate) 결핍배지를 이용하거나, 염색체 절단을 유발하는 mitomycin C나 diepoxybutane 약제를 처리하여 배양한 후 분석할 수 있다.

(1) 취약 X 증후군

취약 X 증후군(Fragile X syndrome)은 X-연관 유전성 질환이나 멘델의 유전법칙과 일치하지 않는 독특한 유전양식을 갖는 중증도의 정신지연(moderate mental retardation)을 나타내는 가장 흔한 유전질환으로, 1969년 미국의 유전학자 러브스(Herbert Lubs)가 X 염색체에서 취약부위를 처음 관찰하면서 명명되었다.

원인 X 염색체 q27.3 부위에 위치한 *FMR1* (Fragile site mental retardation 1) 유전자의 첫 번째 엑손(exon) 5'-비해독 부위(untranslated region)에 위치하는 CGG 삼핵산 반복서열이 비정상적으로 증폭되어 CGG 반복서열과 인접한 *FMR1* 유전자의 프로모터(promoter)에 과도한 메틸레이션(hypermethylation)됨으로써 발생한다. 과도한 메틸레이션은 *FMR1* 프로모터를 불활성화 시키고 *FMR1* 유전자의 발현을 억제시킨다.

정상인은 6~54회(normal), 보인자는 60~200회(premutation), 환자는 200~1,000회(full mutation) 이상이며, 주로 여성에서만 확장되지만, 때론 '정상 전달 남성(normal transmitting males)'에 의해 'premutation'으로 전달될 수도 있다.

FMR1 유전자는 여러 조직에서 발현되는데, 주로 뇌, 고환, 심장 그리고 림프구에서 발현되며, FMR-1의 산물인 FMRP는 많은 종류의 세포에서 발현이 되지만, 특히 뉴런에 가장 많이 존재한다.

증상 가장 중요한 특징은 강박증, 집중력 결핍, 분노 발작(temper tantrums)과 자폐증 등과 같은 행동장애가 있으며, 성장하면서 행동특성이 향상될 수 있다. 외형상으로는 특별한 기형은 없으며, 큰 키와 지능과 발달이 저하되고, 사춘기 이후에는 긴 얼굴, 두드러진 턱과 이마 그리고 거대 고환 등의 특징을 가진다.

빈도와 치료 빈도는 유전질환 중에서 다운 증후군 다음으로 빈도가 높아 남자 1,200~1,500명, 여자 2,000명당 1명 정도로 발생한다. 이 질환은 현재까지 적용 가능한 치료 방법은 없으며, 행동문제의 관리를 중점적으로 하면서 약

알아두기 7-32. 활택뇌증과 밀러-데커 증후군의 진단방법

활택뇌증은 뇌 표면 주름이 없어져서 평평해지는 것을 의미하며, 주로 배아기 10~14주 사이에 뇌실로부터 뇌피질로 신경세포의 이동이 장애를 받아서 발생을 하는데, 이로 인해 뇌 구조 전체의 변형이 일어난다. 현재까지 알려진 사람의 활택뇌증과 관련된 유전자는 *PAFAH1B1* (*LIS1*), 14-3-3ε, *DCX*, *RELN*, *ARX* 등이 있으며, 이들 유전자의 이상에 따라 활택뇌증의 정도에 차이가 나타난다.

밀러-데커 증후군의 *PAFAH1B1* (*LIS1*) 유전자의 결실은 염색체의 결실, 전좌, 고리염색체(ring chromosome) 등에 의해 발생이 되는데, 50% 이하에서만 염색체 검사에서 관찰이 가능하기 때문에 형광동소교잡법(FISH)이 필수적이다. 그리고 결실 외에 전좌나 고리염색체 등에 의한 원인을 배제하기 위해서는 반드시 고해상도 염색체 분석도 같이 시행하여야 한다.

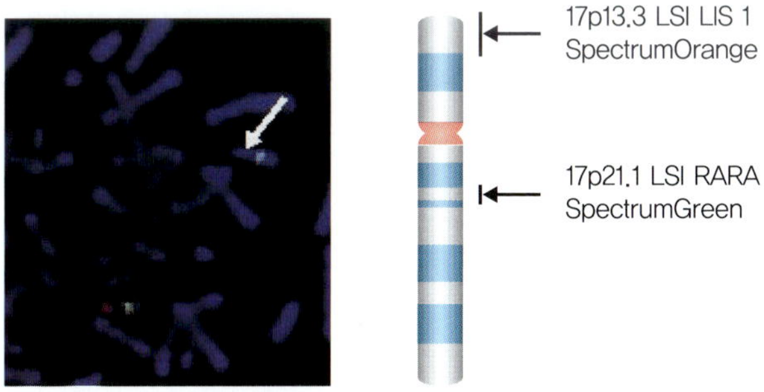

알아두기 7-33. Fragile X 염색체

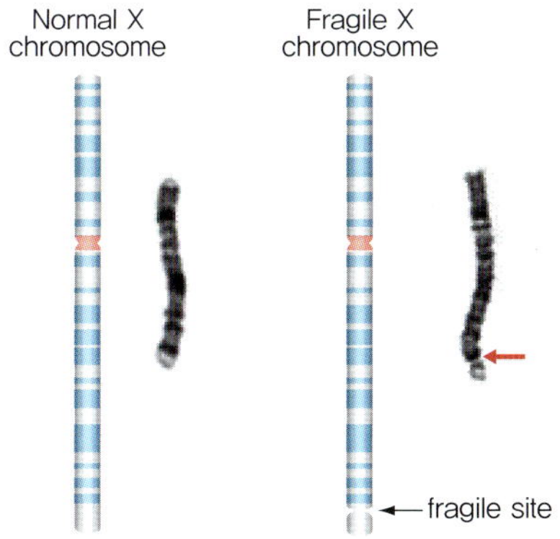

1977년 호주의 서더랜드(Grant Sutherland)에 의해 말초혈액 림프구를 엽산 결핍배지를 이용하여 X 염색체의 말단부위인 Xq27-q28 부위가 끊어져 보임을 밝혀졌다. 1991년에 베르커크(Annemiske Verkerk) 등은 취약 X 증후군을 발생시키는 *FMR1* 유전자를 최초로 발견하였다.

물치료를 병행한다.

(2) 염색체 절단 증후군

염색체 절단 증후군(Chromosome breakage syndrome)은 정상인에 비해 염색체의 손상이 자연발생적이거나 X-선 그리고 화학물질 등 여러 가지 원인에 의해 발생할 수 있다.

① 판코니 빈혈 증후군

판코니 빈혈 증후군(Fanconi's anemia syndrome)은 예후가 불량하며, 열성으로 유전되는 염색체질환으로서 1927년 판코니(Guido Fanconi)에 의해 처음으로 알려졌는데, 근위세뇨관의 기능장애로 인한 일련의 질환들을 의미한다.

원인 변이된 유전자에 의한 것으로 돌연변이에 따라 아형(subtype)이 달라지는데, 현재 적어도 13가지 이상이 알려져 있으며, 이들 상보성 집단(complementation group)은 A, B, C, D1, D2, E, F, G, I, J, L, M과 N으로 표시한다. 판코니 빈혈을 일으킬 수 있는 흔한 유전자형은 16번 염색체 q24.3에 위치하는 *FANCA* 유전자의 돌연변이가 65% 정도이며, X-연관 열성유전형질인 *FANCB* 유전자는 X 염색체 p22.3에 위치한다.

발생과 치료 모든 인종에서 성별에 상관없이 360,000명 중 1명의 빈도인데, 국내에서는 연간 2~4명이 발생하는 것으로 추정된다. 주요 증상은 환자마다 다르지만, 첫 번째 증상은 쉽게 멍이 들고 코피가 나는 것이며, 주로 2~6세 사이에 진단이 된다. 혈액 이외의 모든 세포와 기관에도 유전자 이상이 있기 때문에 범혈구감소증(Pancytopenia) 외에도 골수의 형성부전, 멜라닌색소 침착에 의한 갈색색소반, 근골격계와 비뇨생식계 등에서의 선천성 이상이 나타날 수 있다.

치료법에는 각각의 환자에서 나타나는 증상에 따라 다르며, 스테로이드 치료, 수혈 그리고 조혈모세포 이식 등이 있다.

② 블룸 증후군

블룸 증후군(Bloom syndrome)은 Bloom-Torre-Machack syndrome 이라고도 하며, 상염색체 열성으로 유전되는 질환으로서 환자의 약 31%에서 부모 중 어느 한쪽 또는 양쪽이 독일 · 폴란드 · 러시아계 · 유대인인 경우가 많다. 이 질환은 염색체의 잦은 파괴와 재배열이 관련되기 때문에 염색체 파손 증후군이라고도 하며, 염색체의 파괴빈도는 악성 종양으로 발전될 가능성의 증가와 관련이 있다.

원인 15번 염색체 q26.1 부위에 위치하는 한 쌍의 *BLM* 유전자가 모두 돌연변이 되어 발생하는데, 이 유전자

알아두기 7-34. 삼염기 반복 질환(trinucleotide repeat disorders)

삼염기 반복 질환은 사람의 취약 X 증후군이 알려진 조건에서 처음으로 발견되었으며, 이 특이한 형태의 돌연변이는 3개의 염기 반복수의 증가로 발생한다.

Disorders	Inheritance	Fragile site	Location	Repeat	Affected Gene or Protein	Number of Repeats		
						Normal	Mutable	Full mutation
Huntington's disease	Autosomal dominant	HD	4p16.3	CAG	Huntington	10~25	26~35	36~120
Myotonic dystrophy	Autosomal dominant	DMPK	19q13	CTG	Myotonic dystrophy protein kinase(DMPK)	5~37	38~80	> 100
Friedreich ataxia	Autosomal recesive	X25	9q13–q21.1	GAA	*FRDA*(Frataxin)	6~65	66~500	> 500
Fragile X syndrome	X-linked	FRAXA (FMRI)	Xq7.3	CGG	*FMR1* (FMRP protein)	29~31	55~200	200~2,000

는 DNA의 이중나선을 풀어서 DNA 수선에 관여하는 역할을 하는 헬리케이즈(helicase)에 해당되기 때문에 돌연변이가 발생을 하면 암의 발생률이 높아질 수 있다.

증상 왜소발육증, 광선과민증, 얼굴의 모세혈관확장성 홍반을 나타내며, 면역능 결핍은 감염증에 걸리기 쉽고, 유아기와 아동기에는 급성 백혈병이나 림프종, 성인의 경우는 20대에 각종 암으로 발생할 확률이 높다. 환자 대부분의 지적능력은 평균이나 평균이하이며, 남자들에게는 무정자증이 나타나고, 여자의 경우는 월경주기가 비정상적으로 일찍 정지하기 때문에 불임이다. 합병증으로는 만성적인 폐질환, 당뇨병 그리고 암 등이 있다.

블룸 증후군의 SCEs (sister-chromatid exchanges)가 증가하기 때문에 세포유전학적 검사로 확인할 수 있으며, 융모막생검이나 양수천자검사로 산전진단이 가능하다.

치료법 골수이식, 호르몬치료 그리고 유전자치료법이 있으며, 환자들은 염색체 파괴가 잘 일어나므로 X-ray, 화학적 요법의 약품(chemotherapeutic agents) 그리고 다른 환경적 노출 등은 피하는 것이 좋다.

③ 모세혈관 확장성 운동실조 증후군

보행이상(Ataxia)-혈관이상(Telangiectasia)의 모세혈관 확장성 운동실조 증후군(AT)은 상염색체 열성으로 나타나며, 진행성 소뇌운동 실조증으로 1~4세 사이에 증상이 나타나는 유전성 복합 퇴행성 신경질환이다. A-T 세포는 방사선에 특이적으로 민감하기 때문에 노출이 되면 세포주기의 조절이나 염색체의 변이 등 유전체 불안정성(genomic instability)을 나타낸다.

원인 이 질환을 일으키는 유전자는 11번 염색체 q22.3에 위치하는 *ATM* (ataxia-telangiectasia mutated) 유전자이며, 이 유전자의 돌연변이 발생이 중요한 역할을 한다. 1995년 이스라엘의 샤일로(Yosef Shiloh) 박사에 의해 *ATM* 유전자가 클로닝 되었지만, 아직까지 치료법은 발견되지 못하였다.

ATM 유전자는 DNA가 손상을 받은 후 세포분열을 조절하는 단백질인 ATM 생산에 관여를 하는데, 이상이 생기면 ATM 단백질이 부족하게 되고, 종양억제단백질인 p53 단백질의 축적에 이상이 발생하게 되기 때문에, DNA가 손상이 되었을 때 제대로 복구되지 않은 상태로 분열하므로 암이 발생할 가능성이 높아진다. 이 질환의 환자들은 *ATM* 유전자에 의해 만들어지는 단백질 활성이 부족하여 X-선과 같은 방사선에 특히 더 민감하다.

증상 이 질환의 증상들은 소뇌 위축에 의한 진행성 소뇌운동 실조증이며, 자발적으로 조절하는 운동능력이 손상되면서 영구적으로 모세혈관이 확장되어 점막과 피부에 붉은 병변이 생기는 것이 큰 특징이다. 또한 결막의 모세혈관이 확장되고, 면역기능의 손상으로 호흡기계의 감염이 자주 발생하며, 백혈병과 림프종 등의 암 발병률은 85% 정도로 높다. 내분비 이상으로 인슐린 저항성 당뇨병이 동반되기도 한다.

빈도와 치료 성별에 관계없이 40,000~100,000명당 1명의 빈도로 나타나고, 수명은 대부분의 경우 25세까지 생존한다고 하는데, 가끔씩 40~50대까지 생존할 수 있으며, 폐의 기능부전이 주요 사망원인이다. 현재까지는 치료방법이 없으며, 증상에 대한 치료와 합병증을 예방하는 것이 중요하다. 대부분의 환자는 10세가 되면 휠체어를 사용하게 되는데, 물리치료를 통해 근육의 힘을 유지하는 것과 함께 암발생이나 면역기능과 관련하여 정기적인 치료를 받아야 한다.

제8장

암

암(Cancer)에 대한 가장 오래된 기록은 B.C 1600년 이집트 파피루스(Edwin Smith Papyrus)에 유방암에 대한 기록이며, 이후 히포크라테스(460~370 B.C)는 여러 종류의 암에 대해 기록하고 있다. 암은 종양으로부터 혈관이 사방으로 뻗어나간 모양을 '게(Crab)'에 빗대어 명명되었으며, 세포의 성장과 분열을 조절하는 기전에 이상이 생겨 발생하는 것으로, 한 개의 세포가 비정상적으로 증식하기 시작하여 종양이 발생하는 종양 클론성의 특성을 가진다. 대부분의 암은 유전적인 결함에 의해 발생을 하는 것으로 암유전자(oncogene)와 암억제유전자(tumor-suppressor gene)의 영향을 받을 뿐만 아니라 생활환경과 밀접한 관련이 있으며, 생활습관도 중요하게 작용을 한다.

암은 발생된 장소와 상관없이 세포가 무한증식을 하고, 몸 전체로 퍼져나가는 두 가지 능력에 의해 궁극적으로 생명을 위협하는 질병으로 분류되어 있다.

1. 우리나라 암의 발생 빈도

우리나라 중앙암등록본부의 발표자료(2019)에 의하면, 전국단위 암발생통계를 산출하기 시작한 1999년부터 2016년까지 암유병자는 총 173만9951명이었다. 이는 2016년

알아두기 8-1. 암의 클론성(Tumor Clonality)

클론이란 1개의 전구세포(progenitor)로부터 유래된 세포의 집단을 말하는 것으로, 암의 가장 기본적인 특성 중의 하나는 한 개의 비정상적인 세포가 증식하기 시작하여 암이 발생하는 클론성이다.

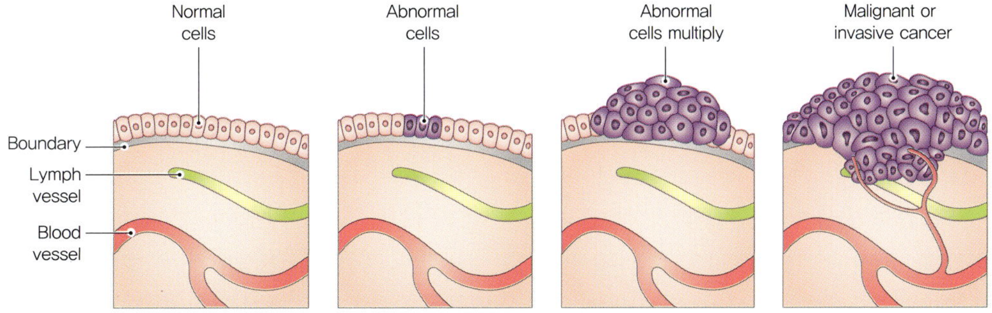

암의 진행과정

암세포는 매 10회 분열할 때마다 수적으로 1,000배로 증가할 수 있다. 예를 들어, 1개의 암세포가 30회 분열을 한다면 그 수는 10^9이 되며 크기는 1 cm(무게 1 gm)가 되는데, 일반적으로 이때 임상적으로 종양으로 인지할 수 있다. 40회 분열을 하는 경우는 10^{12}(1조)에 달하게 되고, 무게로 1 kg의 종양이 될 수 있는데, 이때는 매우 치명적인 단계이다.

알아두기 8-2. 연도별 남녀성별 암발생 건수 추이

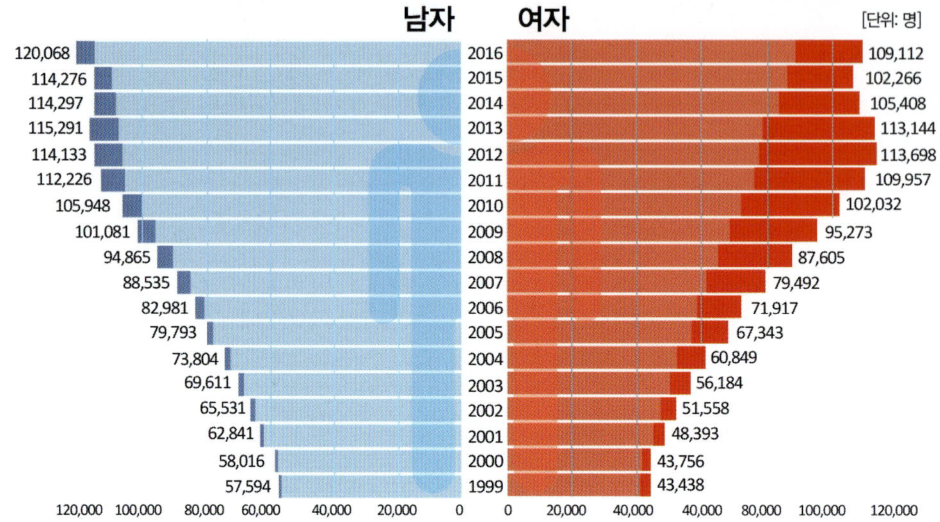

*그래프의 진한색은 갑상선암 발생자수를 의미함

중앙암등록본부 발표자료(2019)

우리나라 국민(5111만 2980명) 29명당 1명이 암유병자라는 의미이다. 특히, 65세 이상에서는 9명당 1명이 암유병자였으며, 남자는 7명 당 1명, 여자는 12명 당 1명이 암유병자였다.

암의 발생은 젊은 사람보다는 나이 많은 사람들에게서 빈번하게 나타나며, 실질적으로 백신과 항생제의 발달로 감염성 질환에 의한 사망률이 떨어져 평균수명이 증가하면서 암 발생률도 같이 증가를 하였다. 우리나라 국민들이 평균수명 82세까지 생존할 경우 암에 걸릴 확률은 36.2%였으며, 남자(79세)는 5명 중 2명(38.3%), 여자(85세)는 3명 중 1명(33.3%)에서 암이 발생할 것으로 추정되었다.

2016년 주요 암종 발생률을 살펴보면, 남자의 경우 위암이 전체 암의 17.1%를 차지하였으며, 폐암(14.8%), 대장암(13.9%), 전립선암(9.8%), 간암(9.8%) 순으로 나타났다. 여자의 경우 가장 많이 발생한 암은 유방암으로 전체의 19.9%를 차지하였고, 갑상선암(18.8%), 대장암(10.5%), 위암(9.2%) 그리고 폐암(7.3%)으로 나타났다. 그리고 최근 5년간(2012~2016년) 발생한 암환자의 5년 상대생존율(이하 생존율)은 70.6%로, 3명 중 2명 이상은 5년 이상 생존하는 것으로 추정되었다. 남녀 전체에서 갑상선암(100.2%), 전립선암(93.9%), 유방암(92.7%)이 높은 생존율을 보였고, 간암(34.6%), 폐암(28.2%), 췌장암(11.4%)은 상대적으로 낮은 생존율을 보였다. 남녀별 5년 생존율은 여자(78.0%)가 남자(63.2%)보다 높았는데, 이는 생존율이 높은 갑상선암, 유방암이 여성에서 남성보다 더 많이 발생하기 때문으로 추정된다.

2. 종양

종양(Tumor)은 신생물(neoplasm)이라고도 하며 신체에서 상당한 빈도로 형성되는데, 대부분은 크기가 작고 국지적으로 형성된다. 다른 조직으로 퍼지지 않기 때문에 사람에게 위험을 주지 않는 종양을 양성(benign) 종양이라고 하며, 형태와 기능이 정상세포와 비슷하다(표 8-1). 반면에, 암이라고 부르는 악성(malignant) 종양은 보통 정상세포보다 빨리 성장하고 분열하거나, 정상적으로 죽지 않으며, 주변의 순환계나 림프계를 통하여 정상조직에 침투하거나 몸 전체로 퍼질 수도 있는데 이를 전이(metastasis)라고 한다.

전이는 생물학적으로 악성종양의 대표적인 특성이며, 암환자에게 가장 흔한 사망 원인으로서 사망의 90%가 초기의 종양보다 전이된 종양에 의한 것이다. 이처럼 암세포는

알아두기 8-3. 기대수명까지 생존 시 암발생 확률(2016)

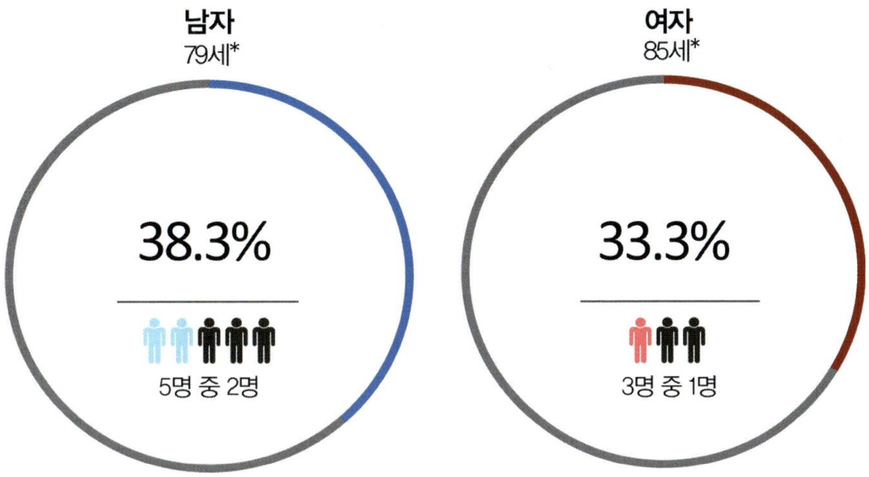

*2016년 남녀 기대 수명(자료원: 통계청)

중앙암등록본부 발표자료(2019)

알아두기 8-4. 주요 암종 발생분율(2016)

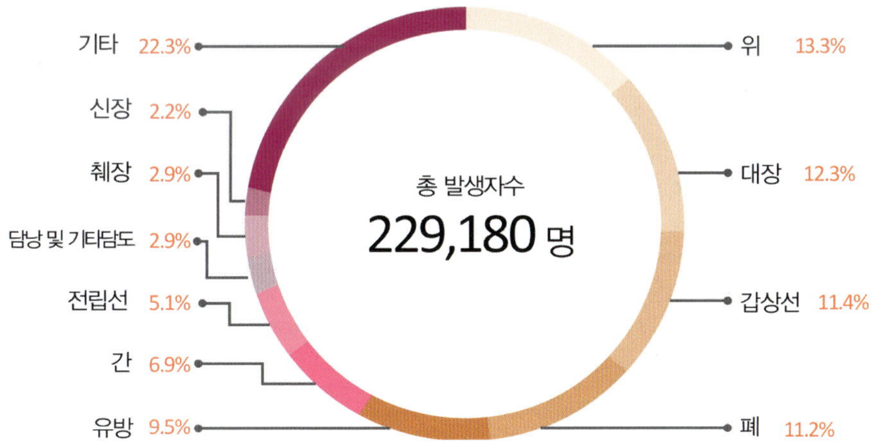

중앙암등록본부 발표자료(2019)

초기에 형성되었던 조직에서 혈액으로 들어갈 뿐만 아니라 모세혈관의 내피세포에 결합하여 다른 조직으로 이동을 하고, 다양한 표면단백질들을 발현하여 다양한 세포층을 통과할 수도 있다(그림 8-1).

암은 생성된 장소와 유래한 세포유형에 따라 상피종양, 결체종양, 혼합종양의 세 가지 부류로 나눌 수 있다. 인체 암의 약 90%를 차지하는 암종(carcinoma)은 몸의 내부와 외부 표면을 덮는 층을 형성하는 상피세포(epithelial cell)에서 발생하는 암이고, 뼈나 연골조직, 혈관, 지방, 섬유조직과 근육에서 유래하는 육종(sarcoma)은 1% 정도로 가장 드물게 나타난다. 나머지는 인체 악성종양의 약 8%를 차지하는 백혈병(leukemia) 혹은 림프종(lymphoma)으로 림프관과 혈액에서 유래하는 세포로부터 발생되는데, 림프종은 백혈구(림프세포)의 종양으로서 주로 고형 조직 덩어리로 자라는 반면에 백혈병은 악성혈액세포들이 주로 혈류에서 증식하는 암이다.

표 8-1. 양성종양과 악성종양의 비교

특성	양성종양(benign tumor)	악성종양(malignant tumor)
성장 속도	일반적으로 늦게 자라며, 성장이 멈추는 휴지기도 있음	빨리 자라며, 성장이 멈추는 경우는 매우 드묾
성장 양상	국소적으로 성장을 하지만, 주위 조직에 침윤하지 않음	주위 조직으로 침윤과 전이에 의해 퍼짐
전이	없음	흔함
재발	적음	많음
예후	좋음	종양의 크기, 림프절 전이 유무에 따라 다름
세포의 특성	– 핵 크기는 작고, 모양은 규칙적 – 유사분열 지수 낮음 – 분화가 잘 되어 있음 – 세포가 성숙함	– 핵 크기는 크며, 모양은 다형성임 – 유사분열 지수 높음 – 분화상태는 나쁨(퇴행성) – 세포는 미성숙함
피막 형성	– 피막이 있어서 종양이 주위 조직에 침윤하지 않으며, 종양 주변 경계가 뚜렷함 – 피막이 있으므로 수술적 절제가 쉬움	피막이 없기 때문에 주위 조직으로 침윤하며, 종양과의 주변 경계가 분명하지 않음

알아두기 8-5. 종양의 명명법

① 양성종양의 명칭
접미사 : ~oma
예) 섬유종(fibroma), 유두종(papilloma), 간세포선종(liver cell adenoma) 등
* 예외 : 간암(hepatoma), 흑색종(melanoma), 정상피종(seminoma) 등은 ~oma라고 하지만, 양성이 아니라 악성이다.

② 악성종양의 명칭
– 육종 : 뼈, 근육, 섬유, 지방 같은 결체조직(connective tissue)에 생기는 종양을 의미하며, 접미사 ~sarcoma를 붙인다.
예) 섬유육종(fibrosarcoma), 혈관육종(angiosarcoma) 등
* 예외 : 일부 신경조직이나, 뇌조직, 조혈조직과 관련해서는 sarcoma를 사용하지 않는다.
백혈병(leukemia), 다발성 골수종 = 형질세포종양(multiple myeloma)
콩팥조직에 생기는 신아세포종(nephroblastoma = Wilms tumor),
고환이나 난소에 생기는 미성숙기형종(immature teratoma)
– 암종 : 주로 상피조직(epithelial tissue)에 생기는 종양을 의미하며, 접미사 ~carcinoma를 붙인다.
예) 선암종(adenocarcinoma), 간세포암종(hepatocellular carcinoma) 등

종양의 명칭은 각각의 암과 세포의 유형을 확인하기 위해 접두사를 사용한다. 예를 들면 상피세포 유형인 선(gland) 세포에서 발생된 암인 경우에는 carcinoma 앞에 접두사인 adeno- 를 붙여서 adenocarcinoma라고 명명하고, 암이 유래한 기관에 따라 유방선암종(breast adenocarcinoma), 폐선암종(lung adenocarcinoma) 등이라고 하며, 양성종양을 명명할 때는 접미사 carcinoma 대신에 -oma가 사용되어 선종(adenoma)이라고 한다.

지지조직에서 유래한 암들은 carcinoma 대신 sarcoma를 사용하는데, sarcoma라는 단어는 그리스어의 sarkoma에서 유래한 단어로 "살코기가 자라는 모습"이라는 뜻이다. 골수세포암의 악성종양은 골육종(osteosarcoma)이라고 하며, 양성종양은 골종(osteoma)이라고 한다.

3. 암세포의 특성

살아있는 세포는 독립적인 개체이기도 하지만 주변의 세포들과 상호작용을 통해서 살아야 한다. 그러나 암 세포는 주위 세포와는 상관이 없이 독립적으로 성장하고 증식을 할

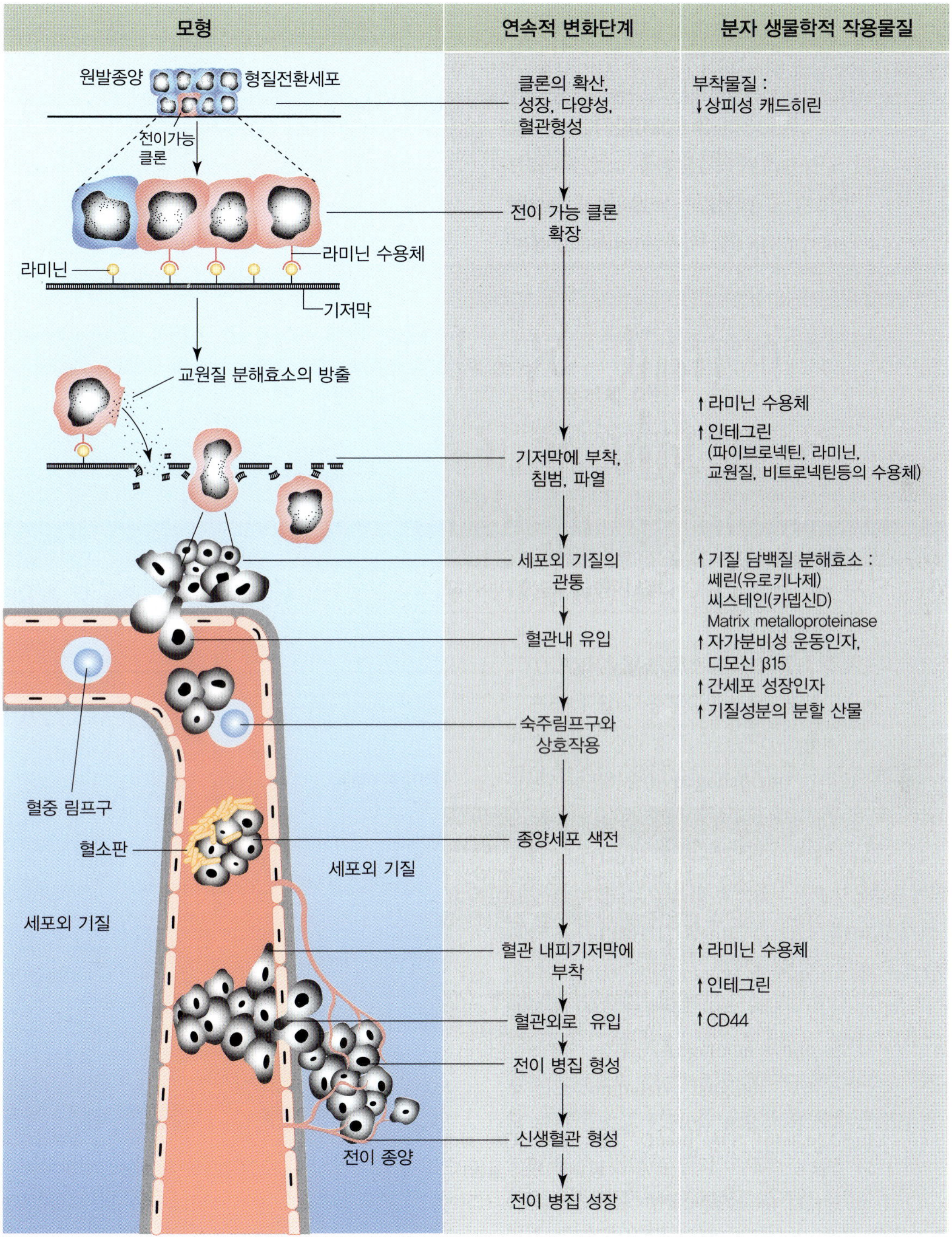

그림 8–1. 암세포의 전이 과정

뿐만 아니라 세포분열을 억제하는 신호와 세포가 죽어야 할 시기를 감지하지 못하기 때문에 계속 살아있다. 즉, 정상 세포들이 가지지 않는 불멸화(immortality)의 특성을 가지고 있다. 그러나 암세포가 정상세포보다 항상 더 신속하게 분열하지는 않으며, 종양성장의 뚜렷한 특징은 세포분열의 속도가 아니라, 무절제한 성질이다. 암세포의 형태와 성장

알아두기 8-6. 종양의 발육형태

① 외성장성 발육(exophytic growth)
대장, 성대, 후두 및 자궁내막 등의 조직으로부터 폴립과 같이 모조직에서 외측을 향해 성장하는 것을 의미한다.
예) 외성장망막모세포종(exophytic retinoblastoma) : 눈알에 있는 망막에서 바깥쪽으로 자란 망막모세포종

② 내성장성 발육(endophytic growth)
위암에서와 같이 모조직의 내측을 향해 성장을 하는 것을 의미한다.
예) 내성장망막모세포종(endophytic retinoblastoma) : 눈알의 속 부분으로 자라 들어가는 형의 망막모세포종

③ 기타
- 낭성형 : 점액질로 채워져 있는 장액성 종양(serous tumor)과 묽은 수용성 액체로 채워져 있는 점액성 종양(mucinous tumor)이 있다. 대부분은 양성종양이지만, 20% 정도가 악성종양으로 변한다. 난소암에서 낭성형 발육형태를 볼 수 있다.
- 궤양형 : 위, 피부, 결장에 주로 많이 생기는 형태로 외부 조직의 괴사로 개방되어 표면이 노출되어 있다.
- 수질형 : 주로 유방암이나 갑상선암에서 관찰되며, 수질형은 크고, 연한 육질종양과 관련이 있다.
- 균상형 : 버섯모양으로 솟으면서 성장하는 것으로, 결장에서 많이 발생한다.

알아두기 8-7. 암세포의 조직배양

암세포를 체외배양을 하면, 분화를 보이는 경우가 많아서 종양의 조직발생 기원 연구에 많은 도움을 준다. 그 예로는 신경아세포종과 흑색종이 있는데, 신경아세포종 세포는 세포배양 24시간 내에 신경돌기를 내며, 흑색종은 체내에서 멜라닌을 생성하지 않았더라도 배양을 하게 되면 많은 양의 멜라닌을 생성한다.

은 정상세포와 확연하게 다른데, 세포를 배양하면 이런 차이점을 관찰할 수 있다.

1) 암세포의 증식

대부분의 정상세포를 배양하면 용기의 표면이 세포의 단층(monolayer stage)으로 덮일 때까지 분열을 하며, 이러한 현상을 밀도의존성 성장억제(density-dependent inhibition of growth)라고 한다(그림 8-2). 그러나 암세포는 단층을 이룬 후에도 계속 분열을 하여 다층의 집합체를 형성하기 때문에 정상세포에 비해 밀도의존성 성장억제를 덜 받는다고 할 수 있다.

대부분의 정상세포는 부착할 수 있는 적당한 고체표면이 제공될 때 표면에 붙어 퍼지면서 증식하고, 액체배지에서 흔들거나 부유 상태에서는 증식하지 않기 때문에 부착의존성(anchorage dependent)이라고 한다. 그러나 암세포는 세포표면 부착분자의 발현이 감소되어 있어서 고체 표면에 정착할 뿐만 아니라 액체 또는 반고체 배지에 떠있을 때도 증식이 가능하므로 부착 비의존성(anchorage independent)이라고 한다.

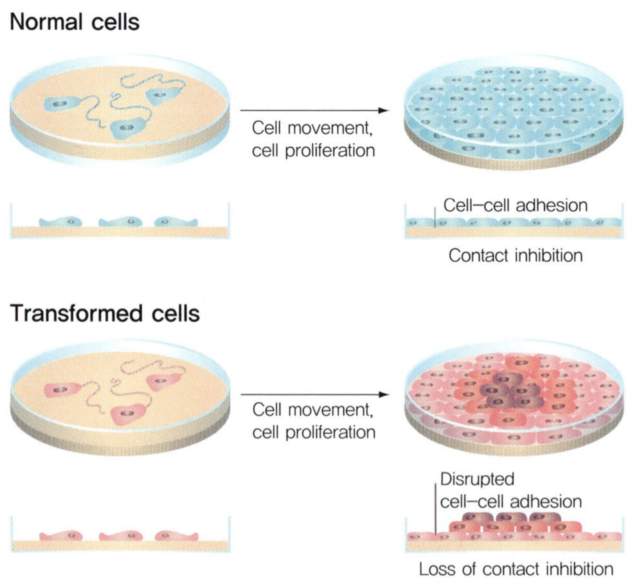

그림 8-2. 정상세포와 암세포의 밀도의존성 성장억제

일반적으로 인체 대부분의 정상세포는 약 50~60번 정도의 분열을 할 수 있는데, 이는 세포들의 DNA 복제 기전과 관련이 있다. 사람의 경우 태어날 때 각각의 염색체 DNA

말단에 텔로미어 염기서열 TTAGGG가 연속적으로 약 2,500번 정도 반복되어 있다가 세포가 분열을 할 때마다 짧아진다. 따라서 세포가 몇 번의 분열을 하는지에 대한 추측이 가능하고, 세포가 너무 많이 분열을 하였다면 telomeric DNA가 점점 짧아져 세포분열을 정지시키거나 세포사멸을 하게 된다. 그러나 암세포들은 텔로머라제(telomerase)를 생성하는 유전자를 활성화하여 새로운 telomeric 반복서열을 암세포들의 DNA말단에 계속해서 첨가하기 때문에 무제한적으로 복제할 수 있는 능력을 가지게 되면서 불멸화세포(immortalized cell)가 될 수 있다.

2) 성장인자와 세포주기

정상세포의 증식은 신호단백질인 성장인자(growth facor)에 의해 조절이 되지만, 암세포는 성장인자에 대한 요구성이 낮기 때문에 무절제한 증식을 하는 것이다. 성장인자들은 모든 세포의 세포막 수용체 단백질(receptor protein)에 결합함으로써 신호전달이 되어 세포의 증식과 분열을 자극하는데, 일부 암세포들은 다른 세포에서 생성된 성장인자 없이 자신의 증식을 촉진하는 성장인자를 생산하여 증식하기도 한다. 또한 어떤 암세포는 영구적으로 활성화된 비정상적인 수용체를 지니고 있어 성장인자의 유무에 상관없이 세포분열을 유도하기도 한다.

암세포는 제한점 조절능력이 소실되어 있기 때문에 정상적인 세포주기 조절 프로그램을 수행하지 못한다. 즉, 불충분한 성장인자들, 부착의 결함, 높은 세포밀도 등과 같은 부적합한 조건하에서도 세포분열을 억제하는 신호를 감지하지 못하고, 세포가 죽어야 할 시기에도 계속 성장하면서 분열한다.

3) 세포사멸

정상적인 세포는 불필요하거나 또는 결함이 있는 세포를 제거할 수 있는 프로그램이 있으며, 이를 세포사멸(apoptosis)이라고 한다. 일반적으로, 돌연변이가 많은 암세포들은 p53을 암호화하는 유전자가 손상된 돌연변이를 가지고 있는데, 이는 인체의 암에서 가장 많이 발견되는 유전적인 결함으로 세포사멸에 필요한 내부경로를 파괴하기 때문에 암세포들은 세포사멸을 피해갈 수 있다.

4) 암세포의 전이

혈관신생(Angiogenesis)은 정상조직에 존재하던 혈관에서부터 뻗어 나와 새로운 혈관을 생성하는 것을 의미한다. 이는 내부 표면의 내피세포의 증식과 성장의 단계라고 할 수 있으며 초기 태아의 발달과정에 집중적으로 나타나지만, 성인의 경우는 상처가 치유될 때, 여성의 배란기 등 특수한 상황에서만 일어나는데 매우 복잡하고 체계적인 과정이 동반된다. 한편 혈관의 비정상적인 생성은 암이나 노인성 황반변성, 염증성질환의 원인 또는 결과가 된다. 혈관신생이 부족할 경우에는 허혈성 심혈관질환 및 신경퇴행성 질환의 원인이 되기도 한다.

체내에서 암세포가 커지기 위해서는 반드시 영양공급이 필요하다. 따라서 암세포는 혈관신생을 촉진하는 성장인자를 분비하여 암세포 쪽으로 새로운 모세혈관이 생성되도록 신호를 보낸다.

혈관신생은 크게 3단계를 거친다(그림 8-3). 먼저 혈관 내피세포가 혈관성장인자(vascular endothelial growth factor, VEGF)의 자극을 받아 손바닥 모양을 가진 말초의 신경돌기, 사상위족(filopodia)을 만들고 끝 세포(tip cell)로 분화한다. 이 때 끝 세포의 주변세포는 대세포(stalk cell)로

알아두기 8-8. 암세포의 확산

암은 침윤(invasion)과 전이(metastasis)의 두 가지 기전에 의해 몸으로 퍼져 나가는데, 침윤은 암세포가 주변 조직으로 직접 이동하여 침투하는 것을 의미하며, 전이는 암세포가 혈류나 체액을 통해서 다른 곳으로 이동하여 새로운 종양을 형성하는 것을 뜻한다.
침윤의 첫 번째 특징은 세포간 부착력의 변화로서 실제로 많은 사례에서 상피세포 사이를 결합시키는 세포 간 부착 단백질인 E-cadherin의 소실과 관련이 있음이 보고되었다. 두 번째로는, 세포 간 부착력의 소실 이후 암세포가 분리될 수 있는 세포의 운동성을 들 수 있다. 암세포는 세포운동에 필요한 모든 정상적인 세포질 기관을 가지고 있으며, 실질적인 이동은 숙주 조직이나 암세포 자체에서 생성한 신호전달물질로 하여금 자극을 받아서 움직일 수 있다. 침윤의 세 번째 특징은, 단백질분해효소(protease)를 합성함으로써 암세포가 이동을 하는데 있어서 장벽이 되는 구조를 붕괴시킬 수 있다. 이러한 단백질분해효소 중의 하나가 plasminogen activator이다.

알아두기 8-9. 전이의 종류

전이는 1차 악성종양의 일부에서 혈관신생과정으로부터 시작되는 복잡한 과정을 거치는데 3단계로 나뉜다. 첫 번째 단계는 암세포가 주변 조직과 혈관에 침윤을 하는 것이며, 두 번째 단계는 순환계를 통해 멀리 이동을 하며, 세 번째 단계는 새로운 위치에서 재침윤하고 성장을 한다. 이러한 과정 중 한 과정이 차단된다면, 전이는 일어나지 않을 것이다.

전이의 종류

① 침윤성 전이(Infiltrative metastasis)
정상조직을 뚫고 나가서 인접해 있는 다른 조직으로 파고 들어가는 형태

② 파종성 전이(Disseminated metastasis)
체강표면과 점막표면에 씨를 뿌려 놓은 것처럼 암이 퍼져 있는 형태로, 복강이나 가슴강 같은 체내의 자연적인 공간부위를 관통했을 때 발생을 한다. 결장암이나 난소암이 복막표면으로 퍼지는 경우가 많고, 위암이 진행되면 복강 내에 퍼지게 되어 심한 복수를 동반하기도 한다.

③ 림프행성 전이(Lymphatic metastasis)
림프행성 전이는 암종에서 흔히 발생하며, 우선 소속 림프절로부터 침범을 한다. 예로는, 유방암의 경우 겨드랑이 림프절로의 전이가 많고, 폐암은 폐문부 림프절로, 위암은 비르효 림프절(Virchow node) 전이가 흔하다.

④ 혈행성 전이(Hematogenous metastasis)
육종에서 전형적으로 일어나는데, 암세포들이 혈관벽을 뚫고 혈관을 따라서 다른 곳으로 이동을 하며 그 곳에 침윤하여 다시 성장을 하는 것으로, 환자 생명의 위험성으로 보면 혈행성 전이가 림프성 전이보다 중요하다. 혈행성 전이는 혈관벽이 얇은 정맥을 따라 이동을 하는데, 간이나 폐는 가장 빈번한 2차성 침범 부위이다. 예로는, 유방암이 뼈로 전이된다거나 췌장암이 골반 내로 전이되는 경우 등이 있다.

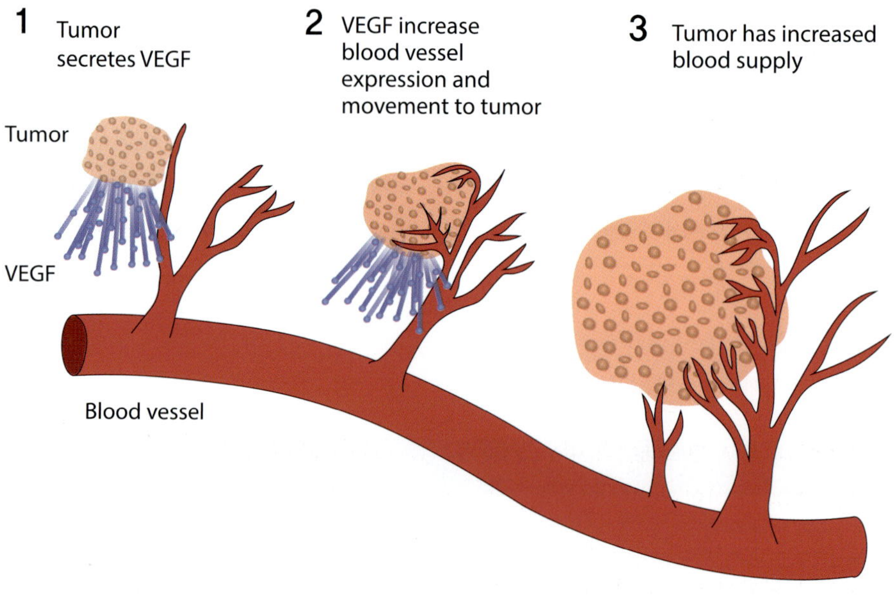

그림 8-3. 혈관신생

분화해 혈관 성장에 기여한다. 이렇게 만들어진 혈관은 주변 혈관주변 세포를 끌어 들이고, 혈관내피세포와 혈관주변세포가 혈관기저막을 형성하며 혈관성숙과정을 거친다. 이 과정에서 세포골격이 변화 · 성장하고, 주변세포를 모으기 위해 물질분비 등 다양한 세포활동이 동반된다.

몇몇 연구자들은 암의 성장과 전이가 혈관신생에 의존하는 사실에서 혈관신생 억제요법(anti-angiogenic therapy)이 암환자의 치료에 유용할 것이라고 제시하였다. 1998년에 포크만(Judah Folkman)이 처음으로 암에 걸린 쥐에 혈관신생억제제인 안지오스타틴과 엔도스타틴을 처리하여 종양의 크기가 줄어들었고, 나중에는 종양이 사라짐을 보고하였다. 그러나 동물실험을 사람에게 적용하는 것은 시간이 많이 걸리고 동물과 같은 방식으로 반응을 하는 것도 아니기 때문에 현실에 적용하기에는 비현실적이었다. 그럼에도 불구하고 2004년에 아바스틴(Avastin, Bevacizumab)은 표적항암제로서 암환자를 대상으로 임상사용을 위한 최초의 혈관신생 억제제로 승인받았으며, 폐암, 소화기계암과 수술이 불가능한 전이성 대장암의 1차 요법제로 5-FU를 기본으로 하는 화학요법제와 병용 투여한다.

암세포는 기저층(basal lamina)을 분해하고 통과하여 아래쪽의 결합조직으로 침투할 수 있다. 하지만 때로는 전이가 일어날 때 lamina를 따라 일어나기도 한다. 많은 암세포들은 plasminogen activator라는 단백질을 분비하여 plasminogen을 protease의 활성을 가지는 plasmin으로 전환시키고, plasmin은 기저층을 분해하여 전이를 촉진시킴으로써 암세포가 다른 조직으로 침투할 수 있도록 한다. 기저층이 분해되면 암세포는 혈액 안으로 들어갈 수 있다.

4. 암의 유전적 기초

대부분 암에서의 돌연변이는 주로 생식세포가 아닌 하나의 체세포에서 일어나며, DNA가 발암물질과 상호작용하여 돌연변이가 일어나는 것으로 DNA의 구조가 변화되면서 세포의 유전물질에 변화가 생기고 생물학적 기능이 변화된다. 이렇게 생성된 체세포의 변이는 다음 세대로 전달되지는 않지만, 생식세포에 돌연변이가 일어나면 다음 세대로 전달되므로 암이 발생할 가능성이 커지며, 유전된 돌연변이는 체세포 돌연변이와 함께 암을 일으킬 수 있다.

암의 유전적 변화는 뉴클레오티드 한 개의 변이와 같은 작은 범위에서부터 염색체의 재배열과 획득이나 소실 등과 같은 변화, 그리고 바이러스 유전자 도입과 같은 큰 변화 등을 포함한다.

암이 유전자 질환이라고 불리게 된 것은 1980년대 초에 인체에서 암을 일으키는 DNA 서열, 즉 암유전자가 발견되면서 부터이다. 암의 발생에는 세포성 암유전자의 활성화와 암억제유전자의 불활성화의 두 가지 유전적 변화가 관여를 한다.

암유전자는 유전자 발현을 증가시키거나 단백질의 무절제한 활성화를 통해 비정상적 세포분열이 일어나도록 하고, 암억제유전자는 암유전자와 상반된 역할을 하며 비정상적 세포분열과 암발생을 억제한다. 대부분의 암들에서 이들 유전자가 상실되거나 불활성화 됨으로써 암세포가 비정상적으로 증식을 하게 된다. 지금까지 밝혀진 암유전자나 암억제유전자는 세포의 증식, 세포주기의 조절, 세포의 예정된 죽음과 분화 등에 관여한다(표 8-2).

표 8-2. 암유전자와 암억제유전자의 특징

암유전자	암억제유전자
바이러스 형태가 존재	바이러스에 존재하는 상대적인 유전자는 없음
우성으로 작용	열성으로 작용
대립유전자 중 하나의 돌연변이가 발견	대립유전자 중 두 유전자의 돌연변이가 발견
세포의 성장을 촉진	세포의 성장을 억제
과다 기능으로 돌연변이 유발	비활성화로 돌연변이 유발

1) 암유전자

(1) 원발암유전자

세포의 주기조절이나 세포분열과 성장을 촉진하는 정상유전자 중에서 암유전자(oncogene)로 전환될 수 있는 유전자를 원발암유전자(proto-oncogene)라고 한다. 원발암유전자 산물은 세포 전체에 걸쳐 발견되는데, 세포막이나 세포질, 세포핵 등에 위치하는 것으로 알려져 있으며, 세포증식을 조절하는 신호전달경로에서 src, ras 그리고 raf 같은 단백질들을 암호화한다. 원발암유전자에 변이가 일어나서 암

표 8-3. 단백질 기능으로 분류한 암유전자

분류	암유전자*	단백질**	암유전자의 기원	관련된 암 종류
수용체	*RET*	Ret	점돌연변이, 염색체전좌	갑상선암
	TRK	NGF	DNA 재배열(역위)	갑상선암
	ERBB2	ErbB2	증폭	유방암, 난소암
세포막 G-단백질	*KRAS*	Ras	점돌연변이	췌장암, 대장암, 폐암 등
	HRAS	Ras	점돌연변이	방광암
	NRAS	Ras	점돌연변이	백혈병
세포 내 단백질 kinase	*BRAF*	Raf kinase	점돌연변이	흑색종, 갑상선암
	SRC	Src kinase	DNA 재배열	대장암
	TEL-JAK2	Jak kinase	염색체 전좌	백혈병
	BCR-ABL	Abl kinase	염색체 전좌	만성골수성백혈병
전사인자	*MYC*	Myc	염색체 전좌	버킷림프종
	MYCN	Myc	증폭	신경모세포종
	MYCL	Myc	증폭	소세포 폐암
세포주기 및 세포사멸 조절물질	*CYCD1*	Cyclin	증폭	유방암
	CYCD1	Cyclin	염색체 전좌	림프종
	CDK4	Cdk	증폭	육종, 아교모세포종
	BCL2	Bcl2	염색체 전좌	비호지킨림프종
	MDM2	Mdm2	증폭	육종

* 유전자 이름은 항상 이탤릭체로 표시한다(사람 유전자는 일반적으로 모두 대문자로 표시하고 바이러스 유전자는 소문자로 표시한다).

** 단백질의 첫글자는 대문자로 표시하며 이탤릭체로 쓰지 않는다.

– 사람 유전자와 단백질들이 이름 앞에 'C'를 붙이는 경우는 '세포성'을 의미한다(예; c-SRC 유전자, c-Src 단백질 등).

유전자가 되면, 이 암유전자는 영원히 활성화 또는 작동되기 시작한다. 이러한 일이 일어나면 세포는 너무 빠르게 분열하게 되며 암세포로 변한다.

(2) 암유전자

암유전자는 사람 유전체뿐만 아니라 모든 생명체에 존재하고, 그 유전자의 발현이 정상세포의 악성 변이와 관련이 있다고 알려진 유전자로서 1969년 미국국립암연구소의 휴브너(Robert Huebner)와 토다로(George Todaro)에 의해 처음 소개되었으며, 인체에 침입한 바이러스로부터 유래한 암유전자에 의해 암이 형성된다고 생각했다. 그러나 1980년대 초에 바이러스는 유전자를 우리의 체세포로부터 획득함이 알려졌고, 1982년 처음으로 인체암에서 발견된 암유전자가 이미 알려진 유전자임이 밝혀지면서 암유전자가 여러 기전에 의해 인체의 암발생에 관여할 수 있다는 것이 밝혀졌다.

암유전자들은 세포수준에서 우성효과를 가지며, 활성화되거나 과발현되면 단일돌연변이 대립유전자만으로도 한 세포의 표현형을 정상에서 악성으로 변화시키기에 충분하다. 현재까지 50여 개의 사람 암유전자가 발견되었으며(표 8-3), 처음 밝혀진 활성화된 암유전자 중의 하나가 방광암 세포계열에서 발견된 RAS 암유전자이다.

활성화된 암유전자는 세포분열을 촉진하는 성장인자와 수용체들 그리고 신호전달과 세포성장과정에 관여하는 여러 단백질들을 부호화하는 과정에 관여하고, 세포사멸에 반대되는 작용을 하는 단백질을 부호화 한다.

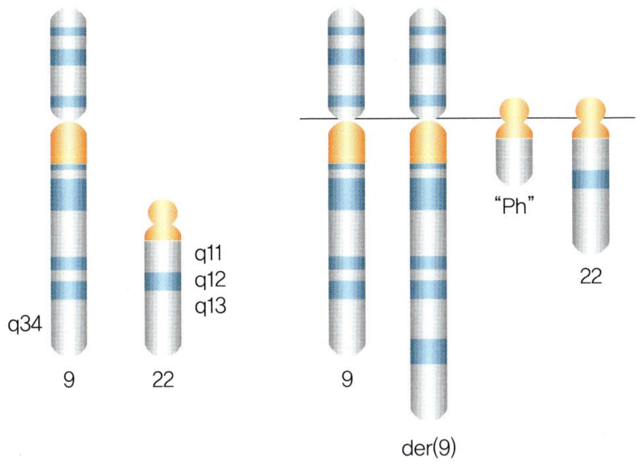

그림 8-4. t(9;22)(q34;q11) in CML

① *ABL1* (v-abl Abelson murine leukemia viral oncogene homolog 1)

ABL 유전자는 아벨손 생쥐 백혈병 레트로바이러스 안에 v-abl의 형태로 존재한다. *ABL*은 단백질 티로신키나제 활성화 암유전자로, 자기 자신 또는 다른 단백질들의 티로신에 인산기를 옮겨주어 단백질의 기능을 활성화하거나 저해하는 역할을 한다. 티로신키나제는 세포신호전달과정에서 세포표면에 위치하는 수용체로 작용을 하는데, 돌연변이가 일어나면 수용체의 기능장애를 초래하며 외부의 신호에 적절하게 반응을 하지 못하게 된다. 인체 암세포에서 *ABL*은 살아가는 동안에 후천적으로 획득한 체세포 돌연변이에 의해 변형이 되며, 일단 돌연변이가 일어나면 정상보다 기능이 항진된다(그림 8-4).

② *ERBB-2* [erythroblastic leukemia viral oncogene homolog 2, neuro/glioblastoma derived oncogene homolog(avian)]

ERBB-2 는 사람의 유선암과 관련된 유전자로, 쥐 신경아세포종에서 최초로 발견된 *Neu* 유전자와 사람에서의 상동유전자이다. *ERBB-2* 유전자는 17번 염색체 q11.2-12에 위치하며, EGF 수용체 계열의 수용체단백질을 만들어낸다. 유방암과 난소암의 약 25% 정도에서 *ERBB-2* 유전자가 증폭이 된다고 알려져 있으며, 수용체단백질의 과량 생산으로 인하여 세포 과다 증식이 일어나는데, *ERBB-2* 유전자 사본이 많이 증폭된 경우에는 생존율이 낮은 경향을 나타낸다.

알아두기 8-10. 필라델피아 염색체와 글리벡(Gleevec, STI571)

만성 골수성 백혈병(CML)에서 나타나는 필라델피아 염색체는 염색체 9번의 *ABL*과 염색체 22번의 *BCR* 유전자에서 절단이 일어나고, 두 염색체의 절단된 말단은 교환이 되어서 융합유전자(fusion gene)를 얻는다. 염색체 22번에 생성된 *BCR-ABL* 융합유전자는 발암유전자처럼 행동하여 비정상적인 융합단백질 *Bcr-Abl* 티로신키나제(tyrosine kinase)를 만들어 낸다.

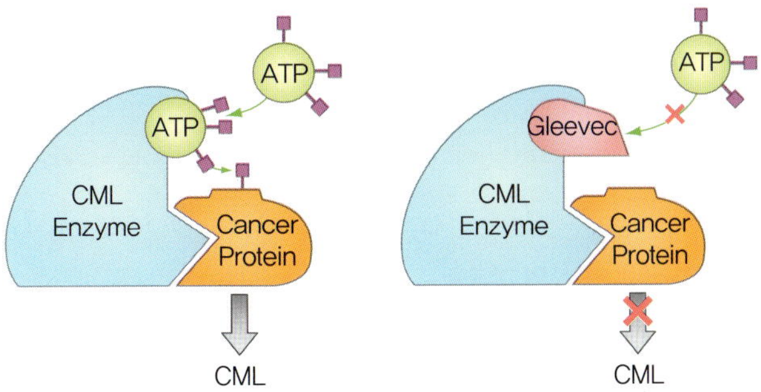

만성 골수성 백혈병 치료제로 사용되는 글리벡은 ABL 암 단백질 부분의 SHI 부위에 있는 ATP 결합 장소에 ATP 대신에 결합하여 암세포의 증식, 분화 및 생존에 관련된 세포핵으로의 신호전달을 모두 차단하게 되고, 이렇게 신호전달이 차단된 암세포는 결국 세포사멸 기전에 의해 죽게 된다.

1999년 미국에서 글리벡에 대한 첫 임상효과가 발표되었고, 국내에서도 2003년부터는 의료보험으로 만성 골수성 백혈병과 위장관 기저암 환자에서 시판되기 시작하였다. 글리벡은 필라델피아 염색체가 존재하는 환자에만 적용할 수 있으며, 만성 골수성 백혈병 환자라도 *BCR-ABL* 암유전자가 음성인 경우에는 효과가 없다.

알아두기 8-11. *ERBB*-2 유전자와 허셉틴(Herceptin)

암 치료를 목적으로 FDA에 의해 임상적 이용이 승인된 최초의 약물은 허셉틴이며, 허셉틴은 *ERBB*-2 유전자가 생산하는 세포표면에 존재하는 성장인자 수용체인 ErbB2 수용체에 결합하여 불활성화 시킨다. ErbB2 수용체에 대한 단일클론 항체는 암세포를 정확히 표적화하여 무력화 시키는 능력도 있다.

③ *K-RAS* (Kirsten rat sarcoma 2 viral oncogene homolog)

Ras는 분자량 20 kDa 정도로 작은 G단백질에 속하며 세포막 내측에 위치하고, GTPase 작용을 한다. Ras는 GTP-결합단백질로 티로신 인산화 효소 기능을 갖는 수용체로부터 신호를 전달하는데 중심적인 역할을 한다. 성장인자를 제거한 세포에 Ras 단백질을 주입하면 세포가 다시 분열을 시작하고, 반대로 Ras 단백질을 불활성화 시키는 항체를 세포에 주사하면 성장인자가 충분해도 세포는 분열을 하지 않는 실험을 통하여 세포 증식 조절에 Ras 단백질이 중심적인 역할을 하는 것이 입증되었다.

사람세포와 관련된 RAS 발암유전자는 *H-RAS, K-RAS, N-RAS*의 세 가지가 있으며, 인체 발암유전자 중에서 가장 빈번하게 발견되는 형태로서 각각은 점돌연변이를 일으켜 비정상 Ras 단백질을 만드는 발암유전자를 만들어 낸다.

RAS 유전자 중에서 *K-RAS* 유전자의 돌연변이는 폐암의 약 30%, 결장암의 약 50%, 췌장암의 약 90%에서 일어나고, *N-RAS* 돌연변이는 급성백혈병의 약 25%에서 나타난다. *H-RAS* 유전자 돌연변이는 주로 방광암의 약 10% 수준에서 나타나는 것으로 알려져 있다.

④ *MYC* (C-MYC identified as the oncogene of the MC29 avian myelocytomatosis virus)

MYC 유전자는 핵에서 발견되는 핵단백질을 만드는 유전자로, *ABL* 유전자가 세포표면의 수용체로 신호전달 과정의 시작부분에서 기능을 한다면 *MYC* 유전자는 마지막 부분에서 기능을 한다고 할 수 있다. *MYC* 암유전자들에는 *C-MYC, L-MYC, N-MYC* 등이 있으며 이들은 여러 인체암에서 증폭을 발견할 수 있다.

Myc 단백질의 기능은 정확하게 알려지지는 않았지만, 텔로머라제 발현과 세포증식에 관여하는 여러 개의 유전자들에 강력한 영향력을 끼치는 전사인자로 생각되고 있다. C-MYC 단백질은 핵에 존재하고, 이중 또는 단일 DNA와 결합하는 능력을 가지고 있으면서 유전자의 전사를 촉진하는 것으로 알려져 있다.

MYC 유전자의 돌연변이는 여러 기전에 의해 일어나지만, 대표적으로 알려진 것은 버킷림프종(Burkitt's lym-

알아두기 8-12. *TERC* (Telomerase RNA Component) 유전자와 텔로머라제(Telomerase)

3번 염색체 q26.2 부위에 위치하는 *TERC* 유전자는 텔로머라제를 부호화 하는 유전자로, 지속적인 텔로머라제 발현이 사람에게서 발생하는 암을 일으키는 일차적 발단요인으로 밝혀진 바는 없다. 그러나 암세포가 지속적인 세포분열에도 불구하고 사멸하지 않는 이유를 설명할 수 있는 암과 관련된 중요한 유전자이다.

사람은 출생할 때 각각의 염색체 DNA 말단에 텔로미어(telomere)라는 특별한 유형으로 6개의 염기서열(TTAGGG)이 2,500번 정도 반복되어 있다. 이들 텔로미어 서열은 어떠한 산물로도 암호화하지 않으며, 텔로머라제라는 단백질에 의해 보호되고 있다. 각각의 염색체 말단에 암호화하지 않는 텔로미어 DNA를 둠으로써, 세포가 복제를 하는 동안 약간씩 짧아지게 되는 DNA 분자에 담긴 중요한 유전정보를 보존하게 되는 것이다.

정자와 난자를 만들어 내는 생식세포 또는 새로운 혈액세포를 만들어 내는 골수세포에서의 텔로미어는 약 15 kb의 반복구조를 가지고 있으며, 텔로머라제를 생성하여 텔로미어가 짧아지는 것을 차단한다. 그러나 대부분의 체세포에서는 텔로머라제 활성은 감소하며, 텔로머라제의 기능이 상실되면, 세포가 분열을 할 때마다 100염기쌍 정도가 상실되면서 텔로미어가 짧아진다. 텔로미어의 단축은 세포분열의 횟수를 정하여 세포분열이 멈추게 하는 시계로 작용을 하는 것이다. 따라서, 수백 번의 분열 후에는 텔로미어가 손상을 받게 되고, 이러한 손상은 세포가 분열하는 것을 중지시키게 되며, 세포사멸을 일으키게 된다.

대부분의 암세포는 텔로머라제를 생성하는 유전자를 활성화하여 증식을 계속하게 되고, 어떤 경우에는 텔로미어를 유지하기 위해 염색체 사이에서 서열정보를 교환하는 기전을 활성화시키기도 한다.

최근에는 암이 의심되는 환자의 혈액이나 조직검사에서 얻어진 세포의 텔로머라제 활성을 측정하여 암을 진단하는 검사법이 쓰이고 있으며, 텔로머라제의 기능을 억제시키는 방법이 새로운 항암치료의 접근법으로 추구되고 있다.

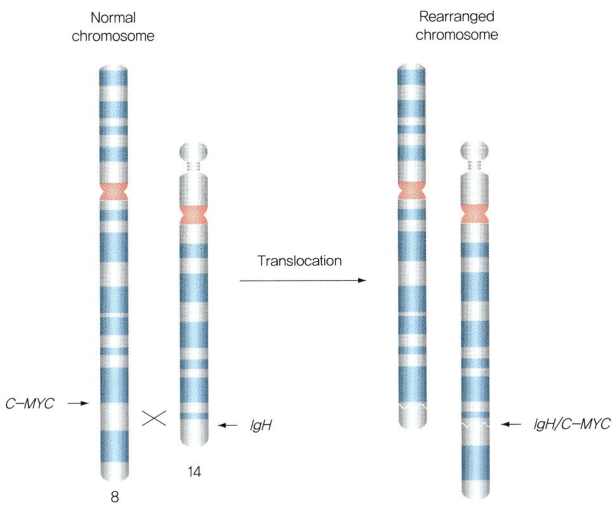

그림 8-5. 버킷 림프종

phoma)이 있다(그림 8-5). 주로 턱에 발생하는 B림프구 종양으로서 적도부근 우간다 등의 아프리카지역에서 흔하게 발생을 하며, *MYC* 유전자를 가지고 있는 8번 염색체 q24 부분이 항체 분자를 만드는 면역글로불린중진인자의 인접 부위인 14번 염색체 q32로 상호전좌 됨으로써 활성화가 된다. 이 활성화로 인해 Myc 단백질의 과잉생산을 초래하게 되고, 그 영향을 받는 세포의 증식과 악성종양으로의 진행을 촉진하게 된다.

C-MYC 암유전자는 백혈병, 폐암, 위암, 간암을 포함한 여러 종류의 인체암에서 증폭이 보고되고 있다.

2) 암 억제유전자

세포가 암으로 변형되는 것을 억제하는 유전자를 암 억제유전자(tumor suppressor gene, anti-oncogene)라고 하며(표 8-4) 세포증식을 억제하거나 세포사멸을 촉진하는 것으로, 이들 유전자가 변이 등으로 손상을 받으면 세포성장을 억제할 수 없고 세포는 과잉성장을 하게 된다. 결국 유전자의 결실이나 불활성화가 암으로 이어질 수 있다. 암 억제유전자 존재에 대한 실험으로는 1969년 해리스(Henry Harris)가 센다이(Sendai)바이러스라고 하는 불활성 바이러스를 세포에 처리함으로써 세포융합(cell fusion)을 인위적으로 유발할 수 있다고 보고하면서 최초로 확인되었다. 인체 세포에 있는 유전자 중 몇 십 개만이 암억제 성질을 가지며, 암 억제유전자 중 가장 먼저 알려진 것은 *RB-1*과 *p53*이다.

(1) *RB-1*

가장 많이 연구된 대표적인 암 억제유전자인 망막아종 유전자(human retinoblastoma susceptibility gene, RB)는

표 8-4. 암 억제유전자

암 억제유전자	위치	합성된 단백질	암 종류
RB	13q14	핵인산단백질	망막아세포종
p53	17p13	핵인산단백질	리-프라우메니 증후군
hMSH2	2p21	수복단백질	유전성 비폴립 결장암
WT1	11p13	핵단백질	윌름종양
NF1	17p11	Ras-GTPase 활성화 단백질	신경섬유종증-1
NF2	22q12	세포골격 연관 막단백질	신경섬유종증-2
APC	5q21-q22	세포골격 연관단백질	폴립과 대부분의 대장암
DCC	18q21	막단백질	대부분의 대장암
INK4a	9p21	CDK4 억제자	식도암, 췌장암
BRCA1	17q21	DNA 결합단백질	가족성 유방암 및 난소암
BRCA2	13q12.3	DNA 결합단백질	가족성 유방암 및 난소암
NM23	17q22	전이인자	여러 전이성 암
VHL	3p25	세포표면 단백질	일부 신세포암종

처음에 어린 아이의 망막아세포종의 원인유전자로 발견되었기 때문에 *RB* 라고 부르게 되었다. 게놈 유전자는 13번 염색체 q14.2 부위에 위치하며, 27개의 엑손으로 구성되어 있고, mRNA는 4,772 bp 그리고 928개의 아미노산으로 이루어져 있다. 망막아세포종은 유아기에 생기는 종양으로 *RB* 유전자 부위가 소실되었을 때 발생되며, 이 위치에서 클론해낸 유전자가 *RB-1* 유전자이다. *RB* 유전자를 상실하게 되면 세포는 유사분열에서 중요한 체크포인트를 상실하게 되므로 조절되지 않는 증식상태에 빠지게 된다.

(2) *p53*

p53 유전자(사람의 경우는 TP53이라고 함)는 발암 바이러스인 SV40이 세포에 감염된 후 발현하는 T항원과 결합된 상태로 처음 발견되었다. 또한 암세포에 많이 존재하고 정상세포에는 거의 존재하지 않았기 때문에 암유전자로 알고 있었지만, *p53*을 발현시키면 암세포 성장을 억제시킨다는 사실을 발견함으로써 암 억제유전자임이 밝혀졌다.

p53 유전자는 사람의 경우 17번 염색체 p13.1 부위에 위치하고, 1,179개의 핵산을 갖는 mRNA로 전사되며, 분자량 53 kDa의 단백질을 암호화한다. 척추동물 이외에 오징어 조개와 같은 무척추동물에도 있지만, 초파리와 효모 등에는 이 유전자가 없다.

생식세포에서 *TP53* 유전자에 부분적인 돌연변이가 유전되는 질환인 Li-Fraumeni 증후군은 특별히 종양으로 분류되는데, 상동유전자가 모두 돌연변이가 된 것은 아니며, *TP53* 유전자 돌연변이는 유전되는 경우보다 살아가는 동안 획득하는 경우가 훨씬 많다.

(3) *BRCA1*과 *BRCA2*

Breast cancer 1(*BRCA1*)과 *BRCA2* 같은 암 억제유전자들은 거대 단백질들의 생합성을 담당하는데, 이 유전자들의 결함으로 인하여 염색체성 불안정성(chromosomal instability)이 발생된다. BRCA 단백질이 결여된 세포에서는 많은 수의 비정상적인 염색체들이 확인되는데, 이는 세포가 DNA 이중가닥 절단을 수선하는 과정에서 두 BRCA 단백질들이 관여하기 때문이다.

BRCA1 유전자는 1990년에 17번 염색체의 q21 부위에 위치함이 밝혀졌고, 22개의 엑손으로 구성되며, 1,863개의 아미노산들로 된 핵단백질을 암호화한다. *BRCA2* 유전자는 1994년 13번 염색체 q12.3 위치한다고 밝혀졌고, 70 kb 이상의 게놈에 걸쳐 27개의 엑손으로 구성되어, 3,418개의 아미노산으로 이루어져 있다(그림 8-6).

BRCA1과 BRCA2 단백질들의 역할이 정확히 밝혀지지는 않았지만, DNA 이중 가닥 수선의 효율성을 위해 꼭 필요하다. *BRCA1* 유전자는 Rad 51과 상호작용을 하는데, 이 단백질은 DNA의 수복과 재조합의 주요한 조절인자이

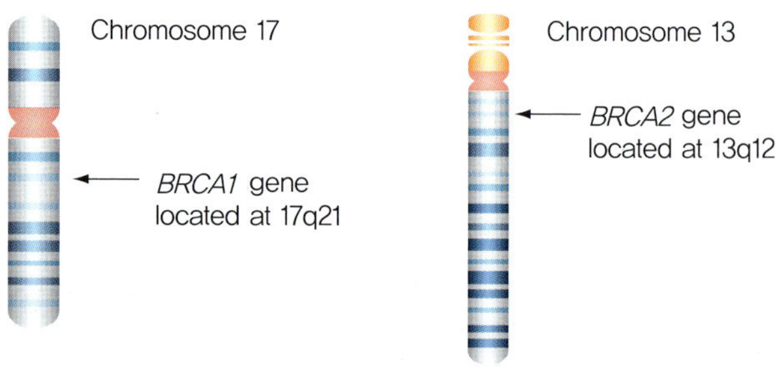

그림 8-6. *BRCA1*과 *BRCA2* 유전자의 위치

알아두기 8-13. 인체 암과 *p53* 돌연변이

p53 유전자의 획득된 돌연변이는 전체 암의 50~60%에서 관찰할 수 있는데, 유전자 전체가 결실된 경우는 적으며, 대부분은 DNA 결합 영역의 missense 변이이다. 방광암과 유방암에서 *TP53* 유전자의 돌연변이를 쉽게 발견할 수 있으며, 종양세포가 *p53*의 감독기능을 상실하면, 더 많은 DNA의 오류가 발생하고 임상적으로는 악성으로 진행된다. *p53*은 세포주기조절에도 관여한다고 알려져 있으며, 인체의 각종 암, 특히 간암, 폐암, 대장암 등 현재 가장 넓은 범위의 인체 암에서 변이가 발견되어 인체 암의 발생에 가장 중요한 암 억제유전자로 생각되고 있다. 그러나 최근에 *p53* 유전자가 암을 억제하는 기능을 하지만, 노화를 촉진시킨다는 연구 결과도 있다.

담배 연기의 구성성분인 벤조피렌은 *p53* 유전자에 돌연변이를 유발하며, 여러 종류의 암 조직에서 *p53*을 측정하면 특정부위(Hot spot : Exon 4–10) 돌연변이가 집중되어 있는 것을 알 수 있으며, 유전자 빈도의 조사를 통해 그 암의 예후를 알 수 있을 뿐만 아니라 치료에도 응용할 수 있다.

*p53*이나 apoptosis가 일어나는데 필요한 유전자의 돌연변이에 의해 생기는 암은 DNA 손상이 프로그램된 세포사멸을 일으키지 않기 때문에 화학적 요법이나 방사선 요법으로 치료하기 어렵다.

알아두기 8-14. 전이 유전자

전이능력은 전이촉진유전자(metastasis promoting gene)의 활성증가와 전이억제유전자(metastasis suppressor gene)의 활성감소에 의해 결정된다. 침윤 및 전이의 단계에는 라미닌수용체, 교원섬유분해효소, 이동촉진인자 등이 필요하다고 보고되어 있으며, 전이억제와 관련된 유전자로서는 *NM23, KAI-1, KISS-1, BRMS1, MKK4* 등으로 규명되었다. *KAI-1* 유전자는 11번 염색체 p11.2에 위치하며 전립선암의 전이를 억제하는 것으로 알려졌고, *KISS-1* 유전자는 흑색종과 유방암의 전이를 억제하는 것으로 알려졌으며, 1번 염색체 q32.1에 위치한다. 전이를 촉진 또는 억제하는 유전자에 관한 연구는 암의 전이를 막는 치료와 환자의 예후를 판단하는 데 있어서 도움을 줄 것이다.

알아두기 8-15. 자외선과 멜라닌 색소

피부암의 발생빈도는 흑인보다는 백인에게서 훨씬 높은데, 그 이유는 자외선 B가 멜라닌 색소에 의해 차단되기 때문으로, 그 차이는 50배에 달한다. 예를 들면, 아일랜드계가 이탈리아계보다 피부암 발생이 약 5배 정도 높으며, 하와이에서는 백인이 아시아계보다 40배 정도 높다.

고, *BRCA2* 는 Rad 51과 상호반응하여 전사조절인자로서 작용을 한다.

*BRCA1*과 *BRCA2* 생식선 돌연변이가 있는 환자는 다른 종류의 암 위험성이 높다. 여성 유방암과 난소암 외에 *BRCA1* 유전자의 돌연변이는 대장암과 남성의 경우 전립선암에 대한 위험성이 높으며, *BRCA2* 유전자의 돌연변이는 전립선, 췌장, 담낭, 그리고 남성 유방암의 위험성을 높게 한다.

5. 암의 원인

암을 유발하는 물질을 발암원(carcinogen)이라고 하고, 암은 단일인자보다는 여러 가지 복합적인 원인에 의해 발생하는 것으로 외적인 요인과 내적인 요인으로 나눌 수 있다. 현재까지 알려진 인체의 암을 유발할 수 있는 발암원으로는 각종 바이러스나 화학물질, 방사선 등을 들 수 있으며, 그 중에서도 화학물질이 암 발생의 대부분을 차지할 것으로 생각되고 있다.

1) 외적인 요인

(1) 화학적 발암인자

화학적 발암물질은 구조가 다양하고 자연물질과 합성물질이 있으며, 체내에서 대사과정을 거치지 않고 직접 작용하여 화학적 형질을 전환하기도 하지만, 대부분은 직접 반응하지 않고 신진대사의 과정에서 반응성이 강한 친전자성 물질이 되면서 간접작용 발암원이 된다. 또한, 대부분의 발암물질은 전자가 부족한 원자를 가지고 있기 때문에 RNA와 DNA 단백질 속의 전자가 많은 원자와 반응을 한다. 몇몇 화학적 발암물질은 다른 발암물질과 반응하여 암을 일으키기도 한다.

화학적 발암물질은 작용기전에 따라 DNA에 손상을 초래하는 유전독성 발암물질(genotoxic carcinogen)과 DNA 손상과는 관련이 없을것으로 생각되는 비유전독성 발암물질(nongenotoxic carcinogen) 두 가지로 나눌 수 있다. 유전독성 발암물질은 직접 DNA에 작용하여 유전자변화를 통해서 유전형질을 변형시키거나, DNA를 불활성화시켜 영구적으로 DNA에 손상을 주는 화학물질이다. 반면에 비유전독성 발암물질은 DNA에 직접 작용하지 않고, 면역억제나 호르몬의 불균형, 세포독성 등 다른 기전에 의해 암을 발생시키는 화학물질이다(표 8-5).

표 8-5. 유전독성 발암물질과 비유전독성 발암물질

유전독성 발암물질	비유전독성 발암물질
알킬화합물	고체물질 : 플라스틱, 석면
Benzo(a)pyrene	호르몬 : 에스트로젠, 안드로젠
Dimethylnitrosamine	면역억제제 : Purine 유도체
비소, 니켈, 크로뮴	보조 발암제 : Phorbol ester, catechol
방사선	촉진제 : 담즙산, 사카린, Phorbol ester 유기염소계 살충제(DDT 등)

알아두기 8-16. 화학적 발암물질의 발견

1761년 영국의 의사 힐(John Hill)은 가루 형태의 코담배를 흡입하는 사람들에게서 비강암의 발생률이 비정상적으로 높음을 보고하면서, 담배에 발암물질이 존재한다고 주장하였다. 이후, 1775년 또 다른 영국의 내과의사 포트(Percival Pott)는 굴뚝청소부들에게서 음낭암이 많다는 것을 발견하면서, 검댕 및 콜타르에의 노출과 음낭암을 관련지었다. 1915년에는 일본 동경대학의 야나기와와 이시카와 등은 콜타르와 관련된 일을 하는 근로자들에게서 피부암의 발생이 많다는 사실을 주목하고 토끼의 귀에 콜타르를 계속 바른 결과 피부암을 일으킨다는 실험에 성공하였다. 1920~1930년대에는 콜타르의 다방향족 탄화수소(polycyclic aromatic hydrocarbons, PAH)가 암을 유발하는 물질임을 밝혀냈다. 1933년에는 발암원의 대표적인 화학물질인 벤조피렌(benzopyrene)이 단일화학성분으로 분리되었다.

1895년 프랑크푸르트의 외과의사 렌(Ludwing Rehn)은 anilin 염료공장 주변의 근로자들에게 방광암이 집단적으로 발병한다는 보고를 통해서 β-naphthylamine, benzidine 등의 방향족 amine에 발암성이 있다는 것이 알려졌으며, 1938년 휴버(Wolfgang Huber) 등이 개를 이용한 실험에서 2-naphthylamine이 발암의 원인임을 증명하였다. 1930년대에 독일의 크로뮴 생산 공장의 근로자들에게서 폐암의 발병률이 높다는 보고를 통해 크로뮴이 폐암을 일으킨다는 보고가 나오기 시작했으며, 현재는 크로뮴 6가 화합물이 폐암을 일으킬 수 있다는 것이 증명되었다.

알려진 화학적 발암물질과 관련된 암의 형태

화학 발암물질	관련산업	암의 형태
4-Aminobiphenyl	고무	폐암
Asbestos	절연, 공사	폐암, 늑막암
Benzene	용매, 연료	백혈병
Cadmium	색소, 배터리	폐암
Ethylene oxide	화학, 살균	백혈병
2-Naphthylamine	염료	방광암
Mustard gas	화학무기	인후암, 폐암
Vinyl chloride	플라스틱	간암

(2) 물리적 발암요인

암 발생에 관여하는 물리적 발암요인에는 전리방사선, 자외선, 광물질섬유 등이 있는데, 이 요인들은 자연적으로 발생하기도 하고, 사람에 의해 만들어지기도 한다. 가장 중요한 것은 방사선이며, 방사선을 취급하는 의료인들에게 백혈병이나 피부암이 많이 발생했고, 원폭피폭자의 장기에 암 발생 빈도가 높다. 또한, 방사선치료를 받은 부위에 암종이나 육종이 이차적으로 발생하기도 한다.

일광에 포함된 자외선은 파장이 감소하는 순서에 따라 A, B, C 세 가지로 분류되는데, 그 중에서 UVB는 피부세포의 DNA에 피리미딘 2합체라고 하는 특이한 돌연변이를 만든다. UV에 의해 유발된 돌연변이가 임의로 *p53*유전자를 불활성화 시키면 암이 발생할 수 있다. 그 외 기계적인 자극이 장시간 계속되면서 암이 발생되는 경우도 있는데, 파이프 담배 애용자에게 구순암 발생이 많으며 화상의 반흔에 피부암이 발생하기도 한다.

(3) 생물학적 요인

생물학적 요인 중에서 가장 중요한 것은 바이러스이다. 1908년 덴마크 과학자 엘러만(Wilhelm Ellerman)과 방(Olaf Bang)이 백혈병에 걸린 닭의 혈액 추출물을 건강한 닭에 주사하였을 때 전염된다는 사실을 보고하였다. 이후 1911년 라우스(Peyton Rous) 등이 병든 닭을 이용한 연구에서 바이러스가 닭의 육종을 일으킬 수 있음을 보고하였는데, 이 연구는 바이러스가 암의 원인이 될 수 있다는 가설을 처음으로 증명하였다.

특히, 1950년대에는 쥐 백혈병 바이러스, 쥐 폴리오마 바이러스 등의 종양원성 바이러스(oncogenic virus)가 발

알아두기 8-17. 신체조직을 통과해서 암을 유발하는 X-선

1895년 독일의 물리학자 뢴트겐(Wilhelm Roentgen)이 우연히 전리방사선의 형태를 발견하였으며, 이를 X-선이라고 명명하였고, 1901년에 첫 번째 노벨물리학상을 수상하였다. X-선은 UV 방사선의 파장보다 짧은 전자기장 방사선의 형태로 많은 물질을 통과할 수 있기 때문에 인체의 내부를 관찰할 수 있었고, 의학적인 진단과 치료에 급격한 변화를 가져오게 했다.
그러나, 에디슨(Thomas Edison) 실험실의 연구원이 자신의 손을 찍어서 X-선 장비를 정기적으로 점검하는 과정에서 심한 방사선 화상을 입었고, 그 조직에서 암이 발생하여, 1904년 X-선에 의한 첫 번째 암 사망자가 되면서 그 위험성은 나중에 인식하게 되었다.

견되었고, 60년대 후반부터는 분자생물학의 발전과 함께 바이러스 연구가 활발해졌다. 그러나 바이러스 실험은 주로 동물실험을 통해 이루어졌으며, 사람의 종양에서 바이러스가 원인이 되는 경우는 극히 드물다.

한편, 인체에서도 중요한 종양원성 바이러스가 알려져 있는데, 핵산의 구성성분에 따라 DNA와 RNA 종양 바이러스로 나누어진다. DNA 종양바이러스는 바이러스의 DNA 서열 속에 자기 자신의 유전자의 일부로서 세포를 변형시키는 서열 즉 암유전자를 가지고 있어서, 세포 내에서 합성되어 증식하고 그 세포를 파괴하든가 또는 파괴하지 않고 암을 발생시킬 수 있다. 그러나 DNA 바이러스의 암유전자는 정상세포에는 존재하지 않는다. DNA 종양바이러스에는 간세포암의 B형 간염바이러스, 버킷림프종의 엡스타인-바 바이러스(Epstein-Barr virus, EBV), 자궁경부암의 human papilloma virus (HPV), 각막아종의 아데노바이러스(adenovirus) 등이 있다(표 8-6).

RNA 종양바이러스는 형태가 유사하며, 대부분 레트로바이러스에 속한다. 레트로바이러스는 사람을 포함하여 다양한 동물에서 암을 일으킬 수 있으며 자기가 감염시킨 세포로부터 가져온 암유전자를 자기 자신의 유전체 속에 지니고 있다가, 다른 세포로 감염시키고 바이러스를 증식하기 위해 획득한 암유전자를 이용한다.

인체 레트로바이러스에는 후천성면역결핍증을 유발하는 HIV (human immunodeficiency virus)가 있다. RNA 바이러스에는 간세포암의 C형 바이러스, 사람 T 세포성 백혈병 바이러스(human T-cell leukemia virus) 등이 있다. 이들 바이러스는 인체 종양 발병원인의 15% 정도를 차지하고 있다.

표 8-6. 발암성 바이러스

분류	바이러스	숙주	유도하는 종양
DNA 바이러스			
Papovarvirus	Papillomavirus	사람, 토끼, 소	유두종(후두), 자궁경부암(사람?)
	Polyoma virus	생쥐	햄스터에 다양한 종양
	SV-40	원숭이	햄스터 종양만 일으킴
Herpes virus	Herpes simplex, type2	사람	자궁경부암(?)
	Ebstein-Barr virus	사람	버킷림프종(Burkitt lymphoma) 인두암
Hepadnavirus	B형 간염	사람	간세포암종
RNA 바이러스			
Retrovirus	HTLV-1	사람	T-세포 백혈병
	AIDS virus	사람	AIDS 관련 림프종
Flavivirus	C형 간염	사람	간세포암종

알아두기 8-18. 에이즈와 암

HIV 감염자는 카포시육종(Kaposi sarcoma)과 악성 림프종, 그 밖에 호지킨병, 다발성 골수종, 백혈병 그리고 자궁경부암, 구강암 등의 발생빈도가 높다. 카포시육종에서 분리된 바이러스는 헤르페스 바이러스에 속하며, 에이즈가 아닌 장기이식환자에서도 발견된다. 카포시육종은 HIV 병기 중 어느 시기에나 발생할 수 있으며, 신체 어느 부위에나 생길 수 있지만, 특히 피부나 위장관, 폐에 잘 생긴다. 얼굴, 입안, 잇몸에 주로 많이 생기는데, 환자들의 피부에 생긴 카포시육종은 통증은 없지만, 본인이 카포시육종을 볼 때마다 에이즈 환자라는 것을 생각하게 되므로 정신적인 고통을 받게 된다.

HIV 감염자에서 발생하는 악성 림프종은 주로 중추신경계이며, 골수, 위장관, 간을 침범하기도 하고, 여성에게서는 유두종 바이러스(HPV)에 의한 자궁경부암의 발생빈도가 높다.

2) 내적인 요인

(1) 선천적 요인

유전성 질환 중에는 암으로 발전하는 경우가 있는데, 세포 내 신호결함에 의해 생기는 신경섬유종증(neurofibromatosis), 가족성 대장폴립증(familial adenomatous polyposis), 피리미딘 이합체 절제에서의 이상으로 발생하는 색소성건피증(xeroderma pigmentosum) 등이 있으며, 악성 종양을 합병한다.

(2) 후천적 요인

후천적 요인에는 여러 가지가 있겠지만, 내분비 이상으로 발생하는 경우에 자궁암은 폐경기 여성에 많고, 유방암은 수유 경험이 없는 여성에서 자주 발생하며, 에스트로겐 등의 내분비 이상과 관련이 있다. 그리고 신장 이식환자나 억제 T 세포 저하를 나타내는 면역력이 저하된 사람에게서 암이 발생하기 쉽다.

3) 기타

암발생률에 관한 역학조사에서 나타난 결과 중, 세계의 여러 지역에서 특정 종류의 암이 다른 빈도로 발생한다는 결과를 통해서 생활환경 요인과 생활습관 요인은 암 발생에 중요한 역할을 한다는 것을 알 수 있다. 예를 들면, 아프리카와 동남아시아에서는 간암이 현저하게 많이 나타나고, 일본은 위암, 미국에서는 전립선암, 대장암, 유방암, 폐암이 흔히 발생한다.

여러 나라의 암 사망률에 대한 조사들은 암발생에 기여하는 인자들로서 물리적 환경과 개인행동의 중요성을 지적하는데, 환경적 요인은 정확이 밝히기 어렵다. 그러나, 연구자들은 모든 암들 중에서 50% 이상이 환경적으로 유도된다고 보고 있으며, 환경적 요인들은 물리적 환경요인들에 대한 직업적인 노출 수준 그리고 식이습관이나 흡연과 같은 개인적인 습관들을 포함한다. 암의 원인에 대한 연구들은 일반적인 환경이나 오염 등이 암 발생에 큰 영향을 미치지 않는다는 것을 시사하고 있으며, 그보다는 식품, 담배, 그리고 X-선 등을 포함한 다른 인자들이 암의 발달에 중요한 역할을 하는 것으로 추정한다.

6. 암의 발생기전

암발생기전 연구는 분자생물학 분야의 발전에 기인하였으며, 단일과정에 의해 발생하는 것이 아니라, 체세포성 돌연변이들에 의해 추진되는 클론 진화성 다단계의 과정으로 다양한 유전적인 변화의 결과이다. 동물실험의 경우에는 발암기전의 각 단계를 분명하게 구별할 수 있지만, 실제 사람의 발암과정에는 이러한 단계들에 관여하는 요인들이 동시에 오랫동안 지속되므로 각 단계를 구별하기 어려운 경우가 많다.

1) 개시단계

특정 암 개시인자들은 DNA를 공격하여 돌연변이를 유발함으로써 암유전자를 활성화시키고, 빠르게 진행된다. 이 단계에서 암의 성질은 나타나지 않고, 개시된 세포는 종양으로 발전시키는 인자에 노출되기까지 잠복상태로 있다가, 노출이 되면 진행과정을 거쳐 분열증식을 하고 종양을 형성하게 된다. 벤조피렌과 같이 세포의 DNA에 돌연변이를 일으키는 발암물질을 종양개시제(tumor initiator)라고 한다.

벤조피렌이 체내로 들어오면, 간의 시토크롬 P450 (cy-

알아두기 8-19. 암을 유발 할 수 있는 의약품

특정 병을 치료하기 위한 약들은 장기간 복용되기 때문에 약물복용으로 인한 암의 발생 가능성을 살펴보는 것은 매우 중요하다. 그 예로, 1940년대 임산부에게 유산을 방지하기 위해 처방한 합성 에스트로겐인 diethylstilbestrol (DES)은 몇 십 년 뒤에 임신당시 복용했던 여성의 딸들에게서 질암(vaginal cancer)의 발생률이 상승하면서 문제가 되었다. 현재 DES는 항암제로 쓰이는 유일한 에스트로겐으로, 전립선암과 폐경 후 유방암제로 쓰인다.
특히 심각한 질환에 처방되는 약물들은 효능이 탁월하겠지만, 암을 발생시킬 수 있는 위험도는 높다고 할 수도 있다. 그러나 암환자의 치료에 있어서 다른 종류의 암을 유발할 수 있다는 위험성 때문에 진행 중인 암을 치료할 수 있는 항암제를 포기할 수는 없을 것이다. 또한, 장기이식을 받은 환자에게 사용되는 면역억제제도 장기이식의 거부반응은 막을 수 있지만, 암을 초래할 수도 있다.

의약품		유발할 수 있는 암 종류
진통제	Phenacetin	신장암
항암제	Chlorambucil	백혈병
	Cyclophosphamide	방광암, 백혈병
	Melphalan	백혈병
	Thiotepa	백혈병
호르몬제	Estrogens	유방암, 자궁암
	Oxymetholone	간암
면역억제제	Azathioprine	림프종, 피부암, 간암
	Cyclosporine	림프종, 피부암
피부연고	Arsenic compounds	피부암, 간암
	Methoxypsoralen	피부암

tochrome P450)에 의한 대사반응으로 활성화 되어 에폭시드(epoxide) 유도체로 바뀐다. 에폭시드 화합물은 산소원자 한 개와 탄소분자 두 개가 공유결합된 삼원고리를 갖는데, 이 두 탄소는 전자가 부족하게 되므로 DNA 염기인 구아닌의 아미노질소와 같은 전자가 풍부한 원자와 반응을 하게 된다. 에폭시기와 구아닌의 반응으로 벤조피렌이 DNA와 공유결합을 할 수 있으며, 이렇게 형성된 DNA-발암물질의 복합체를 DNA 부가물(DNA product)이라고 한다.

2) 촉진단계

개시단계에서 유전자의 돌연변이가 일어났다 해도 그 세포가 분열을 하지 않는다면 암세포로서의 의미는 없다. 따

알아두기 8-20. 시토크롬 P450과 약물대사

주로 간에 존재하는 시토크롬 P450 단백질은 각기 다른 *CYP* 유전자로부터 발현되는 56개의 다른 기능을 가진 대사효소군을 말한다. P450은 아미노산 서열의 유사한 정도에 따라 20개의 효소군으로 분류되며, 그 중에서 CYP1, CYP2, CYP3는 효소의 기질이 매우 다양하고 광범위하여 약물과 같은 외인성물질(xenobiotics)들의 대사에 작용을 한다. 특히, *CYP1A1, CYP1A2, CYP2C9, CYP2C19, CYP2D6, CYP3A4*는 상용 약물 90% 이상의 대사효소반응을 담당하는 단백질 발현 유전자로 약물유전학 분야에서 매우 중요한 유전자이다.
P450 유전자들의 유전적 다형성의 정도에 따라 개인의 약물요법에 대한 약물반응의 차이를 설명할 수 있다. P450 효소의 유전자 변이는 대사를 통한 약물의 활성이나 소실뿐만 아니라, 활성대사물 생성을 통한 약물효과 반응에 있어서도 중요한 역할을 한다. 예를 들면, codeine이라는 진통제는 효능이 매우 약한 약물로, CYP2D6 효소에 의해서 10배 이상의 진통효과를 얻을 수 있는 반면에 CYP2D6 효소기능이 전혀 없는 대립유전자를 가진 환자군에서는 원하는 치료효과가 거의 나타나지 않는다.

알아두기 8-21. 촉진단계에서의 암 예방

발암과정에서 촉진단계의 경우는 서서히 진행되는 가역적 과정이므로, 암이 개시된 경우라 해도 촉진단계를 억제시키거나 지연시키면 암으로의 진행을 막을 수 있을 것이다. 따라서, 암 예방의 목적으로 암 예방물질을 고려한다면, 개시단계보다는 발암 촉진단계의 억제제(anti-tumor promoter)의 개발이 실용적일 수 있다. 조직의 염증이나 산화적 손상(oxidative stress)에 의해 암이 유도될 수 있는 것으로 알려지면서 소염작용이나 항산화작용을 갖는 물질들이 암의 발생률을 낮출 수 있는 유용성에 관한 연구는 앞으로 활발히 진행될 것으로 보인다.

라서, 종양촉진제의 지속적 또는 반복적인 노출에 의해서 서서히 진행되는 촉진(promotion)이라는 과정을 통해 세포의 증식능력이 증가되어야 한다. 촉진인자들은 돌연변이 유발능력이 거의 없는 것으로 알려져 있으며, TPA형과 non-TPA형 두 가지로 나눌 수 있다.

대표적인 발암촉진제인 12-0-tetradecanoylphorbol-13 acetate (TPA)는 1967년 헤커(Erich Hecker) 등에 의해 규명된 물질로 발암물질은 아니지만 '종양촉진제'로 작용한다. TPA는 세포표면의 수용체와 결합함으로써 세포 내 Ca^{2+}를 증가시키고, 단백질키나아제 C를 활성화시킬 뿐만 아니라 오르니틴 탈카르복실효소제의 활성을 증가시키고, 접촉부위에 염증반응을 일으킨다.

모든 종양촉진제가 외인성은 아니다. 예를 들어, 자연적으로 합성되는 스테로이드호르몬인 에스트로겐과 테스토스테론은 유방세포나 전립선세포가 발암물질이나 DNA 복제 중 오류로 인하여 암 개시가 되었다면, 종양촉진자로 작용하여 돌연변이 세포의 분열을 촉진하게 될 것이다.

3) 진행단계

종양의 진행(tumor progression)은 정상세포의 돌연변이가 점차적으로 누적되고, 유전자 발현의 변화로 인해 생겨난 암세포가 비정상적인 특징을 가지며 급속하게 증가되는 것은 의미한다. 종양의 진행은 암세포의 높은 성장률, 혈류에서 살아남는 능력, 암치료 약물에 대한 내성, 면역력에 대한 저항성 그리고 세포사멸 회피 등의 특징들을 가지고 이런 특성이 없는 세포들보다 우세하게 자리를 잡게 된다. 이 단계에서는 암유전자와 암 억제유전자의 돌연변이가 점차 증가하며, 염색체의 이상이 분명하게 나타나게 된다.

7. 주요 암들의 유형과 위험인자

1) 간암

(1) 유형

간암(Liver cancer)의 유형 중 85% 이상이 주로 간세포(hepatocyte)에서 발생하는 간세포 암종(hepatocellular carcinoma)이며, 담도에서 생기는 담관암종(cholangiocarcinoma), 혈관육종, 간모세포암(hepatoblastoma) 등이 있다. 간에는 다량의 혈액이 흐르기 때문에 위나 대장 같은 다른 장기로 암세포가 전이되는 경우가 많다.

간세포 암종은 미리 간경변을 가진 간에서 발생을 하는데, 특히 B형 간염에 의한 간경변증에서 간암의 발생이 많고, 간정맥 내로의 침윤도 흔하며, 폐로 전이가 잘된다. 담관세포암은 간 내부 담관의 상피로부터 유래하는 암으로 간디스토마의 영향을 추정하고 있다. 간모세포암은 젖먹이

알아두기 8-22. 아플라톡신 B1 (Aflatoxin B1)과 간암

땅콩에 있는 곰팡이의 한 종류인 *Aspergillus flavus*가 분비하는 독소인 아플라톡신 B1에 의해서 생성된 에폭시드는 DNA의 구아닌과 반응하여 점 돌연변이를 일으키게 되고, 간암의 주요 원인이 될 수 있다. *Aspergillus flavus*가 따뜻하고 습한 지역에 많이 살기 때문에 열대지역에서 간암이 흔히 발견된다.

최근 남아프리카 공화국과 중국 남부지방의 간세포암 환자들 조직의 약 40% 이상에서 암 억제유전자인 *p53* 유전자의 돌연변이가 발견되었다. 이는 *p53* 유전자의 돌연변이에 의해 간암이 발생한다는 것을 시사하며, *p53* 유전자 돌연변이 중 코돈 249번의 세 번째 염기가 G에서 T로의 돌연변이가 아플라톡신의 섭취와 관련이 있는 것으로 알려지고 있다.

아이에게서 발생하는 일종의 간세포암으로 간경변증과는 상관이 없으며 소아간암으로서 중요하다.

(2) 위험인자

일반적인 위험인자는 B형 간염바이러스(hepatitis B virus, HBV) 또는 C형 간염바이러스(hepatitis C virus, HCV)에 의한 만성 감염과 간경변증들 그리고 아플라톡신 B1 (aflatoxin B1)에 오염된 음식의 섭취도 원인이 된다. 알코올 과다섭취로 인한 간경화가 암으로 진행할 수도 있으며, 염화비닐이나 비소 같은 발암성 화학물질에 대한 노출도 관련될 수 있다.

2) 갑상선암

(1) 유형

갑상선은 갑상선호르몬을 만드는 모낭세포와 칼시토닌을 생성하는 C세포로 나눌 수 있으며, 전체 갑상선암(thyroid cancer)의 80~90% 정도가 모낭세포에서 유래하는 유두암종이며, 여포암종은 6~16%를 차지하고, C세포로부터 유래하는 수질암은 1~3%를 차지한다.

유두암종(Papillary carcinoma)은 가장 흔한 갑상선암으로 남여 비는 1:3으로 여성에 많으며, 15~35세에 많이 발생한다. 여포암종(Follicular carcinoma)은 40대 이후 여성에 많이 발생하고, 피막형과 침투형이 있으며, 혈관이나 폐로 전이 되는 경우가 많아서 5년 생존율이 약 30% 정도이다. 수질암(Medullary carcinoma)의 90%는 산발적으로 10%는 유전성 다발성 내분비선종 II에서 발견이 된다.

(2) 위험인자

유두암종은 일반 식이에서 요오드 함량을 낮게 섭취하면 위험성이 높아지며, 고용량의 전리방사선에 노출되는 것은 갑상선암에 대한 매우 위험한 인자이다. 그리고 핵무기와 핵발전소 사고로 유출된 방사능 낙진은 방사성 형태의 요오드를 함유하고 있기 때문에 갑상선암의 위험도를 증가시키는데, *RET* 유전자의 돌연변이를 가지고 있는 사람은 골수성 갑상선암으로 발전 할 수 있다.

3) 난소암

(1) 유형

난소에는 여러 종류의 종양이 발생을 하지만, 70~80%는 양성종양이며, 여성에게 발생되는 악성종양의 5% 정도가 난소에서 발생한다. 난소는 난자를 생산하는 생식세포(germ cell), 에스트로겐과 프로게스테론을 생산하는 기질세포(stromal cell), 난소 표면을 덮고 있는 상피세포(epithelial cell)의 세 가지 세포유형으로 나눌 수 있는데, 대부분의 난소암(ovarian cancer)은 상피세포에서 발생하는 선암종(adenocarcinoma)이다.

(2) 위험인자

난소암은 가족력과 관계가 있으며, 일반적으로 50세 이상의 폐경기 여성에게서 발생하지만, 젊은 여성에서도 발생된다. 유방암 위험성을 증가시키는 *BRCA1*과 *BRCA2* 유전자의 돌연변이가 유전된 경우도 난소암의 10% 정도를 차지하며, 유전성 비용종성 대장암(hereditary nonpolyposis colon cancer)이 있는 사람도 발생 위험도가 높은 것으로

알아두기 8-23. *BRAF* (B-type Raf Kinase) 유전자 검사

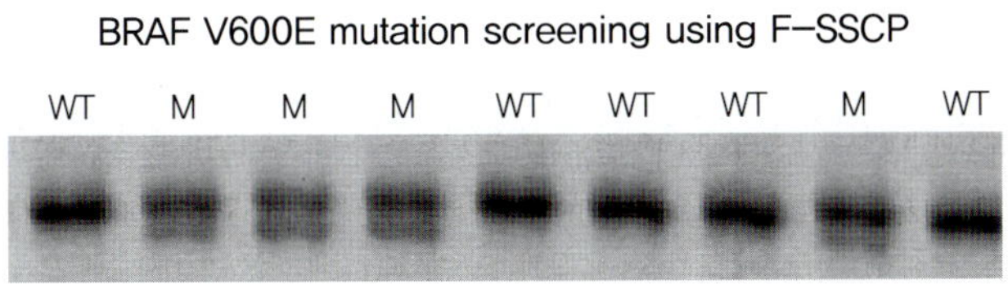

WT : wild type, M : mutation

BRAF 유전자는 암유전자의 일종으로 갑상선 유두암(papillary thyroid cancer)의 50% 이상에서 이 유전자의 돌연변이가 발견된다. *BRAF* 는 세포의 성장과 분화, 사멸에 관여하는 RAS → RAF → MEK → MAP kinase 신호경로의 중요한 인자로서, *BRAF* V600E 돌연변이는 *BRAF* 유전자가 활성화되어 갑상선 세포가 끊임없이 분열하고 증식해서 종양으로 발전하도록 한다.

BRAF 돌연변이는 exon 11과 15에서 발생하는 것으로 알려져 있으나, 갑상선암의 경우는 15번 exon의 돌연변이가 대부분이다. 그 밖에 *BRAF* 유전자 돌연변이는 갑상선 미분화암, 흑색종(melanoma), 결장암(colon cancer), 폐암 등에서도 발견된다.

알려져 있다. 12세 전에 월경을 시작하거나, 다산 여성보다 저출산 여성이 그리고 임신촉진제도 난소암에 걸릴 위험성을 증가시킬 수 있다고 알려져 있다.

4) 백혈병

(1) 유형

백혈병(Leukemia)은 백혈구계 세포가 골수나 림프절 등에서 무제한으로 증식하는 질환으로 고형종양과는 달리 혈류에 비정상적이고 미성숙한 백혈구들이 축적되어 일어난다. 백혈구는 과립구와 림프구로 나뉘는데, 과립구가 증가한 경우를 골수성 백혈병이라고 하며, 림프구가 증가했을 때는 림프성 백혈병이라고 한다.

백혈병은 급성과 만성으로 나누기도 하는데, 미성숙세포가 대부분일 때 급성이라고 하며, 만성인 경우는 각 발육단계의 세포를 볼 수 있다. 급성백혈병은 모든 백혈병의 50~60%를 차지하는데, 성인에서 빈도가 높은 것은 급성 골수성 백혈병(acute myeloid leukemia, AML)이며, 급성 림프구성 백혈병(acute lymphocytic leukemia, ALL)은 어린이들에게서 흔하게 일어나는 암이다. 만성 골수성 백혈병(chronic myeloid leukemia, CML)은 40~50대에 많이 발생하며, 만성 림프구성 백혈병(chronic lymphocytic leukemia, CLL)은 60대 이후에 발생한다.

그 밖에 성인 T-세포 백혈병(adult T cell leukemia, ATL)은 바이러스에 의해 발생하는 질병으로, HTLV-I (human T-lymphotropic virus I) 감염자 1,000~3,000명 중 1명 비율로 발생을 한다. 이 질환은 수직 감염될 수 있으므로 이 바이러스에 감염된 어머니는 모유 수유를 하지 않도록 한다.

(2) 위험인자

백혈병 발생은 다량의 전리방사선에 노출이 된 사람이나 흡연, 벤젠, 포름알데히드 등의 화학물질에 만성적으로 노출된 사람에게 발생할 위험이 높다. 방사선에 의한 백혈병은 방사선에 노출된 후 가장 먼저 발생한다고 알려져 있으며, 피폭선량에 따라 다소간의 차이는 있지만, 피폭 2년 후에 발생하기 시작하여 4~8년 사이에 발생빈도가 가장 많아진다.

HTLV-I에 감염된 경우에는 만성 림프구성 백혈병에 걸리기도 하며, 알킬화제와 같은 화학요법의 약물을 투여한 암 환자에서는 몇 년이 지난 후에 백혈병 발생의 위험이 있다.

5) 유방암

(1) 유형

유방암(Breast cancer)은 대체로 유방상피내암종(ductal carcinoma)으로 거의 대부분이 여성에게서 발생을 하지만,

알아두기 8-24. '끊임없는 배란'의 이론

상피성 난소암의 발생기전은 분명하게 밝혀지지 않고 있으나, 경구피임약 사용이 난소암의 위험을 감소시키며, 오래 사용할수록 난소암의 가능성은 감소한다는 내용은 난소암의 발생가설인 '끊임없는 배란' 이론의 근거가 된다. 즉 배란에 의해 난소는 주기적인 손상을 입게 되는데, 이러한 손상을 복구하려는 기전이 작동하는 과정에서 유전자의 변이가 일어날 가능성이 증가하게 되면서 난소암의 발생이 높아진다는 가설이다. 그러나 특정 인종에서는 자녀의 수가 적고 피임약을 복용하지 않았음에도 난소암의 발생빈도가 낮다는 점들은 이 가설에 반하는 근거가 되고 있다.

알아두기 8-25. 남성 유방암은 왜 걸릴까?

국내에서도 남성 유방암 환자가 꾸준히 늘고 있는데, 남성 유방암은 왜 생기는 걸까? 먼저 가족력이 있는 경우가 문제이고 유방암을 일으키는 유전자 돌연변이가 있다. 배우 안젤리나 졸리가 유방 절제술을 받으면서 널리 알려진 *BRCA* 유전자에 변이가 생기면 유방암이나 난소암 발병 확률이 높아진다. 특히, *BRCA2* 유전자 돌연변이를 가진 남성은 일반인에 비해 유방암에 걸릴 위험이 최고 100배에 이른다. 호르몬 불균형도 주요한 원인으로 지목되고 있는데, 남성호르몬이 줄어드는 노년기에 발생할 위험이 크며, 탈모나 전립선암을 치료하기 위해 남성호르몬을 억제하는 경우에도 남성유방암을 증가시키는 원인이 된다. 클라인펠터 증후군의 남성은 X염색체를 2개 가지고 있기 때문에 작은 고환과 여성형 유방이 특징으로 유방암에 걸릴 위험성이 50배나 높은 것으로 알려져 있다.

알아두기 8-26. 항암제와 백혈병

다발성 골수암, 악성 림프종, 유방암 그리고 난소암 등에 치료제로 사용되는 알킬화제(특히, Melphalan, Cyclophosphamide, Mechlorethamine) 약물과 방사선 치료를 받은 경우 각각의 종양은 치료가 되었지만, 3~5년이 지난 후에 일부 환자에서는 5, 7, 11, 17번 염색체에 손상을 주는 급성 백혈병이나 골수이형성증후군이 생길 수도 있다.
급성 림프구성 백혈병, 고환암 등에 쓰이는 Topoisomerase II Inhibitor 종류는 11번 염색체에 손상을 주며, 2차성 백혈병을 유도할 수 있다.

약제의 종류	염색체 이상
Alkylating 계열, nitrosoureas 계열	• complex karyotype, −7, 7q 결실, −5, 5q 결실, • 12p 결실, −17, 17p 결실, 13q 결실, −18, 20q 결실 • der(1)t(1;7)(p11;p11.1), partial trisomy 1q • t(1;3)(p36;p21) • inv(3)(q21q26), t(3;3)(q21;q26) • t(6;9)(p23;q34) • t(8;16)(p11;p13)
Topoisomerase II– interactive	• 11q23 (MLL)재배열 • 21q22 (AML1) 재배열 t(3;21)(q26;q22), t(8;21)(q22;q22), t(16;21)(q24;q22) • 11p15 (NUP98) 재배열 t(7;11)(p15;p15), t(10;11)(q22–23;p15) 등 • 그 외 t(6;9)(p23;q34), t(8;16)(p11;p13) t(9;22)(q34;q11.2), t(15;17)(q22;q12), inv(16)(p13q22)

남성 또한 유방과 조직의 일부를 가지고 있어서 남성 유방암은 전체 유방암 환자의 0.5~1%에 불과하지만 그 수가 점차 늘고 있다.

(2) 위험인자

유방암의 원인은 아직 정확히 알려지지 않았지만, 일반적으로 유방암의 약 10% 정도가 가족력이 있는 경우에 많이 발생하고, 주로 *BRCA1*이나 *BRCA2* 유전자의 돌연변이에 의한 것으로 알려져 있다. 뿐만 아니라 식생활 습관, 호르몬제의 사용, 방사선 노출 등 여러 가지 인자가 알려져 있기는 하지만, 유방암 환자의 70% 정도에서는 어떠한 위험인자도 찾을 수 없다.

초경연령이 1년 늦어질수록 유방암의 발생위험률은 약 20% 정도 감소하고, 폐경연령이 45세 이전인 환자는 45~54세 사이인 환자에 비하여 위험도가 낮은 것으로 보면 아직까지는 정확한 기전이 밝혀지지는 않았지만, 총 생리기간이 유방암의 위험도와 관련이 있다고 추정한다. 경구피임제 또는 폐경 이후 에스트로겐 복용이 유방암의 위험성

알아두기 8-27. 유방암과 타목시펜(Tamoxifen)

타목시펜은 1967년 영국의 하퍼(Michael Harper)와 왈폴(Arthur Walpole)이 피임약으로 개발하였으며, 항에스트로겐 효과가 있음이 알려지면서 1970년 이후에는 유방암 치료제로 널리 쓰이고 있다. 타목시펜은 에스트로겐의 화학구조와 비슷하여 에스트라디올(estradiol) 같은 정상 에스트로겐을 대체하여 에스트로겐 수용체에 결합할 수 있다.
가족력이나 병력에 의해 유방암 발생률이 높은 여성에게서 유방세포의 에스트로겐 수용체를 차단하는 약물인 타목시펜은 에스트로겐이 유방세포의 증식을 유도하는 작용을 차단함으로써 약 50% 정도의 발암 위험률을 낮출 수 있는 유용한 약물로 부각되었다. 그러나, 타목시펜은 자궁에서는 에스트로겐과 유사한 작용을 하여 에스트로겐 수용체에 결합하여 자궁상피세포의 증식을 촉진시키게 되고 결국은 자궁내막암(uterine endometrial cancer)의 발생을 증가시켰다. 이러한 부작용 때문에 타목시펜의 효용성이 가려지게 되었다.

알아두기 8-28. 헬리코박터 파일로리(*Helicobacter pylori*) 감염과 위암

헬리코박터 파일로리는 나선형의 박테리아로서 1982년 위궤양 발생의 첫 번째 단계를 특징짓는 위염 환자에게서 처음으로 분리되었다. 그 후로, 위암과 *H. pylori* 에 노출사이의 관계를 역학적으로 조사하였고, *H. pylori* 에 감염된 쥐에서 위암이 발생하는 실험을 통해서 *H. pylori* 와 위암이 연관되어 있음을 확인하였다. *H. pylori* 가 암을 유발하는 과정은 확실하게 밝혀지지 않았지만, *H. pylori* 가 독소를 분비하고 이 독소에 의해 염증이 생기면서 위점막 세포의 증식을 촉진하고, DNA의 손상을 초래하는 것으로 생각되고 있다.

H. pylori 는 이종집단의 박테리아로서 암 유발의 위험은 *H. pylori* 유형에 의존적이다. 따라서, 다양한 박테리아종에 반응하는 면역반응이 감염에 영향을 줄 수 있으며, *H. pylori* 는 사람의 혈액형과 관련된 세포표면 수용체와 결합하여 위 세포에 붙어 있기 때문에 혈액형도 중요한 역할을 한다. 몇몇의 *H. pylori* 종은 O형 혈액형의 수용체와 결합하는 것을 선호해서 다른 혈액형보다 만성적 감염이 되기 쉽다.

H. pylori 의 치료는 amoxicillin과 clarithromycin 같은 항생제가 주로 사용되는데, clarithromycin에 내성을 지니는 *H. pylori* 가 발견되었으며, 23S rRNA 유전자의 2142, 2143 염기서열에 점돌연변이가 일어나서 각각 A2142G, A2143G로 존재한다.

을 높인다고 하지만, 경구피임제 사용과 유방암이 발생하는 시기에 관해서는 아직 밝혀진 사실이 없으며, 저용량 경구피임제에 대한 위험도도 아직 불확실하다. 알코올 섭취도 유방암의 발생과 관련이 있는데, 특히 30세 미만의 여성과 가장 많이 관련된 것으로 알려져 있다.

6) 위암

(1) 유형

위암(Gastric cancer) 환자의 대부분은 선상상피세포로부터 발생하는 선암종(adenocarcinoma)으로 위의 내부 내층에서 형성된다. 그 밖에 아주 희귀한 카시노이드 종양(carcinoid tumor) 등이 있으며, 카시노이드 위암은 다른 기관으로 전이를 하지 않는 특징이 있다.

암세포의 침윤정도에 따라 조기위암과 진행위암이 있는데, 조기위암은 림프절의 전이 유무와 관계없이 암세포가 점막이나 점막하층에 국한되어 있는 것이며, 진행위암은 보르만(Borrmann)의 5가지 분류로 나눈다(그림 8-7).

위암은 점막상피에서 발생하여 조기암에서 진행암으로 진전되기도 하는데, 국소침범을 통해 주위 장기로 퍼지거나 림프관성 또는 혈행성 전파를 통해 복막전이와 원격전이를 일으킬 수 있다.

(2) 위험인자

위암의 원인은 잘 알려져 있지 않지만, 원인과 관계된 많은 연구결과들을 보면 크게 식습관, 환경적 요인 그리고 의학적 측면으로 분류할 수 있다. 식습관 부분에서는 염장 육류 및 어류의 식이, 고 질소산화물 식이, 비타민 A와 C의 부족 등으로 나타났다.

환경적 요인으로는 훈제 등의 조리방법에 의한 다환 방향족 탄화수소화합물질, 광부나 고무처리직에서의 만성적 노출, 흡연자의 경우는 위암발생률이 두 배정도 높다. 의학적 측면으로는 과거의 위 수술, 위염 그리고 헬리코박터 파일로리(Helicobacter pylori)의 감염 등을 들 수 있다.

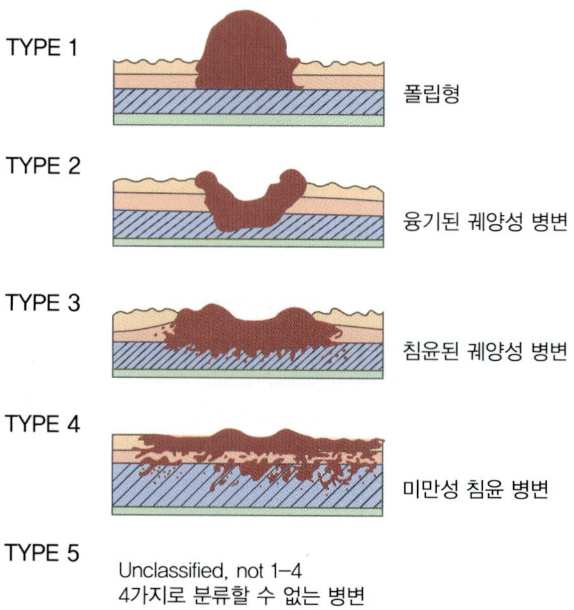

그림 8-7. 보르만의 5가지 분류

7) 전립선암

(1) 유형

전립선(Prostate)은 안드로겐의 표적기관으로 15 g 전후의 둥근 모양의 외부 분비선이며, 전체 전립선암(prostate cancer)의 대부분이 선세포에서 발생한 선암종(adenocarcinoma)이다. 암세포는 초기에 피막을 뚫고 주변 조직으로 침투하거나, 림프절과 다른 장기로 전이하기도 하는데 특히 척추로 전이가 많이 된다.

(2) 위험인자

전립선암의 발병원인은 명확하게 밝혀지지는 않았지만 고령화 또는 환경요인과 상관이 있다고 알려져 있는데, 고령화가 되면서 안드로겐이 감소됨에 따라 암이 외선에서 발견되며, 암이 안드로겐 의존성 성장을 하는 것을 보면 남성호르몬과 깊은 관련이 있음을 알 수 있다.

환경적 인자로서는 지방, 카로틴 또는 비타민 A 등과 같은 영양소와 나이트라이트 계통의 발암물질이 전립선암의 발생빈도를 높이거나 촉진하는 것으로 알려져 있다.

BCL-2 유전자는 호르몬민감성 전립선암의 25%, 호르몬 불응성 전립선암의 65%에서 발현되며, 골수전이를 보이는 호르몬 불응성 전립선암의 80%에서 *p53* 유전자의 변이가 보인다. *HER2/neu* 암유전자는 호르몬 불응성 전립선암의 44% 정도에서 발현된다.

8) 대장암

(1) 유형

대장암(Colon cancer)은 직장암(rectal cancer)과 결장암(colon cancer)으로 구분할 수 있으며, 주로 결장이나 직장 내면의 상피세포에서 보이는 양성 또는 혹과 같은 용종에서 시작되고, 95% 이상이 선암종(adenocarcinoma)이다. 대장암은 소득수준이 높은 집단에서 발생률이 높아 일반적으로 '선진국의 암'이라고 인식되고 있으며, 90% 이상은 50대에서 발생한다. 대장암은 위암과 마찬가지로 점막상피로부터 발생하여 진행하게 되며, 전이는 림프행성, 혈행성 그리고 파종성 모두 볼 수 있고, 주로 간에 제일 많다.

(2) 위험인자

대장암의 원인으로는 환경적 요인과 유전적 요인 등으로 나눌 수 있는데, 환경적 요인 중에서 가장 중요한 것은 식생활습관으로 동물성지방 및 포화지방의 과다한 섭취가 대장암의 발생빈도를 높인다고 알려져 있다.

전체 대장암의 5~15% 정도는 유전적 요인에 의해 발

알아두기 8-29. 전립선암의 종양표지자

전립선 특이항원(Prostate-specific antigen, PSA)은 1979년 왕(Ming Wang) 등에 의해 양성비대증의 전립선 상피세포에서 분리 정제된 분자량 33,000~34,000의 당단백질로서 유전자는 19번 염색체 q13.3 부위에 위치한다. PSA는 전립선 상피세포에서 주로 합성되는 일종의 세린단백질 분해효소로서 kallikrein family에 속하며, 지금까지 발견된 종양표지자 중에서 가장 널리 사용되고 있다. PSA는 조직특이성과 민감도가 높아서 전립선암의 선별, 진단, 그리고 암 위험도 예측과 재발여부의 표지자로 사용되지만, 조기 전립선암의 선별이나 검출에는 효과적이지 않다.

알아두기 8-30. 가족성 대장 용종증(FAP)과 유전성 비용종증(HNPCC)

가족성 대장 용종증은 5번 염색체 q21에 위치하는 *Adenomatous Polyposis Coli (APC)* 유전자의 돌연변이에 의해 발생하는 질환으로, *APC* 유전자는 β-catenin으로 알려져 있는 양기능성(bifunctional) 단백질을 조절하는 세포질 내의 단백질을 부호화한다. 대부분의 β-catenin은 세포부착인자인 E-cadherin과 거대 복합체를 이루고 있으며, *APC* 유전자는 유리상태의 β-catenin 인산화와 이차적인 감성을 유도함으로써 세포 내의 β-catenin 수준을 낮게 유지하는데, *APC* 유전자의 돌연변이는 유리상태의 β-catenin을 세포질 내에 축적을 하게 되고, 핵 내로 전위되면서 *MYC*과 같은 종양형성 유전자의 전사를 활성화시킨다. *APC* 유전자는 2,843개의 아미노산을 코딩하며, 대부분 틀이동 또는 무의미 돌연변이이다.
유전성 비용종증은 DNA mismatch repair genes (*MLH1, MLH3, MSH2, MSH6, PMS1, PMS2*) 돌연변이에 의해 발생이 되는데, DNA 염기 짝짓기(A와 T, C와 G)에 이상이 생겼을 때 DNA 분절을 복구하는 유전자 중 하나의 생식선(germ line) 돌연변이를 가지고 있거나, microsatellite 의 불안정성에 의해 발생이 된다.

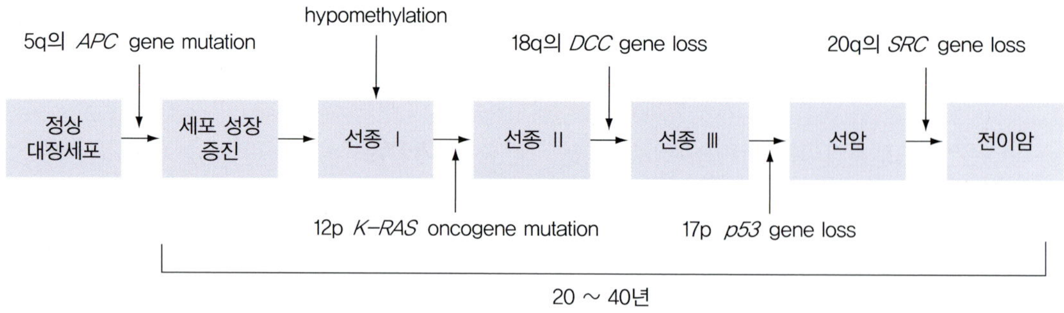

그림 8-8. 대장암 발암단계

형태학적으로 정확히 구별할 수 있는 대장암의 발달단계는 대장 상피에서 선종(adenoma)이라고 불리는 작은 양성종양에서 시작하는데, 3가지 암 억제유전자(*APC, DCC, p53*)의 순차적인 불활성화 또는 결실 그리고 세포증식 암 유전자인 *K-RAS* 의 활성화와 관련되어 있다.

알아두기 8-31. 흡연과 폐암

담배연기에는 400종류 이상의 화학물질이 포함되어 있고, 이 중에 40종류 이상이 동물실험에 적용했을 때 발암성을 나타내며, 이러한 화학물질이 유전자 돌연변이를 일으킨다. 담배연기에 많이 함유되어 있는 다환성 탄화수소(polycyclic hydrocarbon)인 벤조피렌은 그 자체는 무해하지만, 시트크롬 P450을 함유하는 효소에 의해 반응성이 큰 에폭시드로 활성화되고, 에폭시드 화합물은 DNA 염기와 반응을 하여 점돌연변이를 일으킨다. 따라서, 유전적으로 시트크롬 P450의 활성도가 높은 사람이 담배를 피울 경우에는 폐암에 걸릴 확률이 높다.
시트크롬 P450 유전자의 *CYP1* 계에 의해서 부호화되는 arylhydrocarbon hydroxlase (AHH)라는 효소는 흡연에서 관찰되는 다환성 탄화수소의 대사에 관여하는 유발성 단백질로서, 탄화수소를 체내에서는 더 쉽게 배설되지만 암 발생을 일으키는 에폭시드로 변화시킨다.
CYP1A1 유전자에서의 유전적 다형성은 폐암의 발생과 관련이 있으며, *CYP1A1* 유전자 위치에 있는 다른 대립유전자 중에서 '고유발성' 대립유전자를 가진 사람들에게서(특히 흡연자) 폐암의 위험도가 높은 반면에, '저유발성' 동형접합체를 가진 사람들에게는 폐암이 덜 발생한다고 알려져 있다.

생하는데, 유전자가 돌연변이된 상태로 유전되었을 경우에 가족성 대장 용종증(familial adenomatous polyposis, FAP)(그림 8-8)과 원인유전자가 밝혀진 유전성 비용종증 대장암(hereditary nonopolyposis colon cancer, HNPCC) 등이 있다.

9) 폐암

(1) 유형

폐암(Lung cancer)은 병리조직학적 형태에 따라 4가지로 분류할 수 있는데, 편평세포암, 선암, 소세포암(small cell) 그리고 대세포암이 있다. 폐암의 가장 흔한 형태는 비소세포암으로 소세포암보다는 느리게 자라면서 전이를 한다. 소세포 폐암은 전체 폐암의 약 20%를 차지하는데, 매우 공격적인 암이라서 빠르게 전이를 한다. 그리고 대부분의 폐암은 전이를 시작하기 전에는 증상이 나타나지 않으며, 진단 시에 이미 전이가 시작되기 때문에 5년 생존율이 15% 이하이다.

(2) 위험인자

폐암의 주요 원인은 흡연이며, 흡연자뿐만 아니라 간접 흡연자도 위험성이 증가한다. 고농도의 라돈, 석면에 노출되거나 만성적으로 비소, 카드뮴, 석탄생산품, 니켈, 크롬산염과 같은 작업장 화학물질에 대한 노출도 원인이 되지만, 흡연자가 더 많은 영향을 받는다.

8. 항암제의 이해

1) 항암제

항암제는 암세포의 증식을 억제하기 위하여 개발된 치료제이며, 전통적인 세포독성 항암제의 문제점을 극복해 암세포만 골라 공격하는 표적항암요법에 이어 2015년 이후에는 우리 몸의 면역세포를 이용해 선택적으로 암세포를 공격하게 만드는 면역항암요법이 적용되고 있다.

2) 항암제의 임상적 이용

암의 치료 방법에는 크게 수술, 방사선치료, 약물치료(항암화학요법)가 있는데, 치료 방법은 암의 종류, 진행정도(병기), 환자의 상태를 고려하여 한 가지 방법 또는 두 가지 이상의 방법으로 결정한다.

(1) 유도 화학요법(induction chemotherapy)

진행성 암에 대하여 1차적으로 투여되는 화학요법이다.

(2) 보조 화학요법(adjuvant chemotherapy)

국소종양을 근치적 목적으로 수술이나 방사선요법으로 치료한 후에 치유율을 높이기 위하여 투여되는 화학요법이다. 동일한 조직형을 가진 진행성 암환자에서의 관해율에 근거하여 선택하여야 하며, 주로 유방암과 대장암에 적용한다.

(3) 선행 화학요법(neoadjuvant chemotherapy)

종양의 크기가 너무 큰 경우 수술이나 방사선 치료를 하기 전에 항암화학요법을 시행하는 것으로 후두암, 폐암, 방광암, 유방암, 골육종 등이 있다.

(4) 동시 화학요법(concomitant chemotherapy, CCRT)

방사선치료와 항암화학요법을 동시에 시행하는 것으로 고유의 전신적 치료 효과 외에도 국소 종양에 대한 방사선 치료 효과를 증강시키기 위해 시도된다. 식도암, 폐암, 항문암, 두경부암 등에 적용된다.

(5) 국소 화학요법(regional chemotherapy)

종양 내에 높은 항암제 농도를 유지하면서 정상 조직에 대한 손상을 줄이기 위해 선택하는 방법으로 척추강 주입, 동맥 내 주입, 복강 내 주입한다.

3) 항암제의 종류

항암제는 1세대 화학항암제, 2세대 표적항암제 및 3세대 면역항암제로 구분할 수 있다. 1세대 화학항암제는 암세포뿐만 아니라 정상세포도 같이 손상을 주기 때문에 부작용이 심하다. 2세대 표적항암제는 암세포만을 식별해 공격하는 장점이 있지만 유전자 변이를 가진 환자에만 사용할 수 있어 다양한 암치료가 불가능했고, 내성이 생기는 경향이 있어 내성이 생기면 사용할 수 없다는 단점을 가지고 있다. 반면 3세대 면역항암제는 억제되어 있던 인체의 면역세포를 활성화시켜서 암세포를 사멸시키는 새로운 기전을 가지고

알아두기 8-32. 항암제의 진화

1세대 항암제(1970년대~)	
항암화학요법	• 정상 세포에 비해 분화 속도가 빠른 암세포 공격 • 암세포뿐 아니라 정상 세포까지 공격해 탈모, 구토, 합병증 등 부작용 심각
2세대 항암제(2000년대~)	
표적항암요법	• 1997년 처음 등장, 특정 유전자 변이에 의한 종양세포만 표적 공격 • 탈모, 구토 등 부작용이 작고 치료제 반응률 높아 • 암유발 특정 유전자 변이가 있는 환자에게만 사용 가능, 치료제 내성 문제
3세대 항암제(2010년대~) 국내 2015년 허가	
면역항암제	• 암 치료 패러다임을 바꾼 최신 항암제 • 종양 자체를 공격하는 다른 항암제와 달리 면역세포 활성화 통해 종양세포 공격, 제거 • 부작용 작고 치료반응 보이는 환자에게서 약효 장기 유지

있어 특정 유전자 변이가 없어도 대부분의 암에 폭넓게 사용할 수 있다. 면역항암제는 환자 스스로의 면역강화를 통해 치료를 한다는 점에서 부작용이 적고 암 환자의 삶의 질을 높이고 생존기간도 대폭 연장되는 효과가 있다.

(1) 화학항암제(1세대)

화학항암제는 주로 DNA에 직접 작용하여 DNA의 복제, 전사, 번역과정을 파괴하거나 혹은 대사경로에 개입하여 핵산 전구체의 합성을 방해하고 세포분열을 저해함으로써 암세포에 대한 독성을 나타낸다. 화학요법은 약물이 혈류를 타고 순환하기 때문에 특히 이미 전이한 암 치료에 적합하다. 항암제가 작용하는 대사경로는 암세포 뿐만 아니라 정상세포에도 동일하게 작용하기 때문에 항암제 투여에 따른 독성은 불가피하다. 화학항암제의 부류는 5개 정도로 나눌 수 있다(표 8-7). 최초의 화학항암제는 1943년 니트로겐 머스타드(Nitrogen mustard)로 호지킨 림프종 치료제로 사용하기 시작하였다.

(2) 표적항암제(2세대)

화학항암제는 빠르게 증식하는 세포에 작용하므로 암세포뿐만 아니라 정상 세포 중에서 빠르게 자라는 세포 역시 영향을 받아 부작용이 발생하였다. 이후로 정상 세포는 손상을 입히지 않고 암세포만을 공격하는 항암제에 대한 연구를 계속하였으며 1999년 최초로 만성골수성백혈병에 글리벡(gleevec)을 사용하게 되었다. 표적항암제에는 작용 기전에 따라 신호전달경로 억제제와 신생혈관 억제제가 있다(표 8-8).

• 신호전달경로 억제제
(signal transduction pathway inhibitor)

신호전달경로를 활성화시키는 중요한 매개 효소들로는 티로신 키나제(tyrosin kinase), 프로테인 키나제 C (protein kinase C), 파네실 트렌스퍼라제(farnesyl transferase) 등이 있다. 현재까지 티로신 키나제의 활성을 억제하는 약들이 가장 많이 개발되어 사용되고 있으며 대표적인 약물에는 이메티닙(imatinib), 게피티닙(gefitinib), 트라스투주맙(trastuzumab) 등이 있다.

표 8-7. 화학항암제의 종류

1. DNA에 작용(알킬화제, DNA 나선 분해제 및 Topoisomerase Inhibitor)	
기전	① 알킬화제 : 알킬화에 의해 DNA 분자의 파괴 그리고 DNA 이중나선의 교차연결 등이 일어나 DNA의 복제와 RNA 전사를 방해 ② DNA 나선 분해제 : 항암성 항생물질은 토양진균인 Streptomyces의 여러 균주의 자연산물이며, 이 물질은 DNA와 결합을 할 수 있는데, 주로 염기쌍 사이에 끼어들어가 DNA의 나선을 풀고, DNA가 DNA나 RNA 합성의 주형(template)으로 작용할 수 없게 한다. ③ Topoisomerase Inhibitor : DNA가 복제되고, 세포분열을 하기 위해서는 DNA의 이중나선구조가 완화되어야 하는데, 이 때 효소 Topoisomerase I, II가 필요하다.
종류	Busulfan, Melphalan, Cyclophosphamide, Chloambucil 등
2. 대사 저해제	
기전	정상적인 세포대사에 관여하는 물질과 구조가 비슷하여 효소가 정상 분자 대신에 대사저해제와 결합하여 필수적인 대사경로가 억제되고, 세포독성을 일으킨다.
종류	Mercaptopurine, Cytarabine, Fluorouracil 등
3. 튜불린(tubulin)에 작용	
기전	세포의 유사분열 방추에 필수적인 미세소관 단백질에 결합하여 유사분열을 중지시키는데, 이들 물질은 신경계 독성을 갖는다.
종류	Vinblastine, Vincristine, Taxol
4. 호르몬제	
기전	스테로이드 호르몬은 특정한 세포 내 수용체와 결합하여 수용체의 입체구조를 변화시켜서 수용체의 활성화를 방해한다.
종류	Tamoxifen, Arimidex, Flutamide
5. 기타 제제	
그 밖에 분류하기 어려운 여러 가지 다른 기전의 약물이 존재한다.	

• 신생혈관생성 억제제(angiogenesis inhibitors)

종양이 증식하기 위해서는 산소와 영양분을 공급받아야 하는데, 이 때 종양세포 주위에 신생혈관을 생성해야 한다. 그러므로 이러한 신생혈관의 생성을 억제함으로써 종양의 성장과 전이를 억제하는 항암효과가 나타날 수 있다. 암세포는 VEGF(혈관 내피세포 성장 인자)라는 물질을 분비하는데, VEGF가 혈관 내피세포 표면에 있는 VEGF 수용체

표 8-8. 표적항암제의 종류

약 이름(성분명)	효능
Gleevec (Imatinib)	만성골수성백혈병
Nexavar (Sorafenib)	신장세포암 · 간세포암
Mylotarg (Gemtuzumab ozogmicin)	급성골수성백혈병
Mabthera (Rituximab)	림프종
Mabcamparth (Alemtuzumab)	만성임파구성백혈병
Sutene (Sunitinib)	신세포암 · 위장관 기저종양
Sprycel (Dasatinib)	만성골수성 · 급성림프구성 백혈병
Avastin (Bevacizuma)	결장직장암 · 유방암 · 폐암 · 신세포암
Erbitux (Cetuximab)	결장직장암 · 두경부암
Iressa (Gefitinib)	폐암
Zevalin kit inj (Ibritumomab Tiuxetan)	림프종
Tarceva (Erlotinib)	폐암 · 췌장암
Tasigna (Nilotinib)	만성골수성백혈병
Tykerb (Lapatinib)	유방암
Herceptin* (Trastuzumab)	유방암

자료 : 식품의약품안전청 · 약학정보원

에 결합하게 되면 티로신 키나제(tyrosine kinase)가 활성화되면서 신생 혈관들이 생성되어 종양의 성장 및 전이에 중요한 역할을 한다. 따라서 VEGF 경로를 차단해서 신생 혈관 생성을 억제하는 표적 치료제들이 개발되어 사용되고 있으며 베바시주맙(bevacizumab) 대표적이다.

(3) 면역항암제(3세대)

면역항암제는 암 자체를 공격하는 기존 항암제와는 달리 인공면역 단백질을 체내에 주입하여 면역체계를 자극함으로써 면역세포가 선택적으로 암세포만을 공격하도록 유도한다. 이들 면역항암제에는 면역체크포인트억제제(CTLA4 억제제, PD-1 억제제, PD-L1 억제제), 면역세포치료제, 면역바이러스치료제 등이 있다.

• 면역체크포인트억제제(immune checkpoint inhibitor)

면역체크포인트억제제는 T 세포 억제에 관여하는 면역체크포인트 단백질(immune checkpoint protein)의 활성화를 차단하여 T 세포를 활성화시켜 암세포를 공격하는 약제로써 CTLA-4 (cytotoxic T lymphocyte associated protein 4), PD-1 (programmed death receptor 1), PD-L1 (PD-1 ligand)을 인식하는 항체를 사용한다(표 8-9).

• 면역세포치료제(immune cell therapy)

면역세포치료제는 환자 체내의 T 세포를 채집하여 강화시키거나 유전공학적으로 변형시켜 다시 넣어주는 세포치료 방식으로 암세포에 대한 세포성 면역을 강화시키는 방법이다. 대표적으로 NK 세포치료제, T 세포치료제, 키메릭항원수용체(chimeric antigen receptor, CAR) 세포치료제 등이 있다.

• 항암백신(Anticancer vaccine)

암세포가 가지고 있는 종양특이적 항원(tumor-specific antigen) 또는 체내 전반적인 면역반응을 향상시킬 수 있는 단백질/펩타이드 분자를 암환자에게 투여하여 면역체계

표 8-9. 면역체크포인트억제제 종류와 적응증

면역체크포인트	상품명	성분명	적응증
CTLA-4	여보이	Lpilimumab	흑색종
PD-1	옵디보	Nivolumab	흑색종, 비소세포폐암, 신장암, 호지킨림프종, 방광암, 두경부암, 대장암, 전이성 간암
	키트루다	Perbrolizumab	흑색종, 비소세포폐암, 두경부암, 호지킨림프종, 방광암, 자궁경부암
PD-L1	티센트릭	Atezolizumab	비소세포폐암, 요로상피암, 방광암
	바벤시오	Avelumab	전이성 메켈세포암, 방광암
	임핀지	Duralumab	방광암, 비소세포폐암

알아두기 8-33. 아스피린과 암 예방

아스피린(화학명 : acetylsalicylic acid)은 스테로이드가 아닌 대표적인 항염증제로 항염증, 진통, 해열의 세 가지 기능을 가진다. 버드나무과(Salicaceae) 식물이 해열진통에 탁월한 효과를 보인다는 민간요법이 연구되어 오면서, 1897년에 호프만(Felix Hoffman)이 살리실산을 무수아세트산으로 아세틸화하여 처음으로 순수한 상태의 아스피린을 합성하였다. 미국 텍사스의 Veterans Affairs (VA) 연구진은 생쥐와 세포 배양 실험을 통해 얻은 결과로 부터 새로운 이론을 제시했는데, 아스피린이 사이클로옥시게나제(cyclooxygenase-1, COX-1) 효소를 차단함으로써 혈소판과 암 세포 간의 상호 작용을 차단하고, 순환하는 혈소판의 수와 활성 수준을 억제시켰다고 보고했다.

1990년대 역학적인 연구에서는 저용량(75 mg)의 아스피린을 정기적으로 복용한 환자는 그렇지 않은 사람에 비해 사망률이 30% 낮았으며, 전립선암은 23%, 폐암 사망률은 14%, 유방암 사망률은 11% 낮은 것으로 나타났다. 하지만 아스피린은 위나 대장의 출혈을 50~100% 증가시키고, 뇌출혈도 35~60% 증가시키며 쉽게 멍이 들고 속이 불편한 증상이 나타날 수 있다. 특히, 전문가들은 나이가 많아지거나 소염진통제를 같이 복용할수록 위에 헬리코박터균이 있을 수 있는 위험이 증가하는 것으로 알려져 있기 때문에 아스피린의 득과 실을 잘 따져 복용해야 한다고 조언한다. 따라서, 아스피린의 암 예방효과에 대한 미래는 불확실하지만, 암발생률을 낮출 수 있는 유용성에 관한 연구는 계속 진행이 될 것이다.

를 활성화시킴으로써 체내 면역기능이 활발하게 만들어 암세포를 공격하도록 하는 면역치료법이다. 특이적 항암치료 백신(펩타이드 백신, DNA 백신, 인유두종바이러스 백신 등)과 비특이적 항암치료 백신(B7, TNF, 사이토카인 등)으로 나눌 수 있다.

• 항체-약물접합체(Antibody – drug conjugate, ADC)

항체-약물접합체는 치료용 항체에 약물을 접합시켜 암세포들을 파괴하도록 디자인되었다. 즉 항체-약물접합체의 항체가 암세포의 표면에 발현되는 표적분자에 반응하면서 암세포가 약물인 독성물질(toxic substance)에 노출되어 사멸되게 하는 치료법이다.

제9장

돌연변이

돌연변이(Mutation)는 하나의 세포 또는 한 개체에서 DNA 분자의 염기서열이나 표현형의 변화를 의미하는 것으로, DNA 분자 내의 한 염기에서의 변화는 단백질의 아미노산 서열의 변화를 유발할 수 있기 때문에 두 정의는 종종 동일한 표현으로 볼 수 있다. 그러나 모든 유전자 돌연변이가 외부로 표현되는 표현형에 이상을 초래하지는 않는다. 특히, DNA 돌연변이가 쓰레기 DNA나 인트론에서 발생하였다면, 임상증상으로 나타나지 않을 수 있기 때문에 이런 경우는 돌연변이라고 하지 않고 다형현상(polymorphism)이라고 한다. 돌연변이라는 용어는 멘델의 법칙을 재발견한 드브리스(Hugo de Vries)가 처음으로 사용하였다.

1. 돌연변이의 유형

돌연변이의 유형은 여러 가지 방법으로 분류될 수 있는데, 돌연변이 현상의 기원에 따라서는 자연발생적(spontaneous)이었는지 또는 돌연변이유발원(mutagen)의 존재 하에 유도(induced)된 것인지로 나눌 수 있다. 세포의 종류에 따라서는 생식세포의 돌연변이와 체세포의 돌연변이로 나눌 수 있으며, 돌연변이의 크기에 따라서는 염색체 수준에서 일어나는 변화와 소수의 염기가 변화하는 염기수준으로도 나눌 수 있다(표 9-1).

대부분의 돌연변이는 통계상으로 무작위적이며 예측을 할 수 없기 때문에 자연발생적이라고 하고, 세포 내 DNA

표 9-1. 돌연변이의 유형과 특징

분류의 기준	종류	특징
기원	자연발생	돌연변이원을 알 수 없이 무작위로 발생
	유도	화학적 돌연변이원이나 방사선 등으로 처리하여 발생될 수 있는 돌연변이
세포의 종류	생식세포	자손에게 유전
	체세포	자손에게 전달되지 않음
분자적 변화	염기치환(substitution)	DNA 이중나선에 있는 한 염기쌍이 다른 염기쌍으로 대체 (예 : C–G → T–A)
	염기전이(transition)	피리미딘(T, C)이 피리미딘으로 또는 퓨린이 퓨린으로 대치 (예 : T → C 또는 C → T, A → G 또는 G → A)
	염기교차(transversion)	피리미딘이 퓨린으로, 또는 퓨린이 피리미딘으로 상호대치 (예 : T → A 또는 T → G, A → C 또는 G → T)
	염기삽입(insertion)	하나 또는 그 이상의 염기가 존재[예 : CCTGAT → CCTTGAT (T가 삽입)]
	염기결실(deletion)	하나 또는 그 이상의 염기가 손실[예 : CCTGAT → CCTAT (G가 결실)]

의 복제, 수선, 재조합 과정에서 오류에 의해 발생된 돌연변이는 자연발생 돌연변이라고 한다. 반면에 화학적 작용이나 방사선 등 인위적인 요소에 의해 발생하는 유도된 돌연변이는 여러 가지 화학물질이나 이온화 방사선, 자외선 등의 고에너지와 알킬화 약제와 같은 돌연변이 유발원 등에 의해 직접적으로 염기를 손상시켜 염기쌍의 수소결합이 손상되거나 손상된 DNA가 더 이상 주형으로 작용하지 못하도록 만드는 것이다. 일단 염기가 변환되어 유전정보가 바뀌고, 표현형이 바뀌고 나면, 그 원인을 알아낼 수는 없으며, 1927년 뮐러(Hermann Muller)가 초파리에 X-선을 노출시키게 되면 돌연변이체가 얻어진다는 사실을 「유전자의 인공돌연변이(Artificial transmutation of the gene)」라는 논문으로 발표함으로써 돌연변이 산물의 결실이 끼치는 영향에 대한 연구가 가능해졌고, 후에는 X-선이 모든 생명체의 돌연변이 유발원이라는 사실도 밝혀졌다.

세포 수준에서는 생식계통(germ-line)과 체세포(somatic) 돌연변이로 나눌 수 있는데, 생식계통에서의 돌연변이는 그에 영향을 받은 개체에서는 비정상화를 일으키지는 않지만 자손에게 유전될 수 있고, 다음 세대에서 질환을 일으킬 수 있다. 한편 체세포 돌연변이는 하나의 세포에서부터 시작하는 것으로, 유전자형적으로 정상과 돌연변이 조직의 혼합물인 생물체를 생기게 하는데, 대부분의 암은 DNA 손상에 의한 체세포 돌연변이에 의해 발생을 하며, 다음 세대에 유전은 되지 않는다.

분자 수준에서의 돌연변이는 DNA 염기서열 중에서 하나의 염기쌍이 바뀌는 점돌연변이(point mutation)가 널리 알려져 있으며, 이러한 돌연변이는 치환(substitution), 결실(deletion) 그리고 삽입(insertion)에 의해 일어난다.

자연발생적 화학반응, 화학적 돌연변이 그리고 방사선에 의해 발생하는 DNA의 손상들은 수선될 수 있다. 단백질을 구성하는 아미노산 배열 중 단 하나에 변화가 일어나는 점돌연변이는 복귀돌연변이를 일으켜 원래의 상태로 돌아갈 수 있으며, 삽입의 경우도 삽입되는 물질을 결실시켜 본래 상태로 돌아갈 수 있다. 그러나 결실은 원래의 상태로 돌아갈 수 없다.

알아두기 9-1. 사람의 유전변이

모든 사람은 개인 간에 약 99.9%가 동일한 유전적 염기서열을 가지고 있으며, 개인 간의 차이는 약 0.1%의 염기서열만이 차이를 보인다. DNA 복제과정에서 오류(error)에 의한 돌연변이로 유전변이가 만들어진다.

2. 사람 돌연변이의 유형

사람 유전학에서의 돌연변이는 표현형(phenotype)에 대한 영향이 거의 없을 수도 있지만, 어떤 차이의 경우는 직접적으로 질병을 야기하기도 한다. 사람 돌연변이의 유형을 넓은 의미로 분류하면 세포에서 염색체 수의 변화를 유발시키는 유전체 돌연변이와 각 염색체의 구조를 변화시키는 염색체 돌연변이 그리고 각 유전인자를 변화시키는 유전자 돌연변이 등 3가지 범주로 나눌 수 있다.

1) 유전체 돌연변이

유전체 돌연변이(Genome mutation)는 사람에서 가장 흔한 돌연변이로 세포에서 감수분열이나 유사분열 중 특정 염색체의 분리 오류(error in chromosome segregation)에 의해 염색체 수의 변화가 생기는 것으로, 용량(dosage)의 변화를 초래할 뿐만 아니라 수백 또는 수천 개의 유전자들

알아두기 9-2. 유전체 돌연변이와 자연유산

유전체 돌연변이는 감수분열 중에 특정 염색체 쌍의 분리오류(missegregation)에 의해 초래된다. 유전체 돌연변이는 최소한으로 감수분열 25~50번 중 한 번의 비율로 발생을 한다고 추정을 하는데, 이는 분리오류에 의한 비배수체 태아들이 임신 직후에 임상적으로 인지하지 못하는 사이에 자연 유산되기 때문일 것이다. 조디(Lynn Jorde) 등이 1999년에 발표한 자료에 의하면 임신 첫 삼분기 유산의 50%, 두 번째 삼분기 유산의 20%에서 염색체 이상이 동반되는 것으로 알려져 있다.

염색체의 수적 이상은 사람의 염색체 이상 가운데 가장 흔하고 임상적으로도 중요한 의미를 갖는데, 임상적으로 인지된 모든 임신의 최소 5%에서 일어난다고 알려져 있다. 대부분은 trisomy이거나, 빈번하지는 않지만 monosomy로 나타난다. Trisomy는 유전체의 어느 부분에서도 나타날 수 있으나, 13, 18, 21, X, Y 염색체를 제외하고는 생존이 불가능하며, 유산아에서 가장 흔한 염색체 이상은 45,X로 완전한 monosomy X를 제외하고는 생존이 불가능하다.

의 발현 정도를 변화시킨다.

2) 염색체 돌연변이

염색체 돌연변이(Chromosome mutation)는 각 염색체의 구조를 변화시키는 것으로서 유전체 돌연변이보다 낮은 빈도로 발생하며, 중복(duplication), 결실(deletion), 역위(inversion), 전위(translocation) 등이 속한다(그림 9-1). 이러한 돌연변이는 세포분열 1,700번 중 1번의 비율로 발생한다고 알려져 있으며, 일반적으로 생존하지 못하거나 정상적인 생식을 하지 못하기 때문에 자연적으로 발생하거나 감수분열 중 전위된 비정상적 분리에 기인하고, 다음 세대로는 전달되지 않는다.

염색체 돌연변이 중 결실이나 중복에 의한 돌연변이는 유전자의 발현에 영향을 미치는데, 전이나 역위는 경우에 따라서는 유전체의 중요부위에 영향을 미치지 않을 수도 있고, 표현형의 변화가 없을 수도 있다.

3) 유전자 돌연변이

유전자 돌연변이(Gene mutation)는 핵이나 미토콘드리아 DNA 염기서열의 변화로서, 단일 염기에서부터 수천개의 염기의 변화까지 다양하지만 그 정도는 아주 작아서 세포유전학적 분석법으로 발견할 수는 없다. 유전인자 돌연변이의 발생기전은 DNA 복제과정에서 발생하는 오류(DNA replication errors) 또는 DNA 손상의 복구(repair of DNA damage) 실패이다.

DNA 복제과정에서 오류가 발생한다면 사람은 생존하기 어렵기 때문에 복제과정은 매우 정확하게 진행되어야 한다. 복제오류는 부정확한 염기를 적정한 염기로 대체하는 교정과정(proofreading)에 의해 신속하게 제거되면서 교정이 되고 있는데, 일련의 DNA 복구효소에 의해서 진행되며, 실제로 복제오류 점검에 의하여 DNA 복제오류의 99.9% 이상이 교정된다.

DNA 손상의 복구 중 돌연변이는 depurination과 demethylation 그리고 deamination과 같은 자연적 화학반응이나 환경 내의 화학적 돌연변이원의 반응 또는 전리방사선이나 적외선 등에 노출되었을 때 발생할 수 있다. 돌연변이는 평균적으로 염기서열 당 약 $2.5 \sim 10^{-8}$의 확률로 발생하는 것으로 알려져 있으며, 이러한 손상의 많은 부분은 교정과정에 의해 교정이 되는 반면에 일부 DNA의 손상들은 영구적인 변이형태로 남을 수도 있다.

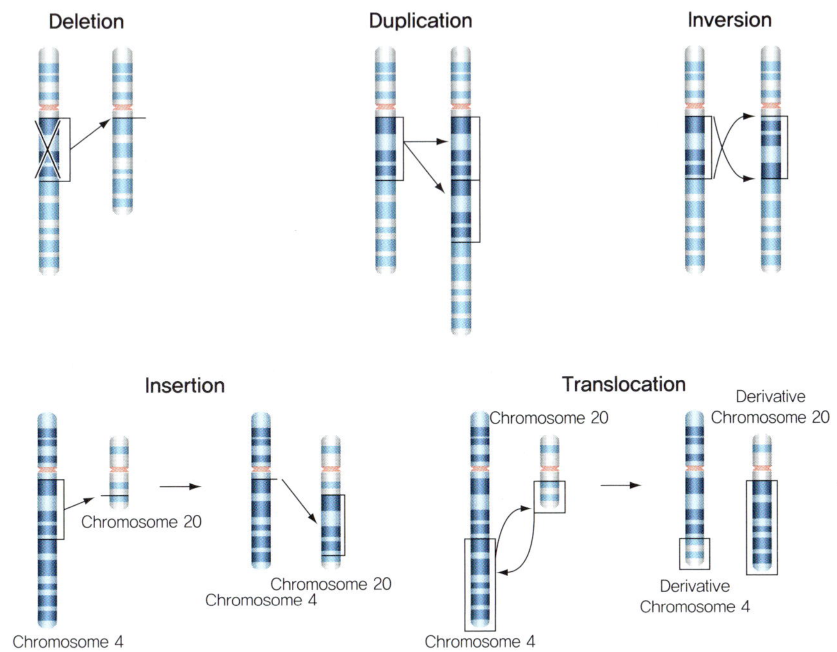

그림 9-1. 염색체 돌연변이

3. 유전자 돌연변이의 형태

유전자 돌연변이는 DNA 염기서열 중에서 하나의 염기서열이 바뀌는 점돌연변이(point mutation)가 널리 알려져 있으며, 주로 염기쌍 치환(substitution), 삽입, 결실 등에 의해 일어난다.

1) 핵산치환

(1) 과오 돌연변이

과오 돌연변이(Missense mutation)는 3 염기에 해당하는 유전부호(code)를 변화시켜서 유전인자 산물 중 한 아미노산을 다른 아미노산으로 변화시키는 것으로(그림 9-2), 사람의 유전질환을 초래한다고 알려진 돌연변이들의 약 50% 이상을 차지한다. 혈색소이상증과 같은 많은 질환에서 발견되는 돌연변이의 거의 대부분이 과오 돌연변이이며, 대표적인 질환으로는 겸상적혈구 빈혈이 있다.

(2) 무의미 돌연변이

무의미 돌연변이(Nonsense mutation)는 3가지 종결 코돈 중 하나를 유발하는 돌연변이로서 일반적으로 전사에는 영향을 미치지는 않으며 번역의 조기종결을 초래한다(그림 9-3). mRNA의 번역이 원래의 종결코돈보다 훨씬 전에 멈추기 때문에 단백질 산물이 짧아지는 결과를 초래하고, 일반적으로 불안정하여 세포 내에서 급격한 효과가 생길 수 있으며 단백질은 기능을 잃기도 한다. 이런 조기종결 돌연변이는 모든 질병 유발 돌연변이율의 약 10%를 차지한다고 알려졌다.

(3) 침묵돌연변이

침묵 돌연변이(Silent mutation)는 DNA 염기서열이 바뀌었지만 아미노산이 변하지 않은 경우를 의미하며(그림 9-4), 이렇게 되는 이유는 하나의 코돈이 하나의 아미노산만을 지정하지 않기 때문이다.

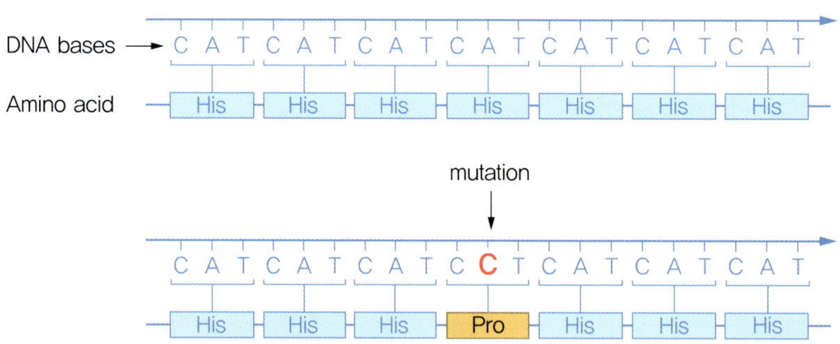

그림 9-2. 과오돌연변이의 예

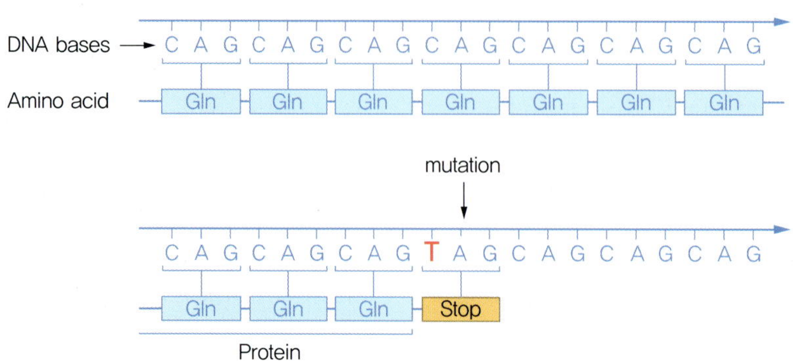

그림 9-3. 무의미돌연변이의 예

알아두기 9-3. 겸상적혈구 빈혈(Sickle Cell Anemia)

겸상적혈구 빈혈은 1910년 미국 시카고의 헤릭(James Herrick)에 의하여 빈혈이 있는 흑인 환자에서 처음으로 보고되었는데, 흑인에 많고, 열대열 말라리아 유행지역에서 자주 발생하며, 우리나라에서는 2006년까지 보고된 바 없다.
헤모글로빈은 16번 염색체 p13.1 부위에 있는 *HBA*에 의해 암호화된 2개의 α-글로빈과 11번 염색체 p15.5에 위치하는 *HBB* 유전자에 의해 암호화되는 2개의 β-글로빈, 총 4개의 글로빈으로 구성이 되는데, 겸상적혈구병은 β-글로빈의 6번째 코돈 GAG(글루탐산)이 GTG(발린)으로 치환되면서 발생한다. β-글로빈에서 Glu6Val 돌연변이가 생기면 산소가 해리된 헤모글로빈의 용해성을 감소시키고, 적혈구를 불완전하게 재생하여 낫모양을 만든다.

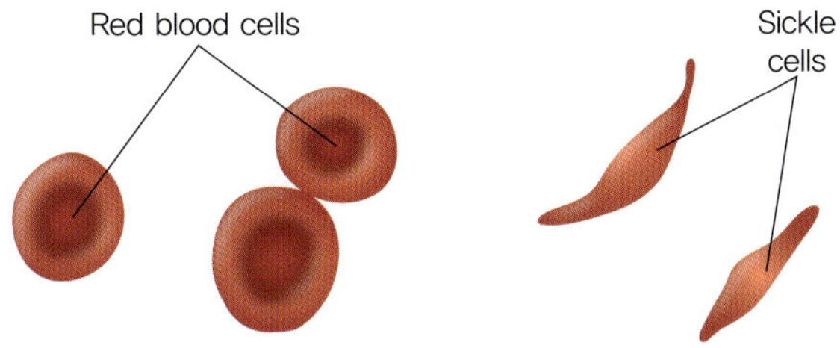

겸상적혈구들의 평균 수명은 17일 정도이며, 세포막의 변화를 초래하고 산화물질을 생성하고, 적혈구가 혈관내피세포에 비정상적으로 부착하게 하여 혈관폐쇄(vaso-occlusion)를 일으킨다.

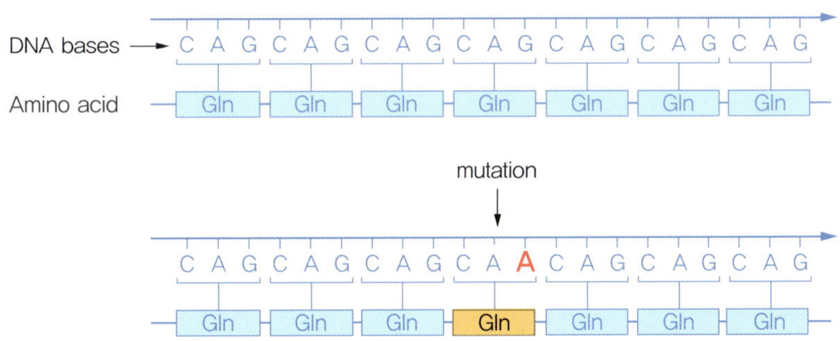

그림 9-4. 침묵돌연변이의 예

(4) RNA 스플라이싱 돌연변이

어떤 위치에서의 치환은 exon과 intron의 경계부위에 영향을 주어 스플라이싱(splicing)이 변화할 수 있고, promoter 부위에 발생한 치환은 유전자발현 정도를 바꿀 수 있다. 전체적으로 스플라이싱에 영향을 주는 돌연변이는 사람 유전질환의 원인돌연변이의 10%를 차지한다.

(5) 염기전이와 염기교차

Purine이 다른 purine으로(A ↔ G) 혹은 pyrimidine이 다른 pyrimidine으로(T ↔ C) 치환되는 염기전이(transition)와 purine이 pyrimidine으로 또는 pyrimidine이 purine으로 치환되는 염기교차(transversion)가 있으며, 이러한 핵산치환은 다양한 결과를 초래한다. 유전질환을 일으키는 단일 핵산 치환들 중 염기전이가 많은데, 이는 사람유전체에서 DNA 변형의 주요한 형태가 cytosine residues의 메틸화(5-methylcytosine)형성 때문이라고 알려졌다.

2) 염기결실 및 염기삽입

돌연변이는 DNA 서열들의 삽입, 역위, 융합(fusion), 또는 결실에 의하여 발생할 수 있다. 이러한 돌연변이들은 일반적으로 DNA Southern blotting 또는 경계(junction) 부위에 대한 PCR 분석에 의해 검색되며, 드물게는 고해상염

알아두기 9-4. 지중해빈혈증후군(Thalassemia Syndrome)

지중해빈혈증후군은 1925년 쿨리(Thomas Cooley) 등에 의해 처음으로 기술되었으며, 초기의 많은 환자들이 지중해 연안에서 발견된데 기인한다. 지중해빈혈증후군은 혈색소를 구성하는 글로빈의 이름을 따라 α-지중해빈혈과 β-지중해빈혈 그리고 δβ, γδβ 지중해빈혈 등이 있다.

α-지중해 빈혈은 α-글로빈 유전자의 결실에 의해 발생하는 혈색소 이상증으로 α-글로빈 복합체는 16번 염색체 P13.3에 있으며 조절부위는 HS-40이다.

β-지중해빈혈은 β-글로빈 유전자의 이상으로 발생하는데, 대부분은 점돌연변이이고 일부는 결실이 원인이다. β-글로빈은 사람에서 처음으로 클로닝된 유전자이며, 유전자의 구조, 돌연변이의 기능, 조절기작 등에서 가장 잘 연구되어 있다.

β-글로빈 복합체는 11번 염색체 p15.5에 위치하는 5개의 유전자로 구성되며, 3개의 엑손으로 이루어져 있는데, 주로 이 유전자의 점돌연변이에 의해 β-지중해빈혈이 발생한다.

β-글로빈 mRNA가 감소한 β-지중해빈혈 환자의 대부분은 RNA 스플라이싱 돌연변이에 의한 것으로 24개 이상의 유형이 알려져 있다. RNA 스플라이싱 돌연변이는 스플라이싱 연결부위 돌연변이, 인트론 연결부위 그리고 스플라이싱에 영향을 미치는 코돈 서열의 변화 등 3개의 집단으로 나눌 수 있다. 우리나라의 지중해빈혈증 유병률은 0.1%이하로 추정되며, β-글로빈 유전자의 돌연변이는 매우 다양하다.

알아두기 9-5. 핵산 치환 돌연변이 종류와 사람유전질환

핵산 치환 돌연변이 종류	질병유발 돌연변이 비율
과오 돌연변이(아미노산 치환)	50%
무의미 돌연변이	10%
RNA 스플라이싱 돌연변이	10%
스플라이싱 부위의 이상에 의한 틀이동 돌연변이나 정지코돈의 조기생성	10%
전사인자의 결함이나, 유전자 발현에 영향을 주는 조절부위에 대한 돌연변이	드물다

색체 분석법에서 최소한 200~400만 염기의 결실이 있을 때는 세포유전학적 검사로도 검출될 수 있다.

한 개 또는 두 개의 염기가 결실되거나 삽입되면, 그 부위 이하부터 전혀 다른 아미노산이 생성되어 truncated protein이 되거나 스플라이싱 변화가 초래되는 틀이동 돌연변이(frameshift mutation)가 발생한다(그림 9-5). 단지 작은 수의 염기쌍의 결실 또는 삽입은 사람 유전질환의 원인인 모든 돌연변이의 약 1/4을 차지하는데, 틀이동 돌연변이를 일으키는 원인으로는 이온화 방사선과 ethidium bromide, acridine orange 등이 있다.

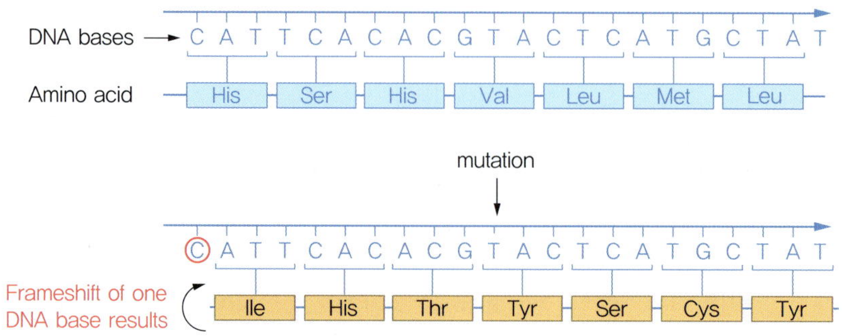

그림 9-5. 틀이동 돌연변이의 예

4. 돌연변이 유발원

돌연변이 유발원은 돌연변이를 일으킬 수 있는 물리적 또는 화학적 물질을 의미하는 것으로 자외선(UV)에 의한 돌연변이를 제외하고 체세포와 생식세포 DNA 돌연변이의 발생 간 차이는 없으며, DNA 복제기간 동안 염기가 변형된 분자적 형태로 되거나 상호변이(tautomer)됨으로써 발생된다. 그러나 대부분의 돌연변이는 화학물질에 의해 발생되며, 방사선에 의한 돌연변이는 10~15% 정도이다.

1) 화학물질

환경에서 자연적으로 존재하는 화학물질 중에는 돌연변이적 특징을 가지고 있는 물질이 있는데, 예로는 담배연기, 페인트, 석유화학 제품, 살충제, 염료, 식품, 약물 등이 있으며, 노출의 경로는 흡입, 피부흡수와 섭취이다.

최초로 알려진 돌연변이 유발 화학물질은 겨자가스(mustard gas, sulfur gas)로 알킬기를 DNA의 염기에 전달하는 물질(알킬화제) 중 하나인데, 흡입하였을 때 강한 고통과 광범위한 폐 손상을 일으키며, 2차 대전에서 비밀리에 사용되었다. 화학적 돌연변이 유발원은 크게 2가지로 구분하며, 알킬화제나 아질산과 같이 복제되는 DNA와 복제되지 않는 DNA 모두에 돌연변이를 일으키는 것과 복제중인 DNA에만 돌연변이를 유발하는 것이 있다.

(1) 염기유사체

염기유사체(Base analogue)는 돌연변이를 일으키는 화학물질로 핵산 합성시에 피리미딘이나 퓨린을 대체할 수 있는 분자들로, DNA의 4염기들 중 하나와 매우 비슷해서 DNA 중합효소가 표준염기로부터 유사체를 구분할 수 없기 때문에 복제가 진행되는 동안 DNA로 삽입할 수 있다. 그러나 정상적인 염기와는 다르기 때문에 DNA 복제기간 동안 잘못된 염기쌍 짓기를 하게 됨으로써 돌연변이율을 높이게 된다.

대표적인 염기유사체에는 5-브로모우라실(5-bromouracil, 5-BU)과 2-아미노퓨린(2-aminopurine, 2-AP)이 있다. 5-브로모우라실은 아데닌과 상보적인 쌍을 이루는 티민의 유사체이기 때문에 티민의 자리에 대신 들어가 T-A에서 C-G로 전이(transition)된다. 반면에 2-아미노퓨린은 티민과 상보적인 쌍을 이루는 아데닌의 염기유사체이기 때문에 아데닌과 치환되어 A-T가 G-C로 바뀐다(그림 9-6).

(2) 화학적 변경인자

아질산(HNO_2)은 복제중의 DNA와 비복제중인 DNA 모두에 반응하는 강력한 돌연변이 유발원으로서 염기의 아미노기를 케토기로 치환함으로써 쉽게 전이 돌연변이를 유발한다. 그 결과 시토신은 우라실로, 탈아미노화된 아데닌은 구아닌의 전구체인 하이포잔틴(hypoxanthine)으로 전환되고, 하이포잔틴은 티민보다는 시토신과 염기쌍 짓기를 한다(그림 9-7). 아데닌의 탈아미노반응은 A-T → G-C 전이를 초래하고, 시토신의 탈아미노반응은 G-C → A-T 전이

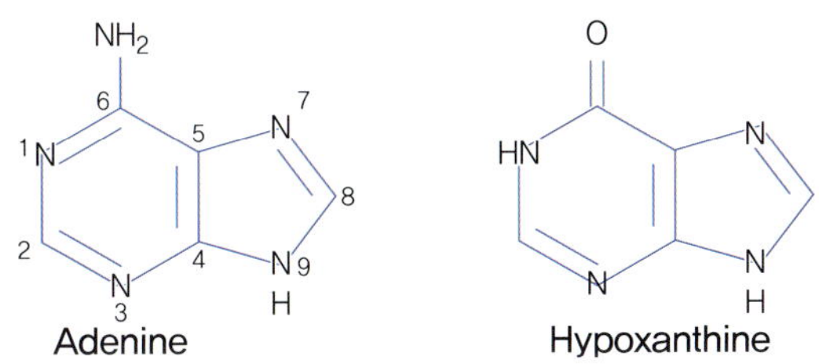

그림 9-7. 하이포잔틴의 구조

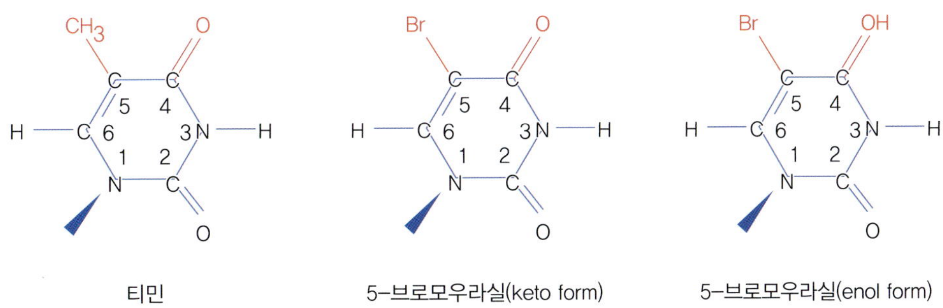

그림 9-6. 5-브로모우라실(5-bromouracil, 5-BU)의 구조

를 일으키기 때문에 아질산은 A-T ↔ G-C 양방향으로 전이를 일으킨다.

알킬화제(Alkylating agent)는 메틸(CH_3)과 에틸(CH_3-CH_2) 같은 알킬기를 전달하여 염기를 변형시키는 돌연변이를 유발하는 돌연변이 유발원이다. 따라서 농도에 비례하여 전이, 전환, 해독틀 변경과 염색체 이상 등의 모든 유형에 영향을 끼치며, 어떤 염기가 변형되는지와 어떤 염기가 첨가되는지에 따라 돌연변이 효과가 다르게 나타날 수 있다. 일단 알킬화된 산물은 시토신보다는 티민과 염기쌍을 형성하기 때문에 돌연변이될 확률이 높다. 알킬화제의 예로는 에틸메탄 설포네이트(ethylmethane sulfonate, EMS), 질소가스(nitrogen) 그리고 겨자가스(sulfur mustard) 등이 있는데, 에틸메탄 설포네이트는 DNA의 퓨린 고리를 제거하는 물질이다.

(3) DNA 삽입물질

DNA 삽입물질(intercalating agent)은 삽입 돌연변이와 연관되어 있으며, 가장 잘 알려진 물질로는 에티디움 브로마이드(ethidium bromide, EtBr)가 있는데, 이 물질은 얇은 판 모양의 고리화합물로 DNA의 염기사이에 끼어들어가(intercalation) 결합할 수 있기 때문에 돌연변이를 유발할 수 있다(그림 9-8). 일반적으로 에티디움 브로마이드가 DNA의 염기 안에 끼어들었을 때 자외선 조사를 하면 free ethidium bromide보다 약 20배 정도로 더 밝은 빛을 내기 때문에 아가로스 겔 전기영동 후 DNA의 밴드를 확인하는 데 사용된다. 그러나 그 기전은 증명되지 않았다.

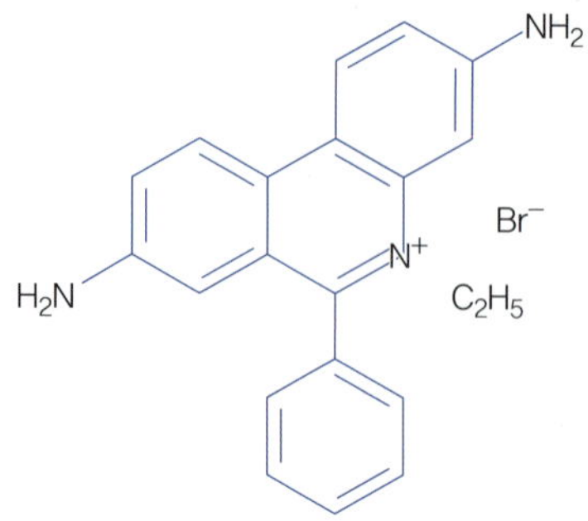

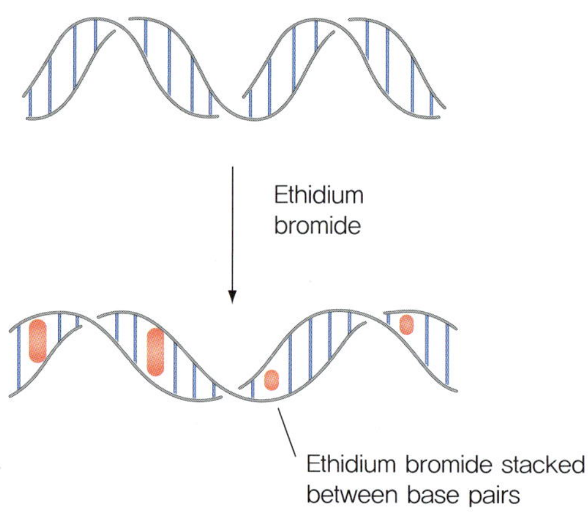

그림 9-8. 에티디움 브로마이드의 돌연변이 효과

그 밖에 방부제인 프로플라빈(proflavine)은 서로 인접한 염기쌍 사이에 삽입되는데, 이것으로 염기의 결손과 첨가

알아두기 9-6. 돌연변이들과 그 영향

돌연변이 형태	유전자에 미치는 영향
큰 단편의 결실	기능을 완전히 상실할 수도 있음
전체 유전자의 중복	유전자 산물이 약 50% 증가(유전자 증가량이 치명적이지 않으면 표현형에 영향을 주지는 않을 수 있음)
인트론 변이	거의 영향을 주지 않을 것으로 예상하지만, 스플라이싱에 영향을 줄 수는 있음
스플라이싱 돌연변이	스플라이싱 부위의 GT—AG 염기의 변이는 그 대립유전자의 기능을 상실시킬 수 있는 가능성이 높음
틀변형 돌연변이	3염기 코돈 틀의 변형에 의해 발생하며, 변형된 대립유전자의 기능을 상실하게 할 수 있음
과오 돌연변이	돌연변이 효과는 아미노산의 성질이나 기능을 변화시키지만, 화학적으로 유사한 아미노산으로 치환될 경우 변이효과는 미흡하다. 아미노산이 단백질의 기능에 중요하게 작용은 하지만, 이전 아미노산은 영향을 전혀 주지 않을 수도 있음
정지 돌연변이	미성숙 정지코돈 생성 돌연변이로서 변형된 대립유전자의 기능을 상실시킬 수 있음

를 초래하여 DNA의 변형을 일으키는 아크리딘(acridine)의 원료이다. 아크리딘은 DNA 삽입물질로 생각되었으나 실제로는 DNA 회전효소 II (topoisomerase II)를 방해하여 손상을 입히는 물질이다. 아크리딘이 존재하면, DNA 회전효소 II는 DNA를 끊어진 상태로 놓아두기 때문에 수선이 되지 않을 경우에는 손상된 부위에 하나 또는 몇 개의 염기쌍이 첨가되거나 결실되는 결과가 생길 수 있다.

2) 방사선

방사선에 의한 돌연변이는 X-rays, gamma rays 그리고 우주선(cosmic ray) 등의 이온화 방사선(ionizing radiation)이나 자외선 등의 비이온화 방사선(nonionizing radiation)에 의한 것으로, 이온화 방사선은 고에너지로 조직에 침투하여 DNA에 손상을 입히는 강력한 돌연변이 유발원이다.

(1) 자외선

태양광선에서 가장 짧은 파장인 자외선(ultraviolet light)은 이온화반응을 일으킬 정도로 충분한 양의 에너지를 가지고 있지는 않지만, DNA에 있는 퓨린이나 피리미딘 같은 생체분자에 순간적으로 자외선의 에너지가 흡수되면 복제와 전사를 방해하는 피리미딘 이량체를 생성하여 돌연변이를 유발한다.

자외선에 의해 유도되는 돌연변이과정은 직접적으로 퓨린과 피리미딘이 자외선의 에너지를 순간적으로 흡수하면서 발생하는데, 주로 서로 인접하여 위치하는 피리미딘 잔기들의 이량체(dimer)를 만든다. 대부분이 T-T(T-C와 C-C)와 같이 이량체가 되지만, 생식세포에의 돌연변이를 유발하지는 않는다.

자외선은 4 mm 두께의 오존층에 의해 차단될 수 있지만, 최근에는 공업용 탄화플루오르(fluorocarbons)에 의해 오존층이 파괴되고 있으며, 자외선에 피부를 지나치게 노출하면 피부암의 위험이 증가한다.

(2) 원자방사선

이온화 방사선에는 X-선과 방사능 물질에서 발생되는 방사선 및 그 입자들(α와 β 그리고 γ선)이 포함된다. 이온화 방사선이 물이나 생체조직 내에서 반응을 하면 자유라디칼(free radical)이라는 이온이 형성되고, 이 자유라디칼은 DNA를 포함한 다른 분자들과 반응하여 돌연변이나 암 유발효과를 일으킨다.

자유라디칼들 중에 산소를 포함하고 있는 것들은 즉시 주위 분자들을 공격하게 되고, DNA를 공격한다면 한 염기가 바뀔 수도 있지만 대개 한쪽 또는 양쪽 가닥 모두를 절단하기도 한다. 단일가닥의 절단은 복구가 될 수 있으나, 양쪽 가닥의 절단은 복구가 어렵기 때문에 계속 이어지는 돌연변이를 일으킬 수도 있다. 또한 자유라디칼은 혈류를 따라 이동을 할 수 있기 때문에 직접적으로 X선에 노출되지 않은 세포를 손상시킬 수 있다.

3) 전이인자

전이인자(Transposable element)는 트랜스포존(trans-

알아두기 9-7. UV 살균제

UV에 의해 생성된 피리미딘 이량체가 복제를 방해할 때, 세포분열이 억제되어 세포가 죽게 되므로 UV는 세균에 대한 효과적인 살균제이다.

알아두기 9-8. X선의 영향

X선은 염색체가 응축된 상태에 있을 때 손상을 입힐 수 있으며, 정자의 기원세포를 포함하여 분열 중에 있는 세포에 가장 해로운 영향을 끼칠 수 있다. 배아발생 후 최초 7일 동안에 X선에 의해 돌연변이가 유발되거나 치명적인 영향을 받을 수 있고, 소아백혈병은 임신 8~40주 때 X선에 노출되었을 경우에 발생할 수 있으며, 방사선에 의한 손상은 축적이 되기 때문에 방사선의 영향과 관련하여 최소 기준치는 없다.

100라드(rad)의 X선은 백혈구 수를 50% 정도 감소시키며, 450라드 정도의 X선이 전신에 노출되면 사망할 수도 있는데, 암세포를 죽이는데 쓰이는 X선량은 1,000라드를 사용하기도 한다. DNA 복구에 결핍이 있는 환자는 절대로 X-ray 촬영을 받으면 안 된다.

poson)이라고도 하며, 유전체상의 독립된 염기배열로 파아지(phage)나 플라스미드(plasmid)처럼 독립적인 형태를 취하지 않고 유전체의 다른 부위로 옮겨 갈 수 있다. 전이인자는 1940년대 옥수수의 유전을 연구하던 맥클린톡(Barbara McClintock)에 의해 처음으로 발견되었으며, 모든 생명체에서 발견되고 있다.

사람에서 전이인자들은 전체 유전체의 35~45%를 차지하고 있으며, 원래는 유전체 내에서 이동할 수 있는 능력이 있었으나 많은 것들이 돌연변이의 결과로 그러한 능력을 잃어버렸다. 사람 유전체에 존재하는 전이인자로는 short interspersed nuclear elements (SINEs), long interspersed nuclear elements (LINEs)로 구성되는 산재서열들이 있다(표 9-2).

전이인자들은 이기적 DNA로 간주되기도 했지만, 사람 유전체에서 Alu 인자들은 G+C 양이 높은 유전체의 유전자가 많은 지역에 불균형적으로 존재하면서 어떤 기능적 역할을 할 수도 있다는 증거가 제시되기도 했다.

5. 돌연변이의 기능적 변화

표현형에서 돌연변이의 영향이 미치는 범위는 유전적 기법 또는 생화학적 기술에 의해서만 관측할 수 있을 정도의 미세한 변이에서부터 형태학상의 변화로 치사에 이르는 것까지 다양하며, 돌연변이는 열성이거나 우성이지만 유전학자들에 의해 연구되고 확인된 대부분의 돌연변이는 해롭고 열성이다.

돌연변이는 단백질의 기능에 영향을 끼칠 수 있으며 그로 인해 질환을 유발시킨다. 가장 일반적인 것은 기능의 소실이지만, 다른 중요한 상태는 돌연변이에 의한 새로운 단백질 기능의 획득으로써 부적절한 시기에 유전자가 발현되거나 부적절한 장소에서의 유전자 발현이 발생하여 질환이 유발된다.

(1) 기능 상실

유전자 산물의 합성이나 조절영역 같은 중요한 염기서열에서 돌연변이가 발생하면 유전자의 기능이 상실(loss of function)되고, 유전자량의 감소가 초래될 수 있다. 기능 상

표 9-2. 사람 유전체에 있는 반복성 DNA 서열들

반복성 DNA 서열의 종류	특징
미세부수체(microsatellites)	미세부수체는 반복 단위가 짧아 13 bp 이하이며, 사람의 경우 2~4개의 뉴클레오티드 반복 서열이다.
미소부수체(minisatellites)	미소부수체 DNA는 염색체의 구조적 특징과 관련이 있으며, 그 예로 사람의 경우 5'–TTAGGG–3' 서열이 수백 번 반복되어 있는 텔로미어 DNA가 있다.
SINEs (short interspersed nuclear elements)	100~400 bp의 길이로 산재해 있으며, Alu 반복서열이 대표적이다. 300 bp 길이인 Alu는 사람의 총 유전체에서 약 50만 개 정도의 복사체로 존재한다.
LINEs (long interspersed nuclear elements)	세 가지 LINE family들이 전 유전체의 20% 이상을 구성하는데, 그 길이는 1~6 kb 정도이다.
부수체 DNA (satellite DNA)	5~171 bp로 된 직렬 반복서열로 사람에서는 α와 β 부수체는 동원체에 모여 있다.
트리플렛 반복서열 (triplet repeats)	CGG, CAG 그리고 CTG로 이루어진 세 개의 염기가 반복되어 있는 것으로 사람의 경우 반복 횟수가 증가되면 질병이 유발된다.

알아두기 9-9. 기능 획득과 헌팅턴 질환

신경계에 영향을 미치는 유전성 뇌질환인 헌팅턴 병은 4번 염색체 p16.3에 위치하는 *HD* 유전자의 엑손 1에 polyglutamine을 암호화하는 CAG 반복서열의 증가에 의해 나타난다. 정상 *HD* 대립유전자는 10~26개의 CAG 반복을 가지고 있지만, 돌연변이는 36개 이상의 반복을 가지며, *HD* 유전자 생성물인 huntingtin의 기능은 정확하게 밝혀지지 않았다(유전질환 부분 참조).

실의 돌연변이는 대부분 열성표현형으로 나타나며, 대표적인 질환으로는 α-지중해성 빈혈을 들 수 있는데 이 질환은 흔히 α-글로빈 유전자의 결실 때문에 발생한다. 많은 종류의 종양은 후천적인 체세포 돌연변이에서 결실이 관찰되며, 결실 외에 다른 유형의 돌연변이 또한 기능이 완전히 상실될 수 있다.

(2) 기능 획득

유전자 산물의 비정상적 발현이나 기능을 유발하는 돌연변이를 의미하며, 기능의 획득(gain of function)은 해당 유전자 표현의 증가이거나 해당 유전자와 유사한 유전자의 증가에 따른 단백질량의 증가에 의한 것일 수 있다. 단백질 기능을 강화시키거나 양을 증가시키는 돌연변이는 생화학적 표현형을 변화시킬 수 있는데, 기능 상실 돌연변이보다는 흔하지 않으며 보통은 우성 유전현상을 보이는 조건을 유발한다. 질병에서는 질병의 치료기전이 달라질 수 있으므로 기능 획득에 의한 것인지에 대한 확인이 매우 중요하다. 유전자량의 증가는 암세포의 체세포 돌연변이(somatic mutation)에서도 흔하게 나타나는데 이런 형태의 돌연변이는 암의 발생보다는 진행에 더 많은 영향을 끼친다.

알아두기 9-10. 에임스 검사(Ames Test)

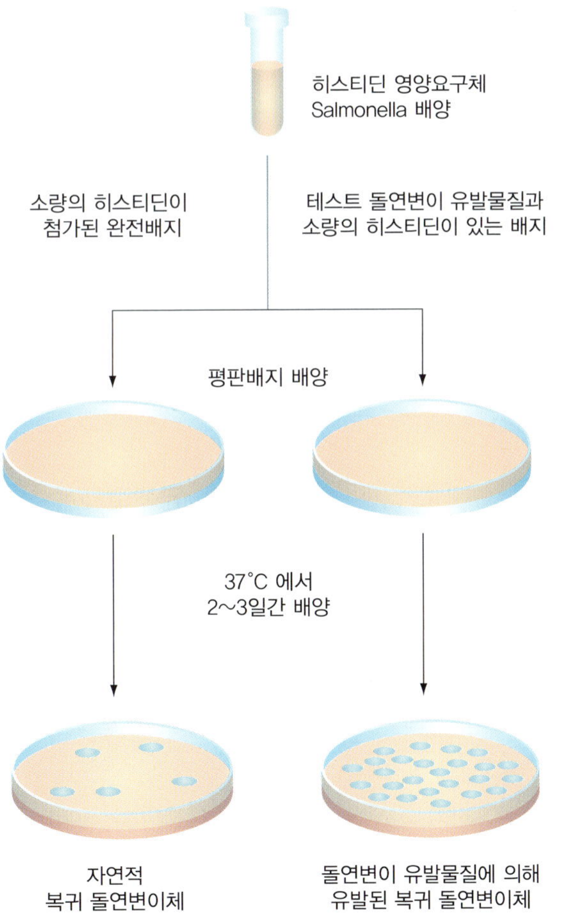

에임스 검사는 1970년 에임스(Bruce Ames)에 의해 고안된 방법으로 화합물의 돌연변이 유발력(mutagenicity) 검사에 가장 널리 이용되는데, 이 검사법은 빠르고, 저렴하면서 매우 쉬운 돌연변이성 검사법이다. 이 방법은 히스티딘 생합성 오페론에 다양한 돌연변이를 가진 특수한 살모넬라(*Salmonella typhimurium*) 균주를 사용해 역돌연변이를 분석하는 것으로서 살모넬라의 특수한 균주를 테스트 하고자 하는 물질을 함유하는 배지에 접종하고, 집락체가 생성되는지의 여부를 검사한다. 배양과정에서 히스티딘이 고갈되면, 히스티딘을 생합성 할 수 있는 능력을 회복한 복귀돌연변이체(revertant)만 자라기 때문에 대조군과의 집락수 비교를 통해 특정 화합물의 돌연변이 유발력을 측정할 수 있다.

단백질의 기능을 강화시키는 획득과 관련된 질환에는 헌팅턴질환 등이 있으며, 정상 단백질의 생산만을 증가시키는 질환에는 다운증후군과 같이 염색체 전체 또는 일부의 중복에 따른 3개 또는 그 이상의 유전자가 존재하여 유전자량의 증가로 나타난다.

(3) 우성방해효과

우성방해효과(Dominant negative effect)는 돌연변이 대립유전자의 산물이 정상 대립유전자의 산물을 방해하여 전체적으로 부작용이 발생하는 것을 의미하며, 일반적으로 어떤 단백질이 다합체성(multimeric)일 때 나타나는데 돌연변이 단백질이 최종 산물의 기능을 파괴하게 된다.

우성방해효과와 관련된 질환에는 골형성부전증(osteogenesis imperfecta)이 있으며, 이 질환은 약간의 외상에도 쉽게 뼈가 부러지고 뼈대의 기형을 유발하는 것으로 *COL1A1*과 *COL1A2*의 두 유전자 중에서 한 개에 돌연변이가 발생을 하면 발병을 한다. 정상적인 콜라겐 분자는 이 유전자들이 삼합체로 연합하여 I형 콜라겐을 형성하는 사슬을 암호화 하는데, 돌연변이에 의해 사슬의 합성에 실패하면 콜라겐 분자가 감소하고 비정상적이다. 제I형 콜라겐은 뼈와 다른 섬유조직의 주요 구조단백질로 뼈에서 비정상적인 사슬과 숫자의 감소는 콜라겐 원섬유에 결합이 있는 무기질침착(mineralization)을 일으킨다.

6. DNA의 수선

DNA 분자는 끊임없이 손상을 받을 수 있는데, 이런 돌연변이는 유전적 정보에 영향을 미쳐 비정상 단백질을 형성할 수 있다. 그러나 DNA에 암호화된 유전적 정보는 DNA에 손상을 받은 경우 수선을 필요로 하기 때문에 DNA에 변화가 생기면 계속 돌연변이 상태로 존재하기 전에 정확하게 수선된다.

모든 세포는 변화된 유전물질을 감지하고 수선할 수 있는 기전이 거의 완벽하게 이루어져 있으며, 수선과정에는 이중나선을 풀어내는 효소(helicases), 비정상적인 DNA를 제거하는 효소(endonucleases, exonucleases), 새로운 DNA의 합성효소(polymerase) 그리고 DNA 연결효소(ligase) 계열이 사용된다.

1) 직접 수선

직접 수선(Direct repair)은 변형된 뉴클레오티드를 대체하지는 않지만 원래의 구조로 되돌리는 기작을 의미한다(그림 9-9).

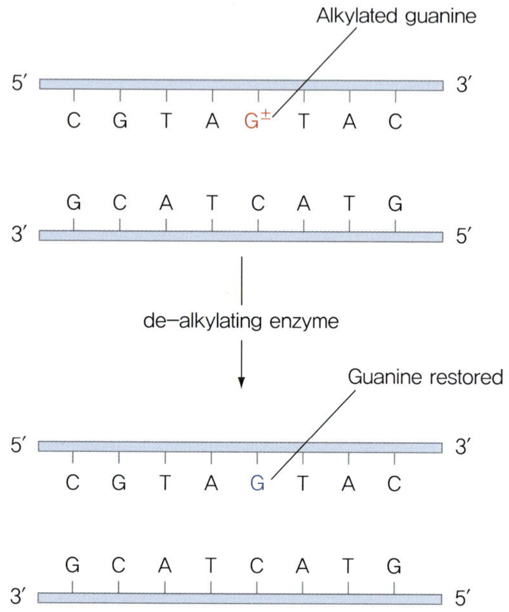

그림 9–9. 알킬화구아닌이 특정효소에 의해 탈알킬화되어 구아닌으로 복구되는 직접수선

2) 염기절제 수선

염기절제 수선(Base-excision repair)은 변형된 염기를 제거한 다음에 뉴클레오티드를 바꾸는 것으로 방사선과 같은 물질의 직접적인 작용 또는 자연적인 가수분해, 산소라디칼의 공격 등에 의해 손상된 염기는 DNA 당결합분해효소인 글리코실라제(glycosylase)에 의해 촉진된다.

글리코실라제는 변형된 염기를 감지한 후 디옥시리보오스당의 1번 탄소와 염기의 결합을 끊어서 변형된 염기를 제거한다. 그 다음 AP (apurininc 또는 apyrimidinic) 핵산내부가수분해효소가 인산디에스테르결합을 끊고, 다른 효소들은 디옥시리보오소당을 제거한다. 이어서 DNA 중합효소가 노출된 3'-OH기에 새로운 뉴클레오티드를 첨가하여 손상된 가닥을 복구하고, DNA 연결효소에 의해 인산디에스테르 골격의 틈이 메워지면서 본래의 염기서열로 복구된다(그림 9-10).

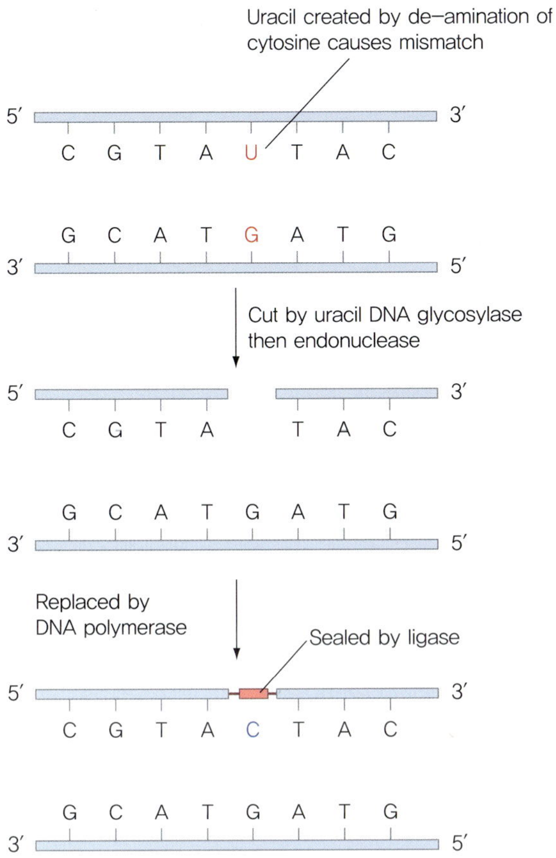

그림 9-10. 우라실 DNA 글리코실라제, AP 엔도뉴클레아제, DNA 중합효소 그리고 리가아제에 의한 염기 절제 수선

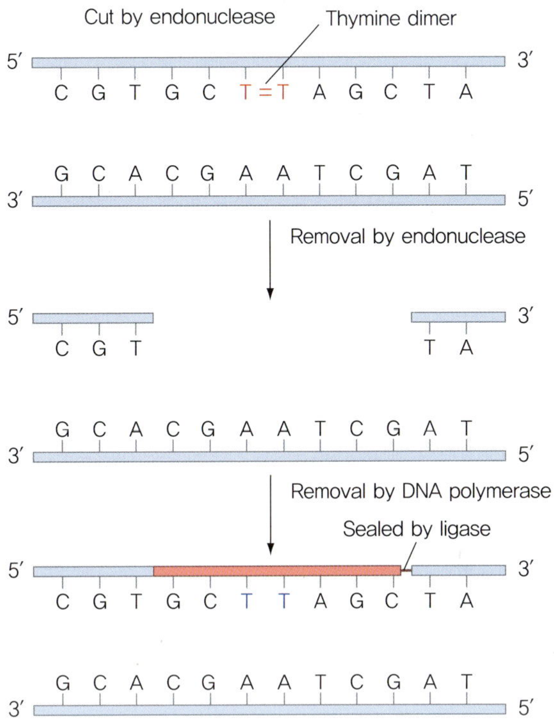

그림 9-11. UV에 의해 유도된 티민 이합체(thymine dimer)의 뉴클레오티드 절제수선 과정의 모식도

3) 뉴클레오티드절제 수선

뉴클레오티드절제 수선(Nucleotide excision repair)은 DNA 뼈대에서의 변화를 감지하는 효소에 의해 시작되며 짧은 뉴클레오티드를 치환하는 것으로 여러 유형의 DNA 손상을 복구할 수 있는데, 모든 생명체의 세포에서 발견되는 중요한 수선기작으로 그 경로는 플랜더(Paul Flanders) 등에 의해 대장균에서 처음으로 발견되었다.

뉴클레오티드 절제는 25개의 단백질이 관여를 하는 복잡한 과정으로 먼저 효소복합체가 DNA를 살피면서 DNA의 3차 구조의 비틀림을 찾아낸다. 비틀림이 감지되면 다른 효소들이 손상된 부분에 있는 2개의 뉴클레오티드 가닥을 분리하고, 단일가닥 결합단백질들이 분리된 가닥을 안정화시켜준다. 그 다음 손상된 일부분이 제거되고, 제거된 틈은 DNA 중합효소에 의해 메워지면서 DNA 연결효소에 의해 복구된다(그림 9-11).

자외선에 의해 생긴 티민 이합체를 수선하지 못해 발생하는 색소성 건피증(Xeroderma pigmentosum)은 드물게 나타나는 상염색체 열성 유전질환으로 자외선에 노출되었을 때 심한 반점이 생기며, 정상인에 비해 1,000~2,000배 이상 피부암에 걸리기 쉽다. 뉴클레오티드 절제수선 결함에 의해 발생하는 또 다른 질병에는 소인증, 햇빛에 대한 과민반응, 조로, 난청 그리고 정신발육 지연의 증상을 나타내는 코케인 증후군(Cockayne syndrome)과 부서지기 쉬운 머리카락의 증후군이라고 하는 황결핍성 모발 이영양증(Trichothiodystrophy)이 있다.

4) 부정합 DNA 수선

부정합 DNA 수선(Mismatch repair)은 잘못 짝지어진 염기와 가닥 미끄러짐이 포함된 복제를 수선하는 것으로 모든 DNA 수선의 99% 이상을 차지한다.

DNA 중합효소가 DNA를 복제할 때 중합효소가 교정할 수 없는 오류가 생길 수 있는데, 예를 들면 주형가닥의 C가 새로 생기는 가닥의 G가 아니라 A와 염기쌍을 이룰 수 있다. 복제 분기점 바로 뒤를 따라 일어나는 부정합 수선은 이런 문제를 인식한다.

복제가 끝난 후에 GATC 염기서열의 아데닌 뉴클레오티드들은 메틸화되는데, 복제 후에 바로 일어나지 않기 때문에 오래된 가닥은 메틸기가 존재하지만 새로운 가닥은 메틸화가 되지 않은 상태로 있다. 따라서 부정합 수선 복합체는 메틸화되지 않은 GATC 서열을 불일치 염기 근처로 이동시키고, endonuclease는 GATC 서열과 짝짓기 실수가 일어난 염기 사이에 있는 가닥을 제거한다. 이어서 DNA 중합효소가 뉴클레오티드들을 대체하고 DNA 연결효소에 의해 복구된다(그림 9-12).

부정합 DNA 수선을 담당하는 단백질에 돌연변이가 생겨 발생되는 유전질환에는 비용종성 대장암(hereditary nonpolyposis colon cancer)이 있으며, 대장암의 약 15% 정도를 차지한다. 진핵세포의 부정합 수선은 대장균과 유사하지만 새로운 가닥과 오래된 가닥을 어떻게 구분하는지는 밝혀지지 않았고, 효모나 초파리는 메틸화된 DNA가 발견되지 않았다.

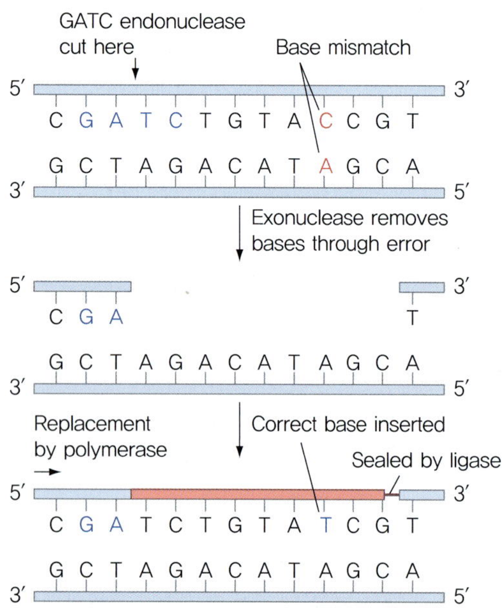

그림 9-12. 부정합 DNA 수선과정의 모식도

5) 복제 후 수선

복제 후 수선(Post-replication repair)은 라드만(Miroslav Radman)에 의해 처음으로 제안되었으며, 대장균의 절단 결함 균주에서 발견되었고, 손상된 부위를 지나가는 복제를 자주 하기 때문에 복제 후 수선이라고 한다.

DNA 중합효소는 피리미딘 이합체와 같은 손상된 부위에 도달했을 때, 잠시 멈추었다가 그 부위를 뛰어 넘어 새로 합성되는 가닥에 틈을 남기게 되고, 이것을 교정하기 위해 RecA (recombined complement A) 단백질이 재조합 과정을 진행하면서 원래의 상보성 가닥의 일부를 끼워 넣음으로써 이 틈을 복구한다. 이러한 수선체계의 결함으로 발생되는 질환에는 블룸증후군, 유방암 그리고 갑상선암이 있다.

7. DNA 서열의 다형성

DNA의 다형성은 다른 대립유전자 사이에서 어떤 DNA 서열의 변화가 있는지에 따라 단일염기 다형성(single nucleotide polymorphism, SNP: 발음은 '스닙'), 삽입-결실 다형성(insertion or deletion, indel) 그리고 반복수 다형성(copy number polymorphism, CNP) 등이 있다.

사람유전체사업의 결과로 얻어진 DNA 염기서열의 정보는 사람 DNA 서열의 다형적 변이의 유형과 빈도를 특성화할 수 있었고, 다양성에 관련된 정보를 database화하여 검색 프로그램으로 정보의 확인이 가능하게 되었다. 대표적인 검색 사이트는 NCBI (GeneBank) Map Viewer, UCSC Genome Browser와 Ensembl이다. 이들 각각의 유전체 검색 사이트에서는 개별 연구자가 관심 있는 유전자 정보 검색이 가능할 뿐만 아니라 기존의 유전체 정보와 비교 분석할 수 있는 다양한 응용 프로그램(BLAST, BLAT 및 SSAHA)도 개발되어 있다(표 9-3).

표 9-3. 유전체 검색 프로그램

Group	Site Name
Whole-genome annotation browsers	NCBI Map Viewer, UCSC Genome Browser Ensembl
Custom comparisons to whole genomes	NCBI : BLAST UCSC Genome Browser : BLAST Ensembl : SSAHA
Web-based access to genome data	BioMart Galaxy
Databases for human genes	NCBI Gene, GeneCard BioGPS

알아두기 9-11. 유전체의 구조적 변이형과 종류

변이형	종류
Sequence Variation	Single nucleotide : SNP, point mutation, indels
Structural Variation	2 bp–1 kb : microsatellites, minisatellites, VNTRs, indels
	1 kb to submicroscopic : CNVs, inversion, insertion, microdeletion, microduplication
	microscopic to subchromosomal : chromosomal deletion/insertion/inversion intrachromosomal translocations
	whole chromosomal to whole genome : interchromosomal translocations, ring chromosome anueploidy, aneusomy

1) 단일염기 다형성

사람의 DNA 염기서열에서 대부분 일치하지만 하나의 염기서열 차이를 보이는 유전적 변이를 단일염기 다형성이라고 한다. SNP는 전체 사람 유전변이형의 약 90% 이상을 차지하며, 유전체 특정부위에 위치하는 두 개의 다른 염기로 인하여 두 개의 대립유전자를 가지게 된다(그림 9-13).

대부분의 SNP들은 단일 돌연변이로부터 발생해서 한 집단 내에서 존재하는데, 약 1,000염기쌍마다 존재한다. 이는 서로 다른 두 사람의 유전체 사이에는 평균 300만개의 염기서열 차이가 있음을 의미한다.

2002년 SNP들을 분류하고 지도를 작성하기 위한 국제 햅맵 프로젝트(International HapMap Project)가 시작되었다. 2005년 완성된 1기 프로젝트는 4개의 다양성을 갖는 인종집단들(아프리카인, 일본인, 중국인, 유럽인)로부터 269명의 유전체 내에 조사한 158만 개 SNP에서 아프리카인에서는 약 93.5%가 유전적 다양성을 보였고, 유럽인은 81.1% 그리고 아시아인에서 73.6%만이 유전적 다양성을 나타냈다. SNP의 유전적 다양성이 가장 큰 것은 아프리카인으로 이 결과는 아프리카에서 사람이 최초로 진화했다는 결과와 일치하는 것이다.

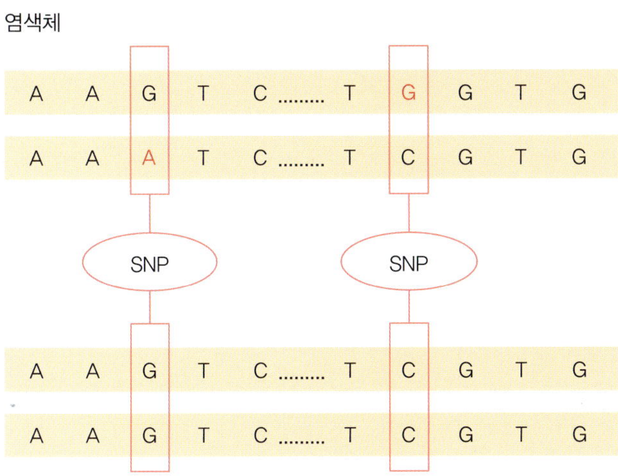

그림 9-13. 단일염기 다형성의 예

사람유전체사업의 완료를 통해 개인 간의 유전적 차이는 99.9%가 동일하며, 0.1% 차이가 유전적 변이에 기인하여 모든 차이를 보이는 원인이 된다는 것을 알게 되었다. 특히 사람유전체사업 이후에 사람의 질병을 야기하는 유전자들의 검색을 크게 촉진시켰으며, 질병뿐만 아니라 약물반응에 관련된 유전자를 규명하기 위해 SNP 정보들을 사용하였다. 그리고 유전체 분석기술의 발달로 유전정보 차이를 나타내는 질병을 예측하거나 진단 및 예방을 가능하게 하는 맞춤의학이 현재 유전체 연구분야의 핵심이 되고 있다. 단일염기 다형성 관련 데이터베이스는 NCBI의 dsSNP가 있으며, Ensembl이나 UCSC Genome Browser 에서도 검색하거나 확인할 수 있다.

2) 삽입-결실 다형성

삽입-결실의 다형성은 2~200개까지의 핵산 삽입이나 결실(insertion or deletion, indel)에 의한 변이를 의미하는 것이며, 그 종류는 사람 유전체에서 수십만 개나 된다. 단순하게 삽입이나 결실의 유무에 따라 나타나는 대립유전자

알아두기 9-12. 다형성(Polymorphism)

모든 다형성은 DNA 염기서열의 이상 결과로 발생하며, 사람유전학 연구와 실제 임상에서 가장 중요한 요소로서, 일반적으로 인구집단에서 흔하게 발생하는 유전적 변이(genetic variant)를 의미하는데, 염색체, DNA 그리고 단백질의 세 가지 수준에서 확인될 수 있다.

유전적 다형성(Genetic polymorphism)은 하나의 유전자 자리에 다양한 대립유전자들이 나타나는데, 적어도 두 개의 대립유전자의 발생빈도가 1% 이상인 것을 의미하며, 1% 미만을 가지는 대립유전자는 드문변이(rare variant)라고 한다. 유전질환을 유발하는 대부분의 변이는 드문변이들로 치명적이지는 않지만, 몇몇 변이형은 심각한 질환을 발생시키기도 하는데, 대립유전자의 빈도와 효과간의 상관관계는 없다.

유전적 다형성은 사람 전체 유전체 중에서 유전자 암호를 가지고 있지 않은 뉴클레오티드 가운데 500~1,000 염기쌍 중 하나에서 일어나는 것으로 매우 흔하게 볼 수 있으며, 단백질을 암호화하는 유전자의 30% 이상은 다형성적이다.

사람의 염색체들은 일반적으로 동일한 모양을 가지고 있지만, 특수염색 과정에서 1번, 9번, 16번 그리고 Y 염색체의 동원체에 인접한 이질염색질의 크기와 위치에서 염색체 다형성을 나타내며, 이것은 이질염색질의 다형성이라고 하는데, 의학적으로는 중요하지 않다.

단백질의 변이 연구는 DNA보다 실제적인 사용에 더 많이 관여가 되며, 이러한 변이는 유전적 변이형이 있음을 암시할 뿐만 아니라 개인과 환경의 상호작용에 어떤 영향을 미치는가에 대해 설명할 수 있다. 의학적으로 중요한 단백질의 다형성에는 ABO나 Rh 혈액형, 주조직적합성 복합체(major histocompatibility complex, MHC) 등이 있다.

혈액형 체계는 수혈, 조직 및 장기이식 그리고 신생아 용혈성 질환에서 중요하며, 사람 혈액의 구성원으로 수많은 다형성이 알려져 있지만, 적혈구에 존재하는 ABO 및 Rh 항원성이 특히 중요하다. 주조직적합성 복합체의 사람백혈구항원(HLA)은 사람 유전체에서 암호화 서열 중 가장 다형성인 것으로 알려져 있으며, HLA 대립유전자에 대한 적합성은 골수와 신장 이식 등의 성공적인 결과를 결정하는 중요한 인자이고, 자가면역질환인 강직성척수염은 B27과 관련되어 있다.

알아두기 9-13. 위치에 따른 SNP 분류 방법

① regulatory SNP (rSNP) : 유전자의 프로모터에 존재하여 유전자 발현의 기능을 조절하는 SNP
② intronic SNP (iSNP) : 유전자의 intron에 위치한 SNP
③ genomic SNP (gSNP) : 유전자와 유전자 사이에 위치하는 SNP
④ coding SNP (cSNP) : 유전자를 coding하는 exon 부위에 존재하는 SNP
⑤ synonmous SNP (sSNP) : 아미노산의 서열을 변경시키는 유무에 따라 아미노산의 변화가 없는 SNP
⑥ nonsynonmous SNP (nsSNP) : 아미노산의 서열을 변경시키는 유무에 따라 아미노산의 서열을 바꾸는 SNP 유전자의 발현을 조절할 수 있는 rSNP와 아미노산의 서열을 변경할 수 있는 nsSNP는 기능적 SNP일 가능성이 높으며, 표현형의 변화를 초래할 수도 있다.

의 형태는 단순형(simple)이라고 하며 삽입과 결실 다형성의 반을 차지하고, 나머지는 특정 부위에서의 반복이 진행되어 나타나는 다수의 대립유전자(multiallelic)로 관찰된다. 다수의 대립유전자는 미세부수체(microsatellite)나 미소부수체(minisatellite)의 다형성으로 나눌 수 있다.

(1) 미세부수체

미세부수체는 2~4개 염기 반복서열의 중복 사본으로 구성되어[예 : TGTG…….TG(2염기), CAACAA……CAA(3염기), AATTAATT……AATT(4염기)] 있으며, 전체 유전체의 약 0.5%를 차지한다. 2개의 염기서열 반복(dinucleotide repeat)이 가장 일반적인 형태이며, CA-반복(36 kb당 하나), AT-반복(50 kb당 하나), AG-반복(125 kb당 하나)로 알려져 있다.

미세부수체 다형성의 대립유전자는 한 부위에서 반복 염기의 횟수에 따라 다르게 나타날 수 있기 때문에 짧은 염기 반복 다형성(short tandem repeat polymorphism, STRP)이라고도 하며, 사람 유전체에는 10,000개 이상의 미세부수체 다형성 자리들이 확인되었다.

STRP는 정확한 개인의 확인 판정에 이용할 수 있으며, 미국의 FBI 실험실의 combined DNA index system (CODIS)에서 선정한 13개의 핵심 유전자좌는 일란성 쌍둥이가 아닌 두 사람에서 유전형이 동일할 수 없기 때문에 개인식별 검사에 활용된다.

알아두기 9-14. DNA 지문법(DNA Fingerprinting)

DNA 지문법은 개인식별을 하기 위해서 DNA 염기서열을 사용하는 것을 의미하며, 유전체에서 변이가 아주 심한 부위에서는 각 개인이 가지고 있는 반복염기의 수가 독특하기 때문에 연관분석이나 친자확인 및 법의학 분야에 이용할 수 있다.
대부분의 지문법은 사람 유전체에 넓게 분포하면서 직렬로 반복된 매우 짧은 염기서열로 되어 있는 미세부수체나 short tandem repeat (STR)을 이용한다.

알아두기 9-15. STR 핵심 유전자

STR 핵심 유전자는 주로 개인식별 검사에 사용되며, 전형적으로 1/1조($1/10^{-12}$)에서 1/천조($1/10^{-15}$)의 식별력을 보인다.

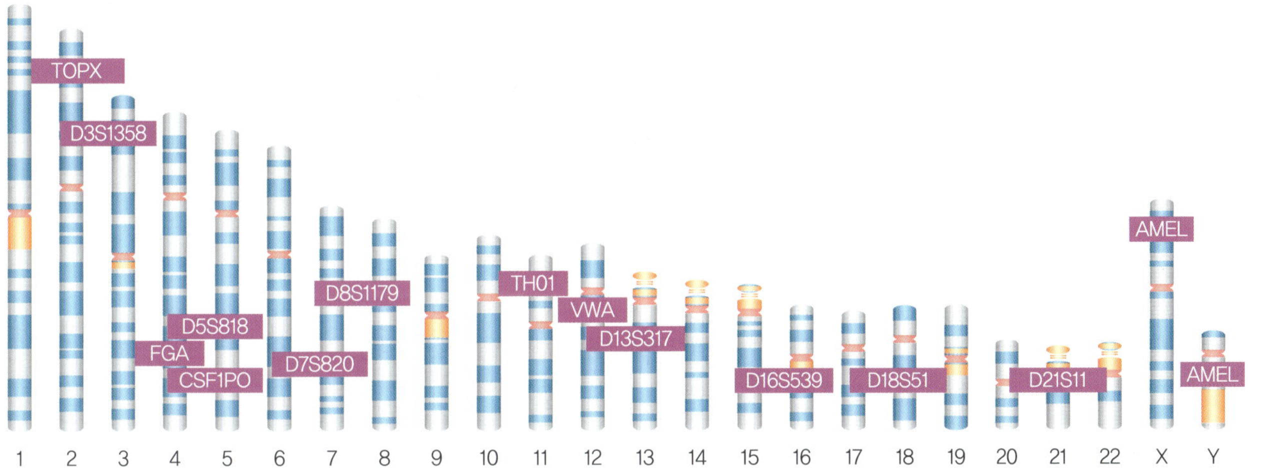

(2) 미소부수체

미소부수체는 10~100개의 염기서열을 가지는 DNA 부위가 반복되어 나타나는 형태로 유전체 전체에 광범위하게 흩어져 있으며, 이런 종류의 다형성은 많은 대립유전자를 가지게 되는데, 이를 염기쌍나열반복의 변수(variable number of tandem repeat, VNTR)라고 한다(그림 9-14).

VNTR의 총 길이는 짧게는 10개 이하, 길게는 100개 이상의 염기가 되는 미세부수체(STR)와 대비되는 의미로 사용되기도 하지만, 다수의 대립유전자를 가지므로 미세부수체와 미소부수체를 포함하는 의미로 사용되기도 한다.

3) 반복수 다형성

유전체에는 구조적 변이형(structure variants)들이 많이 분포하는데, 구조적 변이는 유전체에서 1 kb 이상 되는 DNA 조각에 생긴 유전체의 변화를 의미한다. 사람의 각 유전자는 부모로부터 물려받은 두 개의 복사본을 가지고 있

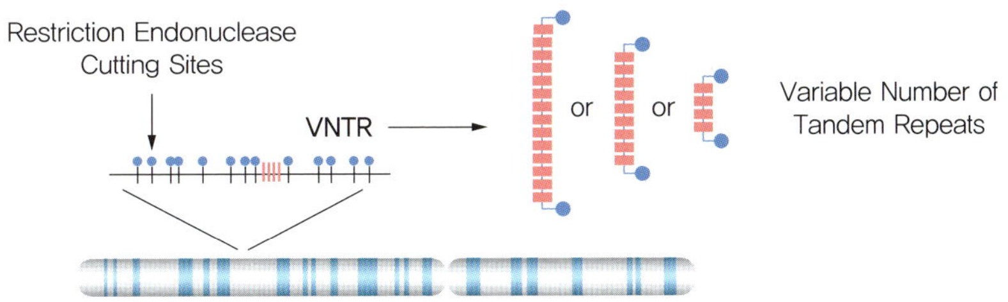

그림 9-14. VNTR의 예

알아두기 9-16. 비교유전체학적 혼성화 반응(CGH)

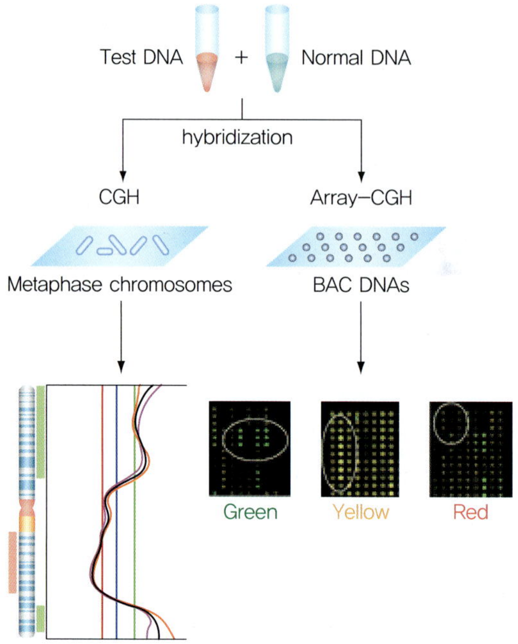

CGH는 반복수 변이를 확인할 수 있는 일반적인 방법으로 test DNA와 normal DNA에 서로 다른 형광시료를 표지한 후, 정상 염색체 표본에 두 DNA를 혼성화 반응을 시킨다. 그 다음 형광현미경으로 관찰하고, CGH를 분석할 수 있는 프로그램을 이용하여 test DNA와 normal DNA의 형광시료의 밝기를 통해 test DNA 유전자의 증폭이나 결실을 확인할 수 있다. CGH는 동일 개체에서 정상조직과 암조직간의 유전자 양(dosage)의 변화와 특정 DNA 반복수 변이를 관찰하는데 유용하지만, 전좌나 역위 등의 확인은 불가능하다.

Array–CGH는 CGH방법과 비슷하며, 정상 염색체 표본 대신에 전체 유전체를 커버하는 BAC clone을 이용하거나 oligo probe를 이용하는데, 약 100,000개 이상의 사람 게놈의 특정 부위에 상응하는 서로 다른 짧은 단일가닥의 올리고뉴클레오티드를 포함하는 마이크로어레이칩과 교잡반응을 시켜준 다음 각각의 점들에 위치한 탐침자들의 형광색의 비율을 측정하여 분석한다. Array–CGH는 다양한 형태로 존재하는 반복수 변이를 확인할 수 있을 뿐만 아니라 결실, 중복, 결실과 중복 혼합 등 유전체의 구조적 변이형들도 조사할 수 있다.

알아두기 9-17. DNA 다형성의 적용 범위

① **유전질환 가계의 해석**
유전질환의 원인유전자가 부모에서 자식에게 각 세대를 거칠 때마다, 염색체 어느 부위가 전달되었는지를 조사하고, 질환의 전달과 관계되는 부분의 검색에 사용한다.

② **친자 감별**
자식의 대립유전자가 부모에서 전달된 것인지를 조사한다.

③ **개체 식별**
골수 이식 후 생착의 판정에 적용되며, 법의학적으로는 범죄 현장에서 발견된 DNA와 피의자의 DNA가 일치하는지 조사한다.

④ **암 억제 유전자의 검색**
정상조직과 종양조직의 대립유전자 다형현상을 비교하였을 때, 정상조직의 이형 접합성이 종양조직에서 소실되면 그 영역에 악성 종양유전자가 존재함을 시사한다.

는데, DNA 서열의 복사본 수는 개인들 간에 차이가 나며 이를 복제수 변이(copy number variants, CNV)라고 한다. 복제수의 차이를 보이는 DNA 조각은 1 kb에서 수 Mb의 크기로 존재하며, 부모로부터 다음 세대에 전달되기도 하고 때로는 새로 생기기도 한다.

최근에 발견된 반복수 다형성(copy number polymorphism, CNP)은 집단에서 1% 이상의 빈도로 존재하는 CNV를 의미하며, 유전체 내의 200 bp에서 2 Mb까지를 이루는 비교적 큰 영역의 반복횟수의 차이로 구성된다. CNP는 DNA 염기서열분석법으로 검출하기에는 너무 크고, 세포유전학적 방법으로는 검출하기 어려운 작은 영역으로 비교유전체학적 혼성화 반응(comparative genomic hybridization, CGH)에 의해 발견될 수 있다.

8. 사람 돌연변이 명명법

많은 연구자들이 유전자 돌연변이에 대한 연구를 하고 보고함에 있어서 혼동이 없도록 돌연변이에 대한 통일된 명명법(nomenclature)이 필요하게 됨에 따라, 1998년 국제표준안이 Human Genome Variation Society (HGVS)에서 발표되었으며, 이후 부분개정을 거쳐 국제적으로 인정받는 표준으로 자리 잡았다. 유전자나 단백질을 기술할 때는 HUGO Gene Nomenclature Committee의 공식 유전자명이 사용되어야 하며, 모든 변이는 DNA level에서 기술되어야 하는데, 단백질 수준에서는 관찰되는 변화만 기술해야하고 DNA 수준의 변화를 고려하지는 않는다.

1. 돌연변이의 위치는 유전체(genomic)DNA, cDNA, 사립체 DNA, RNA, 단백질과 같이 명명하고 이때 접두사로서 g., c., m., r., 그리고 p.와 같이 쓴다.
   ① Coding DNA(c.)
   ② Genomic DNA(g.)
   ③ Mitochondrial DNA(m.)
   ④ RNA(r.)
   ⑤ Protein(p.)

2. DNA에서 핵산의 표시는 대문자로 쓰고, mRNA에서는 소문자를 사용한다.
   ① DNA : A, G, C, T
   ② RNA : a, g, c, u
   ③ Protein : three/one letter amino acid code, X=stop codon (CUU/CUC/CUA/CUG → Leu)

3. 변이의 번호는 cDNA인 경우는 번역(translation)의 시작 ATG codon의 번호를 1로 시작한다. Protein일 때는 첫 번째 methionine의 시작이 1번이 된다.

4. 돌연변이 명명의 일반적 원칙
   ① 단일핵산의 변화는 원래 염기의 핵산번호를 먼저 표기하고, 그 염기의 종류, 꺽쇠기호>, 그리고 새로 변이된 염기의 종류를 순서대로 표기한다.
   ② Protein의 경우는 꺽쇠기호>를 사용하지 않는다.
   예) c.546A>T, g.54786A>G, p.P78R
   ③ 변이의 기술 표기
   - 염기치환(substitution) : ">"
   - 염기범위 : "_"
   - 염기결실(deletion) : "del"
   - 염기중복(duplication) : "dup"
   - 염기삽입(insertion) : "ins"
   - 염기전위(inversion) : "inv"
   - 염기전환(conversion) : "con"

5. 실제 예
   ① 염기치환(>)
   c.546A>T : cDNA상에서 546번째 핵산 A가 T로 바뀜
   g.54786A>G : gDNA상에서 54786번째 핵산 A가 G로 바뀜
   p.P78R : protein에서 78번 위치에서 proline(P)이 arginine(R)으로 바뀜
   ② 염기결실(del)
   c.546delT (c.546del 라고 표시할 수도 있다)
   : cDNA상에서 546번째 T가 결실됨
   c.586_591del (c.586_591delTGGTCA or c.586_591del6)
   : cDNA상에서 586~591번 6개의 핵산 TGGTCA가 결실됨
   • _는 범위를 나타냄
   p.F508del : 508부위에서 phenylalanine(F)가 결실됨

알아두기 9-18. Coding DNA Ref Seq Numbering

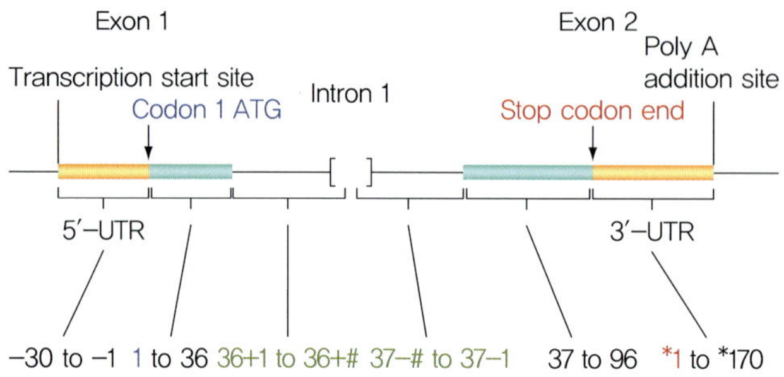

① Start codon ATG의 A가 1로 시작되고, 3'-UTR 쪽으로는 숫자가 증가하며, start codon A를 기준으로 5'-UTR 쪽으로는 - 숫자로 커진다.
② *는 stop codon을 의미하며 *1은 stop codon 다음의 첫 번째 핵산이라는 뜻으로 +1,+2 … 등으로 세어나간다.
③ Exon과 exon 사이의 intron은 exon의 마지막 핵산을 기준으로 3'-UTR 쪽으로는 +1, +2 … 등으로 세고, 5'-UTR쪽으로는 -1, -2 등으로 세어서 표시한다.

③ 염기중복(dup)

c.546dupT (c.546dup) : cDNA상에서 546번째 T가 중복됨

c.586_591dup (c.586_591dup6 or c.586_591dupTGGTCA)
: cDNA상에서 586~591번 6개의 핵산 TGGTCA가 중복됨

p.G4_Q6dup : 4번째 glycine(G)로부터 6번째 glutamine(Q)이 중복됨

④ 염기삽입(ins)

c.546_547insT(c.546insT라고 표기하지는 않는다)
: cDNA상에서 546과 547사이에 T가 삽입됨

c.1086_1087insGCGTGA : cDNA상에서 1086~1087사이에 GCGTGA가 삽입됨

p.K2_L3insQS : 2번 lysine과 3번 leucine사이에 glutamine serine이 삽입됨

⑤ 염기전위(inv)

c.546_2031inv : cDNA상에서 546~2031번 사이의 핵산이 역위됨

⑥ 염기전환(con)

c.546_657con917_1028 : cDNA상에서 546~657 사이 염기와 917~1028의 염기가 변환 됨

⑦ frameshift(fsX)

이런 경우는 변경된 아미노산부터 기술한다.

p.R83SfsX15 : 단백질 83번째 위치의 serine(S)대신에 arginine(R)로 바뀌었으며, 변이된 길이는 stop codon을 포함해서 15이다.

- X는 stop codon을 의미함

⑧ changes at the two allels

c.[76A>C]+[83G>C] : cDNA상에서 두 개의 유전자 자리에서 각각의 변이가 있다는 뜻으로 76번째 염기가 A에서 C로, 83번째 염기가 G에서 C로 바뀜

- [ ]는 한 개의 allele를 에워싸는 의미를 나타냄
- 위의 예에서 +는 분리를 의미함

c.[54C>T]+[69delT] : cDNA상에서 두 개의 유전자 자리에서 각각의 변이가 있는 것으로 54번째 염기가 C에서 T로 바뀌고, 69번째의 T는 결실됨

⑨ two changes in one allele

c.[76A>C; 83G>C] : cDNA상에서 한 개의 유전자 자리에서 두 개의 변이가 있다는 뜻으로 76번째 염기가 A에서 C로, 83번째 염기가 G에서 C로 바뀜

- ; 는 한 개의 allele에서 다른 변이를 구분해줄 때 사용함

c.[54C>T; 69delT] : cDNA상에서 한 개의 유전자

자리에서 두 개의 변이가 있다는 뜻으로 54번째 염기가 C에서 T로, 69번째 T는 결실됨

⑩ deletion/insertion(indel)

c.1166_1177delinsAGT : cDNA상에서 1166~1177의 염기가 결실되고, AGT가 삽입 됨

제10장

세포배양

세포배양이란 생물체를 구성하고 있는 조직편이나 조직에서 분리된 세포를 생체조직이 아닌 상태에서 생물체내의 환경과 동일하게 유지시켜줌으로써 조직이나 세포의 원래 기능을 보유하도록 하는 기술의 한 방법이다. 세포배양 기술은 세포의 형태학적 관찰, 기능에 관한 연구, 각종 질환의 진단 및 관련 유전인자의 확인, 치료목적의 유용한 물질의 개발과 유전자 삽입 및 유전자치료에 이르기까지 분자생물학을 비롯하여 세포발생, 세포분화 및 세포의 증식과 같은 생명과학분야에 매우 중요한 연구분야가 되었다.

1. 세포조직배양의 역사

조직배양은 약 100년 전 '조직배양의 아버지'라고 불리는 해리슨(Ross Harrison)이 동물조직을 시험관이나 페트리 디쉬(Petri dish)에서 길러보려는 시도를 하면서 시작되었다. 해리슨은 올챙이의 척수조직을 작은 조각으로 만들고, 이를 응고된 개구리(frog) 임파액 속에서 1~4주 동안 배양하면서 척수신경세포에서 신경섬유가 나오는 것을 관찰하였다.

해리슨의 제자인 바로우(Montrose Burrows)는 응고된 임파액 대신에 응고혈장을 사용하는 방법을 개발하였고, 카렐(Alexis Carrel)과 협력하여 조직추출액(tissue extract)이 세포배양을 할 때 세포의 생존이나 성장에 도움이 된다는 것을 발견하였지만, 조직이나 세포배양에서 세균에 의한 감염이 문제가 되었다.

1912년 노벨상을 받은 카렐은 세균의 감염을 막기 위해서 배양실과 배양기구를 무균상태로 만들어서 조직배양을 하면서 무균조작방법을 고안하였다.

카렐 이후 루이스(Warren Lewis)를 비롯하여 멕시모우(Alexander Maximow), 레비(Giuseppe Levi), 스트렌지웨이(Thomas Strangeway) 그리고 얼(Wilton Earle) 등이

알아두기 10-1. 해리슨의 조직배양

해리슨의 논문이 1907년에 발표된 이후 세계 각국의 학자들에 의해 세포배양의 실험법이 확립되었다. 해리슨은 1914년 노벨의학상 수상자로 선정이 되었으나, 제1차 세계대전이 일어나자 노벨위원회가 노벨상을 취소해 펜텀(phantom)수상자가 되었으며, 실험동물학회지[Journal of Experimental Zoology]를 창간하였다.

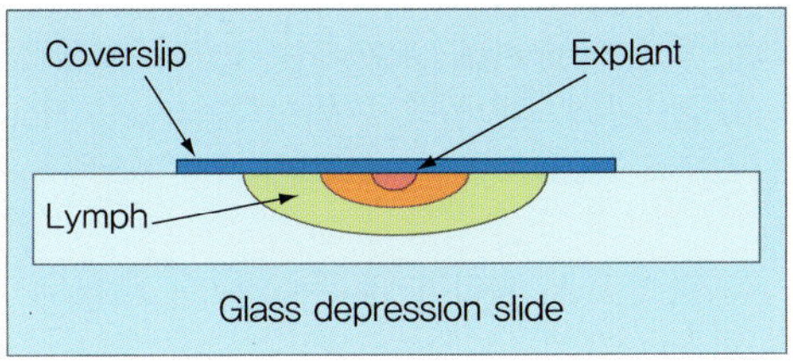

해리슨의 세포배양 모식도로서, 이 방법은 1950년대까지 이용되었다.
(출처 : 2009 Corning Incorporated)

Harrison, R. (1907) Observations on the living developing nerve fiber. Anat. Rec. 1:116-128; Proc. Soc. Exp. Med, N.Y. 140-143.

알아두기 10-2. 헤이플릭(Hayflick) Limit

카렐은 외과의사로서 혈관봉합이나 수혈의 연구로 1912년 노벨상을 받았으며, 그의 무균조작기술이 조직배양에 크게 공헌을 했지만, 시간이 너무 오래 걸리고, 번잡스러운 부분이 많아서 조직배양을 시작하지도 않는 사람들이 많았다. 그리고 카렐은 계배섬유아세포(chick embryo fibroblast)를 30년 이상 유지하면서 '시험관 속에서 영원한 생명의 유지' 가 가능하다고 하였는데, 1965년 헤이플릭은 사람 태아섬유아세포는 50~60대가량 계대배양한 뒤 사멸한다는 헤이플릭 Limit 결과를 보고함으로써 세포의 유한분열능력을 설명하였다.

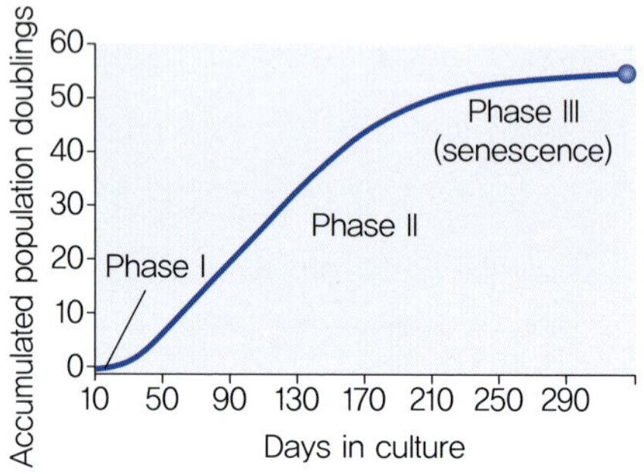

Hayflick L. (1965). 「The limited in vitro lifetime of human diploid cell strains」. Experimental Cell Research 37: 614–636

L. Hayflick, P. S. Moorhead (1961). 「The serial cultivation of human diploid cell strains」. Experimental Cell Research, 25: 585–621.

세포조직배양의 방법을 확립하였다. 그 후 1948년에는 샌포드(Katherine Sanford)가 단일세포(single cell) 배양에 성공하였다. 특히 1950년대 초에 존스 홉킨스대학의 가이(George Gey)는 자궁경부암환자의 조직에서 헬라(HeLa) 세포를 처음으로 분리하면서 의학연구 특히 암연구에 많은 기여를 하게 되었다.

1955년에 이글(Harry Eagle)은 아미노산을 비롯하여 비타민, 무기염류 등을 포함한 합성배양액을 만들어 세포조직배양에 큰 공헌을 하였으며, 제2차 세계대전 후 streptomycin과 같은 항생물질이 보급되면서 세포조직배양이 많이 발전하게 되었다. 1960년대 중반까지 기본적 신경세포학연구와 세포이동 및 신경섬유의 성장을 연구하는데 이 방법이 사용되었다.

1960년대에는 니렌버그(Marshall Nirenberg)와 넬슨(Phillip Nelson)에 의해 뇌종양 유래의 신경모세포종(neuroblastoma)의 세포주(cell line)에 대한 연구가 시작되었고, 1969년 이후부터는 신경조직분산세포 배양이 활발하게 이루어짐으로써 신경화학, 신경생리학, 전자현미경 기술이 적용되어 신경조직배양에서 세포동정은 물론 형태변화 및 세포 간 상호작용 등에 관한 연구가 활발하게 이루어졌다.

세포조직배양 기술이 발전됨에 따라 1970년대에 특이한 항체를 이용하여 B세포와 T세포를 분별할 수 있는 면역염색법이 개발되었다. 1975년 쾰러(Georges Köhler)와 밀스테인(César Milstein) 등은 잡종세포주(hybridoma)에 의한 단일클론항체제작법을 보급하면서 면역학 발전에 크게 기여하여 1984년에 노벨상을 수상하였으며, 면역세포화학의 기술은 현재까지 세포동정을 비롯하여 분자적 연구분야에 널리 적용되고 있다.

단일클론항체는 임상의학분야에서 진단 및 치료 부분에 대해 유용한데, 임신진단이나 여러 미생물의 진단 그리고

알아두기 10-3. HeLa 세포

사람의 세포를 처음으로 실험실에서 배양할 수 있게 된 것은 1952년이며, 가이박사는 랙스(Henrietta Lacks)라는 흑인 여성에게서 유래한 자궁경부암세포를 최초로 배양하여 HeLa라고 명명하였다. 랙스는 진단 후 8개월 만에 사망하였고, 악성종양세포인 HeLa 세포는 전 세계로 퍼져 나갔으며, 지금까지도 사람세포에 대한 연구로 많이 사용되고 있다. HeLa 세포는 소아마비백신을 비롯하여 수많은 약물들을 개발할 때 사람을 대신하는 모델로 이용되어져 왔지만, 랙스 당사자나 친척들은 24년 동안 HeLa 세포에 대한 내용을 몰랐다. 사람으로부터 생체조직을 얻어서 연구목적으로 실험을 할 때는 제공자의 동의를 반드시 받아야 한다는 법칙은 한참 후에 제정되었다.

약품의 혈중농도측정 등에 사용되며, 방사성동위원소로 표지된 단일클론항체는 인체 내의 특정 암에 나타나는 항원의 탐색에도 적용되고 있다. 치명적인 독소와 짝지은 종양 특이적인 단일클론항체로 구성된 면역독소(immunotoxins)는 암환자에서 잠재적으로 가치가 있는 치료제로 인식되고 있으며, 면역독소의 안정성과 효율성을 개발하려는 연구가 활발하게 진행되고 있다.

이처럼 세포배양은 생물체의 구성성분인 세포의 기본적인 성질을 연구하는데 있어서 가장 유용한 실험모델이 되었고, 생물학분야뿐만 아니라 의학분야에서 필수적인 연구기술로 확립되었다.

2. 동물세포배양의 배경

동물세포의 배양은 기술적으로 효모배양보다 어렵긴 하지만, 생체 외(in vitro) 세포배양기술의 발달과 함께 배양된 세포를 이용하여 포유류 세포의 DNA복제, 유전자 발현, 단백질 합성과 처리, 세포분열 등이 연구 되었다. 특히 화학적으로 조성이 규명된 배지에서 세포를 배양하면서 세포의 성장과 분화를 조절하는 신호기작 연구가 가능하게 되었다.

동물세포배양을 하려면 먼저 동물조직으로부터 효소를 이용하여 세포를 분리하여야 한다. 분리한 세포를 배양액이 담긴 배양접시(culture dish)에 넣으면 섬유아세포, 상피세포 등 대부분의 동물세포는 배양접시 바닥에 부착하여 성

알아두기 10-4. 단일클론 항체(Monoclonal Antibodies) 제작법

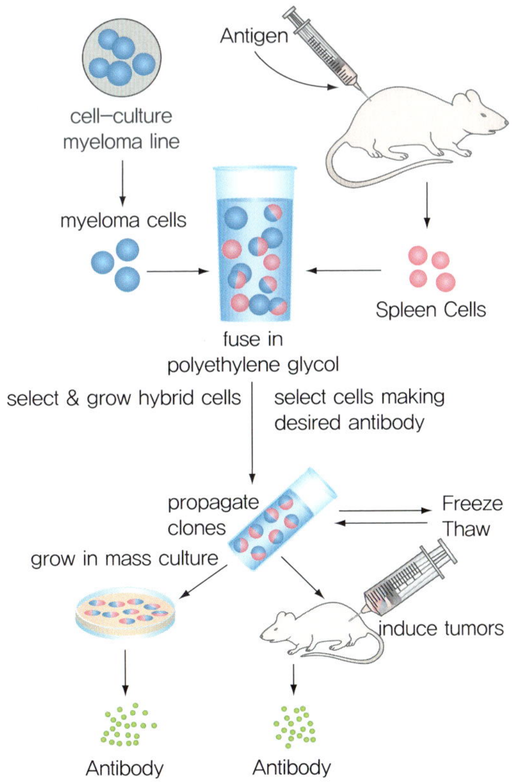

마우스에 항원을 주사한 뒤 비장을 절제하고, 항체를 분비하는 활성화된 B세포를 골수종(myeloma)세포와 융합(fusion)하여 잡종세포주(hybridoma)를 만들 수 있다. 이 잡종세포주는 골수종세포가 가진 불멸화변성(immortalized)의 성질을 가지고 있으며, B세포에 의해 생산된 항체를 분비한다. 그 결과로 만들어진 잡종세포주 클론은 대량의 항체를 분비하게 되고, 무한정으로 배양될 수 있다.

알아두기 10-5. 세포배양 단계

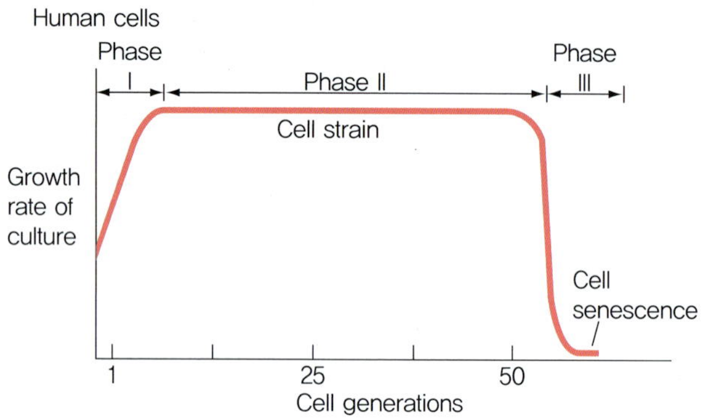

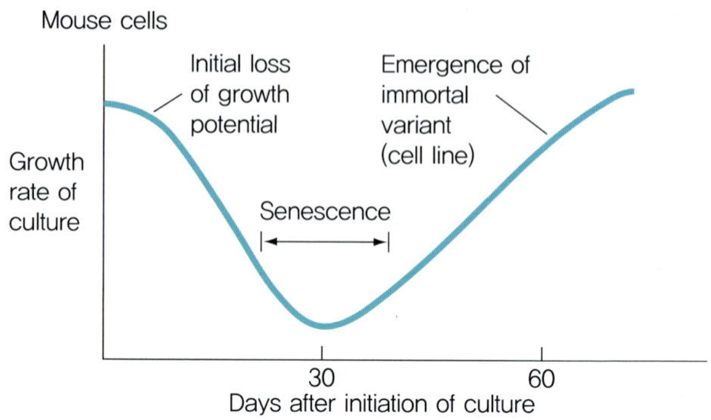

* Human cells : Human tissue로부터 분리된 세포를 처음으로 배양하면 몇몇의 세포는 죽고 fibroblast 같은 세포는 성장을 시작하는데, 전반적으로 phase I에서의 성장속도는 증가한다. 세포를 수확, 희석하여 배양을 하면 cell strain은 약 50세대 동안 일정한 속도로 분열하는 phase II 단계를 지나 모든 세포가 성장을 멈추는 phase III 단계에 접어든다.
* Mouse cells : Mouse세포 배양을 하면 초기에는 cell death가 일어나면서 건강한 세포들이 살아남고, 이러한 cell을 희석하여 배양을 하면 성장가능성을 서서히 잃어버리면서 성장을 멈춘다. 그러나 드물게 살아남은 cell들은 적당히 희석되고 영양분이 공급된다면 immortal cell처럼 무기한으로 성장할 수 있다.

출처 : Lodish, H. et al. 2004. Molecular cell biology 5th ed. W. H. Freeman and Company

알아두기 10-6. 배아줄기세포의 역사

50년 전 미국 메인주 바하버에 있는 잭슨연구소에서 일하던 스티븐스는 거대한 음낭을 끌면서 걷는 생쥐를 관찰하였는데, 생쥐의 고환에 커다란 종양이 있었다. 생쥐를 해부하여 종양덩어리를 열었을 때 그 안에는 피부, 이빨, 뼈, 머리카락 뭉치, 근육덩어리 등 생쥐 몸의 온갖 부위들이 기형적으로 뒤섞여 있었다. 이것을 테라토마(teratoma, 괴물이라는 뜻의 그리스어에서 유래)라고 하였고, 종양의 일부를 잘라서 정상의 생쥐에 이식을 해보았는데, 그것들은 다양한 종류의 세포와 조직으로 자랐다. 이런 결과를 접한 스티븐스는 온갖 신체부위들이 섞인 그 종양이 불안정한 배아줄기세포가 암으로 변해서 생긴 것은 아닐까라는 추측을 했으며, 종양 내에서 완전히 분화한 세포들 가운데 분화하지 않은 균일한 세포집단이 있다는 것을 발견했다. 그것들은 분화하는 대신 스스로를 복제하고 있었다. 그는 이 복제세포가 문제의 근원이라고 추측했다. 즉, 배아에서 어떤 세포가 문제가 되었다면, 그것을 이식했을 때 일부가 안팎이 뒤집힌 배반포처럼 생긴 작은 구형세포로 자라는 이유가 설명이 되었다. 그는 즉시 종양 내에서 세포들과 생쥐의 초기 배아에서 얻은 세포들이 닮았다는 연구 결과를 발표했다. 1960년대에 들어서는 이 암세포가 된 줄기세포는 배아 암종(embryonic carcinoma)이라고 불렀으며, 오랜 기간 분화하지 않은 채 살 수 있기 때문에 여러 연구실에서 배양되었다.
그로부터 20년간은 배아 암종 세포연구는 일상적으로 진행되었고, 1980년이 되면서 방향전환이 이루어졌다. 캘리포니아 대학교에서는 암종 세포보다 배아줄기세포가 더 오래 살 뿐만 아니라, 난자와 정자까지 포함하여 모든 주요 세포와 조직으로 분화할 수 있는 더 큰 능력이 있음을 확인하였다*. 이에 따라 연구자들은 생쥐 배아줄기세포를 분리하고 배양하는 방법을 다른 포유류에도 적용하게 되었다.

* Gail R. Martin. 1981. Isolation of a pluripotent cell line from early mouse embryos cultured in medium conditioned by teratocarcinoma stem cells. Proceedings of the National Academy of Sciences USA 78:7634–7638.
출처 : Christopher Thomas Scoot 지음, 이한음 옮김, 줄기세포(세계를 놀라게 한 실험부터 새로운 정치학까지), 한승, 2006

장한다. 동물조직으로부터 처음으로 세포를 분리하여 배양할 경우 이를 일차배양(primary culture)이라고 한다. 배아, 종양조직은 매우 빠른 속도로 분열하는 세포가 존재하며, 배아의 섬유아세포(fibroblast)는 특히 생체 외 배양에서 잘 성장하므로 널리 사용되고 있다.

일차배양에서 세포는 일반적으로 배양접시 표면을 완전

히 덮을 때까지 성장을 계속 한다. 그러면 배양접시에서 세포의 일부를 떼어내어 새로운 배양접시에 낮은 농도로 옮겨 배양을 계속할 수 있다. 그러나 이 과정을 여러 번 반복할 수는 있으나 대부분의 정상세포는 한계를 가지고 있다. 예를 들면, 정상적인 사람의 섬유아세포는 50~60회 분열을 한 후에는 분열을 멈추고 죽는다. 반면에 배아줄기세포 및 종양세포는 생체 외 배양에서 무한정 증식할 수 있는데, 이를 영원한 세포주(cell line)라고 하며, 일차배양으로부터 유래한 cell lineage를 cell strain이라고 한다.

1955년 얼(Wilton Earle)은 사람의 암세포주인 HeLa cell과 생쥐 섬유아세포주인 L cell을 사용하여 무기염류, 탄수화물, 아미노산, 비타민, 혈청단백질 혼합물에서 배양을 하였다. 또한 구성성분들을 체계적으로 변형시키면서 세포배양을 수행한 결과 세포성장에 필수적인 특정 영양성분을 규명한 논문 「Nutrition Needs of Mammalian Cells in Tissue Culture」를 Science지에 발표하였다.

이글(Harry Eagle)이 개발한 배지는 현재까지 동물세포 배양의 기본배지로 사용되고 있으며, 배양액 중의 아미노산은 세포 내 유리 아미노산의 농도와 가장 가까운 농도로 고안되어 있다.

3. 세포배양의 활용

세포배양기술은 생물체의 조직에서 분리된 세포들을 생물체 내의 환경과 동일한 시스템 속에서 유지하는 기술이라고 할 수 있으며, 세포의 성장 및 분화와 관련된 연구뿐만 아니라 유전자 구조와 기능에 관한 연구를 통해서 각종 질환의 진단 및 치료에까지 다양한 학문에 활용될 수 있다.

세포배양을 이용한 연구에서의 배양된 세포는 단일성을 가지며, 온전한 개체실험보다는 실험조건을 효율적으로 조절할 수 있고, 단일세포로부터 유전적으로 같은 cell strain을 얻을 수 있는 장점이 있다. 그러나 정상적인 환경이 아니기 때문에 배양된 세포들의 활성이 다른 세포나 조직에 의해 조절이 되지 않는 단점도 있다. 예를 들면, 췌장에서 생산된 인슐린은 간의 당대사작용에 큰 영향을 미치지만, 배양된 순수한 간세포(hepatocyte)에서는 이러한 조절작용이 이루어지지 않는다. 따라서 배양된 세포를 이용하는 연구에서는 배양된 세포의 특성과 복잡한 tissue와 organism을 형성하는 세포의 정상적인 특성에 대한 결론을 내릴 때는 주의가 필요하다.

4. 배양의 종류

배양법은 세포를 평면상에 배양하는 방법에서부터 고도의 조직구조를 이용하는 방법까지 매우 다양한데 연구의 목적에 맞게 선택하여야 한다. 동물세포배양에서의 일반적인 분류는 일차배양(primary culture), 계대배양(subculture) 그리고 기관배양(organ culture) 등이 있다.

1) 일차배양

일차배양(Primary culture)은 특정 동물의 조직편을 그대로 배양하는 방법으로 일정 기간만 배양하여 실험에 사용하는 절편배양(explant culture)을 비롯하여 1952년에 모스코나(Aron Moscona)의 트립신처리에 의해서 알려진 단리세포배양(dissociated cell culture)과 집합체세포배양(reaggregate cell culture), 단일세포종 순수배양(single cell

표 10-1. 세포배양의 응용

세포의 특성	응용 분야
세포의 활성	세포 내에서 일어나는 DNA의 복제와 전사, 단백질합성, 에너지 대사, 약물대사 작용
세포의 이동	세포 내 · 외에서 일어나는 유전자 발현, 신호전달 과정, 물질이동
상호작용	감염, 독성, 약물작용, ligand 수용체의 상호작용, 암 발생
세포 간 상호작용	형태발생, 분비조절, 세포의 부착성과 운동성, 기질간의 상호작용
세포핵	유전자 분석을 하는 유전학, 유전자 조작, 형질전환, 세포의 노화
세포의 생산물	생명공학기술 응용의 antibiotics, vaccine, 유전자 치료

알아두기 10-7. 진단에서의 세포배양의 중요성

진단분야에서 세포배양은 염색체 분석법, 항체 제작법, 치료용 물질의 개발, 인공조직 및 장기의 배양 등에 응용되고 있다. 따라서 실험실에서는 이론적 지식을 바탕으로 세포를 얼마나 쉽고 빠르게 배양할 수 있는가가 중요하다. 이론적으로는 세포의 형태적 · 기능적 특징, 세포배양용 배지와 환경 그리고 배양에 필요한 장치 및 기구 및 주의사항과 문제점 해결방법 등을 알아야 하며 나아가 줄기세포와 임상적 응용, 유전자치료에 관한 내용과 면역에 관련된 지식이 요구된다. 기술적으로는 세포배양용 배지와 기타 완충액 등의 제조와 사용방법, 세포 수 산정과 생존율 계산법, 동물세포의 분리방법, 배양법의 종류에 관한 지식이 필요하다.

알아두기 10-8. 연구에 자주 사용되는 세포

연구에서 세포선택은 연구의 성패를 결정할 수 있는 중요한 요소이며, 연구의 목적과 세포의 특성을 고려해서 신중하게 선택을 해야 한다. HeLa 세포는 1952년 사람의 자궁경부암세포로부터 수립되어 전 세계에 분양되었고, 증식양상이나 DNA수복능력 그리고 대사경로 등의 연구에 폭넓게 사용되고 있으며, CHO 세포는 돌연변이의 연구에 자주 사용되면서 수많은 변이주가 단리되었다. 사람의 백혈병 유래의 세포주들도 많이 사용되고 있으며, HEK293 세포는 사람의 태아 신장세포를 5형 adenovirus DNA로 형질전환한 것으로 배양이 쉽고, 유전자도입효율도 높아서 분자생물학적 연구에 사용된다.

cell-line	meaning	Organism	origin tissue	morphology
HEK-293	*human embryonic kidney*	human	Kidney (embryonic)	epithelium
HeLa	*Henrietta Lacks*	human	Cervical cancer	epithelium
CHO	*Chinese hamster ovary*	hamster	Ovary	epithelium
HL-60	*human leukemia*	human	Myeloblast	blood cells
Jurket		human	T-Cell-Leukemia	blood cells

population culture)으로 나눌 수 있다.

2) 계대배양

세포가 배양용기에서 증식하여 포화상태가 되면 일부 세포들은 떨어져 나가거나 분산되어 결국은 죽게 되고, 죽은 세포들에서 분비되는 독성에 의한 영향으로 인해서 배양상태가 나빠진다. 따라서 신선한 배지로 분산해서 배양해야 하는데, 이를 계대배양이라고 한다. 즉, 초대배양을 통하여 얻은 세포를 지속적으로 유지하기 위해 배양하는 것을 의미한다.

세포주(Cell line)는 외부환경에 적응된 세포로 생체내의 세포와는 다른 인공적으로 외부환경에 적응할 수 있는 능력을 가지고 있다고 할 수 있다. 그러나 일부 고유의 특성을 가지고 있는 세포도 있다. 그러므로 세포주를 사용하여 실험을 시행할 때는 실험목적에 맞는 적절한 세포를 선택하여야 하는 것이 제일 중요하다. 뿐만 아니라 세포주의 배양조건을 정확하게 파악하여야 한다. 예를 들면, 클로닝된 세포주는 유전적 형질이 균일하기 때문에 고유한 그 세포의 특성을 그대로 유지하지만, 세포주 중에는 수회의 계대배양을 하는 동안에 세포 고유의 특성이 변화될 수 있기 때문에 세포주의 배양을 이용한 실험에서는 세포주의 특성을 잘 이해하여 결정하는 것이 중요하다.

세포주는 배양조건을 잘 맞추어 주면 세포주의 성질을 안정되게 유지시킬 수 있지만, 효소나 chelate를 이용하는 접착성 세포의 경우는 형태변화가 쉽고 스스로 형질전환(transformation)을 자주하기 때문에 3개월 이상의 계대배양에서는 이미 세포의 성질이 변했다고 생각할 수 있다. 그러므로 자주 세포를 동결하여 저장하거나 클로닝을 통해 실험목적에 맞는 세포를 유지하도록 해야 한다.

계대배양은 세포종류에 따라서 다르지만 일반적으로 부유배양인 경우는 세포농도가 1×10^5cells/mL 전후, 접착배양인 세포는 1×10^4cells/cm^{2}를 목표로 한다.

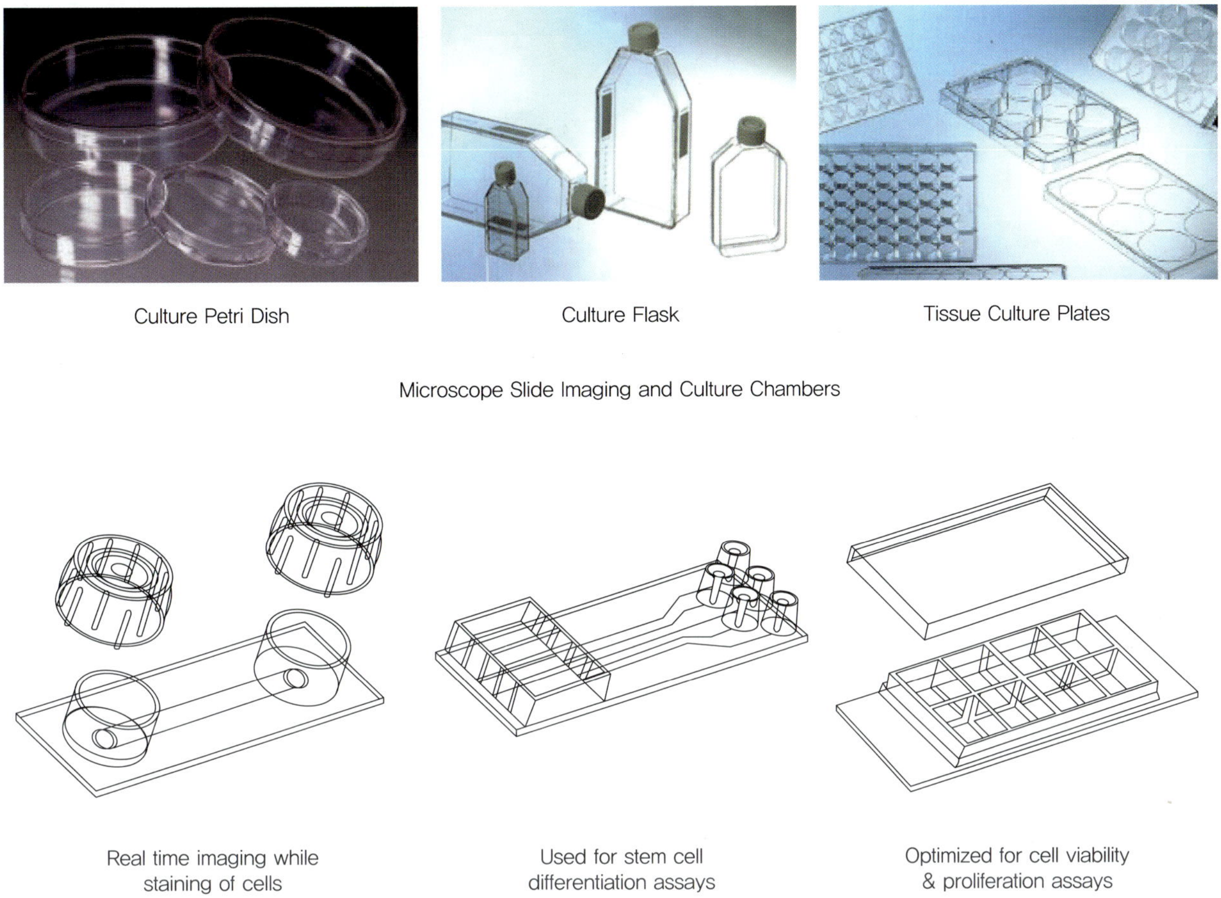

그림 10-1. 일반 배양용기와 특수 배양용기

세포주의 공급을 위한 세포은행은 미국의 ATCC (American type culture collection)가 가장 오래전부터 활동하고 있으며, CIMR (Coriell Institute of Medical Research)가 있고, 일본에는 JCRB (Japanese Collection of Research Bioresources), 한국에는 서울대학교 의과대학의 암연구소에 설치된 세포주은행이 있다. 세포은행을 통해서 구입을 하거나 한국 내에서는 한국세포주은행(Korean Cell Line Bank)에서 분양받을 수 있다. 세포주를 이용한 실험은 초대배양세포에 비하여 객관적인 측면에서 결과에 대한 긍정적인 인정을 받고 있다.

3) 기관배양

몸의 기관을 그대로 배양하는 방법으로 세포의 기능이나 세포 간의 상호작용을 분석하는데 알맞은 방법이지만, 기법이 거의 확립되어 있지 않기 때문에 생체 내에서처럼 환경을 유지시켜주어야 하는 어려움이 있다.

5. 배양방법

세포배양방법에는 세포를 평면상에 배양하는 일반적인 방법에서부터 고도의 조직구조를 형성하고 또는 유지하는 방법까지 매우 다양하다.

1) 정치배양법

정치배양법(Stationary culture)은 가장 널리 쓰이는 기본적인 배양법으로 세포를 유리나 플라스틱으로 만든 페트리 디쉬(petri dish), T-플라스크(T-flask) 같은 배양용기와 멀티웰 챔버(multiwell chamber)에 나누어 배양을 할 수도 있으며, CO_2와 습도를 유지해야 한다(그림 10-1). 한 종류의 세포를 배양하는 순수배양, 여러 종류의 세포가 혼합되어 있는 초대배양과 같이 여러 종류의 세포를 배양하는 혼합배양, 그리고 feeder가 되는 세포를 사전에 배양한 후 방사선이나 mitomycin C 처리를 하여 증식능력을 불활성화시킨 뒤 목적의 세포를 배양하는 feeder layer 배양 등이 있다.

2) 회전배양법

회전배양법(Roller drum culture)은 시험관형태의 배양용기에 세포를 부착시켜 5°정도로 기울여 1분에 5~50회 정도 회전하면서 배양하는 방법이다(그림 10-2). 세포는 액체와 가스에 차례로 노출됨으로써 증식을 빨리 하게 되며, 적은 배양액에서 배양이 가능하고, 정치배양보다 gas 및 대사물의 교환이 원활하다. 세포의 회수율이 높기 때문에 대량의 세포를 필요로 할 때, 특히 유전자를 도입한 세포를 배양하는 경우에 많이 쓰인다. 그러나 이 환경에 적응할 수 있는 세포는 한정적이며, 주로 L세포가 많이 사용된다.

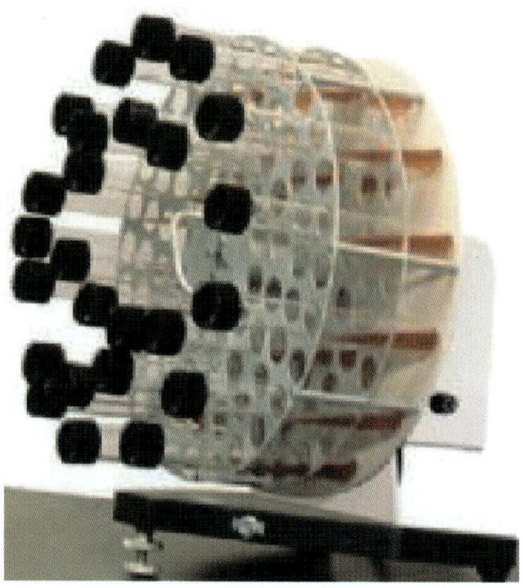

그림 10-2. 회전배양(출처 : www.ndsc.com)

3) 선회배양법

선회배양법(Rotation culture)은 세포부유액을 일정 평면 위에서 선회배양하는 것에 의해 중심부에서 접촉하는 세포가 자율적으로 조직유사구조를 이루게 하는 배양법이며 배양용기를 수평으로 선회시키는 방법을 사용한다. 일반적으로 30 mL의 erlenmeyer flask에 5~7 mL의 배양액을 넣고, 1분에 60~70 회전을 시키는 것으로 flask 바닥의 중심부에 세포들이 중앙에 모여 덩어리를 만드는 성질을 이용한다(그림 10-3). 이를 리아그리게이트(reaggregate) 또는 집합체 배양법이라고도 한다.

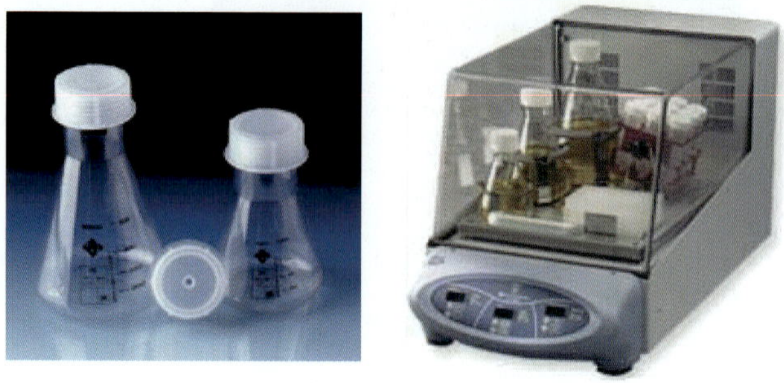

출처 : www.choicescl.com 출처 : www.daigger.com

그림 10-3. Erlenmeyer flask와 compact incubated shaker

4) 기타 배양법

림프구와 같은 혈액세포는 배양용기 벽에 부착하지 못하고 부유상태에서 증식을 하는데, 이런 배양법을 부유배양법이라고 한다. 일반적으로 부유배양법은 대량의 세포를 배양할 때 이용되며, 스피너(spinner) 병과 같은 특수한 배양용기가 필요하다.

세포를 대량으로 배양하는 방법 중에는 microcarrier 배양법이 있는데, 이는 플라스틱이나 유기물질로 bead를 만들어 그 표면에 세포를 부착시켜 배양하는 방법으로 한정된 공간에서 대량의 세포를 배양할 수 있다(그림 10-4). 이 방법은 주로 유전자를 도입하고 생체활성물질을 대량으로 분리할 때 사용된다.

6. 세포해리

조직에서 분리된 대부분의 세포는 adherent monolayer를 형성하면서 성장하는데, 세포는 증식을 시작하기 전에 용기 바닥면에 부착되어 주위를 뻗어 나가는 것이 먼저 이루어진다. 이러한 부착성은 칼슘과 마그네슘 등의 금속이온이나 단백질이 관여하는 것으로 세포를 배양용기에서 떼어내기 위해서는 여러 가지 단백질분해효소와 칼슘과 마그네슘을 제거하는 금속제거제(chelator)를 함께 사용하여야 한다. 이 밖에 cell scraper와 같은 기구를 이용하여 기계적으로 떼어내는 방법 등도 있는데, 주로 genome DNA의 추출에 사용하고 세포와 기질간의 결합은 분리되지만 세포간의 결합은 그대로이기 때문에 단일세포로 분리되지는 않는다.

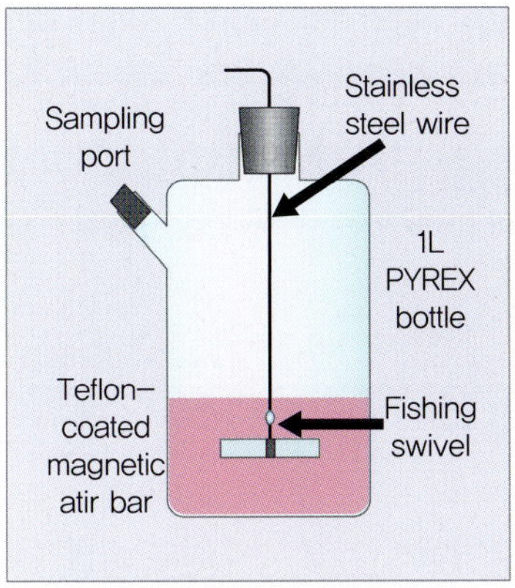

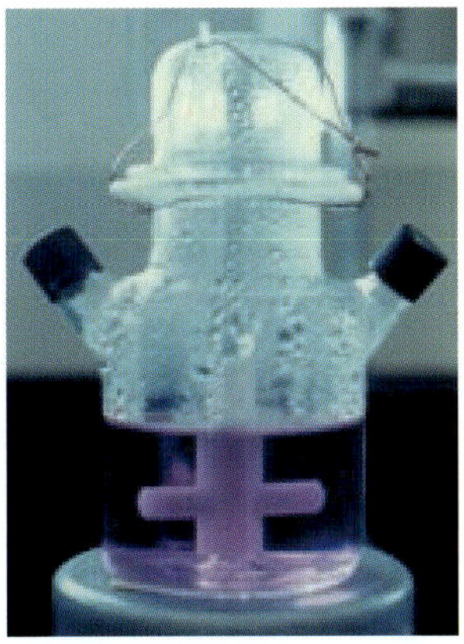

부유배양법에 가장 많이 쓰이는 스피너(sppiner) 병에는 magnetic stir bar가 부착되어 회전시키면서 배양을 하는데, 비용이 많이 드는 단점도 있다.

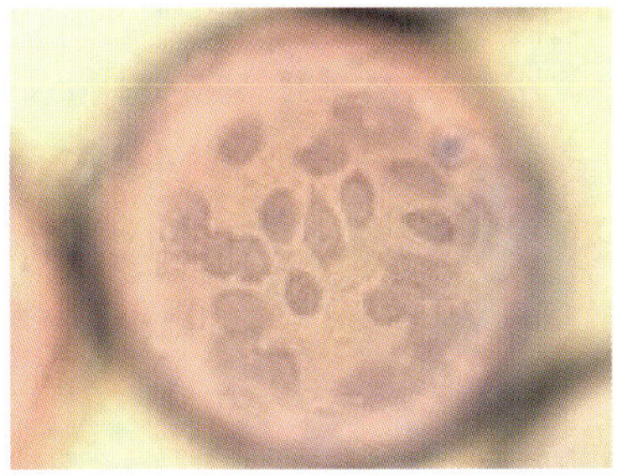

microcarrier배양에 사용되는 bead는 세포가 자랄 수 있는 표면적을 넓게 하여, 많은 양의 세포를 키우는데 적합하다.

그림 10–4. 기타 배양법(출처 : www.corning.com)

1) 세포해리제의 종류

세포집단을 한 개의 세포로 분리하기 위해서는 칼슘과 마그네슘을 제거하는 금속제거제를 사용하고 여러 가지 단백질분해효소를 사용하여야 하는데, 단백질분해효소에는 트립신, 프로나아제, 콜라게나제, 디스파제 등이 있다. 그 밖에 조직의 세포분리에 쓰이는 기계적 세포분리가 있다.

(1) 트립신

소화효소인 트립신(trypsin)은 매우 특이성이 크며, 리신 또는 아르기닌 잔기의 카르복실기쪽에서 펩티드 결합들의 분할을 촉매한다(그림 10-5). 또한 독성이 강하므로 오랜 시간 동안 세포를 처리하면 손상을 받기 때문에 적당한 시간동안 처리하고 트립신억제제를 사용하는 것이 좋다. 트립신에 의한 세포장애가 커지면 죽은 세포에서 DNA가 분리되어 조직이 풀과 같은 점성이 증가하여 세포를 분리하기 어렵다. 이런 경우에는 25~100 μg/mL 농도의 DNase를 첨가하면 세포를 분리하는 데 유용하다.

세포에 따라서는 세포 종류에 따라 감수성에 큰 차이가 있어서 collagenase나 dispase 등 다른 효소를 처리하는 것이 필요한 경우도 있다. 일반적으로 부착력이 약한 양수나 융모배양 세포는 EDTA가 없는 trypsin만 가지고도 부착세포를 떨어지게 할 수 있고, 부착력이 강한 고형조직이나 골수배양세포 등은 EDTA가 필요하다. 그리고 약간의 trypsin-EDTA 처리를 해도 빠르게 분리되는 세포가 있는가 하면, 37℃ incubator에 5~10분 정도 두어야 겨우 분리되는 세포도 있다.

Trypsin-EDTA는 냉동고에 보관한다. 배양용기에 부착하여 증식하는 세포를 계대하기 위해서는 세포와 세포간, 세포와 배양용기 벽과의 접착을 떨어뜨려 단일세포로 된 현탁액을 만든 후 희석하여 배양을 한다. 단백질에 의한 접착을 trypsin으로, 칼슘을 통한 결합은 EDTA로 파괴하여 단일세포로 만든다. Trypsin-EDTA 처리는 혈청이 들어간 배지를 첨가하면 중지가 되는데, 이는 혈청 내의 천연억제제가 작용하기 때문이다.

Trypsin-EDTA를 녹여 사용하는 과정에서 trypsin은 온도가 높을 때 효력을 나타내지만 자가분해를 피하기 위하여 냉장온도에 보관하며, 일반적으로 0.05~0.1% 농도를 사용한다.

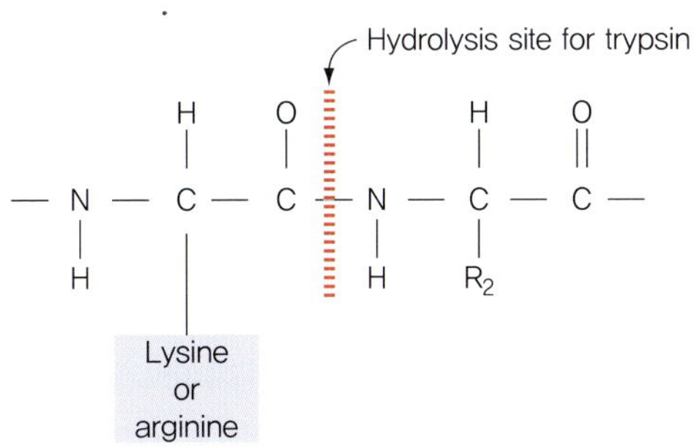

그림 10–5. 트립신의 작용

(2) 프로나아제

프로나아제(Pronase)는 토양 방사선균인 Streptomyces griseus에서 분리한 일종의 분해효소로 non-specific protease이다. 트립신보다는 독성이 적고, histochemistry and cell culture, glycoprotein을 분석하는 glycobiology, 분자유전학실험에 사용하며, calcium and magnesium-free-PBS에 0.1~0.25% 농도로 녹여서 사용한다.

(3) 콜라게나제

종양조직이나 간, 폐처럼 결체조직을 많이 포함하는 조직들을 분리할 때는 콜라게나제(collagenase)가 효력이 있다. 단백질가수분해효소인 콜라게나제는 1978년에 죽은지 10시간이 지난 사람의 신경조직에서 분리한 신경세포를 배양하는데 처음으로 사용되었으며, 신경세포를 2달 정도 배양하는데 성공하였다. 이것은 세포독성이 적은 트립신을 사용하지 않고 콜라게나제를 사용했기 때문이라고 간주되었다.

(4) 디스파제

디스파제(Dispase, neutral protease)는 Bacillus Polymyxa에서 정제되어 조직분리에 적합한 단백질분해효소로 혈청이나 칼슘이 포함된 배양액에서도 효력을 유지하기 때문에 세포분리에 매우 효과적이며 독성이 적어서 많이 사용되고 있다. 보통 1000 unit/mL 농도로 사용하며, 베링거만하임(Boehringer Mannheim)에서는 디스파제로 판매하고 있으며, 시그마에서는 프로테아제로 판매한다.

(5) 금속제거제

금속제거제(Chelator)인 EDTA는 금속인 칼슘이나 마그네슘을 배양환경에서 제거함으로써 세포분리를 돕는 것이다.

2) 기계적 세포분리

기계적 세포분리는 배양세포를 페트리디쉬나 플라스크에서 분리하여 빠른 시간 내에 세포를 분리 배양하는데 주로 사용된다. 효소에 의한 화학적 분리보다 세포의 손상이 적기 때문에 생존율이 높은 장점도 있지만, 세포에 손상이 가지 않도록 주의해야 한다. 주로 스테인레스스틸메스(stainless steel mess)가 사용되는데, 사이즈는 40(0.38 mm), 50(0.28 mm), 60(0.23 mm), 100(0.14 mm), 150(0.10 mm), 200(0.074 mm) 등이 있으며 최근에는 나일론메스(nylon mess)가 나와 매우 편리하게 되었다. 일반 신경조직의 경우는 40, 100 메스를 차례로 사용하기도 한다.

7. 세포배양 환경

세포배양은 생명과학에서 가장 기초적인 실험으로 무균작업을 할 수 있는 배양환경과 배양액이 가장 중요한 요소라고 할 수 있다. 특히 주의해야 할 점은 세균과 곰팡이 그리고 마이코플라즈마(mycoplasma)에 의한 오염을 피하는 것으로 이것은 무균상태를 유지함으로써 예방할 수 있다. 미생물의 오염을 막기 위해서는 멸균공기가 흐르는 환경에서 멸균한 배양기구 및 배양액 등을 이용하여 무균조작을 해야 한다.

1) 무균상태

실험장소의 무균상태는 세포배양에서 필수적인 인자로 공기여과장치(air filter)를 부착시킨 무균벤치(laminar flow hood)가 있으면 충분하다. 그러나 순간의 실수로 인하여 세균에 감염되는 경우가 발생하기도 한다. 배양액에는 여러 종류의 영양분이 포함되어 있기 때문에 미생물이 번식하기에 적합하다. 미생물은 짧은 시간 내에 수회의 분열을 하기 때문에 그 수가 기하급수적으로 증가하여 배양액의 영양분을 소비하고, 배양세포에 유해한 물질을 생산함에 따라 세포를 사멸케 한다.

무균검사는 일반적으로 배양액을 중심으로 하는데, thioglycollate (TGC) 액체배지에 배양액을 소량(0.3~1 mL 정도) 첨가한 후 37℃, 5% CO_2 배양기에 14일간 두면서 감염의 여부를 관찰한다. 혈액한천배지에도 0.3 mL 정도의 배양액을 넣고 무균벤치에서 뚜껑을 조금 열어 두었다가 37℃, 5% CO_2 배양기에 수일간 두면서 colony 형성의 유무를 관찰하기도 한다.

2) 온도

배양온도는 세포의 성장이나 분열에 매우 중요한 인자로 세포종에 따라 다르긴 하지만 36.5~37.5℃가 가장 최적의 배양온도이다. 이보다 낮은 온도에서는 사멸하지는 않지

알아두기 10-9. 세포배양에서 손 소독의 중요성

소독(Disinfection)은 무생물체로부터 세균의 아포를 제외한 미생물을 제거하는 것을 의미한다.
세포배양에서 배양환경을 무균상태로 유지하고, 배양에 필요한 기기나 기구 등을 멸균해 사용한다고 해도 실험자의 조작을 통해 오염이 이루어질 수 있기 때문에 배양환경뿐만 아니라 실험자 손의 청결이 매우 중요하다. 실험자가 무균조작을 할 때 글러브를 착용하기도 하지만, 손에는 상재균이 존재하므로 실험시작 전에 소독제를 이용하여 반드시 손 소독을 해야 한다.
손소독은 1847년 헝가리 산부인과의사인 젬멜바이스(Ignaz Semmelweis)가 산욕열로 사망하는 산모들을 보면서 chlorinated lime 용액으로 손세척을 권장한 이후로 산모의 사망률이 현저히 저하(18.3% → 2.2%)된 연구결과를 발표하면서 처음으로 알려졌다.

알아두기 10-10. 무균상태 확인에 사용되는 배지

* 혈액한천배지 : 5%의 면양 적혈구를 포함하고 있는 배지로, 일부 균주를 제외한 대부분의 fastidious 세균이 증식을 한다.
* TGC액체배지 : casein, 효모추출액, 육즙추출액, 비타민 등이 함유되어 있어서 대부분의 균주를 증식시키며, 밑부분에는 0.075%의 한천을 포함하기 때문에 무산소성 세균도 증식할 수 있다.

만, 세포수가 저하되고 40℃를 넘으면 세포는 괴사된다. 배양된 세포는 4℃에서 여러 날을 생존할 수도 있고, -196℃에서 동결시켰다가 다시 녹였을 때 생존하기도 한다.

3) CO_2

이산화탄소는 산화된 상태이고 수소원자를 포함하지 않기 때문에, 중요한 탄소원이면서도 수소나 에너지를 동시에 공급할 수 없다. 따라서 이산화탄소배양기(CO_2 incubator)는 공기 중에 5%의 CO_2를 유지하도록 고안된 것으로 100%의 습도와 37℃를 유지하는 것이 일반적이다. CO_2를 공급하는 이유는 대부분의 배양액이 탄산완충액을 사용하여 만들기 때문에 CO_2에 의해 수소이온농도 즉, 배양액의 pH를 안정적으로 유지하기 위해서이다.

8. 배양액

배양액은 조직이나 세포배양에서 영양공급원으로서 매우 중요하다. 가장 기본적인 구성성분을 포함하고 있는 배양액을 기본배양액(basal medium) 또는 합성배양액(synthetic medium)이라고 한다. 기본배양액에는 각종 아미노산, 비타민, 지질, 당질, 무기염 그리고 미네랄 성분 등이 포함된다. 그러나 기본배양액만으로는 완전한 세포나 조직배양이 불충분하기 때문에, 배양액에 혈장을 비롯하여 혈청 또는 조직추출액 등이 필수적인 배양요소가 되었다.

최근에는 무혈청배양액이 개발되어 세포주나 하이브리도마세포를 위한 무혈청 인공합성배양액이 시판되고 있으며, 초대배양에서도 단기간 배양에서 사용되기도 한다.

1) 배양액의 특성

(1) pH

pH는 용액의 몰농도로 표현된 수소이온농도에 음의 로그를 취한 값으로 pH에서 한 단위 차이는 수소이온 농도가 10배씩 달라지는 것을 의미한다. pH는 산성과 알칼리성을 나타내는 단위라고 할 수 있으며, 범위는 0.0~14.0까지이다(그림 10-6).

pH는 세포의 증식과 밀접한 관계가 있는데, 세포 종류에 따라 적정치가 있으며, 대부분의 세포들은 pH 7.2~7.4의 알칼리상태에서 증식이 잘 된다. 만약 pH가 6.6 이하이거나 7.8 이상일 경우는 24시간 내에 대부분의 세포가 사멸한

pH	Substance	pH	Substance
0.5	Battery acid	6.5	Milk
1.5–2.0	Gastric acid	7.0	Pure water
2.4	Lemon juice	6.5–7.4	Healthy human saliva
2.5	Cola	7.34–7.45	Blood
2.9	Vinegar	8.0	Sea water
3.5	Orange or apple juice	9.0–100	Hand soap
4.5	Beer	11.5	Household ammonia
<5.0	Acid rain	12.5	Bleach
5.5	Tea or healthy skin	13.5	Household lye

그림 10-6. pH의 범위

알아두기 10-11. 무혈청배양액

1976년 사토(Gordon Sato)는 세포배양에서 혈청의 역할은 영양분의 공급보다는 오히려 호르몬의 공급이라고 생각하였으며, 갑상선자극호르몬 분비호르몬(thyrotropin releasing hormone, TRH), 소마토메딘 C (somatomedin-C, IGF-1), 부갑상선호르몬(parathyroid hormone, PTH), 트리요도티로닌(triiodothyronine, T_3), 트란스페린(transferrin) 등의 호르몬과 성장인자를 추가하면서 무혈청 배양액을 개발하였다. 이를 이용하여 쥐 뇌하수체 종양 세포주인 GH_3 세포를 장기간 배양하는데 성공하였다.

알아두기 10-12. pH의 범위와 체액의 산도

인체에서 일어나는 대사작용은 효소에 의해 촉매되며, 효소는 체액의 산도 7.35~7.45의 매우 좁은 범위에서 작용한다. 체액의 산도를 유지하기 위해서는 완충계, 호흡계 그리고 신장이 작용을 한다. 즉 음식의 섭취 또는 대사작용에 의하여 매일 많은 양의 산이 생산되는데 이들의 대부분은 탄산(H_2CO_3)이다. 탄산은 적혈구 내의 헤모글로빈과 결합하여 폐로 이동되어 배출이 되고, 케톤산, 황산이나 인산(phosphoric acid) 등은 혈액을 통하여 신장으로 배설된다.
혈액의 산염기상태가 7.35 이하인 경우를 산혈증(acidemia), 7.45 이상인 경우를 알칼리혈증(alkalemia)이라고 한다.

다. 37℃에서 세포를 배양하는 경우 배양액 제조과정에서 확인된 pH보다 0.2정도가 높아지기 때문에 이를 감안하여야 하며, 보통 phenol red가 지시약으로 사용된다.

(2) 완충효과

세포대사과정에서 발생되는 대사산물은 산성이기 때문에, 모든 세포배양액에는 이러한 대사산물로 인한 pH의 변화를 줄이기 위해서 완충작용을 하는 물질이 최소 1가지 이상 포함되어 있다. 세포배양에서 배양용기의 노출정도와 공급되는 CO_2양은 pH 수치를 올리며, 과다한 세포수의 증가에 따른 CO_2나 유산의 과잉생산이 될 경우에는 pH가 떨어진다. 세포배양액에서 sodium bicarbonate와 HEPES가 1차적 완충작용을 하며, 배양액첨가제인 혈청 또한 완충역할을 한다.

(3) 산소

대부분의 세포가 생체 내에서 호흡을 위해 산소를 요구하는 동안 배양된 세포는 변형된 세포 안에서처럼 혐기성 상태가 되기 쉬운 해당작용(glycosis)에 의존한다. 배양액의 깊이가 세포의 확산에 영향을 끼칠 수 있기 때문에 배양액의 깊이는 2~5 mm 범위를 유지하는 것이 좋다.

(4) 삼투압

세포는 각각 고유의 삼투압을 가지고 있다. 배양액의 삼투압이 세포의 고유삼투압보다 높거나 낮으면 세포의 팽창이나 수축에 의해서 세포가 죽게 될 것이다. 그리고 세포의 삼투압은 세포막의 수송과 밀접한 관계가 있기 때문에 세포의 생존을 위해서는 세포와 배양액의 삼투압을 일치시키는 것이 중요하다. 대부분의 세포는 삼투압에 대해 꽤 넓은 억제능력을 가지고 있는데, 약 10% 내외의 변화는 큰 영향을 받지 않는다.

(5) 온도

배양된 세포는 4℃에서 여러 날을 생존해 있는가 하면 −196℃를 유지하는 LN_2에서 세포는 얼게 되지만 녹였을 때 어느 정도의 생존력을 가지고 있다. 일정한 배양조건이 재생될 수 있도록 하기 위해서는 온도의 일관성을 유지해 주어야 한다. 세포의 성장과정에서 낮은 배양온도 때문에 증가하는 CO_2의 용해성과 이온변화, 완충액의 pKa 때문에 pH에 영향을 끼칠 수 있다.

(6) 점성과 거품

배양액의 점성은 혈청의 함유량에 의해 영향을 받는데, 세포의 성장에는 영향을 끼치지 않는다. 그러나 세포배양용 부유물이 휘저어질 때나 세포를 trypsin으로 처리한 후 분리됐을 때 세포의 손상이 일어날 수 있다.

거품의 효과는 분명하게 정의할 수는 없지만, 거품이 배양용기 목 부분에 닿게 되면 오염될 위험이 있기 때문에 단백질의 변성율이 증가할 수도 있다. 만약 거품으로부터 형성된 얇은 막이나 엎지름이 뚜껑과 용기사이, 페트리디쉬 뚜껑 사이에 있게 되면 배양에 필요한 가스의 확산이 제한될 수도 있다.

알아두기 10-13. 혈액의 삼투압

체액 내의 이온농도로 삼투압을 간접적으로 표시하며, 혈액의 삼투압은 조직액의 삼투압과 같고 이것은 세포막의 삼투압과도 같다. 따라서 혈중에 가장 농도가 높은 나트륨, 염소, 중탄산염이 주를 이루고 당과 요소가 다음으로 영향을 미친다. 사람 혈장(plasma)의 osmolality의 참고범위는 260~320 mOsmol/kg H_2O로 대부분의 세포에 적용할 수 있으며, 배양액의 삼투압은 강산이 첨가된 약제, HEPES의 첨가, 포도당 등에 영향을 받는다.

표 10-2. 배양액과 그 특징

배양액의 종류	제작년도	특징	배양방법	목적
M 199	1950	모건에 의해 개발되었고, 가장 많은 종류의 아미노산, 비타민, 핵산 염기를 포함	초대배양, 기관배양	상피성 세포
Eagle's BME	1955	세포질 안의 아미노산 농도를 기준으로 하여 최소 필수아미노산 함유	일반배양, 단층배양	HeLa 세포와 L세포배양
Eagle's MEM	1959	BME를 개량해서 두 배의 아미노산과 비타민 농도 높임	가장 보편적인 배양	대다수의 세포
L15	1963	라이보비츠에 의해 고안되었고, CO_2가 없는 조건에서도 세포배양 가능, pH 조정이 가능하도록 L-아르기닌을 사용하고, 글루코스 대신 D-갈락토스 사용	일반배양, 단층배양	정상세포, 암세포 모두 가능
Ham's F10, F12	1963	F10은 헴에 의해 개발되어 초대배양에 주로 이용, F12는 1965년 헴이 F10을 개량해 만든 것으로 아미노산 농도가 낮은 대신 중간대사물질과 지방산 및 희금속염을 포함		무혈청 배양액의 개발이나 클로닝
NCTC 135	1964	에반스에 의해 고안되었으며, 혈청이나 단백질을 첨가하지 않고 동물세포를 장기간 배양할 목적으로 고안되었으며, 비타민, 핵산, 염기, 글루타티온 등 함유	단층배양	L-926(쥐) 세포배양
MCDB 101-107	1965	F12를 기본으로 하여 셀렌, 망간, 실리콘 니켈 등의 희금속을 포함	단층배양	섬유아세포의 무혈청 또는 저혈청 배양
RPMI 1640	1967	1967년 무어 등에 의해 혈구세포를 체외(in vitro)에서 장기간 배양할 수 있도록 Rosewell Park Memorial Institute에서 개발되었으며, 여러 가지 아미노산과 비타민을 적절하게 혼합함	부유성 세포배양	백혈병 세포, 림프세포배양
Dulbecco's MEM	1969	MEM에 비해 아미노산 2배, 비타민 4배로 증가	현재 가장 많이 사용	대다수의 세포
알파 MEM	1971	스테너스가 개발하였으며, MEM을 기본으로 하여 아미노산 8종, 비타민 4종, 피루브산을 첨가	마우스와 햄스터의 잡종연구	줄기세포배양

2) 배양액의 종류

배양액은 세포배양에서 가장 중요한 요소이긴 하지만, 체외에서 세포가 성장하고 분화하는데 필요한 최적의 조건을 제공하는 이상적인 배양액은 아직 발견되지 못하였다. 그리고 배양세포의 증식과 생존에 필요한 인자 등의 해명이 불충분하기 때문에 합성배양액에 혈청이나 조직추출액 그리고 성장인자들과 같은 물질들을 첨가해야 한다.

배양액은 배양목적, 배양세포의 종류에 따라 선택하여 사용해야 하며(표 10-2), 지금까지 여러 종류의 세포증식이나 생리기능 발현 등에 적합한 기본배양액이 개발되어 있고, 일반적으로 시판되고 있는 인공배양액이나 분말을 녹여 사용한다. 배양액을 직접 제조해서 사용하는 경우 배양세포의 생존이나 증식에 문제가 발생하면 제일 먼저 물의 순도를 점검해야 하며, 시판되고 있는 배양액에 사용되는 증류수는 이온교환컬럼을 통과시킨 탈이온수이다.

최근에는 무혈청배양액의 개발이 진전되어 cell line이나 하이브리도마세포를 위한 무혈청배양액이 시판되고 있다. 무혈청배양액은 기본배양액에 성장인자, 호르몬, 지질 등을 포함하고 있다.

3) 혈청

혈청(Serum)은 세포부착과 관련된 요소를 비롯해서 세포증식을 증진하는 성장인자 그리고 미네랄, 지질, 호르몬과 단백질 등 여러 물질들을 포함하고 있으며, 기본배양액에 주요한 첨가제로 사용되고 있다.

혈청은 성분이 알려지지 않은 영양성분의 공급효과를 비롯하여 금속성분의 운반자(carrier)의 역할, 세포구조에 이용되는 고분자의 직접 공급, 여러 가지 성분의 완충작용(buffering), 대사산물의 해독작용(detoxication), 단백질분해효소 등의 증식저해물질의 중화 및 세포접착인자의 공급 등의 중요한 역할을 한다.

세포배양에 사용되는 혈청들은 송아지, 송아지 태아, 말, 사람 등의 혈청이 사용될 수 있으며, 주로 송아지, 송아지 태아혈청이 널리 사용된다. 세포배양을 위해 일반적으로 5~15% 범위를 가장 많이 이용하며, 4℃에서 4주, −20℃에서는 1년 이상 보존이 가능하다.

(1) 혈청의 종류

세포배양에 주로 많이 사용되는 종류에는 송아지 태아혈청(fetal bovine serum, FBS)과 송아지 혈청(bovine calf serum, BCS)이 있다. FBS는 일반적인 세포배양에 사용되며, BCS는 대개 16개월 된 송아지의 혈청을 채취한 것으로 FBS에 비해 항체와 호르몬의 양에 차이가 있다. FBS는 BCS에 비해서 단백질의 양이 2배에 달하고, 항체는 100배 정도 많이 함유되어 있는 것으로 알려져 있다.

사람의 혈청은 드물게 몇몇 cell line을 배양하는데 사용되기도 하지만, HIV와 Hepatisis B와 같은 virus 때문에 주의를 해야 하며, 말혈청의 polyamine은 특정 세포에 mitogenic하게 작용되므로 해당 세포배양에 사용되기도 한다.

(2) 혈청의 성분

혈청은 여러 물질이 혼합된 복잡한 복합산물로 그 조성과 함량이 완전하게 밝혀진 것은 아니지만, 알려진 성분은 다음과 같다.

① 단백질

단백질은 혈청의 주요 구성요소이지만 혈청 내 조성 및 기능들이 완전히 밝혀진 것은 아니다. 단백질은 mineral, 지방산, 호르몬 운반체로서의 역할을 한다. 세포배양에 주로 이용되는 단백질은 albumin으로 지질이나 globulin의 운반체로서 중요하다. 또한 fibronectin은 세포의 부착을 증진하고, α-macroglobulin은 trypsin을 저해한다. FBS에서 fetuin은 세포부착을 유지하며, transferrin은 철이온과 결합하는 데 관여한다.

② 성장인자(growth factor)

혈액채취 직후 원심분리한 혈청보다 자연적으로 응고된 혈청은 더 많은 세포의 증식을 자극할 수 있다. 이것은 혈소판에서 유리되는 polypeptide 때문으로 이러한 polypeptide에 속하는 것이 platelet-derived growth factor (PDGF)이다. PDGF는 mitogenic 활성을 가지고 있으며 fibroblast와 glia안에서 세포의 성장을 자극한다.

섬유아세포성장인자(fibroblast growth factor, FGF), 외피성장인자(epidermal growth factor, EGF), 혈관외피성장인자(endothelial cell growth factor, ECGF)와 angiogenin 같은 외피성장인자, 인슐린유사성장인자(insulin-like growth factor, IGF)인 IGF-1과 IGF-2 등의 전체적인 성장인자들이 혈청에는 아주 적은 양으로 존재하나, 배양과정에서 세포에 의해 생성된 성장요소들이 배지로 방출되어 다양한 역할을 하는 것으로 알려졌다.

③ 호르몬

혈청 내에 존재하는 호르몬들이 각종 세포에 주는 영향은 아직 분명치 않지만, 세포의 증식에 영향을 줄 수 있으며 동일한 호르몬이라도 세포의 종류에 따라서 서로 다른 효과를 나타낼 수도 있다. 혈청 내의 호르몬들 중 인슐린은 포도당과 아미노산의 세포 내로의 섭취를 촉진하여 세포증식의 효과를 나타낼 수 있고, IGF-1 수용체의 활성도에 의해서 효과를 낼 수도 있다.

혈청 내 성장호르몬은 IGF-I 발현을 촉진하며, 세포증식 효과를 나타내고, hydrocortisone은 혈청에서 다양한 양으

알아두기 10-14. Hybri-Care Medium

1980년 하이브리도마세포주 배양을 목적으로 고안되었으며, DMEM과 NCTC109 배양액을 기본으로 하고 인슐린을 첨가하였고, 핵산과 글루타티온을 함유하고 있다.

로 존재하고 특히, 우태혈청에 많이 분포되어 있으며 세포의 부착과 증식에 활용된다.

④ 영양소와 대사물질

아미노산, glucose, keto-acid, nucleoside, 지질로는 linoleic acid, oleic acidethanolamine, phosphoethanolamine 등이 있으며 기타 영양소와 중간대사물질들이 혈청 내에 존재한다.

⑤ 무기질

혈청 내에는 소량의 무기질 성분과 철분, 구리, 아연 등이 혈청단백질에 결합된 상태로 존재하는데, 멕키핸(Wallace Mckeehan)은 glutathione synthetase의 cofactor인 selenium은 free radical을 해독하는데 도움을 준다는 사실을 확인하였다.

⑥ 억제 인자

혈청에는 세포증식을 촉진하는 인자들이 많지만 γ-globulin, 보체(complement), TGF-β 같이 억제하는 물질도 존재한다.

(3) 혈청의 불활성화

배양에 사용되는 혈청 중에는 세포증식인자나 혈청단백질 외에 체액성면역을 담당하는 인자의 하나인 보체를 함유하고 있다. 다양한 보체 중에는 배양세포를 인식해서 세포독성을 나타내는 것이 함유되어 있기 때문에 혈청을 그대로 사용하면 세포의 증식이 억제되기도 하고, 죽기도 한다. 보체는 56℃에서 30분간 처리하면 활성을 잃어버린다. 원래 열처리는 immunoassay를 위한 보체를 비활성화하기 위해서 고안되었지만, 아직 알려지지 않은 다른 결과를 얻을 수도 있다.

(4) 불활성화 방법

① 혈청은 호르몬과 성장인자 등 열에 약한 성분들을 다량 함유하고 있으며, 동결된 상태로 수송 · 보존되고 있으므로 녹일 때는 2~8℃에서 15시간 정도 처리하거나 37℃ 정도의 따뜻한 물에 넣어서 해동시킨다. 이때 녹기까지 그대로 방치하면 첨가된 단백질성분이 녹지 않게 될 수 있으므로 혈청이 녹을 때까지 병을 돌려서 가능한 빨리 녹여야 한다. 해동된 혈청은 2~8℃에서 4주간 보관하며 사용할 수 있다.

② 56℃ 항온수조에 넣고 30분간 보온한다. 온도가 균일하게 배분되어 보체 전체가 불활성화 될 수 있도록 10분 간격으로 혼합해준다.

③ 냉장고에 넣고 온도를 내린다(냉동고에 바로 넣으면 혈청의 열로 인해 다른 시약들에게 영향을 줄 수 있다).

④ 무균작업대에서 1회 사용량씩 나누어 냉동보관한다.

(5) 혈청사용의 문제점

① 혈청은 제조할 때마다 혈청성분이 달라지고, 미확인 성분도 함유하고 있어서 장기간 동안 균일한 세포배양은 어렵다.

② 혈청은 많은 양의 단백질을 함유하고 있어서 세포 배양 후 생성물의 분리정제에 어려움이 있다.

③ Virus, mycoplasma 등의 주된 오염원이 될 때도 있다.

④ 가격이 매우 비싸서 대량배양이나 세포배양에서 많은 재료비를 필요로 한다.

4) 항생물질

조직이나 세포배양시 무균조작의 일부분은 항생물질에 의하게 된다. 항생물질은 오염의 빈도를 줄이기 위하여 배양용 배지에 첨가하지만, 무균적 조작기술과 무균 작업대(clean bench)의 활용으로 항생물질의 사용을 줄일 수 있다.

동물세포배양에는 bacteria, fungi, mycoplasma, yeast 등에 의한 오염이 자주 발생할 수 있다. 무균상태 유지에 특히 주의해야 하고, 세포주에 영향을 줄 수 있으므로 적절한 항생물질의 선택과 농도 등을 확인하여 신중하게 사용해야 한다(표 10-3).

5) 완충액

완충액(Buffer, balanced salt solution)은 용액 내에서 H^+와 OH^-의 농도변화를 최소화 해주는 물질이라고 할 수 있으며, 세포배양에 있어서 이온의 공급, pH 조정, 삼투압의 조절을 비롯하여 세포세척 및 시약의 용액 등에 사용된다. Balanced salt는 무기물의 염분으로 구성된다. 중탄산나트륨과 glucose를 포함하기도 하고 HEPES buffer도 필요에 따라 완충용액에 첨가한다. 완충액은 1910년에 개발된 Tyrode 염류용액을 비롯하여 1941년 심스(Clara Simms), 1943년 얼(Wilton Earle), 1946년 헨크스(John Hanks) 및 1954년 둘베코(Renato Dulbecco) 등의 염류용액이 있으며, 일반적으로 Hank's 및 Dulbecco's 용액이 가장 많이 사용된다.

세포의 대사 결과로 발생되는 대사산물은 산성이기 때문에, 모든 세포배양액에는 pH의 변화를 줄이기 위해서 완충작용을 하는 물질이 1가지 이상 포함되어 있다. 이상적인 완충액은 pH를 지속적으로 유지할 수 있어야 하고, 배양시 화학적, 생화학적 반응을 방해하지 않아야 한다.

Sodium bicarbonate는 pH를 유지할 뿐만 아니라 삼투압을 유지하고, 에너지원을 제공하는 역할을 한다. 그리고 37℃에서는 pH 6.3을 가지기 때문에 pH 7.0~7.5 범위에서 최적의 완충작용을 하기 위해서는 5~10% CO_2를 필요로 한다. HEPES는 pH 7.2~7.6에서 강한 완충제로 10~20 mM의 농도를 자주 사용하며, sodium bicarbonate 농도보다 두 배가 넘어야 한다고 알려져 있다. HEPES (10~20 mM)는 현재 pH 7.2~7.8 범위에서 가장 효과적인 buffer이다.

6) 배양액 첨가물

배양액 첨가물은 배양세포의 에너지원, 질소원으로 작용하기 때문에 세포주배양에 필수적이다. 모든 아미노산농도

표 10-3. 세포배양에 사용되는 항생물질의 종류 및 적정 농도

항생물질의 종류	적정 농도(μg/mL)	세포독성 농도(μg/mL)	해당 미생물
Amphotericin B	2.5	30	Fungi, Yeast
Ampicillin	100		G(+), G(−)
Ciprofloxacin	10~40		Mycoplasma
Gentamycin	50	>300	G(+), G(−), Mycoplasma
Kanamycin	100	10 mg/mL	G(+), G(−), Mycoplasma
Neomycin	50	3,000	G(+), G(−)
Penicillin-G	100 U/mL	10,000 U/mL	G(+)
Poylmixin B	50	1 mg/mL	G(−)
Streptomycin	100	20 mg/mL	G(+), G(−)
tetracycline	10	35	G(+), G(−)
Tylosin	10	300	Mycoplasma

알아두기 10-15. 항생물질의 단점

① 항생물질에 대한 저항체계를 갖는 organism의 발달을 조장할 수 있다.
② 실제로 감염되어 있는 mycoplasma의 확인을 방해할 수 있다.
③ 포유동물세포와 교차반응하여 길항적인 대사효과를 낼 수 있다.
④ 박테리아 감염을 조절할 수는 있지만, 항생물질에 대한 저항성이 있는 병원성 박테리아들은 조절이 절대적이지는 않다.
⑤ Fungi와 yeast 등의 오염은 항생물질로 조절하기는 어렵다.

가 최대 세포농도와 증식속도에 영향을 주지만, 이중에서 가장 중요한 요소는 L-glutamine이다. L-glutamine은 단백질합성뿐만 아니라 D-glucose, pyruvate와 함께 주요한 에너지원으로 알려져 있다.

배양세포는 2가지 경로로 에너지를 얻는데, D-glucose를 lactate로 전환(또는 CO_2로의 완전 산화)시키는 경로와 L-glutamine을 CO_2와 암모니아로 산화시키는 경로이다. 그러나 L-glutamine은 액체상태에서 매우 불안정하기 때문에 실온이나 배양기에서는 신속하게 파괴된다. 4℃에 보관을 해도 3주 뒤에는 80% 정도만 남게 되며, −10℃에서는 1년 정도 보관이 가능하다.

9. 세포배양에 필요한 장치 및 기구

항생제가 없었던 1950년대에는 무균작업을 하기 위해서는 넓은 공간이 필요했지만, 최근에는 공기여과장치가 있는 무균벤치에서 무균작업을 시행한다.

1) Biosafety Cabinet

Clean bench 또는 Laminar-flow hood라고도 일컫는 무균조작을 위한 작업대이며, HEPA (High Efficiency Particulate Air) filter 및 송풍기를 사용하여 무균공기가 항상 내부로 들어오고, 작업대에서 외부로 배출된다. 공기는 0.22 μm의 Hepa filter를 경유하여 제균 되고 있으므로, 1년에 1회 정도는 압력계의 미터를 통해 집진효율 0.3 μm 입자로서 99.97% 이상인지 점검한다.

무균작업대 내부에는 형광등과 자외선 살균등(UV lamp)이 설치되어 있는데, 사용 전 후에는 70% 알콜로 작업대를 닦아야 한다. 사용하지 않을 때는 문을 닫고 UV lamp를 켜서 내부가 무균상태가 되도록 유지해야 한다. 또한 무균작업대를 작동하고 최소한 5분 이상의 warming-up이 필요하다.

무균작업대 안에는 자주 사용하는 물건들을 넣어 둘 수 있는데, 플라스틱제품은 UV에 의해 손상되므로 넣을 때는 반드시 덮개를 씌워야 한다. UV는 짧은 시간이라도 세포에 직접 닿으면 DNA가 손상이 되어 세포가 죽게 되기도 하고, 인체의 피해나 세포의 피해가 발생할 수 있으므로 특별히 주의를 한다. 최근에는 무균벤치를 사용하지 않을 경우 장시간 UV램프를 켜두는 것을 권장하지 않는다는 문헌도 나오고 있다.

2) CO_2 배양기

CO_2 배양기는 95%의 공기와 5% CO_2의 혼합가스로 채워지며 온도는 37℃, 습도는 100%로 유지되고 있다. 동물세포 배양기간 동안 배양액의 $NaHCO_3$와 CO_2 기체와의 평형에 의해 배양액의 pH가 조절된다. 따라서 동물세포 배양에는 CO_2 배양기가 필수적이다. CO_2 배양기의 대부분은 water jacket형으로 외벽 안에 물이 들어있는데, 비열이 있는 물을 넣어 둠으로써 문의 개폐에 따르는 배양기내 온도 변동을 적게 하기 위해서이다. 그리고 배양기 내부에는 배양액의 습기증발을 막기 위해서 가습통(vat)이 있어야 하고 항상 멸균증류수를 채워 넣어 내부습도를 90% 이상으로 유지하도록 한다.

CO_2 배양기에서 CO_2의 농도는 센서에 의해 조절이 되고 있는데, CO_2 농도가 내려갔을 때만 CO_2 가스가 주입되도록 되어 있다. CO_2 농도센서에는 IR 센서와 TC 센서가 있는데 CO_2 가스 주입방식이 다르다. IR 센서는 배양기 문을 열고 닫았을 때 순간적으로 CO_2 가스가 5%로 맞춰지는 장점이 있지만 정기적으로 교체를 해주어야 하고, TC 센서는 CO_2 가스가 5%로 맞춰지는데 시간이 걸리지만 반영구적으로 사용할 수 있다.

3) 멸균기

멸균(Sterilization)은 물리적 또는 화학적인 과정을 통해서 살아있는 세포, 포자, 바이러스, 바이러스 입자 따위를 완전히 파괴하여 제거하는 과정이다. 미생물학 및 병원에서 사용하는 autoclave는 고압증기멸균기 또는 가압증기멸균기라고 하고, 프랑스의 화학자이자 미생물학자인 파스테르(Louis Pasteur)의 제자인 샹베를랑(Chamberland)에 의해 1873년 발명되었다.

Autoclave는 일반적으로 121℃, 15PSI (P : pound, S : square, I : inch) 정도의 포화수증기압을 이용하여 미생물 내 효소단백질의 응고와 변형의 과정을 통해 세균의 대부분을 즉시 사멸시킨다. 뿐만 아니라 열에 저항력이 강한 포자(spore)형성세균도 20~30분 내 사멸시키는데, 멸균은 증기가 아니고 열에 있다. 세포배양에 사용되는 용액이나 실험기구에 필수적으로 건열멸균, 고압증기멸균, 여과멸균,

알아두기 10-16. Clean Bench의 종류

Bio-Hazard Safety Type

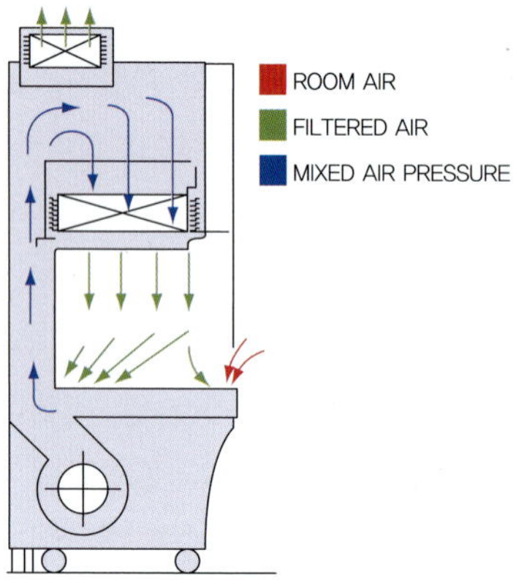

고성능 오염방지 안전형 무균작업대로서 쉽게 오염되거나 감염될 수 있는 무균조작에 사용되며, 생물학적 위험성이 있는 경우 실험자의 안전 보장을 위해 설치하여 사용

Vertical Type

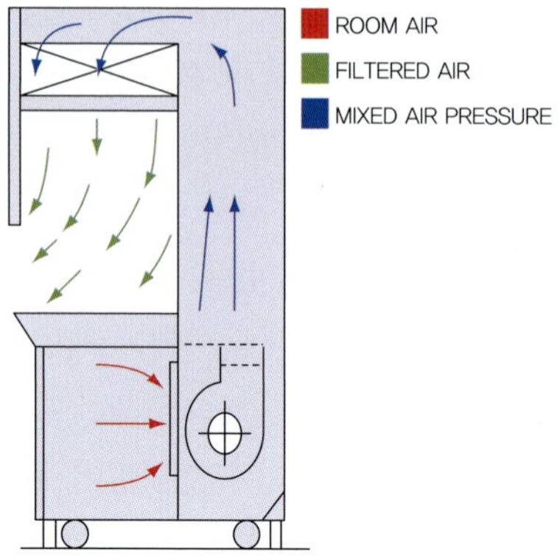

수직 층류 방식으로 인체에 유해한 균이 아니며, 독성이나 유해가스를 발생하지 않고 박테리아를 무균, 무진 환경에서 작업이 필요한 경우에 사용

Horizontal Type

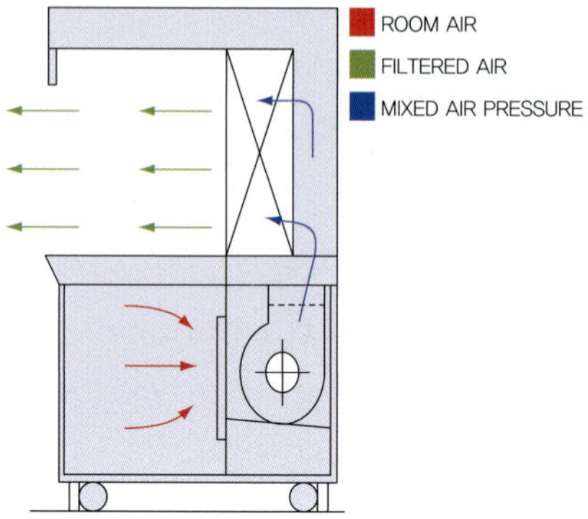

수평 층류 방식으로 일반적인 무진작업, 전자부품 조립용, 식물조직 배양 등에 사용

표 10-4. 멸균법의 종류와 장단점

멸균방법	용도	장점	단점
건열멸균	유리나 금속기구	다량 가능, 신속	플라스틱 불가
고압증기멸균	유리 기구, 배양액	다량 가능, 신속	플라스틱 주의
여과멸균	배양액, 시험약제	신속하다	고가, 특정성분 주의
산화에틸렌	플라스틱 제품	다량 가능, 신속	고가, 가스 취급주의
알코올	실험자의 손, 환경 소독	매우 간단	곰팡이는 무효
자외선	배양기구	간단	플라스틱(물질변성)

Ethylene Oxide (EO) 가스살균 등이 있다(표 10-4).

(1) 건열멸균기

건열멸균기(Dry heat sterilization)는 주로 유리병을 비롯하여 금속기구, 파이펫 등 고열에 견디는 것을 증기를 사용하지 않고 멸균하기 위하여 사용한다. 보통 160℃에서 90분간, 또는 180℃에서 45분간 가열한다. 최근에는 온도 조절과 timer가 부착된 건열멸균기가 있다. 온도가 높기 때문에 화상의 우려가 있으므로 실온 가까이 식을 때까지 기다린 후 꺼내야 한다.

미생물은 세포의 성분이 산화하고 단백질이 변성이 되면 사멸하게 되는데, Clostridium botulinum의 내생포자는 건열 멸균에서는 160℃에서 120분간 걸려 사멸하므로 건열은 습열에 비해서 효과가 적다.

(2) 고압증기멸균기

고압증기멸균기(Autoclave)는 121℃의 고압수증기(2기압)에서 15분간 멸균하는 방법으로, 습열은 핵산을 분해하고 효소 및 다른 필수단백질을 변성하며, 세포막을 파괴하여 미생물을 사멸시키므로 아주 효과적인 미생물 사멸방법이다. 주로 내열성 플라스틱기구, 고온에 잘 견디는 염류용액, 수술용 도구 등을 멸균하는데 사용한다. Screw cap과 같은 병이나 시험관은 뚜껑을 조금 열어 두어야 하고, 용액을 멸균할 때는 급하게 압력을 내릴 경우 액체가 끓어 밖으로 넘쳐 나오기 때문에 멸균 전의 용액량과 멸균 후 줄어든 용액량의 변화를 체크해 보아야 한다.

(3) 여과멸균

배양액을 비롯해 glucose 또는 호르몬, 성장인자 등이 포함된 시약은 열에 의해 분해되거나 활성을 잃어버리기 때문에 여과를 통해 멸균을 해야 한다. 여과멸균(Filtration sterilization)에 사용되는 박막여과지(membrane filter)는 구멍이 많이 뚫린 막으로 두께는 0.1 mm 정도이며, pore는 크기에 따라 다양한데 직경이 0.22 μm 인 것을 제일 많이 사용한다. Membrane filter는 아세트산 셀룰로오즈(cellulose acetate), 질산 셀룰로오즈(cellulose nitrate), 폴리비닐리덴 플루오르(polyvinylidene fluoride) 그리고 폴리탄산(polycarbonate) 등의 합성물질로 만들어지는데, 단백질을 흡착하지 않는 것과 유기용매에 강한 것 등 여과의 목적에 따라 선택해서 사용해야 한다.

사용량에 따라 syringe filter와 bottle top type의 두 가지가 있으며, 여과멸균방법은 0.22 μm 필터를 주로 사용한다. 박테리아와 곰팡이 등은 필터를 통과하지 못하지만, 바이러스는 단독입자로서 통과를 하고, mycoplasma는 세포벽이 없어 압력을 가하면 필터를 통과할 수 있기 때문에 완전한 멸균방법이라고는 하기 어렵고, 바이러스와 mycoplasma는 autoclave멸균으로 제거할 수 있다.

(4) 가스멸균

일회용 플라스틱제품이나 주사기, 수술에 사용되는 봉합사 등 열에 약한 도구는 산화에틸렌(ethylene oxide)가스로 멸균한다. 산화에틸렌가스는 세포단백질과 결합하여 미생물과 포자를 사멸시킬 수 있으며, 물질을 투과하는 속도가 빨라서 효과적인 멸균방법이라고 할 수 있지만, 아주 독성이 강하므로 멸균한 물건은 바람이 잘 통하도록 하여 남아있는 산화에틸렌을 완전히 제거한 뒤에 사용해야 한다.

4) 초순수 물 제조장치

세포는 미량의 금속이온 불순물에 의해 영향을 받으므로 배양에서 물의 순도는 매우 중요하다. 따라서 세포를 실험

알아두기 10-17. CO_2 배양기 사용 시 주의 사항

① CO_2 배양기는 기계이므로 온도와 CO_2 농도를 표시된 숫자로만 확인해서는 안된다. 배양기 내부에 온도계를 안전하게 고정시키고, CO_2 농도는 정기적으로 Fyrite를 통해 점검을 해야 한다.

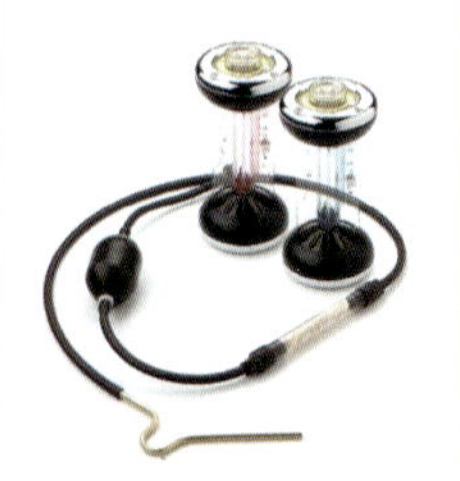

Type	MODEL CO_2 (Red Fluid)	MODEL O_2 (Blue Fluid)
Dye	potassium hydroxide	chromous chloride
Strength	1회 충전으로 350회 사용 가능	1회 충전으로 100회 사용 가능

② 배양실은 무균상태가 아니고, 배양기를 열고 닫을 때마다 잡균이 들어갈 가능성이 있기 때문에 손소독을 철저하게 한다.

③ 배양기의 문을 열었을 때, 안쪽 유리문 내측에 물방울이 맺혀 있다면, 문이 보온되지 않기 때문으로 곰팡이가 생겨나는 원천이 될 수 있다. 이럴 땐 외부에서 공기가 들어가는 입구가 막혀 있는지와 air filter를 점검한다. 그리고 유리문이 확실하게 닫혀지지 않으면, 센서가 작동을 하지 않아서 CO_2 주입을 하지 않는다.

④ 배양기 안의 습도는 100%에 가깝기 때문에 곰팡이가 자라기 쉽다. 만약에 곰팡이가 자라서 포자를 뿌리게 되면 완전하게 제거하기는 어렵다. 배양기의 이용빈도에 따라 눈에 보이는 오염이 없더라도 배양기의 내부 청소를 주기적으로 해주어야 한다.

⑤ 청소할 때는 배양기 내부에서 분리할 수 있는 부분은 전부 분리하여 세제로 잘 닦은 다음에 충분한 물로 헹구어서 건조를 한 뒤에 건열멸균을 하는 것이 좋다. 배양기 내부는 1% sodium dodecyl sulfate (SDS)로 닦고, 건조 후에 70% 에탄올로 다시 한 번 닦아낸다.

알아두기 10-18. 소독제의 종류

소독제의 종류에는 알코올, 4급 암모늄염(quaternary ammonium compounds, QAC), 양성 계면활성제(amphoteric surfactants), 염소 및 염소화합물(chlorine & chlorine compound) 그리고 초산화수(superoxidized water) 등이 있는데, 세포배양에서는 알코올을 가장 많이 사용한다.
알코올의 항균력은 탄소기의 길이에 따라 증가되며, 6개의 탄소에서 가장 강하고, 물에 잘 섞이는 ethanol과 isopropanol 그리고 n-propanol이 흔하게 사용된다. Ethanol의 작용기전은 비특이적인 단백질 응고 및 분해작용으로 세포가 lysis되고 세포 내 대사가 방해를 받게 되는 것이며, 단백질이 물에 의해 더 빨리 변성을 받기 때문에 물에 희석해서 사용하는 것이다.
Ethanol은 30% 이상에서 즉각적인 항균력을 보이는데 주로 60~95% 농도가 흔히 사용되며, 70~80%일 때 10초에서 1시간이면 진균 및 사상균 등 대부분의 미생물을 불활성화시킬 수 있지만, 세균의 아포살균 효과는 없다. Isopropanol은 30%에서 항균력을 보이며 90% 이상에서는 오히려 감소하고, n-propanol은 30%에서 강한 항균력을 나타낸다. Ethanol은 항바이러스 activity도 알코올계에서 가장 우수하며, 70% ethanol은 hepatitis B와 HIV 바이러스를 사멸하기에 충분하다. 소독제는 충분한 소독효과를 발휘하면서 유해작용을 나타내지 않는 농도로 사용하여야 하며, 살균력은 온도가 10℃ 상승할 때마다 2배가 되지만, 염소계열의 소독력은 온도가 상승하면 오히려 감소한다.

출처 : Guideline for Disinfection and Sterilization in Healthcare Facilities, 2008, CDC and HICPAC.

할 때 사용하는 물을 고도로 정제하는 장치는 필수적이다.

물의 '순도'는 전기가 흐르기 어려운 정도를 나타내는 수치로 나타내며, '비저항'이라 한다. 이 수치가 클수록 그 물의 순도가 높은 것이며, 가장 순도가 높은 물은 25℃에서 18.2 MΩcm정도이고, 물의 비저항이 17~18 MΩcm일 때 '초순수'라고 한다.

5) 원심분리기

원심분리기(Centrifuge)는 원심력의 크기를 조절하여 물질간의 상대적 밀도차를 조절하며, 원심분리기의 각 속도는 1분간의 회전수를 나타내는 단위인 rpm (revolution per minute)으로 표기를 한다. 원심분리 되는 로터의 위치에 따라 원심분리 되는 물질의 회전 반지름이 달라지므로 rpm 대신 g (gravity)라는 단위를 주로 많이 사용한다. 1 g는 중력과 같은 힘을 나타내는 것으로, 10 g는 중력 10배의 힘이라고 할 수 있다.

세포의 분리나 세척 등은 400~3,000 rpm 범위의 저속원심분리기를 사용하고, cell lysate로부터 단백질 전해질, 세포소기관의 성분 분리 등에 사용할 때는 10,000~100,000 rpm이 가능한 고속원심분리기를 사용하는데 냉각기가 부착되어 온도조절이 가능한 것이 좋다.

6) 위상차현미경

광원이 위에 있고, 대물렌즈가 아래에 있는 현미경으로 배양용기 내에 배양하고 있는 세포를 관찰하기 위해 세포배양에서는 반드시 필요하다.

7) 동결세포의 보존기구

세포의 장기보존을 위해서 사용된다. 액체질소 보존법에는 액체질소 용액 내 보존(-196℃)과 액체질소 증기 내 보존(-120℃)이 있으며, 세포의 동결은 반영구적으로 보존된다. -70~-80℃의 극저온냉동고(Deep freezer) 또는 dry ice 박스를 이용하여도 동결세포 부유액을 1년 정도 보존할 수 있다. 액체질소는 기화하여 감소하므로 정기적으로 보충해 주어야 한다.

알아두기 10-19. 증류수의 종류

증류수는 증류기로 증류하여 정제한 물로서 보통의 증류로 얻은 물의 비저항은 0.2 MΩ · cm 정도이다. 1차증류수는 끓여서 수증기가 된 물을 다시 식혀서 얻은 물이고, 2차증류수는 이렇게 얻어진 1차 증류수를 이온교환수지를 이용한 필터에 통과시킨 물이다. 그리고 실험에 제일 많이 사용하는 3차증류수는 이온교환수지를 통해 이온이 제거된 pure water를 micro-filter를 2차례 통과시키고 RO (Reverse Osmosis) membrane을 통과시켜서 물속의 이온을 기준치 이하로 제거한 물로 18.2 MΩ이 되도록 한 후 사용한다. 주사용 증류수는 3차증류수를 멸균처리한 것이다.

알아두기 10-20. 상대원심력(Relative Centrifugal Force, RCF)

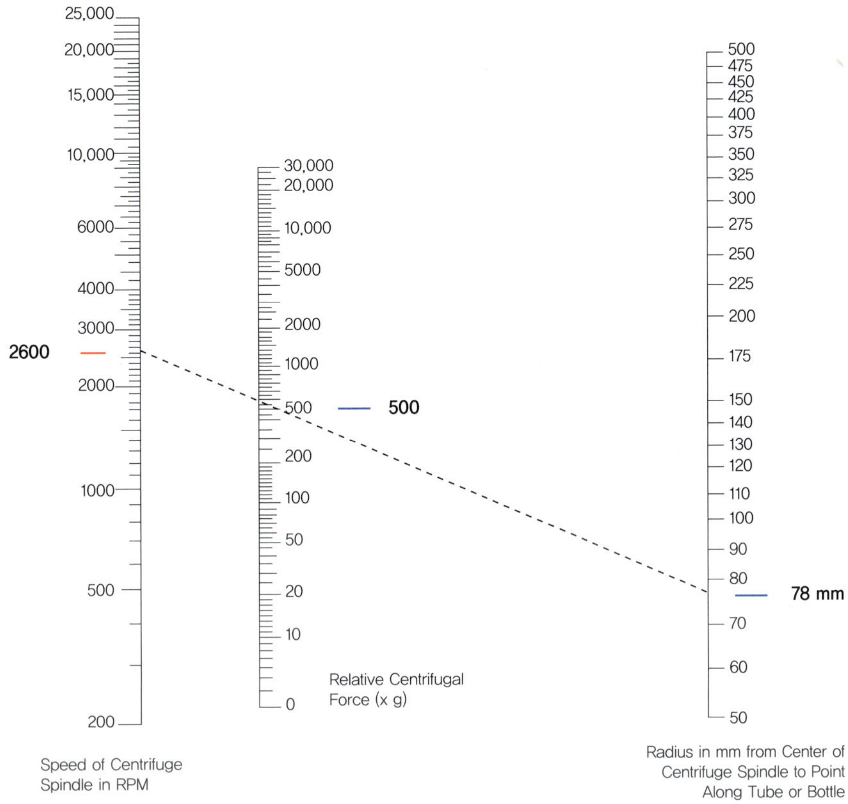

Nomogram for converting RCF to RPM

$RCF = 1.118 \times 10^{-5} \times r \times (RPM)^2$

r=rotational radius in centimeters, RPM=rotations per minute

예) 내경의 반지름이 약 78 mm인 원심분리기를 이용하여 RCF 500 g로 원심분리하려면 약 2,600 rpm으로 하면 된다. 최근의 원심분리기는 자동으로 계산되어 사용할 수 있다.

8) 기타

(1) 혈구계산판

혈구계산판(Hemocytometer, Neubauer chamber)은 부유된 세포의 수를 확인하거나 Trypane blue나 Eosin용액을 이용하여 세포의 생존율(viability)을 확인하는데 이용된다. Chamber와 cover glass 사이에 10 μL의 액이 모세관 현상에 의해 흡수되고, 그 틈은 1/10 mm이기 때문에 mL당 개수로 조정할 때 ×10을 해주어야 한다.

(2) 플라스틱기구

세포배양용기와 멸균된 각종 파이펫 등의 플라스틱기구들은 일회용을 이용하는 것이 세척, 멸균 작업 등을 줄이고 오염원을 차단할 수 있다.

(3) 기타

Pipette aid, pasteur pipette, 시약보관용 유리병, 가위, 핀셋 등

알아두기 10-21. 세포 수 계산방법

① 세포를 D-PBS로 2회 세척한다.
② 단일세포로 현탁액을 만들어 잘 부유시킨다(세포수가 너무 적거나 많으면 측정오차가 생길 수 있기 때문에 보통은 부유액 1 mL당 200~2,000개의 세포가 되도록 하는 것이 좋다).
③ 현탁액 100 μL에 0.4% trypan blue용액을 100 μL첨가하여 파이펫으로 잘 섞어준 뒤 hemocytometer에 넣어서 측정 한다(tryphan blue용액을 넣고 5분 정도 후에 바로 측정하는 것이 좋다. 염색시간이 길어지면 살아있는 세포까지 청색으로 염색될 수 있고, 너무 짧으면 죽은 세포가 염색이 되지 않는 경우가 발생할 수 있다).
④ Hemocytometer를 광학현미경하에서 보면 아래의 그림과 같이 정사각형의 칸들을 볼 수 있다. 아홉 개의 큰 사각형이 있으며 각각의 정사각형은 가로 세로 1 mm 이다. 보통은 A, B, C, D 네 곳에서 세포수를 세고 평균값을 내는데, 실험자에 따라서는 가운데 정사각형에 분포하는 세포수만을 세기도 한다.
⑤ 하나의 사각형의 부피는 0.1 mm^3(1 mm×1 mm×0.1 mm), 즉 10^{-4} mL이므로 세포 현탁액의 농도는 세포수×10^4/mL가 되며, 여기에 trypan blue의 희석배수를 곱해 주어야 한다. → 평균 세포수 × 희석배수 × 10^4/mL 된다.

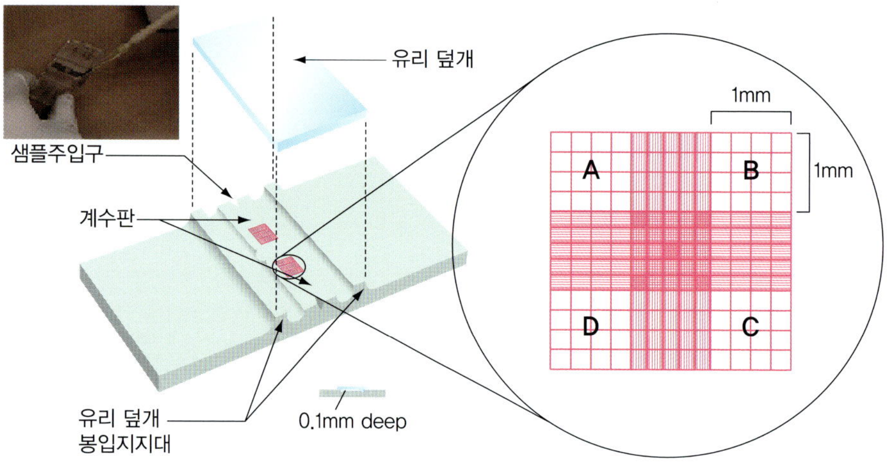

10. 세포배양 기술

1) 세포수 계산

세포배양에서 도입 세포수나 세포증식도의 측정에 세포수의 계산법으로 색소배제법(dye exclusion)을 시행한다. 살아있는 세포는 색소가 세포막을 통과하지 못하거나 배제되어지므로 염색되지 않지만, 죽은 세포는 염색되어지는 것을 이용한다.

주로 많이 사용하는 trypan blue 입자는 세포막을 확산의 방법으로 통과하여 세포 내로 유입되는데, 살아 있는 세포는 ATP 에너지를 이용하여 세포 안에 소포를 만들어 밖으로 방출 분비하는 세포 외 배출(exocytosis)과정을 통하여 trypan blue 입자를 다시 세포 외부로 배제하게 된다. 그러나 에너지를 발생할 수 없는 죽은 세포는 세포외유출을 할 수 없어서 청색으로 염색된다.

2) 계대배양

배양용기 바닥에 부착하여 증식하는 세포는 적당히 배지를 교환해 주면 용기바닥에 꽉 찰 정도로 증식을 한다. 정상에 가까운 세포는 단층으로만 자라기 때문에 공간이 부족하면 증식할 수 없게 되며(contact inhibition : 배양용기에서 자랄 수 있는 공간이 부족하면 증식을 정지한다), 암세포는 중층으로 자랄 수 있으므로 세포층이 두꺼워져도 증식을 계속한다. 부유상태로 증식하는 세포도 세포 밀도가 높으면 원래 세포의 성질을 유지하기 어렵기 때문에 희석하여 새로운 배양용기에 옮겨야 한다.

정상 섬유아세포같이 세포의 결합조직을 구성하는 collagen 등을 합성 · 분비하는 세포에서는 배양용기에 가득 자라면 세포의 결합조직을 구성하는 단백질의 합성 · 분비가 상승하기 때문에, trypsin 등으로 단일세포로 분리시킬 수 없다. 암세포의 경우도 중층으로 자라기 때문에 단일세포로 분리

알아두기 10-22. Trypan blue 염색을 이용한 세포수 계산

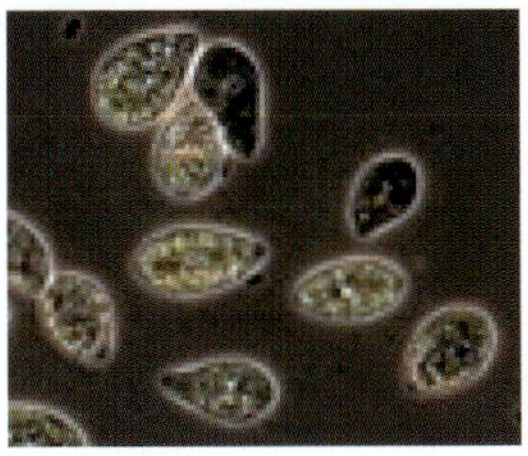

죽은 세포는 색소에 의해 염색이 되는데, 생존율을 측정 할 때 주의해야 할 것은 세포를 trypan blue에서 염색하는 시간을 일정하게 해야 한다.

알아두기 10-23. 부착세포의 계대배양 방법

① 배양액을 제거한다.
② Ca^{2+}와 Mg^{2+}가 포함되지 않은 D-PBS를 이용하여 세포 윗층에 남아 있는 배양액을 1~2회 씻어낸다(혈청성분을 제거해야 함).
③ Trypsin-EDTA용액으로 처리를 한다.
④ Trypsin-EDTA용액을 제거하고, 세포가 배양용기에서 탈착될 때까지 상온 또는 37℃에서 2~10분간 정치한 다음 배양용기 밑바닥을 손바닥으로 쳐주며 세포들이 탈착되는 정도를 관찰한다.
⑤ 현미경으로 세포가 탈착되었는지 확인하고 새로운 배양액으로 세포와 혼합한다. 이때 혈청이 첨가된 배양액이라면 Trypsin을 완전히 제거할 필요는 없다.
⑥ 세포수를 측정한다.
⑦ 세포 밀도를 정한 다음 세포 현탁액을 취해서 새로운 배양액으로 희석한 뒤에 배양한다.

시키기 어려우므로 너무 빽빽하게 증식하기 전에 계대배양을 한다.

백혈병세포와 복수종양세포 등은 부유상태로 증식을 하며, 경우에 따라서 부착하는 세포가 있지만 기계적으로 부유상태를 유지하면 증식시킬 수 있다. 부유배양과정에서는 세포의 해리작용을 필요로 하지 않고, 배양액의 희석을 지속적으로 하여 세포의 농도가 일정하게 유지할 수 있다면, 세포증식의 정상상태에 도달할 수 있다.

3) 동결보존과 해동

유한증식성 세포주(cell line)의 경우 계대배양 중에 세포의 모양이나 성질이 변화하며 또한 계대배양 중에 잡균이나 진균류, 마이코플라즈마에 감염될 수 있으므로 세포의 동결보존이 필수적이다.

동결보존은 세포를 계대배양하는 시간과 노력을 절약할 수 있고, 필요시마다 해동하여 실험에 사용할 수 있는 장점이 있다. 세포의 동결과 해동 후의 세포생존율은 동결시키는 냉각속도나 보존온도, 해동속도 및 동결보호제의 종류와 농도 등의 여러 요인이 복합적으로 작용한다.

동결보호제(Cryoprotectant)는 세포동결보존 시 발생하는 손상으로부터 세포를 보호하기 위하여 동결배양액에 넣어주는 것으로 5~10% DMSO (dimethylsulfoxide), glycerol 등이 사용된다.

동결보호제의 역할은 동결건조를 예방하고, 농축된 세포질 내의 세포 소기관이나 생물학적으로 중요한 분자를 보호하고, 세포 내 얼음결정형성을 방지한다(얼음결정이 생기면 세포구조를 파괴하기 때문에 세포의 생존율을 향상시킬 수 없다). 또한 세포에 독성이 적어야 하고 용해도가 좋아야 한다.

동결속도는 1분에 1℃씩 낮추어 가는 것이 좋으며, -20℃에서의 생존력은 수 주일에 불과하고, -80℃에서는 6~9개월 정도 생존력을 유지할 수 있지만, 동결보존온도는 -196℃가 최적이다. 동결보존된 세포를 용해할 때는 37℃ 항온수조에서 가능한 빠른 시간 내에 녹여야 최상의 생존율을 얻을 수 있다.

(1) 냉동방법

① 부착성 세포일 경우 배양된 세포에 Trypsin-EDTA처

리를 해서 단일세포로 만들고, 부유성 세포는 원심분리하여 모은 후 새로운 배양액으로 부유액을 만든 후 cell count를 한다.

② 다시 원심분리하여 상층액은 제거하고, 세포수가 2×10^6/mL이 되도록 세포동결보존액[예 : 배양액 70%, 혈청 20%, DMSO(또는 glycerol) 10%]을 넣어 혼합한 후, 동결용 튜브에 1 mL 정도를 넣는다. 세포동결보존액은 실온에 두지 않고 항상 차갑게 한 상태에서 사용을 해야 한다.

③ Iso-prophanol을 채운 동결전용용기에 넣어, 가능한 한 빨리 -70~-80℃ deep freezer에 넣고 하룻밤 동결시킨다.

④ 다음 날 액화질소탱크에 넣고 보관한다.

(2) 해동방법

① 배양할 배양액을 37℃로 준비해 둔다.

② 액화질소탱크에서 필요한 동결튜브를 꺼낸 후 10~30초간 실온에서 방치하여 액화질소의 증발을 확인한다.

③ 37℃ 항온수조에 넣어 녹인다.

④ 동결튜브 안의 현탁액이 1 mL일 경우 9 mL의 세포배양액으로 2~3회 세척한다.

⑤ Trypan blue 등으로 염색하여 세포의 생존율을 측정한 후 배양한다.

***주의사항**

항온수조는 깨끗하다고 할 수 없기 때문에 동결튜브를 항온수조에 넣을 때 핀셋으로 고무패킹이 물에 잠기지 않도록 하고, 녹으면 70% 에탄올로 동결튜브를 소독한다.

4) 세포독성 측정

세포독성 측정은 각종 중금속이나 화학약제들이 개체나 세포에 미치는 영향을 조사할 때 사용된다. 세포배양을 이용한 독성검사는 검정하고 싶은 세포의 생존율을 판정하거나 DNA의 합성, RNA 합성 또는 세포 내 특정효소의 활성 등을 조사하는 것이 일반적인 방법이다.

5) Mycoplasma 검출

Mycoplasma 감염은 그 배양세포를 사용한 실험결과에 영향을 미칠 뿐만 아니라, 다른 세포에도 감염시킬 위험성이 있기 때문에 정기적으로 점검을 해야 한다.

Mycoplasma는 세포벽이 없고 세포막으로만 쌓여 있는 반경이 0.3~0.5 μm에 이르는 스스로 생식을 할 수 있는 가장 작은 세균이다. 일반 염색으로는 검출할 수 없으며, 보통은 double strand DNA에 끼어 들어가는 형광색소인 DAPI (4',6'-diamidino-2'-phenylindol- di-hydrochloride)에 의한 염색이나 Hoechst 33258 염색을 시행한다.

염색 후에 형광현미경으로 관찰했을 때 핵이 푸른색으로 보이는데, 만약에 세포질 사이에 푸른 점이 보인다면 그 세포는 mycoplasma에 감염되어 있을 가능성이 높다. 이 염색법은 간편하기는 하지만, 민감도가 떨어지는 단점이 있다.

최근에는 세포질에 incorporation된 [^{3}H]-thymidine을 보는 방법, mycoplasma를 배양하는 방법, 또는 mycoplasma의 게놈 DNA를 증폭시킬 수 있는 PCR법 등 특이적이고 감도가 좋은 키트가 있다. Mycoplasma를 배양하는 방법을 이용할 때는 항생물질을 뺀 배양액을 1주일 정도 배양하고 나서 시행하는 것이 바람직하다. 그리고 오염이 확인되면 세포를 멸균시킨 후 버리는 것이 안전하다. Mycoplasma의 감염방지를 위해서는 배양액에 tetracycline, kanamycin, gentamycin을 첨가하기도 한다.

알아두기 10-24. 액화질소사용 시 주의사항

① 액화질소는 무색, 무취, 무미이기 때문에 사람의 감각기관으로는 감지하기 어렵고, 현기증이나 무의식을 일으킬 수 있으며, 극단적으로는 사망에 이를 수도 있다.

② 액화질소는 공기 중의 수분을 얼어붙게 하기 때문에 동상에 대한 주의를 해야 하며, 두꺼워서 사용하기 불편하지만 전용의 장갑을 사용해야 한다.

③ 액화질소가 동결튜브 안에 들어갈 수 있는데, 튜브를 따뜻하게 하면 액화질소가 급속하게 기화한다. 일반적으로 기화한 질소는 고무패킹된 부분으로 새어 나가지만 동결튜브품질에 문제가 있다면 해동 전에 폭발할 수도 있으므로 주의한다.

11. 세포염색

배양세포는 세포증식이나 분화과정 동안 세포의 기능과 영양상태 및 배양조건에 따라 그 모양이 변할 수 있다. 그러므로 세포의 형태를 여러 가지 조건에서 관찰하여야 하며, 그 생리적인 특성도 알아두어야 한다. 배양 환경이 좋지 않거나 기타 화학적 영향으로 인해 세포의 생존력에 변화가 생길 수도 있는데, 이때 간편하게 세포를 염색하여 확인할 수 있다.

세포염색은 세포의 조직이나 성분, 내용물 그리고 세포의 구조 및 상태를 가시적으로 관찰하기 위해 목적에 맞는 염색을 하여 현미경을 이용하기도 한다. 세포염색은 염색약에 따라 giemsa stain을 비롯하여 hematoxylin eosin stain, 특수 신경조직 염색법인 bodian stain, biekschowsky silver stain, 그 밖에 신경조직 이식배양에서 보이는 myelin을 염색하는 sudan black B 염색법 등이 있다.

세포의 형태학적 소견만으로는 분화상태를 판단하기 어려운 경우와 계통을 확인해야 하는 경우에는 세포화학염색과 세포면역염색을 시행해야 한다. 특수염색은 세포에 존재하는 특이한 효소나 물질을 효소반응을 이용해서 증명하는 세포화학염색과 세포의 특이항원을 이용한 면역세포화학염색으로 나눌 수 있다.

1) 염색과 염료

세포성분이 지니는 전하는 pH에 따라 변하므로 염색효과 역시 pH에 따라 달라진다. 그러므로 음전하를 띤 염료는 단백질 등의 세포분자가 양전하를 띠는 산성조건에서 염색에 잘 되고, 염기성 염료는 알칼리에서 가장 효과가 좋다.

염료가 시료에 결합할 때 이온결합을 하는 경우가 가장 일반적이지만, 공유결합 등 그 밖의 상호작용을 이용하기도 한다. 그 예로, 포일겐염색법(Feulgen procedure)에서 쉬프시료(Schiff-reagent)는 염산처리에 의해 DNA의 당에 공유결합을 한다. 수단 블랙(Sudan black)은 수용액에 녹지 않고 지질층에만 용해되는 특성이 있기 때문에 지질분자만 선택적으로 염색한다.

염료의 종류는 크게 염기성 염료(basic dye)와 산성 염료(acidic dye)로 구분한다.

(1) 염기성 염료

메틸렌 블루(Methylene blue), 헤마톡실린(hematoxylin), 염기성 푹신(basic fuchsin), 크리스탈 바이올렛(crystal violet), 사프라닌(safranin), 말라카이트 그린(malachite green) 등으로 핵산이나 일부 단백질 등의 음으로 하전된 분자와 결합한다.

(2) 산성 염료

에오진(Eosin), 로즈 벵갈(rose bengal), 산성 푹신(acid fuchsin) 등은 카르복실기나 페놀기와 같은 작용기가 음으로 하전되며 세포에서 양전하를 띠는 부분에 결합한다.

2) 일반세포 염색

(1) Wright 염색

Wright 염색은 methylene blue와 eosin을 이용하는 방법이다. 즉, methylene blue의 oxidative demethylation으로 azure B, azure A, azure C가 생성되고, 이는 염기성으로 세포의 산성부분인 핵산이나 단백질을 짙은 감색(violet-blue)으로 염색시킨다. Eosin은 세포의 염기성부분인 세포질, 혈색소와 결합되어 붉은 분홍색을 띄며, 적혈구는 오렌

알아두기 10-25. Microculture Tetrazolium 법(MTT assay)에 의한 세포독성 측정

세포증식에 있어서 생명력을 지닌 세포수의 측정이나 세포독성, 세포부착(attachment), 화학주성(chemotaxis), 세포자멸사(apoptosis) 분석 등에 이용되는 빠르고 간편한 방법이다. 이 분석방법은 colorimetric assay로서 mitochondrial succinate dehydrogenase에 의해 3-(4,5-dimethylthiazol-2-yl)-2,5-diphenyl tetrazolium bromide (MTT)가 환원되는 정도를 측정하는 것이다. MTT는 세포 안에 침투하여 mitochondria 속에서 불용해성의 착색된 formazan product로 환원된다. 그 다음, 세포들을 isopropanol 같은 유기용제(organic solvent)로 용해시킨 후, 떨어져 나오는 용해성 formazan reagent를 96-well plate reader를 사용하여 분광학적인 방법으로 측정하는 것이다. MTT의 환원성은 대사가 활발한 세포의 경우에만 일어나므로 세포의 활성도(viability)를 측정할 수 있다. 따라서 이렇게 측정된 세포활성도를 근거로 세포독성을 평가할 수 있다.

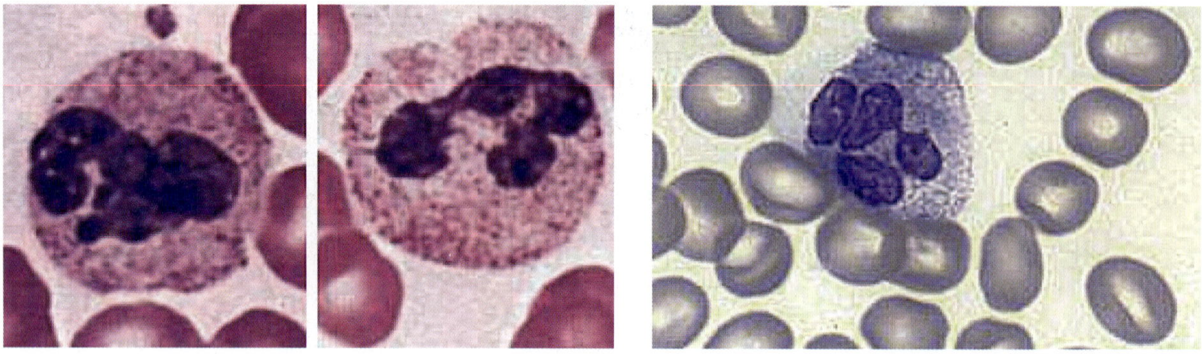

Neutrophils(human). Wright's stain. 1000×

Neutrophils(human). May-Giemsa stain 1000×

그림 10-7. Wright 염색과 Giemsa 염색

지 빛이고, 백혈구의 핵은 보라색으로 염색된다(그림 10-7). 염색에서 가장 중요한 것은 염색중의 pH이다. 가장 적당한 pH는 6.3~6.7 정도이다.

(2) Giemsa 염색

Giemsa 염색은 nucleus가 잘 염색된다(그림 10-7). 반면에 호중구의 과립, 단구의 azure 과립, 호염구의 과립은 잘 염색되지 않는다. 일반적으로 깨끗하게 염색이 되며, parasite, protozoa 및 spirocheata의 염색도 잘된다. 그러나 염색시간이 오래 걸린다는 단점도 있다.

3) 특수 염색

세포에 존재하는 특이한 효소나 물질을 이용하는 특수화학염색방법은 백혈병을 진단하고 분류하는데 유용하게 이용되는 염색법으로 myeloperoxidase (MPO), sudan black, estrase, periodic acid-schiff (PAS), terminal deoxynucleotidyl transferase (TdT), acid phosphatase 그리고 iron 염색 등이 있다.

MPO(골수세포형 과산화효소) 염색에는 반응기질로 벤지딘(benzidine)이 가장 오래 전부터 사용되었지만 강력한 발암물질로 알려져 현재는 발암성이 약한 염산 벤지딘과 비교적 안전한 물질인 3-amino-9-ethlcarbazole, 3,3'-diamin-obenzidine (DAB) teyrahydrochloride 등이 사용되고 있다. 반응액 중에 포함되어 있는 과산화수소를 MPO 효소가 분해하면 그 산화물이 녹청색의 색소침전물을 형성하는 원리를 이용한다. 주로 골수성백혈병과 림프구성백혈병을 감별할 때 사용된다. 최근에는 세포화학적 방법보다 단일클론항체를 이용하여 증명하고 있다.

PAS 염색은 대부분의 조혈모세포에 존재하고 있는 여러 탄수화물이나 글리코겐과 점액, 당단백 등을 검출한다. 세포 내 다당류가 periodic acid에 의해 산화되면, 알데히드가 생성되고 이것이 schiff시약과 반응하여 붉은 색을 나타낸다.

TdT는 단일 주형 DNA의 3'-OH기에 dNTP (deoxynucleotide triphosphate)의 첨가를 촉매하는 DNA 중합효소로, 림프구 발달 초기의 미성숙세포에서 발견되고 성숙한 림프구에는 존재하지 않는다.

4) 면역세포화학 염색

면역세포화학염색법은 면역학적 방법을 기초로 이용하여 세포를 염색하는 것으로 세포의 특이한 항원결정 인자(epitope)를 인지하는 항체를 이용하며, 면역형광법과 면역효소염색법이 있다. 1970년대 B 림프구와 T 림프구를 세포표면에 존재하는 특이한 항원에 대해 특별하게 인식하는 항체를 사용하여 판별하였고, 이로부터 단일클론항체제작법이 개발되면서 면역세포화학은 급격하게 발전하였다.

면역형광법은 세포특이항체를 이용하여 세포표면, 세포질, 핵 등 세포에서의 항원결정인자의 위치를 형광현미경으로 분석하는 것이다. 주로 사용되는 형광염료로는 fluorescein isothiocyanate (FITC), tetramethylrhodamine isothionate (TMRI) 등이 있다.

면역효소염색법은 항원의 세포표면 혹은 세포 내의 위

치를 확인하기 위해서 효소단백질을 항체와 결합시켜 항체의 마커를 사용할 수 있다. 즉, 항원-항체 반응 후에 항체를 표식하고 있는 효소를 가시화시켜 관찰하는 방법이며, 과산화수소(immunoperoxidase), 면역알칼리성인산분해효소(immunoalkaline phospatase), avidin-biotin 염색들이 있으며 일반현미경으로도 관찰할 수 있다.

제11장

현미경

1. 현미경의 발명

현미경(Microscope)은 생명과학분야뿐만 아니라 산업현장에까지 다양한 목적으로 활용되고 있는 필수적인 실험도구이다. 현미경의 발명은 과학의 발전에 획기적이었는데, 광학현미경의 발명으로 세포를 발견할 수 있었고, 현미경 렌즈의 발달과 함께 세포생물학이 발전할 수 있었다. 13세기 초반에 이르러 확대경이 안경으로 사용되기 시작하였으며, 렌즈가 확대 기능을 가지고 있다는 사실은 최초로 베이컨(Roger Bacon)의 기록에서 나타나고 있다. 확대경을 이용하여 생물을 관찰하고 처음으로 기재한 사람은 스위스의 제스너(Conrad Gesner)로 추측되며, 확대경을 이용하여 최초로 유공충을 관찰하고 그 모양을 기록하였다.

후크 이후 1670년대 네덜란드의 레벤후크(Anthony van Leeuwenhoek)는 고배율의 단일 렌즈를 사용하였는데, 렌즈의 배율은 약 300배나 되어서 1,000분의 1 mm 정도의 피검체 관찰이 가능하였다(그림 11-2). 레벤후크는 이 현미경을 사용하여 원생동물, 정자, 적혈구, 세균 등을 관찰하

알아두기 11-1. 로버트 후크(Robert Hooke)와 「마이크로그라피아(Micrographia)」

후크는 영국의 과학학회인 '왕립 협회'에서 실험장치를 관리하면서 배율 30배 정도의 현미경을 직접 조립해서 곰팡이나 벼룩 등의 생물을 관찰하였고(그림 11-1), 1665년 현미경 관찰화보 「마이크로그라피아(Micrographia)」라는 저서를 통하여 세포를 관찰한 결과를 최초로 기록하고 있다. 후크는 코르크 조각을 관찰한 후 구멍(pores) 또는 세포(cell)라는 용어를 처음으로 사용하였으며, 눈의 결정체를 비롯하여 곰팡이, 이끼, 식물, 종자 그리고 벼룩을 현미경으로 정밀하게 관찰하고, 관찰한 생물학적 특성을 자세하게 설명하였다.

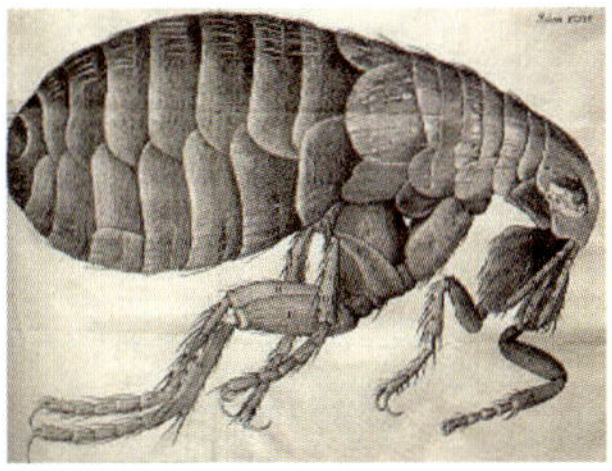

로버트 후크가 관찰한 벼룩 구조

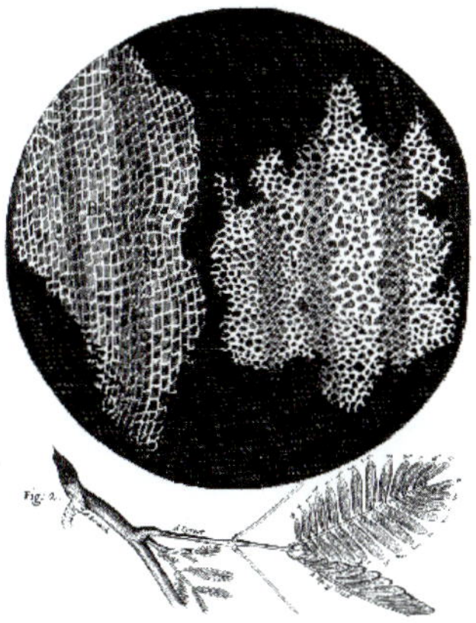

코르크 단면 그림

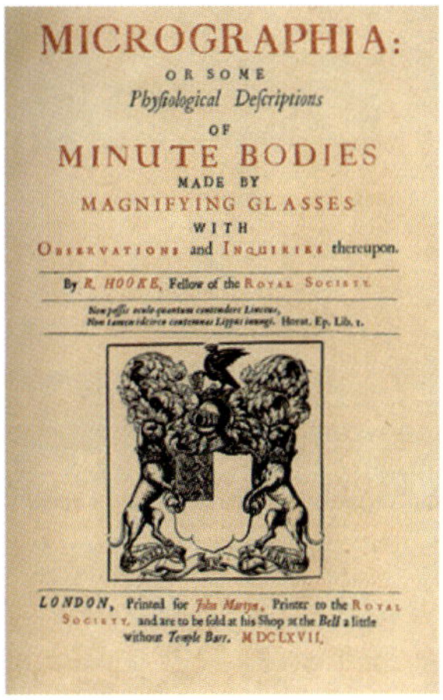
MICROGRAPHIA:
OR SOME
Physiological Descriptions
OF
MINUTE BODIES
MADE BY
MAGNIFYING GLASSES
WITH
OBSERVATIONS and INQUIRIES thereupon.
By R. HOOKE, Fellow of the ROYAL SOCIETY.
LONDON, Printed for John Martyn, Printer to the ROYAL SOCIETY, and are to be sold at his Shop at the Bell a little without Temple Barr. MDCLXVII.

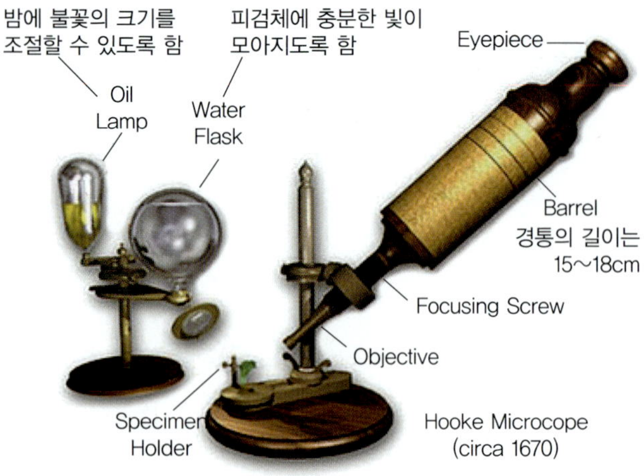

그림 11-1. 로버트 후크의 현미경

였고, 1683년 『자연의 비밀』이라는 책을 통해 세계에서 최초로 원생동물 및 세균에 대한 그림을 발표하여 박테리아의 존재를 알렸다.

레벤후크 이후 약 200년간은 세포에 대한 연구가 활발하게 이루어지지 못하다가, 19세기 초에 해상도가 높은 현미경이 개발되면서 1838년 독일의 슐라이덴(Matthias Schleiden)과 슈반(Theodor Schwan)은 각각 식물과 동물 조직을 현미경으로 관찰하고, 세포설을 주창하였다.

광학이론의 발달을 살펴보면, 19세기 중반에 이르러서 현미경 렌즈에 나타나는 왜곡된 색상을 바로 잡아주는 무색수차 현미경이 1830년경에 발명되었고, 1878년에 자이스(Carl Zeiss)에 의해 현대적 현미경이 제작되었다.

독일의 화학자인 쇼트(Friedrich Schott)는 상의 색 보정을 계산한 아베의 연산을 만족시킬 수 있는 유리가공법을 고안하였고, 1886년 최초로 현미경의 구면수차와 색수차를 보정한 무구면수차-무색수차 대물렌즈를 완성하였다. 20세기 초반 독일의 퀼러(August Kohler) 교수는 시료에 가해지는 조명의 파장이 짧을수록 해상력이 커진다는 이론을 바탕으로 자외선을 이용하는 현미경을 고안하여 사용하였는데, 현미경 기술이 발전하여 20세기 후반에 이르러서는 추상 초점 레이져 현미경을 개발하게 되었다. 현미경의 발달에 있어서 자이스, 아베, 쇼트 그리고 퀼러를 현대 현미경 발전의 사두마차라고 부르기도 한다.

현미경의 발달은 생물학과 의학뿐만 아니라 생물공학, 전자산업 현장에 이르기까지 다양한 분야에서 필수 불가결한 도구가 되었으며, 생물학관련 연구분야에서 가장 기초적인 도구가 되고 있다.

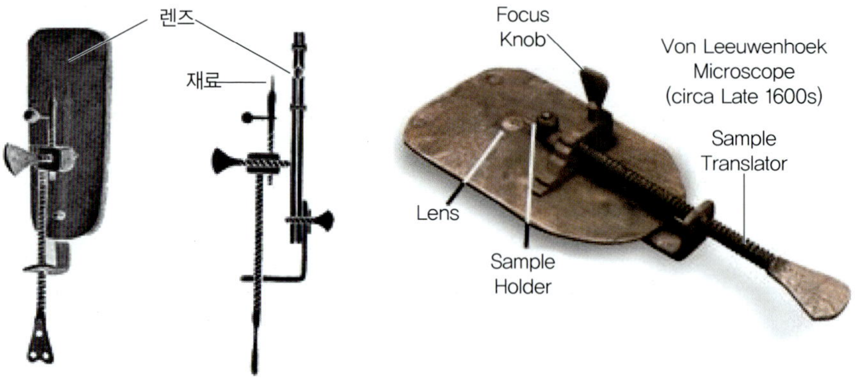

그림 11-2. 레벤후크의 현미경

알아두기 11-2. 세포설(The Cell Theory)

① 모든 생물은 핵을 가진 세포로 구성되어 있다.
② 세포는 살아있는 생명체의 최소 기능적인 단위이다.
→ 1855년 독일의 병리학자 비르효(Rudolf Virchow)에 의해 세포는 스스로 만들어질 수 없고, 오직 이미 존재하고 있는 세포의 분열을 통해서만 생성될 수 있음이 밝혀지면서 세포학설이 완성됨

2. 광학현미경의 원리

현미경을 사용하는 가장 중요하고 실질적인 목적은 유리렌즈를 사용해 빛을 굴절시키고, 초점을 맞추어 미세한 구조를 최대한 가시화(확대, magnification)하여 세부적인(해상력, resolution) 내용을 식별하는 것이다.

1) 확대

현미경에서 대물렌즈는 현미경 안에서 확대된 상을 맺고, 접안렌즈는 1차 가공상을 더욱 크게 확대한다. 현미경으로 관찰할 수 있는 확대된 상을 허상이라고 하고, 약 25 cm 정도 떨어져 있는 재물대 바로 아래 있는 것처럼 보인다.

알아두기 11-3. 구면수차(Spherical Aberration)와 색수차(Chromatic Aberration)

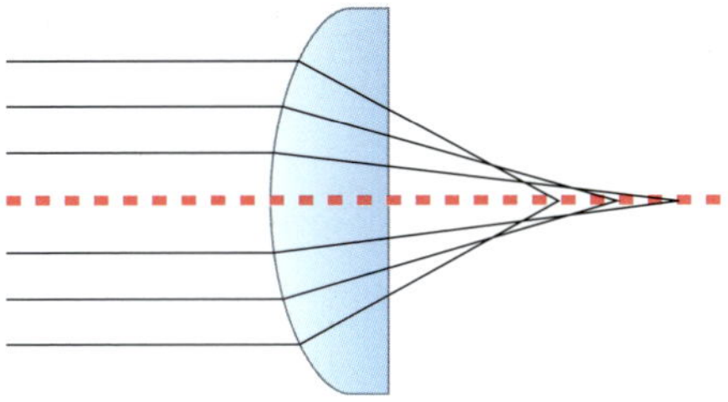

(a) 구면수차가 있는 렌즈

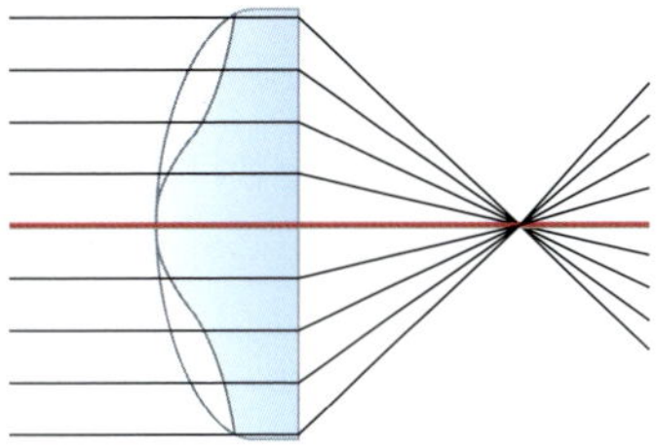

(b) 구면수차가 없는 렌즈

구면수차는 렌즈 구면의 바깥쪽이 안쪽보다 더 배율이 크다는 사실 때문에 붙여진 명칭으로 반사경이나 렌즈의 중심 주변과 끝 쪽을 통과한 빛의 초점 위치가 어긋나 있기 때문에 발생하는데, 오목렌즈와 볼록렌즈를 정밀하게 결합시킴으로써 이 문제를 해결하였다.

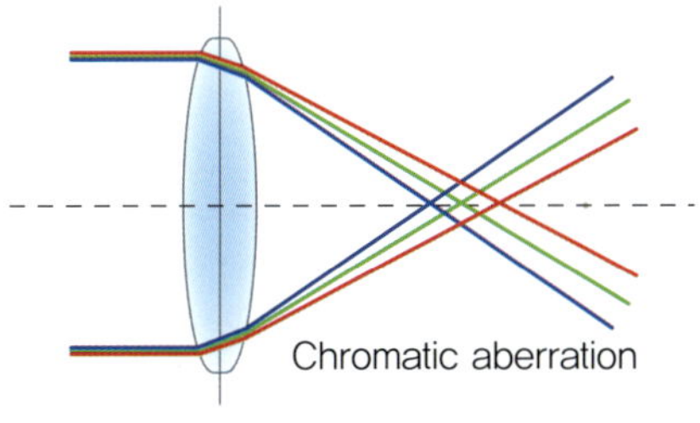

(a) 색수차가 있는 렌즈

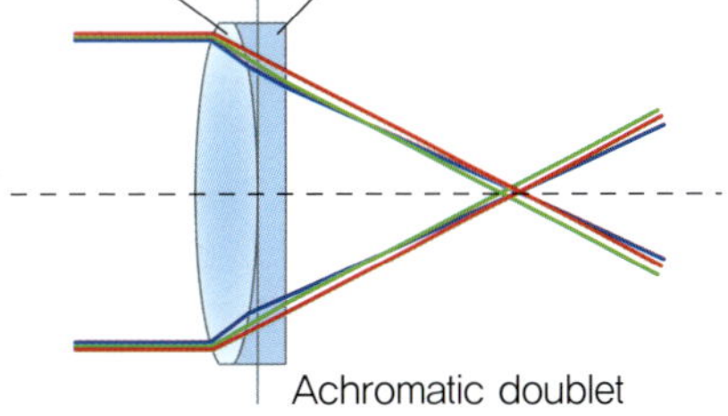

(b) 색수차가 없는 렌즈

색수차는 광선의 파장(색상)이 서로 달라 렌즈가 동일한 면에 초점을 맺지 못하기 때문에 생기는 일반적인 결함으로, 렌즈를 정교하게 깎았을 경우에도 고배율의 렌즈를 통과하는 빛은 분산되기 때문에 분산광에 의해서 맺힌 상은 여러 가지 색상을 띠게 되는 현상이다.

알아두기 11-4. 아미시의 광학이론

이탈리아의 천문학자이면서 광학자인 아미시(Giovanni Amici)는 반사망원경의 반사거울을 개발하였으며, 굴절식 분광기구에 사용된 프리즘을 개발하였다. 그는 복합현미경의 설계에 크게 공헌을 하였으며, 1840년에는 유액투입법을 최초로 도입하여 빛의 굴절에 의한 수차를 최소화 하였다. 또한 마이크로미터를 개선하여 태양의 양극과 적도 직경을 측정 하였으며, 현미경 기술을 개선하여 식물의 액체 순환과 식물의 생식도 발견하였다.

아미시의 광학이론은 광학기구 제조가인 자이스팀과 독일의 물리학자 아베(Ernest Abbe)에 의해 채택이 되고 발전되었는데, 유리와 굴절계수가 같은 유액을 사용하여 아미시의 투입장치를 향상시켰다. 이것이 오늘날 고배율의 현미경 관찰에서 흔히 사용하는 유액투입법이다.

광학현미경의 전체 확대배율은 대물렌즈와 접안렌즈 확대배율을 곱한 값으로 나타낸다. 그러나 현미경 관찰에서는 고개를 좌우로 돌릴 수는 없으므로 명시거리에 전개된 상의 크기는 한 시야에서 볼 수 있을 만한 크기로 한정된다.

2) 해상력

관찰하고자 하는 시료의 구조를 자세히 볼 수 있는 능력을 해상력이라고 하며, 해상력은 현미경의 성능을 좌우하는 중요한 조건으로 대물렌즈의 성능에 의해 결정된다.

시료가 해상될 수 있는 것은 투사광선에 대하여 시료의 각 부분을 구성하는 요소가 가지는 광학적 특성에 차이가 나기 때문이다. 미세구조가 가지는 광학적 특성에는 투사광에 대한 흡수율 및 굴절률의 차이, 광파장의 위상 이동 등이 있으며, 이로 인해 미세구조는 색깔의 차이 또는 밝고 어두운 명암의 차이를 보이게 된다.

특수현미경에서는 광선이 시료를 투과할 때 나타나는 광선파장의 위상이동은 명암의 대조로 전환시켜주었을 때 가시적인 효과로 나타날 수 있는데, 위상차현미경의 광학체계이다. 시료의 세부구조가 가지는 굴절률의 차이도 일반현미경에서는 가시화 되지 못하고, 차등간섭현미경에서 색상의 변화로 나타난다.

표본상의 인접한 두 점을 식별할 수 있는 정도를 해상력이라고도 하는데, 광학현미경이 보여줄 수 있는 해상력은 사람의 시각으로 받아들일 정도로만 확대한다. 현미경의 확대는 대물렌즈 개구수의 1,000배를 초과하지 않는 것이 원칙이다

현미경에서 가장 중요한 부품은 대물렌즈로서, 표본을 확대할 뿐만 아니라 상의 선명도를 높이는 데에도 결정적인 역할을 한다. 해상력은 빛의 파장(λ)과 개구수(NA)의 영향을 받는데, 해상력을 높이기 위한 방법으로 개구수를 크게 하기 위해서 유액(immersion oil)을 이용해 굴절률을 높이는 방법이 있다(표 11-1).

3. 현미경의 구조

현미경은 보통 견고한 금속 몸체로 만들어지며 여기에 여러 가지 부속이 달려있다(그림 11-3). 광원으로는 거울이나 전구를 사용하며, 현미경 아래쪽에 위치한다. 초점거리(Focal length)는 렌즈의 중심에서 초점까지의 거리로서, 조종나사(coarse adjustment knob)와 미동나사(fine adjustment knob)를 이용해 조절하며, 재물대(stage)나 대물렌즈 회전판(nosepiece)을 이용해 물체의 상을 조절한다.

알아두기 11–5. 명시거리(Visual Range)

일반적으로 성인은 눈으로부터 25 cm 위치에 있는 대상물을 눈의 피로를 느끼지 않고 지속적으로 볼 수 있는데, 이 거리를 명시거리라고 한다. 그렇기 때문에 광학현미경은 접안렌즈를 통해서 보이는 상이 250 mm 전방에 펼쳐지도록 설계되어 있다. 정상인보다 명시거리가 짧은 눈이 근시이고, 명시거리가 긴 눈이 원시이며, 나이가 들면서 명시거리가 점점 멀어지는 현상이 바로 노안이다.

어린이의 명시거리는 성인보다 약간 짧아 초점 조절이 12.5 cm에서도 가능하며, 이런 경우 물체의 상은 망막의 넓은 부위에 맺히기 때문에 실물보다 두 배 정도 크게 보인다.

알아두기 11–6. 염색과 현미경 관찰

엽록체를 제외한 미시적인 생물구조는 특정 파장의 광선을 흡수하지 않으므로 색깔이 없으며, 밀도도 물과 거의 차이가 없어서 광흡수율도 매우 적기 때문에 명암의 차이가 뚜렷하지 않다. 그러므로 색상의 차이를 주기 위해서 광 흡수율이 낮은 생물재료들을 염색하여 관찰하게 된다.

생물재료들을 염색하면 그 부분이 특정 파장의 빛을 흡수하기 때문에 염색되지 않거나 다른 색깔을 내는 주변의 구조물에 비해 색상의 대조를 보이므로 잘 드러난다. 또한, 미세구조물에 의해서 흡수된 광량의 차이를 뚜렷하게 해줄 수 있는 또 다른 방법은 시료에 투사되는 광량을 적게 하여 명암 대조효과를 더욱 크게 함으로써 잘 보이게 하는 방법도 있다.

표 11-1. 현미경 대물렌즈의 특성

특성	대물렌즈			
	스캔	저배율	고배율	유액처리
배율	4×	10×	40×	100×
개구수	0.10	0.25	0.55∼0.65	1.25∼1.4
초점거리(f)	40 mm	16 mm	4 mm	1.8∼2.0 mm
작동거리	17∼20 mm	4∼8 mm	0.5∼0.7 mm	0.1 mm
대략적인 분해능 (450 nm 정도)	2.3 ㎛	0.9 ㎛	0.35 ㎛	0.18 ㎛

1) 접안렌즈

접안렌즈(Ocular lens)는 대물렌즈에 의해 형성된 상(虛想)을 다시 확대하여 보여주며, 대물렌즈에서 해결하지 못한 렌즈의 수차를 마지막으로 보정하는 역할을 해주기도 하는데, 보통 안경과 같은 렌즈와 접속렌즈 2개로 구성되어 있다. 보편적으로 사용하는 접안렌즈는 17세기에 네덜란드의 휴이겐스(Christian Huygens)가 고안한 휴이게니안 접안렌즈로서 측면 색수차를 보정하기 위해서 두 개의 렌즈가 사용되었다

접안렌즈에는 10×, W10×, WF10×, W10×/18 등의 표시가 있는데 여기서 10×는 배율을, W또는 WF는 광시야를 의미하며, 18과 같은 숫자는 시야의 범위를 수치로 나타낸 것이다.

2) 광선분할 조정기

주로 접안렌즈와 카메라 사이에 장치되며, 광선이 카메라 쪽으로 열리게 할 때 사용된다.

3) 대물렌즈 회전판

대물렌즈 회전판(nosepiece)은 경통 아래쪽에 위치하며 밑으로 구멍이 여러 개 뚫려 있는데, 여기에 대물렌즈를 끼운다.

4) 대물렌즈

대물렌즈(Objective lens)의 종류에는 무색수차(achromat), 형석(fluorite), 무구면-무색수차(apochromat)의 세 가지가 있다. 무색수차 대물렌즈는 가장 단순하고 가격도 저렴해

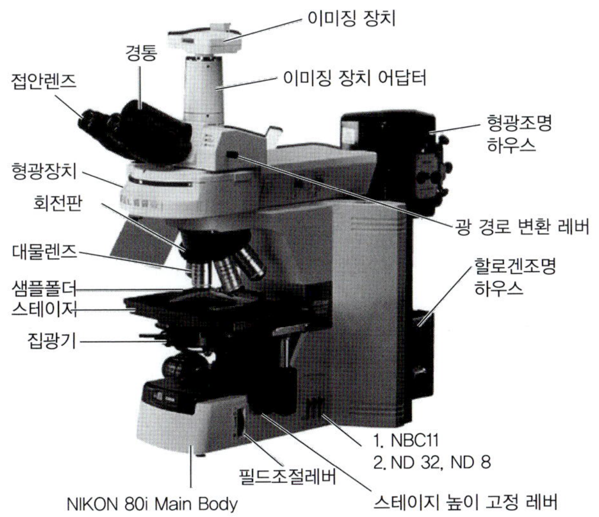

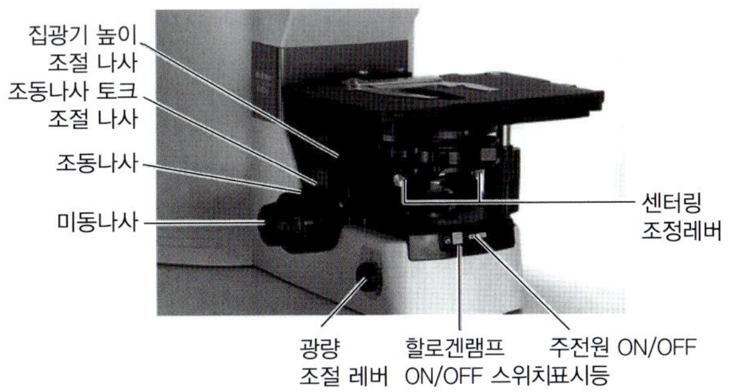

그림 11-3. 일반 현미경의 구조(NIKON 80i)

서 일반현미경에 가장 많이 사용된다. 형석 대물렌즈는 '반-무구면수차-무색수차 렌즈'라고 부르기도 하며, Neofluor로 표시가 되어 있으며 대조효과가 좋은 장점이 있다. 무구면-무색수차 렌즈는 가장 정교한 렌즈로서, 무색수차 렌즈보다 보정률이 더욱 뛰어나다. 최고급형 대물렌즈로 평면 무구면-무색수차(planapochromat)가 있으며 컬러사진이나 최대한의 해상력 및 대조효과를 나타낸다.

5) 조리개

조리개(Diaphragm)는 렌즈로 들어오는 빛의 양과 조리개 구멍의 크기를 조절하여 상의 밝기를 조절할 수 있는 장치로 요즘은 집광기와 같이 붙어 있다. 조리개의 종류는 일반적으로 시야조리개(field diaphragm)와 개구조리개(numerical diaphragm)가 있으며, 시야조리개는 시야에서 보이는 양을 부분을 조절하는 조리개이며, 개구조리개는 피검체로 올라가는 광량을 조절하는 중간밸브의 역할을 한다. 피검체의 성질과 광학체계의 전체 개구수에 조화될 수 있도록 조절하는 것이 중요하다.

6) 집광기

현미경의 상을 밝게 하기 위해서는 대물렌즈의 빛을 모아 보내주는 별도의 렌즈, 즉 집광렌즈가 필요한데 이러한 장치를 집광기(condenser)라고 한다. 집광기는 재물대 안에 또는 아래에 있으며, 슬라이드에 비치는 빛의 초점을 맞춘다. 광원의 중심을 조절하고, 광원에서 나오는 빛이 지나는 통로를 나란하게 만드는 요소의 정렬은 현미경 사용에서 가장 기본적이면서도 매우 중요한 과정이다. 집광렌즈는 중심을 현미경의 광축과 일치시키고 대물렌즈에 대해서 초점을 맞출 수 있도록 상하좌우로 조절하도록 되어 있으며, 광량을 조절할 수 있도록 조리개가 부착되어 있다.

7) 필터

광선스팩트럼에서 파장의 길이는 자외선 쪽으로 갈수록 파장이 감소한다(그림 11-4). 보통 광학현미경 관찰에서 백색광은 평균파장이 527 nm이지만, 조명광선 통로에 청색필터를 사용하면 480 nm, 녹색필터를 사용하면 500 nm 정도로 줄일 수 있으며 해상력의 향상을 가져올 수 있다. 그러므로 청색 또는 녹색필터의 사용은 시료의 정밀관찰에서 필수적이다.

8) 조동 및 미동나사

조동나사는 물체를 찾고자 할 때 사용하며, 미동나사는 초점을 정확하게 맞추기 위해 사용한다.

알아두기 11-7. 빛의 광학적 성질

① 흡수(absorption)
대부분의 생물시료들은 자체의 밀도가 물과 비슷하여 현미경 시야에 나타나는 배경 부분과 시료 부위에 투사되는 빛이 흡수되는 정도의 차이가 적어서 흡수 광량의 차이로는 현미경 시야에서 잘 보이지 않기 때문에 생물시료들을 염색하여 관찰한다. 염색은 색상 대조의 효과도 나타내지만 염색된 부위는 투사광을 흡수하기 때문에 광선은 시료 투과 후 염색밀도에 따라 선택적으로 강도가 달라지는데, 이러한 선택적 광의 흡수에 의해 미세구조가 드러나 보이게 된다.

② 굴절(refraction)
광선이 하나의 투명한 매질에서 다른 밀도를 가진 매질로 진행할 때 광선의 방향이 꺾이는 현상을 굴절이라고 하는데, 밀도가 낮은 곳에서 높은 곳으로 지나가는 빛은 그 경계면에서 수직방향으로 꺾인다. 굴절정도는 파장이 짧은 광선일수록 심하게 꺾인다.

③ 회절(diffraction)
광선이 물체의 날카로운 부분을 지날 때 광선이 휘어지는 현상을 회절이라고 하며, 현미경의 광선통로에 틈새가 열려 있다면, 그 틈새는 회절을 일으킨다.

④ 분산(dispersion)
무지개나 프리즘을 통해 나타나는 스펙트럼처럼 백색광과 같은 복합광선이 밀도가 다른 투명한 매질을 통과할 때 복합광선의 각 파장이 가지고 있는 굴절율의 차이로 인하여 파장이 각각 분리되는 현상이다.

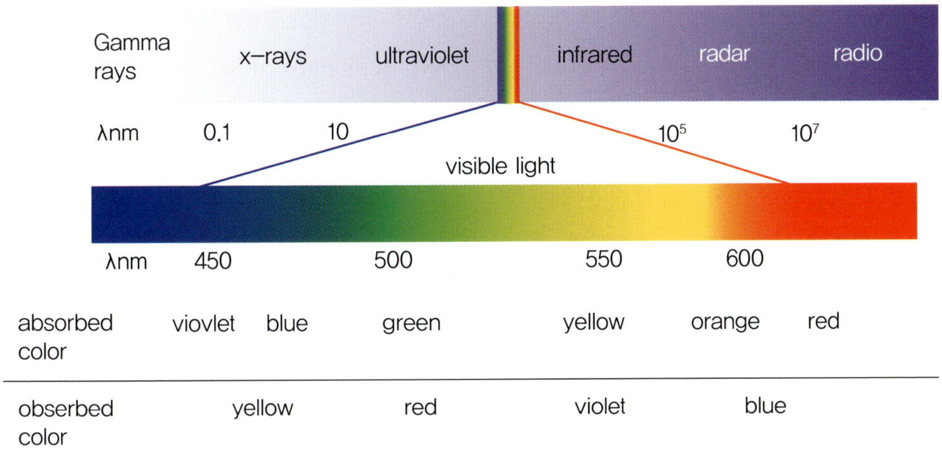

그림 11–4. 빛과 가시광선

알아두기 11–8. 개구수(Numerical Aperture, NA)

개구수(NA=n · sin θ)는 빛이 통과한 후 렌즈에 들어올 때 그 원추형 빛의 각도라고 할 수 있으며, 일반적으로 대물렌즈의 성능표시이다. 이론적으로 광학현미경의 해상력은 가시광선의 파장(λ)과 렌즈의 집광력(개구수) 두 요소에 의해 결정된다.
유액 처리된 대물렌즈의 개구수가 1.25이고, 청록색(530 nm)의 광원을 사용했을 때의 광학현미경 분해능의 최대 해상력은 0.2 μm가 된다.

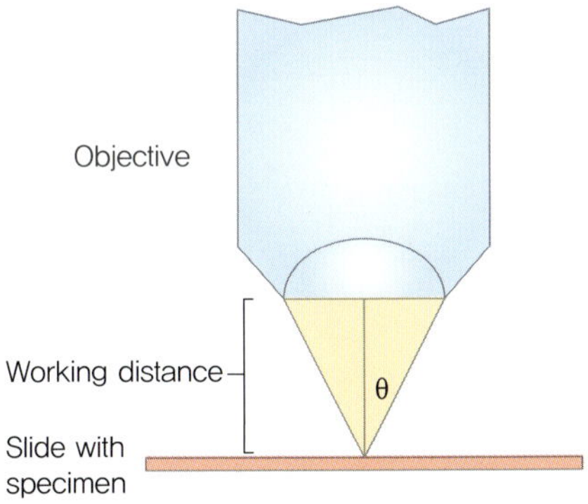

$$d = \frac{(0.5)(530\text{nm})}{1.25} = 212\text{ nm 또는 } 0.2\ \mu\text{m}$$

$$\text{해상력}(d) = \frac{0.5\ \lambda}{n \cdot \sin\theta}$$

λ는 빛의 파장, 0.5는 상수

알아두기 11–9. 유액투입법

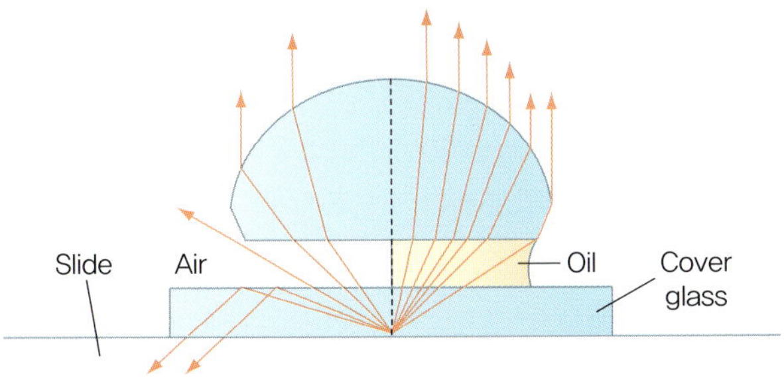

공기의 굴절률은 1.00이며, 개구수는 1보다 클 수 없기 때문에 공기 중에서 작용하는 렌즈의 개구수는 1보다 클 수 없다. 그러나, 유액을 사용하면 1.25~1.4까지 개구수를 높여 분해능을 높일 수 있다.

유액투입법은 해상력을 증가시키는 방법으로서, 가능한 고배율의 대물렌즈에서만 사용해야 하며, 실제 현미경의 사용에 있어서 유액투입법을 하지 않고 얻을 수 있는 대물렌즈의 개구수는 0.95이다.
고배율 대물렌즈에서 유액 투입법을 사용하면서 두께가 잘못된 커버글래스를 사용하거나 덮지 않은 경우에는 수차 문제가 발생하여 다소 흐릿한 상이 형성될 수 있다. 따라서 고배율 대물렌즈에서 최상의 결과를 얻기 위해서는 0.17 mm의 커버글래스를 사용해야 한다.

4. 현미경의 종류

1) 광학현미경

가시광선을 광원으로 하여 관찰하는 현미경을 뜻하며, 현재 사용되는 현미경은 복합현미경으로 대물렌즈에서 확대된 상은 하나 이상의 렌즈에 의해 다시 더 확대된다.

(1) 명시야현미경

명시야현미경(Bright-field microscope)은 흔히 사용되는 현미경으로서, 태양이나 백열전등으로부터 나온 빛을 집광렌즈로 표본에 집중시켜 이를 대물렌즈와 대안렌즈를 거치면서 상을 확대시켜 관찰한다. 이때 밝은 배경에 어두운 상이 나타나기 때문에 명시야현미경이라고 한다.

현재의 광학현미경은 세포를 약 1,000배까지 확대하여 관찰할 수 있다. 대부분의 세포는 직경 1~1000 μm이므로 광학현미경으로 관찰이 가능하고, 세밀하게는 볼 수 없지만 핵, 엽록체, 미토콘드리아 등 세포 소기관도 관찰 가능하다. 그러나 가시광선을 이용하는 광학현미경의 가장 좋은 해상력은 0.2 μm이므로 이보다 작은 경우는 하나의 점으로 보인다.

(2) 암시야현미경

암시야현미경(Dark-field microscope)은 매우 정교한 구조를 가진 표본의 해상력과 가시도를 증가시킬 수 있다. 불투명한 원반디스크를 집광렌즈에 부착시켜, 빛이 원반 주위로만 통과하게 한다. 시료에 빛을 조사하는 방법을 바꾸면 염색하지 않은 채로 살아있는 세포나 개체를 관찰할 수 있다.

빛은 경사진 각도로 표본을 통과하며 일부가 분산되는데, 이때 표본에 의해 분산되는 빛 중 작은 각도로 분산되어 진로가 바뀐 빛만이 대물렌즈를 통과하게 되면서 대물렌즈에 형성되는 상이 배경은 검게 보이고, 표본은 밝게 보인다. 이 현미경은 25 nm 정도의 물질을 관찰할 수 있는 해상력을 가지고 있기 때문에, 커다란 진핵세포의 경우에는 명시야현미경으로 관찰할 수 없는 작은 소기관도 관찰할 수 있다.

(3) 위상차현미경

살아있는 세포는 배경과 잘 구별되지 않기 때문에 명시야 현미경으로 잘 보이지 않는데 반하여, 위상차현미경(Phase-contrast microscope)은 명암을 차별화시켜 살아있는 세포의 구조를 더욱 용이하게 관찰할 수 있도록 가시도를 증진시킨 현미경이다.

원리는 빛의 굴절지표가 높은 물질을 통과할 때 표본에서의 빛에 대한 굴절지표의 차이를 이용한 것이다. 위상차현미경의 집광기에는 위상판(annular stop)이라고 불리는 불투명한 판이 있는데, 위상판을 이용하여 빛이 물질을 통과할 때 굴절되는 빛에 의한 간섭(intereference)을 증가시켜 형성되는 상의 명암을 변화시킨 것이다.

위상차현미경은 미생물의 운동성이나 살아있는 세포의 형태를 관찰하기 좋은데, 이는 세포질의 성분과 빛의 굴절률이 다르기 때문으로 염색하지 않은 배양세포의 구조 관찰에 적절한 장치이다.

(4) 간섭위상차현미경

간섭위상차현미경(Differential interference contrast microscope)은 굴절률과 두께의 차이를 감지하여 상을 만들어 낸다는 점에서 위상차현미경과 유사하다. 프리즘을 사용해 빛이 서로 직각인 두 종류의 평면편광을 만들고, 편광된 빛의 일부는 표본을 통과하고 일부는 슬라이드의 투명한 곳을 통과한다. 표본을 통과한 다음, 두 빛은 합해져 서로 간섭하여 상을 형성한다. 살아 있는 세포는 염색하지 않아도 입체영상으로 밝게 관찰할 수 있다.

(5) 형광현미경

형광현미경(Fluorescence microscope)에서는 눈에 보이지 않는 파장에서부터 녹색파장에 이르는 단파장을 이용하여 형광염료나 자연적으로 형광을 띄는 시료의 분자를 활성화시켜주어, 그 분자가 발광할 때 방출되는 가시광선범위의 형광을 관찰하는 것이다. 즉 형광현미경은 세포 구조물에 표지한 형광물질로부터 방출되는 빛을 감지하여 세포 내 구조나 물질을 관찰할 수 있는 장치이며, 광원으로는 자외선을 이용하며 이를 흡수한 형광물질은 긴 파장의 가시형광을 발산하게 된다.

원리는 시료가 빛을 직접 발하는 경우에도 시료를 쉽게 관찰할 수 있다는 것이다. 분자는 빛에너지를 흡수했을 때 들뜬 상태가 되며, 이때 흡수한 에너지의 대부분을 빛으로 방출하는 경우가 있다. 들뜬 분자는 흡수한 에너지를 방출

알아두기 11-10. 광학현미경의 종류

① Bright-field-microscope

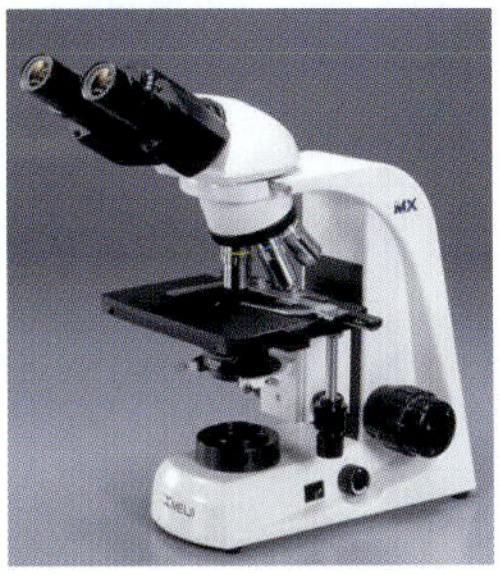

밝은 배경에 어두운 상이 나타나는 현미경으로 빛이 세포를 직접 통과하면 세포 구성성분에 따라 흡수되는 빛이 달라지는 대비(contrast)를 관찰하여 세포의 구조를 구별할 수 있다.

② Dark-field microscope

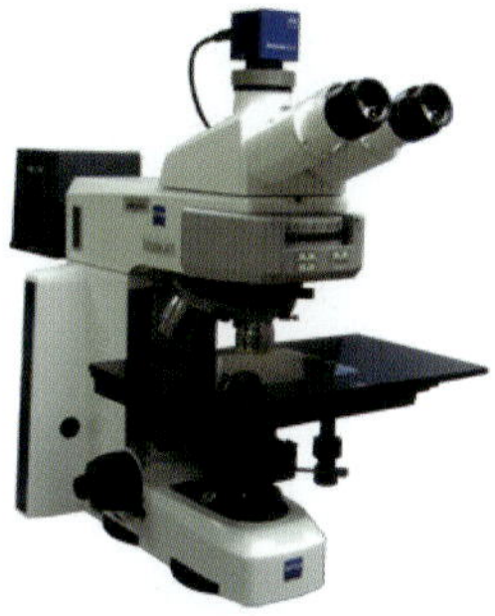

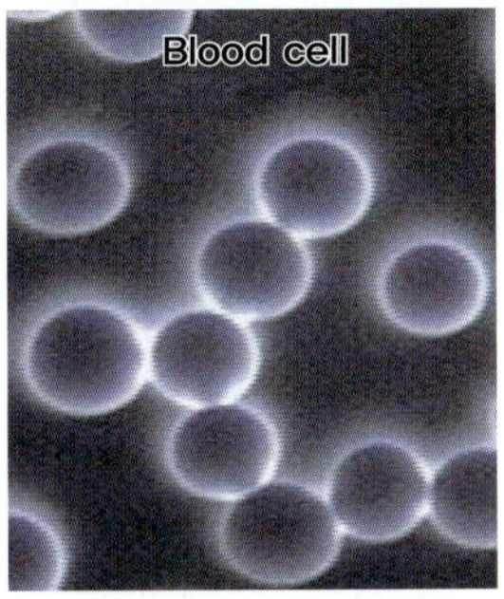

배경이 어둡다고 해서 암시야현미경이라고 부르며, 25nm 정도의 해상력을 가지기 때문에 명시야현미경으로 볼 수 없는 작은 세포 소기관도 관찰이 가능하다. 시료에 빛을 조사하는 방법을 바꾸면 살아있는 세포도 관찰할 수 있다.

③ Phase-Contrast microscope

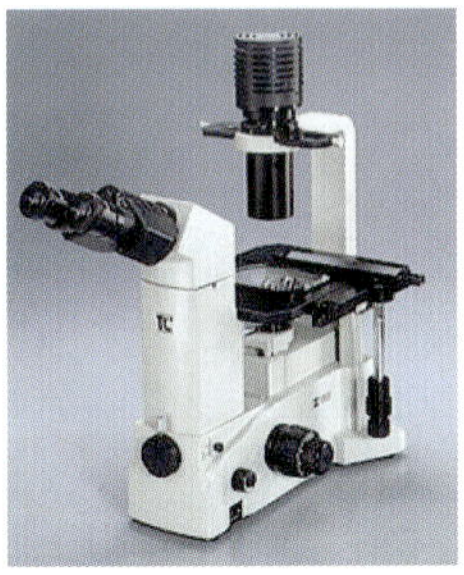

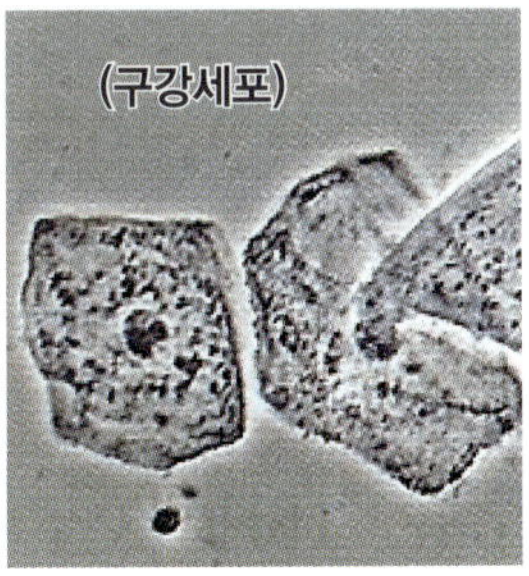

1932년 네덜란드의 제르니케(Frits Zernike)가 개발하였으며, 아주 미세한 굴절률의 차이와 세포밀도의 차이를 빛의 강도의 차이로 바꾸기 때문에 살아있는 세포를 관찰하기에 아주 좋은 방법이다.

④ Fluorescence microscope

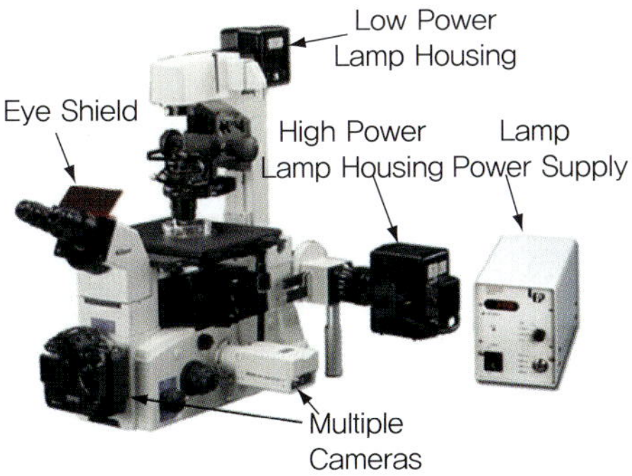

BCR-ABL fusion

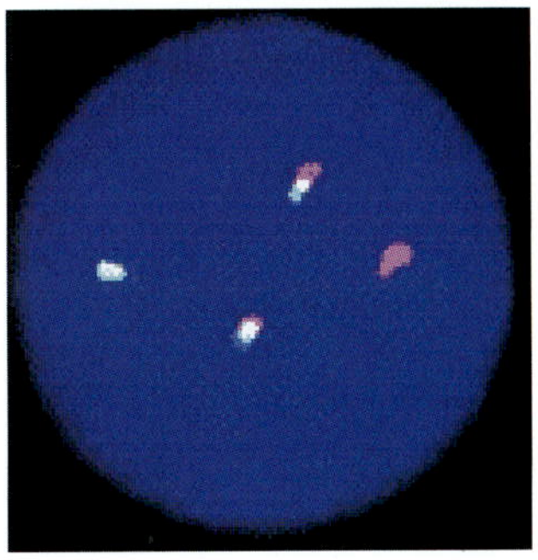

생물과학과 의학 분야에서 필수적으로 이용되고 있는데, 고정된 세포 또는 살아있는 세포 내의 특정 분자를 표지하기 위해 형광색소를 사용한다. 최근 해파리에서 유래한 녹색형광단백질(green fluorescenct protein; GFP)을 이용하여 살아있는 세포에서 단백질을 관찰할 수 있다.

알아두기 11-11. 형광현미경의 적용

최근 생물과학에서 가장 빨리 발전하는 분야가 형광현미경법에 관한 분야인데, 형광현미경을 사용하면 극소량의 형광물질도 쉽게 감지할 수 있기 때문에 분자생물학의 발전과 더불어 형광물질을 표지물질로 사용하여 세포 및 조직 내에 특정분자의 소재 및 분포를 밝히는데 있어서 큰 몫을 해내고 있다. 많이 사용되는 형광물질은 4',6-diamidino-2-phenyindole(DAPI), fluorescein-isothiocyanate (FITC), rhodamine 등이 사용된다.

알아두기 11-12. 형광현미경의 구성

형광현미경은 크게 광원과 필터로 구성되어 있는데, 광원은 mercury (HBO) 혹은 xenon (burner) lamp를 사용한다. 필터는 특정 파장의 빛을 선택적으로 통과시키거나 차단하는 목적으로 사용되며, 사용한 fluorochrome에 따라 맞는 필터를 선택하는 것이 가장 중요하다.

형광현미경의 광원으로는 50 W, 100 W 고압수은램프 또는 12볼트 50 W 할로겐램프가 사용되어 자외선을 내는데, 100 W 수은램프를 주로 사용한다. 수은램프는 값이 비싸고, 수명이 짧으며, 실험실의 온도가 상온이어야 하는 주의점이 있는 반면에 높은 에너지의 단파장을 내므로 여러 가지 형광물질에 광범위하게 사용된다.

하여 안정한 상태로 돌아가면서 아주 짧은 시간 동안 형광을 낸다.

형광현미경은 수은증기 방전램프(mercury vapor arc lamp) 또는 다른 광원으로 빛을 조사하며, 특수 적외선필터를 사용해서 열이 전달되는 것을 줄인다. 조사된 빛은 원하는 파장의 빛만 투과하는 여기필터(exciter filter)를 통과한다. 조명(Illumination) 방식에 따라 투과(transmitted)와 epi-fluorescence (reflected light)로 나눌 수 있는데, 일반적으로 epi-fluorescence 방식이 사용된다.

형광물질은 소량이면서 자외선 단파장을 장시간 조명하게 되면 형광이 점차 감소하므로, 시료는 gelvatol 및 phenylenediamine 등의 항소항체(anti-quenching agent)를 사용하여 마운트해서 보관하기도 한다.

2) 전자현미경

가시광선을 이용한 광학현미경으로는 1 nm도 안 되는 원자를 볼 수 없기 때문에 과학자들은 전자를 이용한 현미경 연구를 계속하였다(표 11-2). 1926년 독일의 과학자 한스 부슈(Hans Busch)는 움직이고 있는 전자가 자기장을 지나갈 때 운동 방향이 휘어진다는 사실을 발견하였다. 2017년 미국 벨 연구소의 데이비슨(Clinton Davisson)과 레스터 거머(Lester Germer)는 실험을 통해 전자가 파동성을 가지고 있으며, 에너지가 높을수록 그 파장이 짧아진다는 사실을 발견하였다. 이후 1931년에는 독일 에른스트 루스카(Ernst August Friedrich Ruska)와 막스 놀(Max Knoll)은 전자를 진공에서 가속시키면 파장이 가시광선의 10만분의 1밖에 안 되는 파동을 만들 수 있다는 사실을 발견하면서 전자의 성질을 이용한 현미경 제작을 시작하였다.

기존의 광학현미경은 광원으로서 파장대가 약 400 nm에서 700 nm에 이르는 가시광선을 사용하기 때문에 해상도는 단파장대인 400 nm의 청색광을 이용할 경우 약 200 nm (0.2 μm)의 해상도를 나타낸다. 배율도 시료와의 작업거리 등의 한계에 의하여 1,000배 수준이며 유리렌즈로 구성되어 있다. 그러나 전자현미경은 가속전압이라는 조건에 따라서 차이가 있지만 최고 0.1 nm (1 A) 이하 수준의 해상도가 가능하며 전자기렌즈로 구성된다.

(1) 투과전자현미경

루스카와 놀이 만든 현미경은 광학현미경과 비슷했는

표 11-2. 광학현미경과 전자현미경의 비교

	광학현미경	투과전자현미경	주사전자현미경
광원	가시광선	전자선	전자선
관찰환경	대기	진공	진공
렌즈	유리	전자기	전자기
시료대	유리슬라이드	그리드(grid)	스터브(stub)
분해능	0.2 μm	0.5 A	0.7 nm
최고배율	1,000 배	200만 배	100만 배

알아두기 11-13. 전자현미경의 작동원리

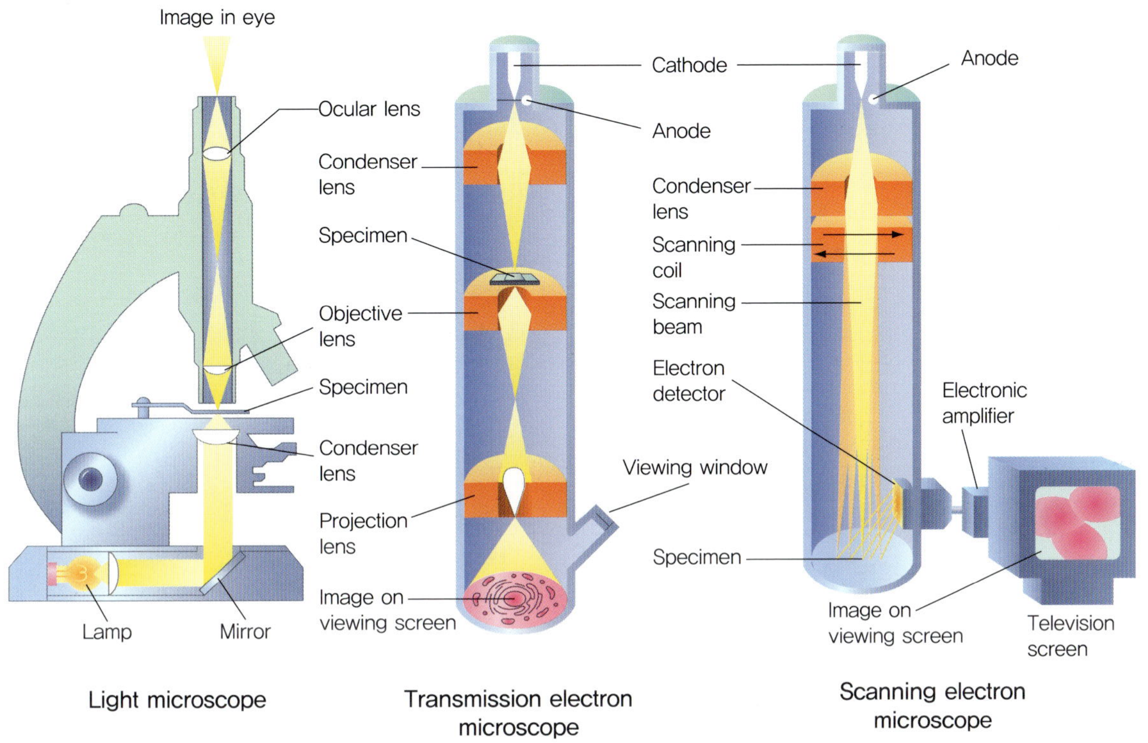

데, 광원으로 전자빔을 이용하였고 유리렌즈 대신 코일을 감아 만든 전자렌즈를 사용하여 직접 눈으로 보지 않고 형광판이나 사진필름에 확대된 상을 맺게 한다는 점이 달랐다. 그리고 현미경 속이 진공상태라는 점이 광학현미경과 차이점이다. 1939년 루스카는 최초의 상용화된 전자현미경을 제작하였는데, 전자빔이 얇게 자른 시료를 통과하면서 상을 맺어 보여주기 때문에 투과전자현미경(Transmission Electron Microscope, TEM)이라고 하였다.

투과전자현미경은 명시야 현미경과 유사하게 세포를 염색한 후에 관찰을 하는데, 시료는 20~100 nm(세균 두께의 1/50~1/10) 정도로 얇아야 하고, 양성염색 또는 음성염색으로 염색을 한다.

양성염색은 시료를 얇은 막으로 자르고, 지질과 단백질 그리고 핵산과 반응하는 osmium tetroxide, uranyl acetate 같은 중금속염으로 염색을 한 후, 구리격자 위에 놓고 관찰한다. 음성염색은 필름에 부착시킨 시료의 주위를 중금속이온으로 염색을 한 후 관찰하게 되면 시료는 염색이 되지 않고 밝게 관찰이 되는데, 주로 세균이나 분리된 세포 소기관 등의 구조를 관찰하는데 이용된다.

(2) 주사전자현미경

1937년 벨기에의 폰아르덴(Manfred von Ardenne)은 투과전자현미경으로 관찰할 수 없는 두꺼운 시료를 관찰하기 위한 주사전자현미경(Scanning Electron Microscope, SEM)을 개발하였다. 주사현미경은 시료의 표면에 전자빔을 쏘게 되면 시료 표면에서 튀어 나온 전자를 측정하여 이미지가 나타나도록 하는 방식이다. 여기서 주사라고 하는 것은 '훑다' 는 의미로 전자빔으로 시료를 꼼꼼하게 훑어가며 측정한 후 이미지를 만들기 때문이다. 즉, 전자빔이 시료의 표본을 투과하지 않으며, 중금속으로 코팅된 시료의 표면을 스캔하는 것이다. 주사전자현미경의 분해능은 10 nm 정도이기 때문에 세포 소기관이나 고분자와 같은 미

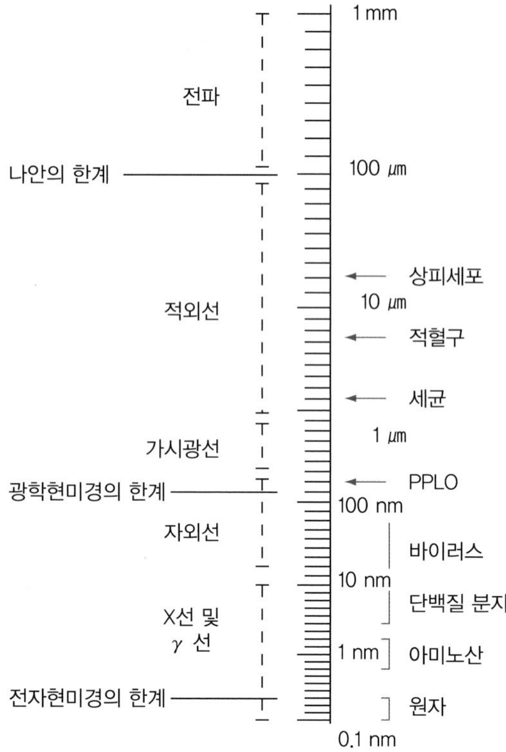

그림 11-5. 현미경의 분해능 범위

세한 구조를 관찰하기보다는 세포표면이나 세포 전체구조물의 입체구조 관찰에 적절하다(그림 11-5).

주사전자현미경은 투과전자현미경보다 해상도는 떨어지지만 시료의 형태와 입체적 구조를 알 수 있다는 장점이 있어 미생물의 표면을 상세하게 관찰하는데 많이 이용되고, 사람의 피부나 내장의 벽에 존재하는 미생물을 그대로 관찰하는 것이 가능하다. 이밖에도 산업용으로 활발하게 이용된다.

3) 전자현미경의 시료 표본제작

(1) 투과전자현미경

① 음성염색법

세균, 바이러스 등 입자 시료의 형태 관찰시 사용한다.

ㄱ. 시료를 얇은 필름(지지막)으로 코팅된 그리드(grid)에 올려놓는다.

ㄴ. 중금속(우라늄 또는 텅스텐)으로 염색한다.

ㄷ. 건조시킨 후 관찰한다.

ㄹ. 시료 주위에 중금속이 위치하므로 배경과 구분시켜 시료 형태를 부각시킨다.

② 포매법

다량의 수분을 함유한 생물 시료를 관찰할 때 포매하여(embedding) 중합시킨 후 절단하여 관찰한다.

ㄱ. 시료를 절취하여 고정, 탈수, 포매 과정을 거친다.

ㄴ. 열 또는 자외선으로 중합시킨 플라스틱 블록을 유리 및 다이아몬드 칼로 절단하여 절편을 제작한다.

ㄷ. 중금속으로 절편을 염색한다.

ㄹ. 세포막 등에 집적된 중금속이 배경과 구분시켜 시료 구조를 부각시킨다.

(2) 주사전자현미경

① 습윤 시료

다량의 수분을 함유한 시료인 경우 고정 등의 과정을 거친 후 관찰한다.

ㄱ. 시료를 절취하여 고정, 탈수, 건조 과정을 거친다.

ㄴ. 양면테이프 등을 이용하여 시료대(stub)에 올려놓는다.

ㄷ. 주로 금(Au) 또는 백금(Pt)으로 코팅하여 시료에 전기전도성을 부여한다.

ㄹ. 시료의 입체적인 구조를 관찰한다.

② 건조시료

다른 과정은 생략하고 코팅 후 관찰한다.

ㄱ. 건조된 시료를 양면테이프를 이용하여 시료대에 직접 올려놓는다.

ㄴ. 금(Au)으로 코팅한다.

ㄷ. 시료의 입체적인 구조를 관찰한다.

4) 최근 현미경 기술

(1) 공초점레이저주사현미경

공초점현미경(Confocal microscope)의 원리는 1953년 민스키(Marvin Minsky)에 의해 아이디어가 제공되었고, 30년 뒤인 1980년대 만들어진 해상력이 좋고 scanning 속도가 빠른 현미경으로 오늘날 생물학 분야의 연구에 널리 이용되고 있다.

공초점레이저주사현미경(Confocal laser scanning microscope, CLSM)은 형광현미경과 전자이미지 분석방법을 결합한 것으로, 특정 파장의 형광상태를 핀홀을 이용하여 촛점이 맞은 이미지만 얻음으로써 단층촬영이 가능하다. 동시에 Z축에 부착된 Z모터를 이용하여 물체의 윗부분부터 아랫부분까지 원하는 부분을 지정하여 단층 이미지를 얻음으로써 3차원 입체영상을 만들어 내어 정확한 표본의 내부 이미지를 관찰 할 수 있다. 특히 실시간 영상분석 및 삼차원 영상분석을 소프트웨어에서 직접 조정이 가능하므로 두꺼운 샘플이나 살아 있는 세포 내부까지도 관찰 할 수 있다.

① 공초점레이저주사현미경 적용분야

ㄱ. 세포소기관, 세포골격, RNA, DNA 또는 단백질 같은 거대분자의 세포내 구조

ㄴ. 조직 내에서 특정세포의 이동 관찰

ㄷ. 입체영상 또는 3차원 영상의 구성

ㄹ. 세포내 물질의 이동을 실시간으로 추적할 수 있는 4차원영상의 관찰

ㅁ. 세포내 단백질 또는 이온의 정량적 변화나 반응 형상

ㅂ. 물질의 표면관찰

ㅅ. 형태학, 병리학, 세포학, 신경학, 조직학, 생물학, 물리, 금속 분야

(2) 원자현미경

원자현미경은 탐침을 사용하는 고해상도의 현미경을 지칭하며, 1980년대 발명된 주사탐침현미경(scanning probe microscope, SPM)과 SPM 중 가장 널리 보급된 원자간힘 현미경(atomic force microscope, AFM)을 포함하여 부른다. 광학현미경이 사람의 시각을 마이크로의 세계로 안내했다면 SPM은 사람의 촉각을 마이크로와 나노 세계로 확장시켰고 단일 분자나 원자를 감지하거나 조작할 수 있게 된 것은 인류 진화의 획을 긋는 혁명적인 사건으로 분류할 수 있다.

현재 원자현미경은 연구용과 산업용 분석 측정기기로 사용되고 있다. 진공상태나 대기 중 뿐만 아니라 액체 내에서도 작동하므로 살아있는 세포내의 구조나 세포분열 등을 관찰할 수 있다. 또한 관찰 측정에 그치지 않고 초소형 로봇의 기능까지 할 수 있기 때문에 사진묘사(나노리쏘그라피, Nanolithography), 절삭(나노머시닝, Nanomachining), 나아가 분자의 합성 등의 연구에 사용되고 있다. 산업용으로는 반도체의 표면 계측, defect 분석, 콤펙트 디스크, 자기디스크, 광자기 디스크 등에 쓰인 비트(bit)의 모양 조사 등에 쓰이고 있다. 최근 크게 성장하고 있는 FPD (flat panel display)의 제조공정 분석 장비로도 사용되면서 반도체 산업에서는 차세대 정밀 계측장비로 인정하고 있다.

알아두기 11-14. 공초점레이저주사현미경

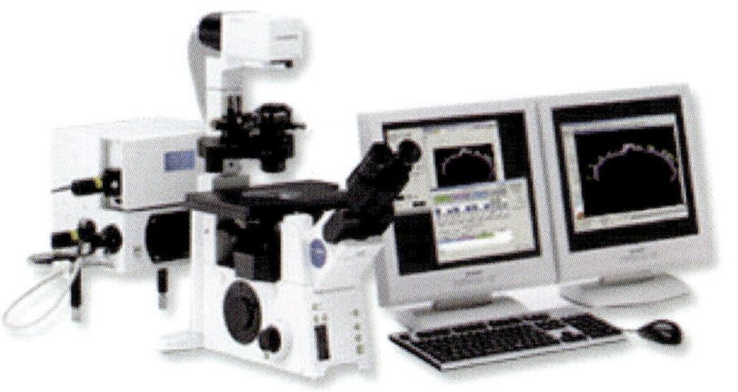

사진제공: Olympus Crop.

Colocalization of Actin and Vinculin in Normal Tahr Ovary Cells

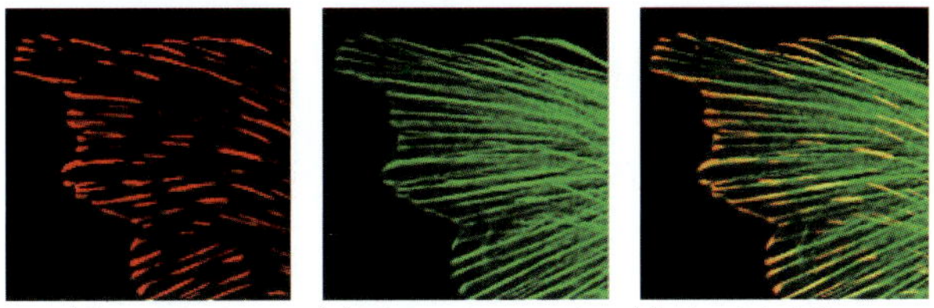

(a) Vincilin (b) Filamentous actin (c) Termini of filamentous actin fibers

(a) Alexa Fluor 568 (b) Alexa Fluor 488
(c) Digitally combining the two images

공초점현미경은 광학현미경과 전자현미경 기법이 지니는 단점을 보완하는 동시에 이들이 갖지 못한 여러 가지 장점을 보완한 것이다. 1 μm 또는 그 이하의 깊이를 직접 관찰할 수 있고, 특수한 컴퓨터 소프트웨어를 사용해 세포구조 및 세포막과 같은 복잡한 표본의 고분해능 3차원 영상을 얻을 수 있다. 공초점현미경을 이용하면 세포 소기관, 세포골격, RNA, DNA 또는 단백질 같은 거대분자의 세포내 구조뿐만 아니라 조직 내에서 특정세포의 이동 등을 관찰할 수 있다.

① 주사터널현미경

주사터널현미경(Scanning tunnerling microscope, STM)은 1982년 스위스 취리히의 IBM 연구소 연구원 게르트 비니히(Gerd Binning)와 하인리히 로러(Heinrich Rohrer)에 의해 처음으로 소개되었다. 이 현미경은 점점 미세해지는 반도체 기술에서 파생된 나노미터 수준에서의 물질의 불균질성을 해결하기 위해 개발되었다. 원자의 크기(0.1~0.5 nm)가 너무 작아서 기존의 현미경으로는 관찰할 수 없었는데, 시료와 탐침과의 거리가 매우 근접했을 때 시료와 탐침사이에 흐르는 터널(tunnel)전류를 이용하여 시료 표면의 지형을 형상화할 수 있게 되면서 단일 원자의 조작 가능성을 보여준 성과로 비니히와 로러는 1986년 노벨 물리학상을 수상하였다.

② 원자간힘현미경

주사터널현미경의 가장 큰 문제점은 전기가 통하지 않는 물질은 관측하지 못하는 것이었다. 그러나 1985년 비니히는 캔딜레버(cantilever)라는 탐침과 시료 사이에 작용하는 원자끼리의 끌어당기는 힘(van der waals force)을 이용하여 측정할 수 있는 원자간힘현미경(atomic force microscope, AFM)을 개발하였다. 시료의 전기적 성질과는 관계없이 모두 관찰할 수 있고 공기, 액체, 진공 속 어

알아두기 11-15. 주요 주사탐침 현미경(SPM) 기술의 원리와 특징

장비	원리	측정방법	측정항목
주사터널현미경 (Scanning Tunneling Microscope)	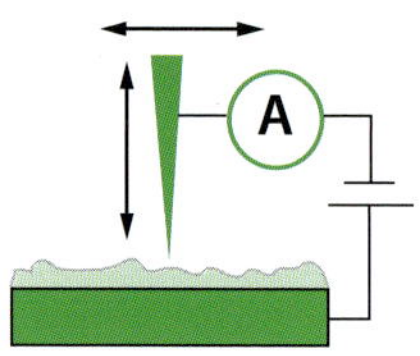	금속 탐침과 시료(도체, 반도체) 사이의 터널링 전류를 이용하여 표면의 높낮이를 측정	표면형상 원자 이미지 자기조립박막의 분자 이미지
원자력현미경 (Atomic Force Microscope)	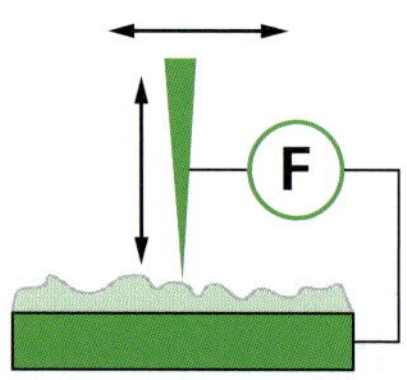	탐침과 시료 원자간의 상호 작용 힘을 이용하여 접촉식 혹은 비접촉식 방법으로 국소적인 표면의 높낮이 변이를 측정	표면형상 입자크기 측정 Line CD 측정
자기력현미경 (Magenetic Force Microscope)	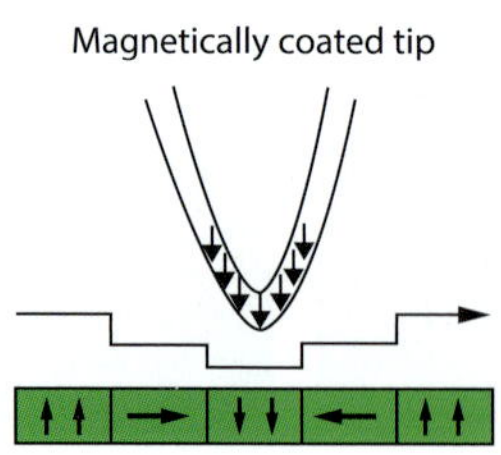	자성체가 입혀진 탐침과 시료 표면의 자기적 성분에 의한 켄딜레버의 휨을 측정함으로써 자기 분포도를 관찰함	하드디스크 자기 분포 관찰 자성박막의 특성 분석
주사정전용량현미경 (Scanning Capacitance Microscope)	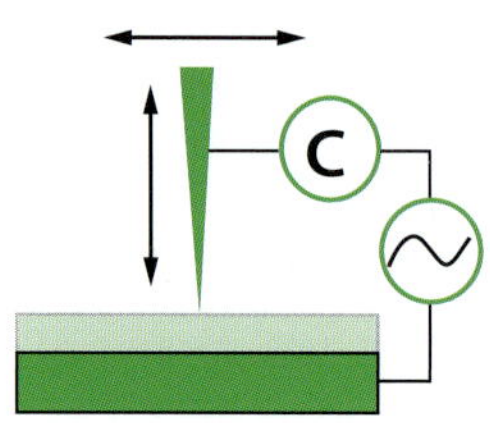	Capacitance sensor를 이용하여 탐침과 시료사이의 Capacitance 변화를 측정함으로써 carrier나 charge density 분포를 관찰	반도체 표면의 carrier 농도 분포 관찰 반도체 소재의 결함 분석

디서나 사용할 수 있어서 생물과 의학분야에 응용이 많아지고 있다. AFM은 DNA, 인공지질막, 단백질 등의 고해상도 이미지를 찍는데 사용하고 있으며 극미세력(ultralow force)을 측정할 수 있는 장점 때문에 항원-항체 반응과 같은 생체 분자간의 상호작용, 생체 시료의 동적인 변화 등 다양한 실험에 활용되고 있다.

③ 이온전도현미경

이온전도현미경(Ion conductance microscope, ICM)은 생체 시료가 일반 시료에 비해 부드럽고 점성이 강해 힘을 사용하는 AFM으로 표면을 읽기 어려운 점을 해결하기 위해 개발되었다. AFM의 실리콘으로 된 탐침 대신 유리 또는 수정으로 된 나노 파이펫을 사용하여 버퍼(buffer)속 이온 전류의 흐름을 피드백하여 완전 비접촉식으로 표면을 관찰하는 방식이다.

제12장

세포유전학 검사

세포유전학 검사는 선천성 이상이나 기형을 보이는 질환의 원인 규명과 여러 종양의 진단 및 예후 결정, 발암의 기전을 이해하는데 중요한 정보를 제공하는 중요한 수단이 되었기에 그 필요성은 지속적으로 증가하고 있다.

1. 혈액 염색체 분석법

말초혈액의 T 림프구(lymphocytes)는 PHA (phytohemagglutinin, M form)에 의해 자극을 받으면 DNA가 합성되어 배양 후 약 48시간부터 분열하기 시작하며, 72시간 이후에 이르면 세포분열이 가장 활발하게 일어나게 된다. 이때 colcemid를 처리하여 분열을 중지시키고, 중기세포를 수획한 다음 저장액으로 세포를 처리하고, 고정액으로 세포를 고정한 후 슬라이드를 제작하여 현미경으로 관찰한다.

1) 배양

FBS를 10~20%의 농도로 첨가한 RPMI 1640(Gibco, Cat. No. 22400-089) 배양액(culture medium)(표 12-1) 10 mL에 heparin (lithium or sodium) blood 1~1.5 mL 정도를 넣고, PHA (Gibco, Cat. No. 10576-015)를 200 μL 첨가하여 72시간 동안 37℃, 5% CO_2 배양기에 배양한다. EDTA blood인 경우에는 배양액이나 PBS(또는 HBSS) buffer로 3회 washing 한 후에 배양을 한다.

표 12-1. 염색체 분석이 가능한 배양액의 종류

Medium	Type of culture	Comments
RPMI 1640	Blood, Bone marrow, Solid tumor	
MEM or Eagle's MEM	All	Minimal essential medium
MEM alpha	All	Enriched; available with ribonucleosides, deoxyribonucleosides
DME	All	Dulbecco's modified Eagle's
Ham's F10	All	Enriched media with low phenol red
Ham's F12	All	Enriched media with low phenol red
Medium 199 or TC 199	Fragile X, prophase	Low folic acid
Chang	Amnio, CVS	Also used for neoplastic cells
Amniomax	Amnio, CVS	Neoplastic cells
Amniogrow	Amnio, CVS	Neoplastic cells
McCoy's 5A	All	Highly enriched; good for transport medium

알아두기 12-1. 림프구 배양

염색체 분석을 하기 위해서는 단핵구(mononuclear leukocytes)인 림프구를 이용한다. 정상적인 말초혈액의 경우 백혈구의 35% 정도가 림프구이며, T-림프구 55~75%, B-림프구가 15~30% 정도이다. Mitogen (PHA)에 의해 작은 림프구는 변형(transformation)의 과정을 거쳐 세포의 크기가 커지며, 염색을 해서 보면 핵의 변화가 관찰되는데, 이런 세포들이 세포분열 능력을 가지고 있다. 즉, T-림프구는 PHA 첨가 후 24시간에는 RNA 합성이 현저하게 증가하고, interleukin-2 (IL-2)나 lymphocyte growth factor를 생성하여 세포분열을 자극하는데, 이후로는 PHA가 필요하지 않다. 배양시작 후 30~60시간 사이에 DNA 합성이 꾸준히 증가하며, 60~70시간 이후가 염색체를 얻기 가장 좋은 시점이지만, 경우에 따라서는 48시간이나 96시간 배양을 하기도 한다. 48시간 배양한 경우는 림프구가 한 번 분열한 세포들이고, 72시간은 두 번 분열한 세포들이다. 림프구는 4~5세대 후에는 퇴화하며, 더 이상 분열을 하지 않는다.

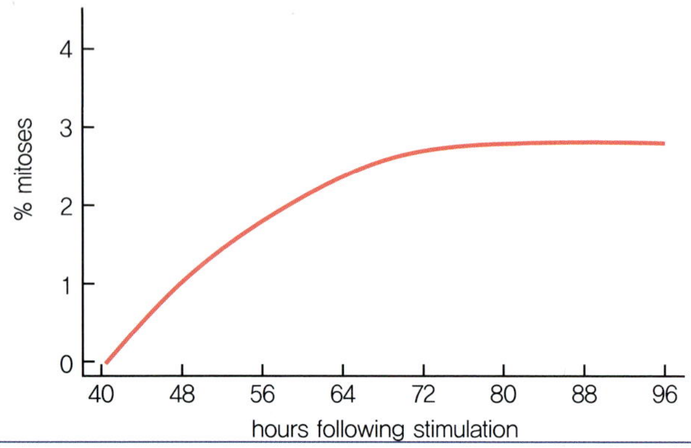

염색체 분석을 위한 말초혈액의 배양은 배양액에 PHA가 첨가되고, 배양기에 넣어진 순간부터이기 때문에, 부득이한 경우에는 혈액을 배양액에 넣어서 냉장보관을 한 후 PHA를 넣어 배양을 시작하여도 염색체 분석이 가능하다. 신생아의 경우에는 배양 48시간에 보다 많은 세포분열이 진행할 수도 있기 때문에 결과분석이 시급한 경우에는 48시간 배양 후 염색체 분석을 할 수 있다.

2) 수획

① 배양시간이 끝나기 30분~1시간 전에 colcemid (Gibco, Cat. No. 15212-012) 100 μL (final concentration: 0.1 μg/mL)를 넣고, 37℃ 배양기에서 배양한다.

② 고정액(Fixative)을 만들어 냉장고에 넣어둔다.

③ 배양액을 15 mL polypropylene tube에 옮긴다.

* Polystyrene tube는 fixative 성분에 의해서 미세한 입자들이 생길 수 있다. 이런 입자들은 슬라이드를 만들 때 고정된 세포 내에서 염색체들이 흩어질 때 방해가 되며, 염색을 했을 때도 찌꺼기들처럼 염색이 되기 때문에 현미경 분석에도 영향을 끼친다. 그러나 polypropylene tube는 fixative에 강하다고 알려져 있으므로 polypropylene tube를 사용하는 것을 권장한다.

④ ③ tube를 400Xg, 실온에서 10분간 원심분리 한다.

⑤ 상층액을 제거한 후 37℃ 수조에 미리 데워둔 0.075M KCl을 10 mL 정도 넣으면서 cell pellet을 잘 풀어준다.

⑥ ⑤를 37℃ 수조에 20~30분간 방치한다.

⑦ Prefixation : 배양시간이 끝나면 ⑤ tube에 cold fixative 1~2 mL을 넣어주고 mix한다.

* Prefixation을 하는 이유는 세포를 고정하기 전에 blood의 RBC를 lysis시키는 과정을 먼저 하는 것으로, 세포와 염색체가 원심분리과정과 fixative에 의해 손상을 받지 않도록 미리 처리한다.

⑧ 원심분리(400Xg, 4℃, 8분) 후, 상층액은 버린다.

⑨ 세포고정은 배양 후 수획(harvest) 과정에서 제일 중요한 단계로 cell pellet만 남긴 뒤, cold fixative를 13 mL 정도 천천히 흔들면서 첨가한다. Cell pellet이 잘 풀려야 세포를 많이 수획할 수 있다.

⑩ 냉장온도에서 15~20분 방치한다.

⑪ 원심분리(400 Xg, 4℃, 8분) 후 상층액은 버린다.

알아두기 12-2. Colcemid 역할

Colcemid는 염색체 중기에서 방추사 형성을 억제하는 과정에 가장 보편적으로 사용하는 시약으로 0.01~0.1 ㎍/mL 농도로 사용한다(알아두기 2-10 참조).

* Velban (vinblastine sulfate)은 colcemid 대신에 대부분의 조직에 사용할 수 있다.

알아두기 12-3. Carnoy's 고정액

Carnoy's 고정액은 methanol:acetic acid:chloroform=3:1:1로 제조한 고정액으로, 1960년대 이후에는 chloroform을 제외하고 methanol:acetic acid=3:1로 제조하여 사용하였으며 modified Carnoy's Fixative라고 한다. 고정액은 사용하기 2~3시간 전에 methanol(3 parts) + acetic acid(1 part)로 만들어서 냉장보관을 하여 사용하는데, 유리병을 사용하여야 한다. Cold fixative는 염색체의 morphology를 향상시킨다.

알아두기 12-4. 저장액 처리 & 저장액 종류

저장액 처리는 삼투압에 의해 세포 안으로 물을 이동시켜 세포의 부피를 팽창시키고, 염색체의 분산(spreading)이 충분히 이루어 질 수 있는 공간을 만드는 과정이라고 할 수 있다. 저장액 처리가 충분치 않으면 세포가 팽창하지 못하고, 염색체의 분산이 적절하지 못하게 되어 염색체가 뭉치거나 염색체의 길이도 짧아질 수 있기 때문에 염색체의 해상도에 영향을 끼칠 수 있다.

저장액을 미리 37℃가 되도록 하는 이유는 water가 cell membrane을 더 잘 통과하도록 하고, cytoplasmic membrane을 부드럽게 만들기 위한 것이다. Salt의 종류에 따라 chromatid의 길이가 길어지기도 한다고 알려져 있으며, KCl보다 sodium citrate를 더 광범위하게 사용한다.

Solution	Formula	Usual harvest type
0.075 mol/L KCl (0.56%)	5.59 g/L	All
0.4% KCl	4.0 g/L	Neoplastic cells
CHS (0.4% KCl with EGTA and HEPES)	3.0 g KCl, 4.8 g HEPES, 0.2 g EGTA/L pH 7.4	Cancer hypotonic solution
Sodium citrate (0.7%)	7 g/L	All attached cell types, especially amniocytes

⑫ Cold fixative로 3~4회 washing 한다.

⑬ Cell suspension을 만든다. 세포수가 너무 많거나 적지 않도록 해야 하며, 육안으로 확인 시 falcon tube의 눈금이 뿌옇게 보일 정도로 fixative로 농도를 맞춘다.

3) 슬라이드 제작

① 슬라이드 전처리 단계
슬라이드를 absolute ethanol에 넣어 냉장고에서 overnight 동안 방치한 후 슬라이드를 사용하기 전에 깨끗한 cold D/W로 2~3회 washing한 뒤 슬라이드 위에 D/W가 고르게 퍼지는지 확인한다.

② ①과 같이 처리된 cold-wet slide에 cell pellet을 pipette으로 2~3방울 떨어뜨린다. 슬라이드를 20~30° 각도로 비스듬히 하고 약 50 cm 정도 위에서 떨어뜨리는 것이 좋다.

③ 슬라이드를 slide warmer 55~60℃에서 건조시킨다(Drying은 25초 내외가 되도록 조절한다. 너무 늦게 말리면 chromosome이 overspread되고, 너무 빨리 말리면 chromosome이 overlapping 되어 관찰이 어렵다).

④ 위상차현미경으로 슬라이드의 quality를 염색체의 색깔로 확인한다.
dark : 너무 빨리 말린 것을 의미
hallow(white) : 너무 천천히 말리거나 drying 온도가 낮음
white grey : 적합

⑤ 슬라이드를 dry oven에서 aging시킨다(Aging process : 50℃ 2일, 64℃ 16~20시간, 또는 94℃ 40분이며, dry-oven에는 습기가 절대로 없어야 한다).

⑥ 온도와 습도가 슬라이드의 quality에 많은 영향을 미치므로 항상 확인하고, 필요한 경우 가습기로 적절한 습도(25℃, 40~50%)를 유지하도록 한다.

4) 염색

① 필요한 시약 준비

ㄱ. Gurr Bufffer Tablets (pH 6.8)(Invitrogen)

* Gurr-Buffer working solution : Gurr Bufffer Tablets 1개를 100 mL grade I D/W에 녹인다(사용 당일에 만들어서 사용한다).

ㄴ. Hanks balanced salt solution (500 mL)(Gibco)

* 제조하여 사용할 경우

KCl : 0.2 g, KH_2PO_4 : 0.03 g, NaCl : 4.0 g, NaHCO3 : 0.075 g, Na_2HPO_4 : 0.024 g을 grade I D/W에 녹인 후 pH는 7.2 정도로 맞추어 사용한다.

ㄷ. Leishman's stain powder

(Sigma, Cat. No. L-6254, 25 g)

* Leishman's stock stain sol : Leishman's stain powder 0.4 g을 250 mL의 methanol에 넣고, magnetic stirrer로 3~4시간 동안 충분히 녹인 후 37℃ incubator에 12~16시간(or overnight) 방치한다. Filtering과정을 거친 후, 10 mL씩 분주해서 사용하는데, 실온 보관하며, 1달 이내에 사용한다.

* Leishman's buffered working stain solution(사용 당일에 만들어서 사용한다)

Gurr buffer (pH 7.0)	30 mL
Leishman's stock stain sol.	10 mL

ㄹ. Na_2HPO_4 solution

Na_2HPO_4(Molecular weight : 358.14) 0.0193 g을 50 mL의 grade I D/W에 녹인다.

ㅁ. Trypsin-EDTA (Gibco, Cat. No. 15400-039)

Trypsin working solution(0.025%)

(사용 당일에 만들어서 사용한다)

Hanks balanced salt solution	35.7 mL
Na_2HPO_4 solution	2.1 mL
Trypsin-EDTA	1.8 mL

② 염색단계(그림 12-1)

ㄱ. 슬라이드를 0.025% trypsin-EDTA working solution 용액에 25~40초간 처리한다(슬라이드를 20장 이상 처리하면 염색이 흐려진다).

ㄴ. Cold D/W로 세척한다.

ㄷ. Leishman's stain solution에 3~4분간 염색한다(슬라이드를 20장 이상 처리하면 염색이 흐려진다).

ㄹ. Cold D/W로 세척한다.

5) 현미경 관찰

① 준비된 슬라이드가 염색체 분석에 적절한지에 사용되는 표지염색체 band는 17p13, 17p11.2 그리고 17q23이다. 염색대의 형태는 뚜렷하고, 겹친 염색체의 수가 적으며, 퍼져있는(spread) 모양이 원형에 가까운 것을 선택하여 관찰한다. 염색체 해상도는 7q, 9q, 10q 그리고 Xp band의 수로 판정할 수 있다(그림 12-2).

② 보통은 20개의 metaphase를 관찰하는데, 모자이시즘이 의심되는 경우에는 30개 이상을 관찰한다.

③ 분석한 세포(analyzed cell)와 계수한 세포(count cell)는 슬라이드 번호와 현미경 좌표를 기록하며, 이상 세

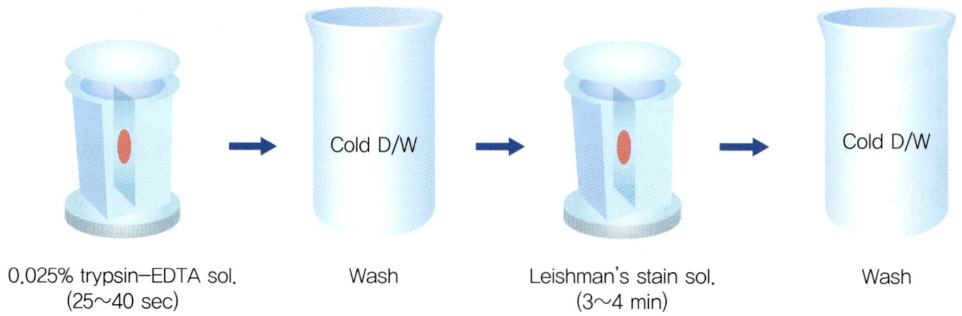

그림 12-1. 염색단계

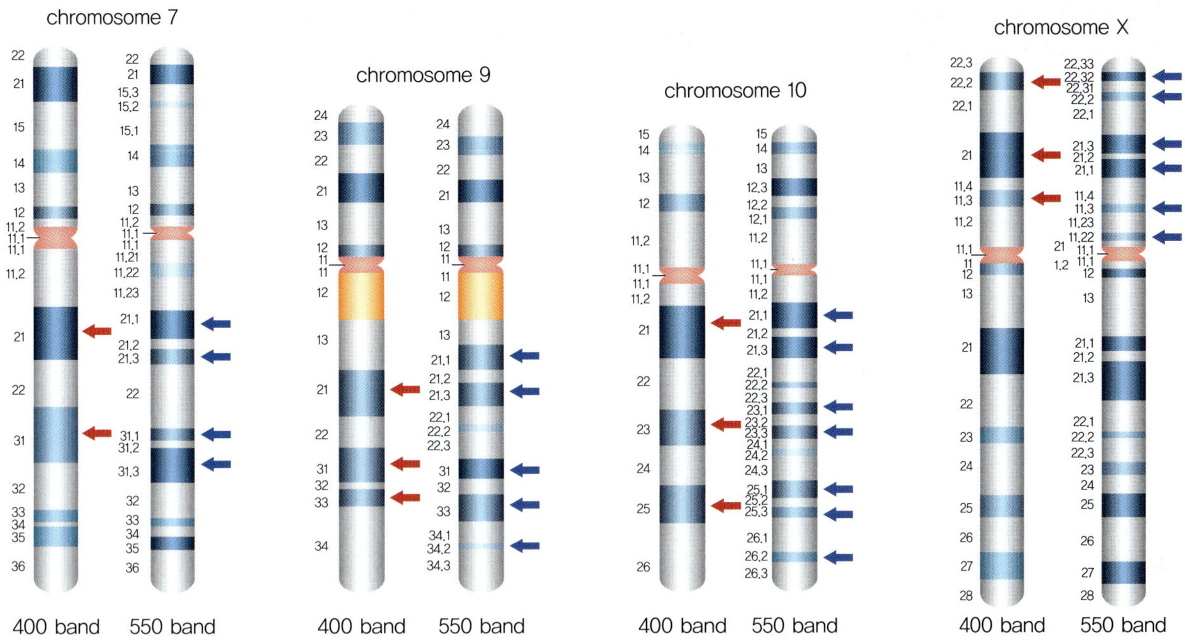

그림 12-2. 염색체 해상도 판정을 위한 landmark

포는 모두 정확하게 기록한다.

④ 염색체 분석 전에 검사목적을 알아보고, 관찰해야 하는 해당염색체 이상 유무를 주의 깊게 관찰한다.

⑤ 핵형 표기는 ISCN (An International System for Human Cytogenetics Nomenclature, 2016) 기준에 따라서 기입한다.

6) 핵형분석

핵형(Karyotype)이란 염색체의 수와 형태의 특징을 의미하며, 핵형분석(karyotyping)은 밝고 어두운 횡문의 특징적인 모양을 각 번호별로 염색체를 구별하는 것이다(그림 12-3).

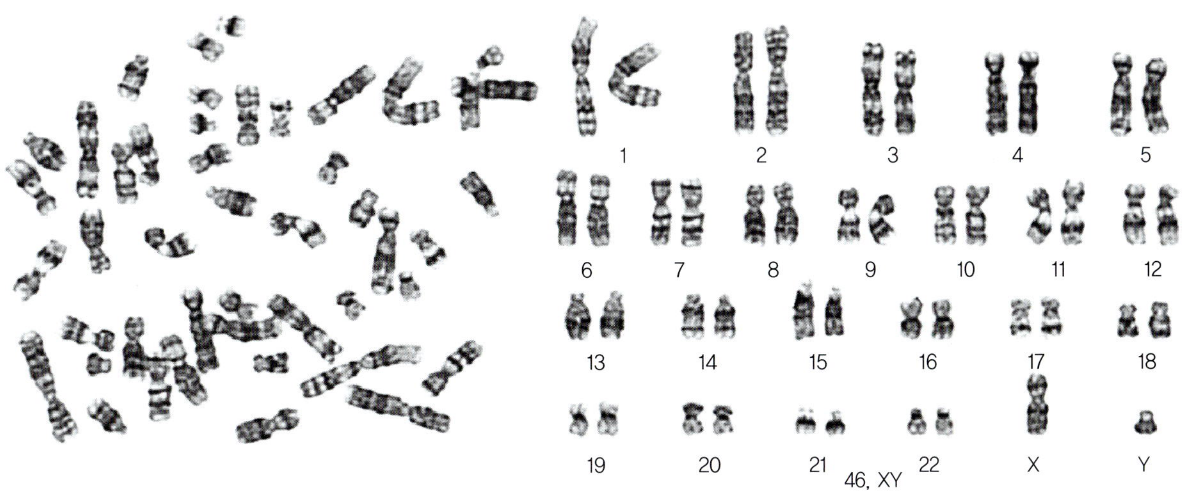

그림 12-3. 현미경으로 관찰되는 염색체(좌)의 핵형분석(우)

알아두기 12-5. Nitric acid를 이용한 Slide 전처리

슬라이드 전처리 과정을 했음에도 D/W가 slide 위에 고르게 퍼지지 않을 때는 absolute ethanol 대신 50% nitric acid를 사용해야 한다. 50% nitric acid는 갈색병에 보관해야 하며, 슬라이드를 담구어 overnight 동안 실온에 둔다. 슬라이드를 사용하기 전에 tap water 로 2~3시간 세척 후 cold D/W로 2~3회 정도 가볍게 세척한 다음 사용한다.
Nitric acid는 열기하에서 독성연기를 발생시키므로 취급 주의해야 하고, 서늘하고 건조한 장소에 보관한다.
취급은 chemical fume hood에서 하며, 한 달에 2회 정도 새로 만들어서 사용한다.

7) 발생될 수 있는 문제점

① 세포배양이 잘 되지 않은 경우

ㄱ. 혈액이 용혈되었거나 응고되었을 때는 새로운 검체로 다시 배양한다.

ㄴ. T-lymphocyte가 존재하지 않을 때(e.g., DiGeorge syn.)는 B-cell mitogen (pokeweed)이나 T-cell과 B-cell의 mitogen을 같이 넣어서 배양한다.

ㄷ. T-lymphocyte가 거의 존재하지 않을 때는 buffy coat층을 분리해서 배양한다.

ㄹ. 혈액을 채취한 뒤 실온에서 오랫동안 방치된 검체는 다시 채취하여 배양한다.
(냉장고에 7일간 보관된 혈액으로도 배양하면 quality는 떨어지지만, 염색체 분석은 가능하다)

ㅁ. 배양액에 혈액을 많이 넣으면 배양이 되지 않을 수 있기 때문에 WBC count에 따라 혈액량을 조절한다(표 12-2).

표 12-2. Guidelines for specimen inoculation (approximately 1×10⁶ cells/mL)

Total nucleated cell count (10^9/L)	Volume of specimen to add (mL)
5.0	2.0
6.0	1.75
7.0	1.50
8.0	1.25
9.0	1.0
10.0	1.0
11.0	0.9

ㅂ. 배양액의 pH를 점검한다.

ㅅ. Mitogen의 농도와 유효기간 등을 확인한다.

ㅇ. 저장액과 fixative가 적절하게 만들어졌는지 점검한다.

② Cell suspension이 젤라틴처럼 걸쭉(thick)한 경우

ㄱ. 저장액의 양과 처리시간이 충분했는지 확인한다.

ㄴ. 배양에 적혈구의 양이 너무 많았는지 확인하고, 많은 경우에는 buffy coat 층만 배양한다.

③ 염색체 분산(spread)이 잘 되지 않을 경우

ㄱ. 배양액에 혈액량이 많았는지 확인한다.

ㄴ. 슬라이드를 만들 때 문제가 있었는지 확인한다.

④ 염색체가 너무 많이 분산(overspreading)된 경우

ㄱ. 슬라이드를 천천히 말렸는지 확인한다.

ㄴ. 수획(harvest)과정에서 vortexing이나 pipetting을 했는지 확인한다.

2. 형광동소교잡법

형광동소교잡법(Fluorescence In Situ Hybridization, FISH)은 1986년 핑켈(Daniel Pinkel) 등에 의해 소개되었다. 세포배양이나 염색체 추출 등에 관계없이 세포의 형태를 그대로 유지하면서 특정한 유전자의 변이를 관찰할 수 있고, 한 번에 많은 유전자 변화를 동시에 볼 수도 있을 뿐만 아니라 비정상 유전자의 정량적 분석이 가능하기 때문에 현재 분자세포유전학적 기법으로 가장 많이 사용되고 있다.

1) 검사의 원리

FISH는 염색체, 세포분열 간기 혹은 중기의 세포 혹은 조직절편에 발현하는 표적유전자의 특정 염기서열과 상보적인 DNA에 형광물질을 붙인 여러 종류의 probe와 반응시켜 표적유전자의 유무와 위치를 형광현미경으로 확인할 수 있다(그림 12-4).

알아두기 12-6. 골수 염색체 분석

다발성골수종, 만성림프구성백혈병 그리고 T세포림프구성백혈병 등을 제외한 골수의 종양세포는 왕성하게 세포분열을 하므로 mitogen을 첨가하지 않아도 세포의 분열상을 관찰할 수 있다. 일반적으로 말초혈액과 비교하여 mitogen을 넣지 않는다는 것이 다르며, 말초혈액과 분석방법은 같다.

배양시간에 따른 배양방법
- 직접법(direct) : 골수세포를 즉시 또는 30분 정도만 37℃ 배양기에 넣어두었다가 수획한다.
- 단기배양법(short term culture) : 골수세포를 24시간, 48시간 또는 72시간 동안 37℃ 배양기에 넣어두었다가 수획한다.

Mitogen 첨가유무에 따른 배양방법
- Unstimulated culture : 세포배양 시 mitogen을 넣지 않고 배양하는 방법
- Stimulated culture : 세포배양 시 mitogen을 넣고 배양하는 방법

Colcemid 처리에 따른 배양방법
- 일반적 방법 : Colcemid를 넣고, 10~90분 정도 37℃에서 배양한 후 수획한다.
- Hypermetaphase 방법* : Colcemid를 넣고 16~20시간 정도 37℃ 배양기에서 배양한 후 수획하는 것으로 colcemid 처리시간을 길게 하는 방법인데, 단점은 중기세포 수는 증가하지만, 염색체의 길이가 짧아질 수 있다.

질환에 따른 배양방법
질환에 따라 unstimulated 24시간, unstimulated 48시간, stimulated 2~6일, direct 방법이 있으며, T-세포계열의 질환은 세포분열을 유도하기 어렵기 때문에 mitogen을 혼합(12-0-tetradecanoyl-phorbol-13-acetate; TPA+ PHA+pokeweed mitogen)하여 첨가하기도 한다.

출처 : *Seong DC, Kantarijian MH, Ro JY. et al. Hypermetaphase fluorescence in situ hybridization for quantitative monitoring of Philadelphia chromosome-positive cells in patients with chronic myelogenous lukemia during treatment. Blood. 1995 Sep. 1586(6):2343-9

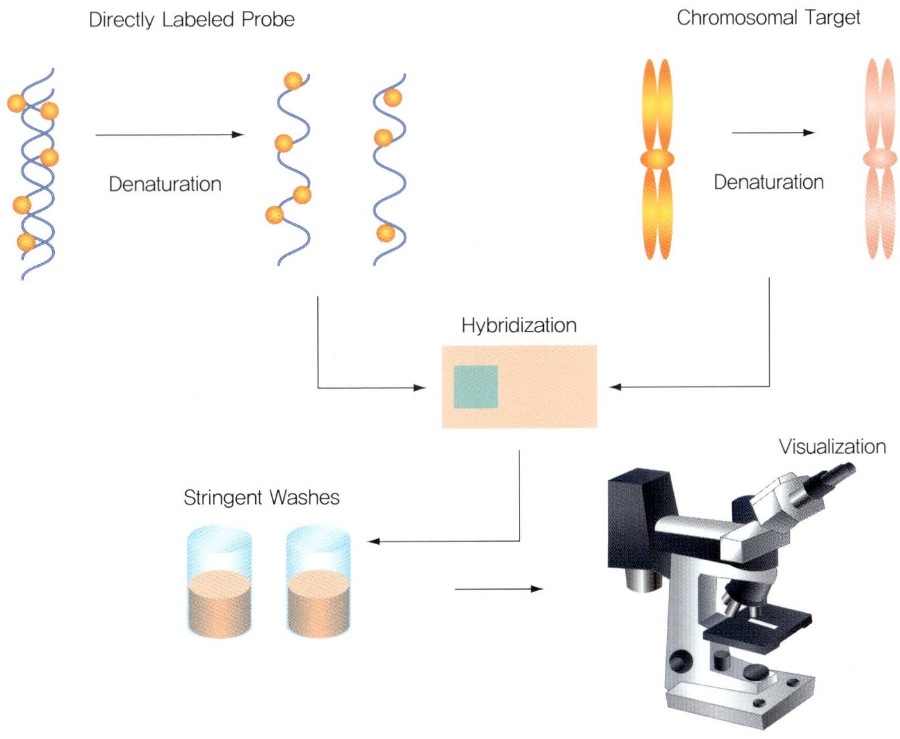

그림 12-4. FISH의 원리

2) FISH Probe의 종류

FISH를 시행함에 있어 주의하여야 할 사항 중 목적에 맞는 probe의 선택이 가장 중요하며, 사용되는 probe는 표적 유전자에 상보적인 염기서열을 가지면서 형광물질이 붙어 있어서 유전자의 재배열을 확인할 수 있다(그림 12-5).

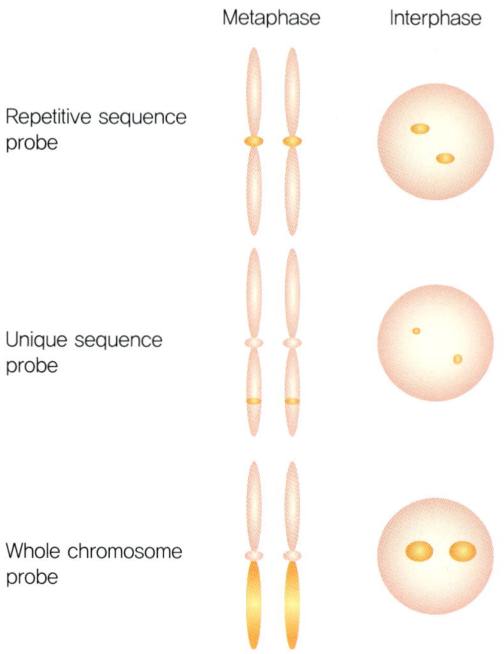

그림 12-5. Probe의 종류

(1) Repetitive Sequence Probe

염색체의 동원체(centromere) 또는 동원체 근처(pericentromere)의 반복성 DNA 서열에 대한 probe로 compact하여 signal이 강하게 나타나며 염색체의 수적 이상을 검출하는데 주로 사용하지만, 구조적 이상에 대해서는 알 수 없다.

① α-satellite sequence

약 171 bp (monomer) 정도의 반복성 DNA로 모든 염색체의 centromere 부근에 존재한다(그림 12-6).

② ß-satellite sequence

1번, 9번 염색체와 acrocentric 염색체(13, 14, 15, 21, 22)의 동원체 부위에 존재하는 68 bp (monomer) 반복성 DNA로 로 30,000~60,000번 반복이 된다.

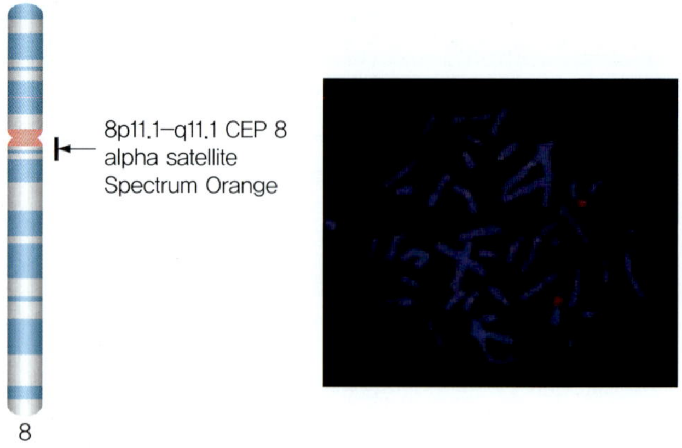

그림 12-6. 8p11.1–q11.1 α–satellite DNA (출처 : Abbott Molecular)

③ telomeric repeat sequence

말단반복서열(TTAGGG)은 염색체 말단 부위의 변화를 보기 위한 probe로 가장 최근에 개발되었다(그림 12-7).

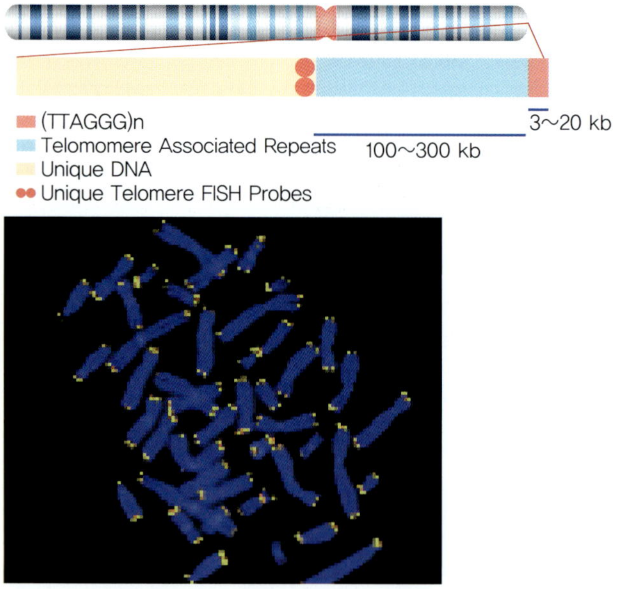

그림 12-7. Telomere porbe FISH (출처: Abbott Molecular)

(2) Whole Chromosome Probe

특정 염색체 전체에 대한 염기서열과 반복적인 염기서열을 모두 포함하도록 하는 probe로 중기 상동염색체 전체에 형광을 나타나게 하며, 중기 염색체에서 분석하기 어려운 전좌나 표적(marker)염색체의 기원에 대한 연구에 이용

chrom. #	probe fluor composition	chromosome paint
1	FITC	
2	Cy3	
3	Cy5 FITC	
4	Cy5	
5	Cy3 Cy5	
6	FITC Cy3	
7	FITC Cy3 Cy5	

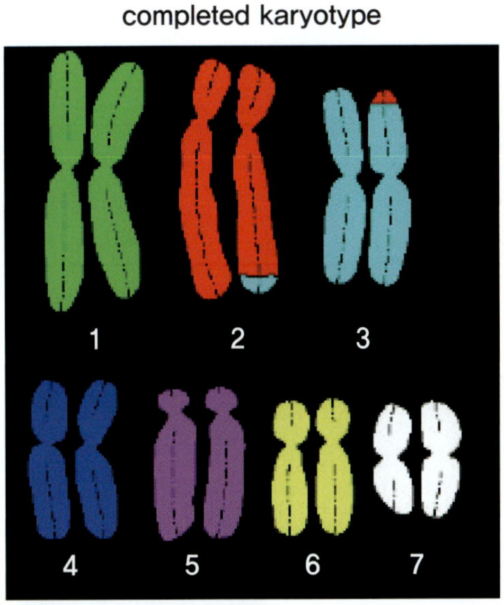

그림 12-8. Whole chromosome probe (출처: Abbott Molecular)

을 한다(그림 12-8). 그러나 간기세포에서는 응축되지 않은 chromatin에 보합(hybridization)되므로 판독이 어렵고, 동일 염색체 내에서 구조적 이상이나 미세결실 부위를 검색하기는 어렵다.

(3) Unique Sequence Probe

특정 유전자 부위의 재배열의 유무를 알아보는데 이용할 수 있다. 특히, 특정 염색체 내의 미세한 중복(duplication) 또는 결손(deletion)을 확인하거나 oncogene 혹은 suppressor gene의 변화를 측정하는데 이용된다.

① locus specific probe

특정 유전자의 염기서열에 대한 probe를 제작하여 재배열의 유무를 알아보는 것으로서, probe의 signal이 증가되어 있는 경우는 중복(duplication)이나 증폭(amplification)을 의미한다. 반면에, probe signal이 감소된 경우는 결실(deletion)을 의미한다(그림 12-9).

② break apart probe

특정 유전자의 5'과 3'을 서로 다른 색으로 지정해 주는 probe로서, 특정 유전자가 다른 유전자로 전좌될 경우 5'과 3'signal이 split되게 하여 재배열의 유무를 확인할 수 있다. 그림 12-10(B)에서는 정상인 경우에는 orange/green

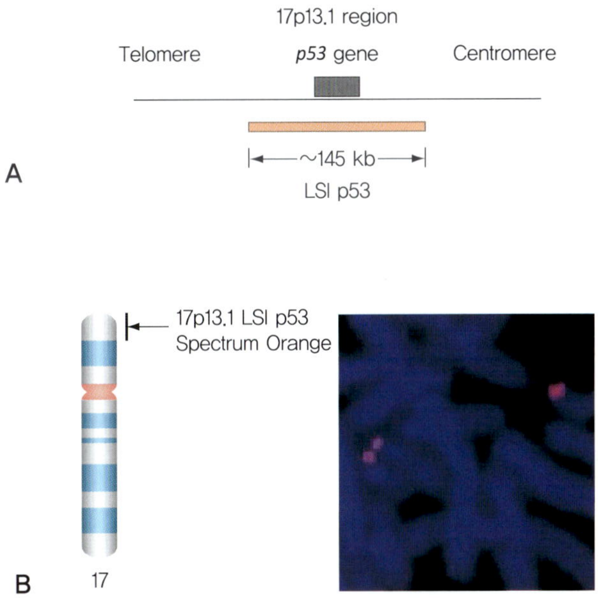

그림 12-9. p53 single color probe (A) probe map and (B) normal cell hybridization (출처 : Abbott Molecular)

fusion signal pattern이 2개가 보여야 하지만, green signal이 한 개이므로 11번 염색체에서 5'과 3'signal이 split되었음을 보여준다(그림 12-10).

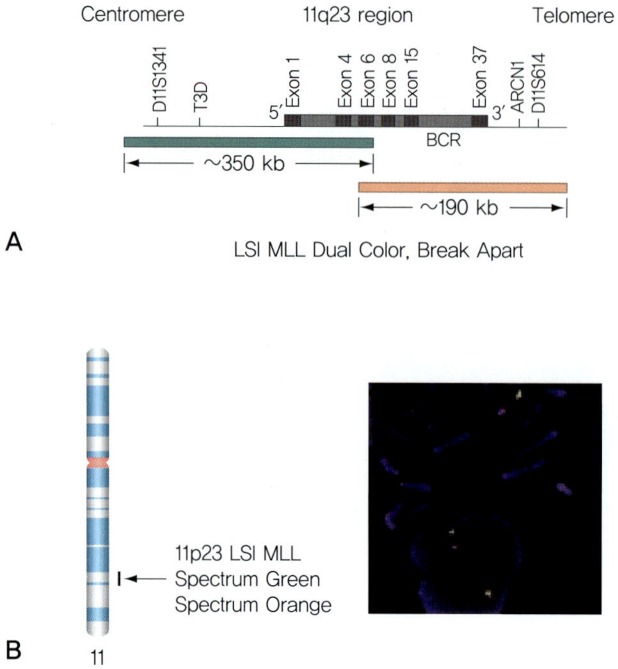

그림 12-10. MLL dual color, break apart rearrangement probe : (A) probe map and (B) one green and one orange/green fusion signal pattern (출처: Abbott Molecular)

3) FISH 검사의 유용성

(1) 염색체의 미세한 결함이나 complex한 재배열의 검출

G-분염법으로 관찰하기 어려운 미세한 결함이나 complex한 재배열이 발생한 경우에 특정 유전자의 재배열 유무를 확인할 수 있는데, 중기세포를 이용한 FISH는 1~3 Mb, 간기세포를 이용한 경우는 100 kb~2 Mb의 유전자 재배열 관찰이 가능하다(그림 12-11).

(2) 검체의 다양성

G-분염법은 중기세포를 충분히 얻기 위해서 분열하는 세포의 수가 많아야 하지만, FISH 검사는 분열하는 세포뿐만 아니라 간기세포 그리고 세포수가 적어도 가능하며, cytospin 검체, 파라핀 조직절편, 동결조직 절편 등 다양한 인체 내 조직도 가능하다. 파라핀 조직절편은 통상적인 조직 슬라이드 절편의 두께가 4~5 μm로 얇아서 핵의 일부만 나타날 수 있기 때문에 핵 내의 염색체 수를 정확하게 검출하기 어려울 수도 있지만, 원래의 조직구조를 유지한 상태에서 판독이 가능하므로 병변의 위치를 파악할 수 있는 장점도 있다.

(3) 신속하고 간단한 방법

염색체 분석을 위해서는 직접법을 제외하고는 세포배양을 꼭 해야 하는데, FISH검사에서 간기세포를 이용하는 경우에는 세포배양 과정이 필요 없기 때문에 당일이나 그 다음날 결과 분석이 가능하다. G-분염법은 검사와 판독과정에 고도의 훈련과 경험이 필요하지만, FISH는 G-분염법에 비해 비교적 간단하다.

4) FISH의 임상적 적용

통상적인 염색체 분석법으로 발견이 어려운 유전질환 또는 염색체이상 질환, 혈액질환의 진단과 치료과정 그리고 산전진단 등에 유용한 정보를 FISH 검사법으로 발견할 수 있다. 또한 FISH 분석을 적용하여 cloned probe를 reporter로 label한 후 염색체에 교잡반응(hybridization)을 시행하면 유전자의 위치를 정확하게 찾아낼 수 있기 때문에 Human Genome Project를 시행하는 기본적인 도구가 되었다.

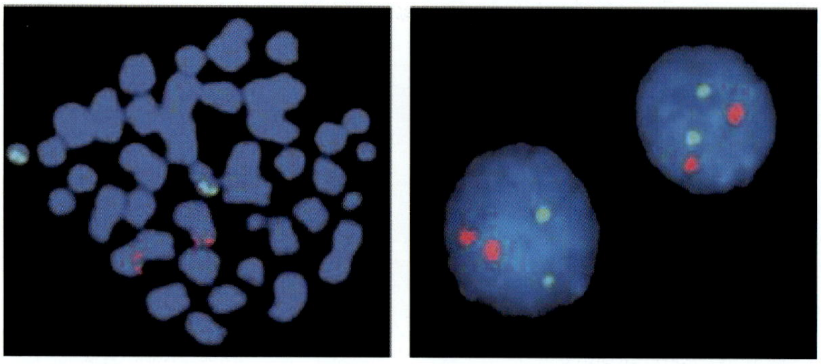

그림 12-11. 중기세포 FISH (A)와 간기세포 FISH (B). BCR/ABL FISH (ABL; red, BCR; green). 2R2G : 정상

(1) 선천성 염색체 질환

염색체 분석법으로 검출하기 어려운 미세결실증후군, 염색체 불균형 환자 유래 염색체의 특징, 표적 염색체(marker chromosome)의 기원 그리고 염색체 특정부위의 결실 혹은 중복 등에 관한 정보는 FISH 검사법으로 얻을 수 있기 때문에 유전질환과 염색체의 관계를 좀 더 확실하게 인지할 수 있다.

① 미세결실과 미세중복

미세결실이나 미세중복 질환은 인접유전자증후군(contiguous gene syndrome)이라고도 하는데, 하나의 염색체 위에 존재하는 일련의 유전자가 2 Mb나 그 이하의 결실 또는 중복에 의해 발생하는 것으로 염색체 분석법으로 검출을 하기 어려우며, FISH검사로 진단을 할 수 있다(표 12-3).

표 12-3. 미세결실증후군에 사용되는 probe

Syndrome	Location	Probe
Angelman	15q11.2–15q13	SNRPN, D15S10
DiGeroge	22q11.2	D22S75
Miller–Diker	17p13.3	LIS1
Prader–Willi	15q11.2–15q13	SNRPN
Smith Magenis	17p11.2	SHMT1, TOP3, FLI1, LLGL1
Velocardiofacial (VCF)	22q11.2	TUPLE1
Williams	7q11.2	ELN

② cryptic subtelomeric 재배열 검출

고해상도 분염법(High-resolution chromosome analysis)으로 검출하기 어려운 2 Mb 이하의 전좌(translocation)나 삽입(insertion) 등의 염색체 구조적 이상을 M-FISH (Cytocell Chromoprobe Multiprobe-T System)로 검출해 낼 수 있다.

③ 표적염색체

통상적인 G-분염법으로 분석이 어려운 경우의 염색체를 표적염색체라고 하며, 이것은 extra structurally abnormal chromosome (ESACs)라고도 한다. 일반적으로 표적염색체는 M-FISH와 α-satellite DNA probe를 이용하여 기원을 알 수 있으며(표 12-4), 고해상도 분염법과 함께 적용하여 검출할 수 있다.

α-satellite probe는 8, 9, 12, 18 염색체에 존재하며, satellited (or bisatellited) DNA probe는 13/21, 14/22, 15 염색체에 이용된다. 성염색체에서 유래되었다면 X와 Y 염색체의 α-satellite probe를 먼저 사용하고, X 염색체에서 유래되었다면 *XIST* gene probe를 그리고 Y 염색체에서 유래되었다면 *SRY* gene probe를 적용한다.

④ 산전검사

양수세포를 배양하지 않고 신속하게 결과를 얻을 수 있으며, 모체혈액 내 태아세포를 검출하거나 착상 전 배아의 산전진단(preimplantation genetic diagnosis, PGD)에 이용된다.

표 12-4. Maker chromosome Assessment

Type of Marker	FISH probe result	Associated syndrome
Bisatellited/monocentric	α-sat(+):13/21, 14/22, 15	General risk for bi-sat=11% ~0% risk
idic(15)	SNRPN : positive	95% : mental retardation (MR)
	SNRPN : negative	5% : MR
idic(22)	ATP6E : present	Cat-eye syndrome (duplication)
Nonsatellited/ metacentric	α-satellite present for 8, 9, 12 or 18 centromere	If metacentric, risk for MR = ~100%
Sex chromosome	DXZ1 (X centromere)+	
	XIST : positive	Turner syndrome only > 95%
	XIST : negative	Majority : MR
	DYZ3 (Y centromere)	
	SRY–positive	Male phenotype
	SRY–negative	Female phenotype

⑤ 염색체 수적 이상

산전이나 신생아 시기에서 선천적 이상을 나타내는 monosomy 혹은 trisomy 같은 염색체의 수적 이상을 신속하게 진단할 수 있으며, 종양조직으로부터는 세포분열 간기의 핵으로부터 수적 이상이나 특정 염색체의 결실이나 중복 등을 용이하게 검색할 수 있다.

⑥ 성염색체 이상

성 전위(sex reversal)와 관련하여 46,XX 남성과 46,XY 여성이 발생하는데, 통상적인 염색체 분석법으로는 검출할 수 없으며 FISH 검사법으로 SRY 유전자의 확인이 필요하다. 성별이 다르게 골수이식을 받은 경우의 골수생착 평가에도 X, Y FISH를 시행한다.

(2) 후천성 염색체 질환

혈액암(Hematologic malignancies)이나 고형종양(solid tumors)과 같이 후천적으로 새롭게 생기는 염색체 이상의 발견에는 FISH 분석법이 매우 중요하다(표 12-5).

5) FISH의 응용

(1) Comparative Genomic Hybridization (CGH)

1990년대 초에 세포배양이 어려운 고형암(solid tumor)에서 분리된 DNA만을 이용하여 염색체 이상 규명을 위한 방법으로 개발되어, 특정암 발생과 진행기전에 관여된 유전적 변화에 주로 적용되었다.

CGH 원리는 FISH와 대동소이하며, test DNA와 reference DNA를 각각 녹색과 적색으로 표현할 수 있도록 nick translation이나 random priming 방법으로 probe를 제조한 후 정상인의 염색체 표본에 cohybridization 시킨다. Hybridization이 끝난 슬라이드에 대조염색(DAPI)을 실시한 후, digital image화하여 대조염색에 근거하여 염색체의 핵형을 분석한 다음 각각의 염색체에서 형광의 강도 차이를 이용하여 염색체의 증폭 또는 결실의 여부를 컴퓨터 프로그램에 적용시켜 분석한다(그림 12-12).

CGH 분석과정에서 template로 사용되는 정상인의 염색체 표본은 분석의 정확도를 결정하는 중요한 요소로서, 염색체들은 서로 겹치지 않아야 하며 세포질 성분이 많이 남

표 12-5. 혈액암에서 주로 사용되는 probe

Chromosomal aberration	Chromosome-gene	Disease association
t(9;22)(q34;q11.2)	9-*ABL*, 22-*BCR*	CML, ALL, AML
t(15;17)(q22;q21.1)	15-*PML*, 17-*RARα*	AML
t(*;11)(*,*;q23)	11-*MLL*	AML, ALL
t(8;21)(q22;q22)	8-*ETO*, 21-*AML1*	AML
inv(16)(p13q22) or t(16;16)(p13;q22)	16q22-*CBFβ*	AML
t(12;21)(p13;q22)	12-*TEL*, 21-*AML1*	ALL
t(8;14)(q24;q32)	8-*MYC*, 14-*IGH*	ALL, NHL
t(11;14)(q13;q34)	11-*CCND1*, 14-*IGH*	NHL, MM
t(14;18)(q32;q21)	14-*IGH*, 18-*BCL2*	NHL
del(11)(q23)	11-*ATM*	CLL
del(17)(p13.1)	17-*TP53*	CLL, MM, NHL

* : delineate multiple loci or breakpoints.
ALL = acute lymphoid leukemia, AML = acute myeloid leukemia,
CLL = chronic ly mphocytic leukemia, CML = chronic myelogenous leukemia
NHL = non-Hodgkin's lymphoma, MM = multiple myeloma

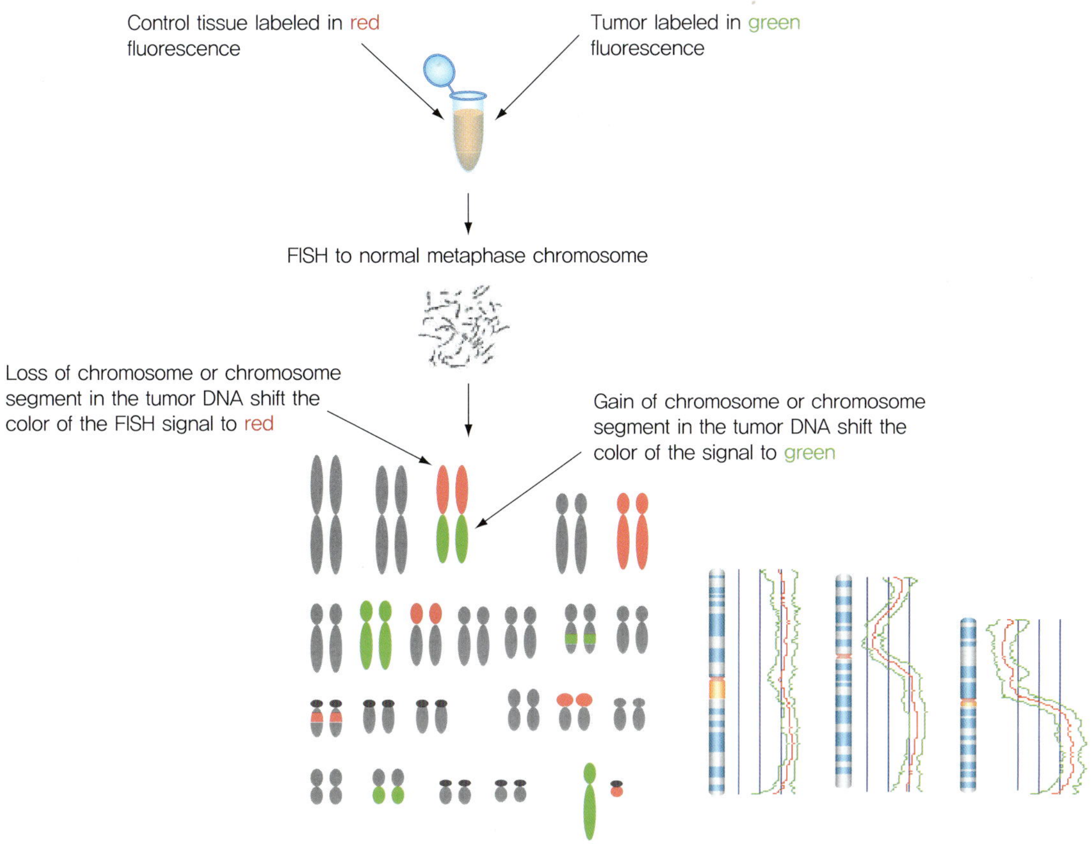

그림 12-12. CGH의 원리

아 있으면 비특이적인 염색이 유발된다. 대조염색체를 근거로 염색체 핵형을 분석하게 되는데, 염색체의 핵형이 잘못 분석되면, 정확한 결과를 얻을 수 없다.

CGH를 위한 genomic DNA는 손상되지 않아야 하며, 완전히 용해되어야만 nick translation에 의한 probe에 사용할 수 있기 때문에 분리된 DNA는 0.8% agarose gel에 전기영동하여 상태를 확인한 후 사용한다.

CGH는 종양조직에서의 염색체 이상을 밝히는 방법으로서는 매우 유용하지만, 염색체의 균형전좌(balanced translocation)나 역위(inversion)를 분석하기에는 어려운

알아두기 12-7. 생착(Engraftment)

생착은 골수이식 후 3주가 지나면 외부에서 주입시킨 조혈모세포가 골수에 자리를 잡는 과정을 의미한다.

알아두기 12-8. FISH 검사의 한계

① 특정 유전자의 재배열만 관찰이 가능
사용한 probe 이외의 다른 유전자의 재배열을 관찰할 수는 없다.
② FISH검사 예민도의 한계
미세결실은 검출할 수 있지만, 한쪽 부모로부터만 두 개의 염색체를 모두 받은 경우(uniparental disomy)와 점돌연변이의 검출은 불가능하다.

단점이 있기 때문에 G-banding에 의한 세포유전학적 분석과 염색체 painting probe를 이용한 FISH방법을 함께 사용하는 것이 필요하다.

(2) CGH Microarray

CGH microarray (Array CGH)는 기존의 G-banding을 이용한 세포유전학적 방법이나 FISH의 한계점을 극복할 수 있는 방법으로, high resolution microarray를 이용함으로써 분자적 수준에서 질병의 발병 및 진행에 관여하는 유전자의 양적 변화에 대한 이해가 가능하게 되었다(그림 12-13).

현재 질병과 관련된 유전자만을 대상으로 만들어진 진단용 array를 제작하여 산전산후 진단, cancer screening, cancer sub-classification 등에 활용하고 있다.

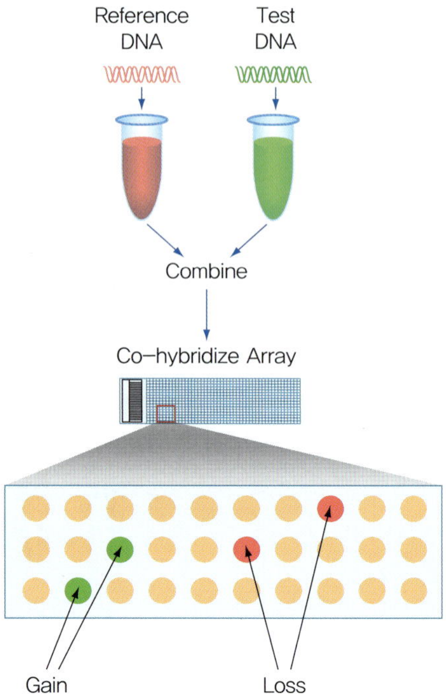

그림 12-13. CGH microarray의 원리

(3) Multiplex-FISH (M-FISH)

M-FISH는 서로 다른 형광물질로 painting한 염색체를 핵형분석(karyotyping)하는 것인데, 5종류(예: AMCA, FITC, Cy3, Cy3.5, Cy5)의 형광물질을 서로 다른 비율로 조합하여 24개의 염색체가 서로 다른 형광색으로 염색된 것을 specific computer software를 이용하여 분석한다(그림 12-14).

(4) Multicolor Band Analysis

Multicolor banding은 염색체에 서로 다른 종류의 형광물질을 painting하여 염색체의 세부적인 부분까지 볼 수 있는 방법으로서, G-banding에서 관찰하기 어려운 재배열이나 breakpoint를 분석할 수 있다(그림 12-15). Multicolor banding 기법으로 염색된 염색체의 핵형분석은 G-분염법에서 550band 해상도에 해당하는 염색체의 길이를 기준으로 한다.

5) Reverse FISH

Reverse FISH는 G-banding에서 marker chromosome이 관찰된 슬라이드에 FISH 기법을 적용하여 중복된(duplication)된 부위나 marker chromosome의 기원(origin)을 동정하는데 사용할 수 있다(그림 12-16).

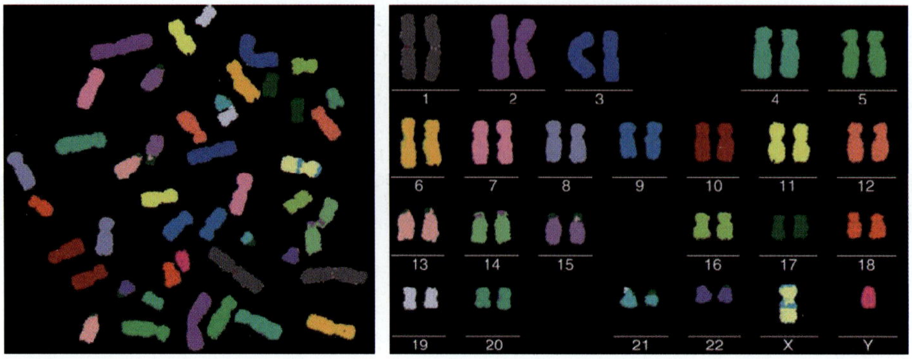

그림 12-14. Multiplex-FISH의 결과 사진

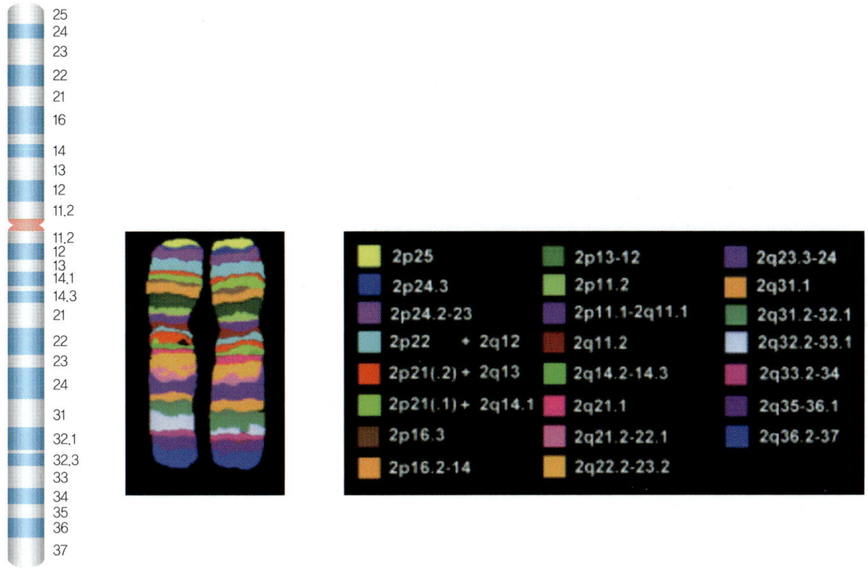

그림 12-15. 2번 염색체의 idiogram과 multicolor banding

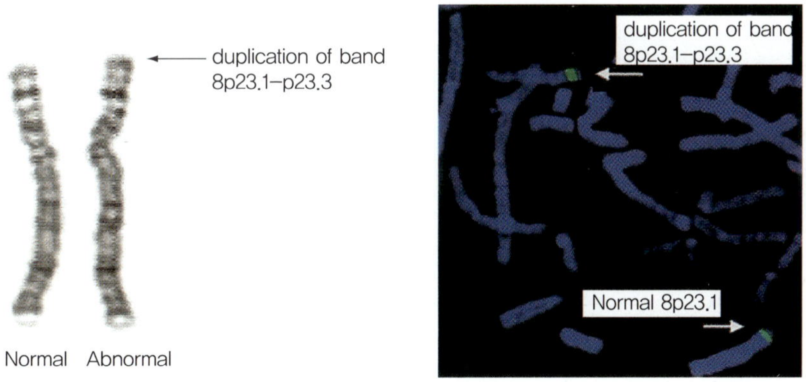

그림 12-16. 비정상 8번 염색체 중복부의의 reverse FISH

6) FISH 검사방법

FISH는 분열세포가 아닌 상태에서도 염색체 이상에 대한 정보를 얻을 수 있는 파라핀 조직절편, 동결절편, 천자도말표본 등 현미경으로 관찰하기 어려운 염색체의 미세한 변화까지도 관찰할 수 있게 되면서 임상적 이용이 점점 증가하고 있다(그림 12-17).

(1) 세포분열중기 검사

분열기의 염색체에 여러 종류의 probe를 반응시켜 염색체의 미세한 구조적 변화나 정체가 확실하지 않은 마커염색체를 확인하는 방법으로 염색체미세결실 증후군 진단에 큰 도움이 된다.

(2) 세포분열간기 검사

세포배양이나 염색체의 추출 과정이 없이 세포를 슬라이드에 도말한 후 FISH 검사를 진행하는 방법이다. 이 검사법은 분열세포를 얻기 어려운 악성종양 세포의 유전적 변화의 진단과 최근에는 혈액종양 진단뿐만 아니라 잔존암의 재발 발견에도 유용하게 사용하고 있다.

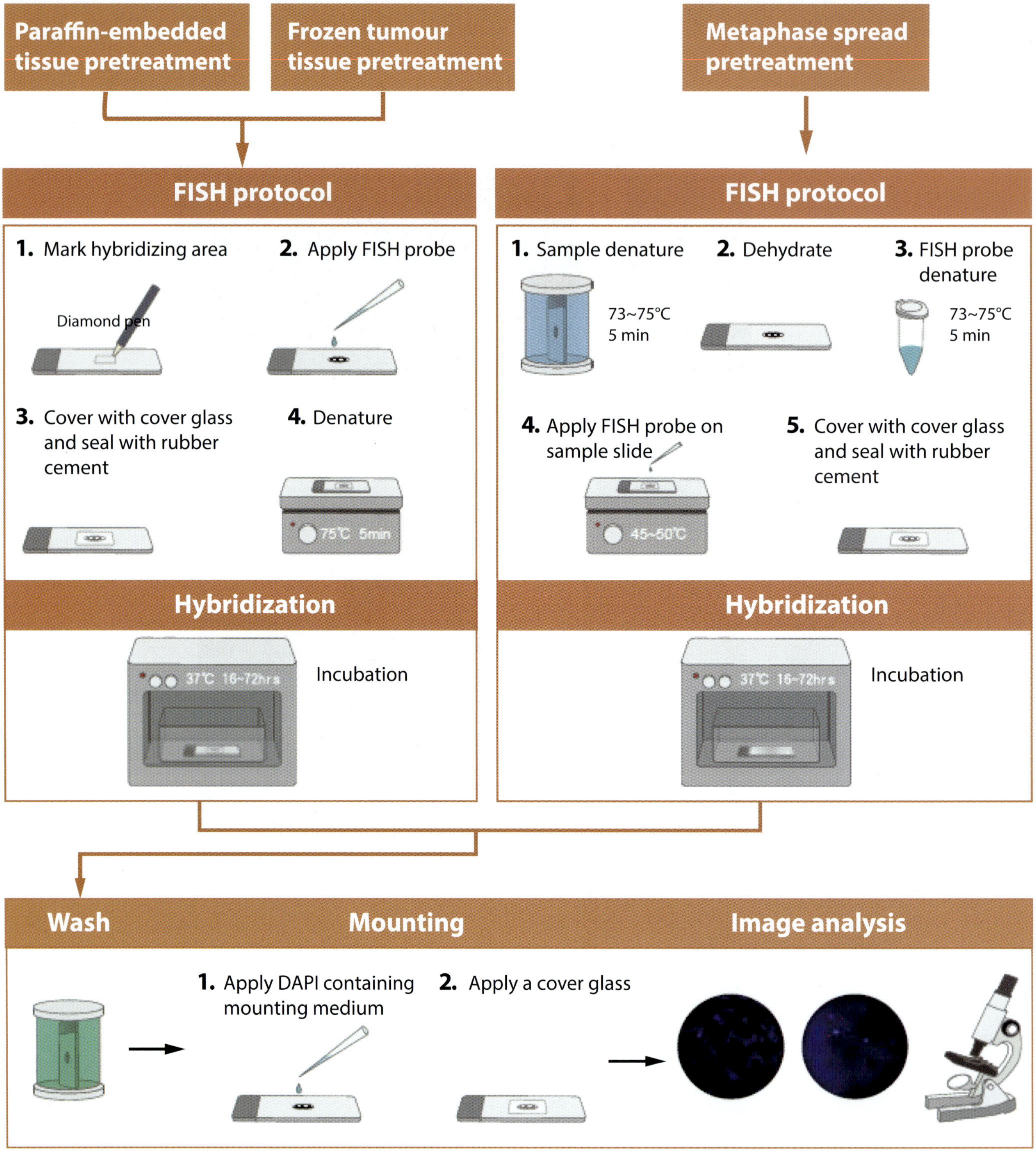

그림 12-17. FISH 검사방법

알아두기 12-9. FISH 검사에서 현미경 분석

(1) 일반적인 사항

① 세포의 분포를 관찰하기 위해 DAPI filter를 사용하여 저배율(400×)에서 슬라이드를 scan하여 5~6개의 세포가 보이면서 고르게 분포되어 있고, 세포가 intact하며 겹쳐있지 않는 부분을 선택한다. 세포가 너무 밀집되어 있거나, 핵의 경계가 불분명한 부분은 피하고 배경의 fluorescence가 심한 부위도 피한다.

② 슬라이드 질(quality)은 소식자의 형광시그널 강도는 밝고 분명해야 하며, 쉽게 판독할 수 있어야 한다.

③ 슬라이드의 background는 어둡고 particle fluorescence가 없어야 하며, probe의 target 부위만 hybridization되어 있어야 한다.

④ 주로 많이 사용되는 형광현미경은 ZEISS, Olympus, Nikon, Leica 등이 있다.

(2) 형광이 보이지 않을 때의 점검사항

① 형광시그널이 희미하다면 적절한 필터를 사용하였는지 확인한다. 예를 들어, 형광이 붉은색 계열이라도 rhodamin, texas red, spectrum red, spectrum orange 등이 있으므로 filter의 색과 파장대를 확인하여야 한다.

② 형광현미경의 lamp source와 lamp 사용시간을 확인한다. 100 watt mercury lamp source가 좋으며, 200시간 이하로 사용하는 것이 좋다. 최근에는 150 watt lamp가 나왔으며, 2,000시간까지도 가능하다.

③ Mercury lamp 및 렌즈의 조합을 확인한다.

④ 형광현미경이라도 사양이 낮을 수 있으므로 FISH용으로 사용 가능한 모델인지 확인한다.

⑤ 렌즈가 더럽거나 흠집이 많은지 확인한다.

⑥ 반사율이 적은 형광전용 oil을 사용한다. Oil은 제조사마다 다를 수 있으므로 타사 제품과 섞이게 되면 렌즈가 뿌옇게 보이거나 oil 제거가 어려우므로 전용 oil을 사용하도록 한다.

알아두기 12-10. FISH 실험에서 문제점과 해결방안

① 염색이 찌그러진 형태로 보이는 경우

원인	해결방법
슬라이드 제조 시 검체가 빨리 건조되었을 경우	슬라이드를 실온에서 24시간 이상 둔다.
변성과정을 너무 많이 한 경우	변성액의 온도를 점검하고, 변성액에 담그는 시간을 3분까지 줄여본다.

② Background가 지저분한 경우

원인	해결방법
사용한 슬라이드가 깨끗하지 않은 경우	슬라이드를 에탄올에 담가 두기 전에 킴와이프스로 닦아준다.
Cell suspension에 debris가 많은 경우	Cell pellet을 fresh fixative로 3회 정도 washing 한 후 슬라이드를 만든다.
Hybridization 후 washing이 부적절한 경우	세정액의 pH와 온도가 맞는지 점검한다. 세정액은 당일 제조하여 사용하는 것이 좋다.

③ 형광시그널이 약하거나 보이지 않는 경우

원인	해결방법
슬라이드 변성과정이 충분하지 않은 경우	슬라이드를 변성액에 담그기 전에 coplin jar 내 시약의 온도를 점검한다.
Probe가 첨가되지 않았거나 충분히 혼합되지 않은 경우	Probe는 완전히 녹여 사용하며, pipetting으로 잘 혼합해준다.
Probe 변성이 잘 되지 않은 경우	Water bath의 온도가 73℃±1℃ 인지 확인한다.
Probe가 변성된 후 target 부분에 적용되지 못한 경우	한 번에 많은 슬라이드를 처리하지 않도록 하며, 에탄올이 제거된 즉시 probe를 첨가하도록 한다.
커버슬립 아래로 기포가 발생한 경우	기포가 생기면 hybridization과정에 영향을 줄 수 있기 때문에 최대한 기포가 생기지 않도록 한다.
Wash 조건이나 시약을 잘못 만든 경우	각 단계별로 사용되는 시약과 온도를 점검한다.
대조염색을 잘못한 경우	커버슬립을 제거한 후, 2× SSC/0/1% NP40에 5분 동안 담구고, 70%, 85%, 100% 에탄올에 1분씩 담가 탈수를 시킨 다음 대조염색을 다시 한다.
Filter set을 잘못 선택한 경우	적절한 filter를 사용했는지 확인한다.

제13장

핵산의 추출

핵산은 산소와 질소 같은 2개의 음전하를 띤 원자 간에 한 개의 수소원자를 공유하는 수소결합을 하고 있으며, 구조에서 인산(PO_4)은 음이온으로, 5번 탄소(C-5)가 인산 에스테르 결합을 하고 있기 때문에 전체적으로 산성을 띤다. 또한 생리적인 pH (7.0~7.4)에서 많은 음이온을 갖기 때문에 액체 상태를 좋아하고, 이들 전하들이 물을 가지게 되며, DNA는 10 g/L의 용해도로 물에 녹을 수 있기 때문에 알코올을 첨가하면 침전된다. 따라서 알코올 침전은 핵산 추출 실험방법에 많이 사용된다.

대부분의 핵산추출 실험은 세포용해의 초기 단계로 세포막을 파괴하며, 단백질은 염침전으로 제거되거나 효소에 의해 분해된다. 세포 잔여물과 단백질은 용해도가 다른 페놀-클로로포름(phenol-chloroform) 같은 유기용매 추출 방법을 통해 용해성이 높은 핵산으로부터 분리할 수 있다.

1. DNA의 형태

DNA는 염색체 이외에도 원핵세포와 일부 진핵세포에 존재하는 플라스미드, 진핵세포의 미토콘드리아와 광합성 진핵생물의 엽록체에도 존재한다. 유전체 DNA는 염색체의 DNA 염기서열 또는 유전자의 부분으로 암호화 부위뿐

알아두기 13-1. PFGE (Pulsed Field Gel Electrophoresis) 검사의 예

PFGE는 수백~천만 bp까지 DNA를 나눌 수 있기 때문에 병원 감염의 원인에서 감염균이 유전적으로 동일하거나 동일 클론인지 판별하기 위해서 감염균 genomes의 제한적인 조각들을 DNA fingerprints를 만들어 분석한다.

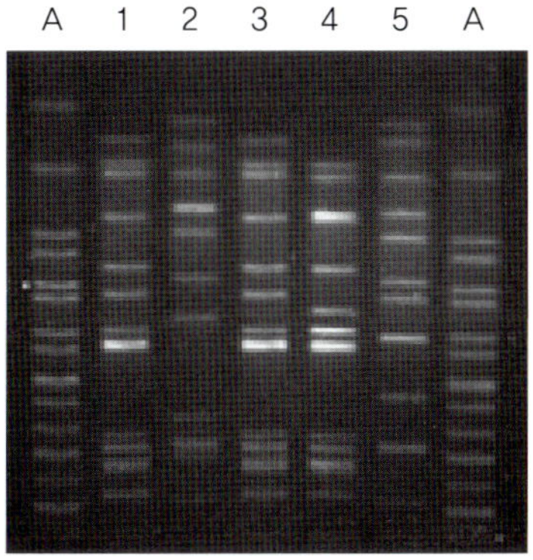

*A는 Ladder

커다란 DNA 분자의 깨짐을 방지하기 위해 완전한 세포를 agarose에 녹이고 단백질을 제거하는 방법을 이용하며, PFGE에 의해 얻어진 DNA조각들은 각 strain에 따라 특징적으로 다를 수 있기 때문에 band 패턴의 유사성을 비교하여 유전적으로 연관성이 있는지 분석한다. 1과 3번의 패턴은 유사하고, 2, 4, 5번은 차이를 보이지만, similarity를 기준으로 하여 분석을 해야 한다.

만 아니라 비암호화 부위도 포함하며, 세포나 염색체로부터 직접 추출된 DNA 또는 DNA 전체 또는 일부 클론된 사본도 포함된다.

1) 염색체의 DNA

한 개의 세포에 들어 있는 염색체 DNA 길이는 약 2 m나 되므로, 잘려지지 않은 상태로 정제하기 어렵고, 점성이 강하기 때문에 한 시험관으로부터 다른 시험관에 옮기기가 어렵다. DNA 큰 절편을(>5,000 bp) 분리하기 위해서 개발된 방법이 PFGE (pulsed field gel electrophoresis)인데, 전압 기울기가 주기적으로 변하기 때문에 큰 조각의 DNA가 나란히 방향을 잡을 수 없으며, 크기에 따라 분리할 수 있다.

2) 플라스미드 DNA

플라스미드(Plasmid)는 작고 원형모양의 이중나선 DNA로 세균(박테리아나 효모)의 염색체가 아닌 세포질 속에 있으며, 자신이 복제하는 출발점(*ori* C)을 가지고 있기 때문에 세균에서 독립적으로 증식할 수 있다. 플라스미드는 자연에 존재하는 원형분자로 항생제 내성을 갖는 박테리아에서 발견되었고, 세균은 항상 플라스미드를 이용하여 유용한 유전자를 교환한다. 플라스미드는 세균으로부터 분리하기가 쉬우며, 시험관 내에서 조작하기가 쉽기 때문에 '클로닝 벡터(cloning vector)'로 사용된다(그림 13-1).

벡터(vector)란 세균 같은 숙주 내에서 자동적으로 증식하는 DNA 분자로서, 분리되어 정제가 가능하기 때문에 분자유전학의 주요한 기법으로 사용된다. 사람의 DNA를 제한효소로 절단한 뒤 벡터 내로 DNA 리가제를 이용하여 붙여 놓으면 숙주 내에서 빠른 시간 안에 많은 양의 DNA를

알아두기 13-2. Transfection(형질주입)과 Transformation(형질전환)

Transfection과 transformation은 둘 다 세포에 외래유전자를 벡터를 이용해 주입하는 것으로 벡터는 plasmid나 phage DNA 등을 사용한다. 둘의 차이점은 host cell이 다른 것으로, transfection은 진핵세포에 DNA를 주입하는 것이고, transformation은 박테리아 세포 내에 외래 DNA를 주입한다. 세균 유전자를 바이러스를 통해 이동하는 경우에 형질도입(transduction)이라고 한다.

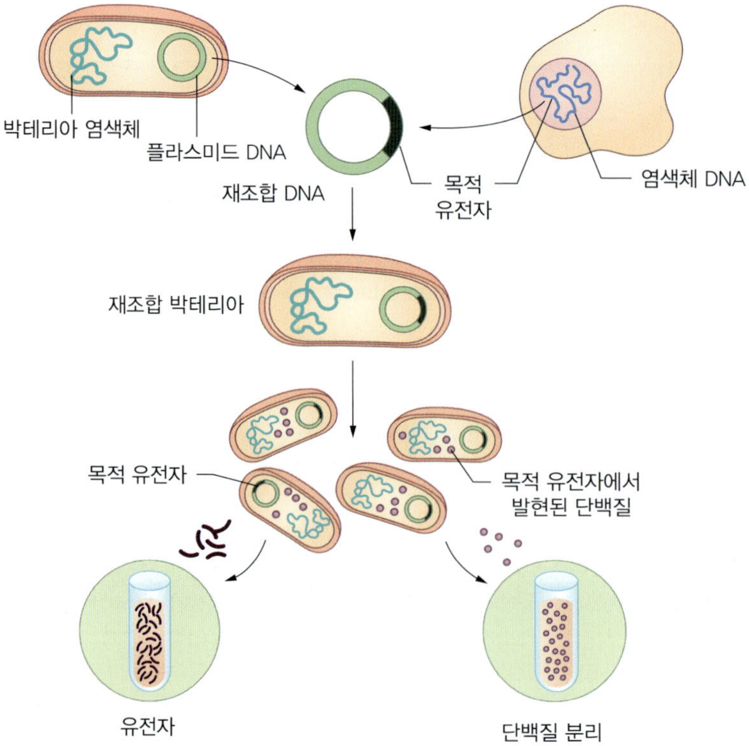

그림 13-1. 박테리아 플라스미드를 이용한 유전자 클로닝

확보할 수 있는데, 이를 재조합 DNA 기법이라고 한다.

플라스미드 DNA는 형질주입(transfection)이라고 불리는 과정을 통해서 진핵생물 세포 속으로 삽입시킬 수 있다. 형질도입된 플라스미드는 일반적으로 몇 번의 세포분열 후에 잃어버리지만, 이 중 일부는 유전자를 단백질로 발현시켜서 융합단백질이 만들어질 수 있다.

3) Complementary DNA

Complementary DNA (cDNA)는 mRNA에 반대 또는 상보적인 사슬로서 합성된 DNA를 의미한다. cDNA를 만들기 위해서는 역전사효소(reverse transcriptase)를 이용하여 mRNA 주형으로부터 cDNA를 합성한다. 즉, mRNA를 역전사 시켜 DNA를 만든 후 만들어진 단일 DNA를 프라이머를 이용해 이중가닥의 DNA로 변환하는 것이다.

4) 비세포성 DNA (cell-free DNA, cfDNA)

비세포성 DNA란 세포 안에 존재하던 DNA가 세포 밖으로 유출되어 혈액에 떠도는 DNA를 의미하며, 사람 혈액의 혈장에서 무세포 또는 비세포성 DNA가 있다는 사실은 1948년 Mandel과 Metasis에 의해 밝혀졌다. 순환 중인 cfDNA는 건강한 사람들에서는 낮은 범위의 농도(1~10 ng/mL)로 유지되며 급성 외상, 뇌경색, 운동, 이식, 감염 및 암 환자와 같이 생리적 현상 혹은 여러 임상적 조건에서 농도는 증가된다. cfDNA검사는 비침습산전 검사(non-invasive prenatal testing, NIPT)에서 많이 활용되고 있으며, 임산부 혈액 속에 있는 태아의 cfDNA를 분석해 태아의 염색체 이상을 선별하는 검사이다.

cfDNA는 세포로 인한 사멸, 자멸 혹은 활발한 분비로 인해 혈류 혹은 체액에서 순환된다. 유전자 분자 혹은 물질의 변형은 근원세포의 후생(epigenome)과 유전체에 반영되며 메틸화 분석을 통하여 건강한 사람들에서는 조혈 세포로부터 cfDNA가 방출된다고 밝혀졌다. cfDNA의 반감기는 16분에서 2.5시간 사이로 알려져 있으며, 실시간 질병 관찰의 가능성이 입증되었다. 특히 cfDNA의 분해는 간 및 비장의 대식세포 혹은 뉴클레아제 작용과 신장 배설을 통해 소변으로 제거되며, 이는 세포막(cell membrane)과 세포외 소포(extra-cellular vesicles) 또는 단백질(protein)과의 관련에 따라 안정도가 정해진다고 밝혀졌다.

대부분의 cfDNA의 길이는 166 bp이며, 이는 뉴클레오좀을 감고 있는 DNA 길이와 Linker DNA 길이를 합친 길이와 비슷하고 10 bp 간격의 사다리 패턴을 갖고 있다(그림 13-2).

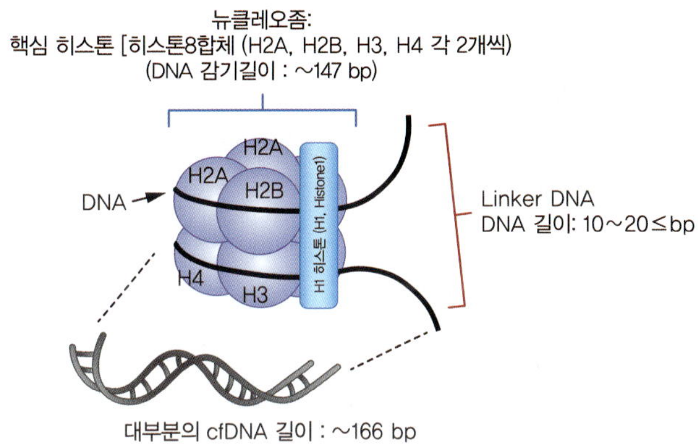

그림 13-2. cfDNA

5) 순환종양 DNA (circulating tumor DNA, ctDNA)

(1) 특성

순환종양 DNA (circulating tumor DNA, ctDNA)는 정확한 생물학적 메커니즘은 밝혀지지 않았지만, 종양세포의 괴사(necrosis), 세포자살(apoptosis), 분비(secretion)에 의해 혈액에 떠다니는 작은 크기의 (~180 bp) genomic DNA를 의미한다.

ctDNA는 길이가 짧고, 아무런 보호 장치 없이 혈액 안을 떠돌아다니며, 이를 분해시킬 수 있는 DNase 등의 생체

알아두기 13-3. 비침습적 산전 기형아 검사인 NIPT (Non-Invasive Prenatal Test, NIPT) 검사

전세계적으로 고령임신이 증가하면서 출산 전 태아와 산모의 건강에 대한 관심이 높아지고 있다. 기존에는 산전 기형아 검사로 목투명대 검사, 양수 검사 등을 활용했으나 침습적 산전 기형아 검사의 경우 일시적 질 출혈, 조기 진통을 비롯해 유산 또는 태아 손실까지 이어질 수 있는 위험성이 있었다. 이 때문에 최근에는 산모와 아기의 안전을 위해 비침습적 산전 기형아 검사인 NIPT 검사가 많이 활용되고 있다. NIPT 검사는 산모의 혈액 속 태아의 DNA로 다운증후군, 에드워드증후군, 파타우증후군 등의 염색체 이상을 발견하는 검사로, 임신 10주차부터 시행 가능하다.

효소로부터 노출되어 있어 반감기가 2시간 이내로 짧다는 특성이 있다. ctDNA는 차세대 염기서열 분석기술 (NGS) 및 3세대 PCR (ddPCR) 기술의 발전과 함께 암 진단 및 모니터링의 지표로써 각광받고 있다. 특히, ctDNA는 환자 개인의 특정 종양에 대한 정량적인 유전 정보를 제공하기 때문에, 종양절제 후 최소 잔존질병(minimal residual disease)을 검출, 유방암과 대장암의 경우 종양의 사멸, 전이, 재발을 더 정확하게 추적하며, 암 치료에 따른 경과의 모니터링, 종양이 저항성을 진화시키고 있는지에 대한 여부 등 종양의 동태를 파악하는데 보다 더 결정적인 단서를 제공한다.

(2) 추출방법

혈액의 혈장에서 ctDNA를 분리하기 위한 대표적인 방법으로는, 실리카 표면을 활용한 고체상 DNA 추출법이 이용되고 있다. DNA 추출법의 기본 원리는 혈액순환종양 DNA와 함께 존재하는 단백질 및 지질 등 불순물의 분해, DNA 흡착 및 추출로 이루어지며, chaotropic salt 등 DNA 흡착 매개체가 이용된다. QIAamp CNA kit 등의 ctDNA를 분리하기 위한 상용화 키트가 개발되어 사용되고 있는데, ctDNA는 반감기가 2시간 정도라서 다른 생체분자보다 농도가 극히 적으며 짧은 시간 안에 분리 해야만 한다. 이와 관련하여, 최근 약 180 bp의 짧은 길이를 가지는 ctDNA의 특성을 이용한 추출 방법이 보고되었지만, 제한된 샘플의 양, 긴 추출 시간, 복잡한 전처리 과정 등의 단점을 개선하기 위한 연구가 활발히 진행되고 있다.

(3) 분석 및 임상적용

종양과 관련된 ctDNA는 정상적인 cfDNA와 구별되어야 하는데, 그 농도 비율이 매우 낮아(<1.0%) 전통적인 생어 염기서열분석이나 차세대 염기서열분석(next-generation sequencing, NGS) 방법으로는 정확한 정량이 어렵지만, 드롭렛 디지털 PCR (droplet digital PCR, ddPCR) beads, emulsion, amplification, and magnetics (BEAMing), tagged-amplicon deep sequencing (TAm-Seq), pyrophosphorolysis-activated polymerization (PAP) 등을 이용해 그 한계를 극복할 수 있다.

현재 ctDNA를 이용한 암 진단 및 모니터링의 연구는 초기단계에 있으며, 다양한 암 종에서 종양조직의 돌연변이를 ctDNA에서 발견하였다는 보고는 많았지만, 그 상관관계를 명확히 밝힌 사례가 적고 폐암과 같은 몇 가지 암에 한정되어 있다. 폐암의 경우, 폐암환자 혈장에서 ctDNA를 분리하였고 ddPCR로 *EGFR* gene mutation을 검출하였으며, ctDNA 연구를 통한 표적치료법 개발까지도 이루어졌는데, 이는 폐암 관련 유전적 변이에 대한 우수한 연구결과가 뒷받침되었기 때문에 가능하였다.

2. RNA의 형태

진핵세포는 한 세포 당 약 20~30 pg의 RNA를 가지고 있는데, 이는 세포의 약 1% 정도의 양이며, 이 중 80~85%가 rRNA, 15~20%가 tRNA 및 snRNA, 1~5%가 mRNA로 이루어져 있다. rRNA나 tRNA는 일정한 크기와 염기서열을 가지기 때문에 순수하게 분리할 수 있는 반면에, mRNA는 종류와 크기가 다양하여 한 종류의 mRNA를 분리하기는 쉽지 않지만, 3'말단에 poly(A)를 가지기 때문에 분리가 가능하다(표 13-1).

표 13-1. RNA의 형태들과 정제방법

RNA 종류	무엇인가?	얼마나 존재하는가?	정제방법
전체	세포 내의 모든 RNA	세포 무게의 약 1%	구아니디움으로 용해시킨 다음 페놀로 추출하거나 염화세슘에 의한 초원심분리
세포질속	비-세포핵성	전체의 대부분	세포의 핵을 손상하지 않는 낮은 농도의 세제로 용해시킨 후 세포질로부터 RNA를 정제한다.
메신저 (mRNA) (polyA+)	RNA는 'A' 뉴클레오티드의 '꼬리'를 가짐	전체의 3%로 매우 적음	전체 또는 세포질의 RNA를 분리한 후 oligo dT 칼럼으로 poly(A)를 정제한다.

알아두기 13-4. 미토콘드리아 유전체

1960년대에 전자현미경과 생화학적 연구의 결과로 핵 유전체와는 별도로 거의 모든 진핵세포들은 미토콘드리아 유전체를 가지고 있으며, 광합성 진핵생물에는 엽록체 유전체가 존재한다는 사실이 확인되었다. 미토콘드리아 유전체의 크기는 매우 다양하며, 유전체 사이의 공간이 거의 없는 간결한 구조로 이루어져 있는데, 사람 미토콘드리아 유전체는 16,569 bp로 핵 유전체에 비해 훨씬 작아서 유전자 함량도 적다.

특성	Plasmodium falciparum (말라리아기생충)	Chlamydomonas reinhardtii (녹조류)	Saccharomyces cerevisia (효모)	Homo sapiens (사람)	Reclinomonas americana (원생동물)
유전체 크기(Mb)	6	16	75	17	69
총 유전자수	5	12	35	37	92
단백질 암호화 유전자	3	7	8	13	62
호흡복합체	3	7	7	13	24
리보솜 단백질	0	0	1	0	27
수송단백질	0	0	0	0	6
RNA중합효소	0	0	0	0	4
기능적RNA유전자	2	5	27	24	30
리보솜 RNA 유전자	2	2	2	2	3
전달 RNA 유전자	0	3	24	22	26
인트론의 수	0	1	8	0	1

사람의 미토콘드리아유전체는 37개의 유전자만을 포함하고 있으며, 세포 하나에 수백 개의 미토콘드리아가 들어있어 변사체에서 미토콘드리아 DNA를 추출하지 못하는 경우는 드물기 때문에 법의학에 유용하다. 또한 핵 DNA는 정자와 난자에서 절반씩 섞여 만들어지지만, 미토콘드리아 DNA는 정자가 아닌 난자를 통해서만 유전되기 때문에 모계혈통의 추적을 가능케 한다. 혈통연구에서는 미토콘드리아 DNA를 따라 어머니의 어머니, 또 그 어머니를 따라 인류의 기원으로 거슬러 올라가다 보면, '미토콘드리아 이브(Mitochondrial Eve)'라는 여성이 나오는데, 약 17만 년 전 아프리카 대륙에 살았던 우리 모두의 어머니로 추정된다. 또, 유사한 방법을 통해 네안데르탈인은 현생 인류와 다르며, 더위에 취약해 멸종한 것으로 밝혀졌다.

RNA는 DNA보다 안정성이 떨어질 뿐만 아니라 여러 가지 형태를 취하고 있다. RNA를 파괴하는 효소(RNase)는 매우 견고한 구조를 하고 있으며, 완전히 변성이 된 후에도 다시 renaturation되어 효소의 활성을 가질 수 있기 때문에 RNA의 정제에는 특별히 주의를 해야 한다. 따라서 RNA를 분리하기 위해서는 세포 내의 RNase를 억제시켜야 하며, RNA를 DNA와 단백질로부터 분리해야 하고, RNase를 없애야 한다.

RNA는 세포 내에서 단백질과 결합되어 있으며, 친화력이 매우 강해서 단백질을 얼마나 제거하느냐가 RNA의 순도를 결정하게 된다. 단백질을 제거하기 위해 페놀 추출, proteinase K에 의한 단백질의 분해 및 강력한 변성제인 guanidinium을 이용한 추출법과 이들 간의 조합 등 여러 가지 방법에 의해 RNA를 분리한다.

세포로부터 분리된 RNA는 dsDNA로 복제되어 cDNA library를 제조하는데 이용되고, 이로부터 cDNA clone을 분리해 낼 수도 있으며, 연구목적에 따라 세포 전체 RNA 혹은 polysomal RNA 등이 이용된다.

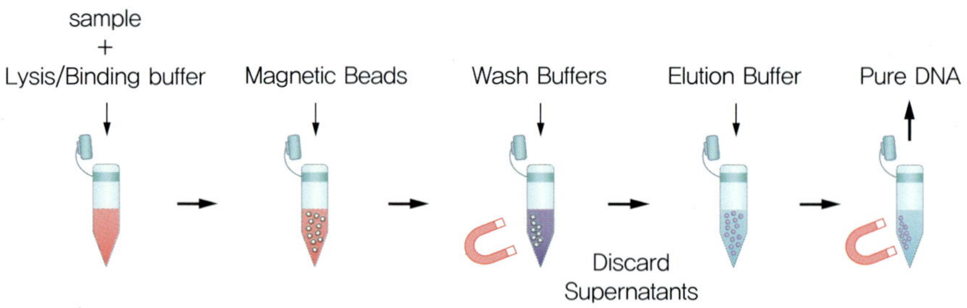

그림 13-3. 자성입자를 이용한 핵산의 분리 · 정제 과정

3. 핵산 추출방법

DNA 추출 정제는 유전체 DNA나 벡터로 이용되는 플라스미드, phage DNA 등이 대부분이다. DNA는 DNA특이 파괴효소(DNase)들이 가열(65℃)에 의하여 잘 파괴될 수 있고, EDTA 같은 킬레이트는 2가 이온을 가진 화합물에 의해 그 효소의 기능이 억제되기 때문에 DNA가 쉽게 정제되고 저장할 수 있는 것이다.

핵산의 추출방법은 여러 가지가 있으며, 페놀/클로로포름을 이용하는 액체상(liquid-phase) 추출법과 칼럼(column) 등을 이용하는 고체상(solid-phase) 추출법으로 나눌 수 있다. 최근에는 자성구와 결합된 DNA 용액을 일정한 자장(magnetic field) 조건하에 둠으로써 DNA를 정제할 수 있는 자동화 시스템도 도입되었다(그림 13-3).

핵산의 추출방법은 실험목적에 따라 선택을 하는데, 예를 들면 써던블롯에서는 고분자 DNA를 분리해야 하며, PCR법에서는 다소 짧아도 실험이 가능하다.

핵산분리 시 주의점은 단백질 성분과 조작 중에 첨가되는 염류(salt)에 의해 DNA의 효소처리에 억제작용이 일어날 수 있으므로 단백질 성분과 염류의 제거에 주의를 한다. 혈액에서 DNA를 분리하여 PCR을 시행할 경우에는 항응고제로 헤파린은 피하는 것이 좋다.

1) 페놀 추출법

페놀(Phenol, C_6H_5OH)은 유기용매로서 핵산과 단백질을 분리하는데 사용된다. 단백질과 핵산이 들어 있는 용액에 페놀이나 클로로포름을 넣은 후, 시험관을 강하게 흔들어 혼합시키고 원심분리하면 유기물상과 액체상으로 분리된다(그림 13-4). DNA는 거의 중성인 pH에서 수용액 층에 있게 되므로 이를 취한 뒤, 에탄올을 넣어서 원심분리를 하면 DNA를 얻을 수 있다. 그러나 핵산에 강하게 결합을 하고 있는 단백질에 의해 오염이 생길 수 있으므로, 단백질 분해효소(proteinase K)와 SDS처리를 하여 단백질을 분해시킨 후에 유기용매로 추출을 하는 것이 좋다.

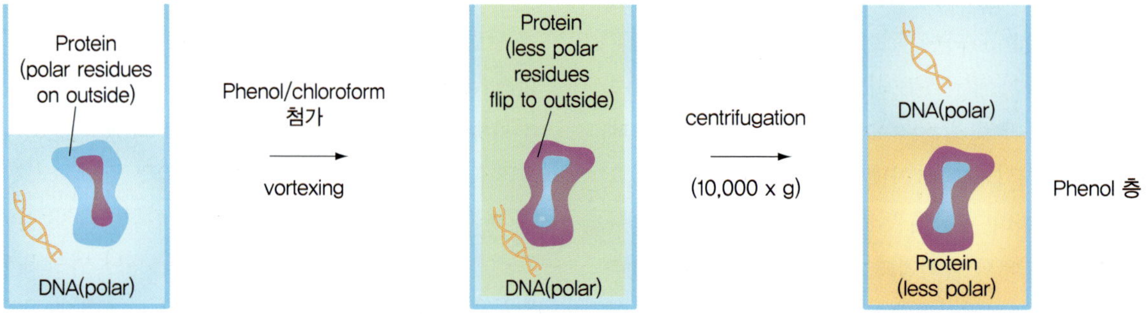

그림 13-4. 페놀추출법

(1) 페놀의 특성

페놀은 페닐기에 하이드록시기가 결합한 방향족 화합물로 수용액은 약산성을 띈다. 순수한 페놀은(pH>7.8, 비중 1.07)은 고체 상태이므로 실험에 사용하기 전에 65℃에서 녹인 다음 Tris-Cl buffer (pH 8.0)로 포화시켜야 한다. 페놀은 hydrophobic ring과 hydrophilic OH 그룹이 있는데, OH 그룹 때문에 물에 녹을 수 있고, 단백질의 좁은 틈새로 끼어들어갈 수 있는 구조를 하고 있어서 핵산 내부의 hydrophobic 한 구조를 변화시켜 denaturation시킬 수 있다. 페놀을 그대로 이용하면 DNA 용액에 용해되어 추출률이 나빠지고, pH 조정을 하지 않으면 DNA가 절단되므로 pH를 8에 맞추고 사용하여야 하고, 보존은 4℃에서 한다. 용해되어 있는 페놀은 단백질 변성효과가 강하여 피부에 손상을 줄 수 있으므로 장갑을 착용하고, 얼굴에 튀지 않도록 주의한다. RNA 추출 시에는 일반적으로 산성 페놀을 사용하기도 한다(표 13-2).

표 13-2. 페놀의 pH와 핵산의 분리

페놀 pH	수용성	유기성
중성(pH 7~8)	RNA + DNA	단백질 등
산성(pH 4.8)	RNA	DNA, 단백질 등

(2) 페놀 사용 시 주의사항

페놀은 영국의 외과의사인 리스터(Joseph Lister)가 수술을 위한 살균제로 사용하였으며, 아스피린과 같은 약품의 제조 공정에 사용되기도 하고, 제초제의 원료로 사용되기도 하였다. 페놀은 소화기, 호흡, 피부접촉 등을 통해 인체에 흡수되면 심각한 장애를 유발시킬 수 있는 맹독성 물질로 2차 세계대전 이전부터 대량학살에 이용되기도 하였다. 페놀 증기는 폐를 통해 쉽게 흡수되며 상부기도에 자극적이고, 안구에 닿을 경우는 안구가 부식되어 심각한 시각장애가 유발될 수 있으며, 피부에 닿을 경우 빠르게 체내로 흡수되며 전신 중독으로 발전할 수 있다. 용해되어 있는 페놀은 단백질 변성효과가 강하여 피부에 손상을 줄 수 있으므로 장갑을 착용하고, 얼굴에 튀지 않도록 주의한다. 페놀은 결핵균인 *Mycobacterium tuberculosis* 등과 같이 단순염색법에 의해 잘 염색되지 않는 미생물의 경우 항산성 염색(acid-fast staining)에 이용될 수 있다.

(3) 포화 페놀 제조법

10 mmol/L Tris 수용액과 65℃에서 용해한 페놀을 동량 혼합하고 잘 교반하여 알루미늄 호일로 빛을 차단한 상태에서 상층이 투명해질 때까지 실온에 방치한다. 이 상태가 되면 pH는 거의 8.0 전후가 된다. 방치 후 상층액은 제거하며 이런 조작을 2~3회 반복한다. 산화방지를 위하여 0.2%가 되도록 8-hydroxyquinoline을 첨가하면 황색으로 변하며, 공기가 닿지 않도록 완충액을 중층하여 냉장고에 보관한다.

2) CsCl 기울기에 의한 분리

핵산의 구조는 치밀하기 때문에 염화세슘(CsCl) 농도기울기 방법을 사용하여 핵산을 분리할 수 있다. 염화세슘 내에서 모든 RNA의 부유밀도는 >1.8 g/mL로 다른 세포성 분들에 비해 크기 때문에 초원심분리(ultracentrifugation) 과정 동안 시험관 하단에 RNA 침전이 생기며, DNA 분획은 염화세슘 용액 속에 위치한다(그림 13-5). 5S rRNA와 tRNA 등 크기가 작은 RNA들은 CsCl로 침전시킬 수 없다.

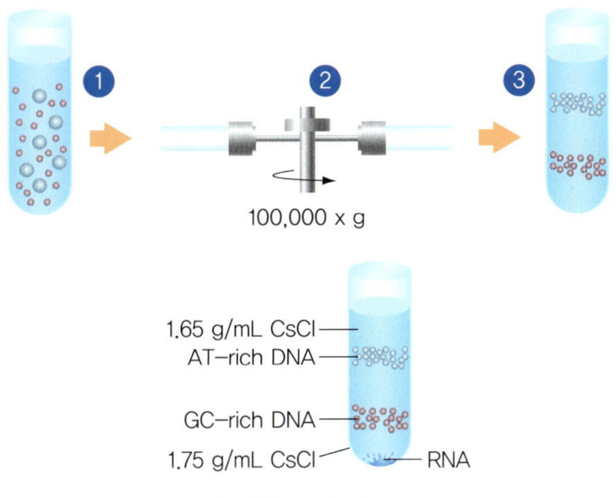

그림 13-5. CsCl 기울기에 의한 RNA분리

3) 끓이는 방법

고체배지나 액체배지에서 배양된 균일 경우는 멸균된 증류수 또는 1X TE 완충액에 잘 풀어 준 후, 100℃에서 5~10분 정도 끓이고, cell debris를 침전(12,000 rpm, 3분 정도)시킨 뒤에 PCR을 할 수 있다. 그러나 너무 많이 끓이게 되면 DNA의 순도가 나빠져서 PCR 결과에 영향을 끼칠 수 있다.

4) 칼럼을 이용한 방법

전통적인 방법(phenol/chloroform을 사용)보다 매우 간단하고 안전하며 빠른 시간 내에 효과적으로 DNA를 정제할 수 있다. 최근에는 고체상 추출법으로 플라스틱 칼럼을 많이 이용하는데, 이는 sodium iodide, sodium perchlorate, guanidinium thiocyanate 같은 chaotropic salt 용액의 존재하에서 핵산들이 실리카와 가역적으로 결합하여 흡착되는 원리를 응용한 것이다.

실리카는 여과지(membrane filter)나 자기입자(magnetic particle)로 코팅되어 있으며, 여과지가 코팅되어 있는 플라스틱 칼럼이 가장 많이 사용된다. DNA는 주변의 이온농도에 따라 실리카에 가역적으로 결합한다. 세포용해와 단백질 분해를 한 후 에탄올 침전된 DNA 용액을 칼럼에 통과시키면, 여과지는 알코올 용액속의 DNA만을 결합하고, 결합된 DNA는 low ionic strength buffer나 증류수로 용출할 수 있다(그림 13-6).

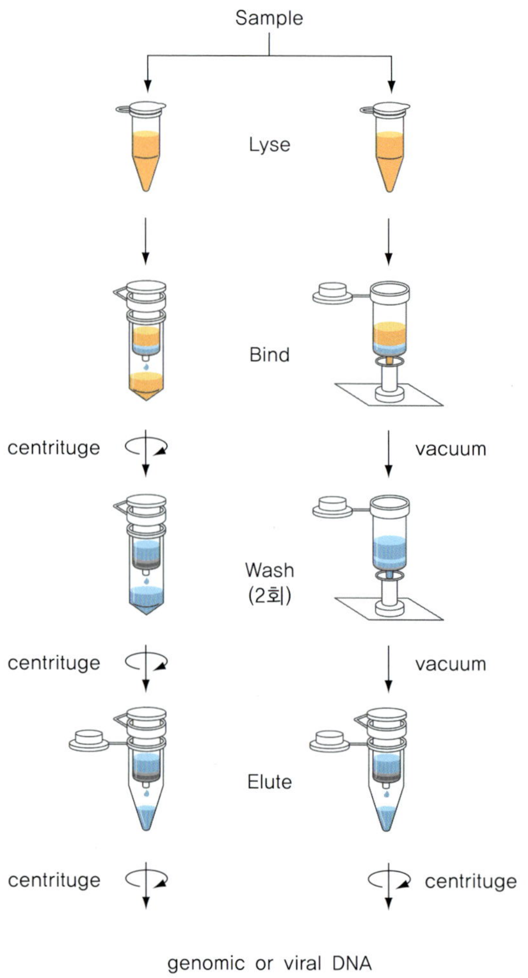

그림 13-6. 칼럼을 이용한 DNA 추출 과정 모식도

5) RNA 분리

RNA의 분석과 추출은 유전자 발현의 연구에 필요한데, RNA는 안정된 이중나선구조로 되어 있지 않기 때문에 DNA보다는 불안정하다. RNA의 불안정성 때문에 RNA 추출은 신선한 상태로 빠르게 처리되어야 하며, RNAlater® 같은 보호제를 즉시 첨가해서 보존하거나 액체 질소로 순간동결시켜야 한다. RNA 실험을 할 때는 RNase를 비활성화시키기 위해서 DEPC로 처리된 물을 사용하며, RNase free 플라스틱 제품을 사용하고, RNase WiPER와 같은 RNase가 없는 세정제로 작업장과 기구들을 청소하여 오염원을 줄여야 한다.

RNA 추출방법은 DNA 추출방법과 동일하지만, DNA로 오염된 검체에서 DNA와 RNA의 일부분이 같이 증폭될 수 있기 때문에 DNA의 오염을 막기 위해서 DNase I을 선택적으로 사용하기도 한다.

6) 핵산분리 시 주의사항

핵산의 추출방법은 실험목적에 따라 선택을 하는데, 예를 들면 서던블롯에서는 고분자 DNA를 분리해야 하며, PCR법에서는 다소 짧아도 실험이 가능하다. 핵산분리 시 주의점은 단백질 성분과 조작 중에 첨가되는 염류(salt)에 의해 DNA의 효소처리에 억제작용이 일어날 수 있으므로 단백질 성분과 염류의 제거에 주의를 한다. 혈액에서 DNA를 분리하여 PCR을 시행할 경우에는 항응고제로 헤파린은 피하는 것이 좋다.

7) RNA 분리실험 전 주의사항

RNA를 분리할 때 가장 주의해야 할 사항은 RNase에 의해 분해되지 않고, 단백질이 제거된 순수한 RNA를 얻는 것이다. 모든 세포에 존재하는 RNase 작용으로부터 RNA를 보호하기 위해서는 RNA 분리에 사용되는 모든 기구와 시약에 RNase의 오염이 없어야 한다. 뿐만 아니라 사람의 손이 RNase의 중요한 원천이 되기 때문에 장갑을 끼는 것이 도움이 되겠지만 특별히 조심해야 한다.

RNA 분리를 위한 실험기구는 멸균하거나 180℃로 구워야 하며, 용액들은 강력한 단백질 분해제인 DEPC (diethylpyrocarbonate, 0.1%)로 처리를 해야 한다. DEPC는 Tris가 아닌 모든 용액에 첨가할 수 있으나, 단일가닥 핵산의 아데닌 염기에 작용하므로 주의가 요구되며, DEPC로 처리를 한 후에는 DEPC를 파괴시키기 위하여 멸균(121℃에서 30분)을 해야 한다. 그리고 DEPC는 RNase 저해제로 사용을 하지만, 발암성이 있으므로 취급 시 주의를 해야 한다.

RNasin은 RNase의 강력한 억제제로 분해되지 않는 RNA를 얻는 데 매우 효과적이고 안전하게 단백질을 변성시킬 수 있지만, 다소 비싸다. RNA 분리 시 용액에 첨가되는 SDS (sodium dodecyl sulfate)는 매우 강력한 단백질 변성제이지만 SDS가 제거되면 RNase는 다시 활성화될 수 있으므로 주의한다.

RNA 분리 실험은 RNase 오염을 방지하는 것이 제일 중요하다. RNase는 분리하고자 하는 세포에 많은 양이 포함되어 있으며, 실험과정에서 RNase inhibitor 없이 상온에서 30분 정도만 방치되어도 거의 대부분의 RNA가 파괴된다. 또한 실험자의 손을 통해서도 대량의 RNase가 분비되고 있으므로 주의한다. 사용하는 기구는 가능하면 한번 사용하고 버리는 것이 바람직하다.

① 유리 기구

RNase는 100℃ 근처에서도 불활성화 되지 않기 때문에 180℃ 이상의 dry-oven에서 최소한 8시간 이상 baking 하거나, 0.1% DEPC 용액 중에 담가 실온에서 overnight 또는 37℃에서 12시간 정도 지난 후, autoclave하여 사용한다.

② 플라스틱 기구

0.1% DEPC 용액에 4시간 이상 방치한 후, 증류수로 잘 씻은 다음 멸균한다.

③ 용액

시약을 0.1% DEPC로 처리하여 12시간 이상 방치하고, 멸균하여 사용한다. Tris 용액은 amine 그룹이 있기 때문에 DEPC로 처리하면 안 된다.

④ 실험자

항상 장갑을 사용하며, 맨 손으로 시약병이나 피펫 등을 만져서도 안 된다. RNA 분리 때 사용하는 기구들은 다른 실험용 기구들과 분리하여 사용하도록 한다.

8) RNA Isolation (Blood & Bone marrow)의 예

① EDTA whole blood와 동량의 HBSS (Media, PBS 가능)를 혼합한다.

② 15 mL conical tube에 실온화시킨 histopaque를 3 mL 분주한다.

③ 1을 2위에 conical tube의 벽면을 따라서 조심스럽게 중첩시키는데, 9 mL이 넘지 않도록 한다.

④ 3을 400g (1,500rpm)에서 30분간 실온에서 원심분리 하는데, 원심분리기는 no brake 상태를 유지해야 한다.

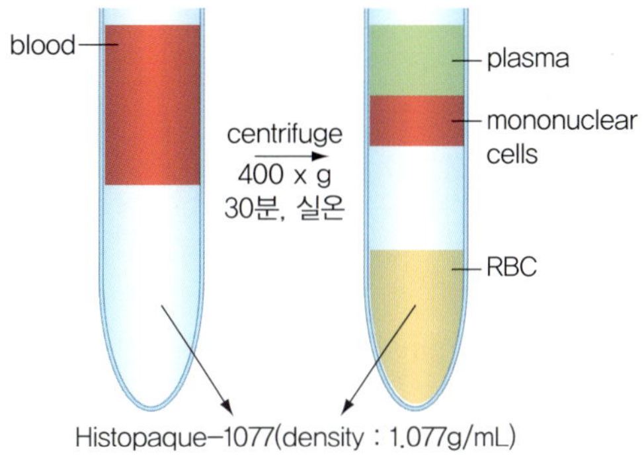

⑤ 파스퇴르 피펫으로 histopaque층이 혼입되지 않도록 mononuclear cell층을 분리한다(RBC가 혼입되었을 경우에는 RBC lysing solution을 10 mL 넣고, 1,200 rpm에서 10분간 실온에서 원심분리한다).

⑥ 5를 1.5 mL tube에 옮겨서 PBS나 HBSS로 8,000 rpm에서 1분씩 3회 정도 washing한다.

⑦ Cell down 상태에서 Trizol 1 mL을 넣고, 피펫으로 cell을 잘 풀어준다(RNA 분리과정 을 바로 진행하기 못할 경우에는 Trizol 과정까지만 하여 -70℃에 보관).

* Trizol reagent는 monophasic phenol과 guanidium thiocyanate로 구성됨

⑧ 7에 chloroform 200 μL를 넣고 vortexing한 후 실온에서 10분간 방치한다.

* Chloroform은 hydrophobic한 lipid나 단백질 등을 잘 녹여주고, phenol 층을 무겁게 해서 phase가 잘 나누어지도록 해준다.

⑨ 8을 4℃, 15,000 rpm에서 15분간 원심분리한다.

⑩ 상층의 clear 부분만 새로운 경계면(DNA층)이 혼입되지 않도록 1.5 mL tube에 옮긴다.

⑪ 10에 iso-propanol 500 μL를 넣는다.

* Iso-propanol은 에탄올보다 hydrophobic한 부분이 커서 실온에서 소량으로도 RNA를 침전시킬 수 있다.

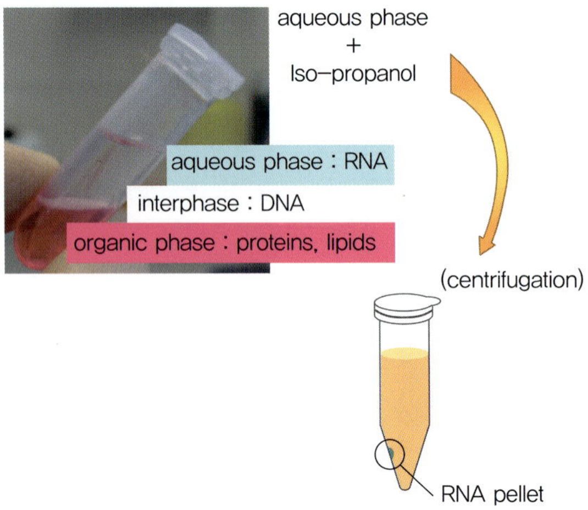

⑫ 4℃, 15,000 rpm에서 15분간 원심분리한 후 상층액은 제거한다.

⑬ 70% 에탄올 1 mL을 넣어주고, 4℃, 15,000 rpm에서 5분간 원심분리한 후 상층액은 제거한다.

⑭ 4℃ 냉장고에서 overnight하면서 에탄올을 완전히 건조시킨다.

⑮ DEPC-water 40~70 μL로 녹여서 사용한다.

9) 순환하는 핵산 분리

전혈이나 buffy coat에서 추출한 핵산의 대부분은 혈액 백혈구에 의한 것으로 순환하는 핵산이란 혈장과 혈청에 존재하는 DNA와 RNA를 의미하며, 혈액은 조직과 같은 생체 시료보다는 손쉽게 이용할 수 있기 때문에 핵산추출에서 가장 많이 수행된다. 혈액 내 DNA 농도는 혈액이 응고가 되는 동안 혈액세포로부터 많은 양의 DNA가 방출되기 때문에, 혈장보다 혈청에서 농도가 높다. 따라서 적은 양으로 순환하는 질병관련 DNA는 혈장이 더 선호되며, 혈액세포의 DNA 방출을 최소화하기 위해서 검체채취 즉시 분리되어야 한다.

PCR 관련 검사에서 혈액의 항응고제로 EDTA (ethylene diamine tetraacetic acid)를 사용하는 이유는 세포보존도가 더 잘 유지되고, 구연산(citrate)이나 헤파린(heparin)을 사용했을 때보다 혈액세포로부터 DNA 방출이 적기 때문이다. EDTA로 처리한 전혈에서 혈장 DNA는 실온에서 24시간 동안 안정하지만, EDTA로 처리한 전혈의 혈장 RNA는 4℃에서 24시간 안정하다.

10) 자동화된 핵산분리

분자유전검사법들은 임상진단에 매우 유용하게 적용되고 있는데, 분석의 처리량의 증가와 일관되고 믿을만한 분석수행의 필요성 등으로 분자진단의 자동화가 요구되고 있다. 특히 수동작업이 많은 핵산분리에서 자동화가 필요지만, 현재 많은 연구들에서는 핵산분리에 있어 자동화방법이 수동작업보다 수행능력이 떨어진다고 알려졌다. 일반적으로 자동화된 핵산분리체계는 고체상태 추출 원리를 기반으로 한다. 예로는, 실리카가 코팅된 자기구슬을 이용하는 로슈(Roche)진단의 매그앤에이퓨어(MagNA Pure)와 실리카 여과 컬럼을 이용하는 퀴아젠(Qiagen)의 바이오 로봇(BioRobot)이 있다(그림 13-7).

11) Poyl (A)+RNA 분리

노던블롯(Northern blot)으로 mRNA의 발현을 분석하

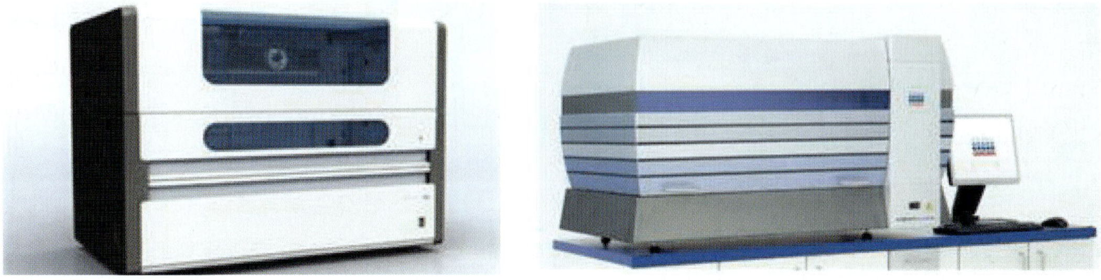

그림 13-7. MagNA Pure와 BioRobot

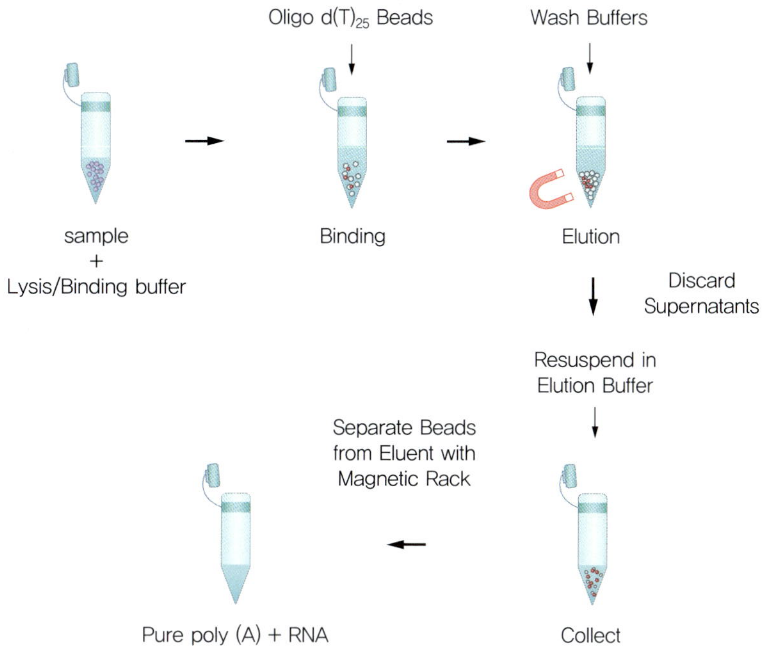

그림 13-8. poly (A) + RNA 분리 방법

는 경우에는 일반적으로 total RNA를 사용하지만, 발현량이 적은 mRNA를 검출할 때나 cDNA library의 제작 등에 는 poly (A)+RNA를 사용한다. Poly (A)+RNA는 total RNA로부터 분리하는 방법으로 oligo (dT) cellulose, poly (U) sepharose 등의 컬럼을 이용하는데, 최근에는 자장(magnetic field) 조건하에서 분리하는 방법도 사용된다(그림 13-8).

4. 핵산 측정방법

정제한 핵산의 양이 어느 정도인지와 순도가 어떤지 알아보기 위해서 핵산의 측정은 꼭 필요하다. 용액 속의 뉴클레오티드들은 스펙트럼의 자외선(UV) 영역에서 빛을 흡수하는데, 260 nm의 파장근처에서 최대의 흡수가 일어난다. 반면에 단백질은 280 nm에서 많이 흡수되고, 260 nm에서는 덜 흡수한다. 따라서 260 nm와 280 nm에서 흡광도를 측정한 다음 그 결과를 순수한 용액으로부터 얻은 흡광도와 비교함으로써 정제된 핵산의 순도를 계산할 수 있다.

1) 흡광도 계산방법

순수한 DNA에 대하여 260 nm에서 흡광도 1.0은 50 μg/mL DNA (dsDNA)양과 일치하기 때문에 O.D 값이 0.65이면 DNA 농도는 50×0.65×희석배수 = □ μg/mL로 계산할 수 있고, 추출된 핵산의 순도는 260 nm와 280 nm의 흡광도비(R=O.D.260/O.D.280)로 평가할 수 있다. R 값의 범위가 1.6~2.0이면 순도가 좋은 것이며, R 값이 1.6 이하이면 단백질이 많이 존재하는 것이고, R 값이 2 이

알아두기 13-5. 자외선 분광광도 측정법에 의한 핵산농도 측정

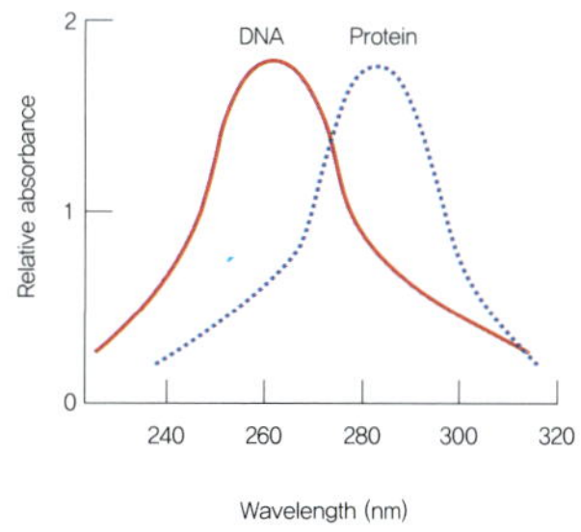

260 nm	DNA & RNA
280 nm	Protein
230 nm	Guanidium 오염
270 nm	Phenol 오염

Guanidium의 오염은 230 nm에서 그리고 phenol이 오염된 정도는 270 nm에서 흡광도가 증가하는데, 에탄올 침전을 1회 더 시행하면 phenol을 제거할 수 있다.

상이면 RNA가 다량 존재한다는 뜻이다.

RNA에 대하여 260 nm에서 흡광도 1.0은 40 μg/mL의 RNA이므로 추출된 RNA 양을 계산할 수 있으며, 흡광도 비(R = O.D.260 / O.D.280)가 1.8~2.1이면 고순도라고 할 수 있지만, 1.7 이하인 경우는 DNA chip 실험 등에 사용할 수 없다.

2) 전기영동에 의한 total RNA 확인

Total RNA의 상태를 확인하기 위해서는 total RNA 1~2 μg을 65℃에서 10분간 방치하여 열변성을 한 후 1.2% agarose gel (TBE buffer)에서 전기영동한다. 분해되지 않은 RNA라면 2개의 ribosomal RNA band가 보이는데, 진핵세포인 경우는 28S와 18S 그리고 원핵세포인 경우는 23S와 16S가 각각 보인다. RNA의 분해정도가 커지면 분획을 거의 볼 수 없고, band가 smearing 되어 보인다(그림 13-9).

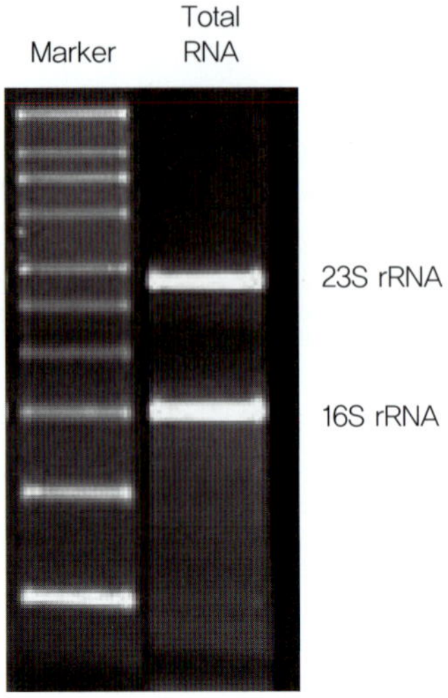

그림 13-9. Total RNA 전기영동 사진

3) 핵산 측정기

희석과 계산이 필요 없이 1 μL의 소량으로 DNA의 측정이 가능한 Thermo Scientific사의 Nanodrop Spectrophotometer라는 장비가 많이 사용되고 있다. 최근에는 DNA, RNA나 protein에 특이적으로 반응하는 형광시약을 사용하여 정량할 수 있는 Qubit Fluorometer 기기가 사용되고 있는데, molecular probes의 형광시약을 이용하여 DNA, RNA, 혹은 protein에 특이적으로 반응하여 형광을 나타내므로 다른 기질들에 의해 간섭효과가 일어나지 않는다(표 13-3).

표 13-3. Qubit와 Nanodrop 장비의 차이점

	Qubit Fluorometer	Nanodrop Spectrophotometer
		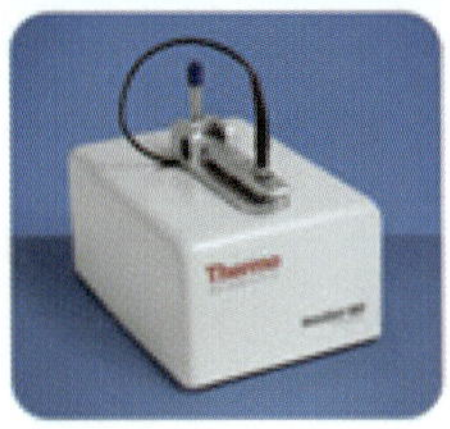
Principle	Fluorochrome chemistry	Spectroscopic analysis
Sample requirement	1 μL ~ 10 μL	0.5 μL ~ 1 μL
Qualification range	10 pg ~ 200 ng	10 ng ~ 10 μg
Sample processing	2~5분	1분 이하
Quantification accuracy	High ~ 99%	Lower than Qubit ~ 90
Additional utility	Always required	Not required
Sample preparation	Required	Not required
Qualitative analysis	Not possible	Possible and highly accurate

제14장

핵산 증폭기법

1. 중합효소연쇄반응

중합효소연쇄반응(Polymerase chain reaction, PCR)은 여러 표적 증폭기법 중에서 가장 많이 알려지고 널리 사용되는 기법이다. 1985년 멀리스(Kary Mullis)에 의해 고안되었으며, DNA 중합효소를 이용해 DNA 일부분을 복제하는 방법으로 이론적으로는 1시간 이내에 백만 배 이상 증폭시킨다. 이런 획기적인 방법의 개발로 멀리스는 1993년 노벨화학상을 수상하였다.

Taq DNA polymerase가 발견되기 전에 사용되던 DNA 중합효소는 각 단계의 복제과정에서 DNA 사슬을 분리하기 위해 높은 온도(90℃ 이상)를 가할 경우 효소의 기능이 파괴되기 때문에, 각 단계마다 새로운 DNA 중합효소를 넣어주어야 했다. 그러나 사이키(Randall saiki)가 온천(72~74℃)에 사는 고온성 미생물 Thermus aquaticus에서 *Taq* DNA polymerase를 발견함으로써 그 문제가 해결되었다.

중합효소연쇄반응의 기본구성은 표적서열(target sequence) 또는 주형(template) DNA, DNA primer, 증폭(amplification)이고, *Taq* DNA polymerase라는 효소가 매개하는 반응이다. 중합효소연쇄반응은 분자생물학적 기법 중 가장 민감한 검사기법이라고 할 수 있다. 그러나 다른 핵산이나 증폭산물의 오염으로 인한 위양성 결과가 가장 문제가 되기도 한다.

중합효소연쇄반응은 RNA가 효율적으로 이용될 정도로 계속해서 향상되고 있다. 재조합 *Thermus thermophilus* DNA 중합효소인 *Tth* DNA 중합효소는 RNA를 DNA로 전사한 후 DNA를 증폭시킬 수 있기 때문에, 아주 적은 양의 RNA가 있어도 세포질 RNA와 RNA 바이러스를 연구할 수 있다. 또한 중합효소연쇄반응을 이용해 DNA 생산물을 정량할 수 있는데, 정량적 분석방법은 바이러스학이나 유전자발현 연구에 도움이 된다.

중합효소연쇄반응 기술은 몇 시간 내에 행해지고, 다른 어떤 방법보다 비용이 적게 들기 때문에 가장 널리 사용되는 유전적 분석방법으로서 에이즈(AIDS), 결핵, 간염, 클라미디아(chlamydia), 사람 파필로마바이러스(human papilloma virus) 및 다른 질병을 진단할 수 있다. 특히, 유전병 관련유전인자의 탐색[single strand conformation polymorphism (SSCP-PCR), allele specific oligonucleotide (ASO-PCR), competitive oligonucleotide priming

알아두기 14-1. PCR을 이용한 최초의 진단

1985년 일본인 과학자 사이키(Randall Saiki) 등은 PCR을 응용하여 최초로 질병을 진단하였는데, PCR 증폭과 제한효소 절단부위 분석을 통해 겸상적혈구의 베타글로빈 돌연변이를 발견하였다. 겸상적혈구 빈혈은 말라리아 유행지역에서 발견되기 시작하였으나, 1910년 미국에서 빈혈이 있는 흑인 환자에서 처음 기술되었다. 1949년 폴링(Linus Pauling) 등에 의해 베타글로빈 사슬(β-globin chain)에서 한 개의 아미노산이 변화되어 겸상적혈구 빈혈을 일으킨다는 사실을 발견함에 따라 처음으로 '분자질병(molecular disease)'이란 용어를 사용하였고, 분자진단 분야에서 가장 중요한 기반이 되었다.

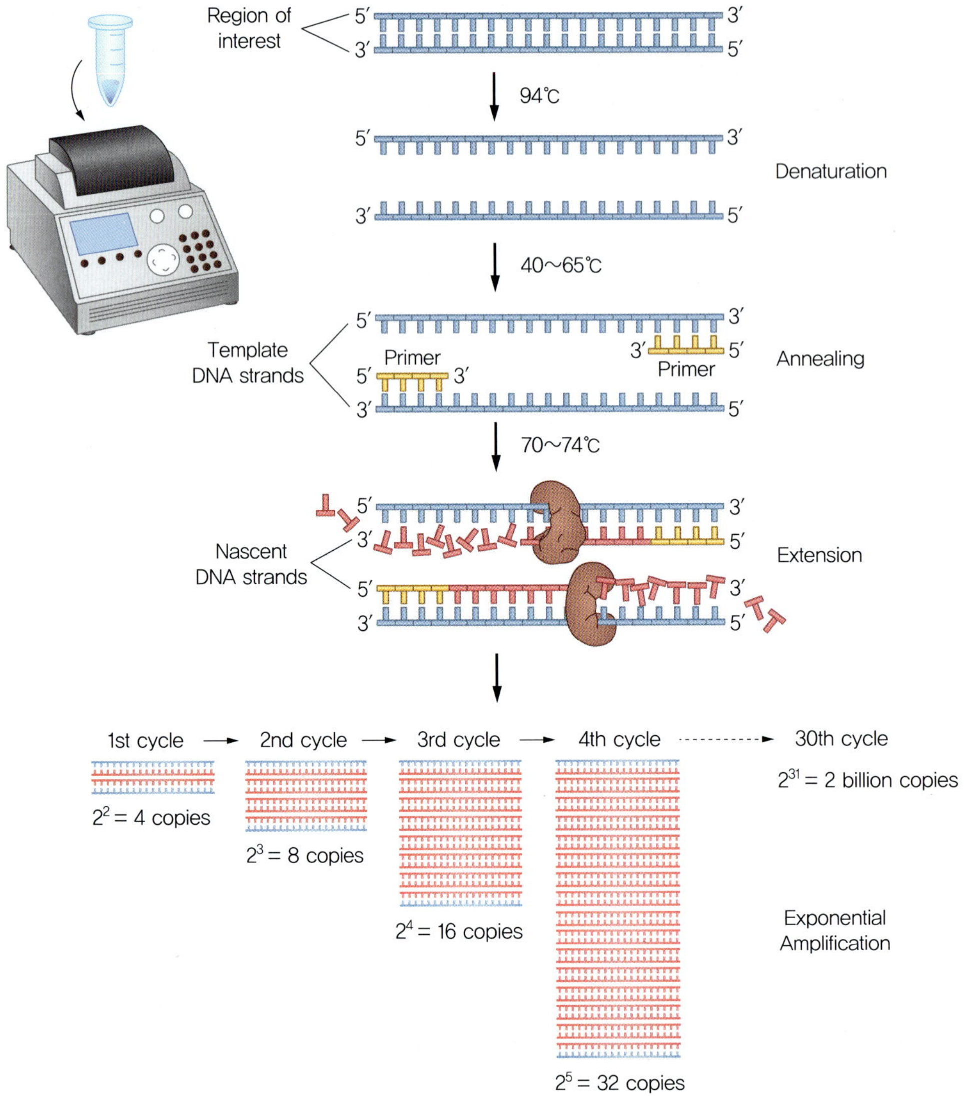

그림 14-1. PCR의 원리

(COP-PCR)], cDNA의 증폭을 통한 mRNA의 탐색 및 발현, 증폭 DNA로부터 직접 염기서열의 결정(direct sequencing), DNA 지문 작성, VNTR 분석 및 유전자지도 작성 등에 이용된다.

1) PCR의 원리

PCR의 원리는 시험관 내에서 *Taq* DNA polymerase를 이용하여 단일가닥 DNA 상에서 특정 부분만을 DNA 복제와 같은 방법으로 이중가닥으로 합성한다(그림 14-1).

(1) 변성

DNA 이중가닥의 변성(denaturation)을 위해서 열을 가하는데, 두 개의 폴리뉴클레오티드 가닥을 이어주는 수소결합을 녹이기 위해 94℃까지 올린다. DNA의 변성은 100℃에서 더 잘 이루어지지만, 94℃이상으로 온도를 올리면 기계에 무리가 가고, polymerase의 종류에 따라 활성이 소실되는 속도가 빨라지기 때문에 94℃까지 올린다. Cycle의 첫 번째 변성은 확실한 변성을 위하여 5분간의 시간을 준다.

(2) 결합

결합(Annealing) 반응은 PCR의 최종적인 감도(sensitivity)와 특이도(specificity)를 결정하는 제일 중요한 과정이다. PCR의 annealing의 온도는 primer의 길이 및 G+C%에 따라 결정되며, 온도를 높일수록 특정 DNA 절편만의 증폭효과가 나타날 수 있다.

변성된 DNA 단일가닥에 primer가 결합을 하는 단계로서 온도에 의해 증폭의 특이성이 결정되는데, 낮은 온도에서는 비특이적인 증폭이 일어나고, 높은 온도에서는 목적 영역에 primer의 결합이 어려워진다. 따라서 융해온도(Tm)을 참고로 하여 5~10℃ 낮게 설정을 하는 것이 좋은데 보통은 60℃까지 낮춘다(전기영동 상에서 band가 너무 많으면 annealing의 specificity 문제로 온도를 3~5℃를 올려주고, band가 약하면 annealing 온도를 3~5℃ 낮춰주는데 최소한 42℃는 넘어야 한다).

(3) 합성

Taq DNA polymerase에 의한 새로운 DNA 가닥의 합성(extension)이 이루어지는 과정이다. 주로 70℃~74℃에서 실시하며, *Taq* DNA polymerase는 1분당 2,000~4,000 뉴클레오티드를 합성할 수 있으므로 PCR 실험에서는 1 kb당 1분 정도로 반응을 시킨다.

위의 세 과정이 한 주기(cycle)를 이루는데, 이 주기는 primer의 활성 존재하에서 신중하게 온도를 조절함으로써 반복되고, 각 주기는 몇 분마다 반복이 된다. PCR의 결과는 Taq DNA polymerase의 종류, DNA와 primer의 농도, 금속이온 농도 등에 의해 영향을 받는다. 특히, primer의 설계와 annealing 온도의 선택은 매우 중요하다.

2) PCR에 필요한 구성 성분

PCR 실행에 필요한 성분은 DNA, primer, DNA 중합효소, dNTP, 완충액 등이며, 그 밖에 온도 조절장치와 전기영동장치 등이 필요하다.

(1) 주형 DNA

증폭될 DNA는 길이가 완전하고 PCR 저해물질(detergent, EDTA, phenol heme, heparin, dye 등)이 섞이지 않도록 최대한 정제되어야 한다. 사람의 유전체 DNA는 한 분자가 약 3×10^{-12} g에 해당되기 때문에 1 ng 이하라도 증폭이 충분히 가능하지만, 보통 25~100 ng의 DNA를 PCR 반응에 사용한다. 일반적으로 100 μL 반응의 경우 표적시료가 10^5~10^6개가 적당하다고 하는데, 주형 DNA가 너무 많으면 불완전하게 합성된 사슬의 수가 많아져 전기영동 상에 끌림현상(smearing)이 나타나고, 반대로 적은 경우에는 primer끼리의 결합이 많아져서 dimer 형성이 일어나기 쉽다.

(2) 프라이머

PCR 프라이머(primer)는 일반적으로 이미 알고 있는 DNA 염기서열을 선택하여 설계를 하는데 절대적 규칙은 없지만, G+C%가 40~60%로 구성되고 4종의 염기가 고르게 분포하는 것이 좋으며 어떠한 경우라도 primer의 3'-말단에는 T가 오지 않도록 한다. T는 자신과 상보적인 뉴클레오티드를 감별하는 능력이 부족하여 잘못된 결합(mismatch)을 하기 때문이다. 길이는 20~30 bp가 적당하며, PCR에 사용되는 농도는 반응 초기에 주형 DNA의 약 10^7배 정도이고, 일반적으로 0.1~1.0 μM 농도까지 사용 가능하며 Multiple PCR이나 Alu PCR, RAPD-PCR 등을 시행할 때는 primer의 양을 두 배로 늘려서 사용한다. 프라이머 설정에 도움을 받을 수 있는 프로그램들(MacVector, MacDNAsis, Oligo, Geneworks 등)이 있으며, 인터넷에서 무료로 사용할 수 있는 프로그램도 있지만, 만족할만한 결과를 보장받을 수는 없다.

(3) *Taq* DNA polymerase

이 효소는 70~75℃의 고온에서 자라는 호열성 세균(Thermas aquaticus)에서 분리된 832개의 아미노산 구조로 되어 있다. 활성화의 적정온도는 72℃이며, 95℃에서의 반감기는 약 40분가량 된다. 대장균의 pol I 과 상동성은 있지만 3'→5' 엑소뉴클레아제 기능은 없고, 잘못된 염기를 수복하는 proofreading 기능도 없다. 효소의 농도가 과다할 경우에는 잘못 결합된 primer로부터 DNA 가닥을 합성하게 되므로 최소량은 25 μL당 0.5 unit가 적당하다.

(4) dNTP

dATP, dGTP, dCTP, dTTP 각 50~200 μM 범위의 농도를 사용하는데, 고농도에서는 염기 취입 오류가 일어날 수 있다. dNTP는 반응이 완료될 때 열에 의해 약 50%가 파괴되지만, 최종 template의 약 10,000배 정도의 분자비율이 유지되도록 초기농도를 결정한다.

(5) 10X PCR buffer

① 100 mM Tris-HCl (pH 8.3 at 25℃)

② 500 mM KCl : 완충액으로 KCl이 가장 많이 쓰이고 있으며, GC가 많은 구조를 PCR 할 때는 NaCl 반응액을 사용하면 PCR 반응 특이도를 높일 수 있다.

③ 15 mM $MgCl_2$: Mg^{2+}는 primer의 annealing 상태, 주형과 PCR 산물의 해리도, 새롭게 합성되는 DNA 가닥에서 염기서열의 정확도, 그리고 효소활성에 영향을 주며, *Taq* polymerase의 작용을 위해서는 $MgCl_2$가 필수적이다. Mg^{2+} 농도가 높을 때는 DNA 구조를 안정화시키기 때문에 증폭산물의 생산성을 감소시키며, 프라이머의 비특이적인 결합을 안정화시키기 때문에 비특이적인 증폭산물이 생성되어 특이도(specificity)를 감소시킨다. 반면에 낮은 농도는 DNA polymerase의 보조인자로서의 작용을 못하여 PCR 반응을 어렵게 할 수도 있다.

④ 효소 안정제(stabilizer) : Triton X-100나 젤라틴(gelatin)을 사용하는데, triton X-100은 비누의 일종으로서 반응물이 골고루 섞이고, tube 벽에 붙지 않도록 해준다. 일반적으로 최종농도로 0.1%(v/v)의 triton X-100이나 0.01%(v/v)의 젤라틴이 반응액 내에 포함되도록 한다.

(6) 6X loading buffer

① 30% glycerol : sample의 비중을 무겁게 하여 전기영동 시 gel의 well에 가라앉게 해준다.

② 0.25% bromophenol blue : 1% agarose gel에서 350 bp 길이의 DNA와 같은 속도로 이동한다.

③ 0.25% xylene cyanol : 1% agarose gel에서 2,500 bp 길이의 DNA와 같은 속도로 이동한다.

알아두기 14-2. Master mix

진단목적으로 사용되는 PCR 검사는 시약의 안정성이 확보되어야 하기 때문에 상품화 되어 있는 kit에는 *Taq* DNA polymerase, dNTP mix, 10× PCR buffer 등이 mix되어 있는 master mix가 있다.

3) PCR 반응의 제한

(1) 위양성(False positive)

PCR은 표적서열의 단일분자를 검출할 수 있기 때문에 적은 양의 오염이라도 쉽게 위양성을 나타낼 수 있다. 오염문제에 있어서 가장 크게 작용할 수 있는 것은 증폭반응의 생성물로부터 나오는데, 이를 앰플리콘(amplicon) 또는 PCR 생성물이라고 하며, PCR 증폭 후에 생성되는 반응혼합물은 10^{12}개의 앰플리콘을 함유할 수 있다. 따라서 앰플리콘에 의한 오염을 최소한으로 줄이기 위해서는 증폭 전·후 단계를 위한 공간의 분리와 에어로졸 오염을 최소화하기 위해 오염방지 팁(aerosol tip)을 사용하거나 시약은 미리 나누어 놓고 사용하는 방법 등이 있다. 가장 효과적인 방법으로는 tube 밖에 PCR 생성물을 두지 않는 것으로 Real time PCR과 같이 증폭과 검출을 폐쇄된 tube 내에서 수행하는 방법들은 생성물의 오염을 없앨 수 있다. PCR 검사가 끝난 tube들은 밀폐봉지에 넣어 폐기하도록 한다.

(2) 위음성(False negative)

PCR은 가역적인 과정으로 고도의 정제된 핵산을 필요로 하지는 않지만, 실제로 임상시료에는 중합효소의 활성을 저해하는 불순물들의 양이 예측 불가능하게 포함되어 있다. 따라서 PCR 반응에서 위음성(false negative) 문제도 발생할 수 있는데, 이는 PCR 반응이 최적화되지 않은 상태에서 기인한 것이 대부분이다.

(3) 내부 대조물질(Internal control)

PCR 진단검사에는 양성과 음성 대조군(control)과 내부 대조물질이 반드시 사용되며, 가장 중요한 대조군들이다. 내부 대조물질은 PCR 검사과정의 적정성 여부에 대한 확인검사로 PCR 과정에서 발생할 수 있는 오류를 확인할 수 있다.

4) PCR 반응의 상대적 장단점

PCR은 서던블롯부합법(Southern blot hybridization)의 단점을 대부분 보완하여 많은 장점을 가진 방법이긴 하지만, DNA에 원인이 있는 경우와 반응조건과 관련되어 목적하는 증폭산물을 얻을 수 없는 경우도 발생한다(표 14-1).

표 14-1. PCR 반응의 상대적 장단점

장점	단점
① 미량의 DNA로도 실험이 가능 ② PCR에 소요되는 시간이 수 시간 정도로 결과분석까지의 과정이 매우 빠름 ③ PCR 생성물을 이용해서 분자 수준에서 분석을 진행하는데 적합 ④ 방법상으로 방사능 물질을 사용하지 않음	① 다른 핵산이나 증폭산물에 의해 오염되기 쉬움 ② 큰 DNA는 증폭하기 어려움 ③ Primer를 고안하기 위해서는 DNA 염기서열을 알고 있어야 함 ④ 오류의 수정이 없어서 과정 동안 변이가 나타날 수 있고, 이것이 증폭되기도 함

2. 전기영동

전기영동(Electrophoresis)은 용액 중의 전하를 띈 물질이 전기장 내에서 이동하는 현상을 의미하며, 생체 거대분자(macromolecule)들의 성질을 연구하고, 그것들을 분석, 분리, 정제하는 중요한 방법 중에 하나이다. 거대분자들은 고유의 전하를 띠고 있어 전기장(electric field)에 놓이게 되면 서로 다른 속도로 이동하기 때문에 전기영동으로 DNA, RNA나 단백질 등을 분리할 수 있다.

1) 전기영동의 원리

완충용액에 전압을 걸면 용액에 함유된 전하를 띤 입자들 중에서 음전하를 띤 입자는 양극(anode)으로 이동하고, 양전하를 띤 입자는 음극(cathode)으로 이동한다(그림 14-2). DNA는 인산기 때문에 그 골격에 음전하를 띠고 있으므로 겔의 끝 쪽에 있는 양극을 향하여 이동하게 된다. DNA의 구조나 영동전위, 겔 온도, 염색에 사용되는 EtBr, 완충액의 종류와 이온강도 등은 전기영동 이동도에 영향을 줄 수 있다.

2) 겔의 종류

겔이 서로 다른 DNA들을 분리할 수 있는 이유는 마찰력 때문인데, 작은 DNA 절편은 용매와 겔 분자들로부터 약간의 마찰력을 받아 빠르게 이동하고, 반대로 큰 DNA 절편들은 큰 마찰력을 받음으로 느리게 이동한다. 그러므로 전류가 DNA 절편들을 각각의 크기에 맞게 분리시키는 것이다.

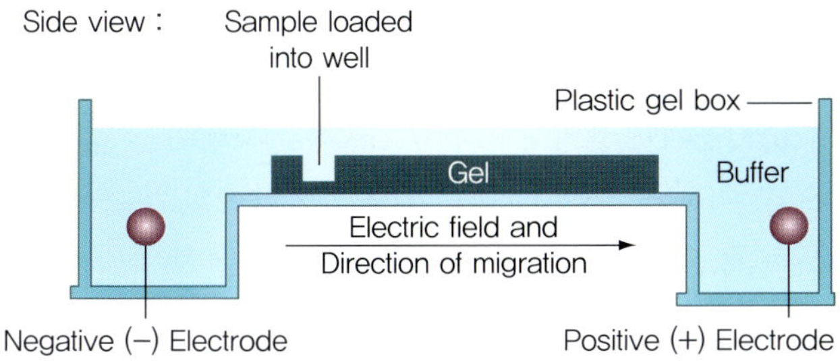

그림 14-2. 전기영동의 원리

DNA 전기영동에서 겔 메트릭스(gel matrix)의 종류와 겔 농도는 전기영동 이동도에 영향을 미치는데, 일반적으로 0.2 kb 이상의 단편분리는 아가로스 겔(agarose gel)을 사용하고, 0.5 kb 이하 단편의 분리는 폴리아크릴아미드 겔(polyacrylamide gel)을 사용한다. 또한 DNA의 구조나 영동전위, 겔 온도, 염색에 사용되는 EtBr, 완충액의 종류와 이온강도 등도 전기영동 이동도에 영향을 준다. 겔 종류에 따라 전기영동장치의 취급이 다른데, 보통 아가로스 전기영동은 수평형으로 그리고 폴리아크릴아미드 겔 전기영동은 수직형으로 시행된다.

(1) 아가로스 겔

아가로스 겔(Agarose gel)은 해상도는 낮으나 아주 넓은 범위(200 bp~50 kb)의 DNA나 RNA 시료를 간편하게 분리할 수 있기 때문에 가장 흔히 사용된다. 아가로스는 해초에서 추출되는 선형중합체 형태의 물질로 적당한 완충용액에 녹여서 원하는 크기의 틀에 부어서 겔이 굳은 후에 사용한다. 특성은 pore size가 크면서 분자체 효과가 작고, 제조가 간단하며, 투명하기 때문에 정량이 쉽고, 영동하는 물질에 대한 변성이나 흡착을 나타내지 않는다. 500 bp 이상은 1% 겔을, 100~500 bp는 2% 겔을 사용하는 것이 좋고, 만약에 아가로스 겔의 농도가 0.5% 이하이거나 저융점 아가로스 겔을 이용할 때는 4℃에서 전기영동을 하는 것이 좋다.

① 아가로스 겔 제조방법(1%, 100 mL)

ㄱ. Agarose 분말을 1.0 g 준비한다.

ㄴ. 적절한 크기의 용기에 실온 또는 냉각한 buffer 100 mL을 흔들어주면서 agarose 분말을 넣는다.

※ 유리 삼각플라스크를 추천하며, 2~5배 큰 용량의 플라스크를 사용하면 끓어올라 용액이 넘치는 것을 방지할 수 있다. 3% 이상의 고농도 gel을 조제할 때 agarose 입자가 buffer에 퍼지기 어려운 경우가 있는데, 이때 미리 buffer를 얼음에서 10분 정도 냉각해 두면 agarose 입자가 분산하기 쉽다.

ㄷ. 랩을 덮은 후 증기가 나갈 구멍을 뚫고, 전자레인지에 가열하면서 때때로 꺼내어 가볍게 흔들어 주기를 반복하면서 완전하게 용해한다.

ㄹ. 가열 종료 후 전자레인지에서 꺼내 천천히 흔들면서 거품을 제거한다.

※ 전자레인지로 가열하면 용기 전체가 과열되어 격렬하게 끓기 때문에 안전을 위해 주의가 필요하다. 또 화상을 막기 위해서 holder나 단열성 장갑을 사용하는 것이 바람직하다.

ㅁ. 실온에서 50~60℃까지 서서히 식힌 후, gel tray에 용액을 붓고 tip 등으로 거품을 제거한 뒤, comb을 꽂은 후 굳힌다.

ㅂ. Comb을 제거한 후 전기영동을 시행하거나 바로 사용하지 않을 경우 완충액 buffer를 채워 냉장고에서 보관한다.

(2) 폴리아크릴아마이드 겔

아크릴아미드(acrylamide)는 단량체(monomer)로 암모늄퍼설페이트(ammonium persulfate, APS)와 TEMED (N,N,N',N'-tetramethylethylenediamine) 같은 자유전자를 가진 화학물질이 존재하면 연쇄반응을 일으켜 긴 사슬로 중합체가 되는데, N', N'-메틸렌비스아크릴아미드(N',N'-methylene bisacryl amide)가 이 중합화반응에 첨가되면 긴 사슬에 상호결합이 일어나면서 겔 형태로 굳어진다. 폴리아크릴아마이드 겔(Polyacrylamide gel)은 고분해능이기 때문에 DNA 단편 해석 등에 널리 이용되고 있다. 염기서열용(gene sequencing) 겔에 쓰이는 아크릴아미드의 농도는 DNA 단편의 크기가 클수록 낮은 값을 사용한다. 프라이머(primer)로부터 50개 염기 정도의 핵산을 읽고 싶을 경우에는 15~20% 농도를 사용하고, 20~400개 염기정도의 핵산에는 6% 아크릴아미드를 포함하는 겔을 사용한다. 이 겔의 단점은 겔 제작과 전기영동에 많은 시간이 요구되며, 전기영동이 수직으로 시행되기 때문에 전기영동 진행 중에 ethidium bromide (EtBr) 염색으로 band를 확인하기는 어렵다는 것이다. 그러나 DNA 정제와 용출에 이용되고, 이렇게 정제된 DNA는 제한효소반응 등에 적합하다.

(3) 기타

① SDS-폴리아크릴아마이드 겔 전기영동(PAGE)

단백질의 전기영동에서 일반적으로 사용되는 SDS-PAGE는 음이온성 계면활성제(anionic detergent)인 sodium dodecyl sulfate (SDS)를 사용하여 단백질이 각각의 단위체로 분리되게 함으로써 단백질의 분자량이나 단백질의 단위체를 분석할 때 사용한다.

② Isotachophoresis (ITP)와 Isoelectric focusing (IEF)

단백질 전기영동방법 중 가장 최근에 발전한 방법으로 ITP와 IEF가 있다. 이 두 가지 방법은 띠 전기영동법(zone electrophoresis)과는 다르며, ITP는 두 개의 다른 전해액(선도 전해액과 마감 전해액)을 사용한다. IEF는 단백질을 분리, 정제하는 데 가장 효과적인 방법이다. 전기영동은 단백질의 크기와 일정한 pH에서 전체전하에 의해 결정되는 이동속도에 따라 단백질을 분리하지만, IEF는 단백질의 등전점(isoelectric point)을 이용하여 단백질을 분리한다는 점이다. 등전점(pI)이란 단백질의 순전하(net charge)가 0이 되는 pH 값이다.

3) 완충액

전기영동에 사용되는 완충액의 조성과 이온 농도는 DNA 이동에 영향을 주는데, 만약에 물을 완충액으로 쓴다면 DNA는 이동이 되지 않고, 고염농도에서는 전류 과대상태가 되어 겔이 고온으로 인해 녹거나 DNA의 변성이 올 수도 있다. 완충액 내의 Tris는 양이온을 공급하는 역할을 하지만 Tris 자체로만 용액을 만들면 pH가 약 11 정도로 DNA를 해리시킬 수 있다. 따라서 acetate나 borate, phosphate를 사용하여 약염기성으로 조절한다. EDTA는 완충액 내에 존재할지 모르는 DNA 분해효소들을 불활성화시키는 역할을 하며, 많이 사용하는 완충용액으로는 Tris-acetate EDTA (TAE)와 Tris-borate EDTA (TBE)가 있다(표 14-2).

TBE와 유사하며 DNA 회수에 방해를 하지 않는 Tris-phosphate EDTA (TPE)는 DNA sequencing에 주로 사용된다. 전기영동 시에 어떤 완충액을 사용하더라도 전기영동조에 넣는 양은 액면이 겔보다 1~2 mm 이상 위까지 오도록 해야 한다. 완충액을 너무 많이 넣으면 음극과 양극 간의 저항이 많아져 겔 사이의 전압구배가 감소하여 DNA의 이동이 늦어지고, 과잉 발열과 band 변형의 원인이 될 수 있다.

표 14-2. 전기영동 완충액의 종류와 적용

종류	적용
TAE (Tris–acetate with EDTA)	• DNA를 회수할 때
	• 큰 DNA(>12 kb) 전기영동
	• 전기영동 시간이 6시간 이상으로 길어질 때
TBE (Tris–borate with EDTA)	• 작은 DNA(<1 kb)의 전기영동
	• 해상도가 좋음
	• 고도완충 능력

4) 겔 염색시약

핵산은 에티디움 브로마이드(EtBr)로 염색을 하면 EtBr이 핵산분자와 결합하게 되고, 자외선투영기(UV transilluminator)에서 확인이 가능하다(그림 14-3). 검출 감도는 1 ng이라도 가능하다. 전기영동 중에 EtBr로 염색을 하는 경우에는 최종농도 0.5 μg/mL이 되도록 아가로스 겔 용액에 첨가하는데, background가 상승을 하거나 band의 영동이 일그러지는 경우가 있기 때문에 전기영동이 끝난 후에 염색을 하기도 한다. EtBr은 강력한 돌연변이 유발물질이기 때문에 취급할 때 특별한 주의가 필요하다.

EtBr 염색과 탈색에서 발생한 모든 용액은 별도의 보관병에 담고, 활성탄소팩을 넣어 실온에서 하루동안 방치를 하면 활성탄소에 EtBr이 흡착이 된다. EtBr을 흡착한 탄소와 여과액을 분리하여 여과액은 하수로 버릴 수 있으며, EtBr 염색 때 사용된 반 고형폐기물은 262℃ 이상에서 소각해서 소각분해처리를 한다.

겔 염색시약으로는 EtBr 외에도 고감도의 intercalate 시약(GelStar nucleic acid strain, Vistra Green 등)이 있다. Vistra Green은 독성이나 발암성에 관련된 보고는 알려지지 않았지만, 발암물질과 동일하게 취급할 필요가 있다(표 14-3).

5) 전류

전류는 일반적인 PCR 생성물의 경우 100V에서 20~30분이면 적당하다. 전류의 전압이 높으면 전기저항이 높아져 겔의 온도가 올라가면서 부분적으로 겔이 녹게 되므로 해상력이 떨어질 수 있으며, 전압이 낮으면 시간이 오래 걸린다. 최적 전류는 겔의 두께가 두꺼울수록 낮고, 길이가 길수록 높다.

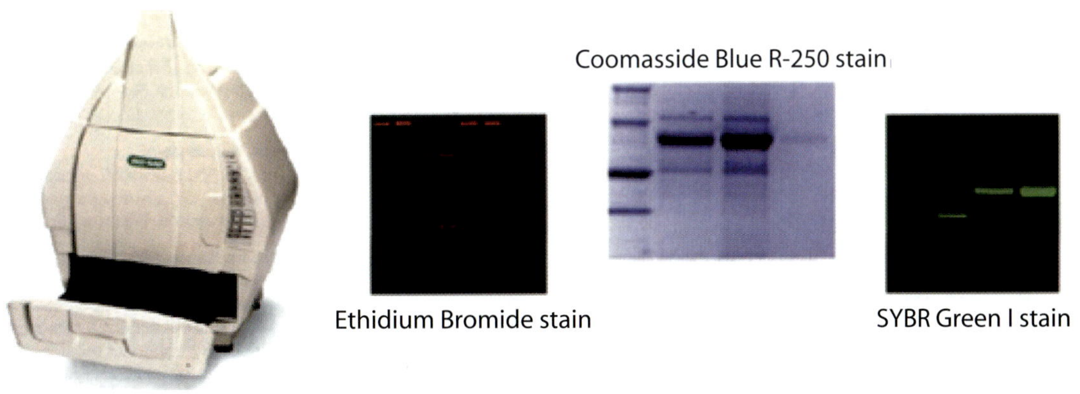

그림 14-3. 영상분석 장치와 염색법에 따른 겔 밴드모습

표 14-3. 겔 염색시약의 종류

종류	Ethidium Bromide (EtBr)	GelStar Nucleic Acid Strain	Vistra Green
특징	저가이며 널리 사용	dsDNA, ssDNA, RNA 고감도로 검출	dsDNA, ssDNA, RNA 중에서 dsDNA를 가장 고감도로 검출
감도	0.2∼10 ng	EtBr의 4∼20배	EtBr의 10∼100배 (20 pg)
권장 UV	302 nm	312 nm	254 nm

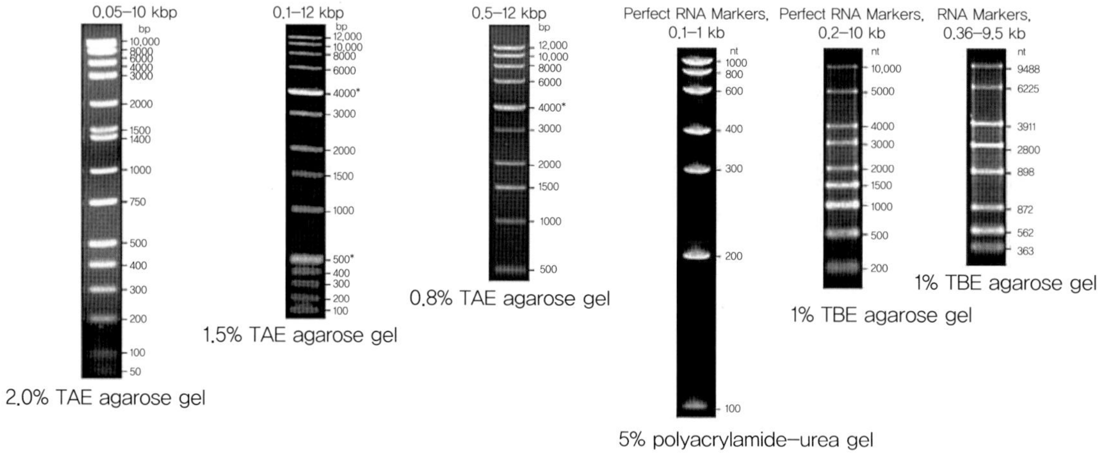

그림 14-4. 마커의 종류

6) DNA 마커

λ DNA나 플라스미드 DNA를 제한효소로 처리한 마커가 많이 이용되고 있으며, 100 bp마다 밴드가 나오는 분자량 마커도 판매되고 있다. 마커는 분리하고 싶은 크기, 사용하는 gel의 농도에 따라 선택하여 사용할 수 있다(그림 14-4).

7) 전기영동 과정에서 발생될 수 있는 문제점

(1) 밴드가 보이지 않을 때

① 반응이 제대로 되었는가를 확인한다.

ㄱ. *Taq* DNA polymerase : 유효기간을 확인하고, 양을 늘려서 반응을 다시 해본다.

ㄴ. dNTPs : 농도가 정확한지 확인한다.

ㄷ. 주형 DNA : DNA 순도와 양을 확인해본다. 순도가 떨어지는 경우에는 DNA를 다시 분리한다.

ㄹ. 완충액 : 적당한 완충액을 사용하였는지 확인한다. 경우에 따라서는 완충액이 다를 수도 있다.

ㅁ. 반응조건 : PCR 장비가 제대로 작동하였는지를 확인하고, 프로그램을 정확하게 만들었는지 그리고 합성온도가 너무 높거나 변성온도가 낮지는 않았는지 확인한다.

ㅂ. 프라이머 : 여러 가지 발생할 수 있는 문제점들을 확인했는데도 밴드가 보이지 않을 때는 프라이머의 염기서열 자체가 잘못되었는지 확인해야 한다.

ㅅ. 물 : 물의 순도와 양이 적당했는지 확인한다.

② 반응산물 검출방법을 확인한다.

PCR 반응이 제대로 되었음에도 에티디움 브로마이드(EtBr)의 농도에 따라 밴드가 보이지 않을 수 있으므로 전기영동을 다시 해보거나, 조금 더 오랜 시간 노출을 시켜볼 수도 있다.

(2) 밴드가 많이 보일 때

① 합성온도가 낮은지 확인한다.

② 싸이클 수가 많았는지 확인한다.

③ *Taq* DNA polymerase, 프라이머, dNTPs의 농도가 적당했는지 확인한다.

(3) 프라이머-dimer가 많이 보일 때

① 두 프라이머의 3' 말단이 서로 상보적일 때는 새로 제조하는 것이 좋다.

② 결합온도가 낮으면 주형 DNA와 결합되지 못할 수 있다.

③ 프라이머의 농도가 높은지 확인한다.

(4) 밴드의 크기가 다를 때

프라이머가 주형 DNA의 반복 염기서열과 상동성(homology)이 있는지 확인한다.

(5) Smear 현상이 나타나는 경우

① DNA 양, *Taq* DNA polymerase, Mg^{2+}, cycle 수를 줄여본다.

② 합성온도를 올려본다.

(6) 오염

① 검체분리, 시약제조, PCR 그리고 전기영동의 장소를 따로 분리한다.

② 파이펫을 각각 사용하며, 오염방지 팁(aerosol tip)을 사용하는 것이 좋다.

③ 음성대조군(Negative control)을 사용하여 항상 오염 여부를 확인한다.

(7) 어떤 DNA는 밴드가 보이고 다른 DNA는 밴드가 보이지 않을 때

DNA를 TE 완충액에 녹였을 때 EDTA의 농도가 높으면 Mg^{2+}의 기능을 억제하여 *Taq* DNA polymerase의 활성을 방해할 수 있다. 혈액에서 DNA를 추출했을 때 hemoglobin이 손상되었다면 PCR이 방해를 받을 수도 있다.

3. 역전사 중합효소연쇄반응

역전사 중합효소연쇄반응(Reverse transcription PCR, RT-PCR)은 소량의 mRNA를 이용하여 유전자의 발현을 알아볼 수 있는 검사법으로서, PCR은 DNA를 증폭하는 기법이기 때문에 RNA 바이러스의 검출과 융합 전사물(fusion transcript)이 생성되는 여러 종양들에서 진단적으로 사용하기 위한 방법으로 사용된다.

1) 반응원리

RT-PCR은 RNA를 레트로바이러스에서 유래하는 역전사 효소를 이용하여 complementary DNA (cDNA)를 합성하고, cDNA를 주형으로 PCR법으로 증폭하여 매우 적은 양의 RNA를 검출하는 원리이다(그림 14-5). 따라서 RT-PCR은 RNA 추출과 역전사 효소반응 그리고 PCR 반응의 3단계로 나눌 수 있다.

역전사 반응에는 RNase H (H는 RNA와 DNA의 hybrid를 의미) 활성이 필요하다. RNase H는 RTase가 동시에 보유하고 있는 경우가 많으며, PCR 반응의 주형 DNA로 작용하는 cDNA는 mRNA가 제거되어야 하는데, RNase H는 mRNA를 제거할 수 있다. cDNA를 만드는 방법은 priming의 방법에 따라 gene-specific primer가 mRNA에 결합하면서 역전사 효소에 의해 확장되는 방법, mRNA의 3' end의 polyadenyl 부위에 oligo (dT) primer가 결합하면서 cDNA가 합성되는 방법 그리고 random hexamer primer가 결합하면서 합성되는 방법 등 크게 3가지로 나눌 수 있다.

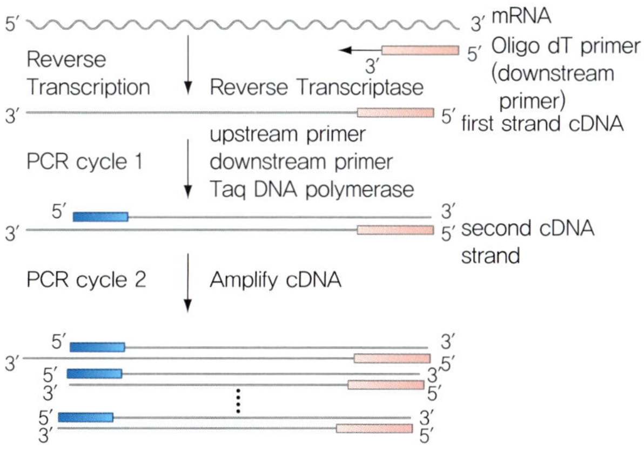

그림 14-5. RT-PCR의 반응

역전사 반응은 RNA의 회수율, RT 과정의 효율, PCR의 효율 등에 따라 최종산물이 정해지는데, 그 중에서도 RNA의 순도와 DNA 혼입에 의한 증폭반응의 저해 유무 등이 가장 중요하다.

2) RT–PCR에 대한 예민도

일반적으로 PCR에 사용되는 *Taq* polymerase는 RNA를 주형으로 하는 활성이 매우 약하기 때문에 유전자발현이 되고 있는 mRNA나 인플레인자, C형 간염같이 RNA를 게놈으로 하는 바이러스는 PCR법으로 검출, 정량하기는 어렵다. 그러나 RT-PCR 방법의 예민도는 10 μL 정도의 혈액으로도 RNA 검출이 가능하기 때문에 RNA 검사의 특이성을 증가시켰다. 또한 소량의 RNA로부터 염기서열의 분석이 가능하게 되었으며, 세포 내에 발현되는 mRNA의 정성적인 분석과 정량적인 분석도 가능하게 되었다.

3) RT–PCR에 필요한 구성성분

역전사 반응에는 RNA, primer, 역전사 효소, RNase inhibitor, dNTP 와 $MgCl_2$ 등이 필요하다.

(1) RNA

역전사 반응에는 RNA의 양이 너무 많으면 역전사 반응이 일어나지 않기 때문에 RNA 양이 중요한데, total RNA인 경우는 100 ng ~2 μg 정도이고, mRNA인 경우는 1~100 ng을 사용한다. RNase는 매우 안정된 효소로서 고온에서도 불활성화 하지 않고, 보효소가 없어서 넓은 pH의 범위에서도 작용할 수 있기 때문에 RNA 추출과정을 포함해 역전사 반응 과정에 혼입되지 않도록 특별한 주의를 해야 한다.

(2) Primer

역전사 반응에 사용되는 primer는 oligo-dT, hexamer

알아두기 14-3. 신종인플루엔자(H1N1) 바이러스

인플루엔자 A (H1N1) 바이러스는 1918년부터 1957년 사이에 유행하였고, 1977년에 재출현하여 현재까지 계절성 독감으로 유행양상을 보였다. 2009년 4월 미국에 출현한 돼지에서 유래한 신종 A형 H1N1 인플루엔자 A [swine–origin influenza A (H1N1) virus, SH1N1]는 지속적으로 사람간의 전파가 발생하여 10만 명 이상의 확진 환자가 발생하면서 세계보건기구(World Health Organization, WHO)는 인플루엔자 대유행(pandemic) 경고를 6단계(2개 이상의 WHO 지역의 최소 1개국 이상에서 지속적인 지역사회에서의 유행이 있는 단계)로 발표하였다. 우리나라는 2009년 11월 3일 정부가 국가전염병 위기단계를 '심각단계'로 격상하는 등 대유행을 경험하였다.

신종플루검사방법

1. 신속항원검사(Influenza rapid antigen test)

Influenza A, B의 양성 또는 음성 여부만을 알 수 있는 검사법이다. 신종플루 H1N1은 Influenza A에 속하기 때문에 Influenza A에 양성반응을 보일 경우, 신종플루일 가능성도 있지만 신종플루가 아닌 다른 계절성 독감일 수도 있기 때문에 확진검사가 필요하다.

2. 확진검사(PCR)

Multiplex PCR	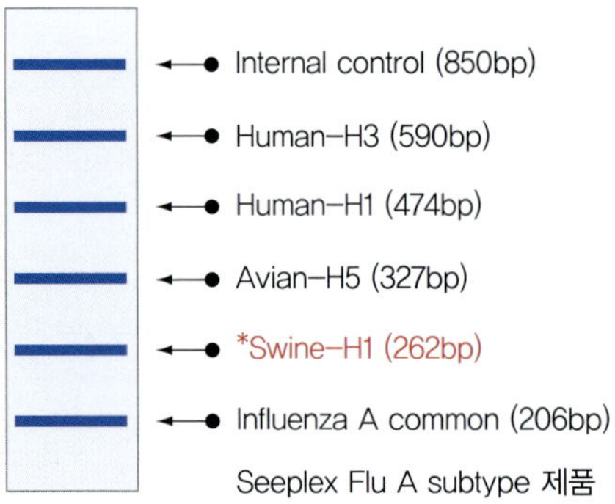 Seeplex Flu A subtype 제품	신종플루와 계절성플루를 구분할 수 있고, realtime PCR 검사법에 비해 검사비용은 저렴하지만, 전기영동을 시행하는 과정에서 검사실 오염의 문제도 발생할 수 있고, 검사소요시간이 real–time PCR 보다는 오래 걸린다.
Real Time RT–PCR	형광 probe를 사용하므로 특이도와 민감도가 우수하고, 전기영동 단계가 없으므로 PCR product의 오염을 줄일 수 있으며, 검사시간이 conventional RT–PCR보다 적게 소요된다.	

그리고 대상유전자 특이 primer 등 3가지가 있다. 가장 많이 사용되는 oligo-dT primer는 mRNA의 polyA와 결합하므로 cDNA 전체를 합성할 수 있다. 무작위로 구성된 hexamer는 6개의 뉴클레오티드로 구성되어 있기 때문에 mRNA 서열 중 다수의 상보적인 부위에 결합할 수 있다. 대상유전자 특이 primer는 대상유전자의 mRNA에 결합하므로 특이도는 높다.

역전사 반응이 끝나면 cDNA가 생성되는데, cDNA는 DNA와 달리 인트론이 존재하지 않는다. 따라서 역전사 반응 후에 PCR을 할 때는 엑손에만 결합하는 primer를 사용해야 하며, 두 개의 엑손이 연결되는 부위에 결합할 수 있는 primer를 사용하면 위양성을 방지할 수 있다.

(3) 역전사효소

역전사효소에는 avian myeloblastosis virus reverse transcriptase (AMV-RTase), M-MuLV RTase, Tth DNA 중합효소 등 많이 알려져 있는데, 실험이나 검사 목적에 따라 적당한 효소를 선택해야 한다. 효소는 종류에 따라 cDNA 합성의 길이가 1~14 kb까지 차이가 나고, 반응온도, 민감도, 특이도 그리고 RNase H 활성도의 존재 정도가 다르다. AMV RTase는 열 안정성이 뛰어나며 반응온도가 높고, 민감도가 좋지만 가격이 비싼 반면에 M-MuLV RTase는 반응온도가 낮고 민감도가 좋은 편이며, 경제적인 이점 때문에 많이 사용되고 있다.

4. 실시간 중합효소연쇄반응

실시간 중합효소연쇄반응(Real-time PCR)은 quantitative real time PCR (qPCR) 또는 kinetic PCR이라고도 하며, DNA를 증폭시키면서 증폭산물을 동시에 검출할 수 있는 방법이다. PCR 반응을 위한 Thermal Cycler와 반응물의 detection을 위한 분광광도계를 일체화한 것으로 post-PCR 단계가 없기 때문에 시간이 단축되고 앰플리콘의 오염이 없으며, 시료에 포함되어 있는 target gene의 양을 PCR의 log phase 초기에 신속하게 정량할 수 있다는 장점을 가지고 있다.

1) Real-Time PCR의 원리

Real-Time PCR은 DNA polymerase는 중합반응 기능 외에도 DNA duplex를 분해하는 뉴클레아제 기능이 있음에서 착안하여 개발된 기술로서 일반 PCR과 같이 2개의 primer를 이용하는 원리는 같지만, 두 가지 형광물질을 사용한다. 하나는 PCR 반응물질에 부착하고, 다른 하나는 시발체 또는 소식자에 부착함으로써 대상물질의 정량적 분석뿐만 아니라 융해곡선(melting curve) 분석을 이용한 돌연변이 분석도 가능하다. 즉 PCR 증폭과정 중에 발색되는 형광물질(fluorescent dye)을 이용하여 매 cycle마다 진행상황을 실시간 모니터링 함으로써 지수함수적으로 일어나는 증폭산물량을 비교하여 정확한 정량이 가능하다(그림 14-6).

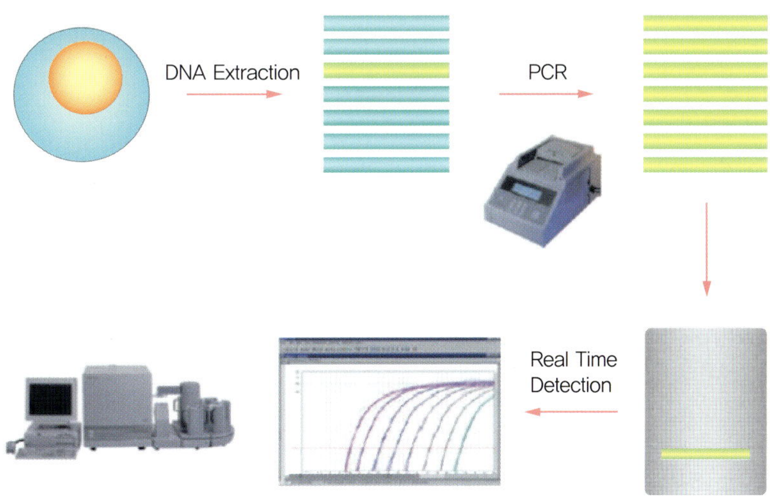

그림 14-6. Real-time PCR 분석 과정

2) Real-Time PCR의 방법

Real-Time PCR 방법에는 많은 형광물질 표지자가 사용되며, 방법으로는 interchelating법과 형광표식 probe법 등이 있으며 실험목적에 따라 선택하여 사용한다.

(1) SYBR 형광염색법(SYBR green I)

1997년에 처음으로 소개된 real-time PCR은 초기에 EtBr을 사용하였으며, 현재는 SYBR green I이 가장 흔하게 사용된다. SYBR green I은 형광물질과 유사한 성질을 가지고 있으며, 이중나선 DNA에 결합하여 형광을 나타내는 시약(interchelator)으로서 PCR반응으로 합성된 이중나선 DNA에 결합하여 형광을 발하며 이 형광강도를 검출하여 증폭산물의 생성량을 측정할 수 있다(그림 14-7).

SYBR Green I의 단점 중에는 PCR에 의해 생성된 DNA의 양을 포화시켜야 하는 dye의 농도에서 증폭을 억제하기 때문에 SYBR Green I의 양의 부족하여 낮은 융점의 결과물일 경우에는 다중증폭이 관찰되지 않는다. 최근에는 PCR 반응을 억제하지 않고 포화되는 DNA 염색을 대체할 수 있는 염료가 개발되고 있다.

SYBR Green I 방법은 모든 이중나선 DNA를 검출할 수 있기 때문에 특정 유전자별로 probe를 제작할 필요가 없으므로 비용은 저렴하지만, 검출 특이성은 낮다.

(2) Hybridization probe법(TaqMan probe법)

TaqMan probe법은 *Taq* polymerase가 합성에 관여할 뿐만 아니라 5' nuclease activity를 갖는다는 것을 이용한 방법이다.

TaqMan probe는 5'말단을 reporter dye (FAM 등)로 그리고 3'말단을 quencher dye (TAMRA 등)가 붙도록 고안된 oligonucleotide이다. 일반적으로 reporter는 short wavelength colored dye를 사용하며, quencher는 long wavelength colored dye를 사용한다. 평상시에는 quencher dye에 의해 형광발생이 억제되다가, extension 반응시에 *Taq* DNA polymerase가 갖는 5'→3'exonuclease 활성으로 주형에 hybridize한 TaqMan probe가 분해되어 형광색소가 probe에서 유리됨으로써 quencher에 의한 억제가 해제되어 발광을 하는 FRET (Fluorescence Resonance Energy Transfer) 원리가 적용된다(그림 14-8).

(3) Molecular beacon법

Probe의 양쪽 말단을 reporter 물질과 quencher 물질로 수식한 헤어핀형 이차구조를 만드는 oligonucleotide probe (Molecular Beacon probe)를 PCR 반응에 첨가하는 방법이다.

Molecular Beacon probe는 유리상태에서는 헤어핀 구조를 취하고, reporter 물질과 quencher 물질이 근접해 있어 형광발생이 억제된다. 그러나 annealing step에서 주형과 상보적인 영역에서 특이적으로 hybridize하고, 이 때 reporter 물질과 quencher 물질과의 거리가 멀어져 quencher 물질에 의한 억제가 해소되어 probe상의 형광색소가 형광을 나타낸다. 한편 hybridize하지 않은 molecular beacon probe는 헤어핀 구조를 유지하고 있어 형광을 나타내지 않는다(그림 14-9).

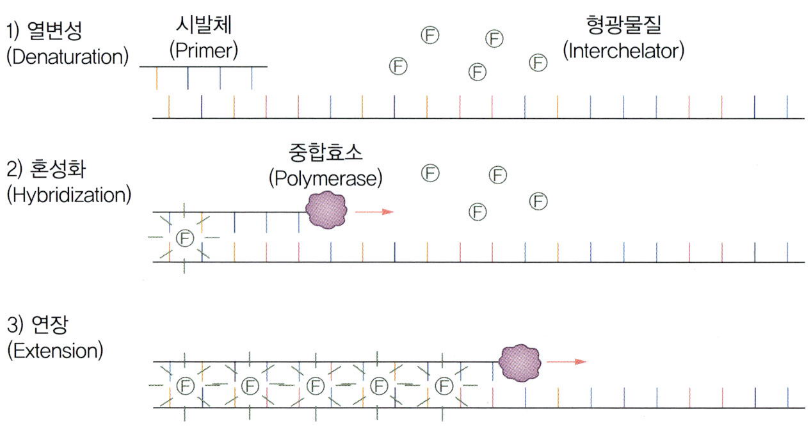

그림 14-7. Interchelator의 chemistry를 이용한 검출 과정

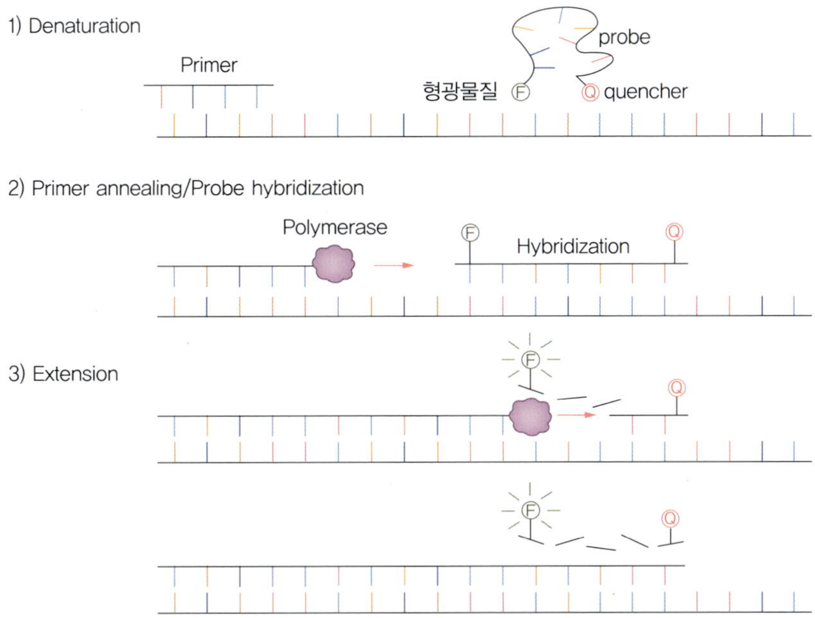

그림 14-8. TaqMan Probe의 chemistry를 이용한 검출 과정

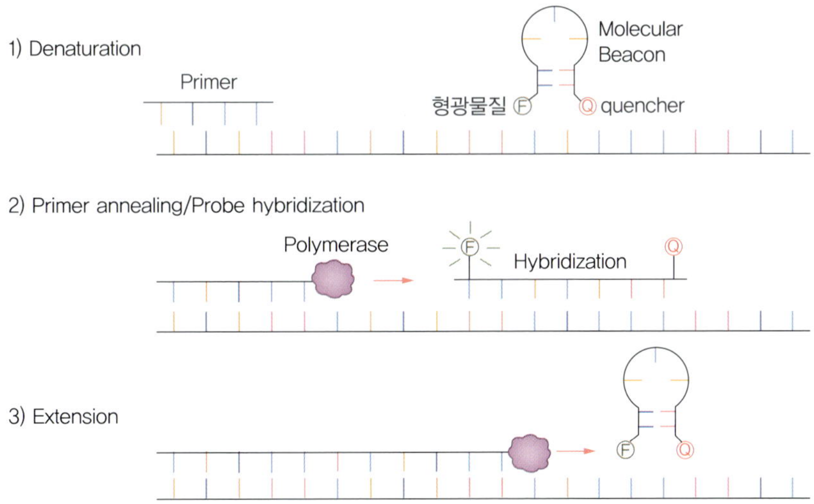

그림 14-9. Molecular Beacon의 chemistry를 이용한 검출과정

3) Real-Time PCR의 분석

정량분석에서 threshold line의 위치는 variation이 거의 없고 재현성이 높은 exponential phases에 설정하여 data를 얻는 것이 가장 이상적이며, 이에 따라 sample의 Ct (Cycle Threshold)가 설정되고 그로 인한 정량 data를 얻을 수 있는 것이다(그림 14-10).

TaqMan Probe와 SYBR Green I을 사용하여 PCR한 결과는 amplification plot (Log)과 standard curve를 이용해 분석할 수 있다(그림 14-11).

4) Real-Time PCR의 임상적 적용

Real-Time PCR은 유전자 발현정도, 바이러스나 세균

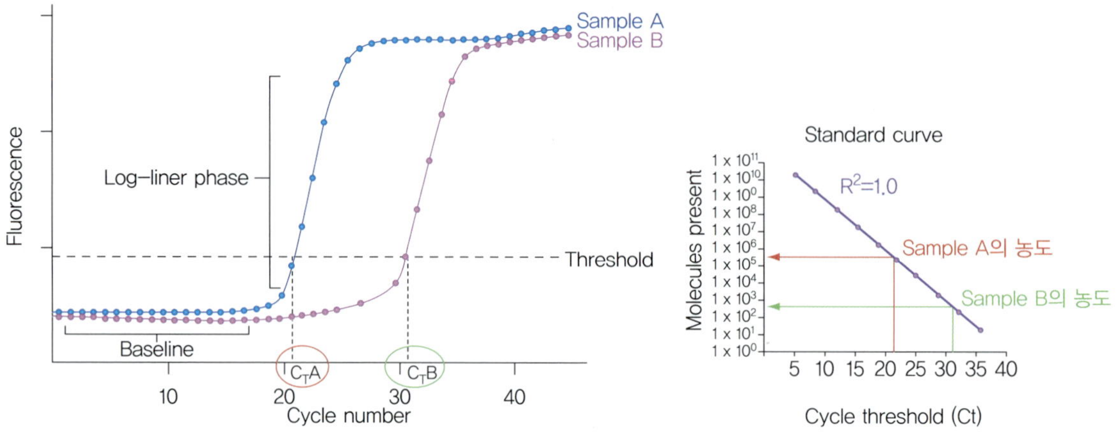

그림 14−10. Real−Time PCR 결과의 분석

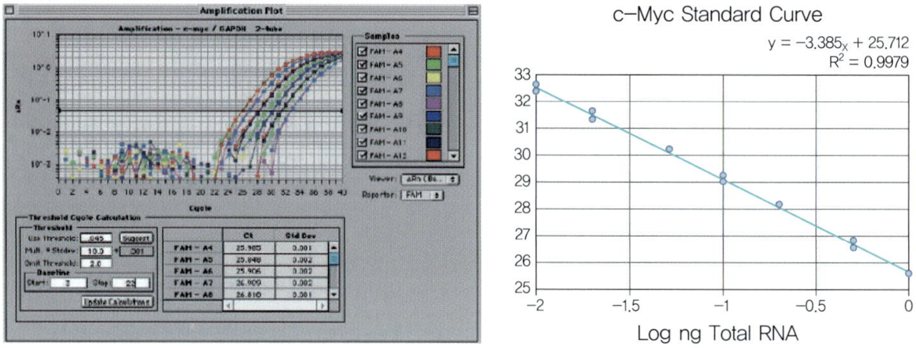

A. B.

그림 14−11. Amplification plot (Log). B. Standard curve

감염에 의한 감염원의 정량적 검출, 유전자지도의 작성, human genome project에서 염기서열 분석, 진화생물학, genetic finger printing을 이용한 법의학 분야, 돌연변이 분석, 유전질환 진단, cDNA 합성, cloning 등의 많은 분야에 이용되고 있다.

5. 주요 PCR 응용기법

1) 이중 중합효소연쇄반응

이중 중합효소연쇄반응(Nested PCR)은 2종류의 primer를 사용하여 연속적으로 각각 25 cycle 정도의 PCR을 시행하는 방법이다. 1차 PCR은 DNA를 대상으로 하며, 이 증폭산물로 2차 PCR을 시행하는 방법이다(그림 14-12). 전체 PCR 주기수를 증가시킴으로써 민감도를 높이고, 1차 PCR 증폭산물만을 검출하는 두 번째 primer set를 사용함으로써 특이도를 증가시킨 방법으로 미량으로 존재하는 DNA나 RNA를 증폭하고자 할 때 이용된다. 그러나 2차 PCR 과정에서 1차 PCR 생성물이 오염될 기회가 많은 단점이 있기 때문에 진단을 목적으로 하는 검사에서는 특별히 주의하여야 한다.

2) 다중 중합효소연쇄반응

다중 중합효소연쇄반응(Multiplex PCR)은 한번의 PCR 반응으로 여러 개의 엑손에 대한 증폭이 동일하게 진행된다. PCR 생성물은 모두 다른 길이로 만들어 지고, 크기들을 이용하며 전기영동으로 확인하여 결과를 해석한다(그림 14-13). 하지만 primer 자체의 결합이나 primer와 DNA의

알아두기 14-4. 호흡기 검체를 이용한 세균성 폐렴균 검사

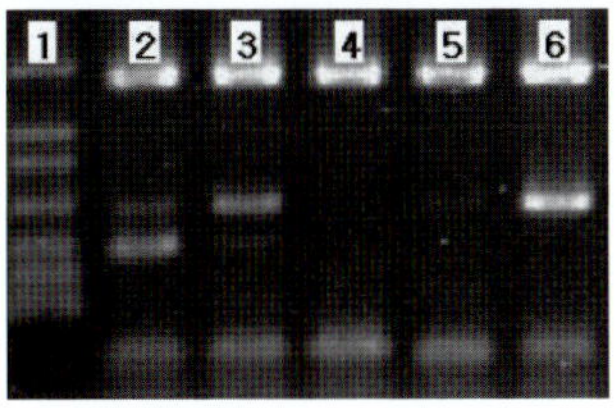

폐렴은 전세계적으로 유병률과 사망률이 높은 주요한 감염질환 중의 하나인데, 배양 등의 전통적인 방법은 예민도가 낮으며 시간이 오래 걸리는 반면 PCR을 이용한 진단법은 신속하고 민감도가 높아 사용이 증가하고 있다. *Streptococcus pneumoniae*와 *Haemophilus influenzae*는 폐렴의 가장 흔한 원인균들로, 예민한 분자진단검사에서 검출되는 경우가 흔하다.

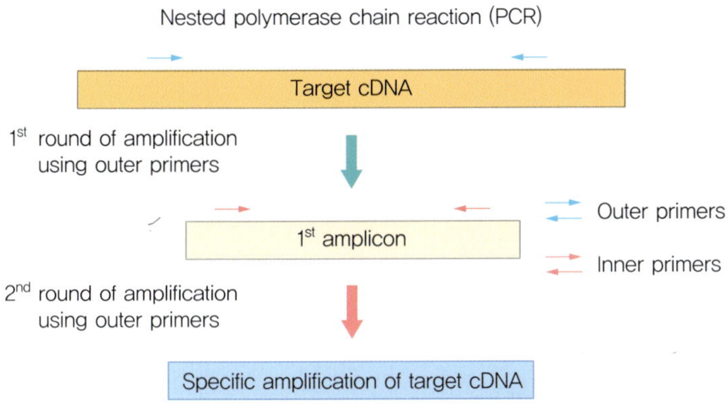

그림 14-12. Nested PCR 방법

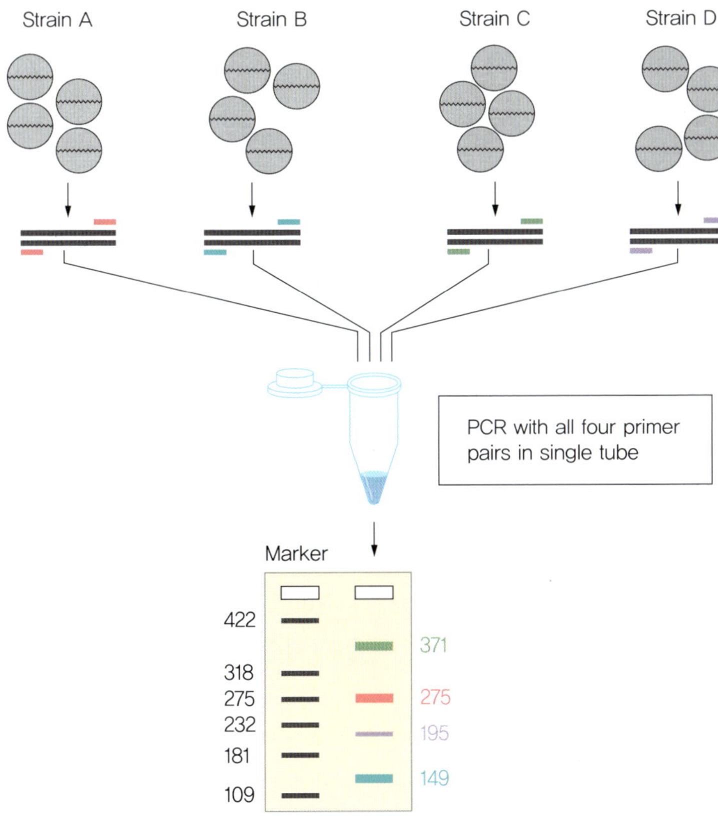

그림 14-13. Multiplex PCR 방법

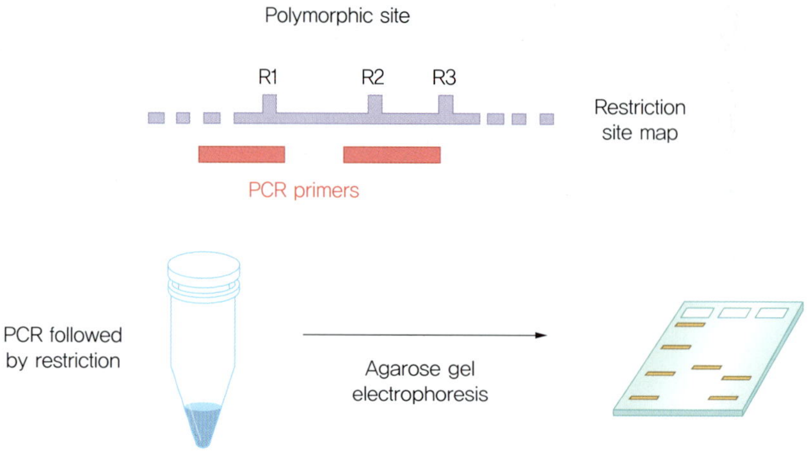

그림 14-14. PCR-RFLP 방법

결합 등에 의한 비특이 반응이 일어날 수 있으므로 primer 선정에 주의해야 한다.

3) PCR-RFLP

제한절편길이 다형현상(Restriction fragment length polymorphism, RFLP)이란 특정 유전자 또는 유전체 부위를 PCR로 증폭한 다음 제한효소를 사용하여 절단한 후 전기영동을 하면 제한효소에 의해 절단된 부위의 유전적 차이점을 확인할 수 있는 간단한 방법이다(그림 14-14). 그러나 제한효소 인지부위의 변화를 초래하는 경우에만 이용이 가능하다는 큰 단점도 있다.

4) 염기순서기반증폭 방법

염기순서기반증폭(Nucleic acid sequence-based amplification, NASBA)은 전사기반증폭(transcription-based amplification)을 원리로 하는 방법으로 역전사효소(AMV-RT), RNase H, T7 중합효소의 세 가지 효소를 이용하여 41℃에서 단일가닥의 RNA를 증폭하는 방법이다. NASBA는 PCR과 같이 두 개의 primer를 기본으로 하지만, primer 1은 5' 말단에 T7 polymerase promotor를 가지고 있다. Sense RNA에 primer와 AMV-RT 역전사효소를 첨가하면 cDNA가 합성이 되고, RNase H를 넣으면 RNA는 제거가 된다.

DNA에 다시 primer를 넣어주면 AMV-RT 역전사효소에 의해 DNA 합성이 이루어지면서 이중가닥의 DNA가 만들어진다. T7 RNA 중합효소는 많은 수의 RNA를 합성하고 DNA를 합성하는 처음의 단계로 돌아간다. 이 과정을 반복하면 2시간 내에 10^9배 정도의 target RNA를 증폭할 수 있다(그림 14-15).

이렇게 복제된 anti-sense RNA는 다시 primer들에 의해 반응에 참여하게 되면서, RNA가 대량으로 복제되어 진다. 이 방법은 동일 온도에서 증폭이 가능하기 때문에 별도의 PCR 장비가 필요하지 않으며, DNA는 높은 온도에서만 단일가닥으로 변하기 때문에 PCR 생성물인 이중가닥 DNA에 의한 위양성이 발생하지 않는다. NASBA 방법의 임상적 적용은 HIV, HCV, cytomegalovirus, enterovirus 등을 포함해 *M. tuberculosis, C. trachomatis* 등 다양한 세균 검출에 활용할 수 있다.

5) 증폭반영 돌연변이 시스템 검사법

증폭반영 돌연변이 시스템(Amplification refractory mutation system, ARMS) 검사법은 점돌연변이(point mutation)를 밝혀낼 수 있는데, primer의 3' 말단에서 하나의 염기가 틀리면 증폭시키고자 하는 유전자의 부위가 증폭되지 않는다는 원리를 이용한다. PCR primer가 주형 DNA에 결합하는 특성을 바탕으로 정상인 유전자형과 돌연변이 유전자형을 사용하여 한 검체 당 각각 2개의 PCR tube를 이용해서 PCR을 두 가지 반응으로 각각 시행해야 한다. 한 개의 tube에서는 정상형 염기서열에 상보적인 5' primer를 사용하고, 두 번째 tube에서는 돌연변이나 다형성에 대해

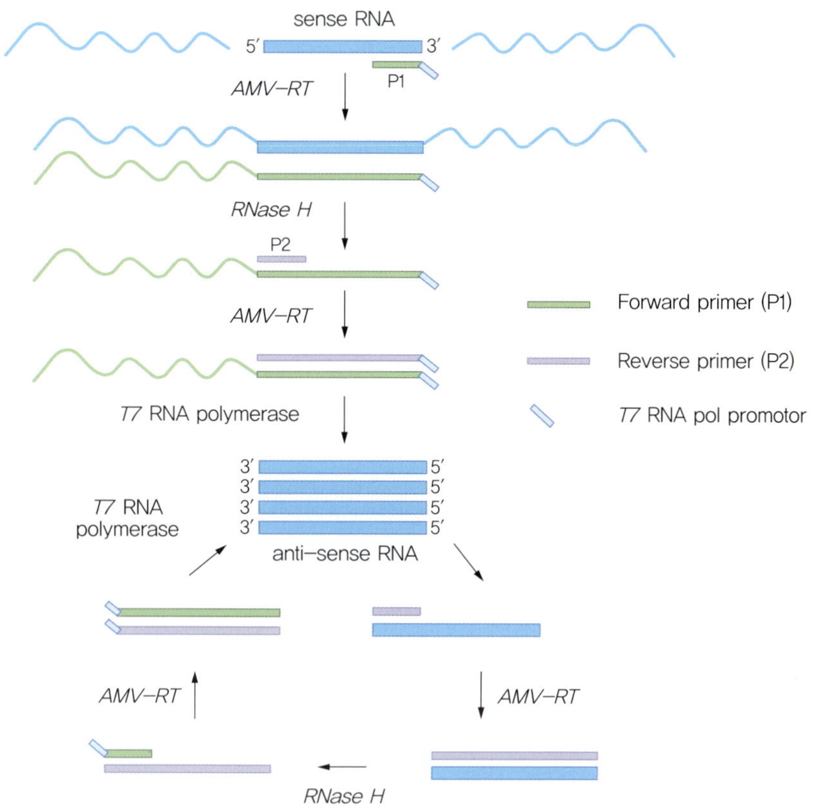

그림 14–15. NASBA의 원리

알아두기 14–5. PCR–RFLP 방법을 이용한 비결핵 마이코박테리아 동정

마이코박테리아(mycobacteria)과는 *Mycobacterium* 속이 하나 있고, 이 속에는 MTB (*M. tuberculosis*) complex와 MTB complex에 속하지 않는 비결핵 마이코박테리아(non–tuberculosis mycobacteria, NTM)가 있다.

MTB는 주로 비말(aerosol)을 통해 전염되며, 폐질환, 결핵, 수막염, 늑막염, 복막염, 소화기계 질환, 요생식기 질환, 림프절 질환 등 넓은 범주의 임상적 감염을 일으킨다. NTM은 주로 토양, 물, 집 먼지 등 자연거주환경에서 발견되는데, 이들 중에서 *M. avium*과 *M. intracellulare*는 악명 높은 병원성균으로 호흡기와 위장관을 통해 감염된다. *M. avium*과 *M. intracellulare*는 호흡기 질환을 앓고 있는 노인들에게 결핵균처럼 호흡기 감염을 일으키며, AIDS 환자들에게 감염이 되면 열, 권태, 체중감소와 설사를 일으키기도 한다.

NTM의 *M. kansasii*는 가장 흔한 만성 폐질환을 일으키고, *M. chelonae*와 *M. fortuitum*은 수술 후 감염, 각막염, 각막궤양 등의 상처부위에 기회감염을 일으키는 반면에 *M gordonae, M. terrae*는 사람의 질병은 거의 일으키지 않는다. 따라서 NTM의 균주 동정 검사는 환자의 치료에 중요한 정보를 제공한다.

NTM 균주의 동정은 PRA (PCR–RFLP Analysis) 검사법으로 가능하며, NTM 균주 DNA의 "RNA 중합효소(RNA polymerase) β–subunit을 코딩하고 있는 rpo B 유전자" 부위를 PCR로 증폭하고, 생성물을 제한효소인 Msp I으로 처리하여 전기영동법으로 동정할 수 있다.

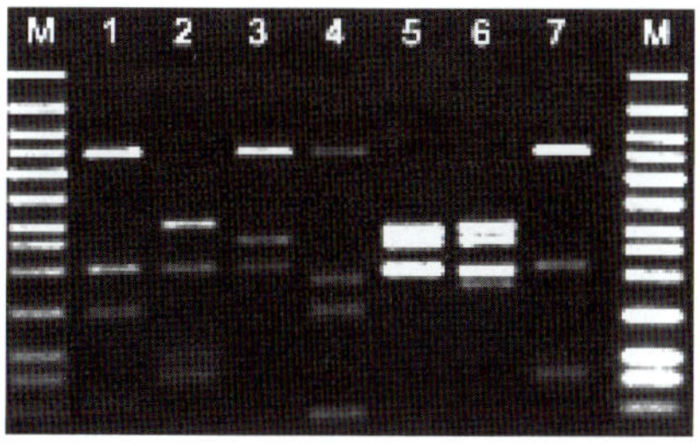

(사진제공 : 영동제약)

1. MTB (*M. tuberculosis*)
2. NTM (*M. avium*)
3. NTM (*M. intracellulare*)
4. NTM (*M. kansasii* type I)
5. NTM (*M. abscessus*)
6. NTM (*M. fortuitum* type II)
7. NTM (*M. gordonae* type I)

상보적인 5' primer를 사용하며, PCR 증폭산물은 target DNA 염기서열과 primer가 일치할 때 생성된다. PCR 결과는 정상형 DNA나 돌연변이 DNA 중의 하나만 증폭하게 된다. 이 방법은 낭성섬유증(CFTR) 돌연변이를 밝히거나, *HLA-A, B, C, DRB1, DQB1, DPB1* 유전자형을 검사하는데 사용된다.

6) PCR-SSCP

단일가닥 구조 다형성(Single strand conformation polymorphism, SSCP)은 1989년 오리타(Masato Orita) 등에 의해 고안되었으며, 단일사슬 DNA에서 일부 염기배열의 차이로 인해 전기영동에서 이동속도의 차이가 유발하는 현상이라고 할 수 있다. SSCP는 유전자의 돌연변이, 특히 점돌연변이의 검사에 사용되는 방법으로, 특이도가 떨어지기는 하지만 일차적으로 시행할 수 있는 방법이다.

변이가 있을 것으로 예상되는 target DNA를 PCR로 증폭을 한 후 증폭된 DNA를 전기영동을 하는데, 이때 단일가닥의 DNA는 비변성(non-denaturing) 완충액 중에서

알아두기 14-6. PCR-SSOP 방법의 의한 HLA (Human Leukocyte Antigen) 유전자형 검사

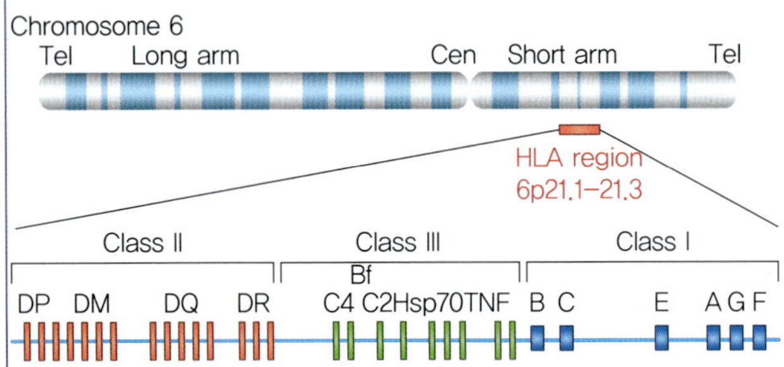

HLA의 유전
동일 염색체 상에 있는 HLA 항원의 조합으로 HLA 유전자들은 가까이 위치하고 있기 때문에 덩어리로 유전되고, 부모로부터 각각 1개씩 일배체형(haplotype)으로 유전된다.

주조직적합복합체(Major histocompatibility complex, MHC)란 면역반응의 항원인식과정에서 가장 중요한 역할을 하는 분자를 생성하는 유전자들과 그들의 산물인 단백질을 총칭한다. MHC는 모든 척추동물에 존재하며, 사람의 MHC 유전자를 HLA라고 하고 그 산물은 HLA 항원이라고 한다.

MHC는 6번 염색체의 6p21.3 부위에 위치하며, MHC 내의 200개 이상의 유전자가 면역반응에 관여를 한다. HLA class I과 II를 암호화하는 유전자는 사람이 가지고 있는 유전자 중에서 가장 다형성이 심하며, HLA의 다형성은 같은 유전자좌에서 생성된 분자가 두 종류 이상이 존재한다.

HLA 대립유전자 검사는 장기이식, 법의학, 친자감별, 법의학적 이용 그리고 질병관련 검사로는 B27이 있으며 강직성척추염 환자에서 양성으로 나타난다.

PCR-SSOP (sequence specific oligonucleotide probe) 방법은 HLA-A, -B, -C, DRB1, DQB1 유전자형을 검사하기 위한 방법이다. 다양성이 있는 유전자 부위를 PCR을 이용하여 증폭시키고 변성시켜 membrane에 고정한 후, 각 대립유전자에 특이한 allele specific oligonucleotide probe와 교잡반응(hybridization)을 실시하여 그 반응양상에 따라 HLA 유전자형을 판별할 수 있다.

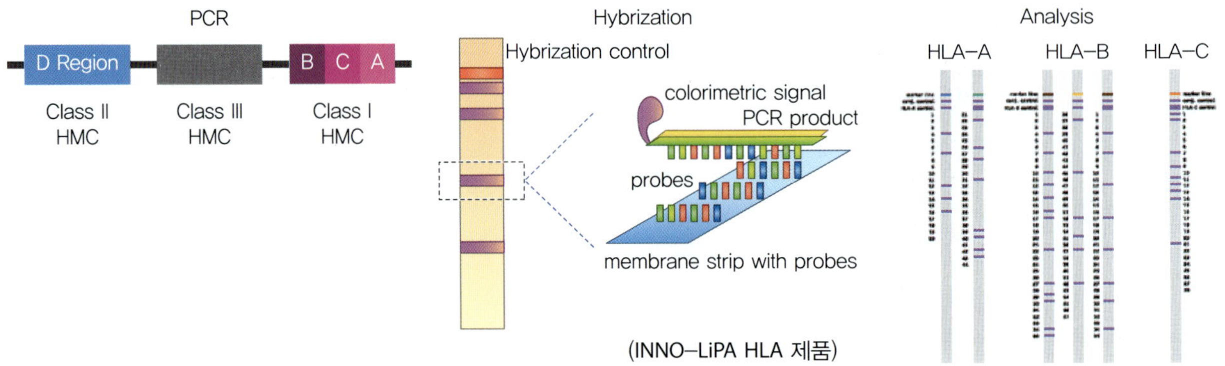

(INNO-LiPA HLA 제품)

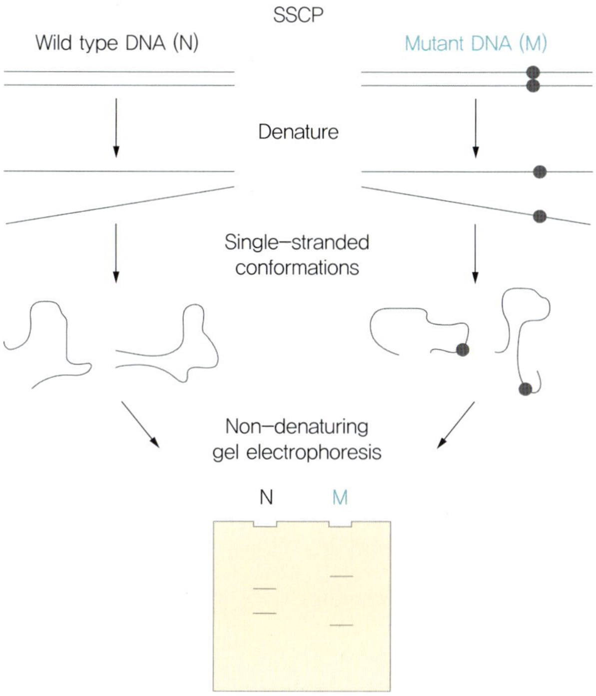

그림 14-16. SSCP의 원리

oligonucleotide의 크기나 conformation에 의해 정상 시료와 다른 위치에 밴드를 형성하게 된다(그림 14-16). SSCP는 한 개의 염기서열의 변화가 있는 경우에도 나타날 수 있는 미세한 이동의 차이를 검출해야 하기 때문에 agarose 겔 대신 polyacrylamide 겔을 사용하여야 한다. SSCP 방법은 매우 저렴하고, 200 bp 미만의 절편에 민감(약 80%)하기 때문에 사람 유전자에 존재하는 엑손(80%는 크기가 200 bp 이하) 부위의 유전변이형 검색에 유용하게 사용할 수 있다.

6. 디지털 PCR (Digital PCR, dPCR)

최근 Digital PCR이라는 새로운 개념의 기술이 도입되면서 PCR을 3세대로 구분하게 되었다. 기존의 일반 PCR을 1세대, 정량 PCR (Real-time PCR)은 2세대라고 하며, 제3세대 PCR을 디지털 PCR이라고 구분하고 있다. 1세대 PCR은 agarose gel 전기영동을 통해 유전자의 정성분석이 가능한 시스템으로, 정량적인 분석은 어려웠다. 이러한 정량적인 부분을 보완한 2세대 Real-time PCR은 상대정량 분석을 기반으로 Ct value를 통해 유전자발현의 정량 및 정성분석이 가능한 시스템이다. 하지만 Real-time PCR의 경우에도 절대 정량분석을 위해서는 표준곡선이 필수이며 PCR의 효율에 따라 결과 값에 편차가 생길 수 있는 단점을 가지고 있다. 이러한 정량분석의 한계를 극복하기 위한 방법으로 Digital PCR의 개념이 적용되기 시작하였다(그림 14-17).

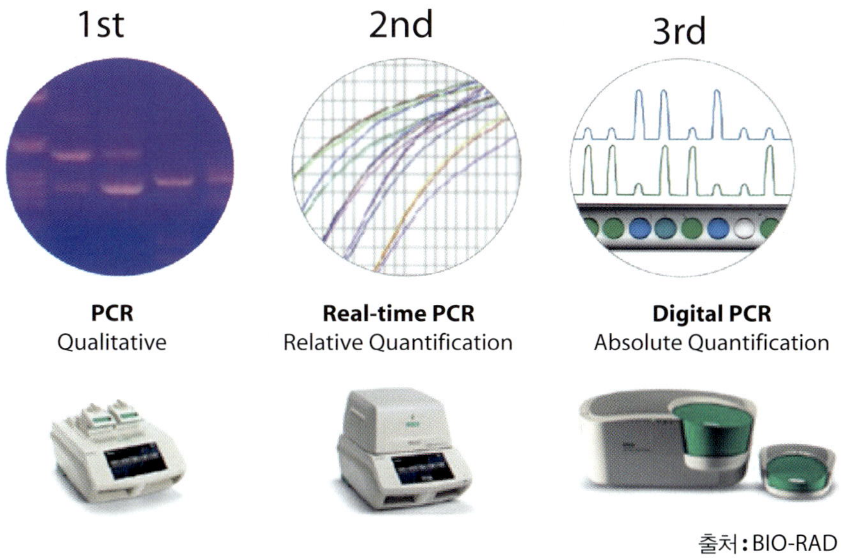

그림 14-17. PCR 기법의 흐름

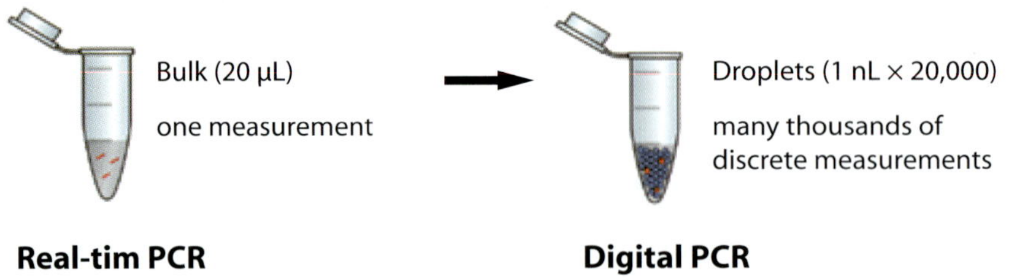

출처 : BIO-RAD

그림 14-18. Real-time PCR과 Digital PCR 반응액의 비교

1) Droplet Digital PCR이란?

일반 PCR 검사는 한 tube 내에서 template와 primer, enzyme 등이 서로 섞인 상태에서 반응이 일어나고, 그 증폭 산물의 존재 여부와 양의 측정은 전기영동을 하거나, 형광 dye에 tagging하고 PCR 반응에 따른 형광의 변화를 측정한다. 하지만 Droplet Digital PCR은 20 μL의 PCR 반응을 2만개 droplet으로 쪼개어 증폭시킨 후, target DNA를 계수하는 시스템이다(그림 14-18). Droplet에서의 target DNA의 증폭 여부에 따라 positive droplet (1)과 negative droplet (0)으로 digital signal처럼 받아들여 계수하고, 프아송 분포를 통해 target DNA의 copy를 계산해 최종적으로 샘플 μL당 Copy 수로 결과값을 확인할 수 있다.

2) Droplet Digital PCR 분석 과정

분석하고자 하는 시료와 probe, 형광염료를 포함한 PCR 반응액을 20 μL 준비한 후 반응액과 오일을 카트리지에 분주하여 Droplet Generator에 장착하면, 2분 만에 자동으로 각 sample 당 2만개의 droplet이 생성된다. 생성된 droplets을 96-well PCR platelet로 옮기고, 그 platelet를 일반 96-well 타입의 PCR에 장착하여 PCR 반응을 진행한다. PCR 반응이 끝나면 platelet를 droplet reader에 장착한다. Reader와 연동된 soft 프로그램을 통해 최대 96개 sample의 형광 신호를 각각 감지하며 positive와 negative droplet의 수를 count하여 자동으로 분석하고자 하는 유전자의 copy 수를 계산하여 분석이 완료된다(그림 14-19).

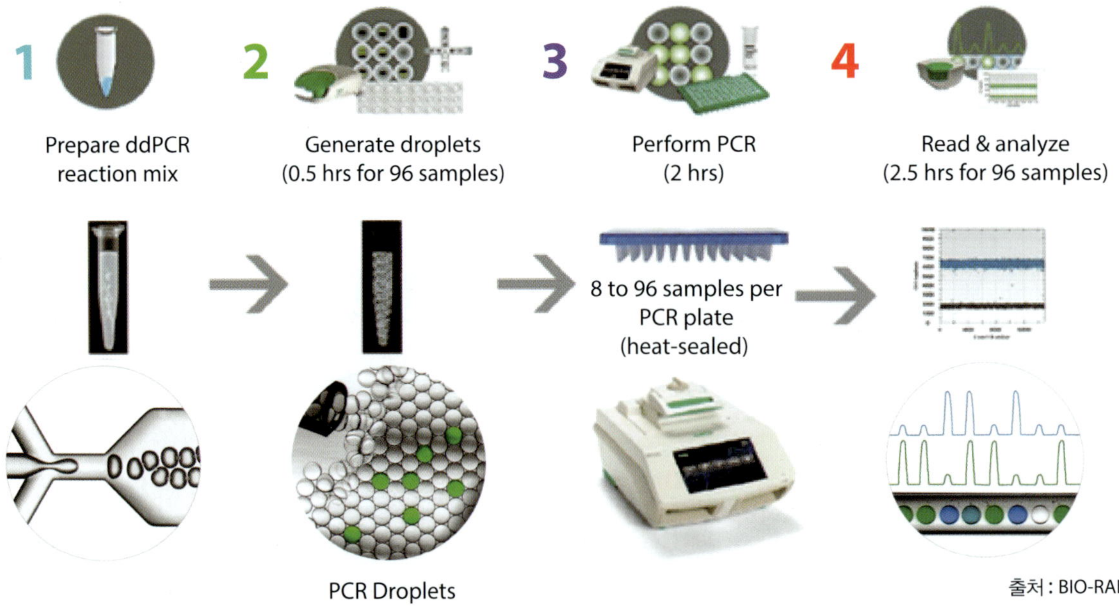

출처 : BIO-RAD

그림 14-19. Droplet Digital PCR 분석 과정

3) Droplet Digital PCR의 특징

(1) 기존 Real-time PCR에 비해 민감도가 1,000배 정도 높다.

(2) 절대 정량 분석에서 표준곡선이 필요 없다.

(3) 높은 precision 및 accuracy

PCR inhibitor의 영향이 적고, 반복 실험이 없어도 유의한 결과 값이 나온다.

(4) 복잡하고 시간이 오래 걸리는 IHC, FISH 검사법을 대체할 수 있다.

4) Droplet Digital PCR의 적용 분야

(1) 극소량으로 존재하는 질병관련 바이오마커 유전자 확인

① 유방암 환자 검체에서 *HER2* 유전자 발현 분석
② 비세포성 DNA (cell free DNA)로부터 EGFR 유전자 돌연변이 검출
③ 혈액 검체 기반의 순환종양 세포(circulating tumor cell), 순환종양 DNA (circulating tumor DNA) 분석
④ *NRAS*와 *BRAF* 유전자 변이에 의한 악성 종양 환자에서 RAF와 MEK inhibition의 효능

(2) Stem cell 및 single cell 연구

① 백혈병 연구 분야에서 cell 연구
② 신경줄기세포의 분화 연구

(3) 다양한 질병관련 연구

① 재발성 신경교종의 유전적 변이
② Cytomegalovirus 연구

(4) 타겟 유전자의 절대 정량 및 유전자 발현

① 암 진단을 위한 plasma miRNA 정량분석
② HIV DNA 정량분석

(5) NGS 결과의 Validation 과 library 정량분석

7. 핵산증폭 검사법의 임상적 적용

1) 개인식별 검사

개인식별검사는 초기에는 단순한 ABO 혈액형 marker나 혈액단백질 marker 정도를 사용하였으나, DNA 구조가 밝혀지고 제한효소가 발견되면서 개인식별 검사가 시작되었다. 개인식별검사는 일반적으로 친자확인검사와 법의학 분야에서의 법적증거 그리고 임상에서는 골수 또는 장기이식 전 · 후 검사에 활용된다.

개인식별 검사는 사람마다 검사 종류에는 RFLP에 의한 VNTR 분석, 짧은 연쇄반복(short tandem repeat, STR) 외에 성별 표지자와 Y 염색체 표지자 분석, 미토콘드리아 DNA, 단일뉴클레오티드(single nucleotide polymorphisms, SNP) 등이 있다.

(1) 친자확인검사

1980년대까지 친자감별에 ABO, Rh형 등 20~30개의 검사항목이 일반적으로 널리 활용되었으며, 2~3주나 걸렸다. 이후 1985년 영국의 유전학자인 알렉 제프리스(Alec Jeffreys)에 의해 사람의 유전자 중 지문처럼 사람마다 다른 부위가 있다는 것을 밝히면서 DNA 지문법이 이용되었다. 그러나 DNA 지문법은 많은 양의 DNA가 필요하며, 역시 4~5일이 걸리기 때문에 요즘은 거의 사용되지 않는다. 현재는 STR을 이용한 DNA typing이 사용된다.

(2) 골수 또는 장기이식 전 검사

국내에서는 1969년 최초의 신장이식이 이루어진 이후 4만 5천명이 넘는 사람들이 각종 이식을 받았다. 친척이나 친척이 아닌 사람 또는 뇌사자로부터 장기이식을 받을 때는 사람백혈구항원(human leukocyte antigen, HLA) 대립 유전자의 동일한 정도에 따라서 이식의 성공 여부와 장기간의 이식편 생존을 증가시킨다. HLA 대립유전자는 조직적합성을 결정하는 매우 중요한 인자로 작용하기 때문에 이식 전에 HLA 유전자에 대한 DNA검사를 시행한다.

(3) 법의학

법의학은 범죄수사학을 다루는 과학의 한 분야로서, DNA 증거는 법정에서 중요한 증거로서 효력을 발휘함으로 법의학적 목적으로 사용할 수 있다. 법의학적 검사의 검

알아두기 14-7. 개인식별검사 방법의 예

① 짧은 연쇄반복(STR)

오늘날 대부분의 개인식별검사에 가장 많이 사용되는 STR은 2~7개 정도의 반복염기순서로 구성되며 유전체에는 수십만 개 정도가 분포되어 있다. STR은 멘델유전양식에 따라 유전되고, 대립유전자의 종류가 다양하여 유전표지자로서 정보력이 높기 때문에 개인식별분석에 유용하며 염기순서분석과 같이 자동화된 장비로 측정이 가능하다. 개인식별검사는 크기 분석을 위해 STR을 증폭하는 PCR에 의존한다. 즉, 특정 STR 표지자를 증폭할 수 있는 primer를 이용하여 PCR을 시행한 후 전기영동하여 각 개인이 가지고 있는 대립유전자를 판정하게 되는데, 상업용 STR kit의 핵심좌위는 D13S358, D5S818, D7S820 등 13개 정도로 이루어져 있다(알아두기 9-15 참조).

② 성별 표지자와 Y 염색체 표지자 분석

성별판정 유전표지자로는 치아 에나멜에서 발견되는 작은 분자량의 단백질인 amelogenin이 흔하게 사용된다. X 염색체에 존재하는 amelogenin 유전자는 6염기쌍 다형성에 의해 212 bp의 X 염색체 특이밴드와 218 bp의 Y 염색체 특이밴드가 나타나며, 유전자를 증폭했을 때 남성들은 이형접합자로 그리고 여성들은 동형접합자로 나타난다. Y 염색체의 다형성 유전자좌위는 오직 남성에게만 발견되는 유전자좌위를 구분하는데 사용한다. 따라서 성별판정이 필요한 범죄현장에서 유용한 정보를 제공하며, 부계혈연을 확인하는데도 유용하다.

③ 미토콘드리아 DNA

미토콘드리아 유전체는 16,569 bp로 이루어진 원형 DNA로서, 감수분열을 하지 않고 유전자 재배열이 없이 수세대를 거쳐서 안정적으로 보존이 될 수 있지만, 핵 DNA에 비해 돌연변이가 발생할 확률은 10~20배 정도 높다. 사람 미토콘드리아 유전체에서 '전위루프(D-loop)' 또는 '조절위치(control region)'로 알려진 약 1200 bp의 비부호화(noncoding) 부위는 두 개의 고변이(hypervariable) 부위로 구성되어 있는데, 이 부위에 존재하는 유전자 다형성이 개인식별검사에 주로 활용된다. 모근이 없는 머리카락에는 미토콘드리아 DNA만 가지고 있으며, 뼈 안에 남아있는 DNA가 파손된 경우에는 핵 DNA보다 미토콘드리아 DNA가 좋은 결과를 나타낸다. 모계혈족 확인이 필요할 때 핵 DNA 검사는 여러 명이 필요하지만, 미토콘드리아 DNA는 한 명의 모계 친척만 있어도 가능하다.

알아두기 14-8. 생물학적 테러의 원인균

2001년 9월 미국에서 발생한 '백색테러'의 원인균인 탄저균(Bacillus anthracis), 흑사병을 일으키는 *Yersinia pestis*, 신경충격 전달을 방해하여 자율신경계를 손상시키는 Clostridium botulinum, 페스트와 유사하지만 그보다는 훨씬 경미한 급성전염성 질환인 야토병을 일으키는 Francisella tularensis 및 브루셀라증(몰타열, 지중해열, 파상열)을 일으키는 *Brucella* 속은 생물학적 테러에 이용될 수 있는 세균들이다.

체는 일반적으로 혈액이나 체액 그리고 조직보다 훨씬 다양하고, 증거물질이 보충될 수 없기 때문에 미량이라도 완전한 결과를 내어야 하며, 반복되는 검사는 불가능하다. 법의학적 검사는 정량적 결과보다는 개인식별에 관한 것으로 반드시 검체와 검사환경의 큰 다양성을 고려해야 한다.

현재 법의학 DNA 검사에 주로 많이 사용되는 개인식별검사는 STR이며, STR은 걸프전 때 법의학적 case에 처음으로 사용되었고, 1990년대 후반 미국과 영국 등 많은 법의학 실험실에서 사용하였다. 우리나라는 1992년 의정부 강간치상사건에 처음 적용되어 범인을 확인하였다. 최근에는 10~20개의 유전자 위치를 한꺼번에 분석할 수 있는 다양한 키트가 상용화되면서 더욱 편리하게 분석을 할 수 있다.

2) 감염질환

감염질환은 고대시대부터 오늘날까지 인류를 괴롭혀 온 질환으로 미생물(세균, 바이러스, 곰팡이, 기생충, 혹은 미생물이 생성하는 독소 등)이 체내에 침범하여 발생한다. 어떤 병원균에 감염되었는지를 신속하고 정확하게 진단하여 적절한 치료가 이루어지지 않았을 경우 생명을 잃을 수도 있다. 그러나 최근 분자생물학적 기법의 발전에 따라 감염질환에 대한 진단검사가 신속하고 정확하게 이루어질 수 있게 되었다.

(1) 세균

세균 또는 박테리아는 세포소기관을 가지지 않은 대부분의 원핵생물이지만, 최근에 원핵생물 중에서 고세균이 세균과 다른 계를 이루고 있다는 것이 밝혀지면서 진정세균(eubacteria)이라는 말을 쓰기도 한다. 세균의 검출 및 동정 그리고 특성 규명에 분자진단기법들이 광범위하게 이용되고 있다.

모든 세균에 존재하는 16S rRNA 유전자에 대한 공통 primer로 PCR을 진행한 후에 염기서열분석이나 microarrary등으로 세균을 동정할 수 있으며, 균혈증이나 세균성 뇌수막염과 같은 심한 감염질환의 특정 세균에 대한 primer를 사용하여 multiplex-PCR 혹은 실시간 PCR (real-time PCR) 방법으로 세균을 조기에 검출할 수 있다. 특히 배양이 어려운 성매개 감염질환(sexually-transmitted disease, STD)의 원인균인 *Chlamydia trachomatis* 혹은 폐렴의 원인균인 *Legionella pneumophila* 등의 검출에 분자진단검사가 많이 이용되고 있다.

알아두기 14-9. 바이러스 분자진단검사법의 예

1. 사람면역결핍바이러스(Human Immunodeficiency Virus, HIV)

HIV는 RNA 바이러스로서 레트로바이러스과(*Retroviridae*)의 렌티바이러스(Lentivirus)에 속하며, 사람에게 감염될 수 있는 HIV에는 HIV-1, HIV-2 두 종류가 있다. HIV-1은 첫 번째로 발견된 것으로 처음에는 LAV라고 불렀으며 HIV-2보다 독성이 더 강하고, HIV-2는 아프리카 서부에만 감염이 한정되어 있다.

정성 PCR	HIV의 RNA를 증폭하거나 림프구 염색체에 통합(integration)되어 있는 DNA를 증폭한다.
정량 PCR	HIV-1 정량검사는 실시간 PCR을 이용하는데, HIV-RNA의 수가 환자의 예후에 결정적인 역할을 하기 때문에 매우 중요하다.
유전형	일반적으로 *env* 유전자 중 V3 region의 염기서열을 분석하며, HIV-1의 유전자형은 M군(main), O군(outlier)과 N군(non-M, non-O)으로 분류되고, M군에는 9개의 아군(A~K)으로 세분화되는데, 우리나라 HIV 환자의 대부분은 M군의 B아군에 속한다.

2. B형 간염바이러스(Hepatitis B Virus, HBV)

HBV는 *Hepadnaviridae*에 속하는 DNA 바이러스로서, 만성 B형 간염은 간경변증과 간암으로 진행할 수 있다. HBV 정성 PCR검사는 B형 간염의 진단 및 치료와 관련해 HBV 존재를 확진하는 것이며, HBV 정량검사는 B형 간염의 치료 전 후에 치료반응을 모니터링하기 위한 검사이다.

3. C형 간염바이러스(Hepatitis C Virus, HCV)

C형 간염의 발병기전은 아직 규명되지 않았으며, HCV RNA 정성검사에서 양성으로 나오면 HCV 감염증으로 진단할 수 있다. 현재는 HCV RNA 정성검사가 음성으로 나오면 치료를 종료하고, 치료 종료 6개월 후에 HCV RNA가 검출되지 않으면 C형 간염이 완치된 것으로 간주한다. HCV 정량검사는 C형 간염의 치료경과를 모니터링하기 위한 중요한 지표가 된다.

4. 거대세포바이러스(Cytomegalovirus, CMV)

CMV는 선천성 기형을 일으키는 가장 흔한 바이러스이지만, 한번 감염이 되면 평생에 걸쳐 인체 내에 잠복해 있을 수 있기 때문에 일반적으로 Herpes virus와 공통적인 성질을 가지고 있다. CMV PCR 정성검사는 임상에 큰 도움을 주지는 못하며, PCR 정량검사는 장기이식 환자에서 CMV 감염증의 진단과 치료과정에 필수적인 검사이다.

5. 호흡기바이러스(Respiratory Viruses)

호흡기 질환을 일으키는 바이러스의 종류는 매우 다양하기 때문에 바이러스에 따라 특이적인 유전자를 증폭하는 방법을 이용한다. RSV의 nucleocapsid 유전자, influenza virus의 matrix protein 유전자, parainfluenza virus의 HA유전자나 polymerase 유전자 등이 흔히 사용되는 표적이다.

6. 사람유두종바이러스(Human Papilloma Virus, HPV)

HPV는 120여 가지의 타입이 발견되어 있으며, 그 중 자궁경부암의 원인으로 알려진 16, 18, 31, 33, 35, 39, 45, 51, 52, 56, 58, 59, 68 등을 자궁경부의 검체에서 DNA를 추출하여 hybrid capture assay, DNA chip, 다중 PCR 방법으로 검출할 수 있다.

(2) 바이러스

바이러스 감염증은 바이러스의 DNA나 RNA 등 핵산 검출을 통해 진단을 하는데, 일부 바이러스는 감염증을 일으키지 않고, 숙주세포에 잠복해 있을 수 있으므로, 바이러스 핵산이 검출되었다 해도 반드시 감염증을 나타내지는 않는다. 바이러스 감염증에 대한 분자진단검사는 정성, 정량, 유전형, 항바이러스 내성 검사 등이 있다.

분자진단검사에 적용되는 바이러스에는 사람면역결핍바이러스(Human immunodeficiency virus, HIV), B형 간염바이러스(Hepatitis B virus, HBV), C형 간염바이러스(Hepatitis C virus, HCV), 거대세포바이러스(Cytomegalovirus), 호흡기바이러스, 사람유두종바이러스(Human papilloma virus, HPV), EBV (Epstein-Barr virus), 설사바이러스(Diarrhea viruses) 등이 있다.

(3) 결핵균 및 기타 항상균

미생물 중에서 균 동정이나 질환의 진단에 가장 많은 발전이 있었던 것 중 하나인 결핵균(Mycobacterium)은 1998년 6월에 유전체 염기서열이 완성됨에 따라 결핵균(TB H37Rv)은 약 4,000개의 유전자를 가지며, 4,411,529 bp로 구성되어 있음이 밝혀졌다. 우리나라는 결핵의 유병률이 높고 다제내성결핵의 기회가 많기 때문에 결핵진단법과

알아두기 14-10. 인플루엔자 바이러스(Influenza Virus)

RNA 바이러스인 오소믹소바이러스과(orthomyxoviridae)에 포함되며 A, B, C형으로 나뉜다. 바이러스입자를 비리온(virion)이라고 하며, 입자의 표면에는 hemagglutinin(HA)과 neuraminidase(NA)라는 거대한 당단백질이 위치하는데, HA와 NA에 따라 아형(subtype)이 결정이 된다. 렉틴(lectin)인 HA는 숙주세포 표면의 수용체와 결합하여 바이러스가 세포 안으로 침입하는 것을 도와주며, H1~H15까지 15가지 아형이 있다. NA는 성숙한 바이러스들이 세포로부터 방출되는 것을 보조하는 역할을 하는데, N1~N9 까지 9개의 아형이 있다. 이 당단백질들은 항원으로서 작용하게 되며, 항바이러스제는 이런 당단백질의 역할을 저해하는데, 'Tamiflu'는 NA의 작용을 억제하여 바이러스가 확산되는 것을 막는 역할을 한다.
인플루엔자 바이러스는 항원변이라는 특징을 가지고 있는데, HA 또는 NA의 변화에 의해 항원이 기존의 것과 전혀 다른 새로운 H나 N으로 바뀌는 항원 대변이(antigenic shift)와 한 가지 인플루엔자 아형에서 약간의 항원변화가 생기는 항원 소변이(antigenic drift)가 있다. 항원 소변이는 HA나 NA를 지령하고 있는 RNA에서 점돌연변이가 발생해서 하나 또는 몇 개의 아미노산의 변화에 의해 초래되는 것으로, 거의 매년 일어나며 인플루엔자 유행(epidemic)의 원인이 된다.

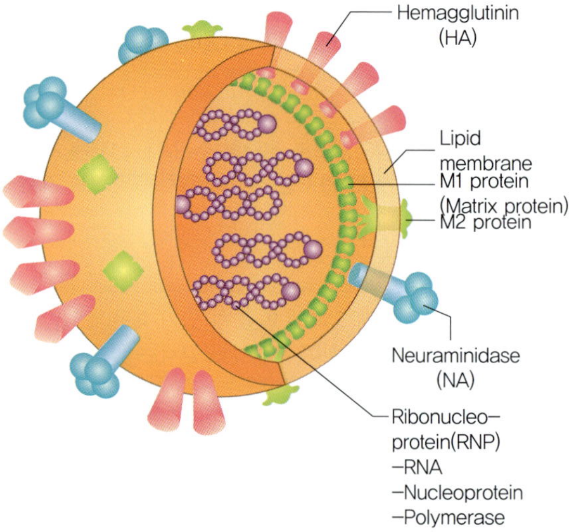

푸젠성 독감 바이러스 명명의 예

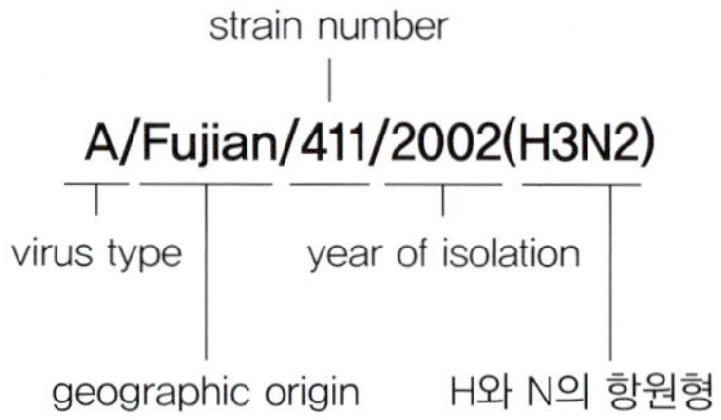

독감 예방주사는 2개의 각각 다른 아형의 인플루엔자 A형과 1개의 인플루엔자 B형 균주의 불활성화된 것을 정제하여 만든 것으로서, 바이러스는 작은 변이를 매년 일으키기 때문에 그에 따라 예방접종도 매년 받아야 한다.

20세기에 사람에서 독감의 대유행은 1919년 '스페인 독감(H1N1)', 1957년 '아시아 독감(H2N2)', 1968년 '홍콩 독감(H3N2)' 그리고 1977년 '러시아 독감(H1N1)' 등이 있었다. 1997년 홍콩의 닭 오리 등에서 발생한 H5N1독감(A/Hong kong/156/97)은 사람에게까지 발생한 신종 감염으로 그 전에는 조류인플루엔자가 직접 사람에게 침범한 예는 없었다. 조류인플루엔자가 조류에게만 걸리고 사람에게 전염된다는 유효한 증거는 없지만, 미래에는 H5N1이 돌연변이를 일으키거나 유전자 재조합을 일으켜 사람에게 전염 가능한 능력을 지닌 바이러스주가 될 수도 있다.

약제내성검사법에 보다 신속하고 민감하며 특이도가 높은 분자진단검사법이 도입되었다.

결핵균은 *Mycobactericeae*과의 유일한 속이다. *Mycobacterium* 속에는 결핵균과 나균(*M. leprae*) 외에도 약 100여 개의 균종이 있는데, 결핵균과 나균 외의 균종들은 통칭 비결핵 항산균 또는 비결핵마이코박테리아(Nontuberculous mycobacteria, NTM.) 또는 결핵균 외 마이코박테리아 (Mycobacteria other than M. tuberculosis, MOTT) 등으로 불리고 있다.

현재 결핵균과 비결핵균을 동정하기 위한 검사법에는 배양법이 있는데, 이 방법은 검사결과를 보기 위해서 3~4주 정도를 기다려야 하기 때문에 시간이 오래 걸리며 검사기간 동안 적합지 않은 약물의 오남용이 발생할 우려가 있다. 이를 보완하기 위한 방법인 PCR 검사는 기존의 도말과 배양을 전적으로 대치할 수는 없지만 특이도가 매우 높고, 결과를 얻기까지의 시간이 짧으며, 도말검사보다 높은 민감도를 보이는 등의 장점이 있으므로 유용한 보조검사로 활용될 수 있다.

(4) 마이코플라스마와 클라미디아

최근의 보고에 따르면 마이코플라스마(*Mycoplasma*)나 클라미디아(*Chlamydia*)와 같은 비정형 세균이 호흡기와 비뇨생식기계 감염의 주요 원인균으로 부각되었지만, 현재까지 정확한 검사방법이 정립되지 못하여 감염빈도에 비하여 중요성이 널리 인식되지 못하였다. 따라서 기존의 검사방법과 분자진단검사에 대한 검토 뿐만 아니라 임상에서 실제 사용에 대한 필요성이 증가하였다

(5) 진균

진균은 핵막에 의해 둘러싸인 핵을 갖는 진핵생물로 약 72,000종 이상이 동정되었으며, 300여 종 이상이 사람에게 감염을 유발시킬 수 있다고 한다. 진균감염의 진단과 역학조사에 분자유전학적 방법이 많이 시도되고 있는데, 진균은 세포벽이 매우 튼튼하여 DNA 추출하는 과정에 유리구슬을 사용하거나, proteinase K 같은 효소의 이용, 계면활성제 같은 화학적 방법을 추가하여 복합적으로 처리하기도 한다. 진균의 동정에 가장 많이 사용되고 있는 표적부위로는 mitochondrial rDNA, 5S rDNA, 28S rDNA, 18S rDNA 그리고 유전자들 사이의 internal transcribed spacer (ITS) 부위 등이 있다.

진균분야에서 분자진단기법은 역학분야에도 매우 중요한 역할을 하였는데, 대부분 병원성 Candida종 내의 구별에는 RFLP (restriction fragment length polymorphism) 방법이 이용되고 있다. 그 밖에도 DNA fingerprinting, RAPD (random amplified polymorphic DNA), Microsatellite typing 등이 사용되기도 한다.

3) 종양

종양의 유전자검사 분야는 혈액종양과 고형종양으로 나눌 수 있으며, 분자유전학을 이용한 검사법의 발전은 질환의 진단 및 예후 예측, 치료방침 결정과 치료경과의 추적에 이르기까지 전반에 걸쳐 활용되고 있을 뿐만 아니라 그 중요성은 더욱 커질 것으로 예상된다.

혈액종양에서 이용되는 유전자검사로는 PCR, 역전사 PCR (Reverse Transcription PCR, RT-PCR), 다중역전사 PCR (Multiplex-PCR), 실시간 PCR (Real Time PCR)을 이용한 유전자 정량, 형광동소교잡법(FISH), 서던분석(Southern blot hybridization) 등이 이용된다. 한편 검사방법들 간의 적응증에 있어 약간의 차이가 있고 각각 장단점이 있기 때문에 환자의 예후 지표를 분석하기 위해서는 몇 가지 검사들을 상호 보완적으로 사용해야 한다.

고형종양의 유전자검사는 암의 조기진단과 환자의 경과 및 예후 예측, 맞춤치료 등에 이용될 수 있으며, 최근에는 환자의 치료반응 및 부작용에 대해 예측을 할 수 있는 분자유전학적 지표와 이를 검출할 수 있는 기법들이 발달하면서 개인별 맞춤치료에 대한 기대가 증가되고 있다. 현재 임상적으로 유방암에서 Herceptin에 대한 *HER2* 유전자변이와 비소세포성폐암에서 Iressa에 대한 *EGFR* 유전자의 변이가 치료반응 예측인자로 유용하게 이용되고 있다.

알아두기 14-11. 고형종양에서의 유전자검사의 예

종양을 일으키는 원인유전자가 알려진 경우는 특정유전자 돌연변이에 대한 직접적인 분석법을 이용할 수 있지만, 원인유전자의 크기가 크거나 돌연이가 전체 유전자에 흩어져 있다면, 유전자 전체를 스크리닝 할 수 있는 직접 염기서열분석법(direct sequencing), single strand conformation polymorphism (SSCP), denaturing high-performance liquid chromatography (DHPLC)와 같은 방법을 이용하고, 유전자의 큰 결손이나 중복의 경우에는 서던분석이나 정량 PCR과 같은 유전자 용량 검사가 필요하다.

BRAF 돌연변이	*BRAF* 유전자의 돌연변이는 갑상선 유두암의 50% 이상에서 발견되기 때문에 갑상선 유두암의 조기 진단에 유용하게 이용되며, 그 밖에 악성 흑색종, 난소암, 대장암 등 여러 가지 암의 발생과 관련이 되는 종양유전자이다. 현재까지 40개 이상의 돌연변이가 보고되어 있으나, 엑손 15번의 V600E 돌연변이가 95% 정도 되는 것으로 알려져 있다.
EGFR 돌연변이	EGFR (Epidermal growth factor receptor)는 비소세포폐암을 포함한 상피세포 종양에서 비정상적으로 활성화되어 있으며, *EGFR* 유전자의 엑손 18번에서 21번 사이에서 30가지 이상의 돌연변이가 보고되었다. 특히 *EGFR* 유전자의 엑손 19번의 15 bp 결손(E746_A759del)과 엑손 21번째의 858코돈이 leucine에서 arginine으로 바뀌는(L858R) 점돌연변이는 비소세포폐암에서 가장 많이 보고된 돌연변이이며, 치료제 Iressa (gefitinib)에 좋은 반응을 보이기 때문에 *EGFR* 유전자의 돌연변이검사는 치료방침 결정에 중요하다.
HER-2/neu	원발성 유방암 조직의 20～40%에서 *HER-2/neu* 종양유전자의 증폭과 과발현이 보고되었으며, *HER-2/neu* 수용체는 전이성 유방암 치료의 주된 치료의 표적이 되었다. *HER-2/neu* 검사는 면역조직화학법(immunohistochemistry)과 FISH법이 가장 많이 쓰이고 있다.

제15장

유전체 검사

유전체 연구는 새로운 유전체 분석 기술에 의하여 지식과 정보를 만들어 가는 과학영역이다. 최근 유전체검사 기법의 발전에 따라 질병의 원인을 알기 어려웠던 환자에서 전장유전체 염기서열검사(Whole genome sequencing, WGS)를 통하여 유전질환의 원인이 밝혀지고 있다. 또한 어레이 비교유전체보합법(Comparative Genomic Hybridization, CGH) 등의 기술을 사용하여 발달장애나 정신지체 환자에서 효과적인 세포유전학적 진단이 가능해지는 등 유전체검사의 진단적 유효성에 대한 과학적 근거가 계속해서 발표되고 있다.

알아두기 15–1. 염기서열분석의 발달

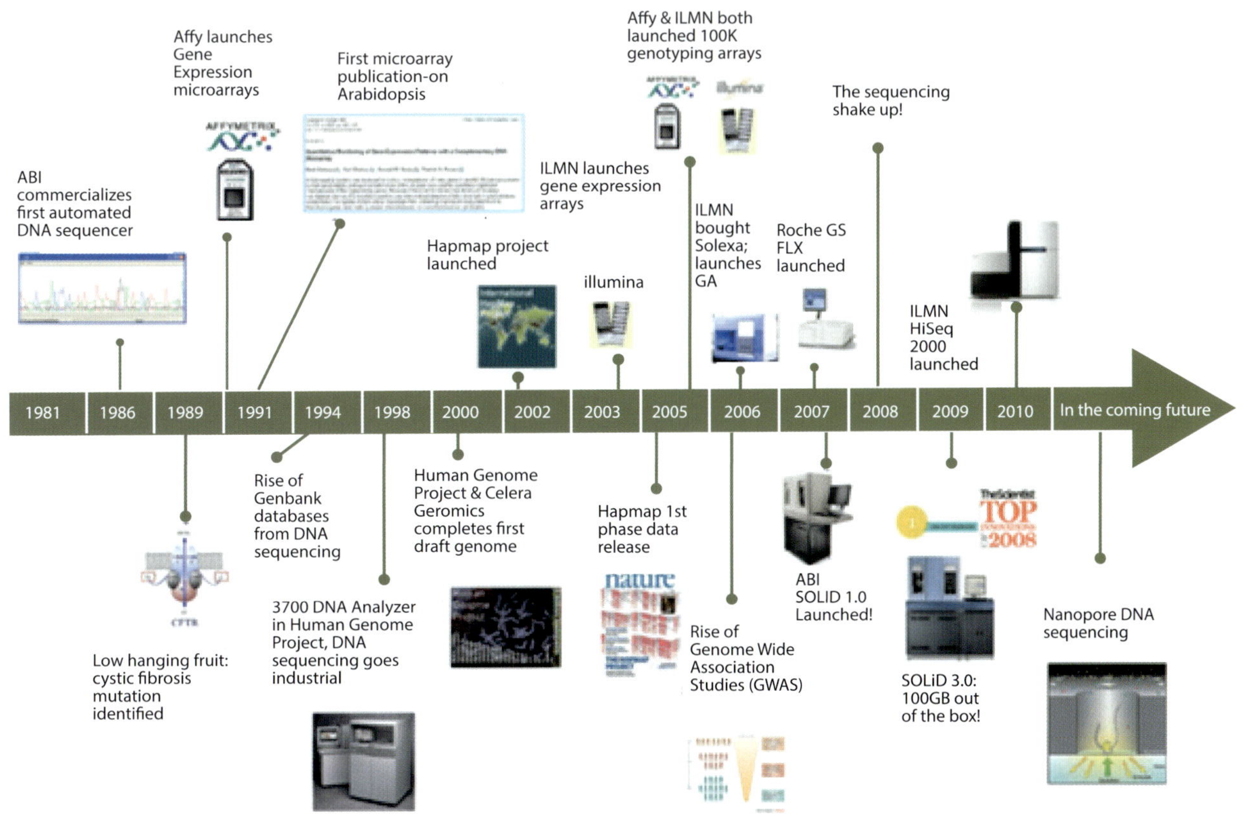

miRNA와 methylation 탐색 등 의 신기술 개발로 질병에 대한 주요 원인 유전자의 탐색, 암과 희귀 질환의 조기 진단 및 암 치료제 개발에 새로운 패러다임이 제시 되었으며, 이를 통해 많은 수의 질환 유발 유전자들이 밝혀졌다. 또한 유전체 조절영역의 methylation은 유전자 발현의 조절과 직접 연관이 되어 있음이 알려지면서 유전적 질환과 암유전체 연구에 대한 관심이 높아지고 있다. 또한 유전체 관련 연구를 통해서 유전체 변이정보(OMIM, Online Mendelian Inheritance in Man) 및 암유전체에 대한 데이터(COSMIC, Catalogue of Somatic Mutations In Cancer)를 통합 관리하는 데이터베이스가 구축되어 유용한 정보를 제공하고 있다. 따라서 이제는 빠르게 발전하는 유전체 분야의 정보와 지식을 습득하고 유전체 기반 사회에 주도적인 역할을 모색해야 할 시기이다.

1. 염기서열분석

DNA 염기서열분석(DNA sequencing) 기법은 생명과학분야뿐만 아니라 임상진단 분야에 이르기까지 광범위하게 이용되고 있는 방법으로 유전체의 염기순서는 그 생성물인 단백질의 구조를 예측하는데 매우 중요하며, 돌연변이에 대한 위치와 성상을 알기 위해서는 이상이 있는 부위의 단일가닥 DNA상의 염기서열을 알아야 한다.

DNA 염기서열분석은 1977년 생어(Frederick Sanger)의 dideoxy chain-termination 방법이 보편적으로 사용되었으며, 그 후에 맥삼(Allan Maxam)-길버트(Walter Gilbert)의 chemical degradation 방법 등 두 가지 방법에 의해 가능하게 되었다. 현재는 생어의 염기서열분석 원리를 바탕으로 형광표지자와 모세관 전기영동(capillary electrophoresis) 기반의 염기서열분석 작업이 자동화되어 있으며, pyrosequencing을 비롯하여 마이크로어레이(microarray), 질량분석법(mass spectrometry, MS)을 이용한 새로운 염기서열분석법들이 소개되었다.

그리고 2005년 차세대 염기서열분석(next generation sequencing, NGS) 기술이 처음 소개된 이후 다양한 분석원리를 기반으로 하는 차세대 염기서열분석 장비가 개발되어 왔으며, 유전학을 비롯한 거의 모든 분자생물학 분야에서 활발히 사용되고 있다. 의학 분야도 예외는 아니어서 차세대 염기서열분석 기술을 이용해 질병을 진단하고자 하는 노력이 끊임없이 진행되어 왔으며, 마침내 2013년 미국 FDA에서 일루미나(Illumina)사의 MiSeqDx를 최초의 의료용 차세대 염기서열분석 장비로 승인함으로써 현재는 가장 혁신적인 유전자검사용 의료기술로 자리를 잡아가고 있다.

1) 1세대 염기서열 분석(Conventional sequencing)

1977년 미국의 맥삼과 길버트 박사 팀이 특정 염기를 변형시켜 DNA를 변형시킨 뒤 결합을 끊는 방법으로 DNA 염기서열을 밝혀냈는데, 이를 화학적 방법(chemical method)이라고 한다. 같은 해 영국의 생어 박사는 DNA 중합효소와 당구조를 변형하여 DNA염기서열의 중합을 이용한 효소적 방법(enzymatic method) 또는 사슬종결법(chain termination method)이라고 하는 방법을 개발했다. 생어법이라고도 불리는 이 방법은 길버트 박사의 방법보다 실험이 간편하여 널리 이용되었으며, 사람게놈프로젝트(HGP)에서도 이 생어법을 변형하여 염기서열을 분석하였다. 뿐만 아니라 기존의 생어법을 개선하여 자동화시킴으로써 사람의 염색체 지도를 작성하였고, 기계의 자동화, 생물정보학 분야의 발전, 컴퓨터와 정보처리기술의 발전에 따라 서열분석법 또한 많은 발전을 이루었다. 최초의 염기서열분석법인 생어의 분석법이 후 에 전기영동이 아닌 microcapillary로 대체되면서 서열분석 기술의 혁신을 일으키기도 하였다.

(1) 맥삼-길버트 방법

맥삼-길버트 방법은 해석하고자 하는 DNA 조각의 말단에 동위원소(^{32}P APT를 이용하여 인산화반응)로 표지한 다음 각 염기에 특이적으로 작용하는 화학약품을 처리한 후(표 15-1) 인산디에스테르 결합을 끊어 주어 잘려진 양상을 전기영동한 후 관찰하는 것이다(그림 15-1).

(2) 생어의 다이데옥시 사슬 종결법

생어방식의 다이데옥시 사슬 종결법(dideoxy chain termination)은 한 가닥의 DNA 주형과 한 개의 primer, DNA 중합효소, 정상적인 dNTP와 소량의 방사성 동위원소로 표지한 ddNTP를 사용한다. Dideoxy chaintermination의 원리는 DNA 합성반응 중지를 위해 dideoxy nucleotide tri-

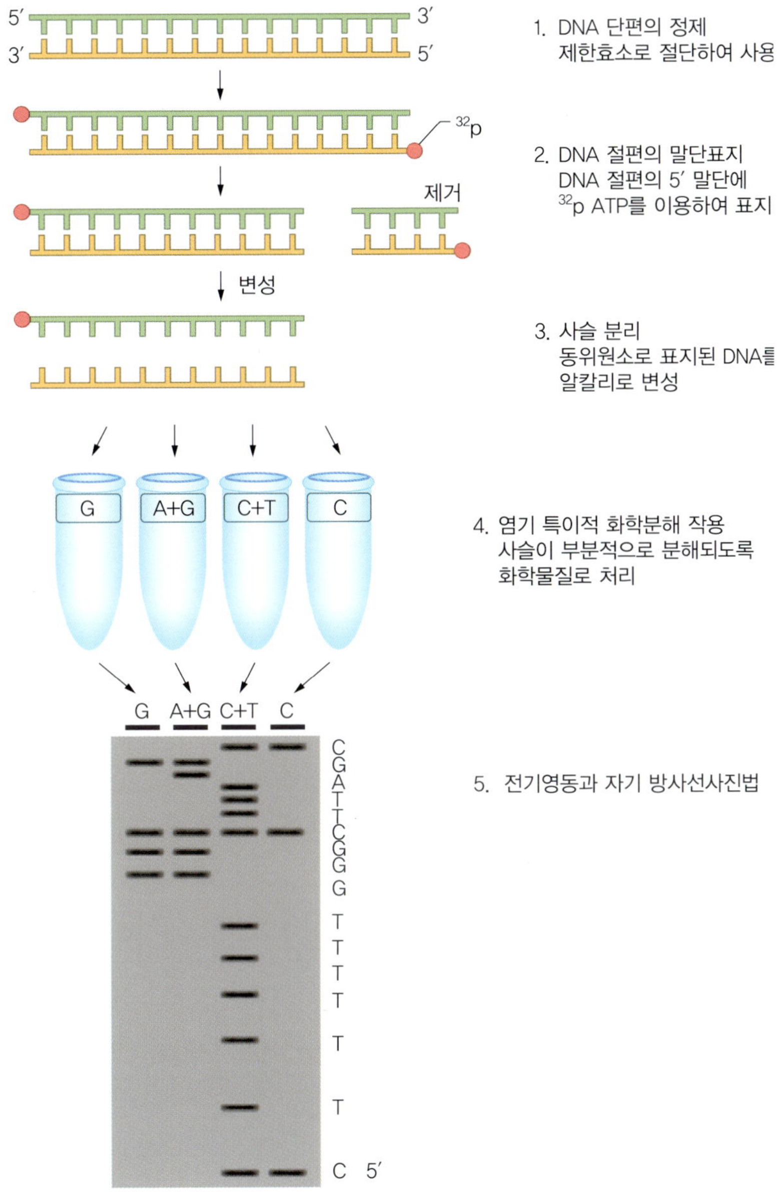

그림 15-1. 화학적 방법의 개요

표 15-1. 화학적 염기서열 분석에 사용되는 화학물질

화학물질	염기 특이성	사슬절단에 사용되는 화학물질
DMS (dimethylsulfate)	G	Piperidine
Formic Acid(개미산)	A+G	
Hydrazine	C+T	
Hydrazine+NaCl	C	

phosphates (ddNTPs)를 사용하는 것이 핵심이다. dNTPs의 3' 위치 탄소에는 -OH기가 붙어있어서 -OH기의 원자에 dNTP가 연결될 수 있다. 그러나 ddNTPs의 경우에는 3'위치 탄소에 -OH기가 없어서 phosphate bond가 형성되지 않기 때문에 그 뒤로 새로운 nucleotide가 붙지를 못해 DNA의 합성은 거기서 중단이 된다.

이 방법은 DNA 검체를 dNTP와 DNA polymerase 그리

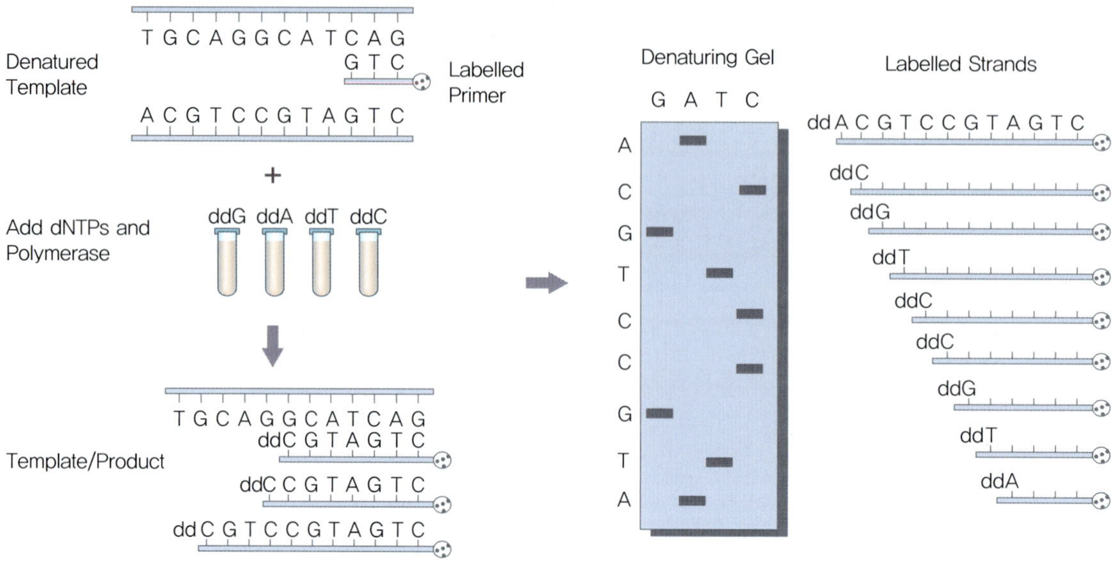

그림 15-2. 생어의 다이데옥시 사슬-종결법의 개요

고 염기서열의 3' 끝에 상보적인 primer를 4개의 튜브에 넣고, 각각의 튜브에 terminator로 ddNTPs (ddATP, ddTTP, ddCTP, ddGTP)를 하나씩 넣는다. DNA polymerase가 상보적인 dNTPs를 결합시켜 염기서열을 복제해 나갈 때 방사성동위원소로 표지된 ddNTP가 결합이 되는 순간에 반응이 정지되고, 반응이 끝난 tube마다 다양한 크기의 DNA 조각들이 생성된다. 이 반응 tube들을 각각 전기영동을 시행하여 엑스선 필름에 감광하여 밴드로 나타난 염기서열을 확인한다(그림 15-2).

초기에는 염기서열분석에 화학적 방법이 주로 사용되었으나, 3' 돌출 제한효소 절단부위의 염기서열의 직접적인 분석을 하는 경우, DNA와 단백질의 결합을 연구할 때 이용되는 footprinting 기술에서 단백질에 의해 보호되는 부위를 직접적으로 알려주는 sequencing ladder를 만드는 경우를 제외하곤 사용하지 않는다.

(3) 자동 염기서열분석

생어의 사슬-종결 서열분석 방법은 효과적이지만, 결과 분석까지 많은 시간이 필요한데, 1985년 스미스(Smith, L. M.) 등이 4가지 형광을 염기서열분석용 primer에 표지하는 기술을 처음으로 발표함으로써 dideoxy chain-termination 기술에 중요한 발전이 이루어졌다. 이 방법을 이용하면 형광이 표지된 primer를 사용하기 때문에 각 tube에서 생성된 product를 하나로 합쳐 전기영동을 할 수 있게 되었으며, 이로 인해 자동화가 가능하게 되었다.

① Dye-primer 방식

Dye-primer 방식은 형광신호로 분석이 가능하고, 정확하면서 신뢰성이 있는 방법이기는 하지만, 4가지 형광이 각각 표지된 primer를 제작해야 하고, 비용이 비싸며 각각 반응을 시켜야 한다는 단점이 있다.

② Dye-terminator 방식

Dye-terminator 방식은 dye를 ddNTPs에 표지하는 방법으로 기존의 dideoxy chain- termination 반응을 한 개의 tube에서 가능하게 하였으며, 현재 사용하고 있는 자동염기서열분석에서 주로 사용하고 있는 방법이다.

③ 자동염기서열분석

자동염기서열분석(Automatic sequencing)은 dye-terminator 방식으로서 초기에 사용되었던 형광은 FAM, JOE, TAMAR, ROX 이었으나 형광신호 강도가 낮고, 높이가 고르지 않는 등 이형접합을 검출할 때 문제점이 있었다. 그러나 이러한 문제점들은 1997년 BigDye (Applied Biosystems, USA)라는 energy transfer dye를 사용함으로써 해결되었다.

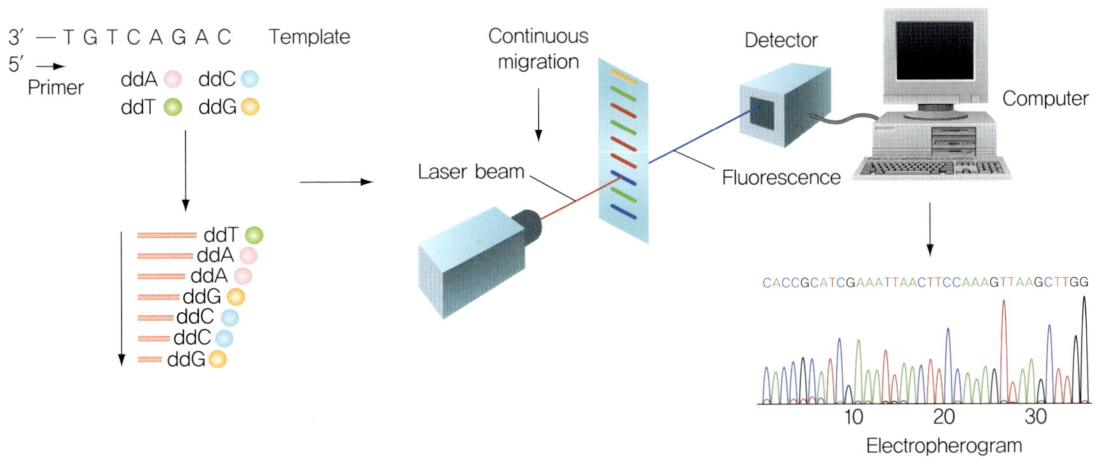

그림 15-3. 생어의 다이데옥시 사슬-종결법의 개요

자동 염기서열분석에는 염기서열분석용 primer, dNTPs, ddNTPs, DNA template, DNA polymerase 등이 필요하며 다음과 같이 진행이 된다(그림 15-3). ① 분석하고자 하는 DNA를 PCR로 증폭한다. 이 과정은 DNA 순도가 낮으면 비특이적인 증폭이 생길 수도 있으며, 염기서열 분석에도 오류가 발생할 수 있기 때문에 DNA 순도를 측정 한 후에 시행한다. ② PCR 증폭 후 dNTPs와 PCR primer를 제거하는 정제과정을 거친 다음 염기서열 primer, DNA polymerase, dNTPs, ddNTPs의 혼합물을 첨가하여 cyclic sequencing을 진행한다. ③ 자동 염기서열분석기에서 모세관 전기영동을 시행하고, 이 과정에서 형광을 검출기로 감지하고, 디지털 신호로 전환하여 컴퓨터로 전송하여 결과를 분석한다.

컴퓨터 프로그램을 이용하여 형광파장, 파장의 높이, 모양, 간격 등의 정보를 분석하여 자동으로 염기서열을 결정하는 과정을 automatic base calling이라고 하며, 이렇게 결정되어 그려진 그래프를 electropherogram이라고 한다.

④ 진단상의 적용

DNA 염기서열분석은 특정한 병원성(pathogenic) 돌연변이의 식별을 통한 진단에 사용되거나, 또한 돌연변이를 발견하기 위해 한 유전자 내에서 넓은 범위를 조사하는 데에 사용될 수도 있다. 정확한 base calling도 중요하지만, 결정된 염기서열을 GenBank의 표준 염기서열과 비교 분석하여 변이의 유무를 정확하게 판단하는 것이 필요하다(그림 15-4).

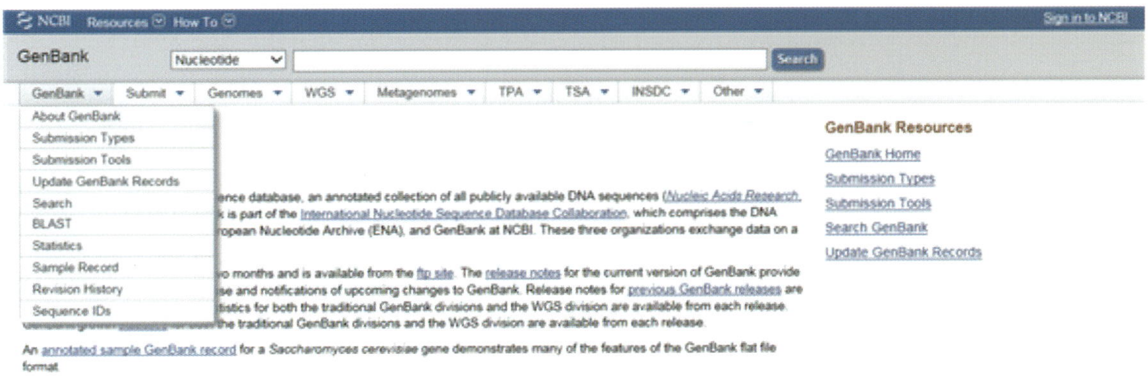

그림 15-4. 유전자 검색을 할 수 있는 GenBank의 주소 (http://www.ncbi.nlm.nih.gov/Genbank/index.html)

알아두기 15-2. 일반 PCR과 sequencing용 PCR

일반 PCR은 forwarding primer와 reverse primer 2개를 사용하여 기하급수적으로 증폭을 하지만, sequencing용 PCR에서는 1개의 primer만을 사용하여 매 사이클마다 동일한 수의 DNA가 증폭이 된다.

예) 25× PCR cycling; 96℃ for 10 sec / 50℃ for 5 sec / 60℃ for 4 min

⑤ 염기서열 분석의 결과가 좋지 않았을 때 가능한 원인들

- DNA의 순도와 양
- Primer와 template 간의 annealing 과정이 불완전한 경우
- Primer에 대한 annealing site가 여러 개 존재하는 경우
- Template 또는 primer의 농도가 적절하지 않은 경우
- PCR 과정이 잘못된 경우
- 다른 염기서열의 조각이 오염된 경우
- Primer의 설계가 잘못된 경우
- 반응시약의 농도가 잘못 사용된 경우

2) 차세대 염기서열분석 (Next-Generation Sequencing, NGS)

1990년대의 1세대 DNA 염기서열분석은 생어의 다이데옥시 사슬 종결법을 원리로 하여 자동화된 capillary laser detection system이였다. 반면 2세대에서는 1세대의 성능을 유지하면서 비용은 저렴하고 빠르며 정확도를 구성하는 조건의 장비가 개발됨에 따라 혁신적인 변화를 가져왔으며, 이를 차세대 염기서열분석 기술(Next Generation Sequencing, NGS)이라고 한다.

차세대 염기서열분석 기술은 기종에 따라 약간의 차이는 있지만 DNA 서열에 대한 증폭을 한 후, 형광표식 등을 카메라로 찍어 이미지처리를 하는 과정을 거쳐 염기를 읽어낸다. 장비에는 2005년에 처음으로 출시된 GS 454-FLX System 이후로 2007년 초에 나온 일루미나사의 Genome Analyzer, 그리고 2007년 말에 시장에 소개된 ABI 사의 SOLiD system 등이 있는데, 유전체를 분석하려는 연구자들은 염기서열분석 대상 및 용도를 고려하여 적합한 기기를 활용할 수 있다.

(1) 차세대 염기서열분석 기술

차세대 염기서열분석은 기존의 DNA 분석 방법인 생어 염기서열분석과 달리 대량의 병렬 데이터 생산(Massive parallel sequencing)으로 유전체의 염기서열을 고속으로 분석(high-throughput sequencing)하는 기술을 통칭한다(그림 15-5).

2006년 첫 상용화 이후 현재까지 다양한 차세대 염기서열분석 플랫폼이 출시되고 있지만, 현재 일루미나, 로슈(Roche), 라이프 테크놀로지(Life Technologies) 등이 전체 차세대염기서열분석 시장의 대부분을 차지하고 있다(표 15-2)(그림 15-6). 차세대 염기서열분석은 회사별 기종에 따라 구동방식에 약간의 차이는 있지만 상용화 되어있는 차세대 염기서열분석 장비들은 기본적으로 DNA 서열에 대한 증폭을 한 후, 형광 표식 등의 표지(tag)를 카메라로 찍어 이미지를 처리하는 방식으로 염기서열을 읽어낸다.

(2) 차세대 염기서열분석 검사

차세대 염기서열분석 검사는 수십만 내지 수십억 개의 염기서열 반응을 동시에 진행함으로써 사람유전체 전체의

알아두기 15-3. 차세대 염기서열분석의 분자진단 검사

1. 대상 유전자 : 질환 특이적 유전자패널 검사, 액송검사, 유전체 검사
2. 대상 정보
   - 정성 정보 : 염기변이 및 구조
   - 정량 정보 : 예) 태아 염색체수적이상 검출용 비침습적 산전진단(NIPT)
3. 임상 상황
   - 유전질환 진단, 선별
   - 혈액암/고형암 진단, 예후, 치료 방침 결정
   - 감염질환의 진단

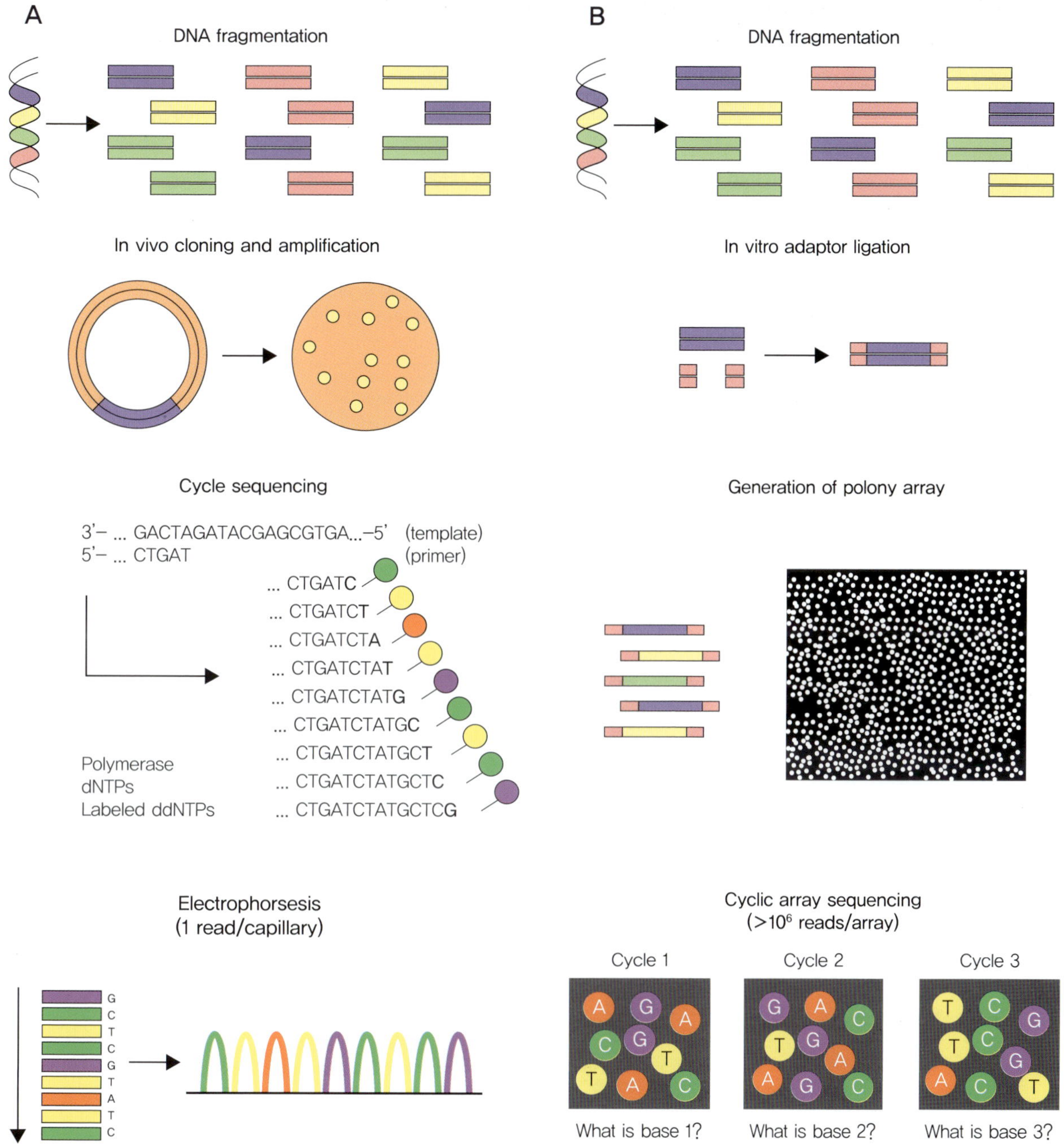

그림 15-5. 생어 방식(A)과 차세대염기서열분석(B) 비교(Shendure J, Ji H. Nat Biotechnol. 2008 Oct;26(10):1135–45)

염기 서열정보를 알 수 있을 정도로 발전하였으나 비용, 분석의 복잡도, 정확도에 대한 문제점을 갖고 있기 때문에 진단에 이용하기 위해서는 검사 단계에 대한 이해, 정도 관리, 결과 검증 및 해석에 대한 표준 지침을 확립하는 것이 중요하다. 차세대 염기 서열분석 검사 기반 검사 단계는 대용량 염기서열 반응, 분석적 해석, 임상적 해석 단계로 나눌 수 있다.

① 대용량 염기서열 반응

차세대 염기서열반응 검사 반응 과정은 장비마다 차이가 있으나 검체 준비, 클론 증폭, 염기서열 반응의 3단계로 구성된다.

ㄱ. 검체 준비

분석 대상이 유전체인 경우 핵산을 읽기 적절한 길이로

표 15-2. 대표적인 차세대 염기서열분석 장비의 특징

기기명	454 GS FLX®	Genome Analyzer HiSeq®	SOLiD®
회사명	Roche	Illumina	Life Technology
클론증폭(clonal amplification) 방식	emulsion PCR on bead	solid phase bridge amplification	emulsion PCR on bead
클론(clone)의 공간적 분리	one DNA fragment per bead	one DNA fragment per cluster	one DNA fragment per bead
대량병렬 (massively parallel) 방식	기판 위의 수많은 pico-liter reactor wells 존재, bead 하나씩 만 들어감	glass flow cell 기판위에 primer가 부착됨, 단일 DNA단편이 결합 된 후 클론증폭	기판 glass slide 위에 bead를 공유결합
시퀀싱 방식 (base/color calling)	pyro-sequencing	sequencing by synthesis	sequencing by ligation
lead length (bp)	400-500	-100	-50
전체 염기서열 결정	alignment of short reads	alignment of short reads	alignment of short reads

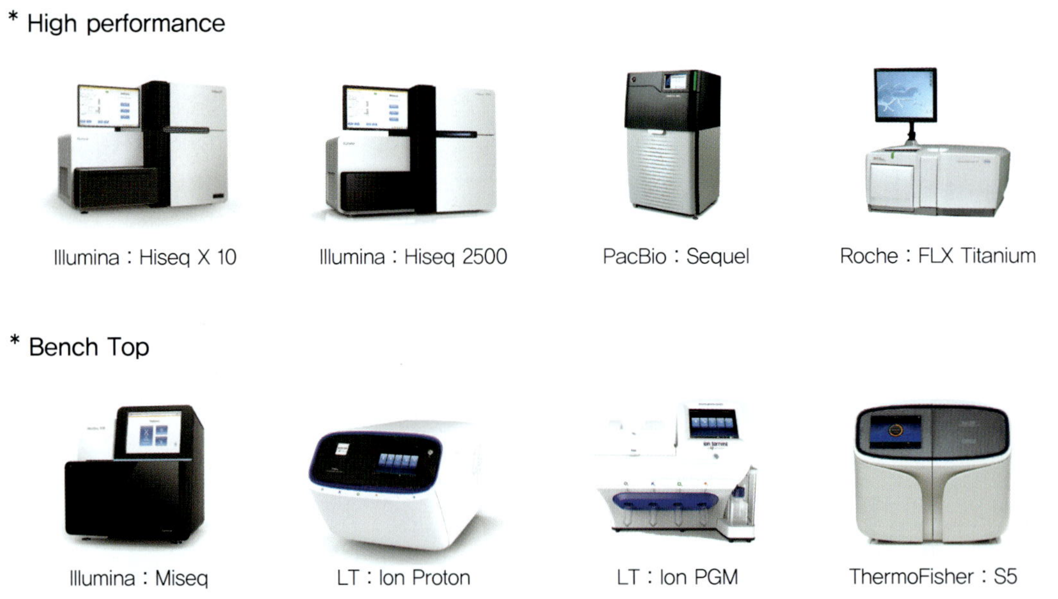

그림 15-6. 대표적인 차세대 염기서열분석 장비

자르고, 엑솜(exome) 또는 특정 유전자 조합인 경우 탐색자에 의한 포획 또는 시발체에 의한 증폭으로 유전체의 특정 부위 수량을 증가시킨다. 클론 증폭 및 염기서열 반응을 위해 공통의 어댑터(adaptor)에 결합되는데, 검체를 혼합하여 반응하는 경우 각 핵산의 기원을 표지하기 위한 인덱스가 어댑터에 결합되기도 한다(그림 15-7).

ㄴ. 클론 증폭

준비된 외가닥 절편은 각각 수십만 내지 수십억 개의 분리된 공간에서 클론으로 증폭시킨다. 클론 증폭의 원리는 장비마다 다른데, Microdroplet 안에 위치한 외가닥 절편 및 비드에 결합된 시발체로부터 클론 증폭이 일어나는 emulsion PCR과 플레이트의 서로 다른 부위에 위치한 외

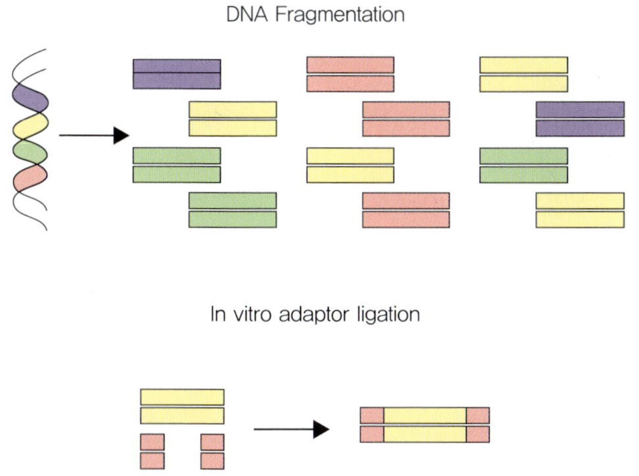

그림 15-7. 대용량 염기서열 분석의 검체 준비 단계

가닥 절편과 플레이트에 결합되어 있는 시발체로부터 클론 증폭이 일어나는 bridge PCR이 대표적이다(그림 15-8).

ㄷ. 염기서열 반응

염기서열 정보량은 증폭이 일어나는 공간의 숫자에 비례한다. 클론 증폭이 이루어진 산물에 대해 염기서열 반응을 동시에 시행하는데 염기서열반응도 장비마다 다르다. 사이클마다 dNTP를 차례대로 넣고 중합반응으로 생성되는 ppi (pyrophosphate)를 검출하는 pyrosequencing, 사이클마다 각각 다른 형광으로 표지된 dNTP를 동시에 넣고 새로 합성된 가닥에 끼어 들어간 형광을 검출하는 sequencing-by-synthesis 등이 있다(그림 15-9).

② 분석적 해석

분석적 해석 단계는 염기서열 정보에서 염기 변이를 검출하고 우선순위를 매김으로써 임상적 해석이 필요한 후보인 염기 변이를 선정하는 작업이 이루어진다. 각 외가닥 절편의 염기서열을 표준 유전체 염기서열에 정렬(read alignment)시키는데, 정렬은 유전변이와 시퀀싱 오류를 포함하고 있는 10^6~10^9개의 리드들을 참조 염기서열과 비교하여 리드의 염기서열과 일치하는 위치를 참조 염기서열에서 찾는 과정이다. 대표적인 정렬 소프트웨어는 Bowtie/Bowtie2, BWA, MAQ, SOPA, SSA-HA2 등이 있다.

표준 유전체 염기서열과 비교하여 염기 변이를 검출(variant identification)하는데, 특정 위치의 염기에 정렬된 read 수를 Coverage depth라고 한다.

Coverage depth가 클수록 해당 위치에서 지정된 염기에 대한 신뢰도가 높다. 특정 위치에서 정상 염기와 다른 염기가 존재할 때, 전체 read 중에서 변이의 분율인 변이 빈도(variant frequency)도 발견된 염기 변이의 신뢰도와 관련이 있다.

염기 변이 우선순위 부여에 염기 변이의 위치, 유형, 아

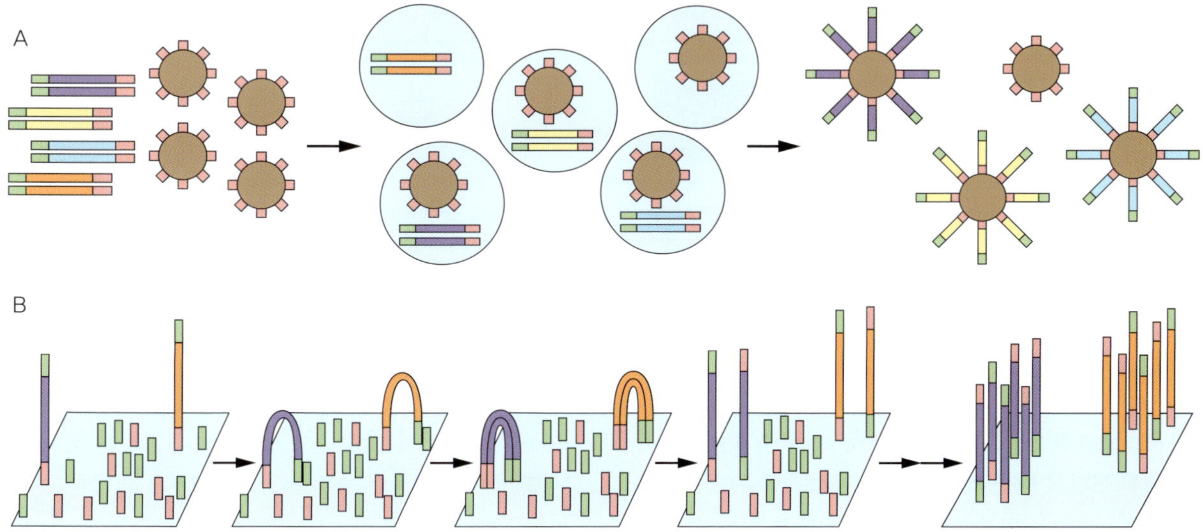

그림 15-8. 대용량 염기서열 분석의 염기서열 반응 단계. (A) pyrosequencing, (B) sequencing-by-synthesis

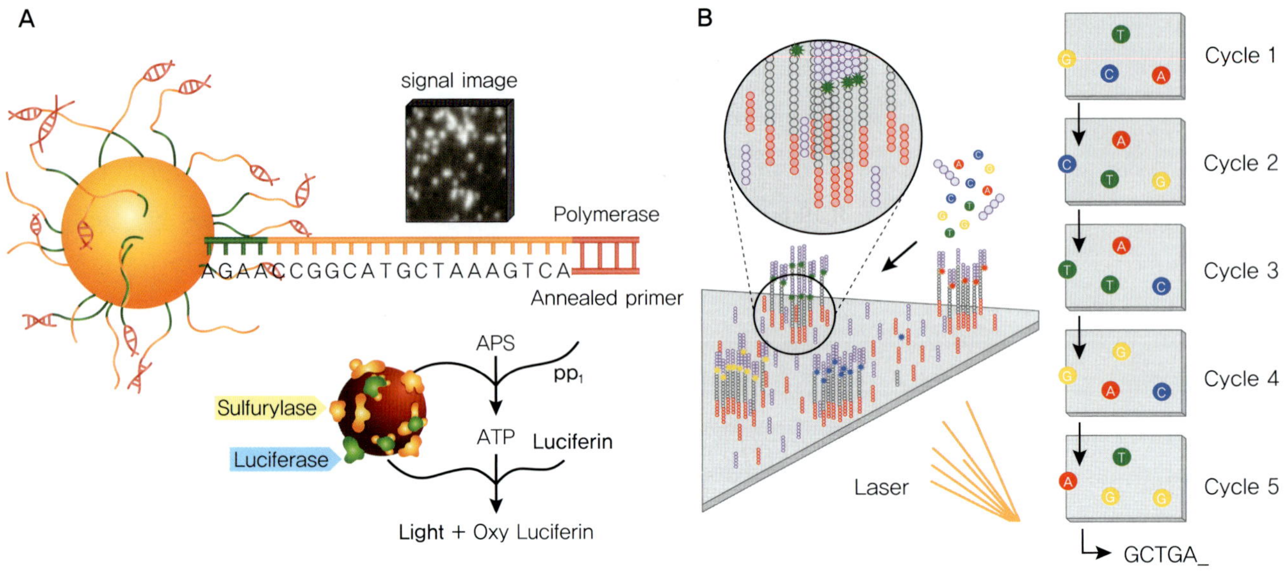

그림 15-9. 대용량 염기서열 분석의 염기서열 반응 단계. (A) pyrosequencing, (B) sequencing-by-synthesis

미노산의 변화, 기존 데이터베이스(SNP 또는 돌연변이)의 등재 여부, In silico prediction 등의 정보가 이용될 수 있다.

③ 임상적 해석

염기 변이의 임상적 해석은 미국의학유전학회(ACMG)에서 권고하는 가이드라인을 따르고 있다. 임상적 해석 단계는 후보 염기 변이를 검증하고, 해석에 필요한 증거를 수

알아두기 15-4. Coverage depth

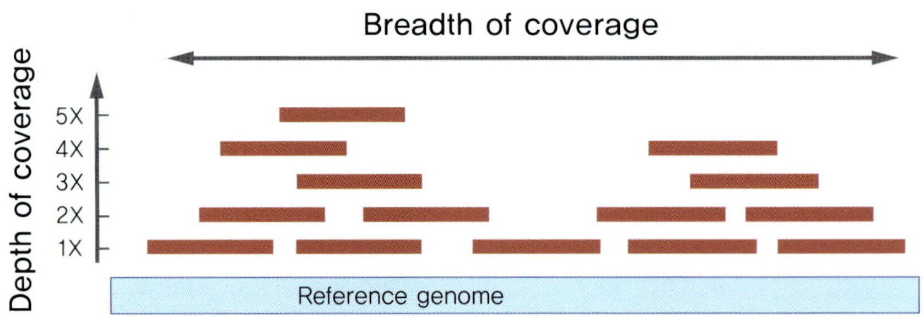

염기서열분석 깊이(depth)는 차세대 염기서열 분석에서 하나의 뉴클레오티드 위치에 어떤 염기가 시퀀싱 되어 나타나는 횟수를 의미한다. 예를 들어 "200X"는 동일한 뉴클레오티드 자리에 염기가 200번 반복하여 시퀀싱되어 읽혀졌음을 의미한다. 차세대 염기서열 분석의 각 유전자에 대한 정확도를 높이기 위해 보통 염기서열의 수 배에 달하는 시퀀싱이 이루어진다. 높은 depth를 가진 위치에서의 유전자 호출은 높은 정확도를 지니고, 낮은 depth는 불확실한 유전자 호출을 야기한다.
적용범위(breadth of coverage)는 어떤 read가 참조서열(reference)에 정렬(align)을 수행했을 때, 참조서열의 정렬된 영역에 대해 read의 정렬된 길이를 나타낸 값을 의미한다. 이 값은 참조서열에 비해 read가 얼마만큼의 영역을 Cover할 수 있는가를 알 수 있다. 범위(coverage) 값이 높을수록 참조서열의 넓은 영역을 포함할 수 있고, 낮을수록 좁은 영역에 대해 alignment가 되었다고 이해할 수 있다.

집할 뿐 아니라 검사법의 민감도를 파악 보완하는 작업을 거쳐 결과 보고가 이루어질 수 있도록 한다.

차세대 염기서열분석으로 발견된 후보 염기 변이는 표준검사인 생어 염기서열분석으로 확인하는 것이 권장된다. 염기 변이의 임상적 해석을 위해 수집이 되어야 할 증거로는 아미노산 변화 정도, 아미노산의 종간 보존, 단백질 도메인, RNA 검사, 가족 내 표현형과 염기 변이간 일치 여부, 정상인 빈도 등이 있다.

(3) 임상적 이용

① 적용 분야

차세대 염기서열분석은 대용량의 염기서열 정보를 제공할 뿐 아니라 Major allele과 Minor allele의 혼합 또는 미생물처럼 기원이 다른 핵산이 혼합된 경우도 분석할 수 있고 상대적 정량이 가능하다. 따라서, 유전질환, 고형암과 혈액암, 감염질환, 산전진단 등 다양한 분야에 이용될 수 있다.

가장 활발하게 이용되는 분야는 유전질환의 진단인데, 질환 관련성이 분명한 유전자를 대상으로 다중 유전자 패널 검사가 상당히 많이 개발되어 시행되고 있다(알아두기 15-4). 다중 유전자 패널 검사는 심근병증(비후성 또는 확장성), 근이영양증, 샤코-마리-투스병, 실명 등과 같이 유전자 자리의 이질성(locus heterogeneity)이 심한 유전질환이나 임상적 유사성이 높아 감별이 필요한 유전질환군, 또는 원인 유전자군이 유사한 질환군 등에서 특히 유용하다.

또한 새로운 원인 미생물의 유전체를 신속하게 동정해 규명하고 신속진단법을 개발할 수 있게 해주기 때문에 감염 질환을 효과적으로 관리하는데 이용되고 있으며, 충분한 coverage의 deep sequencing을 통해 극미량으로 존재하는 약제내성 바이러스를 검출하고 유전학적 특성 규명에도 사용되고 있다.

차세대 염기서열분석 기반 기술은 종양의 진단 또는 예

알아두기 15-5. NGS 기반 유전자 패널검사

국내에서는 지난 2017년 3월부터 NGS 기반 유전자 패널검사에 대한 건강보험이 적용되어 본인 부담률 50%로 검사를 받을 수 있다. 검사는 의료기관 개설 단위로 신청해야 하며 시설, 인력, 장비, 유전자패널에 대한 요건을 충족해 사전에 승인을 받는 것을 실시조건으로 고시되었다. 현재 건강보험심사평가원으로 부터 NGS기반 유전자 패널검사기관으로 승인된 50여개의 병원에서 암을 대상으로 검사를 진행하고 있으며 폐암, 위암, GIST, 대장암, 유방암, 난소암, 흑색종, 뇌척수의 악성종양, 소아신경모세포종, 원발부위 불명암등에 대해 1회 검사에 한해 인정하고 있다. 이외 동반진단(companion diagnostics)으로 약제선택, 예후판단 등을 위한 검사 시 1회, 재발 및 약제효과가 없는 경우 추가 1회 검사를 인정하고 있다. 분석대상 유전자로 필수유전자 14종, 추가 유전자 74종 및 융합돌연변이 유전자(*ALK, RET, ROS1*) 3종을 대상으로 검사되고 있다.

급여 대상 질환	필수 유전자
유전성 망막색소변성*	*PRPF31, RHO, RP1, RP2, USH2A, PRPH2, RPGR*
유전성 난청*	*GJB2, POU3F4, SLC26A4, TECTA*
샤르코마리투스병*	*GJB1, MFN2, MPZ, PMP22*
상기 세 가지 (*) 질환을 제외한유전성 질환	없음
고형암	*HER2, EGFR, ALK, KRAS, NRAS, BRAF, BRCA1, BRCA2, KIT, PDGFRA, IDH1, IDH2, MYC(C-myc), N-myc(MYCN)*
형질세포종	*NRAS, KRAS, TP53*
급성 골수성 백혈병	*CEBPA, FLT3, JAK2, KIT, NPM1, RUNX1, TP53, IDH1, IDH2*
급성림프구성 백혈병	*TP53, RB1, JAK2, NRAS, IKZF1*
골수형성이상, 골수증식종양	*ASXL1, CALR, CSF3R, DNMT3A, JAK2, MPL, RUNX1, SETBP1, SF3B1, SRSF2, TET2*
악성림프종	*MYD88, BRAF, TP53*

후와 관련된 유전체 변이를 발굴하여 종양 발생 기전을 밝히고 치료에 이용하기 위한 목적으로 이용되고 있으며, 향후 암유전자에 대한 지식 발전과 함께 개별화된 맞춤 항암 치료의 기본 검사가 될 것으로 예상된다.

② 임상진단 측면에서 고려사항

ㄱ. 대상 질환 및 유전자

특정 질환에 국한하거나 임상적 또는 유전적으로 유사질환을 동시에 포함할 수 있다. 대상 유전자도 질병과 연관성이 확실한 유전자부터 잠재적 유전자까지 가능하다.

ㄴ. 검체 준비

대상 유전자의 크기와 수, 종류에 따라 적절한 방법을 선택해야 한다. 특히, 검출하고자 하는 유전자와 돌연변이 유형에 따라 다중유전자패널 검사보다는 엑솜 또는 유전체 염기 서열 검사가 권장될 때도 있다.

ㄷ. 분석 장비

차세대염기서열분석 장비는 사용하는 기술이 다르기 때문에 취약한 염기서열분석 오류가 다를 수 있다. 그리고 검체 처리량과 검체 당 비용을 고려하여 목적에 맞는 장비를 선택해야 한다.

ㄹ. 데이터 분석 및 해석

대용량염기서열의 데이터는 텍스트 파일이므로 파악이 쉽지 않고, 분석 소프트웨어의 분석 오류 발생시에도 파악하기가 어렵다. 따라서 데이터에 대한 충분한 검증과정을 통해 확실하게 정립된 분석도구 및 분석기준을 마련하는 것이 중요하다.

③ 향후전망

ㄱ. 암진단 이외에 cell free DNA를 이용한 진단에서 임산부 혈액을 이용하여 태아 cell free DNA를 분석함으로써 태아의 염색체이상을 진단하는 비침습 산전검사(Non-invasive prenatal diagnoses, NIPT)나 장기이식환자 혈액에서 제공자와 유전체 일치 여부를 확인하는데 차세대 염기서열분석을 적용할 수 있다.

ㄴ. 감염성 질환진단의 경우 병원성 감염 미생물 outbreak시 미생물 동정이나 인수공통감염(zoonotic infection)의 미생물의 전파에 있어 16S-23S rRNA 분석을 이용한 형별(typing)동정, 항생제 내성 outbreak과 내성변화를 관찰하거나 지역 또는 전국적인 수준의 병원성 미생물 감시체제 수단으로 차세대 염기서열분석이 중요한 도움을 줄 수 있다.

ㄷ. 최근 메타지놈(metagenome) 분석으로 장내미생물군의 resistomes나 toxomes분석을 통해 치료 항생제 선택과 항생제 내성균 전파 방지에 도움을 줄 수 있으며, 개인별 장내 미생물군(microbiome)의 구성비율과 질환과 연관성이 밝혀지면서 microbiome에 대한 검사도 가능할 것이다.

ㄹ. 유전자 진단지표를 발굴하여 진단이나 치료에 정확성을 높이거나 더 나아가 맞춤의학 (personalized medicine)을 구현하려는 노력들이 진행되고 있다. 미국의 경우 the Cancer Genome Atlas (TCGA)와 The International Cancer Genome Consortium (ICGC)등 차세대 염기서열분석를 기반으로 하는 염기서열 분석 프로젝트들에서 여러 암 종에 대한 암 유전체 빅데이터를 구축하고 있고 최근 개인별 맞춤의학을 위해 백만 명의 환자의 유전체 정보를 분석하는 Precision Medicine Initiative 연구도 진행 중이다. 영국의 경우 100,000 Genomes Project, 중국은 베이징 유전체 연구소를 중심으로 유전체 분석 산업에 초점을 맞추고 있다. 국내의 경우 국제수준의 유전체 자원 · 정보 확보 및 맞 춤형 예방 · 진단 · 치료 기술 개발을 지원하기 위해 2014년부터 포스트게놈 다부처 유전체사 업을 진행하고 있다.

3) 3세대 염기서열분석 (Third-generation Sequencing)

차세대 염기서열분석 기술이 비약적으로 발전했음에도 불구하고 염기서열 분석 과정에서 발생하는 랜덤 에러에 취약하다는 한계점이 있다. 이러한 한계점을 극복할 수 있는 방법으로 유전체의 증폭 없이 단분자 염기서열분석 기술을 사용하는 Next 차세대 염기서열분석 기기가 개발되고 있다. 이처럼 차세대 염기서열분석 다음에 등장하는 새로운 세대의 시퀀싱 기기는 3세대 염기서열분석라고 불리기도 한다(그림 15-10).

3세대 염기서열분석은 차세대 염기서열분석에 비해 read-length가 길고 극미량의 DNA 시료를 분석할 수 있다는 장점이 있다. 또한 차세대 염기서열분석에서 필수적

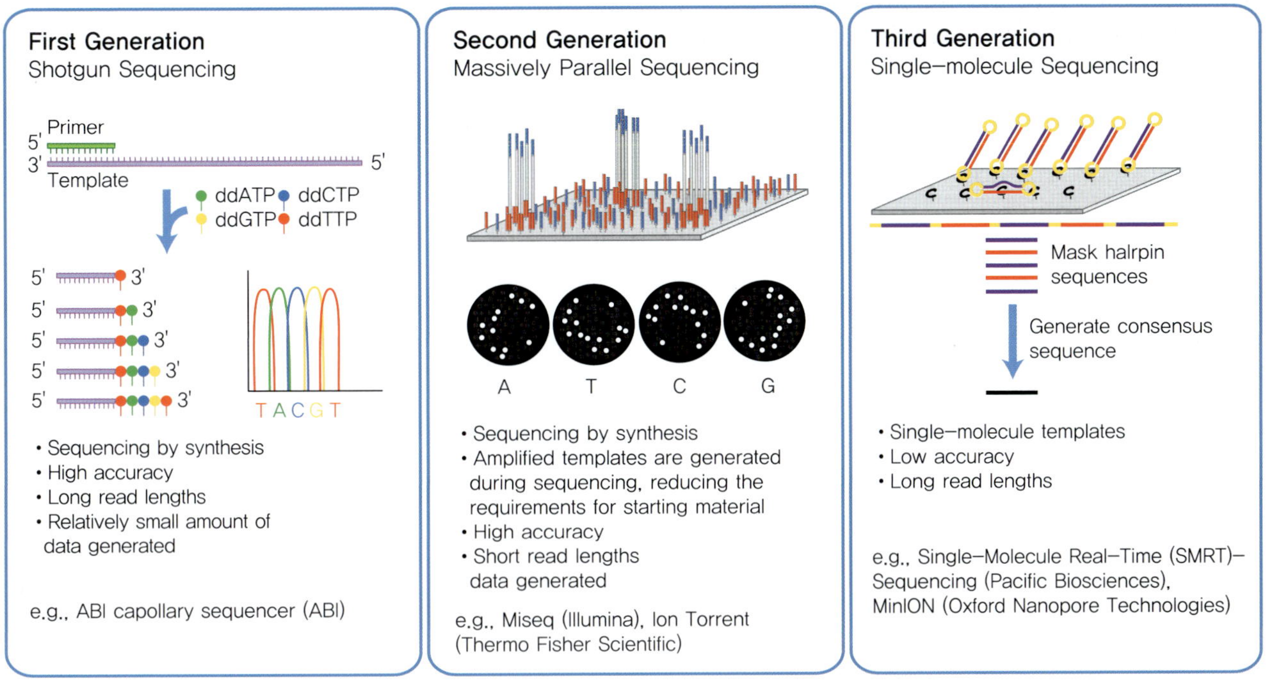

그림 15-10. 염기서열 분석의 발달(출처 : http://cmr.asm.org)

인 DNA 증폭 단계를 생략함으로써 PCR 과정에서 돌연변이 생성 등의 오류를 방지할 뿐만 아니라, coverage depth를 올리지 않더라도 low-abundance variant를 효과적으로 검출할 수 있음은 물론 PCR 단계 및 반복 실험의 생략으로 인한 비용 및 시간 절감 효과를 기대할 수 있다. 또한 어떠한 전처리 과정 없이 특정 유전체 중 원하는 부분을 실시간으로 분석할 수 있기 때문에 "Programmable-real-time targeted sequencing"의 개념도 제시되고 있다. 예를 들면, 어떤 유전체의 특정 유전자를 분석하고자 할 때 이 유전체의 염기 서열을 곧바로 읽기 시작하고, 그 결과와 원하는 유전자의 서열을 실시간으로 align하여 원하는 유전자 서열이 나오는 순간까지 염기서열 분석을 수행하는 방식이다.

2. 마이크로어레이

마이크로어레이(Microarray)는 분자생물학적 지식과 전자공학의 기술이 접목되어 발달한 기술로서 핵산혼성화 원리를 기본으로 하고 있다. 특히 1~2 cm^2 면적의 유리 슬라이드 표면 위에 수천~수백만 개의 미세한 단위 스팟(spot)에 서로 다른 물질을 심을 수 있게 됨에 따라 동시에 많은 유전자검사를 할 수 있는 최첨단 기술로서 칩(chip)이라고도 부른다.

유리 슬라이드 위에 고정할 수 있는 물질에는 핵산 프로브(probe)를 비롯해서 단백질, 항체, 효소, 세포 등 다양한 종류가 있다. 특히, 마이크로어레이는 현대 생물학이 한 단계 발전할 수 있도록 하는 매우 획기적인 기법 중 하나로, 생물정보학의 도움을 받아 오믹스(Omics)이라는 분야를 성립시키는 데에 큰 역할을 하였다.

1) DNA 마이크로어레이

(1) 원리

알려진 유전정보에 의해 제작된 oligonucleotide나 cDNA로 probe를 제작하여 유리판이나 반도체 등의 고형판에 고밀도로 부착시켜 두고, 검체 속의 target (mRNA나 DNA 또는 PCR로 증폭된 DNA)에 형광물질 또는 방사성 동위원소를 부착시켜 혼성화 반응에 의해 상보적인 서열을 가진 probe에만 결합하게 하여 그 결합 양상을 정성적 및 정량적

알아두기 15-6. 단분자 염기서열분석의 한계

차세대 염기서열분석시 유전자 증폭 등 전처리 과정이 생략된 단분자 염기서열분석(Single Molecule Real Time (SMRT) Sequencing) 기술을 사용하고 있다. 형광을 이용하는 PacBio RSII, 염기별 전위차를 측정하는 Oxford Nanopore PromethlON등 다양한 포맷의 단분자 염기서열 분석기기들이 개발되고 있다. 한편, 차세대 염기서열분석과정에서의 문제점인 유전자 증폭오차 등을 줄일 수 있고 분석비용절감 및 빠른 시간 내에 결과를 분석하는 장점이 있지만, 기술적으로 차세대 염기서열분석보다 높은 또 다른 오류율을 갖는 문제를 해결해야할 것으로 보인다.

으로 분석하는 방법이다(그림 15-11). 특히 1~2 cm^2 면적의 유리 또는 실리콘 표면 위에 수천~수만 개의 합성 DNA 조각을 미세집적시켜 동시에 많은 유전자검사를 할 수 있는 최첨단 기술로 DNA칩, 유전자칩, 바이오칩 등이라고도 부른다.

(2) 분류

DNA 마이크로어레이는 붙이는 유전물의 크기에 따라 oligonucleotide 어레이와 cDNA 어레이 두 가지로 분류할 수 있다. 각 어레이마다 장단점이 있는데, oligonucleotide 어레이는 정확한 염기서열을 알기 때문에 염기변화에 의한 다양성연구(SNPs)도 가능하다. 반면에 cDNA 어레이는 염기 자체가 크기 때문에 전반적인 유전자발현을 볼 수는 있지만, SNPs는 볼 수 없다(표 15-3). 마이크로어레이의 시초라고 할 수 있는 oligonucleotide 어레이 기술은 Affymetrix사의 포더(Stephen Fodor)에 의해 1989년 최초로 개발된 이후 1996년 처음으로 상업용 oligonucleotide 어레이칩(GeneChip)이 생산 판매되기 시작하였다.

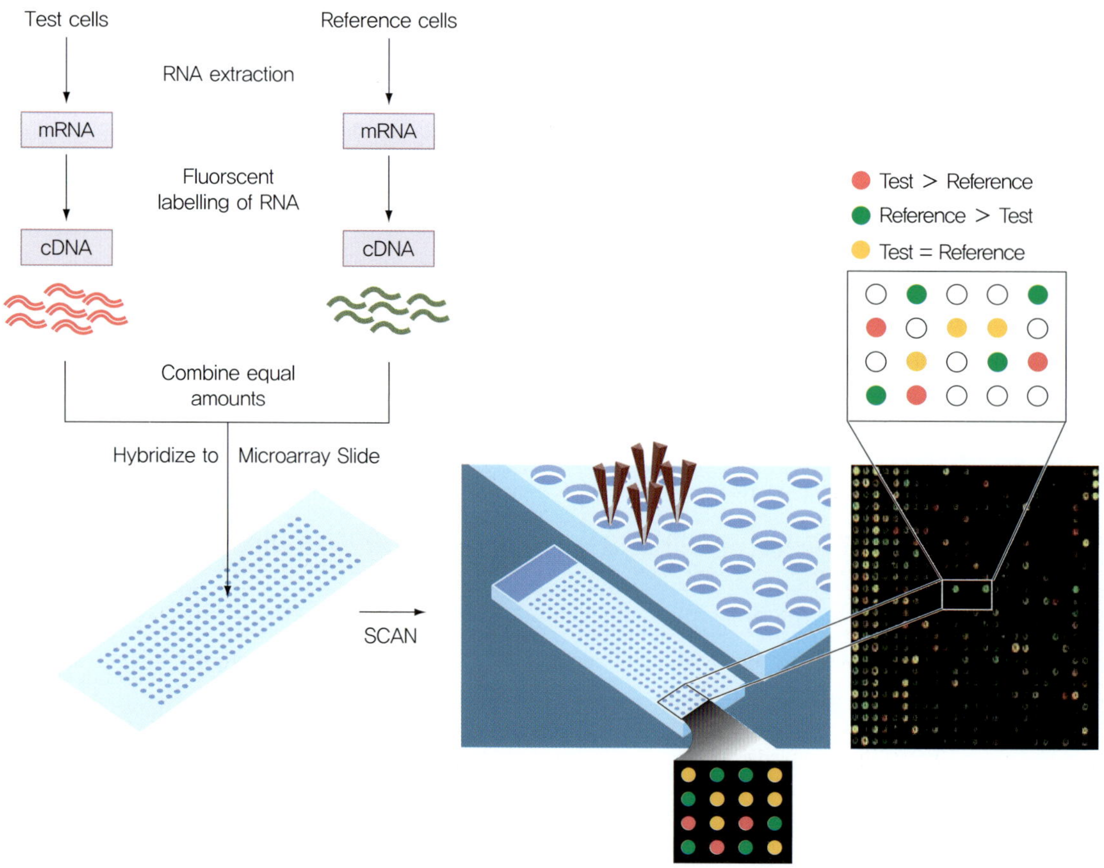

그림 15-11. cDNA마이크로어레이의 원리

표 15-3. DNA 마이크로어레이별 응용분야

Oligonucleotide어레이	cDNA어레이
- 암 관련 유전자 돌연변이 검색 진단 - 유전병 관련 유전자 돌연변이 (미세돌연변이, 메틸화 및 염색체이상) - 약제내성 검색 진단 - DNA 염기서열 분석 - 장기이식 가능 검사 - 개인식별을 이용한 친자 감별검사와 법의학적 이용 - DNA 고고학	- 인체 유전자 기능연구 - 실험용 동 · 식물 모델 연구 - 암 및 질병 관련 유전자 검색 진단 - 유전자 치료 - 동 · 식물 검역 - 환경변화에 따른 생태학 연구 - 식품 안전성 검사 - 환경 또는 약물에 대한 세포의 반응을 이용한 신약개발

① oligonucleotide 어레이

Oligonucleotide 어레이는 약 15~25개의 oligonucleotide가 붙어져 있으며, DNA 염기서열의 변이를 검출할 수 있기 때문에 유전질환 및 암 관련 유전자의 돌연변이 검색, 병원균의 검출 그리고 개인 식별 등의 분야에 사용된다. probe가 광화학적으로 칩에서 직접 생성되기 때문에 클로닝이나 spotting, PCR 과정이 필요 없으며, 매우 높은 밀도로 수십 만 개의 프로브를 부착할 수 있다. 그리고 프로브의 염기서열(25 bp)도 정확히 알고 있으며, 반응강도를 측정하여 혼성화 양상을 분석하는 소프트웨어가 많이 개발되어있다.

② cDNA 어레이

cDNA 마이크로어레이에는 최소한 500 bp 이상의 유전자가 붙여져 있으며, 1995년 Stanford 대학에서 처음으로 개발되었고, 1 cm^2 안에 cDNA를 2,000~3,000개를 붙일 수 있고, RNA를 분석대상으로 한다. cDNA 마이크로어레이는 동시에 수천~수만 개의 mRNA의 발현을 확인할 수 있기 때문에 유전자의 발현패턴을 적용한 종양의 기능적 분류나 질병의 원인유전자 발현 및 기능적 분석, 예후 판정, 유전자치료 등의 분야에서 이용될 수 있다. PCR에 의해 증폭된 cDNA를 로봇시스템을 이용해 유리슬라이드에 고밀도로 분주하고, 검체로부터 분리한 유전자를 두 가지 형광물질로 염색하여 혼성화시킨 후 두 형광의 비를 구해 분석한다.

(3) 제작과정

마이크로어레이는 사용 목적에 따라 어레이 하는 probe의 종류가 다르다(표 15-4).

(4) 분석과정

① 1단계

슬라이드 표면에 유전자서열을 고정하는 단계로 cDNA 마이크로어레이인 경우 spotting할 DNA clone들을 PCR로 증폭하여 정제한 후, 슬라이드 위에 로봇을 이용하여 찍어서 어레이를 제작한다. 그리고 oligonucleotide 어레이인

표 15-4. DNA 마이크로어레이 사용목적에 따른 Probe의 종류

목적	Target	Probe	Array probe
mRNA 발현	조직이나 세포의 전체 mRNA 또는 total RNA	Reverse transcription을 통한 mRNA의 확보	mRNA에 결합하는 single-strand DNA
병원균 검출	미생물의 genomic DNA	특정 유전자의 PCR 증폭산물	병원균 전체 유전체에서 선택된 probe DNA
Genotyping	사람이나 동물의 genomic DNA	SNP 부위의 ligation 또는 증폭산물	SNP와 complementary한 sequence
돌연변이 sequence 검출	Genomic DNA	특정 유전자 증폭	중간부분에 mutation된 염기서열을 가진 N-mer Oligomer

경우에는 슬라이드 어레이 위에 디자인된 oligonucleotide를 각각 합성하면서 어레이를 제작한다.

② 2단계

다양한 실험조건의 세포에서 RNA를 추출하여 형광물질을 표지하는 단계로 실험하고자 하는 test 시료와 reference 시료에서 total RNA를 각각 분리한 후, RT-PCR 방법으로 역전사시키는 과정에서 두 가지 형광색소인 빨간색(Cy5)이나 녹색(Cy3)으로 각각 표지하여 시료의 cDNA를 합성하는 단계이다. 그러나 cDNA 마이크로어레이의 probe로 사용되는 cDNA 제조에 필요한 현재의 형광물질 표지방법은 비교적 많은 양의 RNA를 요구하기 때문에 RNA의 양이 적을 경우 어려운 점이 있다. 따라서 PCR을 이용한 total cDNA의 증폭, 또는 방사성 동위원소를 이용한 표지법의 개발 등의 방법이 제시되고 있다.

③ 3단계

형광으로 표지된 cDNA가 마이크로어레이와 혼성화 반응을 하는 과정으로, 합성한 두 개의 cDNA를 같은 양으로 섞어서 제작해놓은 하나의 마이크로어레이에 결합시키고, 결합이 안된 cDNA들을 제거한다.

④ 4단계

반응이 끝난 마이크로어레이를 스케닝하여 유전자 위치마다 형광의 발색강도를 측정하는데, 각각 유전자의 형광정도는 그 유전자의 발현정도를 알려주는 것으로 이들 정보는 마이크로어레이 분석프로그램에 의하여 분석된다.

⑤ 5단계

결과를 통계나 컴퓨터공학과 같은 생물정보학(bioinformatics) 을 이용하여 분석하는 단계이며, 한 번의 실험으로 수 천 가지 data를 분석해야 하는 상황이 발생하고, 각 어레이마다 실험의 재현성이 낮으므로 반복실험을 하게 된다. 따라서 이들 어레이로부터 생성되는 데이터를 효과적으로 분석하고 그 결과를 공유하고 저장하는 것이 매우 중요한 요소가 된다. 따라서 이러한 문제를 해결하기 위한 새로운 데이터 포맷의 개발과 표준을 만드는 시도가 다양하게 이루어지고 있으며, 그 결과들이 많은 데이터베이스들과 연계되어 체계화되어 가고 있다.

(5) 응용

마이크로어레이는 적은 양의 시료를 이용하여 짧은 시간내에 많은 정보를 얻을 수 있고, 자동화할 수 있기 때문에 생물공학, 환경, 농업, 화학공학분야 등 산업 전반에 걸쳐 나날이 확대되어가고 있으며, 응용분야는 gene expression monitoring과 SNPs (single nucleotide polymorphisms) 두 가지로 나눌 수 있다.

Gene expression monitoring은 이미 밝혀진 DNA sequence를 이용하여 어레이를 만들고, 이것을 이용하여 세포 내 신진대사와 생 · 물리적 현상, 그리고 각 유전자들 간의 상호연관성을 밝혀내는데 활용될 수 있다.

SNPs와 관련하여서 DNA 어레이가 가장 활성화되고 있는 분야는 유전병 진단분야이며, 실제로 많은 DNA 어레이 회사들이 의약용 진단시약분야에서 연간 수백억 달러의 시장규모를 기대하고 집중적으로 지원하고 있다. 특히 Affymetrix에서는 제한적이지만 BRCA1과 같은 암 관련 유전자진단 어레이를 개발하기도 했다. 2005년에 cytochrome P450 2D6과 2C19 유전형을 검사하는 Ampli Chip CYP450 genetyping test (Roche)가 첫 임상진단용 제품으로 나왔다.

(6) 제한점

DNA 마이크로어레이의 유용성은 수많은 논문과 연구결과를 통해 알 수 있었다. 그러나 현재의 실험들은 개별적으로 이루어지고 있으며, 염기서열이 비슷한 경우 교차 혼성화 반응이 생길 수 있고, 수 천 개의 유전자를 다루기 때문에 약간의 오차에도 수십 개 혹은 수백 개의 유전자결과가 다르게 나올 수 있다. 또한 유전자를 가지고 있다고 하더라고 발현이 되는가는 미지수이다. 즉, 세포 신호전달이나 조절은 단백질간의 상호작용의 형태로 나타나는데, 단백질간의 상호작용에 관한 정보를 얻을 수 없다. 또한 많은 질병이 전사 후 조절이나 단백질 생성, 단백질의 수송과 같은 문제점으로부터 야기되는데 mRNA만 가지고는 이런 정보를 얻기가 힘들다.

실제로 유전자 염기서열의 차이가 직접적인 질병을 의미하거나 표현형의 차이를 나타내지 않는다. 비슷한 특성을 가진 아미노산으로의 돌연변이는 대개 단백질의 고유 특성을 유지하기 때문에 질병이나 표현형의 차이를 유발하지 않는다. 따라서 DNA 마이크로어레이에서 염기서열의 차이를 검출해도 얻고자 하는 정보의 질은 떨어질 수도 있다. 이러한 DNA 마이크로어레이의 한계를 극복하기 위해서는 단백질에 관한 정확한 정보를 제공할 수 있는 단백질 어레이와 같은 도구가 필요하다.

2) 어레이 CGH

최근에 마이크로어레이 기술을 이용한 연구를 통해 많은 수의 유전자들의 발현을 동시에 연구할 수 있는 방법이 개발되면서, 각종 질환과 연관된 유전자의 연구에 대한 속도가 빨라지고 있다. 1997년 Solinas-Toldo 등에 의해 개발된 어레이-비교유전체보합법(array based comparative genomic hybridization, array-CGH)은 염색체 수준에서의 결실이나 중복 또는 증폭 진단에 이용하는 CGH를 슬라이드 위에 구현한 것으로 전체 유전체(whole genome)의 DNA를 대상으로 하는 고효율성의 연구방법이다.

어레이 CGH는 Test DNA와 대조(Reference) DNA에 서로 다른 형광을 붙인 후 두 샘플을 함께 DNA probe에 교잡(hybridization)시킴으로써 두 샘플의 상대적인 형광 발현량을 측정하여 Test 유전자 복제수(copy number)를 확인하는 방법이다(그림 15-12).

한 번의 실험으로 동시에 얻어지는 전체 유전자의 복제수 변이(copy number variation, CNV)에 대한 분석을 통해 다양한 연구 분야에 적용되고 있다. 이 기술은 종양조직의 DNA와 정상 DNA를 정상 중기 염색체 대신 암유전자를 포함한 정확한 위치를 아는 모든 유전자 클론을 배열한 마이크로어레이 template에 결합시키는 방법이다. 해상도가 1.4 Mb 정도로 기존의 분석기법들보다 감별력이 매우 높아 염색체의 증폭과 손실을 분석하고, 염색체 이상과 관련된 종양유전자와 종양억제유전자를 선별할 수 있어 암의 발생과 진행과정을 이해하는 데 도움이 된다.

3) SNP 어레이

SNP나 점돌연변이(point mutation) 분석을 위해서 고안된 마이크로어레이로 햅맵 프로젝트(international HapMap project)를 수행하면서 유전체의 CNV를 검출할 수 있었고, 이 후 염색체 이상을 검출하는 데 이용되기 시작하였다. 이 방식은 변이가 없는 정상형(wild type) 서열에 상보적인 probe를 사용하여 교잡시켜 형광신호를 측정한다. SNP 어레이는 SNP 유전형의 신호를 통해 SNP 정보와 유전체의 copy number 뿐만 아니라 segmental uniparental disomy (UPD)에 대한 정보도 알 수 있다. probe는 목적에 따라 다양하게 디자인 할 수 있기 때문에 약물대사 관련 유전자들에 대한 유전형을 검사하거나 암 관련 유전자의 돌연변이 검사도 가능하다.

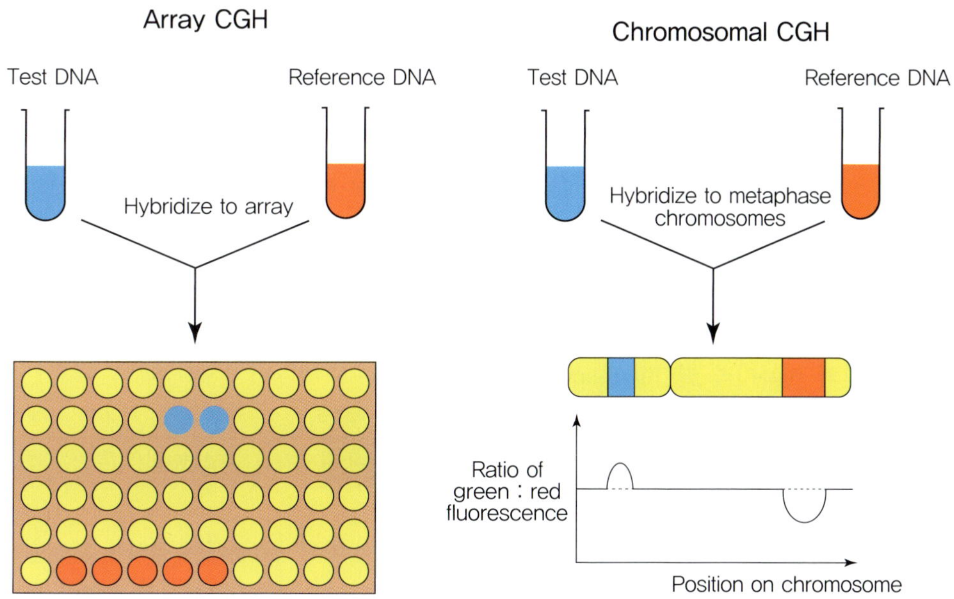

그림 15-12. 어레이 CGH와 염색체 CGH 비교

4) DNA methylation 어레이

DNA 메틸화는 DNA 메틸화 효소(DNA methyltransferase; DNMT)에 의해 DNA 염기서열 중 guanine 바로 앞 cytosine (CpG dinucleotide)에서 메틸화가 일어나는 것을 말한다. 사람의 유전체에서 전체 CpG의 70~80%는 메틸화되어 있으며 메틸화되지 않은 대부분의 CpG는 유전자의 5' 말단 쪽에 있는 CpG island에 무리지어 분포한다.

DNA 메틸화 어레이는 세 가지 방식이 있는데, 메틸화 특이 제한 효소(methylation specific restriction enzyme) 어레이는 DNA 메틸화 여부에 따라 달라지는 제한 효소를 이용한다. 그리고 메틸화된 CpG에 특이적인 항체를 이용하여 해당 부위의 DNA를 찾아낸 후 칩에 부합시켜 DNA양을 측정하는 방법도 있다. 가장 많이 사용되는 방법은 bisulfite 처리한 DNA를 probe에 붙이는 방식으로 Illumina사의 Infinium 어레이가 대표적이다.

이처럼 DNA 메틸화 마이크로어레이 기술을 이용하여 epigenome wide 수준의 DNA 메틸화 분석이 가능하게 됨으로써 DNA 메틸화 표지자의 발굴이 다양한 시료에서 활발히 이루어지게 되었다.

5) Protein 어레이

단백질 어레이는 세포 안에서 단백질의 편재화, 단백질과 단백질사이의 상호작용, 단백질과 리간드사이의 상호작용, 실제 생명체의 기능을 수행하는 단백질의 활성분석 등에 활용이 가능하다. 무엇보다도 슬라이드 표면에 분석하고자 하는 물질에 대한 항체를 입히는 방식으로 다양한 단백질의 발현량을 한 번에 빠른 시간에 분석할 수 있다는 점에서 프로테오믹스(proteomics) 분야에 있어서 혁명적 기술이었다.

6) 마이크로어레이의 결과 분석

마이크로어레이 데이터는 혼성화 반응을 기반으로 하는 속성상 probe와 시료간의 비특이적 결합(non-specific binding)에 의한 배경 시그널(background signal)이 존재할 가능성이 크며 이물질 등으로 인한 유전자 발현 시그널 이외의 노이즈(noise)가 포함될 가능성이 높다. 따라서 데이터의 표준화(normalization)가 필요하며, 대표적인 알고리즘으로 RMA (robust multi array average)법, 비모수적인 방법으로는 quantile normalization 법이 있다.

마이크로어레이의 분석 방법 중 군집화(clustering)는 새로운 분자적 아형(molecular subgroup)을 발견해낼 수 있으며, 아형별로 온톨로지(ontology), 경로(pathway), 생존(survival) 등의 분석을 통해 생물학적 의의를 찾을 수 있다. 그 외에도 미리 정해진 두 그룹 간에 통계적으로 의미있게 차이가 나는 유전자 혹은 probe 세트를 찾아내고 그 차이 값을 계산해 내는 차별화(differential) 분석이 있다.

마이크로어레이 분석을 통해 어떤 유전자 혹은 probe 세트의 결과가 의미 있게 나왔을 때는 다른 방법으로 검증하는 것이 중요하다. 유전자 발현 검증은 실시간 정량 PCR, DNA 메틸화는 메틸화-특이 PCR, 유전형은 염기서열 분석 그리고 유전자 복제수는 FISH법 등으로 검증 가능하다.

7) 마이크로어레이의 적용

(1) 연구 분야

마이크로어레이는 많은 유전자와 단백을 낮은 비용으로 빠른 시간 내에 검사할 수 있다는 점에서 이제는 많은 연구자들에게 필수적인 실험 도구로 자리 잡았다. 군집 분석, 경로 분석 등을 통해 병태 생리를 좀 더 자세하게 이해할 수 있음에 따라 유전자를 선별하여 질환발생에 핵심적인 치료 표적물질을 찾아내거나 진단에 응용하려는 연구가 활발하게 진행되고 있다.

(2) 임상적 적용

현재 마이크로어레이가 진단용으로 가장 많이 사용되고 있는 분야는 분자세포유전학 분야로써 기존의 염색체 검사를 보완할 수 있는 염색체 마이크로어레이 검사법이다. 유전자 발현 칩 에는 유방암에서 예후와 밀접한 연관이 있는 수십 개의 유전자를 선별하여 칩 형태로 검사한다. 미생물 분야에서도 HPV genotyping array처럼 마이크로어레이를 이용해서 병원균 검출 및 유전형 진단이 가능해졌다.

3. 염색체 마이크로어레이

염색체 마이크로어레이 검사는 고식적인 핵형 분석의 해상도를 극복할 수 있고 표적한 부위만 검출하는 FISH 검사나 분자유전학적 방법 대신 유전체 전체에서 임상적으로 중요한 유전체변이를 검출할 수 있는 최신 기법이다.

1) 염색체 마이크로어레이의 종류

(1) BAC 어레이 CGH

2004년에 Iafrate 등은 1 Mb 해상도의 BAC 클론 array CGH 기법을 이용하여 인간 유전체상에 CNV라는 유전체의 구조적 다형성이 존재한다는 사실을 발견하였다. 그 후 인간 유전체 전체를 포함하도록 26,000개 또는 32,000개의 BAC 클론을 올린 tiling resolution BAC 어레이가 소개되었다. BAC 어레이는 기존 염색체검사보다 높은 해상도로 염색체의 이상을 볼 수 있고, 정확도와 재현성이 높을 뿐만 아니라 파라핀 고정 검체에서도 사용 가능하였다. 그러나 BAC 클론의 크기 때문에 유전체의 미세한 양적 변이를 정확히 측정하는데 어려움이 있으며, 양질의 BAC probe의 대량 생산이 어려워서 폭넓게 사용되지는 못하였다.

(2) Oligonucleotide 어레이 CGH

Oligonucleotide 어레이는 BAC probe 대신에 50~75 bp 정도의 Oligonucleotide probe를 사용한다. 따라서 probe 디자인이 용이하고 원하는 부위를 고밀도로 정렬할 수 있어서 사용 목적에 맞추어 다양한 해상도를 가진 CGH 마이크로어레이를 제작할 수 있다. 대량 생산과 표준화가 비교적 쉽기 때문에 상용화 키트가 많이 개발되었는데, Agilent 사 칩들이 대표적이다.

(3) SNP 어레이

Oligonucleotide probe로 단일염기다형성(SNP)을 검사하면 해당 부위의 유전형 정보를 얻을 수 있고, 형광 강도 정보를 분석해서 유전자 복제수 정보까지 얻을 수 있음에 따라 SNP 어레이는 염색체마이크로어레이로 쓰이고 있다(그림 15-13). 대표적으로 Affymetrix사, Illumina 사의 칩들이 있다.

2) 염색체 마이크로어레이 검사방법

염색체 마이크로어레이 검사는 적절한 마이크로어레이의 선정과 검증, 검체에서 DNA 분리, reference DNA 준비, 형광표지, 마이크로어레이에 부합, 데이터 추출과 분석, 결과 해석, 비정상 결과의 검증과정, 결과 보고의 단계로 이루어진다. 그리고 염색체 마이크로어레이 검사의 각 단계마다 지침과 정도 관리를 준수하여 정확한 결과를 얻어야 하는데, American College of Medical Genetics and Genomics (ACMG)는 선천성 질환, 종양 그리고 산전 목적으로 염색체 마이크로어레이 검사를 적용하는 표준안 및 가이드라인을 발표하였다.

3) 염색체 마이크로어레이 분석

염색체 마이크로어레이 검사도 형광신호 강도 결과가 균일하지 않으므로 정상화 과정을 거쳐야 한다. 염색체마이크로어레이 검사에서 검출된 유전체 변이는 병적인 변이인지 다형성을 나타내는 CNV인지 감별이 필수적이고, 환자

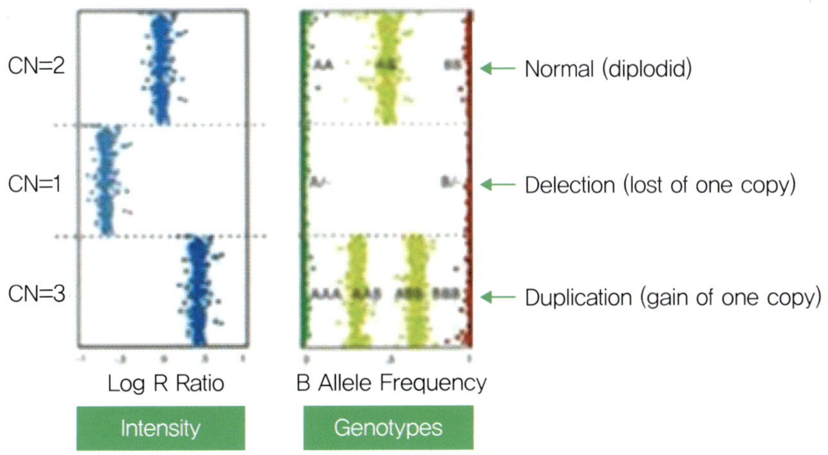

그림 15-13. SNP 어레이 분석의 예

와 부모에서 염색체 검사, FISH 검사 등 검증 과정이 뒤따라야 하며, 적절한 유전 상담이 제공되어야 한다.

사람 유전체의 구조적 다형성에 대한 데이터베이스(http://projects.tcag.ca/variation/)에서 다형성의 CNV를 확인할 수 있고, 환자에서 검출된 염색체 마이크로어레이 데이터베이스는 DECIPHER (http://decipher.sanger.ac.uk/)에서 검색해 볼 수 있다.

4) 임상적 적용 및 한계

염색체 마이크로어레이 검사는 주로 발달장애, 특발성 지적장애, 자폐, 선천성 기형이 있는 환자 등을 대상으로 하는 분자유전 검사다. 기존 일반 핵형검사로 발견하지 못하는 유전질환을 진단할 수 있는 최신 기법이지만, 검사의 한계점으로는 균형재배열의 염색체 이상과 low level 모자이시즘을 검출하기 어렵고, 임상적 중요성이 불명확한 CNV에 대한 해석, 고가의 검사비용 등이 있다. 현재 국내에서는 대상 환자에 대한 일차적 검사로 일반 염색체검사인 핵형검사만을 시행하고 있지만, 선천성 질환 진료에 유용하다는 연구결과들이 발표되면서 향후 유전질환 진료에 도움이 될 것이다.

4. 질량분석기

질량분석기(mass spectrometry, MS)는 1912년에 Joseph John Thomson에 의해서 개발되었는데, 샘플 내 기지 물질을 정량하고, 분자의 구조와 화학적 특성을 규명하는 데 사용되는 강력한 분석 기기로써 생명과학과 임상화학을 포함한 다양한 분야에서 광범위하게 응용되고 있다. 특히, 임상에서 질량분석기는 질병 선별검사 및 진단, 약물치료 모니터링, 약물 독성 평가, 스테로이드호르몬 분석, 새로운 바이오마커 발굴과 임상 검증 및 병원성 미생물 동정 등의 분야에 사용되고 있다.

1) 원리

질량분석기는 모든 물질들을 이온화하여 전자기장 내부에 통과시키면 이온화 정도에 따라 이온이 작용하는 로렌츠 힘이 달라지고, 이온화 질량에 따라 가속도 값이 달라진다는 원리를 이용한다. 그리고 물질의 질량을 질량 대 전하의 비[mass-to-charge ratio (m/z)]로 측정하는데, 이온은 여러 가지 형태의 이온화 방법으로 형성될 수 있다.

2) 측정

질량분석기는 크게 시료주입(sample inlet system), 이온화시키는 본체(source region), 시료를 비전하에 값에 따라 분리하게 하는 질량측정기(mass analyzer), 비전하 값을 분석하는 검출기(detector) 부분으로 나누어진다(그림 15-14).

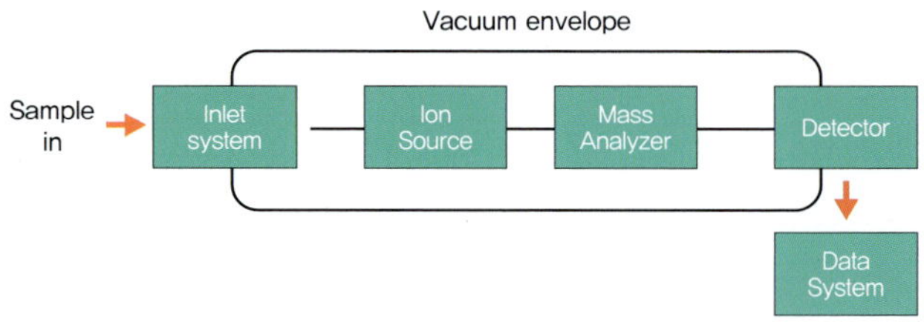

그림 15-14. 질량분석기의 시스템

(1) 시료주입

시료를 주입하는 방법은 상황에 따라 다르겠지만, 크로마토그래피(chromatography)를 함께 이용한다. 질량분석에서는 가스크로마토그래피(gas chromatography, GC)를 가장 흔히 이용하며 가스크로마토그래피 출구에서 모세관을 통해 바로 질량분석기에 연결하는 경우GC/MS라고 한다. 액체크로마토그래피(liquid chromatography, LC)는 열에 약하면서 가스크로마토그래피에서 분리하기 어려운 혼합물에 이용되는데, 발전된 형태의 질량분석기에서 자주 이용되는 방법으로 액체크로마토그래피 출구에서 모세관을 통해 바로 질량분석기에 연결하는 경우 LC/MS라고 한다.

(2) 이온화

이온화시킬 때는 크게 기체 상태 이온화법(gas phase source)과 탈착 이온화법(desorption source)의 두 가지가 있다.

기체 상태 이온화법에는 중성 상태에 있는 시료에 전자를 붙이는 전자 충격(electron impact, EI), 화학반응을 통해서 MH^+와 같이 전하를 띄게 만드는 화학 이온화(chemical ionization, CI), 장 이온화(field ionization, FI) 법이 있다.

탈착 이온화법에는 장 탈착(field desorption, FI), 전자분무 이온화(electrospray ionization, ESI), 메트릭스지원 레이저 탈착 이온화(matrix-assisted laser desorption ionization, MALDI), 빠른 원자 충격(fast atom bombardment, FAB) 등을 사용한다. 이 중에서 메트릭스지원 레이저 탈착 이온화법은 분자량이 수천에서 수만에 이르는 고분자 화합물의 정확한 정보를 얻을 수 있는 방법이다.

(3) 질량측정기의 종류

질량측정기는 형성된 이온을 각각의 질량에 따라 분리시켜 주는 기기이며, 중요한 특징 세 가지 특성으로서 질량분석 상한선, 투과효율, 분해능이 있다. 이온화 방법이 다양한 만큼 질량측정기의 종류도 다양하다.

종류에는 4개의 평행한 금속 막대에 직류 및 교류 전압을 주는 사중극자(quadrupole)법, 일정 범위의 이온들을 고리전극(ring electrode)과 두 끝자리 전극(endcap electrode) 사이의 공간에 가두고 그 이외의 이온들을 검출기를 향해 방출시키게 되는 이온 트랩(ion trap)법, 부채꼴 모양의 자기장에 이온을 통과시켜 이온의 휘는 정도를 측정하는 자기섹터(magnetic sector)법, 전기장 속에서 가속되어 검출기까지 가는데 걸리는 시간을 측정하는 TOF (time of flight)법, 이온이 자기장 안에서 원운동을 할 때 생성되는 전류와 싸이클론 주파수(cyclotron frequency)를 측정하는 푸리에 변환(Fourier transform ion cyclotron resonance)법 등이 있다.

(4) 검출기

질량분석기를 통과한 이온들은 검출기를 향해 들어오게 되는데 검출기는 이러한 이온이 만드는 신호를 검출하여 질량 스펙트럼(mass spectrum)을 그리게 된다. 주로 많이 사용하는 검출기는 Electron multiplier가 있고, 그 외에도 패러데이 컵(Faraday cup), photomultiplier가 있다.

(5) 분석방법

질량 분석기는 다양한 종류의 데이터를 산출하는데, 가장 대표적인 데이터 표현방식은 스펙트럼이다. 크로마토그램의 종류에는 Selected ion monitoring (SIM), total ion current (TIC), 그리고 selected reaction monitoring chromatogram(SRM) 등이 있다.

질량 분석 데이터의 해석은 샘플을 어떻게 준비하고 또 어떻게 사용되었는지에 따라 크게 좌우되고, 실험의 데이터가 어떻게 나왔느냐에 따라 달라지며, 매우 복잡하다. 따라서 간단한 질량 스펙트럼만 가지고는 그에 대한 답을 얻을 수 없다.

3) 응용

질량분석기는 소량의 시료로 다양한 단백 및 DNA 화합물을 검출할 수 있기 때문에 연구 및 임상진단 분야에서 사용이 증가하고 있다.

연구 분야에서는 동위원소 비율 질량분석을 통한 동위원소 연대 결정, 화학적 이온화 방식을 통한 미량 가스 분석 그리고 효소 처리를 한 조각(fragment)의 분자량을 바탕으로 데이터베이스를 검색하여 미지의 물질을 확인할 수 있다. 그 외도 물건의 코팅 시료, 인화물질, 산화제등이 보통 질량분석기를 통해 검출되고 결정되는데, 근래에는 레이저 조사를 병합하여 높은 감도를 얻는 방식을 사용하게 되면서 다양한 법정 증거물의 분석을 위해 활용되고 있다.

현재 임상진단 분야에 유용한 생체 지표나 약물 또는 그 대사체들을 고특이도 및 고감도로 정성 및 정량 분석하는데 매우 효과적이고 유용한 분석도구로 활용되고 있다.

알아두기 15-7. 연도별 질량분석기의 임상 응용 사례

년도	사례
1988	면역검사에서 양성을 보이는 오남용 약물(drugs of abuse)의 확인
1991	유전성대사이상질환 선별검사에 tandem MS(MS/MS) 적용
1996	GC-MS 분석으로 testosterone의 특이도 향상
1997	임상 응용이 GC-MS에서 LC-MS/MS로 바뀌기 시작
2004	LSD 선별검사에 ESI-MS/MS 적용
2010	대사체학, 단백질체학 및 기타 오믹스학에 MS의 응용
2012	미생물 동정에 MALDI-TOF MS의 적용
2014	암 수술 동안 MS 분석을 통한 실시간 판독 시스템(iKnife) 등장
2018	6가지 LSD 관련 효소 활성 검사키트 제품화

찾아보기

한글영문 혼합

A

B

C

D

G

H

I

L

M

N

O

P

Q

R

S

T

V

W

X

유전학의 이해와 기법
(2판)

2011년 10월 25일 1판 발 행
2019년 8월 26일 2판 인 쇄
2019년 8월 30일 2판 발 행

정가 38,000원

저 자 : 김경희·이석준·정운원·고용
발 행 자 : 최 병 진

발 행 처 : 도서출판 **고 려 의 학**
(12880) 서울 성북구 성북로9길1 보문빌딩 3층
Tel. 765-0333, 0337
Fax. 743-2288

ISBN 979-11-89210-24-3
등록번호 : 제 1-519호 1978. 6. 29.